《真空科学技术丛书》编写人员名单

主　　编　达道安

副 主 编　张伟文　邱家稳　杨乃恒

参编人员（按姓氏笔画排序）　王荣宗、王欲知、王得喜、王敬宜、达道安、刘玉魁、刘喜海、李云奇、李得天、杨乃恒、杨亚天、邱家稳、邹惠芬、张伟文、张涤新、张景钦、陆　峰、范垂祯、郑显峰、查良镇、徐成海、谈治信、崔遂先、薛大同、薛增泉

技术编辑　谈治信

编辑助理　权素君　曹艳秋

真空科学技术丛书

真空热处理

李宝民　王志坚　徐成海　编著

化学工业出版社

·北京·

真空热处理是提高和改进金属材料、机械零件性能的工艺技术。全书共分七章，包括绪论、热处理技术基础、真空退火、真空渗碳与真空渗氮、真空淬火、真空加压气淬、真空热处理的关键技术。书中既介绍了真空热处理设备，又介绍了真空热处理工艺。

本书可供大专院校师生、科研院所人员、机械加工类工程技术人员阅读。

图书在版编目（CIP）数据

真空热处理/李宝民，王志坚，徐成海编著．—北京：化学工业出版社，2019.2（2024.1 重印）
（真空科学技术丛书）
ISBN 978-7-122-33290-5

Ⅰ.①真… Ⅱ.①李… ②王… ③徐… Ⅲ.①真空热处理 Ⅳ.①TG156.95

中国版本图书馆 CIP 数据核字（2018）第 258401 号

责任编辑：戴燕红　刘　婧　　文字编辑：孙凤英
责任校对：宋　玮　　装帧设计：史利平

出版发行：化学工业出版社（北京市东城区青年湖南街 13 号　邮政编码 100011）
印　　装：北京虎彩文化传播有限公司
787mm×1092mm　1/16　印张 21½　字数 526 千字　2024 年 1 月北京第 1 版第 5 次印刷

购书咨询：010-64518888　　售后服务：010-64518899
网　　址：http://www.cip.com.cn
凡购买本书，如有缺损质量问题，本社销售中心负责调换。

定　　价：138.00 元

丛书序

真空科学技术是现代科学技术中应用最为广泛的高技术之一。制备超纯材料需要超高真空技术，太阳能薄膜电池及芯片制作需要清洁真空技术，航天器空间环境地面模拟设备需要大型真空容器技术。真空科学技术已渗透到人们的教学、科研、生产过程、经济活动以及日常生活中的方方面面，人们普遍认识到了真空科学技术的重要性。

真空科学技术是一门涉及多学科、多专业的综合性应用技术，它吸收了众多科学技术领域的基础理论和最新成果，使自己不断地进步和发展。真空科学技术的应用标志着国家科学和工业现代化的水平，大力发展真空科学技术是振兴民族工业，实现国家现代化的基本出发点。

多年来，党和国家政府非常重视发展真空科学技术。大学设立了真空科学技术专业，培养高层次真空专业人才；兴办真空企业，设计、制造真空产品；成立真空科学技术研究所开发新技术，提高真空应用水平；建立了相当规模和水平的真空教学、科研和生产体系；独立自主地生产出各种真空产品，满足了各行业的需求，推动了社会主义经济的发展。

在取得丰硕的物质成果和经济效益的同时，真空科技人员积累了宝贵的理论认知和实践经验。在和真空科学技术摸、爬、滚、打的漫长岁月中，一大批人以毕生的精力，辛勤的劳动亲身经历了多少次失败的痛苦和成功的喜悦。通过深刻的思考与精心的整理换得了大量的实践经验，这些付出了昂贵代价得来的知识是书本上难以学到的。经历了半个世纪沧桑岁月，当年风华正茂的真空科技工作者均年事已高，霜染鬓须，退居二线，唯一的希望是将自己积累的知识、技能、经验、教训通过文字载体传承给新一代的后来人，使他们能够在前人搭建的较高平台上工作。基于这一考虑，在兰州物理研究所支持下，我们聚集在一起，成立了《真空科学技术丛书》编写委员会，由全国高等院校、科研院所及企业中长期从事真空科学技术研制工作的工程技术人员组成。编写一套《真空科学技术丛书》，系统地、完整地从真空科学技术的基本理论出发，重点叙述应用技术及应用的典型例证。这套丛书分专业、分学科门类编写，强调系统性、理论性和实用性，避免重复性。这套丛书的出版是我国真空科学技术工作者大力合作的成果，汇集了我国真空科学技术发展的经验，希望这套丛书对21世纪我国真空科学技术的进步和发展起到推动作用，为实施科教兴国战略做出贡献。

这套丛书像流水一样持续不断，是不封闭的系列丛书，只要有相关著作就可以陆续纳入这套丛书出版。丛书可供大专院校师生，科学研究人员，工业、企业技术人员参考。

这套丛书成立了编写委员会，设主编、副主编及参编人员、技术编辑等，由化学工业出版社出版发行。部分真空界企业提供了资助，作者、审稿者、编辑等付出了辛勤劳动，在此一并表示衷心感谢。

达道安

2012年03月22日

前言

真空热处理技术是将真空技术与热处理工艺相结合，实现金属材料或机械零件性能改变，提高实用价值的工程技术，真空热处理是现代热处理技术的一种。真空热处理具有使被处理材料或机械零件无氧化、不脱碳、变形小、表面质量好、使用寿命长、无污染、无公害、力学性能优异等特点。因此，真空热处理成为现代制造业中不可缺少的关键技术之一，在机械、冶金、能源、交通、兵器、建筑、轻工、纺织、化工、石油、航天、航空、电子、电器等领域，得到广泛的重视和应用。

热处理的种类很多，其中真空热处理和气体保护热处理是先进的现代热处理技术。真空热处理也有许多种类，根据热处理材料或零件要求的性能不同，广义的真空热处理包括真空退火、真空回火、真空正火、真空淬火、真空渗碳、真空渗氮、真空烧结、真空钎焊、真空表面处理等工业过程。本书在介绍真空热处理理论的基础上，重点研究其中常用的真空退火、真空淬火、真空渗碳等几种工业过程，在研究每一种工业过程时，主要都包括真空热处理设备和真空热处理工艺两部分内容。

本书是在编著者攻读博士学位期间、参加科研工作过程中，学习总结工作内容的基础上，参考了前辈的许多经验及部分文章、书籍编写而成的，在此向他（她）们表示衷心的感谢。

本书可供机械、化工、冶金、材料等专业大学本科生学习，硕士、博士研究生作学术论文参考，从事真空热处理设备设计的工作者使用，从事真空热处理工艺的工作人员参考。

全书共分 7 章，第 1 章绪论、第 2 章真空热处理技术基础由徐成海编著；第 3 章真空退火、第 4 章真空渗碳与真空渗氮、第 7 章真空热处理的关键技术由李宝民编著；第 5 章真空淬火、第 6 章真空加压气淬由王志坚编著。全书最后由徐成海审校。

由于编著者的经验与水平有限，书中难免有疏漏之处，欢迎读者批评指正。

编著者

目录

1 绪论

真空热处理是一门现代热处理技术，它是真空技术与热处理技术相结合，实现金属材料或机械零件改变内部结构和性能，提高其实用价值的一门综合性工程技术。真空热处理具有“绿色热处理”之美称，因为它能使被处理材料或机械零件具有无氧化、不脱碳、变形小、表面质量好、使用寿命长、无污染、无公害、力学性能优异等特点。因此，受到了先进机械制造领域，现代新型材料科学领域的广泛重视和应用。例如，机床零件中的60%～70%，汽车零件中的70%～80%，工具、模具和精密零件的几乎100%需要热处理，真空热处理是首选的工艺技术。

真空热处理技术与普通热处理技术一样，根据热处理材料或零件的性能要求不同，分为真空退火、真空回火、真空正火、真空淬火、真空渗碳、真空渗氮等过程，更广泛的真空热处理还包括真空钎焊、真空烧结、真空表面处理等。每一种过程都应该包括真空热处理理论、真空热处理设备和真空热处理工艺三部分内容。真空热处理原理揭示了金属在加热、保温和冷却过程中的组织结构变化规律；真空热处理工艺则是指热处理的具体操作过程；而真空热处理设备是保证真空热处理工艺得以实施的手段。三者密不可分。

1.1 热处理技术的分类

热处理是通过加热、保温和冷却以改变金属内部的组织结构（有时也包括改变表面化学成分），使金属具有所需性能的一种热加工技术。热处理技术有很多种类，总体可以归纳为：①在空气中加热；②在保护气氛中加热（无氧化加热）；③特殊表面热处理；④复合热处理。

根据加热、保温、冷却方式以及获得的组织结构、性能不同，热处理可以分为普通热处理（不改变化学成分，如退火、正火、淬火、回火）、化学热处理（改变金属的化学成分，如渗碳、渗氮）、复合热处理（如渗碳淬火、变形热处理）等。按照热处理在金属材料或机械零件整个生产工艺过程中所处的位置和作用的不同，热处理又可分为预备热处理和最终热处理。

1.1.1 真空热处理工艺的分类

真空热处理是普通热处理技术的发展，其分类方法与普通热处理基本相同，普通热处理能做的，真空热处理基本上都能做。例如，真空退火、真空淬火、真空回火、真空渗碳、真空渗氮、真空渗铬、真空渗硼、真空碳氮共渗等。真空淬火介质可以是油淬、气淬、水淬、硝盐淬等。表 1-1 给出了真空热处理的用途、适用的材料、实用举例等。

表 1-1 真空热处理的种类及应用实例

用途		电炉类别及其特点	适用的材料	实用举例
真空热处理	光亮退火、正火、固相除气	有炉罐式或无炉罐式真空电阻炉	Cu、Ni、Be、Cr、Ti、Zr、Nb、Ta、W、Mo 不锈钢等	电器材料、磁性材料、高熔点金属、活泼金属等
	淬火、回火	具有强迫冷却装置的真空电阻炉	高速钢、工具钢、轴承钢、高强度合金钢	工模具、工夹具、量具以及轴承和齿轮等机械零件
	渗碳、离子渗碳	具有强迫冷却装置的真空电阻炉，另具有渗碳气体引入装置	碳钢、合金钢	齿轮、轴、销等机械零件
	离子渗氮	离子氮化炉	球墨铸铁、合金钢	工模具、齿轮、轴等机械零件
	烧结	电阻烧结炉、感应烧结炉、具有热压机构的烧结炉等	W、Mo、Ta、Nb、Fe、Ni、Be、TiC、WC、VC 等	高熔点金属材料、超硬质工具、粉末冶金零件
真空焊接	钎焊(无助焊剂)	电阻炉、感应炉	不锈钢、铝、高温合金	不锈钢、高温合金的钎焊，如飞机零件、火花塞等
	压接	电阻炉或感应炉，加压接机构	碳钢、不锈钢	
表面处理	化学气相沉积	电阻加热、感应加热、电子束加热	金属及其碳化物、硼化物等沉积于金属或非金属上	工具、模具、汽轮机叶片、飞机零件、火箭喷嘴等
	物理气相沉积	电阻加热、感应加热、电子束加热	金属、合金、化合物等沉积于金属、玻璃、陶瓷、塑料、纸张等上	各种材料的真空涂膜制品、工具、模具的表面超硬处理等

1.1.2 真空热处理设备的分类

真空热处理设备（炉）的分类方法很多，通常按以下几种特征进行分类。

按用途可以分为：真空退火炉、真空回火炉、真空渗碳炉、真空淬火炉、真空钎焊炉、真空烧结炉等。

按真空度可以分为：低真空炉（压力在 $1333\sim1.33\times10^{-1}$Pa)、高真空炉（压力在 $1.33\times10^{-1}\sim1.33\times10^{-4}$Pa)、超高真空炉（压力在 1.33×10^{-4}Pa 以上)。

按工作温度可以分为：低温炉（温度≤700℃)、中温炉（温度在 700～1000℃)、高温炉（温度>1000℃)。

按作业性质可以分为：周期式真空炉、半连续式真空炉、连续式真空炉。

按加热方法可以分为：电阻加热和感应加热两种。

按炉型结构形式可以分为：立式真空炉、卧式真空炉。

按热源的加热方式可以分为：电阻加热真空炉、感应加热真空炉、电子束加热真空炉、燃气加热真空炉。

通常，按真空炉的结构和加热方式，可以将真空热处理炉分为两大类：一类是外热式真空热处理炉，也称作热壁式真空热处理炉；另一类是内热式真空热处理炉，也称为冷壁式真空热处理炉。

1.2 真空热处理的作用和特点

1.2.1 真空热处理的作用

1.2.1.1 真空的保护作用

真空热处理是在负压气氛中进行的热处理，其加热过程称真空加热。这个过程需要维持的气压状态（即工作压力或工作真空度）一般在 $100 \sim 10^{-3}$Pa 左右。根据气体分析，在此压力下真空炉内残存的气体，如水蒸气、氧、二氧化碳及油脂等有机物蒸气含量已经非常之少，不足以使被处理的金属材料产生氧化、脱碳、增碳等作用。在真空加热时，由于气氛中氧的分压低于被加热金属表面的氧化物分解压力，氧化作用被抑制，所以被处理的金属表面与原表面光亮度比较，可在很大程度上保持不变。可见真空不但对工件加热起到保护作用，还能使金属保持原有的光亮表面，故真空热处理也属于光亮热处理范畴。

1.2.1.2 表面净化作用

在真空热处理前，金属表面上经常会附着氧化物、氮化物、氢化物等物质。在真空中加热时，这些化合物被还原分解或挥发而消失，从而使金属获得光洁的表面。例如，在高速钢或不锈钢的表面上所形成的很薄的氧化膜，能够在约 1000℃以上的真空热处理炉中清除掉。金属（M）的氧化物在高温加热时，其分解反应一般可用下式表示：

$$2MO = 2M + 2O$$

$$2O = O_2$$

金属的氧化反应和分解反应是可逆的。反应向哪个方向进行，取决于炉中加热气氛中氧的分压和氧化物分解压之间的关系。氧的分压是指炉内气氛总压力中氧所占的压力。氧化物分解压是指由于氧化物分解达到平衡后所产生的分压。在给定的温度下，如果氧的分压小于氧化物分解压，则反应向右进行，结果是氧化物分解。在高真空条件下，炉内残余气体很少，氧的分压很低，低于氧化物分解压，故反应向右进行，产生的氧气被泵抽出，因此氧化物被除掉，保持了金属的光亮度。可见真空提供了氧化物分解的条件，能使金属表面得到净化。

1.2.1.3 真空除气作用

在真空炉中进行热处理时，金属工件中的气体被脱出，从而提高了工件的性能。金属材料经过真空热处理，与常规热处理相比，其力学性能，特别是塑性和韧性得到明显改善，其主要原因是真空热处理过程中的除气作用，排除金属中的氧、氢、氮等气体，能显著改善金属的疲劳和韧性指标。如强度在 1700～1800MPa 的 30CrMnSi 钢螺栓，当氢含量达到 $13 \times 10^{-6} \sim 17 \times 10^{-6}$ 时，就会产生氢脆。采用真空淬火工艺后，材料的含氢量可由大气等温淬火工艺（除去表层黑皮）的 8×10^{-6} 减少到 4.2×10^{-6} 左右。真空加热的除气作用，可使含 Fe 2%、Cr 2%、Mo 2%的钛合金的含氧量，从 0.036%减少到 0.003%。

1.2.1.4 真空脱脂作用

金属零件在热处理之前的机械加工过程中，往往要使用各种冷却剂和润滑剂。这些含有油脂的冷却剂和润滑剂不可避免要吸附在零件表面上。但在真空热处理时，零件只要进行简单的清洗、烘干就可以进行热处理，而不需要特殊的脱脂处理。因为油脂为烃类化合物，饱和蒸气压较高，在真空中加热会自行挥发或分解为水蒸气、氢气和二氧化碳等气体，被真空泵抽出。故可以得到无氧化、无腐蚀的光洁金属表面，而这个过程在气体的常压状态下是不可能做到的。

1.2.1.5 蒸发现象

金属在真空中被加热，其中的某些蒸气压较高的合金元素，如Ag、Al、Mn、Cr、Si、Pb、Zn、Mg、Cu、Ni、Co等易产生蒸发现象。各种金属元素都具有一定的饱和蒸气压，当外界的压力低于该元素的饱和蒸气压时，该元素即发生蒸发现象。这种现象会造成材料表面元素贫化以及零件之间、零件与料筐之间的粘接，以及零件表面粗糙，影响表面的光亮。同时，元素的蒸发会影响和改变零件材料原有的特性。此外，蒸发物沉积在热处理炉的构件上，会降低电极等炉内构件的绝缘性能，容易发生绝缘等级下降甚至短路事故。因此，在真空热处理过程中，认为只要提高真空度就能得到良好处理效果的想法是不全面的，要根据具体的处理零件材料所含元素的蒸气压情况，选择和控制加热时恰当的真空度，可以防止某些金属元素的大量蒸发。

在真空热处理的实际操作中，可以根据金属材料的种类，特别是处理温度在1000～1200℃或以上时，对于类似合金钢中含有的Cr、Mn等具有较高蒸气压（容易挥发）元素的材料，需要通入惰性气体或高纯氮气来调节炉内的真空度，防止这些金属大量挥发。由于惰性气体的存在，形成热对流，还有利于金属材料的均匀加热，减少零件因升温不均产生热应力而引起的变形。

1.2.2 真空热处理的特点

真空状态是一种良好的保护环境，在真空环境下热处理后的机械零件表面光滑、明亮，内部组织发生了变化，力学性能良好。除此之外，还有以下优点。

(1) 真空热处理节省能源，经济性好。真空热处理与常压热处理相比可以节省能源，因为真空热处理炉保温效果好，热损失少，减少了能耗。很多真空热处理设备（如真空电阻炉），可以用于多种真空热处理，例如真空退火、真空淬火、真空渗碳、真空钎焊、真空时效等。真空热处理炉可以实现机械化、自动化，节省人力和时间，从而降低产品成本。

(2) 真空热处理能实现环保。真空热处理与常压热处理相比，它是在密闭的环境下进行处理，环境清洁，废弃物排放及环境污染较少，真空热处理炉外壳都是水冷的，没有热影响，安全可靠。

(3) 真空热处理操作简单，提高了生产效率。真空热处理与常压热处理相比，对工人的操作要求简单，不容易出现差错，质量容易保证。真空热处理后的机械零件可以直接用于电镀，不必除油、清洗或进行其他表面加工，免除了许多辅助加工工序，节约了加工时间和加工费用，降低了生产成本。

(4) 真空热处理的机械零件质量好，提高了力学性能，能延长使用寿命。真空淬火可以将任何用油淬、气淬的材料淬到最高硬度；高速钢用真空热处理代替盐浴可以收到非常好的效果，如增加刀具寿命，刀具不会出现渗碳、脱碳、氧化、氢脆等问题；真空热处理的机械零件变形小，不容易开裂，例如高速钢燕尾铣刀真空加热，随后真空淬火不会发生开裂，零件采用真空油淬，其变形量仅为一般油淬的1/10，真空热处理后可以不用加工或只做少量磨削加工，模具的使用寿命可以延长40%～400%，工具的使用寿命能提高2～3倍。

(5) 真空热处理零件的变形量小。热处理过程中产生工件变形的原因：一是工件在热处理过程中产生相变应力；二是工件在加热和冷却过程中各部分温度变化速度不同而引起热应力。而真空热处理炉内温度均匀，在真空条件下加热，换热方式主要是热辐射，而不是对流加热，因此加热温度均匀，在1200℃下温度差仅为±5℃；真空热处理炉自动化程度高，炉内温度容易控制，炉内温度分布均匀，工件内外温度差较小，因而工件变形量小。

(6) 易于实现设备自动化，提高设备自动化程度，保证工件热处理的质量重复性好。由于真空热处理过程所需要的工作参数（如温度、压力、流量、时间、逻辑顺序等）均可由现代传感器接收、传递，可以预编出全部定量的工艺路线、执行程序。当前设计的真空热处理炉，几乎全部采用了计算机程序控制、调节、显示技术，实现了真空热处理设备的操作自动化，执行工艺过程正确无误，设备工作重复性好，人机对话与实时监控的灵活性好，从而保证了热处理产品质量的均匀一致。

真空热处理设备也有不足之处，主要体现在以下几方面。

(1) 热处理工件材料容易产生蒸发现象。在真空中加热，有些饱和蒸气压较高的金属元素，如铬、铜、锰、铝、铅、锌等，随着温度和真空度的提高会产生蒸发现象，使得材料表面某些元素缺失，改变了材料的表面性能，表面光洁度也会下降。金属元素蒸发后的再沉积液会污染真空炉。因此，在真空加热过程中，有时需要向真空炉内充入微量保护性气体（如纯净的氮、氩等），以保护气体的压力，控制高蒸气压的金属元素蒸发或升华。

(2) 真空热处理炉内会有放电现象发生。在真空炉内，在一定的气压和电压条件下，稀薄气体容易发生电离，产生辉光或弧光放电。如电阻加热的电极处，感应加热感应器的电引入装置构件之间，真空室内设置的电动机接线端子以及真空室的其他引线（如照明接线）等处，都容易发生放电现象。

(3) 对真空热处理设备操作者的文化素质要求较高。真空热处理设备涉及机械、电力、物理、金相、化学、计算机等方面的知识，设备控制、显示仪表较多，运行环节复杂，需要操作者对设备、运行过程有较清楚的了解，对设备故障能及时、有效地排除。

(4) 真空热处理炉比常压气体保护热处理炉复杂，第一次投资较高。

1.3 真空热处理技术的应用

由于真空热处理具有的一系列特点，使得这项现代的新工艺得到了快速发展和广泛应用。从处理材料来看，该工艺可以处理碳钢、不锈钢、合金钢、耐热合金、磁性材料、钛及钛合金、锆及锆合金、工具钢（含模具钢、刃具钢）。从产品的构件来看，航空工业中的飞机机翼大梁、起落架、高强度螺栓等结构件，机械制造中的齿轮、轴类、工具、夹具、模具等都需要进行真空热处理。从应用的工艺领域来看，在机械、冶金、能源、交通、航天、航空、航海、兵器、建筑、轻工、纺织、化工、石油、电子、电器等行业都需要真空热处理。真空热处理在机械、电子产品更新换代，提高产品质量，节能降耗，发挥材料潜力，提高产品寿命方面都有重要作用，下面分类介绍。

1.3.1 真空退火

1.3.1.1 真空退火的特点

由于在真空加热中，有脱气、脱脂、清除锈迹的作用，溶解于金属中的气体容易排出去，所以真空退火后的零件表面清洁、光亮。真空退火时经过压力加工产生变形的晶粒得到恢复，同时形成新的晶粒，使得组织得到均匀细化，因而改变了材料的力学性能。真空退火之后材料表面没有润滑剂的痕迹，表面干燥，可以不经过酸洗或喷砂的清洁工序就可以直接电镀，达到实现缩短工艺流程、提高产品质量的目的。

1.3.1.2 真空退火应用范围

（1）难熔金属的退火。钼、钨、钽、钴、钒、锆等金属熔点很高，而且又极易氧化，易被耐火材料污染，在加工时强度和硬度又很高，如果其中含有氢、氧、氮等气体，会使材料延展性变差，为了把它们变成型材，则必须经过真空退火之后，软化了这些材料，再进行压力加工。

（2）软磁合金的退火。软磁合金一般采用真空熔炼和真空轧制获得，因为它在温度、压力、辐射和机械负荷的作用下，还必须保证有稳定的磁性，因此需要用真空退火处理。

（3）硅钢片的退火。为了排除硅钢片中的氢、一氧化碳、二氧化碳、甲烷等气体，清除氧化物和硫化物，消除内应力和晶界畸变，提高磁感应强度，降低单位铁损，需要真空退火。

（4）铁镍合金和铁硅合金的退火。目的是改善组织结构，提高韧性。

（5）电工钢的退火。目的是提高塑性和均匀磁性。

（6）不锈钢的退火。目的是提高不锈钢的抗晶间腐蚀能力。

（7）结构钢的退火。目的是提高强度和表面光亮度。

（8）钢丝及热电偶丝的退火。目的是获得光亮的表面，消除加工应力，去除金属丝中含有的氮和氧等有害气体。

1.3.2 真空淬火

真空淬火的主要目的是改善和强化金属构件的质量，特别是表面层的质量。对于工具钢而言，真空淬火后可以保证足够的硬度要求，而且表面光亮度好，变形小，硬度高且均匀，使用寿命长，后加工工艺简单，生产周期短。

钢在真空淬火后，表面光亮是由于供给表面无氧化膜，附着在供给表面的油污杂质被挥发，从而使金属零件表面有光泽。真空淬火缓慢且均匀，气冷淬火后工件原地冷却不必移动，因此变形小且有规律。真空淬火后无氧化、脱碳，高合金工具钢由于淬火加热温度高，真空加热后高活性的表面在油淬时将发生瞬时渗碳，形成一小层渗碳层，因此使真空淬火后的硬度比普通淬火时高而且均匀，不会出现淬火软点。真空加热时的脱气作用可以提高材料的强度、耐磨性、抗咬合性能及疲劳强度，所以真空淬火后工件的寿命普遍较高。据报道，模具经真空淬火后平均寿命可提高30%以上，有的则可提高到4倍。

适合真空淬火的材料非常多，有碳素工具钢、合金结构钢、合金工具钢、不锈钢（马氏体不锈钢、奥氏体不锈钢）、高速钢、轴承钢、耐冲击钢、钛合金、铁镍基/镍基/钴基合金等。铍青铜真空淬火后，韧性可以提高50%，并且减少了氧化。

1.3.3 真空高压气淬

真空高压气淬是在真空状态下将被处理工件加热，而后在高压力、高流速的冷却气体中进行快速冷却，提高被处理工件表面硬度的工艺过程。

真空高压气淬与普通气淬、油淬、盐浴淬火相比具有明显的优点：①工件表面质量好、无氧化、无增碳；②淬火均匀性好、工件变形小；③淬火强度可控性好，冷却速度可以控制；④生产率高，省掉了淬火后的清洗工作；⑤无环境污染。

适合真空高压气淬的材料很多，主要有：高速钢（如切削工具、金属模、压模、量规、喷气发动机用轴承）、工具钢（钟表零件、夹具、压床）、模具钢、轴承钢等。

1.3.4 真空渗碳

1.3.4.1 真空渗碳原理

真空渗碳是将机械零件在真空中加热，当达到钢材临界点温度以上时，停留一段时间，并进行脱气及脱除氧化膜，然后通入经过净化的渗碳气体（如 CH_4、C_3H_8 等），以进行渗碳及扩散。真空渗碳的渗碳温度高，可达 1030℃，渗碳速度快。渗碳零件经脱气、去氧化物而使表面活性提高，提高了随后的扩散速度，渗碳与扩散反复交替进行，直到达到要求的表面浓度和深度为止。

1.3.4.2 真空渗碳的特点

真空渗碳深度与表面浓度可以控制；真空渗碳可以改变金属零件表层的冶金学性质；真空渗碳有效渗碳深度比其他方法渗碳实际深度更深。

1.3.4.3 主要应用

例如：齿轮真空渗碳、轴类零件真空渗碳、钻井机零件真空渗碳、数据处理机零件等。

1.3.5 真空回火

真空回火的目的是将真空淬火的优势（产品不氧化、不脱碳、表面光滑、无腐蚀污染等）保持下来，如果不采用真空回火，将失去真空淬火的优越性。对热处理后不进行精加工、需要进行多次高温回火的精密工具更是如此。

真空回火的应用与真空淬火紧密相连，凡是真空淬火后的机械零部件，为了减少或消除淬火应力，保证相应的组织转变，提高材料的塑性和韧性，获得硬度和强度，稳定工件尺寸等工艺需要，都要经过真空回火处理。

1.4 真空热处理技术的现状

金属的热处理加工技术已经有几千年的历史了，金属的退火、淬火、回火、正火等技术在我国古代兵器加工中早有应用。真空热处理的出现比较晚，1927 年美国无线电公司研制出了 VAC-10 型真空热处理炉。1949 年美国芝加哥的企业将真空热处理应用于生产中，这是真空热处理技术工业应用的开始。20 世纪 60 年代由于石墨材料的广泛应用，加之宇航、电子等工业的迫切需要，使真空热处理得到飞速发展，出现了各种类型可适应不同工艺要求的真空炉，真空炉的技术性能、应用领域和数量都得到了提高和扩展。由于真空热处理有许多优点，因此发展很快，特别是近几十年来，真空热处理成为现代制造业不可或缺的关键技术，得到了许多工业领域的重视，取得了突飞猛进的发展。

1.4.1 真空热处理设备的发展情况

1.4.1.1 国际上的发展情况

(1) 燃气真空炉研制开发和应用。

(2) 真空加压气淬炉的开发。

(3) 真空回火炉的开发。

(4) 流态化真空炉的开发。

(5) 热壁式真空渗碳炉的开发。

(6) 真空烧结炉的开发。

(7) 真空高压气淬炉智能控制系统的开发。

(8) 多用途真空炉的开发。

1.4.1.2 国内发展情况

(1) 真空气淬炉。目前我国主要真空高压气淬炉有：0.6MPa VQG 系列、0.2MPa VPG 系列、0.6MPa 带对流加热系统的 VQGD 系列等。其部分性能指标已达到国际先进水平，如炉温均匀性已经达到美国军标 MIL-80233A 规定的要求，温度均匀性达到±5.6℃，炉内压升率达到国际水平（<1.33Pa），设备的最高温度和极限真空度等指标也能满足用户要求，许多厂家生产的设备开始销往国外。

(2) 燃气式真空热处理炉。目前，国产真空热处理炉的主要性能已经达到国际同类产品的先进水平。如炉温的均匀性达到美国军标 MIL-F-80133D 和 MIL-80233B 规定的指标，即在 5.6℃以内，压升率指标一般均达到<0.66Pa/h，设备最高工作温度和极限真空度以及 PLC 型智能化控制系统等都能满足用户要求。国产真空退火炉、真空油淬-气淬炉等主要炉种已经基本站稳了国内市场，满足了各行业的需要，有些炉型已经出口到国外市场，受到了国际上的好评。

国内真空热处理设备正在向专业化、自动化、可靠性、先进性方向发展，在生产成本降低、节约运转费用、简化设备结构、提高设备智能化进程、保证设备运行稳定等方面做了许多研究开发工作。真空热处理设备的在线控制，新型真空热处理设备的研究开发工作受到了重视。

1.4.2 真空热处理工艺发展情况

20 世纪 70 年代真空热处理工艺在我国得到了初步发展，科技工作者主要研究探讨真空热处理的基本性质、加热特点、金属蒸发问题，金属在真空下加热的基本规律、变形问题。同时开展了典型真空热处理工艺研究，进行了真空退火、真空油淬、真空气淬的工艺研究和应用。20 世纪 80 年代，真空热处理技术在我国迅速发展，引进的先进真空热处理设备增多，真空热处理的工艺研究和应用日益广泛，开发了真空高压、真空高流率淬火工艺的应用。几乎与此同时，真空渗碳、真空烧结、真空钎焊、真空离子渗碳（氮、金属）等工艺也相继开发出来。真空热处理技术在我国从实验和少量生产正式走向了工业生产领域。20 世纪 90 年代以来，真空热处理出现了许多新技术、新特点，高压气淬和超高压气淬开始应用，真空加热、热风回火、快速冷却技术得到发展。紧接着真空清洗技术，真空热处理设备和工艺智能控制系统，真空渗碳及真空离子渗碳技术得到蓬勃发展和应用，在美国、德国、法国、日本、英国等国家成为新技术发展的热点。我国在这些方面紧跟发达国家的先进技术，开发应用了许多真空热处理新技术、新工艺，例如真空高压气淬工艺、真空回火热风循环快冷处理、连续炉真空热处理工艺、真空渗碳工艺等，在真空清洗技术、真空渗碳工艺和真空热处理工艺智能化控制系统及高温离子热处理等领域也有很好的研究和应用。

经过许多科技工作者的分析探讨，普遍认为今后金属表面工程将会更多地依赖真空热处理技术，真空热处理技术的应用领域正在不断扩大，工艺水平正在不断提高。真空热处理工艺的发展应该是简化工艺过程、缩短工艺时间、提高工作效率、稳定产品质量、开发新型工艺过程。

1.4.3 真空热处理理论的发展情况

热处理是阐明金属材料化学成分、微观组织结构、力学性能等关系的科学。真空热处理只是改善了热处理的环境气氛，提高了热处理产品的质量和性能，其原理是相同的。固态金属（包括纯金属和合金）在加热和冷却过程中可能发生各种相的转变，称为相变，金属的固态相变是金属能够进行热处理的前提。

金属固态相变的类型很多：按相变过程中金属原子的运动特点可将固态相变分为扩散型相变和非扩散型相变；按平衡状态可分为平衡相变和非平衡相变；按热力学可分为一级相变和二级相变。

金属的金相组织是一门比较成熟的学科，除了研究金属相变以外，还研究钢中奥氏体组织的形成、结构和性能；珠光体的组织形态、晶体学，珠光体转变动力学，珠光体的力学性能；马式体转变的特征，马氏体的组织形态，影响马氏体转变的因素，马氏体转变的热力学，马氏体转变的动力学，马氏体的性能；贝氏体转变特征，贝氏体的组织形态，贝氏体的形成条件，贝氏体的转变机理等。

国际上真空高压气淬技术和设备的进展都是在基础理论研究的基础上发展起来的，基础理论研究多集中在推导工件冷却时间的表达式。决定工件冷却时间的主要因素是气体与工件之间的对流换热系数，找出影响对流换热系数的因素，如气体压力、流速、淬火气体性质等，研究增加对流换热系数的方法、途径，寻找高效、节能、环保的设备和工艺。

1.5 真空热处理技术的发展趋势

根据美国金属学会热处理分会、金属处理研究院、能源部工业技术厅对美国热处理工业2020年度发展前景的预测，未来的热处理工业要有一流的质量，生产具有零畸变的产品零件；在整个工艺过程中，产品质量具有零分散度，能量利用率提高到80%；工作环境良好，清洁无污染；生产中采用标准的闭循环控制系统，智能系统控制决定产品的性能，综合技术使工艺时间减少50%，成本降低75%。所有这些设想，为真空热处理技术的发展提供了广阔的机遇。真空热处理技术是工业发达国家广泛采用、迅速发展的一种高效、节能、清洁、无污染的先进热处理技术。

真空热处理技术的应用越来越广泛，预测其发展方向也是很有意义的工作，大胆猜想也许会给读者带来兴趣。据估计，未来的真空热处理应该重视以下几个方面。

（1）真空热处理工艺的发展方向

① 开发精密真空热处理工艺。在被处理的零件尺寸方面，使热处理工件变形小或无变

形；在组织性能方面，需要精密、均匀、一致、可重复性好。

② 开发节能真空热处理工艺。尽量减小真空热处理过程中的热损失，充分利用工艺过程中的余热，开展低温对流辐射加热系统的研究，例如传统的高压气淬主要利用辐射加热，而辐射加热在760℃以上才能显现出明显效果。为了在低温下均匀而迅速加热，采用在炉内通入惰性或中性气体的方式，实现150～800℃下的对流加热，对流辐射加热比单纯辐射加热节能大约50%，缩短了淬火周期，降低了加热工件内部的热应力，减小了工件的变形。

③ 开发等温分级控制淬火工艺。激烈的高压气冷有时会使工件严重裂变，工件截面尺寸越大，问题越突出，实现等温分级淬火可以解决该问题。当工件完成奥氏体化后，再开始以最大压力或最大流量进行冷却。在工件表面和心部各放一根热电偶，当工件表面温度将达到马氏体淬火温度时，降低炉内压力和精确控制风量，使表面温度不再下降，直到工件表面和心部温度差达到预定值时，再进一步对工件冷却。

④ 开发复合热处理工艺。精确控制加热、冷却速率，控制工件内部组织转变过程和稳定性，提高热处理材料或零件的质量。

⑤ 简化真空热处理的工序，节省时间、人力、物力、财力。

(2) 真空热处理设备的发展方向

① 为提高加热速率和均匀性，最好采用低温对流加热，多喷嘴圆周方向冷却，使用四周可以换向的气流淬火，采用分级精确控制系统，使气淬更均匀。想办法努力提高冷却速率，例如采用高压气淬、高流率气淬、加强冷淬室内部的换热条件、改善喷嘴群的结构和布置等。

② 开发研制气淬压力大于1.0MPa的超高压气淬设备。目前国产真空高压设备气淬压力在0.6MPa水平，处于发达国家20世纪80年代水平，国外已经开发出2～10MPa的真空高压气淬炉，其工作温度高达2200℃，因此国内还需要努力实现国际先进水平。

③ 开发研制双室真空高压气淬设备。目前使用的真空高压设备大多数是单室的，即加热和冷却在同一室内进行。如果改成热、冷双室的设备，在冷室内淬火，不需要冷却加热室，降低了加热元件的损耗，延长了加热元件的使用寿命，减少了淬火所需时间，提高了冷却能力，同时也减少了冷却气体的消耗，节约能源、减少浪费。

④ 改进真空热处理设备功能，提高设备的连续化程度，开发连续式生产线，强化设备的可靠性、可控性、可重复性，提高真空热处理设备运行的自动化程度，向智能化控制、网络管理系统方向发展，提高测试仪表的精度、寿命，开发大规模生产的生产线，提高生产效率，实现真空热处理设备和工艺的柔性化生产，进行质量和工艺过程的自动化控制。

⑤ 探寻真空热处理设备新的结构、新的功能；开发流态化真空热处理炉新技术；开发一机多用新产品；对真空热处理设备进行优化设计；研制节能型真空热处理炉；开发真空热处理设备的新用途。

(3) 真空热处理理论研究方向。理论研究是一项艰苦、细致，又很抽象的工作，开展真空热处理的理论研究是改进真空热处理工艺，提高真空热处理设备水平的基础。

① 开展真空热处理过程的数值模拟研究。真空热处理是在密闭的真空室内进行，很难观察和检查，因此开展真空热处理过程中加热、保温、冷却的数值模拟，特别是真空高压气淬过程的传热、气体流动、冷却过程的数值模拟十分有利于理论研究的深入。

② 开展真空热处理过程中工件内部相变的规律。研究被处理工件内部组织变化规律以及与外界环境因素的关系。例如研究真空高压气体淬火过程中气体流场、温度场的变化规

律，提高气淬压力、流量对产品质量的影响规律，影响真空高压气体淬火效果的因素等都是很重要的工作。

③ 研究加热速度、保温时间、冷却速率等外界因素的变化对被处理工件内部组织结构变化的影响等，以便给出真空热处理工艺的最佳条件。

参考文献

[1] 闫成沛编著.真空与可控气氛热处理.北京：化学工业出版社，2006.

[2] 夏国华，杨树蓉主编.现代热处理技术.北京：兵器工业出版社，1997.

[3] 陆兴主编.热处理工程基础.北京：机械工业出版社 2007.

[4] 石磊，解永蓉.真空热处理炉瞬态传热过程的数值模拟. 真空，2013 (05).

[5] 熊剑主编.国外热处理新技术.北京：冶金工业出版社，1990.

[6] 那顺桑编著.金属热处理 300 问.北京：化学工业出版社，2007.

[7] 闫承沛编著.真空热处理原理与工艺.北京：机械工业出版社，1988.

[8] 刘仁加，濮绍雄编著.真空热处理与设备.北京：中国宇航出版社，1984.

[9] 徐成海，陆国柱，谈治信，陈荣发.真空设备选型与采购指南.北京：化学工业出版社，2013.

2 真空热处理技术基础

金属热处理就是将固态金属通过特定的加热和冷却过程，使之发生组织转变以获得所需性能的一种工艺过程的总称。热处理是阐明金属材料化学成分-微观组织结构-力学性能关系的科学。因此，它是热处理技术的理论基础。

2.1 金属固态相变基础

固态金属（包括纯金属和含金）在加热和冷却过程中可能发生各种相的转变，称为固态相变。金属的固态相变是金属能进行热处理的前提。

2.1.1 金属固态相变的主要类型

金属固态相变的类型很多：按相变过程中原子的运动特点可将固态相变分为扩散型相变和非扩散型相变；按平衡状态分为平衡相变和非平衡相变；按热力学分为一级相变和二级相变。

2.1.1.1 按相变过程中原子的运动特点分类

（1）扩散型相变。扩散型相变一般均借助于原子的热激活运动而进行。

扩散型相变大致有以下几种：①脱溶分解；②共析转变；③有序化转变；④块状转变；⑤多形性转变；⑥调幅分解。

脱溶分解是指由过饱和固溶体中析出新相的过程，如图 2-1（a）所示。当单相固溶体 α 冷却到固溶曲线以下时，α 变成 β 原子过饱和的固溶体，以 α′表示。β 原子以新相 β 的形式从过饱和的 α′相中析出。脱溶分解后的 α′相晶体结构与 α 相同，但成分更接近平衡状态，这一过程可以表示为：

$$\alpha' \longrightarrow \alpha + \beta \quad (2\text{-}1)$$

共析转变是指冷却时一个固溶体（γ）分解为与 γ 相晶体结构不同的两个新相 α 和 β。混合物的相变，可表示为：

$$\gamma \longrightarrow \alpha + \beta \quad (2\text{-}2)$$

图 2-1（b）表示了这种相变的类型。钢在冷却时由奥氏体转变为珠光体（铁素体与渗

碳体的混合物）即属于共析转变。

有序化转变是指固溶体组元原子从无序排列到有序排列的转变过程，可表示为：

$$\alpha（无序）\longrightarrow \alpha'（有序） \tag{2-3}$$

在 Fe-Co、Fe-Ni、Au-Cu、Mn-Ni、Ti-Ni、Cu-Zn 等合金系中会发生这种转变，如图 2-1（c）所示。

块状转变中新相的成分与母相一样，但晶体结构不同，如图 2-1（d）所示。例如，纯铁或低碳钢在一定的冷却速度下，γ 相可以转变为与之具有相同成分而形貌呈块状的 α 相。新相的长大是通过原子的短程扩散而实现的。在纯铁、铜锌等合金中就会发生块状转变。

图 2-1（e）所示的多形性转变是指发生在纯金属中的晶体结构的转变，如纯铁中 δ→γ→α 转变。这种转变本身在生产上没有多少实际意义，但以此转变为基础的铁的固溶体固态相变是钢的热处理的基础。

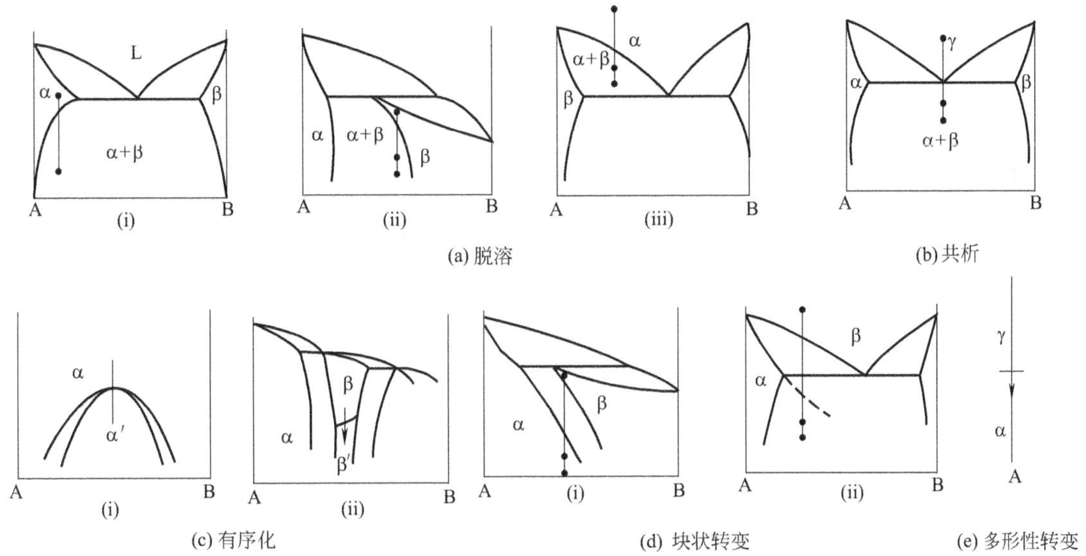

图 2-1 各类扩散性相变的例子

另外，某些合金在高温下具有均匀单相固溶体，但冷却到某一温度范围时可分解成为与原固溶体结构相同但成分不同的两个微区，如 $\alpha \longrightarrow \alpha_1 + \alpha_2$，这种转变称为调幅分解。调幅分解的特点是：在转变初期形成的两个微区之间并无明显界面和成分突变，但是通过扩散，最终使原来的单相固溶体分解成两个共格相。

（2）非扩散型相变。非扩散型相变是指转变前后组元原子的运动不超过一个原子间距的转变。在通常情况下，非扩散到相变是在足够快的冷却速度下（即淬火），由原子没有来得及进行扩散型相变而引起的。通过淬火使钢硬化是最重要的一种热处理工艺，广泛用于生产，其转变产物称为马氏体，而这种非扩散型相变称为马氏体转变。马氏体转变不仅在钢中发生，也在许多有色金属中发生，如 Ti-Ni、Cu-Zn-Si、Cu-Zn、Cu-Mn、Ni-Mn-Ga 等合金系。

此外，钢中还有一种介于马氏体转变与珠光体转变之间的转变，称为贝氏体转变。此时铁原子扩散已经极其困难，但碳原子还能扩散，故可以称为半扩散型相变。其转变产物也是 α 相和碳化物的混合物，称为贝氏体，但形态和分布与珠光体不同。根据贝氏体转变设计的贝氏体钢具有优异的强度和突出的韧性，近年来有很大进步。

2.1.1.2　按平衡状态分类

根据金属材料的平衡状态，也可将固态相变分为平衡相变和非平衡相变。

(1) 平衡相变。在缓慢加热或冷却时所发生的能获得符合平衡相图的平衡组织的相变称为平衡相变。前面介绍的多形性转变、平衡脱溶分解、共析转变、有序化转变等均属于平衡相变。

(2) 非平衡相变。若加热或冷却速率很快，上述平衡相变将被抑制，固态材料可能发生某些平衡相图上不能反映的转变，并获得被称为不平衡或亚稳态的组织，这种转变称为非平衡相变。马氏体转变、贝氏体转变、非平衡脱溶分解以及后续章节要详细介绍的伪共析转变均属于非平衡相变。就热处理工艺而言，非平衡相变具有更为重要的意义。

2.1.1.3　按热力学分类

根据相变前后热力学函数的变化，可将固态相变分为一级相变和二级相变。

(1) 一级相变。相变时新旧两相的化学势相等，但化学势的一级偏微商不等的相变称为一级相变。设 α 代表旧相，β 代表新相，μ 为化学势、T 为温度、p 为压力，则有：

$$\mu_\alpha=\mu_\beta;\left(\frac{\partial\mu_\alpha}{\partial T}\right)_p\neq\left(\frac{\partial\mu_\beta}{\partial T}\right)_p;\left(\frac{\partial\mu_\alpha}{\partial p}\right)_T\neq\left(\frac{\partial\mu_\beta}{\partial p}\right)_T$$

已知：

$$\left(\frac{\partial\mu}{\partial T}\right)_p=-S;\left(\frac{\partial\mu}{\partial p}\right)_T=V$$

所以 $S_\alpha\neq S_\beta$，$V_\alpha\neq V_\beta$。

因此，在一级相变时，熵 S 和体积 V 将发生不连续变化，即一级相变有相变潜热和体积改变。材料的凝固、熔化、升华以及同素异构转变等均属于一级相变。

几乎所有伴随晶体结构变化的金属固态相变都是一级相变。

(2) 二级相变。相变时新旧两相的化学势相等，且化学势的一级偏微商也相等，但化学势的二级偏微商不等的相变称为二级相变，即相变时，$S_\alpha=S_\beta$，$V_\alpha=V_\beta$，但是：

$$\left(\frac{\partial^2\mu_\alpha}{\partial T^2}\right)_p\neq\left(\frac{\partial^2\mu_\beta}{\partial T^2}\right)_p;\left(\frac{\partial^2\mu_\alpha}{\partial p^2}\right)_T\neq\left(\frac{\partial^2\mu_\beta}{\partial p^2}\right)_T;\frac{\partial^2\mu_\alpha}{\partial T\partial p}\neq\frac{\partial^2\mu_\beta}{\partial T\partial p}$$

说明在二级相变时，无相变潜热和体积改变，但比热容、压缩系数和膨胀系数有突变。材料的部分有序化转变、磁性转变以及超导体转变均属于二级相变。

2.1.2　金属固态相变的基本特征

金属固态相变与液态金属结晶一样，其相变驱动力也来自新相与母相的自由能差，也通过形核与长大两个过程来完成。但因相变前后均为固态，故有以下几个特点。

2.1.2.1　界面和界面能

固态相变时，母相和新相均为固相，故其界面与固/液界面不同。通常固/固界面可以按结构特点分为共格界面、半共格界面和非共格界面三种，如图 2-2 所示。共格界面是指界面两侧的两个相的原子能一一对应、相互匹配。半共格界面是指由于界面两侧的原子间距不同，放在界面上只有部分原子能够依靠弹性畸变保持匹配，在不能匹配的位置将形成刃型位错。非共格界面是指由于两相的原子间距差别太大，在界面上两侧原子不能保持匹配。界面上原子排列的不规则性将导致界面能的升高，因此非共格界面能最高，半共格界面次之，共格界面能最低。

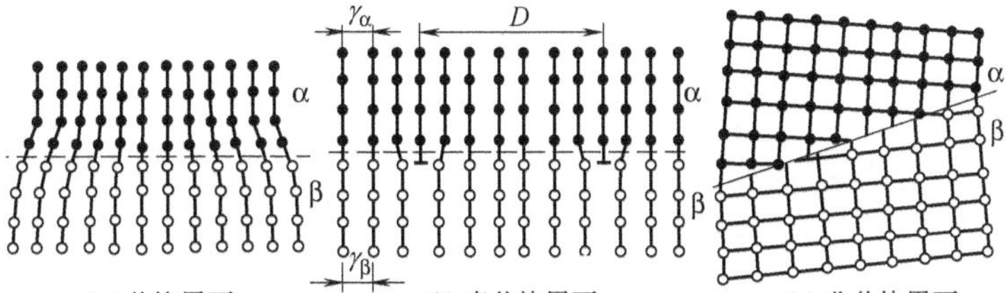

(a) 共格界面 (b) 半共格界面 (c) 非共格界面

图 2-2 固态相变界面结构示意图

界面能的大小对新相的形核、长大以及转变后的组织形态有很大影响。若新相具有和母相相同的点阵结构和近似的点阵常数，则新相可以与母相形成低能量的共格界面。此时，新相将成针状，以保持共格界面，使界面能保持最低。如新相与母相的晶体结构不同，这时新相与母相之间可能存在一个共格或半共格界面，而其他面则是高能的非共格界面。为了降低能量，新相的形态将是一个圆盘。圆盘面为共格界面，而圆盘的边为非共格界面。对于非共格新相，所有的界面都是高能界面，因此其平衡形状大致为球形，但也不排除由于不同方向的界面能差异而形成多面体。

2.1.2.2 惯习面和新、旧两相间的位向关系

新相可能是针状，也可能是片状或颗粒状。针状新相的长轴以及片状新相的主平面通常平行于母相的某一晶面。该晶面称为惯习面，通常用母相的晶面指数表示。惯习面的存在是为了减小两相的界面能。由于一个晶面族包括若干在空间互成一定角度的晶面，故沿惯习面形成的针状及片状新相将成一定角度或相互平行。

惯习面的存在表明新相与母相存在一定晶体学位向关系。因为两相的晶体各自相对于惯习面的位向关系是确定的，它们彼此间的位向关系也就确定了，结果是两相的某些低指数晶向和某些低指数晶面相互平行。例如，低碳钢发生马氏体转变时，马氏体总是在奥氏体的 $\{111\}_\gamma$ 上形成，所以 $\{111\}_\gamma$ 就是惯习面；碳钢中 α 相的晶面常与 γ 相的 $\{111\}_\gamma$ 平行；α 相的 $\langle 111\rangle_\alpha$ 晶向又常与 γ 相的 $\langle 110\rangle_\gamma$ 晶向平行。这种晶体学位向关系可以记为 $\{110\}_\alpha /\!/ \{111\}_\gamma$，$\langle 111\rangle_\alpha /\!/ \langle 110\rangle_\gamma$。

一般来说，当新相与母相之间为共格或半共格界面时，两相间必然存在一定的晶体学位向关系；若两相间无一定的位向关系；则其界面必定为非共格的。但有时两相间虽然存在一定的晶体学位向关系，但未必具有共格或半共格界面，这是新相在长大过程中，其界面的共格性已被破坏所致。

2.1.2.3 弹性应变能

除了界面能，弹性应变能也对固态相变有重要影响。弹性应变能是指当新相与母相间存在点阵错配和体积错配时引起的应变能，如图 2-3 所示。点阵错配是指新相和母相的晶体结构和位向相同，但点阵常数不同，由此在所形成的共格界面附近产生应变能，称为共格应变能。显然，这种共格应变能以共格界面最大，半共格界面次之，而在共格界面为零。体积错配是指新相和母相的比体积不同，故固态转变时必将发生体积变化，新相受到周围母相的约束以致不能自由涨缩，因此产生比体积差弹性应变能。图 2-4 给出了在非共格界面条件下，比体积差应变能与新相几何形状之间的关系。由图中可以看出，新相呈球状时应变能最大，盘（片）状最小，针（棒）状居中。

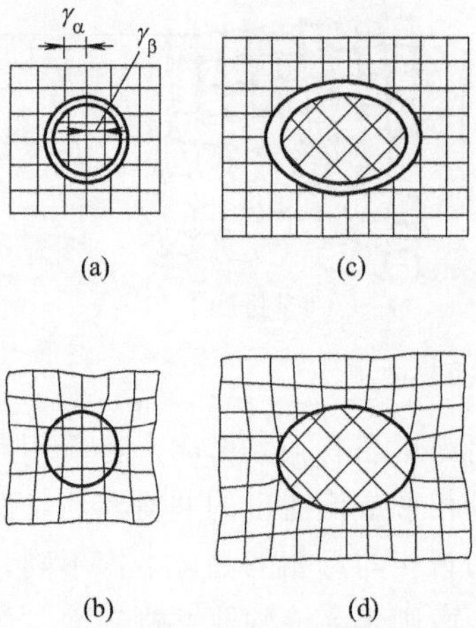

图 2-3 点阵错配与体积错配

(a)、(b) 新相与母相共格，但点阵常数不同，从而产生点阵错配；(c)、(d) 新相与母相非共格，而比体积不同，产生体积错配

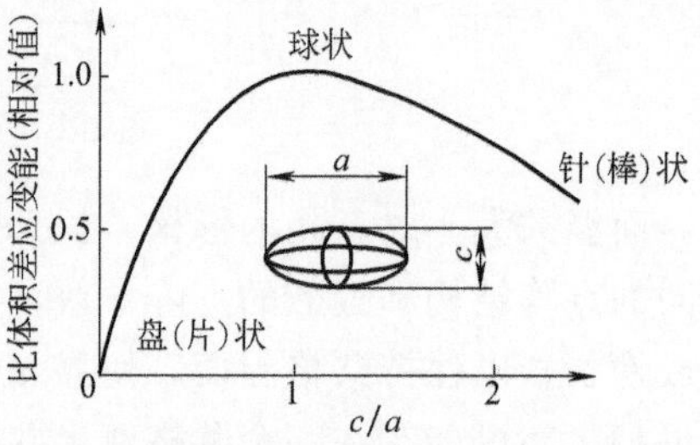

图 2-4 新相几何形状与比体积差应变能的关系

固态相变的阻力由界面能和弹性应变能构成，与液态金属的结晶相比，固态相变的阻力由于增加了弹性应变能这一项而变大。但在固态相变中究竟是界面能为主还是弹性应变能为主，取决于具体情况。如过冷度很大，新相尺寸很小，单位体积新相的界面积很大，则界面能起主导作用，两相界面易取共格方式以降低界面能，因界面能的降低可以超过共格应变能的增加，从而降低总的形核阻力。当过冷度很小，新相尺寸较大，界面能不起主要作用，易形成非共格界面。此时若两者比体积差较大，则弹性应变能起主导作用，新相为盘（片）状以降低弹性应变能；若两相比体积差不大，弹性应变能作用不大，则形成球状以降低界面能。

2.1.2.4 晶体缺陷

与液态金属不同，固态金属中存在各种晶体缺陷，如位错、空位、晶界或亚晶界。一般来说，固态相变时新相晶核总是优先在这些晶体缺陷处形成。这是因为晶体缺陷处是能量起伏、结构起伏和成分起伏最大的区域。在这些区域形核时，原子扩散激活能低，扩散速度快，相变应力也容易松弛。

2.1.3 固态相变中的形核

绝大多数金属固态相变是通过形核和长大过程完成的。形核过程往往是先在母相中某些微小区域内形成新相的结构和成分，成为核坯；若核坯尺寸超过一定值，便能稳定存在并自发长大，成为新相的晶核。若晶核在母相中无择优地均匀分布，称为均匀形核；若晶核在母相的某些区域不均匀分布，则称为非均匀形核。

2.1.3.1 均匀形核

固态相变均匀形核的驱动力为新、旧相的自由能差，而形核的阻力包括界面能和弹性应变能。晶核的界面能与晶核的表面积成正比，而弹性应变能与晶核的体积成正比。按照经典形核理论，均匀形核时系统自由能的总变化 ΔG 为：

$$\Delta G = -V\Delta G_V + S\gamma + V\Delta G_s \tag{2-4}$$

式中，V 为新相体积；ΔG_V 为新相与母相的单位体积自由能差；S 为新相表面积；γ 为新相与母相之间单位面积界面能；ΔG_s 为新相单位体积弹性应变能。式（2-4）右侧第一项 $V\Delta G_V$ 为体积自由能差，即相变驱动力；$S\gamma$ 为界面能，$V\Delta G_s$ 为弹性应变能，均属相变阻力。与液固相变相比，式（2-4）增加了弹性应变能，同时界面能也可能在较大范围变化，即从共格界面的低数值到非共格界面的高数值。由于晶核可能有多个界面，准确地讲，$S\gamma$ 应为晶核各个界面能的总和，即$\sum S_i\gamma_i$。

假设界面能各向同性，且晶核是球形，则式（2-4）变为：

$$\Delta G=-\frac{4}{3}\pi r^3(\Delta G_V-\Delta G_s)+4\pi r^2\gamma \tag{2-5}$$

式中，r 为球半径，这一方程如图 2-5 所示。从图 2-5 可以看到，ΔG 有极大值存在，此时的核坯半径称为临界晶核半径，对应的自由能称为晶核的形核功 ΔG^*。只有核坯的半径大于r^*时，体系自由能才能随晶核的长大而降低，因此可以进一步长大，此时的核坯称为晶核。令 $\mathrm{d}(\Delta G)/\mathrm{d}r=0$，则可求得新相的临界晶核半径$r^*$为：

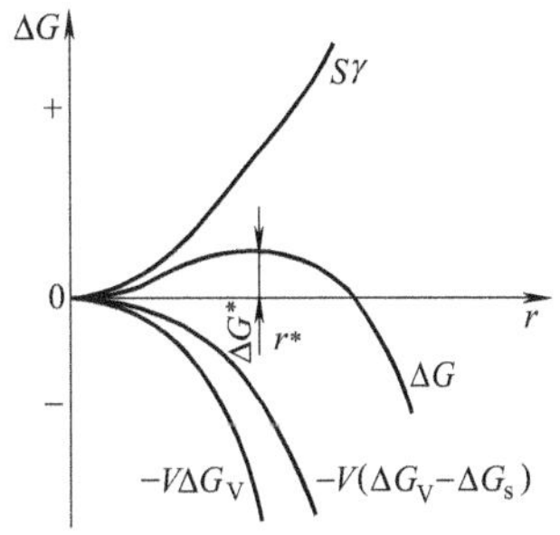

图 2-5 均匀形核时 ΔG 随 r 的变化

$$r^*=\frac{2\gamma}{\Delta G_V-\Delta G_s} \tag{2-6}$$

形成临界晶核的形核功 ΔG^* 为：

$$\Delta G^*=\frac{16\pi r^3}{3(\Delta G_V-\Delta G_s)^2} \tag{2-7}$$

式（2-6）和式（2-7）与凝固过程的表达式非常相似，只是增加了弹性应变能，使相变阻力增加了，从而使临界晶核直径和形核功增大，表明固态相变中形核比液→固相变困难。临界晶核半径和形核功都是体积自由能差 ΔG_V 的函数，因此，它们也将随过冷度（过热度）而变化。随过冷度（过热度）增大，临界晶核半径和形核功都减小，即相变容易发生。由于固态相变中存在体积弹性应变能 ΔG_s，因此只有当 $\Delta G_V>\Delta G_s$ 时相变才能发生，亦即过冷度（过热度）必须大于一定值时，固态相变才能发生，这是与液→固相变的一个根本区别。此外，当表面能 γ 和弹性应变能 ΔG_s 增大时，临界晶核半径r^*增大，形核功 ΔG^* 增高，导致形核困难。

与液态结晶类似，临界尺寸晶核的浓度c^*由下式给出：

$$c^*=c_0\exp\left(-\frac{\Delta G^*}{kT}\right) \tag{2-8}$$

式中，c_0 是这一相中单位体积的原子数；k 为玻尔兹曼（Boltzmann）常数；T 为热力学温度。如果每一个晶核在每秒内以 f 速率超过临界尺寸，那么均匀形核的形核率$N_{均匀}$就是：

$$N_{均匀}=fc^* \tag{2-9}$$

f 取决于临界晶核从母相中得到一个原子的频率，与晶核的表面积和扩散速率有关。如果每个原子的迁移激活能是 ΔG_m，f 就可以写成 $\omega\exp[-\Delta G_m/(kT)]$。$\omega$ 是一个包含原子振动频率和临界晶核面积的因子。因此，均匀形核的形核率应为：

$$N_{均匀}=\omega c_0\exp\left(-\frac{\Delta G_m}{kT}\right)\exp\left(-\frac{\Delta G^*}{kT}\right) \tag{2-10}$$

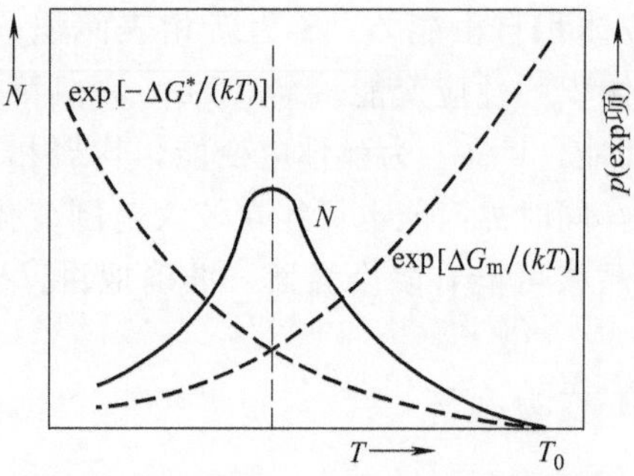

图 2-6 形核率 N 与温度 T 的关系

在上式中，随着温度的下降，代表晶核潜在密度的 $\exp[-\Delta G^*/(kT)]$ 升高很快，而原子迁移激活能 ΔG_m 几乎不随温度变化，所以 $\exp[-\Delta G_m/(kT)]$ 随温度降低而减小。因此均匀形核率随温度下降先增加后降低，在某一温度呈现极大值，如图 2-6 所示。

2.1.3.2 非均匀形核

如同在液相中一样，固相中的形核几乎总是非均匀的。固相中的各种缺陷，诸如空位、位错、晶界、层错、夹杂物和自由表面等都能提高材料的自由能，如果晶核的形成能使缺陷消失，就会释放出一定的自由能（ΔG_d），与 ΔG_V 一样，成为转变的驱动力，各种缺陷也就成为合适的形核位置。其形核方程为：

$$\Delta G=-V\Delta G_V+S\gamma+V\Delta G_s-\Delta G_d \tag{2-11}$$

（1）晶界形核。若完全忽略弹性应变能，最佳的晶核形状应当使总的界面自由能最低，因此一个非共格晶界晶核的最佳形状将是图 2-7 中两个相接的球冠，其 θ 角为：

$$\cos\theta\approx\gamma_{\alpha\alpha}/(2\gamma_{\alpha\beta}) \tag{2-12}$$

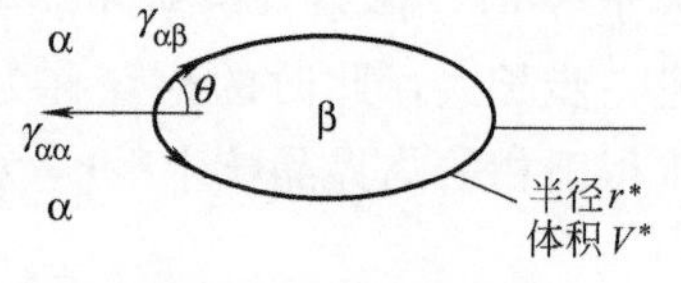

图 2-7 晶界形核的临界晶核尺寸

式中，$\gamma_{\alpha\alpha}$ 为 α/α 晶界能；$\gamma_{\alpha\beta}$ 为 α/β 界面能。假如具备向同性的，并且对两个晶粒是相等的，晶核引起的自由能变化由下式给出：

$$\Delta G=-V\Delta G_V+S_{\alpha\beta}\gamma_{\alpha\beta}-S_{\alpha\alpha}\gamma_{\alpha\alpha} \tag{2-13}$$

式中，V 为晶核的体积；$S_{\alpha\beta}$ 为新产生的、能量为$\gamma_{\alpha\beta}$ 的 α/β 界面面积；$S_{\alpha\alpha}$ 为能量为的 α/α 晶界面积，在形核过程中逐渐消失。

与计算式（2-6）的方法相似，考虑球冠的表面积和体积后，获得球冠的临界半径为

$$r^*=2\gamma_{\alpha\beta}/\Delta G_V \tag{2-14}$$

而非均匀形核的形核功由下式给出：

$$\frac{\Delta G^*_{非均匀}}{\Delta G^*_{均匀}}=\frac{V^*_{非均匀}}{V^*_{均匀}}=S(\theta) \tag{2-15}$$

式中，$S(\theta)$ 为一个形状因子，表达式为

$$S(\theta)=\frac{1}{2}(2+\cos\theta)(1-\cos\theta)^2 \tag{2-16}$$

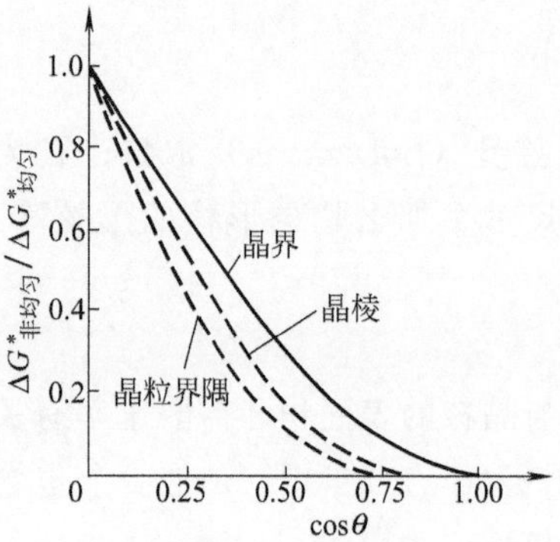

图 2-8 相对于均匀形核过程，θ 角对晶界形核激活能的影响

由此可知，$\Delta G^*_{非均匀}$ 的大小，即晶界作为形核位置的潜力，取决于 $\cos\theta$，也就是取决于 $\gamma_{\alpha\alpha}/\gamma_{\alpha\beta}$ 的比值。如果 $\gamma_{\alpha\alpha}=2\gamma_{\alpha\beta}$，那么 $\theta=0°$，就不存在形核势垒；如果$(\gamma_{\alpha\alpha}/\gamma_{\alpha\beta})\to 0$，则 $\theta=90°$，说明晶界对形核没有促进作用；假设 $\theta=60°$，则 $(\Delta G^*_{非均匀}/\Delta G^*_{均匀})\approx 1/3$，表明此时晶界形核功只为均匀形核功的 1/3，晶界形核比均匀形核有明显的优势。与在两个晶粒的界面处相比，三个晶粒的共同交界——晶棱，以及四个晶粒交点——界隅处的形核功还可以进一步降低，如图 2-8 所示。

小角度晶界的界面能小于大角度晶界的界面能，

因此对于具有高的非共格脱溶物，大角度晶界是有利的形核位置。如果基体和晶核相互适应，以形成低能量界面，那么形核功可以进一步减小。图 2-9 所示是晶核与其中的一个晶粒有某种位向关系，形成共格或半共格晶界，这在固态相变中是极常见的现象。其他面缺陷，如夹杂-基体界面、堆垛层错和自由表面，同样可以减小形核功。

（2）位错形核。位错有以下几种方式促进形核。

① 位错周围的点阵畸变能可以降低核坯的总应变能而减小 ε 项，从而减小 ΔG^*。错配为负的共格晶核（即其体积比基体小），在刃型位错上方的压应力区域形成，能量降低；如果错配为正，晶核在位错下方形成，在能量上更为有利。

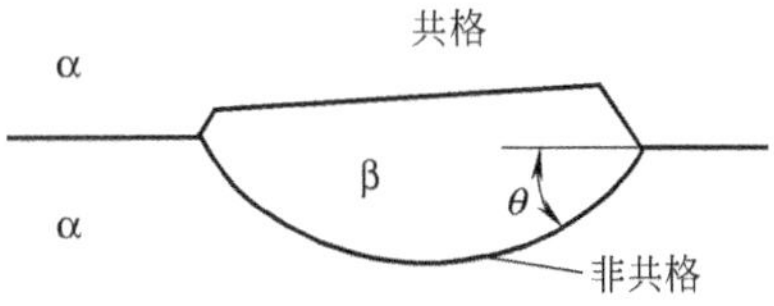

图 2-9 晶核与一个晶粒形成低能量的共格界面可以进一步减小临界晶核尺寸

② 熔质原子在位错线上的偏聚可以使成分接近于新相的成分，从而有利于形核；位错也提供了一个较低 ΔG_m 的扩散通道，帮助大于临界尺寸的核坯生长。

③ 在 fcc 晶体中，$a/2\langle 110\rangle$ 全位错能够在 $(\bar{1}11)$ 晶面上分解成由两个肖克莱不全位错相夹的堆垛层错。这个堆垛层错实际上是 hcp 晶体的四个密排面，所以它能作为一个 hcp 晶体析出物的潜在形核位置。

根据估算，当相变驱动力甚小，而新相与母相之间的界面能为 $2\times10^{-5}\text{J/cm}^2$ 时，均匀形核的形核率仅为 $10^{-70}/(\text{cm}^3\cdot\text{s})$，但即使晶体中位错密度只有 $10^8/\text{cm}$，由位错促进的非均匀形核的形核率仍高达 $10^8/(\text{cm}^3\cdot\text{s})$。可见，晶体中位错形核具有重要作用。

（3）空位形核。时效硬化合金在高温淬火时，过饱和的空位将被保留到室温。这些空位能提高扩散速度或者消除错配应变能，因此促进形核。此外，空位聚集成位错也能促进形核。例如，将 Al-Cu 合金加热至平衡相图的溶解度曲线以上，经过保温后快速冷却，即可得到过饱和 α 固溶体。随后在溶解度曲线以下某一温度保温，使之发生脱溶分解，结果发现晶界附近基本上没有沉淀相，形成所谓“无析出区”，这是因为重新加热至较低温度时，晶界附近的过饱和空位进入晶界而湮没，而远离晶界处仍保留较多空位，沉淀相优先在此形核。

如果将各种形核位置以释放自由能 ΔG_d 的增加，即临界形核功 ΔG^* 减小的顺序排列，其次序大体如下：均匀形核位置、空位、位错、堆垛层错、晶界或相界、自由表面。位置越后，形核越快。当相变驱动力不大时，优先在晶界或相界形核；相变驱动力较大时，则可能在层错、位错、空位等处形核；只有当驱动力非常大时，才有可能发生均匀形核。当然，这些缺陷的相对浓度也是影响形核率的重要因素。

2.1.4 固态相变中新相的长大

2.1.4.1 新相长大机理

新相形核之后，便发生晶核的长大过程，即相界面向母相方向的迁移。

根据相界面结构的不同，其界面迁移的机理也不同。从相变的角度看，界面可分为滑动型和非滑动型两种。

（1）滑动型界面。滑动型界面均是共格或半共格界面，靠位错滑动而迁移，每相通过点阵切变完成相变。它的迁移对温度不敏感，也就是所谓的非热激活迁移。例如马氏体转变，其晶核的长大是通过半共格界面上母相一侧的原子以切变方式来完成的。其特点是大量原子

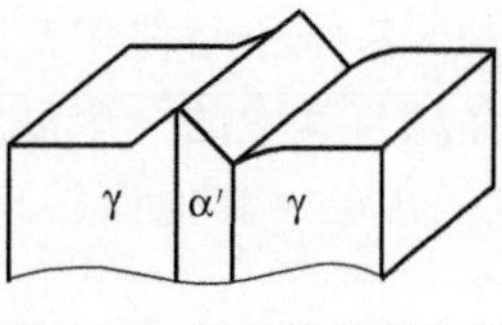

图 2-10 马氏体转变时的界面迁移

有规则地沿某一方向做小于一个原子间距的迁移，并保持各原子之间原有的相邻关系不变，如图 2-10 所示，所以这种晶核长大过程称为协同型长大。由于该相变中原子的迁移距离都小于一个原子间距，故又称为非扩散型相变。机械孪晶的形成也涉及滑动界面，所以孪生和马氏体转变有很多相似之处。

（2）非滑动型界面。大多数界面是非滑动型的，它的迁移类似于大角度晶界的迁移界——面上单个原子几乎随机地跳跃过界面。原子摆脱母相跳跃到新相所需的额外能量由热激活提供，所以非滑动型界面的迁移对温度非常敏感。相应的晶核长大过程称为扩散型长大，也称为非协同型长大。扩散型长大时新相与母相的成分可以相同，也可以不同。有些固态相变，如同素异构转变、块状转变等，其新、母相成分相同，界面附近的原子只需做短程扩散；有些固态相变，如共析转变、脱溶分解、贝氏体转变等，由于新、母相的成分不同，新相的长大必须依赖于溶质原子在母相点阵中的长程扩散。

以上讨论的界面迁移以及形核长大转变的分类列于表 2-1。尽管很多转变可以按上述方式分类，但也有一些难于分类的相变，例如，贝氏体转变是热激活长大的，但也具有类似滑动界面迁移所产生的形状改变。

表 2-1 以形核和长大方式进行的固态相变分类

项目	协同性	非协同性			
温度变化的影响	非热激活	热激活			
界面类型	滑动型（共格或半共格）	非滑动型（共格、半共格、非共格）			
母相与新相的成分	成分相同	成分相同	成分不同		
扩散程度	无扩散	短程扩散（越过界面）	长程扩散（通过母相点阵）		
界面或扩散控制	界面控制	界面控制	主要是界面控制	主要是扩散控制	混合控制
例子	马氏体转变、孪生	块状转变、有序化、多形性转变、再结晶、晶粒长大	脱溶、溶解、贝氏体转变	脱溶、溶解	脱溶、溶解、共析分解、胞状脱溶

在非协同型长大过程中，共格界面与非共格界面的迁移率间存在明显差异，因而对新相的最终形状产生影响。例如，考虑面心立方和密排六方晶体的共格密排面，如图 2-11（a）所示，如果密排六方依靠原子的单个跳跃来长大（即所谓的连续长大），在面心立方相的 C 位置原子必须换成 B 原子，如图 2-11（b）所示。但可以看出，由于两个上下紧挨着的原子都是 B，相互排斥，同时还会出现围绕这个原子的位错，所以会被迫跳回原来的位置。由此可知，共格或半共格界面的迁移率很低，连续长大很困难。反之，松散的非共格界面原子跳跃比较容易，迁移率较高，见图 2-12。因此可以设想，在没有弹性应变能的影响时，为使总的界面自由能最小，临界晶核通常由共格或半共格界面和非共格界面联合为界，由于非共格界面容易迁移，共格或半共格界面难于移动，晶核应当长大成片状或盘状。

为了实现共格或半共格界面的法向长大，需要用台阶生长的机制来说明，如图 2-13 所示。当界面含有垂直于共格平面的一系列台阶时，共格界面的迁移可通过台阶的横向移动来实现。要强调的是，这里虽以非协同型相变来讨论，但台阶生长机制也适合于协同型相变。

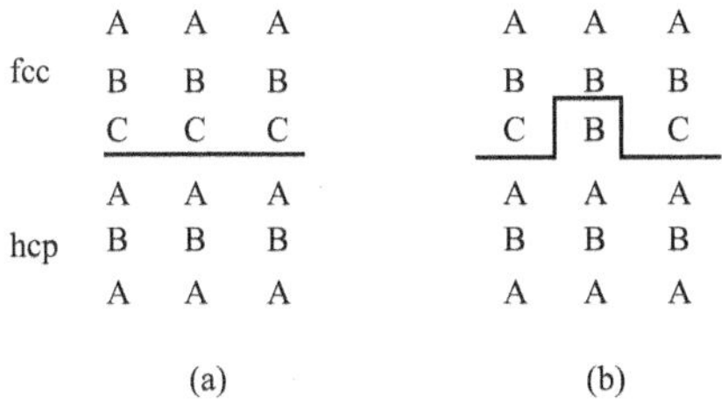

图 2-11 在两个不同晶体结构间共格界面的连续长大

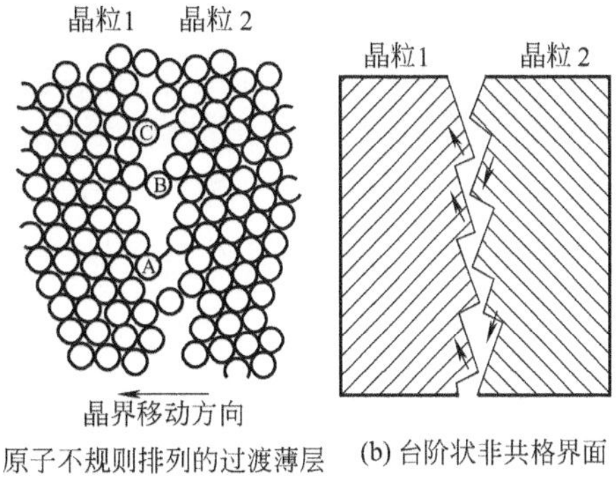

图 2-12 非共格界面的可能结构

2.1.4.2 新相长大速度

新相的长大速度取决于相界面的移动速度。对于由可滑动界面引导的非扩散型相变，其相变是通过点阵切变进行的，不需原子的扩散，因此新相的长大速度很快。而对于扩散型相变，其界面迁移要借助于原子的扩散，故新相长大速度较慢。这里只讨论扩散型相变的长大速度问题。

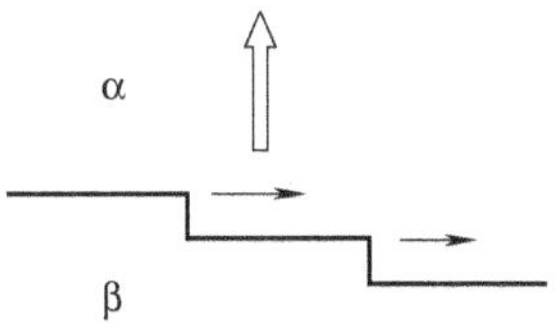

图 2-13 台阶生长机制示意图

(1) 成分不变的扩散型转变长大。这种转变包括块状转变、多形性转变、再结晶和晶粒长大等。因为长大时没有成分的变化，只需原子在界面附近做短程扩散，因此这种转变仅仅受界面过程控制。令母相为 β，新相为 α 原子的振动频率为 ν，原子由母相进入 α 相的激活能为 ΔG_{m}，两相的自由能差为 ΔG_{V}，则原子由 β 相进入 α 相的频率为：

$$\nu_{\beta\to\alpha}=\nu\exp\left(-\frac{\Delta G_{\mathrm{m}}}{kT}\right) \tag{2-17}$$

而新相返回母相的激活能应为 $\Delta G_{\mathrm{m}}+\Delta G_{\mathrm{V}}$。原子由 α 相跳回 β 相的频率为：

$$\nu_{\alpha\to\beta}=\nu\exp\left[-\frac{\Delta G_{\mathrm{m}}+\Delta G_{\mathrm{V}}}{kT}\right] \tag{2-18}$$

若单原子层的厚度为 δ，则界面迁移速度 v 应为：

$$v=\delta(\nu_{\beta\to\alpha}-\nu_{\alpha\to\beta})=\delta\nu\exp\left(-\frac{\Delta G_{\mathrm{m}}}{kT}\right)\left[1-\exp\left(-\frac{\Delta G_{\mathrm{V}}}{kT}\right)\right] \tag{2-19}$$

当过冷度很小时，ΔG_{V} 很小，根据近似计算 $\mathrm{e}^{x}\approx 1+x$，有：

$$\exp\left(-\frac{\Delta G_{\mathrm{V}}}{kT}\right)\approx 1-\frac{\Delta G_{\mathrm{V}}}{kT} \tag{2-20}$$

则有：

$$v=\delta\nu\left(\frac{\Delta G_{\mathrm{V}}}{kT}\right)\exp\left(-\frac{\Delta G_{\mathrm{m}}}{kT}\right) \tag{2-21}$$

可见，当过冷度很小时，新相长大速度与新相和母相的自由能差成正比。实际上两相自由能差是过冷度或温度的函数，故新相的长大速度随温度降低而增大。当过冷度很大时，

$\Delta G_V \gg kT$，$\exp[-\Delta G_V/(kT)]$可以忽略不计，此时新相长大速度为：

$$v=\delta\nu\exp\left(-\frac{\Delta G_m}{kT}\right) \tag{2-22}$$

在这种情况下，长大速度主要取决于原子的扩散（迁移）能力，它将随温度下降呈指数下降。

综上所述，在整个相变温度范围内，新相长大速度先增大后减小，出现两头小中间大的趋势，即新相长大速度与过冷度有极大的关系。

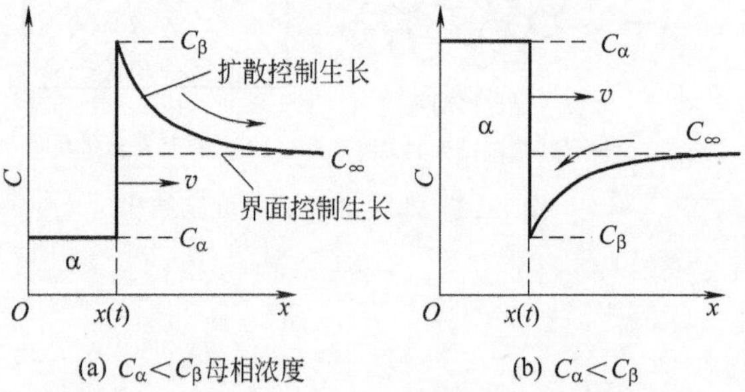

图 2-14 新相α生长过程中溶质原子的浓度分布

（2）有成分变化的扩散型转变长大。新相与母相的成分不同时，随新相的形核和长大，在新相附近将产生一个溶质原子的富集或贫化区，从而在母相中产生一个浓度梯度。在浓度梯度的作用下，溶质原子在母相中发生扩散，从而使界面不断向母相移动，如图 2-14 所示。其界面移动速度，也即新相长大速度，取决于界面的结构。

非共格界面迁移率较大，其移动的速度将受溶质原子在母相中扩散速度的控制，称扩散控制型；共格或半共格界面迁移率很低，则界面移动的速度将主要受界面迁移的控制，而不是溶质原子的扩散，称为界面控制型；如果介于两者之间，称为混合控制型。

① 扩散控制型长大。这可考虑无穷大片状新相的增厚（一维）情形。在这种情况下，新相被封闭在溶质原子贫化（富集）区内，因而被称为封闭式生长。假设新相α中的溶质原子浓度高于母相β中溶质原子浓度，扩散系数 D 为与浓度无关的常数。

对于一维生长，单位时间 dt 内界面向前推进了 dx 距离，由菲克第一定律可知，扩散通量为 D（dC/dx）dt，故有：

$$(C_\alpha-C_\beta)\,\mathrm{d}x=D\left(\frac{\mathrm{d}C}{\mathrm{d}x}\right)_{x=R}\mathrm{d}t \tag{2-23}$$

则界面推进速度 v 为：

$$v=\frac{\mathrm{d}x}{\mathrm{d}t}=\frac{D}{C_\alpha-C_\beta}\left(\frac{\mathrm{d}C}{\mathrm{d}x}\right)_{x=R} \tag{2-24}$$

随着新相的长大，溶质原子必然要从不断减少的母相中消耗掉，因此上述方程中的（dC/dx）随时间延长而减小。假设新相附近母相中的溶质原子浓度为线性分布，如图 2-15 所示。显然，溶质原子守恒要求图中两块阴影面积相等，由此可以求出溶质原子贫化区的厚度 L 为：

$$L=\frac{2(C_\alpha-C_0)R}{C_0-C_\beta} \tag{2-25}$$

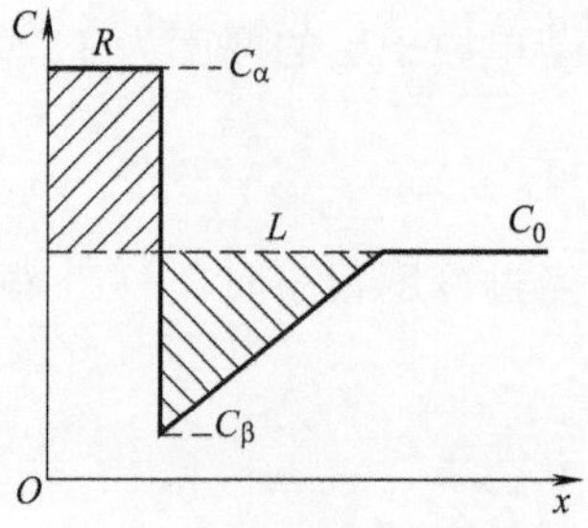

图 2-15 新相附近母相中的溶质原子浓度线性分布

式中，C_0 为母相的原始浓度；R 为析出物厚度。由此可以获得：

$$\left(\frac{\mathrm{d}C}{\mathrm{d}x}\right)_{x=R}=\frac{C_0-C_\beta}{L} \tag{2-26}$$

代入式（2-24）并积分有：

$$R^2-R_0^2=\frac{(C_0-C_\beta)^2}{(C_\alpha-C_0)(C_\alpha-C_\beta)}Dt \tag{2-27}$$

若 $R\gg R_0$，可以求出生长速度为：

$$v=\frac{\mathrm{d}R}{\mathrm{d}t}=\frac{C_0-C_\beta}{\sqrt{(C_\alpha-C_0)(C_\alpha-C_\beta)}}\sqrt{\frac{D}{t}} \tag{2-28}$$

它表明，随着新相的加厚，其外侧的溶质原子贫化区的厚度也增加，继续长大所需的原子要从更远的地方扩散而来，因而沉淀加厚的速度将逐渐下降。

采用同样的方法，可以求出二维和球形新相生长速度 $v\propto(D/t)^{1/2}$。

由此可以获得以下几个重要结论：

a. $R\propto(D/t)^{1/2}$，即析出物厚度或直径的增加服从抛物线长大规律。

b. $v\propto(C_0-C_\beta)$，即长大速度正比于过饱和度。

c. $v\propto(D/t)^{1/2}$，即长大速度随时间延长而减小。

合金成分和温度对长大速度的影响表示在图 2-16 中。在低过冷度条件下，由于过饱和度低，其长大速度较慢；在过冷度大时，由于温度低、扩散慢而使长大速度减慢，因此最大的长大速度出现在中间温区。如果原始成分在图 2-16（a）虚线处，则其长大速度如图 2-16（b）中的虚线，可见由于温度低、扩散慢以及过冷度小，长大速度较慢。

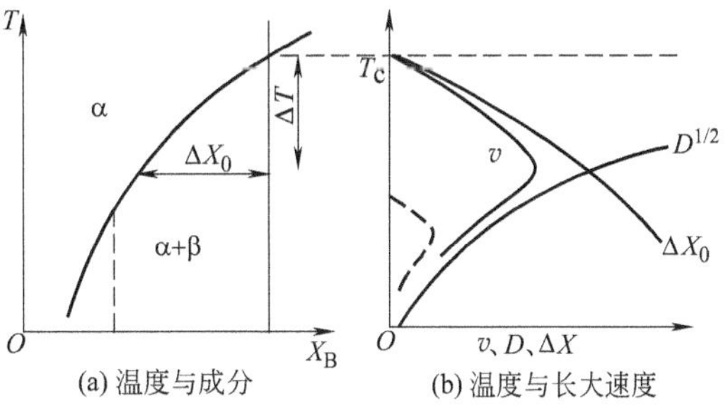

图 2-16　温度和成分对长大速度 v 的影响

还有一种情况需要讨论，便是片状或针状新相在厚度保持不变的情况下沿径向生长。这时生长前沿只占界面的一小部分。随着新相向前伸展，生长前沿不断进入新的母相区域，因而又被称为开放式的长大机制。这时，在稳定情况下包围生长前沿的溶质原子贫化区，并不因新相的长大而变大，因此可以预期，长大速度保持恒定。

② 界面控制长大。如果新旧相界面为共格或半共格界面，则界面的法向移动只能依靠台阶的横向运动来实现。但与非扩散型相变不同，这里台阶的移动需要溶质原子的长距离扩散。这种台阶长大类似于片状新相的端面长大，如图 2-17 所示。图中 h 为台阶高度，端曲面半径也是 h。设母相原始浓度为 C_0，新相 α 的浓度为 C_α，台阶侧面母相 β 的浓度为 C_β，则侧向运动的速度 u 为：

$$u=\frac{D(C_0-C_\beta)}{ch(C_\alpha-C_\beta)} \tag{2-29}$$

式中，D 为扩散系数；c 为常数。说明侧向移动速度与扩散系数和过饱和度成正比。

设相邻台阶的平均间距是 λ，台阶法向移动的速度由式 $v=uh/\lambda$ 表示，由此可得：

$$v=\frac{D(C_0-C_\beta)}{c\lambda(C_\alpha-C_\beta)} \tag{2-30}$$

上式表明，片状增厚与 h 无关，而与台阶的平均间距 λ 成反比。

这一方程的有效性取决于是否有恒定的台阶产生。表面形核、螺旋生长和析出物边缘上的形核都是新台阶形成的机制。

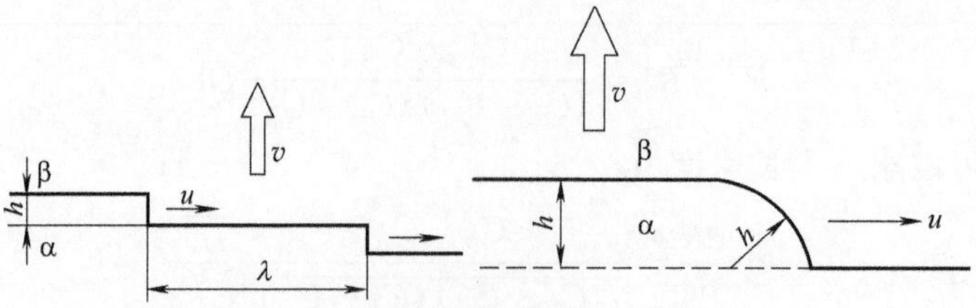

图 2-17 扩散型台阶长大示意图

2.1.5 综合转变动力学——奥氏体等温转变图

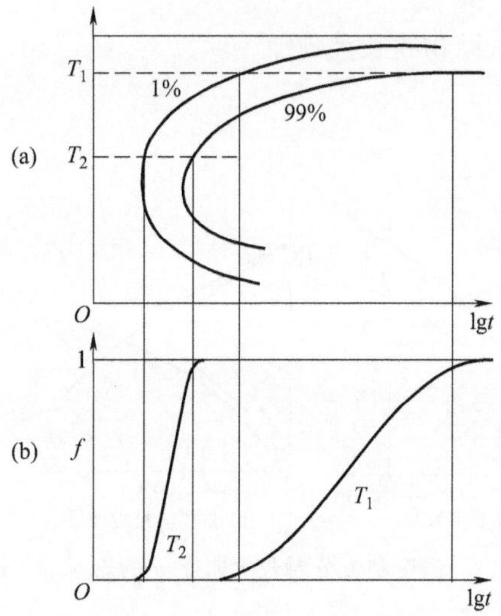

图 2-18 不同转变温度时的转变百分比与时间的关系

等温转变过程可以方便地用转变分数 f 与时间 t、温度 T 的函数关系作图表示，称为奥氏体等温转变图，缩写为 TTT 曲线（temperature-time-transformation）。转变分数 f（t，T）通常为新相的体积分数，转变开始时 f 为 0，而转变终了时 f 为 1，如图 2-18 所示。图示的 C 形 TTT 曲线是扩散型转变的典型特征，左边曲线为产生 1%新相所需时间，右边曲线为产生 99%新相所需时间。该曲线表明，在转变开始前需要一段孕育期，随着转变温度由高到低，孕育期先缩短，表示转变加速；随后孕育期又延长，表示转变减慢；在中间温度范围孕育期最短，表示最快转变速度。这可以通过过冷度提高后，形核率与长大速度的变化来解释。过冷度较小时，转变的驱动力很小，形核和长大速度都很慢，转变需要很长时间；过冷度很大时，原子扩散速度慢，也限制了转变速度。

钢的过冷奥氏体转变就是一个与温度和时间（冷却速度）相关的过程。奥氏体是高温稳定相，冷却到临界点（A_3 或 A_1）以下就不再稳定，称为过冷奥氏体。后面各章将陆续介绍，由于转变温度和冷却速度的不同，过冷奥氏体可以通过不同的相变机制进行转变并获得不同的组织，由此得到不同的力学性能。

2.1.6 组织粗化

在转变的后期，系统中新相的总量将逐步趋近于平衡相图所给定的数量，但这并不意味着转变的进程已经完结。大量核心的形成和长大使转变产物中存在大量界面，相当数量的自由能以界面能的形式存在。它们是组织粗化的主要驱动力。

2.1.6.1 弥散沉淀相的粗化——奥斯瓦尔德（Ostwald）熟化

在相界面为曲面的情况下，靠近相界面的母相中溶质原子的平衡浓度与曲线的曲率半径有关，可由下式表示：

$$\ln\left[\frac{C_\alpha(r)}{C_\alpha(\infty)}\right]=\frac{2\sigma V_B}{kTr} \tag{2-31}$$

式中，$C_\alpha(r)$ 及 $C_\alpha(\infty)$ 为β相颗粒半径为 r 和∞时溶质原子B在母相α中的溶解度；σ 为界面能；V_B 为β相的摩尔体积。这一关系称为吉布斯-汤姆斯（Gibbs-Thomson）定律。可见，β相半径 r 越小，溶质原子在基体相中的溶解度越大。

设想在固态相变过程中，球形新相细小弥散，大小不等，且颗粒间的平均距离 d 远大于颗粒直径 $2r$，如图2-19所示，在半径不同的两个β相附近的母相α中，B原子浓度呈现差异，即 $C_\alpha(r_1) > C_\alpha(r_2)$。在此浓度梯度的作用下，B原子将从小颗粒周围向大颗粒附近扩散，于是在两个相附近B原子浓度不再平衡。扩散的结果是小颗粒逐渐溶解，大颗粒不断吸收来自小颗粒的溶质原子而长大，同时颗粒之间的距离将增加，这种粗化称为奥斯瓦尔德（Ostwald）熟化。

2.1.6.2 片状和纤维状组织的粗化

片状组织（例如珠光体）的相界面为平面。

由于界面状态与平面的任何微小的偏离都会导致界面面积的增大，所以片状组织是相当稳定的。但是片状组织的排列难免存在缺陷，它们往往成为片状组织粗化的发源地。图2-20为一个β相片层终止在周期排列的片状组织内部形成一个缺陷的示意图。片层终止处有条棱边，按照吉布斯-汤姆斯效应，在棱边附近母相α的B原子浓度高于其他区域。这种浓度梯度将导致如图2-20中箭头所示的B原子扩散流。结果将使中断的片层缩短，而附近的两个β片层加厚。

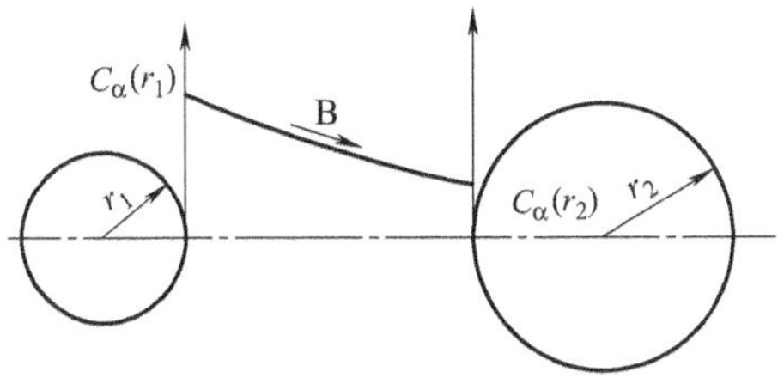

图2-19 球形析出相长大示意图（大颗粒长大，小颗粒变小直至消失）

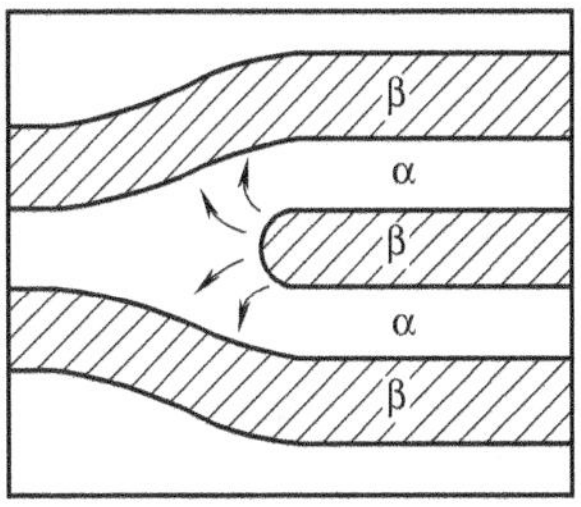

图2-20 一个β相片层终止在片状组织内部形成的缺陷（图中箭头表示溶质原子流动的方向）

片状组织的另一种粗化机制是球化。片状珠光体由渗碳体片和铁素体片组成。在渗碳体片中存在着的亚晶界处形成微观的沟槽，如图2-21所示。该沟槽处的曲率半径显然小于平面，将富集碳原子，从而在铁素体内产生碳的扩散。随着扩散的不断进行，沟槽将进一步加深，直至溶断，并逐步球化。

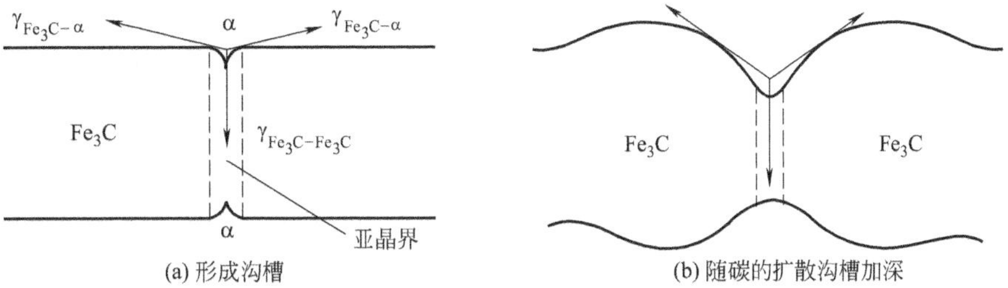

图2-21 渗碳体球化机理示意图

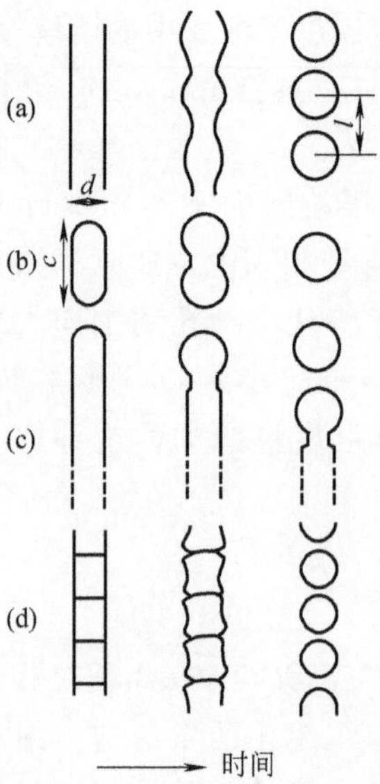

图 2-22 纤维状沉淀失稳变成一系列球形沉淀的不同机制

纤维状组织的粗化较多地表现为以下两种方式：一是二维奥斯瓦尔德熟化，即细纤维附近溶质原子向粗纤维附近扩散，细纤维不断变细，粗纤维不断变粗。二是瑞利（Reyleigh）失稳，它原指一根粗细均匀的圆柱形液体将破碎成一连串球形液滴。对于纤维状组织，局部区段上直径的某些微小涨落可以在保持纤维体积不变的条件下使界面面积减小，从而导致纤维断裂。图 2-22 示出纤维直径为 d，长度为 l 的单根纤维的失稳情况。对于无限长的纤维，由于瑞利失稳纤维最终将变成一列圆球，球的直径和间距 λ 取决于界面能和扩散系数［图 2-22（a）］。如果纤维很短，$l/d<7.2$，那么它将逐步收缩为一个圆球［图 2-22（b）］。对于 $l/d>7.2$ 的有限长纤维，失稳演变的最快途径将是依次在杆的端部形成一个一个圆球，并与纤维脱开［图 2-22（c）］。如果纤维中存在晶界，或者在包围纤维的基体中存在与纤维相交的一组平行晶界，那么由于晶界扩散的帮助，纤维倾向于沿这些界面逐步断开，并逐段缩聚成球，类似片状珠光体的球化［图 2-22（d）］。

2.2 钢中奥氏体的形成

为使钢件经热处理后能获得所要求的组织和性能，大多数热处理工艺（如淬火、正火和普通退火）都需要先将钢件加热至临界点以上，使之转变为奥氏体，称为奥氏体化，然后再以一定的方式冷却使之转变为所需的组织。钢加热时形成的奥氏体的组织形态对热处理后的组织和性能有很大的影响，因此加热转变是钢进行各种热处理的基础。本章在认识奥氏体的基础上，着重讨论平衡组织加热时奥氏体的形成规律，对非平衡组织加热时奥氏体的形成也做必要介绍。

2.2.1 奥氏体的结构、组织和性能

奥氏体的组织通常由多边形等轴晶粒组成，有时在晶粒内可观察到孪晶，如图 2-23 所示。

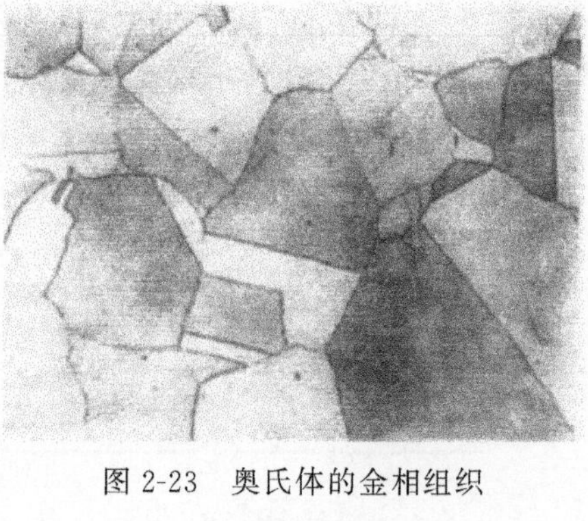

图 2-23 奥氏体的金相组织

钢中的奥氏体是碳（C）溶于 γ-Fe 形成的固溶体。经 X 射线衍射分析证明，C 处在 γ-Fe 八面体中心空隙处，即面心立方点阵晶胞的中心或棱边的中点（图 2-24）。当 γ-Fe 的点阵常数为 3.64Å（1Å$=10^{-10}$m）时，最大空隙的半径为 0.52Å，与 C 原子半径（0.77Å）比较接近。因此，当空隙周围的铁原子因某种原因偏离平衡位置而使空隙“扩大”时，C 原子将进入空隙而形成间隙式固溶体。C 原子进入空隙后，引起点阵畸变，点阵常数增大。溶入的碳越多，点阵常数越大，如图 2-25 所示。

实际上碳在奥氏体中的最大溶解度是 w_C 为 2.11%（1148℃），而不是按所有的八面体

空隙均被填满时计算所得的w_C=17.7%。按最大溶解度计算，大约 2.5 个 γ-Fe 晶胞中才有一个 C 原子。

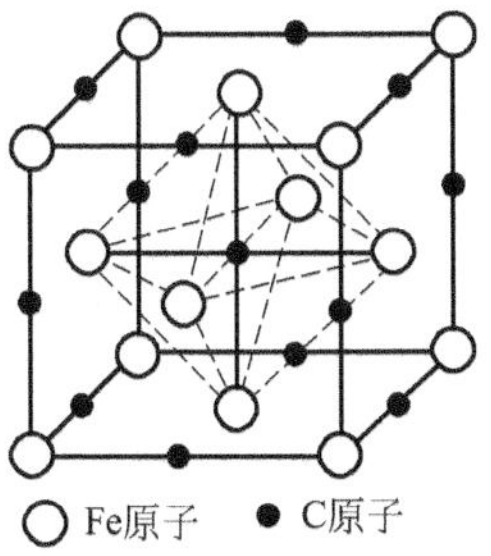

图 2-24　C 在 γ-Fe 中可能的间隙位置

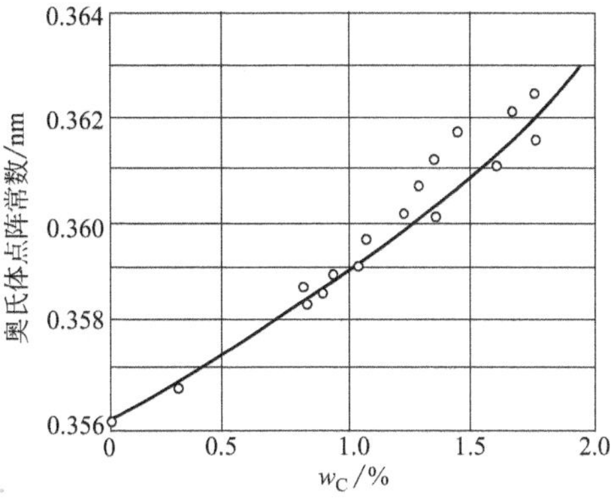

图 2-25　奥氏体点阵常数和碳含量的关系

碳原子在奥氏体中的分布是不均匀的，存在着浓度起伏。用统计理论计算表明，在含碳w_C为 0.85%的奥氏体中可能存在着比其平均浓度高八倍的区域。

合金钢中的奥氏体是 C 及合金元素溶于 γ-Fe 中形成的固溶体。Mn、Si、Cr、Ni、Co 等合金元素溶入 γ-Fe 后将取代 Fe 原子形成置换式固溶体，引起点阵畸变和点阵常数变化。所以合金奥氏体的点阵常数除与碳含量有关外，还与合金元素的含量及合金元素原子和 Fe 原子的半径差等因素有关。

Fe-C 合金的奥氏体在 727℃以下是不稳定相。但在 Fe-C 合金中加入足够数量的能扩大 γ 相区的合金元素后，可使奥氏体在室温甚至室温以下成为稳定相。能在室温下以呈奥氏体状态使用的钢称为奥氏体钢。奥氏体呈顺磁性，故奥氏体钢可以用作无磁钢。

在钢的各种组织中，以奥氏体的密度最大，比体积最小，线胀系数最大，导热性能最差，故奥氏体钢在加热时应适当降低加热速度。奥氏体滑移系统多，屈服强度低，易于产生塑性变形，这为钢铁材料的理性成形加工提供了便利条件。

2.2.2 奥氏体形成的热力学条件

由 $Fe\text{-}Fe_3C$ 相图（图 2-26）可知，在A_1以下，碳钢的平衡相为铁素体和渗碳体。当温度超过A_1后，由两相组成的珠光体将转变为单相奥氏体。随着温度继续升高，亚共析钢中的过剩相——铁素体将不断转变为奥氏体，而过共析钢中的过剩相——渗碳体也将不断溶入奥氏体，此时，奥氏体的化学成分分别沿 *GS* 和 *ES* 曲线变化。当温度升高到 *GSE* 线以上时，都将得到单相奥氏体。

铜加热转变时的相变驱动力是新相奥氏体与母相之间的体积自由能差ΔG_V。按固态相变形核理论，奥氏体形核时，

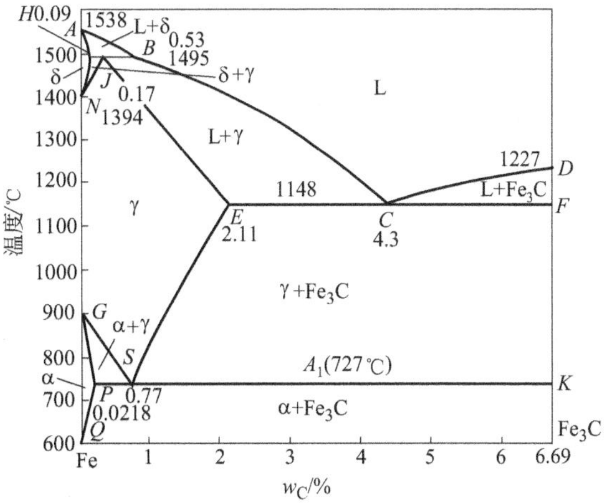

图 2-26　$Fe\text{-}Fe_3C$ 相图

系统的自由能变化为：

$$\Delta G=V\Delta G_V+S\gamma+V\Delta G_S \tag{2-32}$$

式中，V 为新相（奥氏体）的体积；S 为新相表面积；γ 为单位面积界面能；ΔG_S 为应变能。因为奥氏体在高温下形成，应变能较小，因此相变的阻力主要是界面能。图 2-27 示出了共析钢奥氏体和珠光体的体积自由能随温度的变化曲线，它们交于A_1 点（727℃）。当温度等于 727℃时，珠光体和奥氏体自由能相等，相变不会发生。当温度高于A_1 时，ΔG_V 为负值，即式（2-32）右侧第一项为负值，这时才有可能发生相变，珠光体将转变为奥氏体；反之奥氏体将转变为珠光体，亦即相变必须在有过热（过冷）的条件下才能进行。

加热（冷却）速度越大，过热（过冷）程度也越大。这就使加热和冷却时发生转变的温度（即临界点）不在同一温度。通常给加热时的临界点加脚标 c，如 A_{c1}、A_{c3}、A_{ccm} 等；而给冷却时的临界点加脚标 r，如 A_{r1}、A_{r3}、A_{rcm} 等。图 2-28 示出在加热速度和冷却速度均为 0.125℃/min 时的临界点。

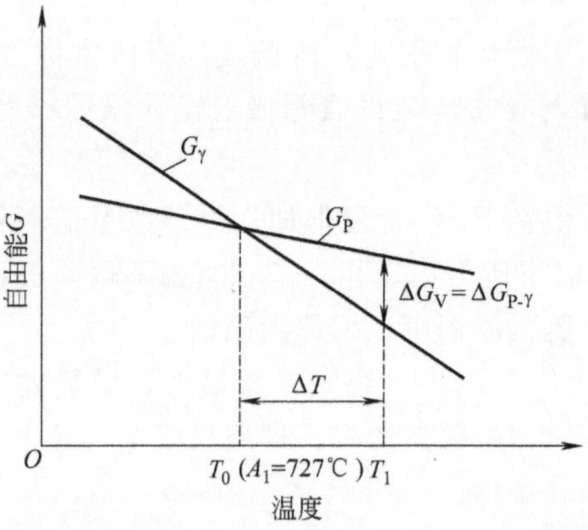

图 2-27 珠光体（P）和奥氏体（γ）自由能和温度的关系示意图

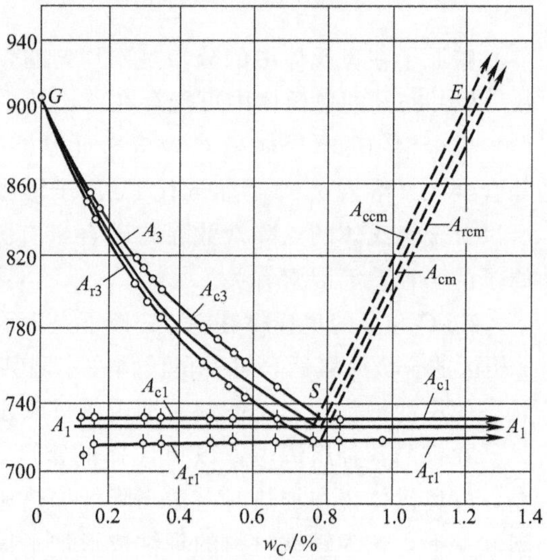

图 2-28 加热速度和冷却速度为 0.125℃/min 时，$Fe\text{-}Fe_3C$ 相图中的临界点

2.2.3 奥氏体的形成机制

以共析成分的珠光体为例，讨论珠光体→奥氏体转变机制。珠光体由渗碳体和铁素体组成，当加热至 A_{c1} 以上温度时，将转变成单相奥氏体，即

$$\underset{\substack{\text{体心立}\\ \text{方点阵}}}{\overset{\alpha}{w_C\,0.02\%}}+\underset{\substack{\text{复杂斜}\\ \text{方点阵}}}{\overset{Fe_3C}{w_C\,6.67\%}}\xrightarrow{\text{加热至 }A_{c1}\text{ 以上}}\underset{\substack{\text{面心立}\\ \text{方点阵}}}{\overset{\gamma}{w_C\,0.77\%}}$$

铁素体为体心立方点阵，渗碳体为复杂斜方点阵，奥氏体为面心立方点阵，三者点阵结构相差很大，且碳含量也不一样。因此，奥氏体的形成是由点阵结构和碳含量不同的两个相转变为另一种点阵及碳含量的新相的过程，其中包括碳通过扩散的重新分布和 $\alpha\longrightarrow\gamma$ 的点阵重构。转变的全过程可分为四个阶段：奥氏体晶核的形成、奥氏体晶核的长大、渗碳体的

溶解和奥氏体成分的均匀化。

2.2.3.1 奥氏体晶核的形成

研究证明，奥氏体通过形核和长大过程形成。奥氏体晶核通常形成于铁素体与渗碳体的交界面。珠光体因边界以及珠光体与先共析铁素体之间的界面均是奥氏体形核的优先部位。在亚共析钢中，过热度较小时，奥氏体核优先在珠光体内边界、铁素体/珠光体界面形成［图 2-29（a）、图 2-30］；过热度大时，奥氏体也可以在片状珠光体团内部铁素体/渗碳体界面形核［图 2-29（b）］。

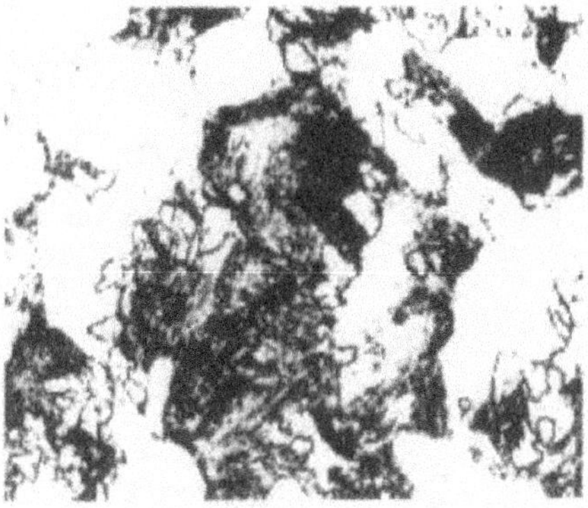

(a) 两相区

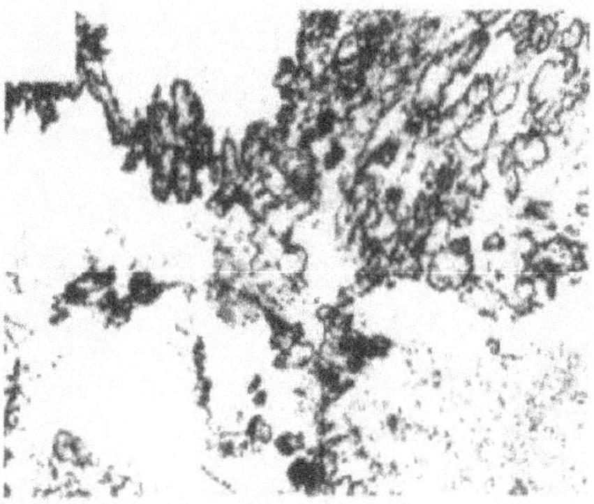

(b) 单相奥氏体区

图 2-29 亚共析钢加热时奥氏体的形核

在快速加热时因为相变过热度大，奥氏体临界晶核半径小，奥氏体成分范围大，故奥氏体核也可以在铁素体内的亚晶界上形成。

2.2.3.2 奥氏体晶核的长大

奥氏体晶核在铁素体与渗碳体相界面上形成后，将同时出现 γ-Fe 和 γ-Fe_3C 相界面。奥氏体的长大过程也就是这两个相界面向铁素体和渗透体中推进的过程。若奥氏体晶核在 A_{c1} 以上的某一温度 T_1 形成，且设与渗碳体及铁素体的界面为平直界面［图 2-31（a）］，则相界面处各相的碳浓度可由 Fe-Fe_3C 相图确定［图 2-31（b）］。图中，$C_{\alpha\text{-}\gamma}$ 为与奥氏体相接触的铁素体的 C 浓度，$C_{\alpha\text{-}C}$ 为与渗碳体相接触的铁素体的 C 浓度，$C_{\gamma\text{-}\alpha}$ 为与铁素体相接触的奥氏体的 C 浓度，$C_{\gamma\text{-}C}$ 为与渗碳体相接触的奥氏体的 C 浓度，$C_{C\text{-}\gamma}$ 为与奥氏体接触的渗碳体的 C 浓度（6.67%）。

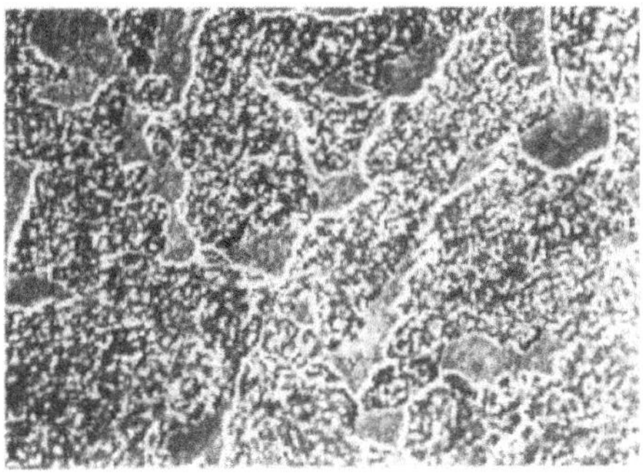

图 2-30 20CrMnTi 钢淬火＋高温回火组织（α＋Fe_3C）加热到两相区时奥氏体的形成

由图 2-31（b）可见，$C_{\gamma\text{-}C} > C_{\gamma\text{-}\alpha}$，因此在奥氏体内出现碳浓度梯度，C 从高浓度的奥氏体/渗碳体界面向低浓度的奥氏体/铁素体界面扩散，使 C 浓度梯度降低［图 2-31（a）中的虚线］，结果破坏了相界面的平衡。为恢复平衡，必然导致渗碳体溶入奥氏体中，以使渗碳体/奥氏体界面处 C 浓度恢复至 $C_{\gamma\text{-}C}$。与此同时，在奥氏体/铁素体相界面处，低碳铁素体将转变为奥氏体，使界面处奥氏体的 C 浓度降低到 $C_{\gamma\text{-}\alpha}$。通过奥氏体的相界面同时向渗碳体和铁素体中推移，奥氏体不断长大。C 在奥氏体中扩散的同时，也在铁素体中扩散［图

2-31（a）]。这种扩散同样也促进奥氏体的长大，但作用甚微。

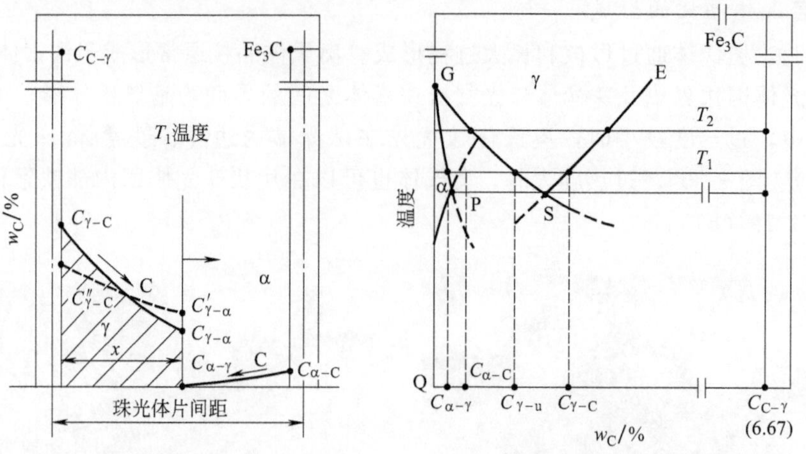

(a) 相界面推移示意图　　(b) 奥氏体在T_1温度形核时各相中的C浓度

图 2-31　共析钢奥氏体晶核长大示意图

2.2.3.3　渗碳体的溶解和奥氏体的均匀化

如上所述，奥氏体晶核形成后将不断向 α 铁素体和 Fe_3C 长大，但长大速度不同，通常向 Fe_3C 中长大的速度较低。因此在铁素体全部消失后将残留一部分 Fe_3C，同时在奥氏体中还存在碳的不均匀性。随着保温时间的延长，残留的 Fe_3C 将继续溶入奥氏体。Fe_3C 溶解结束时，奥氏体中仍存在 C 的不均匀性，需要继续通过扩散过程才能消除，称为奥氏体的均匀化。

2.2.4　奥氏体等温形成动力学

奥氏体形成速度取决于形核率 N 和线生长速度 v。在等温条件下，N 和 v 均为常数。

2.2.4.1　形核率

在奥氏体均匀形核的条件下，形核率 N 与温度 T 之间的关系为：

$$N = C' e^{\frac{\Delta G_m}{kT}} e^{\frac{\Delta G^*}{kT}} \tag{2-33}$$

式中，C'为常数；ΔG_m 为扩散激活能；T 为热力学温度；k 为玻耳兹曼常数；ΔG^* 为临界形核功。

由表 2-2 可见，当转变温度升高时，形核率 N 将迅速增大。这是随转变温度升高，原子扩散能力增加，相变驱动力增大而使临界形核功 ΔG^* 减小以及奥氏体形核所需要的 C 含量起伏减小所致。因此，提高加热速度，使奥氏体形成温度升高，即可使奥氏体形核功急剧增大，这有利于形成细小的奥氏体晶粒。

表 2-2　奥氏体形核率 N 和线生长速度 v 与温度的关系

转变温度/℃	形核率 N/[1/(mm³/s)]	线生长速度 v/(mm/s)	转变完成一半所需的时间 t/s
740	2280	0.005	100
760	11000	0.010	9
780	51500	0.026	3
800	616000	0.041	1

2.2.4.2 线生长速度

奥氏体的线生长速度与奥氏体的长大机制有关。奥氏体的长大可以受碳在奥氏体中的扩散所控制，也可受碳在铁素体中的扩散所控制。奥氏体位于铁素体与渗碳体之间时将按前一种机制长大，此时，奥氏体两侧将分别向铁素体与渗碳体推移。奥氏体线生长速度包括向两侧的推移速度。显然，推移速度取决于碳原子在奥氏体中的传输速度。碳原子的传输速度取决于碳在奥氏体中的扩散系数及浓度梯度。扩散系数随温度的升高而增大，碳的浓度梯度则与奥氏体的厚度以及取决于温度的浓度差（$C_{\gamma\text{-C}}-C_{\gamma\text{-}\alpha}$）有关。

如果忽略铁素体与渗碳体中碳的浓度梯度，则可自扩散定律导出奥氏体长大时的界面推移速度为：

$$v_{\gamma\to\alpha}=-K\frac{D_{\mathrm{C}}^{\gamma}\dfrac{\mathrm{d}C}{\mathrm{d}x}}{C_{\gamma\text{-}\alpha}-C_{\alpha\text{-}\gamma}} \tag{2-34}$$

$$v_{\gamma\to\mathrm{C}}=-K\frac{D_{\mathrm{C}}^{\gamma}\dfrac{\mathrm{d}C}{\mathrm{d}x}}{6.67-C_{\gamma\text{-C}}} \tag{2-35}$$

式中，K 为常数；D_{C}^{γ} 为 C 在奥氏体中的扩散系数；$\frac{\mathrm{d}C}{\mathrm{d}x}$为相界面处奥氏体中 C 的浓度梯度；$C_{\gamma\text{-}\alpha}$ 为与铁素体相接触的奥氏体的 C 浓度；$C_{\alpha\text{-}\gamma}$ 为与奥氏体相接触的铁素体的 C 浓度；$C_{\gamma\text{-C}}$ 为与渗碳体相接触的奥氏体的 C 浓度。式中负号表示下坡扩散。

由式（2-34）及式（2-35）可见，奥氏体界面向两侧推移速度与D_{C}^{γ} 及$\frac{\mathrm{d}C}{\mathrm{d}x}$成正比，与界面两侧碳浓度差成反比。温度升高时：①扩散系数D_{C}^{γ} 呈指数增加；②随 $C_{\gamma\text{-C}}$ 与 $C_{\gamma\text{-}\alpha}$ 差值增加而使$\frac{\mathrm{d}C}{\mathrm{d}x}$增加；③界面两侧碳浓度差（$C_{\gamma\text{-}\alpha}-C_{\alpha\text{-}\gamma}$）及（$6.67-C_{\gamma\text{-C}}$）均减小，$v_{\gamma\to\alpha}$ 及 $v_{\gamma\to\mathrm{C}}$ 均随温度的升高而增加。当铁素体位于奥氏体与渗碳体中间时，奥氏体的长大将受碳在铁素体中的扩散所控制。同样可推导出$v_{\gamma\to\alpha}$ 为：

$$v_{\gamma\to\alpha}=-K\frac{D_{\mathrm{C}}^{\alpha}\dfrac{\mathrm{d}C}{\mathrm{d}x}}{C_{\gamma\text{-}\alpha}-C_{\alpha\text{-}\gamma}} \tag{2-36}$$

式中，K 为常数；D_{C}^{α} 为 C 在铁素体中的扩散系数；$\frac{\mathrm{d}C}{\mathrm{d}x}$为 γ/α 相界面处铁素体中 C 的浓度梯度；$C_{\gamma\text{-}\alpha}$ 为与铁素体相接触的奥氏体的 C 浓度；$C_{\alpha\text{-}\gamma}$ 为与奥氏体相接触的铁素体的 C 浓度。

对比式（2-34）及式（2-36）可见，虽然D_{C}^{α} 大于D_{C}^{γ}，但因式（2-36）中的$\frac{\mathrm{d}C}{\mathrm{d}x}$远小于式（2-34）中的$\frac{\mathrm{d}C}{\mathrm{d}x}$，故此时的$v_{\gamma\to\alpha}$ 极小。

综上所述，奥氏体形成温度升高时，形核率 N 和线生长速度 v 均随温度升高而增大。所以，奥氏体形成速度随形成温度的升高而单调增大。

2.2.4.3 奥氏体等温形成动力学曲线

先讨论共析钢的奥氏体等温形成动力学曲线。奥氏体等温形成时，形核率 N 和线生长速度 v 均为常数，转变量与转变时间的关系曲线称为奥氏体等温形成动力学曲线。从这些曲线可以得出各个温度下等温形成的开始及终了时间。等温温度越高，N 和 v 越大，等温形成动力学曲线越靠左，等温形成的开始及终了时间也越短，见表 2-2。将所得等温形成的开始及终了时间综合绘制在转变温度与时间坐标系上，即可得到奥氏体等温形成图，如图 2-32（b）所示。通常，将奥氏体开始形成以前的一段时间称作奥氏体形成的孕育期。

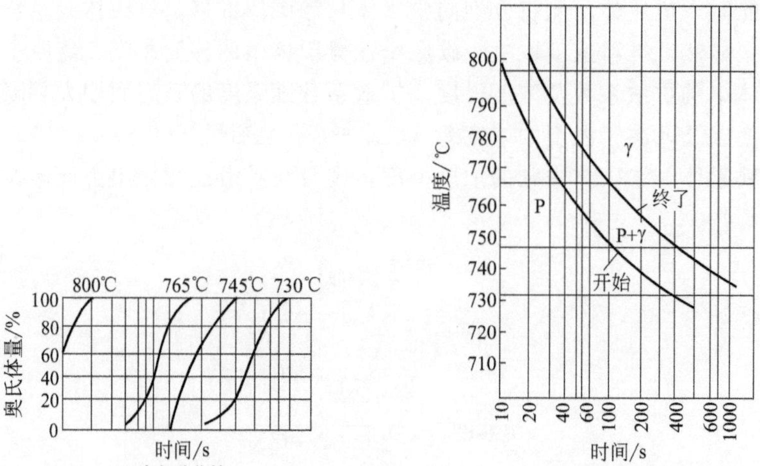

(a) 动力学曲线　　(b) 等温形成图

图 2-32　w_C 为 0.86％的钢奥氏体等温形成图

图 2-32（b）中转变终了曲线对应于铁素体全部消失的时间，此后，还需经过一段时间才能使残留渗碳体全部溶解和奥氏体成分完全均匀化。在整个奥氏体形成过程中，残留渗碳体溶解及奥氏体成分的均匀化所需的时间都很长（图 2-33）。

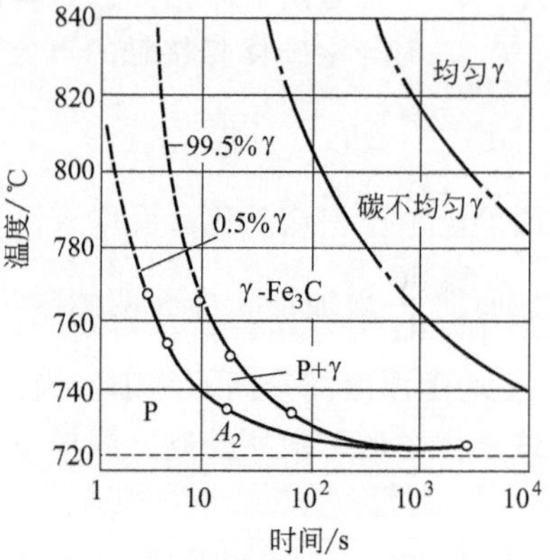

图 2-33　共析钢奥氏体等温形成图

对于亚共析钢或过共析钢，当珠光体全部转变为奥氏体后，还有铁素体或渗碳体的继续转变。这也需要通过 C 原子在奥氏体中的扩散及奥氏体与剩余相之间的相界推移来进行，也可以把铁素体转变终了曲线或渗碳体溶解终了曲线画在奥氏体等温形成图上（图 2-34）。与共析钢相比，过共析钢的碳化物溶解奥氏体成分均匀化所需的时间要长得多。

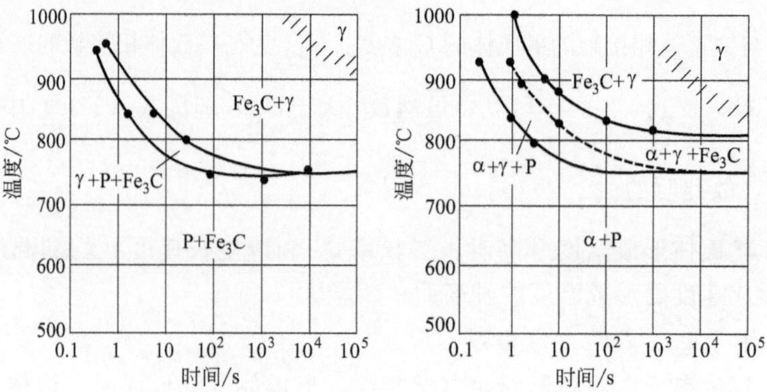

(a) w_C为1.2%钢　　(b) w_C为0.45%钢

图 2-34　奥氏体等温形成图

2.2.4.4 影响奥氏体形成速度的因素

影响奥氏体形核率和线生长速度的因素都会影响奥氏体的形成速度，如加热温度、钢的原始组织和化学成分等。

(1) 加热温度的影响。由于奥氏体的形成过程受碳在奥氏体中的扩散所控制，故随温度升高，相变驱动力增大，C原子扩散速度加快，奥氏体形核率 N 及线生长速度 v 均大大增加，如表 2-2 所示，因此奥氏体形成速度也随加热温度升高而迅速增大。由图 2-34 可见，奥氏体形成温度越高，转变的孕育期越短，转变完成所需时间也越短。

随奥氏体形成温度升高，形核率的增长速率高于线生长速度的增长速率。从表 2-2 可知，转变温度从 740℃提高到 800℃时，形核率增加 270 倍，而线生长速度只增加 80 倍。因此，奥氏体形成温度越高，所得起始晶粒也越细小。同时，随转变温度升高，奥氏体/铁素体界面向铁素体推移的速度与奥氏体/渗碳体界面向渗碳体推移的速度之比也增大。例如，奥氏体形成温度为 780℃时，二者之比约为 14.8，而当奥氏体形成温度升高至 800℃时，由式 (2-35) 计算得二者之比增大到 19.1。因此，随奥氏体形成温度升高，铁素体消失时残留渗碳体的量增大，奥氏体的平均碳含量降低。

综上所述，随奥氏体形成温度的升高，由于形核率的增长速率高于线生长速度的增长速率，导致奥氏体起始晶粒细化。同时，由于相变温度升高，相变的不平衡程度增大，在铁素体消失的瞬间，残留渗碳体量增多，因而奥氏体的平均碳含量降低。这两个因素均有利于改善淬火钢的韧性，尤其是对高碳工具钢更有重要的实际意义，由此发展了快速加热、短时保温等强韧化处理新工艺。

(2) 钢的碳含量和原始组织的影响。钢中碳含量越高，奥氏体形成速度越快。因为钢中碳含量增加时，碳化物数量增多，增加了铁素体/渗碳体相界面，因而增加了奥氏体形核部位，使形核率增大。同时，碳化物数量增加后，使C的扩散距离减小。另外，C和Fe原子的扩散系数也增大，这些因素都将加快奥氏体的形成。但在过共析钢中，由于碳化物数量过多，随碳含量增加，也会引起残留碳化物溶解和奥氏体均匀化时间的延长。

在钢的成分相同的情况下，原始组织中的碳化物的分散度越高，则铁素体/渗碳体相界面越大，形核率便越大。同时，碳化物分散度高时，珠光体片层间距减小，奥氏体中C的浓度梯度增大，使扩散速度加快。因此，钢的原始组织越细，奥氏体形成速度越快。例如，奥氏体形成温度为 760℃时，若珠光体的片层间距从 0.5μm 减至 0.1μm 时，奥氏体的线生长速度约增加 7 倍。所以，钢的原始组织为托氏体时，其奥氏体形成速度比索氏体和珠光体都快。

原始组织中碳化物的形状对奥氏体形成速度也有一定的影响。片状珠光体与粒状珠光体相比，由于片状珠光体中的渗碳体呈薄片状，相界面大，所以加热时奥氏体形核率高。

(3) 合金元素的影响。合金元素不影响珠光体向奥氏体转变的机制，但影响碳化物的稳定性及C在奥氏体中的扩散系数，且许多合金元素在碳化物与基体之间的分配是不同的，所以合金元素的存在会影响奥氏体的形成速度以及碳化物溶解和奥氏体均匀化的速度。

强碳化物形成元素 Cr、Mo、W 等可降低C在奥氏体中的扩散系数，因而显著减慢奥氏体形成速度。非碳化物形成元素 Co 和 Ni 等可增大C在奥氏体中的扩散系数（钢中加入 w_{Co}4%约使C在奥氏体中的扩散系数增加一倍），加速奥氏体的形成。Si 和 Al 对C在奥氏体中的扩散影响不大，因此对奥氏体形成速度无显著影响。

合金元素可以改变临界点 A_1、A_3、A_{cm} 等的位置，并使之扩大为一个温度范围，因而改变了相变时的过热度，从而影响了奥氏体形成速度。如 Ni、Mn、Cu 等降低 A_1 点，相对地增大了过热度，提高了奥氏体的形成速度。Cr、Mo、Ti、Si、Al、W、V 等提高A_1点，相对地降低了过热度，所以减慢了奥氏体的形成速度。

此外，钢中加入合金元素还可以影响珠光体片层间距，改变 C 在奥氏体中的溶解度，从而影响相界面的浓度差及 C 在奥氏体中的浓度梯度以及形核功等，这些都会影响奥氏体的形成速度。

合金元素在钢中的分布是不均匀的，弱碳化物形成元素主要分布在 Fe_3C 中，如 Mn；非碳化物形成元素主要分布在 α 相中，如 Ni、Si；强碳化物形成元素主要分布在特殊碳化物中，如 Mo、W、V、Ti 等。钢中w_{Cr}为 1%时，退火状态下碳化物中w_{Cr}约为 5%，而 α-Fe 中w_{Cr}仅为 0.5%，可见 Cr 主要集中在碳化物中。钢中w_{Ni}为 4%时，在退火状态下碳化物中w_{Ni}仅为 1%，大部分存在于固溶体中。合金元素在铜中分布的不均匀性，即使在碳化物完全溶解后也还存在。因此，合金钢的奥氏体均匀化过程，除 C 的均匀化以外，还包括了含金元素的均匀化。由于合金元素的扩散系数仅相当于碳的 1/1000～1/10000，同时，碳化物形成元素还降低 C 在奥氏体中的扩散系数，故 VC、TiC 等特殊碳化物更难于溶解。因此，合金钢奥氏体均匀化过程要比碳钢长得多。鉴于这些原因，为了使合金钢奥氏体成分均匀化，需要加热到较高的温度和保温较长的时间。

2.2.5 连续加热时奥氏体的形成

在生产实际中，奥氏体往往是在连续加热过程中形成的。这是因为在生产条件下，加热速度比较快，奥氏体形成过程开始后，由于工件能够吸收到的热量超过转变所需的热量，所以温度仍将继续升高。连续加热过程中奥氏体的形成过程可以看成是由许多个等温过程的叠加。因此，连续加热过程中奥氏体的形成过程与奥氏体等温形成过程基本一样，也经过形核、长大、残留碳化物溶解、奥氏体均匀化四个阶段，但与等温形成过程相比，有以下几个特点。

2.2.5.1 转变在一个温度范围内完成

钢在连续加热时，奥氏体形成的各个阶段都是在一个温度范围内完成的，而且随加热速度的增大，各个阶段的转变温度范围均向高温推移并扩大。

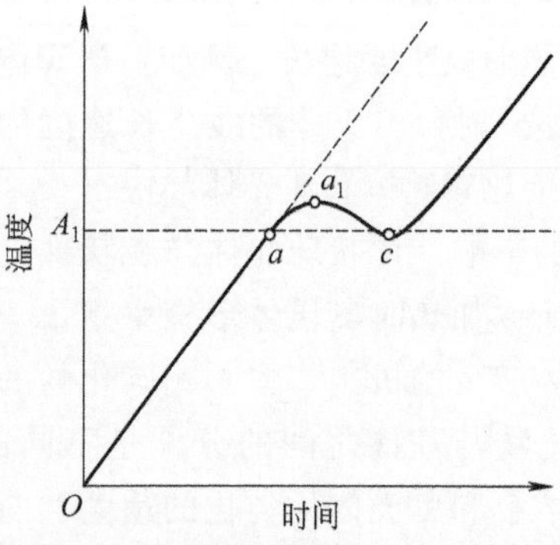

图 2-35 连续加热条件下奥氏体形成的热分析曲线

在等速加热条件下，奥氏体形成过程的热分析曲线如图 2-35 所示，呈马鞍形。当加热速度不大时，在转变初期，因珠光体向奥氏体的转变速度小，故吸收的热量（相变潜热）q 亦很小，如果外界提供给试样的热量 Q 等于转变所消耗的热量 q，则全部热量都用于形成奥氏体，温度不再上升，出现平台，转变在等温下进行。但若加热速度较快，此时 $Q>q$，即提供给试样的热量除用于转变之外尚有剩余，这部分热量将使温度继续上升，但升温速度减慢，因而偏离直线，如图 2-35 中的 aa_1 段。随转变温度升高，转变速度加快，转变所需热量增加，当 $q=Q$ 时，将出现平台。随转变速度进一步加快，奥氏体大量形成，消耗大量热量，导致 $q>Q$，温度开始下降，出现 a_1c 段。最后，转变速度逐渐降低，当 $Q>q$ 时，温度又上升。

提高加热速度，aa_1 段向高温推移，下降段a_1c 逐渐消失，二者合并为一斜率较小的直线，且随加热速度的进一步提高，继续向高温推移并直线缩短，如图 2-36 所示。

2.2.5.2 转变速度随加热速度增加而增加

从图 2-36 中可以得出在不同加热速度下的奥氏体形成开始及终了的温度与时间。将所得数据绘入温度-时间图中并分别将开始点及终了点连接成线，即可得出如图 2-37 所示的共析碳钢在连续加热时的奥氏体形成图。由图可见，加热速度越快，转变开始和终了温度越高，转变所需的时间越短，即奥氏体形成的速度越快。同时，还可明显看到，连续加热时，珠光体到奥氏体转变的各个阶段都不是在恒定的温度下进行的，而是在一个相当大的温度范围内进行的，加热速度越快，转变温度范围越大。

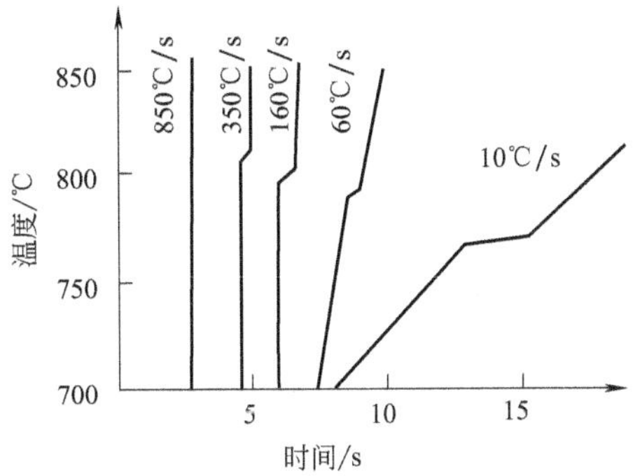

图 2-36 w_C 为 0.85%钢在不同加热速度下的加热曲线

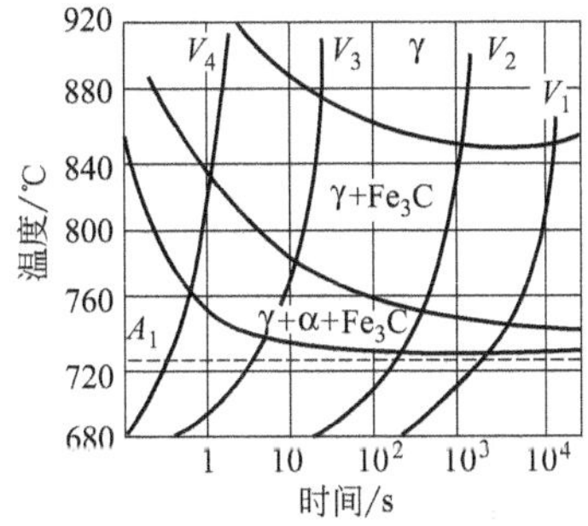

图 2-37 共析碳钢连续加热时的奥氏体形成图（加热速度 $V_1 < V_2 < V_3 < V_4$）

2.2.5.3 奥氏体成分不均匀性随加热速度增大而增大

前已述及，钢在连续加热时，随加热速度的增加，转变温度将升高。由图 2-31 可知，$C_{\gamma\text{-}\alpha}$ 将随转变温度升高而减小，$C_{\gamma\text{-}C}$ 则随转变温度升高而增大。另外，在快速加热的条件下，碳化物来不及充分溶解，C 和合金元素的原子也都来不及充分扩散，这些都将造成奥氏体中碳和合金元素分布的不均匀。图 2-38 给出了加热速度和加热温度对 40 钢奥氏体内高碳区最高碳含量的影响。由图可见，随加热速度的升高，高碳区内最高碳含量也增大，并向高温方向推移。当以 230℃/s 的加热速度加热至 960℃时，奥氏体中高碳区的最高碳含量可高达 w_C 1.7%。当淬火加热温度一定时，随加热速度增大，转变时间缩短，原为珠光体和铁素体区域内的奥氏体碳含量差别增大，并且剩余碳化物数量增多，导致奥氏体基体的平均碳含量降低。在实际生产中，可能因为加热速度快、保温时间短，而导致亚共析钢淬火后得到碳含量低于平均成分的马氏体和尚未完全转变的铁素体及碳化物。这种情况应注意避免。在高碳钢中，则可能出现碳含量低于共析成分的低、中碳马氏体及剩余碳化物，这有助于提高韧性，应加以利用。

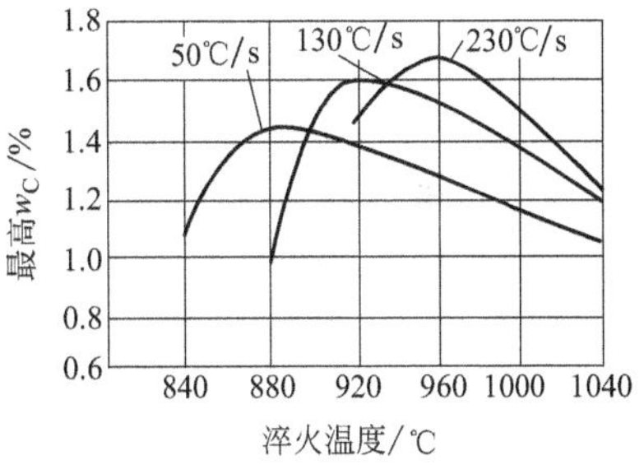

图 2-38 加热速度和淬火温度对 w_C 为 0.4%钢奥氏体中高碳区最高碳含量的影响

2.2.5.4 奥氏体起始晶粒大小随加热速度增大而细化

在快速加热时，随转变过热度增大，奥氏体形核率急剧增大，线生长速度也随之增加，转变在短时间内即告结束（如用 10^7℃/s 加热时，奥氏体形成时间只有 10^{-5}s），形成的奥氏体晶粒来不及长大，若立即淬火可以获得超细组织。例如，采用超高频脉冲加热（时间为

10^{-3}s）淬火后，在两万倍的显微镜下也难以分辨出奥氏体晶粒大小。

综上所述，在连续加热时，随加热速度的增大，奥氏体形成被推向高温，奥氏体起始晶粒细化。同时，由于残留碳化物数量随加热速度增加而增多，故奥氏体的平均碳含量下降，这两个因素均可提高淬火马氏体的强韧性。近年来发展起来的快速加热、超快速加热和脉冲加热淬火均是据此而发展出来的。

2.2.6 奥氏体晶粒长大及其控制

奥氏体晶粒大小对冷却转变过程及其所获得的组织与性能有很大影响。因此，了解奥氏体晶粒长大的规律及控制奥氏体晶粒大小的方法，对于热处理实践具有重要意义。

2.2.6.1 奥氏体晶粒度

奥氏体晶粒大小可以用晶粒度表示，晶粒度级别与晶粒大小的关系

$$n=2^{N-1} \tag{2-37}$$

式中，n 为放大 100 倍时，视场中 1in^2（1in＝2.54cm，下同）面积内的晶粒数，个/in^2；N 为奥氏体晶粒度级别。

一般将 1～4 级称为粗晶粒（晶粒平均直径为 0.25～0.088mm），5～8 级称为细晶粒（晶粒平均直径为 0.062～0.022mm），8 级以上为超细晶粒。随着控制轧制、控制冷却工艺的发展，已经很容易获得 11～12 级超细晶粒钢（晶粒平均直径小于 10μm），向奥氏体晶粒细化使钢铁材料的性能得到大幅度提高。

为了便于进行生产检验，国家标准 GB/T 6394—2017 备有标准评级图，可将显微镜下观察到的组织或拍摄的照片与标准评级对比，即可确定奥氏体晶粒度。这种方法简便易行，在生产中广为采用。

奥氏体晶粒度有三种：

(1) 起始晶粒度——奥氏体形成过程刚结束时的晶粒度。

(2) 实际晶粒度——热处理加热终了时的晶粒度。

(3) 本质晶粒度——在 (930±10)℃、保温 3～8h 下测定的奥氏体晶粒度。本质晶粒度为 5～8 级者称为本质细晶粒钢，而本质晶粒度为 1～4 级者称为本质粗晶粒钢。

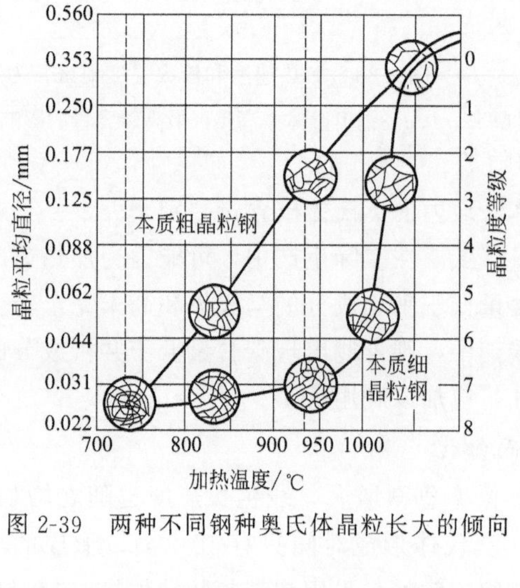

图 2-39 两种不同钢种奥氏体晶粒长大的倾向

本质晶粒度表示钢在一定的条件下奥氏体晶粒长大的倾向性，因钢种及冶炼方法的不同而异。应注意，本质晶粒度不同于实际晶粒度，如本质细晶粒钢被加热到 950℃以上的高温时也可得到十分粗大的奥氏体实际晶粒。相反，本质粗晶粒钢加热温度略高于临界点时也可得到细小的奥氏体晶粒。图 2-39 示出这两种钢不同的奥氏体晶粒的长大倾向。由图可见，本质细晶粒钢在 930～950℃以下加热时，晶粒长大倾向很小，所以其淬火加热温度范围较宽，生产上易于掌握。这种钢也可以在 930℃渗碳后直接淬火。但是，对本质粗晶粒钢必须严格控制加热温度，以防止过热而引起奥氏体晶粒粗大。

奥氏体起始晶粒大小决定于奥氏体的形核率 N 和线生长速度 v，其关系可用下式表示：

$$n=1.01\left(\frac{N}{v}\right)^{\frac{1}{2}} \tag{2-38}$$

式中，n 为 $1mm^2$ 面积内的晶粒数。

由式（2-38）可知，N/v 值越大，则 n 越大，晶粒越细小。

奥氏体实际晶粒度既取决于钢材的本质晶粒度，又与实际加热条件有关。一般来说，在一定的加热速度下，加热温度越高，保温时间越长，越容易得到粗大的奥氏体晶粒。

2.2.6.2 影响奥氏体晶粒长大的因素

奥氏体晶粒形成后将进一步长大。长大的一般规律是大晶粒吞并周围的小晶粒而使总的晶界面积减小。由界面能减小提供的长大驱动力与晶界曲率半径和界面能大小有关。晶界曲率半径越小（晶粒越细），界面能越大，则奥氏体晶粒长大驱动力越大，即晶粒长大的倾向性越强。分布在晶界上的未溶粒子则对晶界起钉扎作用，阻止晶界移动。由此可见，晶粒长大过程受加热速度，加热温度，保温时间，钢的成分，未熔粒子的性质、数量、大小和分布以及原始组织等因素影响。

（1）加热温度和保温时间的影响。加热温度越高，保温时间越长，奥氏体晶粒就越粗大（图 2-40）。由图可见，在每一个加热温度的加热和保温过程中都有一个加速长大期，当奥氏体晶粒长大到一定的大小后，长大趋势将减缓，直至停止长大。

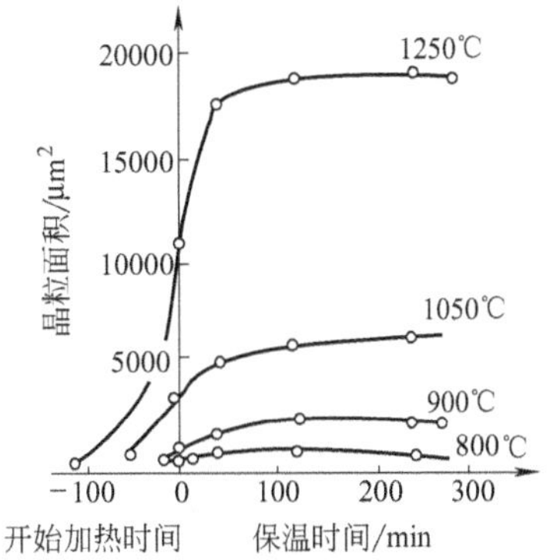

图 2-40 奥氏体晶粒大小与加热速度、保温时间的关系（w_C 为 0.48%，w_{Mg} 为 0.82%的钢）

奥氏体晶粒平均长大速度 $\overline{v}$（晶粒平均直径随时间的变化率）与晶界迁移速率及晶粒长大驱动力（总晶界能 σ）成正比，与晶粒平均直径 $\overline{D}$ 成反比，即

$$\overline{v}=K'e^{-\Delta G_m/(kT)}\frac{\sigma}{\overline{D}} \tag{2-39}$$

式中，K'为常数；k 为玻尔兹曼常数；T 为热力学温度；ΔG_m 为扩散激活能。

由式（2-39）可见，随加热温度升高，奥氏体晶粒长大速度成指数关系迅速增大。同时，晶粒越细小，界面能越高，晶粒长大速度越大。当晶粒长大到一定限度时，由于 $\overline{D}$ 增大，σ 减小，而使 $\overline{v}$ 降低，即长大速度减慢。

由图 2-40 还可以看出，为控制奥氏体晶粒大小，必须同时控制加热温度和保温时间。低温下保温时间的影响较小，高温下保温时间的影响增大。因此，加热温度高时，保温时间应相应缩短，这样才能得到较为细小的奥氏体晶粒。

（2）加热速度的影响。加热速度越大，奥氏体形成温度越高，奥氏体形核率与长大速度之比随之增大（见表 2-2），因此快速加热时可以获得细小的起始晶粒度。加热速度越快，奥氏体起始晶粒度越细小（图 2-41）。所以，快速加热，短时间保温可以获得细小的奥氏体晶粒。但如长时间保温，由于奥氏体起始晶粒细小，加之加热温度高，奥氏体晶粒很容易长大。

（3）碳含量的影响。加热温度及保温时间一定时，奥氏体晶粒的大小在一定范围内随钢中碳含量的增加而增大，之后又随碳含量的增加而减小，出现极大值。极大值与加热温度有关，900℃w_C 为 1.2%，1000℃w_C 为 1.4%，1100℃w_C 为 1.6%，1200℃w_C 为 1.25%，1300℃w_C 为 1.2%（图 2-42）。这是因为钢中碳含量增加时，C 原子在奥氏体中的扩散系数

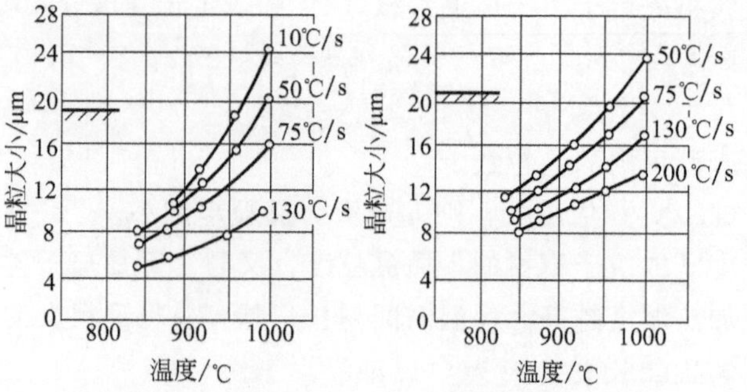

(a) 普通淬火、840℃ (b) 普通淬火、780℃

图 2-41 奥氏体晶粒大小与加热速度的关系

及 Fe 的自扩散系数均增大，故奥氏体晶粒长大倾向增大。但当超过一定碳含量时，由于出现了能阻止奥氏体晶粒长大的二次渗碳体，故随钢中碳含量的增加，二次渗碳体数量增多，阻止奥氏体晶粒长大，使奥氏体晶粒度等级增加。通常，过共析钢在 $A_{c1} \sim A_{ccm}$ 之间加热时，可以保持较为细小的晶粒，而在相同的加热温度下，共析钢的晶粒长大倾向最大，这是因为共析钢的奥氏体中没有未溶二次渗碳体。

（4）合金元素的影响。钢中加入适量的能形成难溶化合物的合金元素，如 Ti、Zr、V、Al、Nb、Ta 等都能强烈阻止奥氏体晶粒长大，使奥氏体晶粒粗化温度显著提高（图 2-43）。上述元素都是强碳、氮化合物形成元素，在钢中能形成熔点高、稳定性强、不易聚集长大的 NbC、NbN、Nb（C、N）、TiC 等化合物，有效阻止晶粒长大。能形成较易溶解的碳化物的合金元素，如 W、Mo、Cr 等也能阻止奥氏体晶粒长大，但其影响程度为中等。不形成化合物的合金元素，如 Si 和 Ni 对奥氏体晶粒长大影响很小，Cu 几乎没有影响。另外，Mn、P、C、O 含量，在一定限度以下可增加奥氏体晶粒长大倾向。

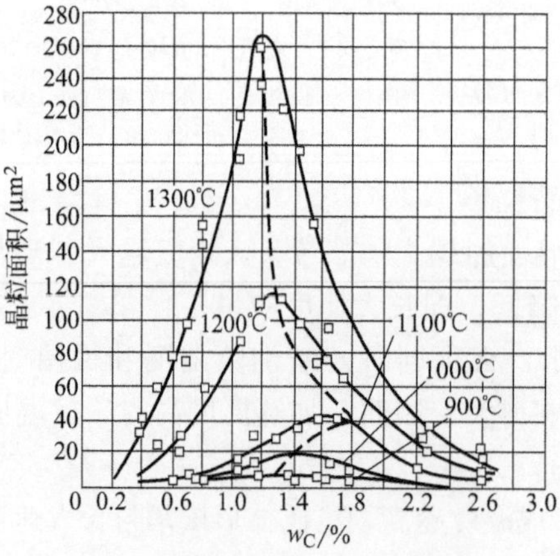

图 2-42 钢中碳含量对奥氏体晶粒长大的影响（保温时间均为 3h）

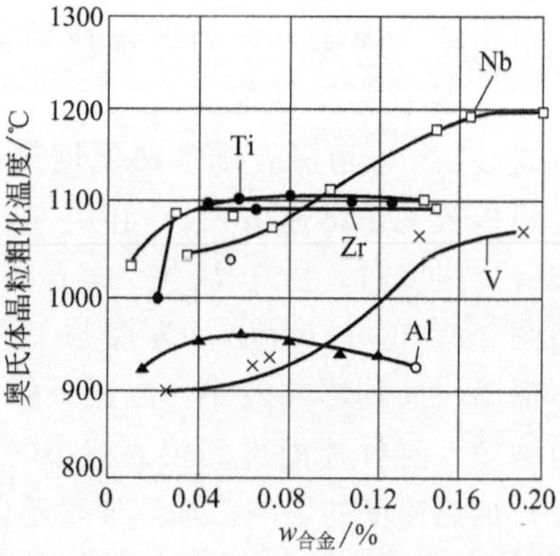

图 2-43 Tr、Zr、Nb、V、Al 对奥氏体晶粒粗化温度的影响

能阻止奥氏体晶粒长大的未溶粒子所提供的阻力与溶粒子所占的体积分数以及奥氏体晶界的界面能成正比，与未溶粒子的半径成反比，亦即未溶粒子数量越多，粒子越细，提供的阻力越大。而曲面晶界提供的推动奥氏体晶界移动的推力决定于界面曲率半径。随奥氏体晶粒长大，晶界曲率半径不断增加，推力逐渐降低，当降到与未溶粒子提供的阻力相等时，晶

界停止移动，亦即停止长大。当加热温度超过未溶粒子发生溶解的温度后，由于粒子的消失，奥氏体晶粒将迅速长大，如图 2-39 所示。

实际上，本质细晶粒钢和本质粗晶粒钢的差异就在于炼钢时采用了不同的脱氧方法。用 Al 脱氧时，由于 Al 能形成大量难溶的弥散分布的具有六方点阵结构的 AlN，能阻止奥氏体晶粒长大，为本质细晶粒钢；用 Si、Mn 脱氧时，因为不形成弥散分布的难溶粒子，所以奥氏体晶粒长大倾向大，为本质粗晶粒钢。在钢中加入少量 Nb、V、Ti，就是为了形成难溶的能阻止奥氏体晶粒长大的碳化物。

2.2.6.3 钢在加热时的过热现象

钢在热处理时，由于加热不当（如加热温度过高或保温时间过长）而引起奥氏体实际晶粒粗大，以至于在随后淬火或正火时得到十分粗大的组织，从而使钢的力学性能显著恶化（如冲击韧性下降，断口呈粗晶状等）的现象称为过热。钢过热后不仅使性能下降，而且在淬火时极易发生变形和开裂，因此，在热处理生产中不允许有过热现象发生。一旦由于加热不当，发生了过热现象，必须进行返修，即重新加热到正常加热温度，以获得新的细小的奥氏体晶粒，然后冷却。过热不严重时，只需进行一次正火即可消除过热组织，使钢的性能得到恢复，使断口细化。但实践表明，钢在过热后，只有在冷却过程中转变为珠光体时，才可以用一次重新加热奥氏体化来消除过热。如果过热的奥氏体在冷却过程中转变成马氏体等非平衡组织，则很难用上述方法消除过热。

2.2.7 非平衡组织加热时奥氏体的形成

钢以非平衡组织（包括淬火马氏体、贝氏体、回火马氏体、魏氏组织等）作为原始组织进行加热时，常可在奥氏体形成初期获得针状和颗粒状两种形态的奥氏体晶粒，它们的形成规律与钢的成分、原始组织和加热条件等因素有关。现以板条马氏体为例，讨论非平衡组织加热时奥氏体的形成。

2.2.7.1 针状奥氏体的形成

试验证明，低、中碳合金钢以板条状马氏体为原始组织，在 $A_{c1}\sim A_{c3}$ 之间进行慢速和极快速加热时，在马氏体板条间可形成针状奥氏体（图 2-44），而在原奥氏体晶界、马氏体束界及块界形成颗粒状奥氏体。在慢速加热时，针状奥氏体常在马氏体板条边界上的渗碳体处形核，沿板条界长成针状奥氏体。

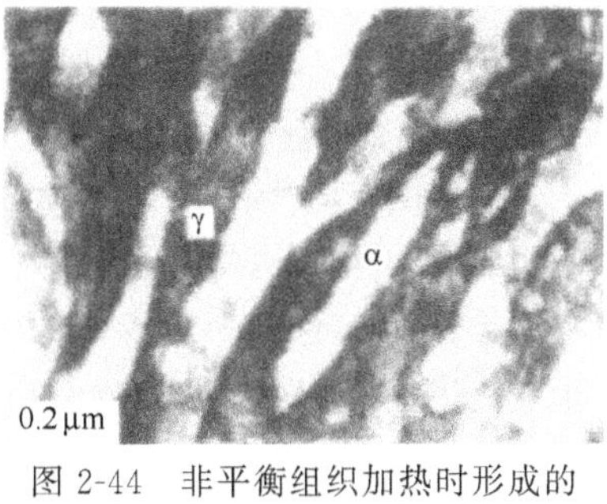

图 2-44 非平衡组织加热时形成的针状奥氏体

在同一束板条马氏体中的板条间形成的针状奥氏体可能具有相同的空间取向，且都与马氏体板条保持 K-S 关系，即 $\{111\}_\gamma /\!/ \{011\}_{\alpha'}$；$\langle 0\bar{1}1\rangle_\gamma /\!/ \langle \bar{1}\bar{1}1\rangle_{\alpha'}$。

这种针状奥氏体沿板条界面的长大速度较快，如果延长保温时间或提高加热温度，同一板条内的针状奥氏体将长大合并成为一个等轴奥氏体晶粒，但仍可在其中观察到原来针状奥氏体的痕迹。图 2-45 示出了在 $A_{c1}\sim A_{c3}$ 之间形成针状奥氏体后，再加热到 A_{c3} 以上时，针状奥氏体长大合并成等轴奥氏体晶粒的过程。由图可见，新形成的奥氏体晶粒基本上恢复了原始奥氏体晶粒的大小，但与原奥氏体晶粒相比较有以下两点不同：①在原奥氏体晶界上存在部分细小的等轴奥氏体晶粒；②在原始奥氏体晶粒内也存在与周围奥氏体位向不同的孤立的等轴奥氏体晶粒，它们可能在马氏体束界、块界或夹杂物边界上形成。

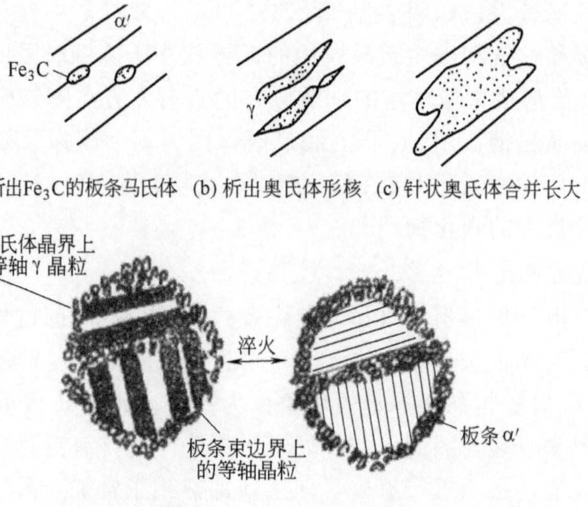

(a) 析出Fe_3C的板条马氏体 (b) 析出奥氏体形核 (c) 针状奥氏体合并长大

(d) 粗大奥氏体晶粒复原 (e) 淬火后获得的粗大板条马氏体

图 2-45 在板条马氏体基体上针状奥氏体形核长大过程示意图

形成针状奥氏体的先决条件是原始组织中的马氏体板条在加热到 A_{c1} 以上时未发生再结晶。如在加热到 A_{c1}～A_{c3} 之间的高温区时，马氏体板条已经发生了再结晶，板条特征已经消失，则不能再形成针状奥氏体，因此不会导致原始奥氏体晶粒的复原。

关于针状奥氏体的形核机制目前还不很清楚，一般认为，慢速加热时在针状奥氏体形核前马氏体已经发生分解，沿板条界析出了 Fe_3C，但 α 基体并未发生再结晶。奥氏体晶核一般在有 Fe_3C 的板条边界形成。核形成后沿板条界长成针状奥氏体。新形成的奥氏体晶核与铁素体及渗碳体都保持晶体学位向关系，故只可能有一种取向。

当以极快速度加热时，由于淬火时保留下来的少量残留奥氏体来不及分解，就成了现成的奥氏体晶核。以这样的核长成的针状奥氏体将具有相同的空间取向，故能合并成一个大晶粒。

2.2.7.2 颗粒状奥氏体的形成

试验证明，当以中等的加热速度将非平衡态组织加热到 A_{c1}～A_{c3} 之间或直接加热到 A_{c3} 以上时，将在原奥氏体晶界，马氏体束界、块界，甚至在板条界通过扩散型相变形成颗粒状奥氏体。由于淬火马氏体中的马氏体束界、块界和板条界等形核位置较多，故形成的颗粒状奥氏体往往具有非常细的晶粒组织。

2.2.7.3 粗大奥氏体晶粒的遗传性及其控制

对粗大的非平衡组织进行加热时，在一定的加热条件下，新形成的奥氏体晶粒有可能继承和恢复原粗大奥氏体晶粒，这种现象被称为钢的组织遗传。出现组织遗传时，钢的韧性得不到恢复，断口仍呈粗晶状，即过热组织的影响在重新奥氏体化后并未得到消除。下面讨论组织遗传的一般规律。

(1) 影响钢的组织遗传的因素

① 原始组织。钢的组织遗传性首先与钢的原始组织有关。当原始组织为珠光体类型组织时，一般不发生组织遗传现象，而当原始组织为非平衡组织时，组织遗传是一个较为普遍的现象。在非平衡组织中又以贝氏体较马氏体的组织遗传性强，因为合金结构钢容易得到非

平衡组织，所以容易出现组织遗传。

② 加热速度。对具有非平衡组织的合金钢进行加热时，不论是慢速加热还是快速加热，都容易出现组织遗传现象，只有采用中速加热时才有可能避免出现组织遗传。但对不同钢种，不发生组织遗传的加热速度差别很大，需要通过试验才能确定。快速加热时出现的组织遗传现象随加热速度的提高而增强。例如，30CrMnSi 经 1280℃油淬获得粗大淬火组织后，若再以 800℃/s 的加热速度快速加热至 900℃水淬，则二次加热时形成的奥氏体晶粒的大小、形状和取向均将完全恢复到原来的奥氏体的粗晶状态。据此，有人认为这时发生的是马氏体相变的逆转变，即通过切变机制由马氏体转变成奥氏体。如果将加热速度降低至 200～300℃/s 再次加热到 900℃时，在原奥氏体晶界上将会形成许多细小的颗粒状奥氏体，但在晶内仍将恢复原来状态。显然，降低加热速度促进了颗粒状奥氏体的形成，使钢的组织遗传性有所减弱。

马氏体的分解程度可能对奥氏体形成机制有一定的影响。淬火而未回火的马氏体在加热过程中发生的分解程度将随加热速度的提高而减轻。马氏体分解程度大时，增加了颗粒状奥氏体的形核部位，所以当加热速度降低到某一定值以下时，可能在奥氏体形成之前马氏体已发生了局部分解，因此在原奥氏体晶界上便出现了颗粒状奥氏体。随加热速度减慢，马氏体分解程度增大，颗粒状奥氏体更易形成，故组织遗传性减弱。反之，加热速度增大，马氏体分解程度降低，抑制了颗粒状奥氏体的形成，组织遗传性随之增强。但按照马氏体以切变方式逆转变成奥氏体的观点，无法解释为何针状奥氏体具有相同的空间取向。因为按照 K-S 位向关系，由一个奥氏体晶粒转变得到的马氏体晶粒最多可以有 24 个空间取向，以每一个位向的马氏体为原始组织再切变回奥氏体时，最多又可以有 24 个空间取向的奥氏体。因此，理论上在原来一个粗大奥氏体晶粒范围内，最多应该有 24×24 个空间取向的针状奥氏体晶粒（其中有重复的）。即使实际情况下可能没有这么多空间取向，但也不应该是一个相同的空间取向。很有可能是淬火马氏体中的残留奥氏体起了决定性作用。加热速度越快，在低温阶段停留的时间就越短，在加热到奥氏体化温度时残留奥氏体可能没有发生转变。这些保留到高温的残留奥氏体就有可能成为现成的奥氏体的核，这些奥氏体核长大到相互接触时将合并成一个粗大的奥氏体晶粒，导致组织遗传。这样可以很好地解释加热速度对快速加热时组织遗传现象的影响，以及为什么贝氏体较马氏体更容易出现组织遗传的现象（因为贝氏体组织中得到比淬火马氏体更多的残留奥氏体）。

与快速加热时的情况相反，慢速加热时的组织遗传性随加热速度增大而减弱。例如，35CrMnSi 钢经 1300℃淬火获得粗大淬火组织后，以 2℃/min 的加热速度加热至 950℃淬火时，也将出现组织遗传现象，使奥氏体晶粒大小、形状和位向均得到恢复。加热速度增大时，将在原奥氏体晶界上形成细小颗粒状奥氏体，组织遗传性减弱。例如 0.12%C-3.5%Ni-0.35%Mo 钢淬成马氏体后，再次加热时形成的针状和颗粒状奥氏体的量随加热速度而变化。加热速度提高，颗粒状奥氏体量增大；加热速度小于 1.7℃/min 时，不形成颗粒状奥氏体，只形成针状奥氏体，导致组织遗传。在热处理生产中，大型合金钢零件从 600℃加热到 860℃往往需要 4h，此时，加热速度约为 1℃/min。因此，若前面的热加工工序造成了粗大的非平衡组织，然后再 1℃/min 的速度加热便有可能出现组织遗传。加热速度对组织遗传的影响可概括为图 2-46。

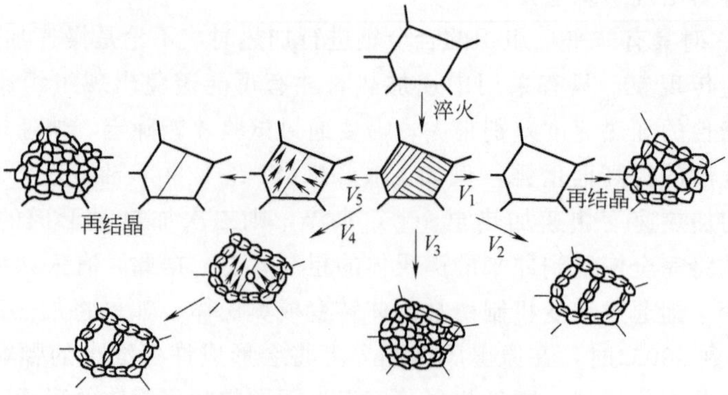

图 2-46　加热速度 V 对非平衡态钢加热所得组织的影响示意图（$V_1>V_2>V_3>V_4>V_5$）

合金结构钢过热淬火组织慢速加热时出现组织遗传的原因可能是在加热的过程中虽然发生了碳化物的析出，但是α基底没有发生再结晶，因而有利于针状奥氏体形成。由于新形成的奥氏体核与α相及碳化物均保持一定的晶体学位向关系，因此，导致组织遗传。加热速度增大时，过热度增大，α相有可能发生再结晶，促使形成更多的颗粒状奥氏体，因而使组织遗传程度降低。另外，提高加热速度，在原奥氏体晶界、板条马氏体束界等处形成的小颗粒状奥氏体数量增多，也使组织遗传性减弱。加热速度增大到一定程度时，晶界、界内均可形成颗粒状奥氏体，组织遗传被消除。

(2) 断口遗传性。显然，在出现组织遗传时，断口也应该是极大的。但是，有时在消除了组织遗传后，奥氏体晶粒已经细化，但其断口仍是粗大的，即细晶粒显微组织出现了粗晶断口，这种现象称为断口遗传。例如，30CrMnSi 和 37CrNi3 钢经 1280℃加热淬油，奥氏体晶粒为 1 级，再次以 100～200℃/min 的速度加热至 860℃水淬，奥氏体晶粒已经细化至 6～8 级，但断口仍是粗大的。

断口遗传按形成机制可分为四类：

① 石状断口。由于过热，钢中的 MnS 等将溶入奥氏体中，因 Mn 与 S 是内表面活性物质，溶入奥氏体后将向奥氏体晶界偏聚，如果在过热后缓慢冷却，溶入奥氏体中的 MnS 将沿奥氏体晶界析出，再次正常温度加热时虽然粗大组织得到了细化，但这些沿原粗大奥氏体晶界分布的 MnS 不能溶解，仍分布在原奥氏体晶界，使原奥氏体晶界弱化，故断裂将沿原奥氏体晶界发生，形成粗大断口，称为石状断口。

② 伪断口遗传。在过热不太严重时，沿原粗大奥氏体晶界来析出 MnS 等的情况下仍有可能出现断口遗传。出现这种断口遗传的原因是过热淬火组织中速加热时在原粗大奥氏体晶界形成的新的奥氏体的核只能往一侧长成球冠状，故原粗大奥氏体晶粒边界将成为新形成的小奥氏体晶粒边界而被保留。当引起断裂的最大拉应力与该晶界接近垂直时断裂将沿该界面发展，在断口上出现一个粗大的反光小平面，亦即此时断裂既是沿新形成的小晶粒边界，也是沿原粗大晶粒边界发展的。当裂纹发展到另一个与最大拉应力不垂直的原粗大晶粒的边界时，裂纹将沿新形成的小晶粒边界，穿越原粗大晶粒而发展，得到凹凸不平的细小的断口表面。这二种断口组合在一起便形成了类似于粗晶的断口，但实际上是沿新形成的小晶粒边界断裂的细晶断口，故不降低钢的韧性，可以认为这是一种伪断口遗传。

③ 与晶粒内织构有关的伪断口遗传。在发生穿晶准解理断裂时也可能出现一种伪断口遗传。穿晶解理断裂和准解理断裂都是沿晶内某低指数晶面发展的断裂。过热粗大组织转变为非平衡组织时新形成的贝氏体或马氏体与原粗大的奥氏体之间保持 K-S 关系。与同一个奥氏体晶粒保持 K-S 关系的贝氏体或马氏体可以有 24 个不同的空间取向。以中速加热非平衡组织时形成的细小奥氏体晶粒也与贝氏体或马氏体保持 K-S 关系，同样也可以具有许多不同的空间取向。但是由一个粗大奥氏体晶粒衍生出来的空间取向不同的众多的细小奥氏体晶粒的低指数晶面很可能是平行的，这种现象被称为形成了晶内织构。如果穿晶准解理断裂是沿这样的低指数晶面发展，将呈现出粗晶穿晶断口。

④ 与回火脆性有关的断口遗传。当第二次正常温度加热淬火得到细小马氏体组织后，如果在发生低温回火脆性或高温回火脆性的温度区域回火，则伴随着回火脆性的发生，将出现沿原粗大奥氏体晶界的断裂，出现断口遗传。出现这类断口遗传的原因是：第一次过热时在原奥氏体晶界发生了 Cr、Ni、S、P 等能促进回火脆性的元素的偏聚。第二次正常温度加热时，这些偏聚未能消除，因此在低温回火时，与在晶界上析出的碳化物一起，使晶界弱化，发生沿原粗大奥氏体晶界的断裂，出现断口遗传。如在发生高温回火脆性的温度回火，则这些偏聚的元素会进一步促进 Cr、Ni、S、P 等有害元素向原粗大奥氏体晶界偏聚，使原粗大奥氏体晶界上的偏聚量高于后形成的细小奥氏体晶界上的偏聚量，故裂纹易于沿原粗大奥氏体晶界扩展，形成粗大断口，出现断口遗传。也有可能偏聚在原粗大奥氏体晶界上的 Cr 等元素促进了回火时碳化物在晶界的析出，使晶界弱化出现回火脆性，导致断口遗传。

显然，如果避免了回火脆性，这种与回火脆性有关的断口遗传就不会出现。

(3) 奥氏体晶粒的反常细化。如前所述，过热粗大组织冷却后得到的非平衡组织以快速或慢速加热至 A_{c3} 以上的正常加热温度时，有可能仍得到粗大奥氏体晶粒，出现组织遗传。但如果继续加热到更高温度 [A_{c3}+(100～200℃)]，则奥氏体晶粒可能不仅不粗化，反而形成了细小的、晶体学位向不同的奥氏体晶粒。这种现象称为奥氏体晶粒的反常细化。例如，30CrMnSi 钢经 1280℃淬火获得粗大奥氏体晶粒，再次以 800℃/s 快速加热到 1050℃淬火，结果发现奥氏体晶粒不仅不粗化，反而从 1 级细化至 4～5 级。其断口为沿晶和韧窝组成的混合型断口，晶内断裂无方向性，晶粒细化和断口细化趋于一致。

上述奥氏体晶粒的反常细化发生在奥氏体单相区内，故不可能是相变过程引起的，因此人们推想可能是发生了再结晶而导致晶粒细化，这种再结晶可称为奥氏体的自发再结晶。其示意图见图 2-46。

(4) 控制粗大奥氏体晶粒遗传的方法。一般认为，导致粗大奥氏体晶粒遗传的主要原因是针状奥氏体的形成及其长大合并。针对这种情况可以采取以下措施消除遗传。

① 对非平衡组织的过热钢，可以采用中速加热，得到细小的奥氏体晶粒。

② 对非平衡组织的过热钢，在淬火前先进行一次退火或高温回火，使非平衡组织转变为平衡组织，获得细小的碳化物和等轴铁素体的混合组织，使针状奥氏体不能形成，从而避免粗大奥氏体晶粒遗传。一般来说，采用等温退火的效果比连续冷却退火好。采用高温回火时，多次回火比一次回火效果好。

对于高合金钢，因马氏体难以分解和再结晶，故采用高温回火不如等温退火效果好。

③ 利用奥氏体的自发再结晶，快速加热（大于 100℃/s）至临界点以上 100～200℃，然后淬火，可消除粗大奥氏体晶粒的遗传，使奥氏体晶粒得到细化。但是，这种方法生产中

难以控制。

④ 对低合金钢，可采用多次正火使过热得到校正，因为这类钢的遗传倾向相对较小，每经一次转变，遗传性均有所减弱，故多次转变即可校正。但这种办法在热处理生产中因耗能过多而难于实用。

应该指出，某些特殊情况下，如为了提高金属的高温蠕变抗力，改善硅钢片的导磁性等，则希望获得粗大晶粒。

2.3 珠光体转变

珠光体转变是铁碳合金的一种共析转变，发生在过冷奥氏体转变的高温区，故又称高温转变，属于扩散型相变。钢铁材料在退火、正火时，都要求发生珠光体转变。在淬火或等温淬火时，则力求避免发生珠光体转变。

铁碳合金经奥氏体化后，如以慢速冷却，具有共析成分的奥氏体将在略低于A_1 的温度下通过共析转变分解为铁素体与渗碳体的双相组织。如冷速较快，奥氏体可以被过冷到A_1以下宽达 200℃左右的高温区内发生珠光体转变，其产物为珠光体。

2.3.1 珠光体的组织形态及晶体学

2.3.1.1 珠光体的组织形态

珠光体是由铁素体和渗碳体组成的双相组织。珠光体在光学显微镜下，呈现珍珠般的光泽，故称珠光体。按渗碳体的形态，珠光体分可为片状珠光体和粒状珠光体两种。

(1) 片状珠光体。渗碳体为片状的珠光体，称为片状珠光体。片状珠光体由相间的铁素体和渗碳体片组成，如图 2-47 所示。若干大致平行的铁素体与渗碳体片组成一个珠光体领域（pearlite colony），或称珠光体团（pearlite group）。在一个奥氏体晶粒内，可以形成几个珠光体团（图 2-48）。

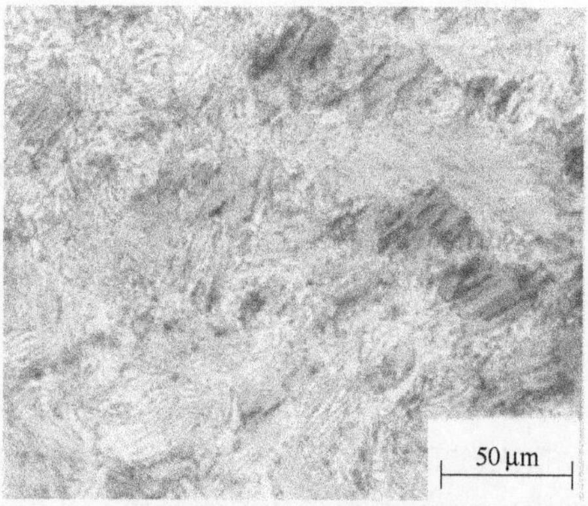

图 2-47 T8 钢中的片状珠光体

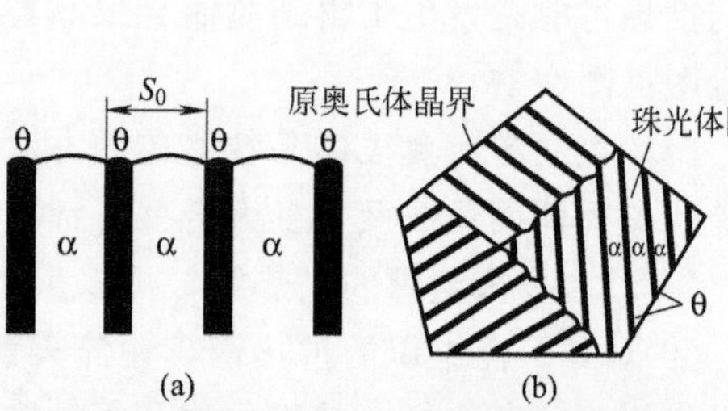

图 2-48 片状珠光体的片间距和珠光体示意图

珠光体中渗碳体θ与铁素体α片厚之和称为珠光体的片间距，用 S_0 表示（图 2-48）。片间距是用来衡量片状珠光体组织粗细程度的一个主要指标。片间距的大小主要取决于转变时的过冷度，过冷度越大，即转变温度越低，珠光体的片间距越小。这是因为转变温度越低，碳的扩散速度越慢，碳原子难以做较大距离的迁移，故只能形成片间距较小的珠光体。另外，珠光体形成时，由于新的铁素体与渗碳体界面的形成，将使界面能增加，这部分界面能是由奥氏体与珠光体的自由能差提供的，过冷度越大，所能提供的自由能越大，能够增加的界面能也越多，片间距有可能越小。

共析碳钢珠光体片间距 S_0（nm）与过冷度 ΔT（K）之间的关系可用下面的经验公式表达：

$$S_0=\frac{8.02}{\Delta T}\times 10^3 \tag{2-40}$$

进一步研究结果表明，只有当过冷度 ΔT 较小时，S_0 才与 ΔT 的倒数存在线性关系。当过冷度较大时，数据较为分散。

按照片间距的大小，生产实践中将片状珠光体分为珠光体、索氏体和托氏体。在光学显微镜下能明显分辨出片层组织的珠光体称为片状珠光体。若珠光体的形成温度较高，如在A_1～650℃，则片间距较大，约为 150～450nm。若形成温度较低，如在 600～650℃，则珠光体的片间距小到 80～150nm，光学显微镜已难以分辨出片层形态，这种细片状珠光体被称为索氏体。若形成温度更低，如在 550～600℃范围内，则片间距为 30～80nm，被称为托氏体。只有在电子显微镜下，才能分辨出托氏体组织中渗碳体与铁素体的片层形态。

（2）粒状珠光体。在铁素体基体中分布着颗粒状渗碳体的组织，称为粒状珠光体（图 2-49）或球状珠光体。粒状珠光体一般是通过球化退火等一些特定的热处理获得的。对于高碳钢中的粒状珠光体，常按渗碳体颗粒的大小，分为粗粒状珠光体、粒状珠光体、细粒状珠光体和点状珠光体。渗碳体颗粒大小、形状及分布均与所用的热处理工艺有关，渗碳体的多少则决定于钢中的碳含量。

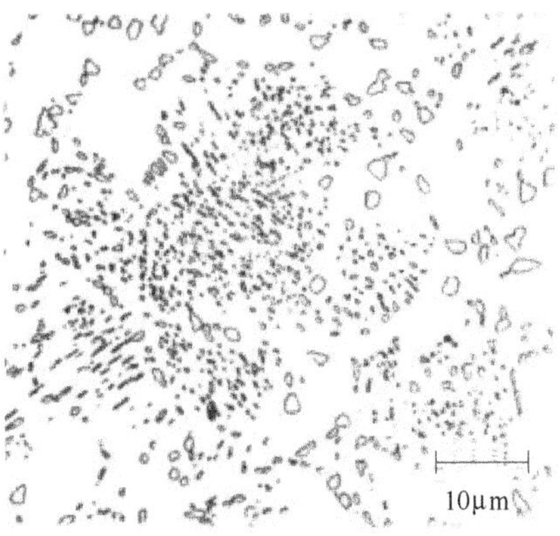

图 2-49 T8 钢中的粒状珠光体
（经过球化退火处理）

（3）特殊形态的珠光体。当钢材加入合金元素时，碳化物形成的原子 M 可能取代渗碳体中部分铁原子，形成 $(Fe, M)_3C$ 合金渗碳体，也可能形成 MC、M_2C、M_6C、M_7C_3、$M_{23}C_6$ 等合金碳化物，即特殊碳化物。当钢中存在合金渗碳体或合金碳化物时，珠光体的组织形态仍然主要是片状珠光体和粒状珠光体两种。此外，还有一些特殊形态的珠光体，如碳化物呈针状或纤维状的珠光体。

碳化物呈纤维状的珠光体其实是纤维状碳化物与铁素体的聚合体。这种聚合体的形态变化较多，有的像珠光体那样有球团组织；有的直接从奥氏体长出具有大体平行的边界；有的像枞树叶，纤维以一个中轴对称排列，如图 2-50 所示。纤维的直径约为 20～50nm，其间距至少比普通珠光体组织小一个数量级，而且在碳的质量分数为 0.2%时，就可以使钢具有“全共析”组织。因此，这种组织具有很好的力学性能。例如，w_C 为 0.2%和w_{Mo} 为 4%的钢，在 600～650℃转变后其屈服强度可达 770MPa，已经在许多钢中，主要在直接等温处理或有时在控制冷却中发现这种纤维状组织。就目前所知，以这种形态存在的特殊碳化物可以是 Mo_2C、W_2C、VC、Cr_7C_3 和 TiC。

2.3.1.2 片状珠光体的晶体学

片状珠光体一般在两个奥氏体 γ_1 与 γ_2 的晶界上形核，然后向与其没有特定取向关系的奥氏体 γ_2 晶粒内长大形成珠光体团。如图 2-51 所示，珠光体团中的铁素体及渗碳体与被长入的奥氏体晶粒之间不存在位向关系，形成可动的非共格界面。但与另一侧的不易长入的奥氏体 γ_1 晶粒之间则形成不易移动的共格界面，并保持一定的位向关系。铁素体 α 与不易长入的奥氏体 γ_1 之间保持 K-S 关系：$\{110\}_\alpha /\!/ \{111\}_\gamma$，$[111]_\alpha /\!/ [110]_\gamma$。

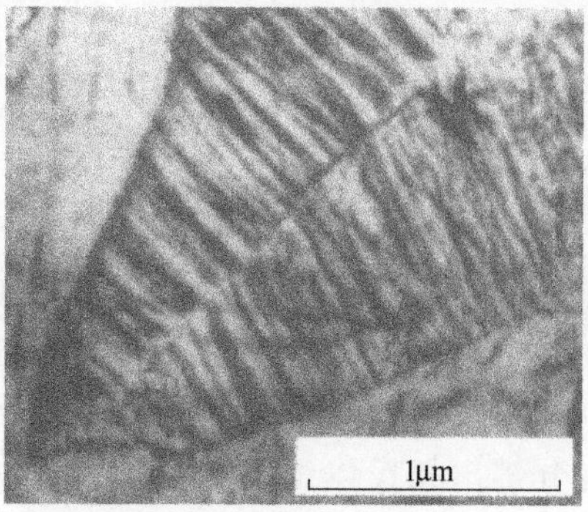

图 2-50 w_C 为 0.2%和 w_{Mo} 为 4%的钢在 650℃转变 2h 后的组织（复型）

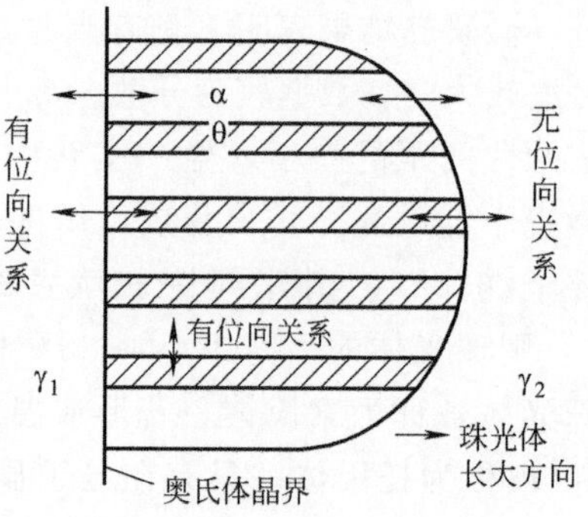

图 2-51 珠光体相变时同一领域内各相间的取向关系

渗碳体 θ 则与不易长入的奥氏体 γ 之间保持 Pitsch 关系，该关系接近于：$(100)_\theta /\!/ (1\bar{1}\bar{1})_\gamma$，$[010]_\theta /\!/ [110]_\gamma$，$[001]_\theta /\!/ [\bar{1}12]_\gamma$。

一个珠光体团内的铁素体与渗碳体之间也存在着一定的位向关系，即 Pitsch-Petch 关系：$(001)_\theta /\!/ (001)_\theta /\!/ (5\bar{2}\bar{1})_\alpha$，$[010]_\theta /\!/ [113]_\alpha$（差 2°36′），$[100]_\theta /\!/ [13\bar{1}]_\alpha$（差 2°36′）。

如果有先共析铁素体存在，珠光体是在先共析铁素体上形核长成的，则珠光体团中的铁素体与渗碳体之间存在 Isaichv 位向关系，即 $(101)_\theta /\!/ (112)_\alpha$。

2.3.2 珠光体转变机制

2.3.2.1 珠光体转变的热力学条件

共析成分奥氏体过冷至 A_1 点以下，将发生珠光体转变。珠光体转变的驱动力是珠光体与奥氏体的自由能差。由于珠光体转变温度较高，原子能够长距离扩散，珠光体又是在晶界形核，形核所需的驱动力较小，所以在较小的过冷度下即可发生珠光体转变。

图 2-52 为铁碳合金的奥氏体、铁素体和渗碳体三个相在 T_1、T_2 温度的自由能-成分曲线图。图 2-52（a）为在 T_1（即 A_1）温度下三个相的自由能-成分曲线有一条公切线，表明铁素体和渗碳体双相组织（即珠光体）的自由能与共析成分的奥氏体的自由能相等，自由能差为零，没有相变驱动力，即在 T_1 温度下共析成分的奥氏体不能转变为铁素体和渗碳体的双相组织（珠光体）。

当温度下降到 T_2 时，奥氏体、铁素体和渗碳体的自由能曲线的相对位置发生了变化，如图 2-52（b）所示。由图可见，在三个相的自由能曲线间可以作出三条公切线。这三条公切线分别代表三组混合相的自由能，即 d 成分的奥氏体与渗碳体，c 成分的奥氏体与 a 成分的铁素体，a′成分的铁素体与渗碳体三组混合相。共析成分的奥氏体的自由能在三条公切线之上，所以共析成分的奥氏体有可能分解为 d 成分的奥氏体与渗碳体、a 成分的铁素体与 c

成分的奥氏体以及 a′成分的铁素体与渗碳体。由于后者的公切线位置最低，所以由共析成分的奥氏体转变为 a′成分的铁素体与渗碳体（即珠光体）在热力学上的可能性最大。

当共析成分的奥氏体同时转变为 d 成分的奥氏体与渗碳体、a 成分的铁素体与 c 成分的奥氏体时，奥氏体的成分是不均匀的，与铁素体接壤处为含碳较高的 c 成分，与渗碳体接壤处为含碳较低的 d 成分，如图 2-52 (c) 所示。因此，在奥氏体内部将出现碳的浓度梯度，碳将从高碳区往低碳区扩散，使奥氏体的上述转变过程得以继续进行，直至奥氏体消失，全部转变为自由能最低的、成分为 a′的铁素体与渗碳体组成的两相混合物，即珠光体。

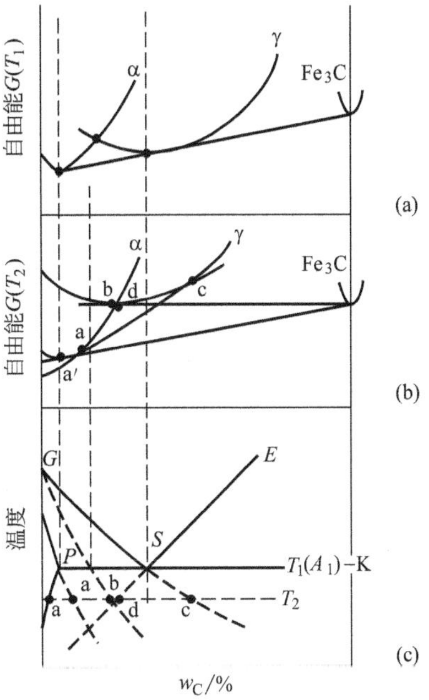

图 2-52 Fe-C 合金各相自 T_1 (A_1)、T_2 温度的自由能-成分曲线

2.3.2.2 片状珠光体的形成机制

下面我们以共析碳钢为例，讨论片状珠光体的形成过程。

珠光体转变时，共析成分的奥氏体将转变为铁素体和渗碳体的双相组织，这一反应可用下式表示：

$$\gamma_{(0.77\%C)} \longrightarrow \alpha_{(0.02\%C)} + Fe_3C_{(6.67\%C)} \tag{2-41}$$

可见，珠光体的形成包含着两个不同的过程：一个是点阵的重构，即由面心立方的奥氏体转变为体心立方的铁素体和正交点阵的渗碳体；另一个则是通过碳的扩散使成分发生改变，即由共析成分的奥氏体转变为高碳的渗碳体和低碳的铁素体。

珠光体转变也是通过形核和长大进行的。珠光体转变时哪个相首先形核，即哪个相为领先相？究竟有没有领先相？由于领先相很难用实验直接观察到，所以自从 1942 年提出这个问题以来，学术界一直都有争论。不过，近年来对领先相的认识已基本趋于一致，即珠光体转变有领先相，渗碳体和铁素体哪个为领先相，则视钢的化学成分、奥氏体化条件及珠光体转变过冷度而定。亚共析钢的领先相通常是铁素体，过共析钢的领先相通常是渗碳体，共析钢的领先相，可以是渗碳体，也可以是铁素体。过冷度小时，渗碳体为领先相；过冷度大时，铁素体为领先相。如果共析钢的领先相是渗碳体，珠光体形成时渗碳体的晶核通常优先在奥氏体晶界上形成。这是因为晶界在晶体结构、化学成分以及能量等方面均不同于晶粒内部，缺陷较多、能量较高，原子易于扩散，故易于满足形核的需要，因为薄片状晶核的应变能小，且由于表面积大容易接受到碳原子，所以渗碳体晶核初形成时为一小薄片，如图 2-53 (a) 所示。

渗碳体晶核形成后长大时，将从周围奥氏体中吸取碳原子而使周围出现贫碳奥氏体区。在贫碳奥氏体区中将形成铁素体晶核，同样铁素体晶核也最易在渗碳体两侧的奥氏体晶界上形成［图 2-53 (b)］。在渗碳体两侧形成铁素体晶核以后，已经形成的渗碳体片就不可能再向两侧长大，而只能向纵深发展，长成片状。新形成的铁素体除了随渗碳体片向纵深方向长大外，也将向侧面长大。长大的结果是在铁素体外侧又将出现奥氏体的富碳区，在富碳区的奥氏体中又可以形成新的渗碳体晶核［图 2-53 (c)］。如此沿奥氏体晶界不断协调合作，交替地形成渗碳体与铁素体晶核，并不断平行地向奥氏体晶粒纵深方向长大。这样就得到了

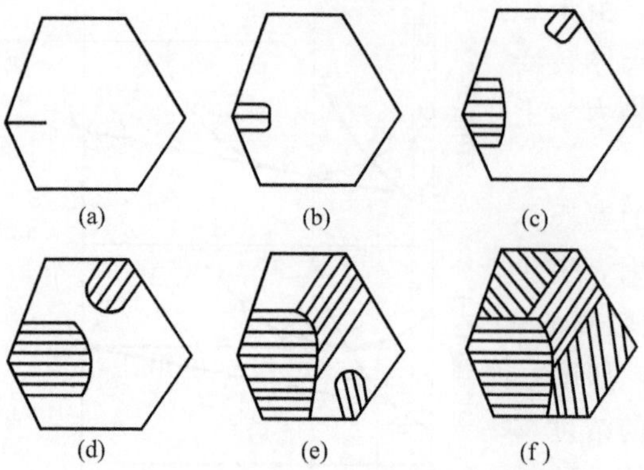

图 2-53 片状珠光体转变过程示意图

一组片层大致平行的珠光体团（或珠光体领域），如图 2-53（d）所示。

在第一个珠光体团形成的过程中。有可能在奥氏体晶界的另一个地方，或是在已经形成的珠光体团的边缘上形成新的另一个取向的渗碳体晶核，并由此而形成一个新的珠光体团［图 2-53（e）］。当各个珠光体团相互完全接触时［图 2-53（f）］，珠光体转变结束，全部得到片状珠光体组织。图 2-54 表明，Fe-12Mn-0.8C 钢中片状珠光体优先在奥氏体晶界形核。

图 2-55 表明片状珠光体长大过程受碳原子扩散控制。由图 2-55 可知，转变在 T_1 温度进行，由图 2-55（a）得出与铁素体接壤的奥氏体的含碳量为 $C_\gamma^{\gamma-\alpha}$，高于与渗碳体接壤的奥氏体的含碳量 $C_\gamma^{\gamma-\theta}$。因此，在奥氏体中形成了碳的浓度梯度，从而引起碳的扩散。扩散的结果，使与铁素体接壤的奥氏体中含碳量下降，与渗碳体接壤的奥氏体的含碳量升高，破坏了相界面上的碳的平衡。为了恢复平衡，与铁素体接壤的奥氏体将转变为含碳量低的铁素体，使 α/γ 界面向奥氏体一侧推移，并使界面处奥氏体的含碳量升高；与渗碳体接壤的奥氏体将转变为含碳量高的渗碳体，使 θ/γ 界面向奥氏体一侧推移，并使界面处奥氏体的含碳量下降。其结果就是渗碳体与铁素体均随着碳原子的扩散同时往奥氏体晶粒纵深长大，从而形成片状珠光体。此外，由图 2-55 还可见，由于 $C_\gamma^{\alpha-\gamma} > C_\gamma^{\alpha-\theta}$，故 α 相中的碳将从 α/γ 界面向 α/θ 界面扩散，将导致渗碳体向两侧长大。

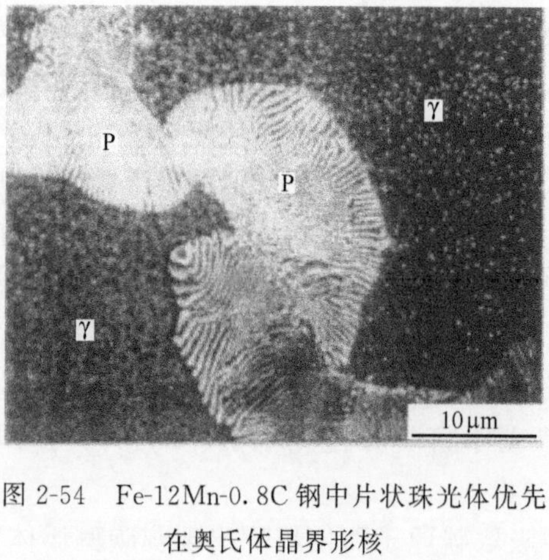

图 2-54 Fe-12Mn-0.8C 钢中片状珠光体优先在奥氏体晶界形核

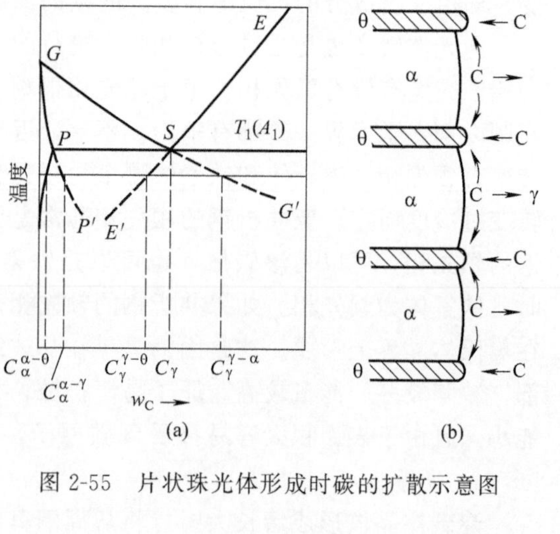

图 2-55 片状珠光体形成时碳的扩散示意图

图 2-56 为渗碳体长大分枝示意图。渗碳体片在向前长大的过程中，有可能不断分枝，而铁素体则协调地在渗碳体枝间形成。这样形成的珠光体团中的渗碳体是一个单晶体，渗碳体间的铁素体也是一个单晶体，即一个珠光体团是由一个渗碳体晶粒和一个铁素体晶粒互相穿插起来而形成的。渗碳体主干分枝长大的原因之一，很可能是前沿奥氏体中的塞积位错。

由于上述珠光体形成机制仅涉及碳原子在奥氏体内的扩散，所以又被称为体扩散机制。按照体扩散模型计算共析钢中铁素体的长大速度为 0.16μm/s，渗碳体的长大速度为 0.06μm/s，都远小于实测的珠光体长大速度 50μm/s。因此，有人又提出了界面扩散机制，并且认为在 650℃以下珠光体相变主要是通过母相与珠光体的界面扩散进行的。实际上，在珠光体转变的过程中同时存在着这两种扩散，过冷度小时很可能以体扩散为主，过冷度大时很可能以界面扩散为主。对于合金钢，考虑到合金元素原子的空位扩散，其珠光体相变可能也以界面扩散为主。

图 2-56 片状珠光体中渗碳体的分枝长大示意图

需要指出，在一定条件下，片状珠光体转变的领先相很可能在晶内第二相界面上形核。能与铁素体形成 Baker-Nutting 取向关系、具有 β 结构的第二相，能有效地促进晶内形核，其中含 V 和 Mn 的非共格（MnS+VC）复合粒子是晶内珠光体领先相——铁素体的有利形核位置，如图 2-57 所示。

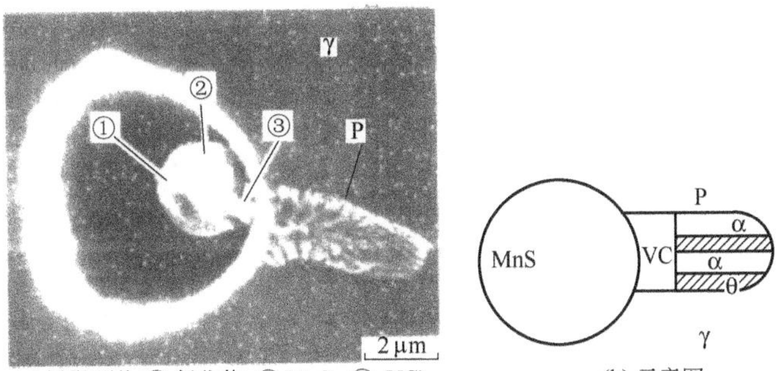

(a) 显微照片(① 氧化物; ② MnS; ③ VC)　(b) 示意图

图 2-57 珠光体在奥氏体晶内第二相上形核

正常的片状珠光体形成时，铁素体和渗碳体是交替配合长大的。但在某些情况下，在过共析钢中片状珠光体形成时，渗碳体和铁素体不一定交替配合长大。图 2-58 表示过共析钢珠光体转变时，由于渗碳体和铁素体不匹配成核而产生的几种反常组织。图 2-58（a）表示在晶界渗碳体的一侧长出一片铁素体，此后却不再配合成核长大。图 2-58（b）表示从晶界上形成的渗碳体中长出一个分枝伸向晶粒内部，但无铁素体与之配合，因此形成一片孤立的渗碳体。图 2-58（c）则表示由晶界长出的渗碳体片，伸向晶内后在分枝的端部长出一个珠光体团。图 2-58（a）和图 2-58（b）称为离异共析组织，由此可以解释在过共析钢或在渗碳钢的渗层中所出现的一些反常组织。

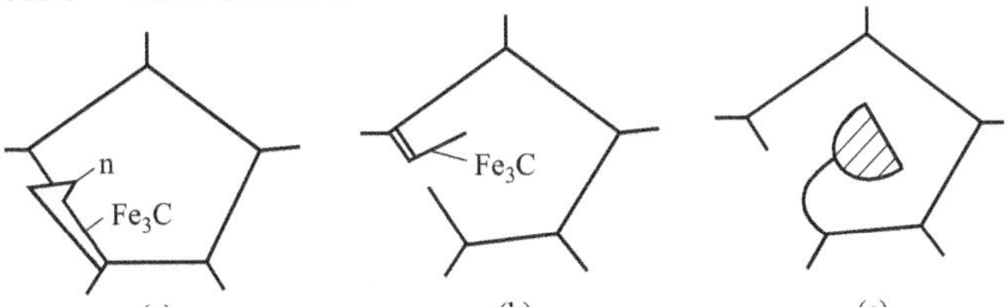

(a)　(b)　(c)

图 2-58 过共析钢中的几种反常组织

2.3.2.3 粒状珠光体的形成机制

在奥氏体晶界形成的渗碳体核向晶内长大将长成片状珠光体。在奥氏体晶粒内形成的渗碳体核向四周长大并形成粒状珠光体。因此形成粒状珠光体的条件是保证渗碳体的核能在奥氏体晶内形成。而要达到形成粒状珠光体的转变条件，则需要特定的奥氏体化工艺条件和特定的冷却工艺条件。所谓特定的奥氏体化工艺条件是：奥氏体化温度很低（一般仅比 A_{c1} 高 10～20℃），保温时间较短。所谓特定的冷却工艺条件是：冷却速度极慢（一般小于 20℃/h），或者过冷奥氏体等温温度足够高（一般仅比 A_{c1} 低 10～20℃），等温时间要足够长。上述特定的奥氏体化工艺条件和特定的冷却工艺条件，实际上就是普通球化退火和等温球化退火的工艺条件。

由于奥氏体化温度低，热保温时间短，所以加热转变不能充分进行，得到的组织为奥氏体和许多未熔的残留碳化物，或许多微小碳的富集区。这时残留碳化物已经不是片状，而是断开的、趋于球状的颗粒状碳化物。当慢速冷却至A_{r1} 以下附近等温时，未溶解的残留粒状渗碳体便是现成的渗碳体核。此外，在富碳区也将形成渗碳体核。这样的核与在奥氏体晶界形成的核不同，可以向四周长大，长成粒状渗碳体。而在渗碳体四周则出现低碳奥氏体，通过形核长大，协调地转变为铁素体，最终形成颗粒状渗碳体分布在铁素体基体中的粒状珠光体。

如果加热前的原始组织为片状珠光体，则在加热过程中片状渗碳体有可能自发地发生破裂和球化。这是因为片状渗碳体的表面积大于同样体积的粒状渗碳体，因此从能量角度考虑，碳体的球化是一个自发的过程。根据吉布斯-汤姆斯（Gibbs-Thomson）定律，第二相粒子的溶解度与粒子的曲率半径有关。曲率半径越小，溶解度越高。片状渗碳体的尖角处的溶解度高于平面处的溶解度，这就使得周围的基体（铁素体或奥氏体）与渗碳体尖角接壤处的碳浓度大于与平面接壤处的碳浓度，从而在基体（铁素体或奥氏体）内形成碳的浓度梯度，引起碳的扩散。扩散的结果是破坏了界面上碳浓度的平衡。为了恢复平衡，渗碳体尖角处将进一步溶解，渗碳体平面将向外长大。如此不断进行，最后形成了各处曲率半径相近的粒状渗碳体。在 A_{c1} 附近加热、保温、冷却或等温过程中，上述渗碳体球化过程一直都在自发进行。粒状珠光体之所以还可通过低温球化退火获得，就是按照上述片状渗碳体自发球化机理进行的。低温球化退火并不经过奥氏体化和珠光体转变过程，而是在A_{r1} 以下附近长时间等温加热，使片状珠光体直接自发地转变为粒状珠光体。

片状渗碳体的断裂还与渗碳体片内的晶体缺陷有关。图 2-21 表明，由于渗碳体片内存在亚晶界而引起渗碳体的断裂。亚晶界的存在将在渗碳体内产生一界面张力，从而使片状渗碳体在亚晶界处出现沟槽，沟槽的两侧将成为曲面而逐渐球化。同理，这种片状渗碳体断裂现象，在渗碳体中位错密度高的区域也会发生。

由此可见，如图 2-59 所示，在 A_{c1} 以下片状渗碳体的球化是通过渗碳体片的破裂、断开而逐渐成为粒状的。

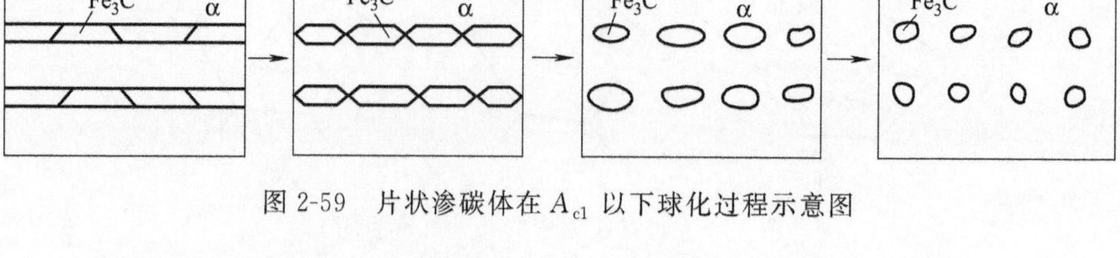

图 2-59　片状渗碳体在 A_{c1} 以下球化过程示意图

除了上述球化退火工艺外，通过调质处理也可获得粒状珠光体。钢淬成马氏体后，通过高温回火，自马氏体析出的碳化物经聚集、长大成颗粒状碳化物，均匀分布在铁素体基体中，成为粒状珠光体。

对组织为片状珠光体的钢进行塑性变形，会使渗碳体片断开、碎化、溶解，会增加珠光体中铁素体和渗碳体的位错密度和亚晶界数量，故有促进渗碳体球化的作用。如高碳钢的高温形变球化退火（锻后余热球化退火），可使球化速度加快。

有网状碳化物的过共析钢在 $A_{c1}\sim A_{ccm}$ 之间加热时，网状碳化物也会发生断裂和球化，但所得碳化物颗粒较大，且往往呈多角形、“一”字形或“人”字形。由于网状碳化物为先共析相，采用正常的球化退火无法消除网状碳化物。为使其断裂、球化所需的加热温度高于正常球化退火温度，对有网状碳化物的过共析钢，一般应先进行正火以消除网状碳化物，然后再进行球化退火。

上面讨论的是珠光体的等温转变机制。连续冷却时发生的珠光体转变与等温中发生的基本相同，只是连续冷却时，珠光体是在不断降温的过程中形成的，故片间距不断减小。而等温转变所得片状珠光体的片间距基本一样，粒状珠光体中的碳化物的直径也大致相同。

2.3.3 先共析转变和伪共析转变

在生产中大量使用的非共析钢（亚共析钢和过共析钢）的珠光体转变基本上与共析钢相似，只不过在珠光体转变之前会发生先共析相的析出，冷却速度大时还会发生伪共析转变。因此，在了解共析钢珠光体转变后，有必要进一步弄清先共析转变和伪共析转变等问题。

图 2-60 是 $Fe\text{-}Fe_3C$ 相图的一部分，图中 SG' 为 GS 的延长线，SE' 为 ES 的延长线。GSG' 和 ESE' 两线将相图左下角划分为四个区域，GSE 为熟知的奥氏体单相区，$G'SE'$ 为伪共析转变区，GSE' 为先共析铁素体析出区，ESG' 为先共析渗碳体析出区。

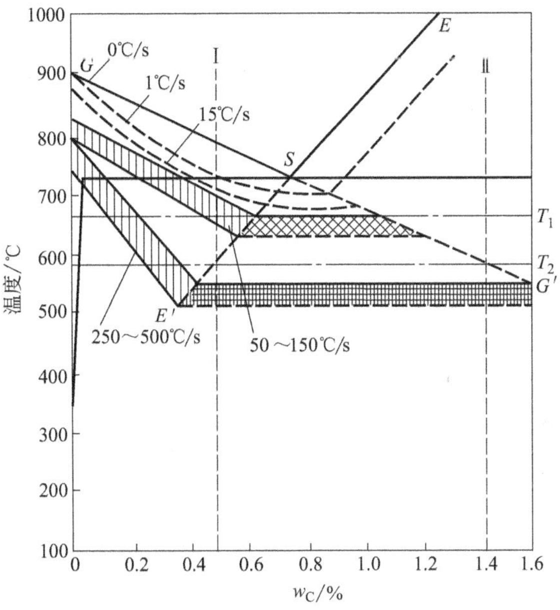

图 2-60 先共析相与伪共析组织形成范围

2.3.3.1 先共析转变

非共析钢完全奥氏体化后冷至 GSE' 或 ESG' 区域，将析出先共析相，待奥氏体进入 ESG' 区时将发生珠光体转变，从奥氏体中同时析出铁素体和渗碳体。非共析成分的奥氏体在珠光体转变之前析出先共析相的转变称为先共析转变。

（1）亚共析钢先共析铁素体的析出。亚共析钢完全奥氏体化后如被冷却到 GSE' 区，将有先共析铁素体析出，如图 2-60 中的合金Ⅰ。随温度降低，铁素体的析出量逐渐增多，当温度降至 T_2 时，先共析相停止析出。

析出的先共析铁素体的量取决于奥氏体的碳含量和冷却速度。碳含量越高，冷速越大，析出的先共析铁素体量越少。

先共析铁素体的析出也是一个形核、长大的过程，并受碳在奥氏体中的扩散所控制。先共析铁素体的核大都在奥氏体晶界上形成。晶核与一侧的奥氏体晶粒［图 2-61（a）中的 γ_1］存在K-S关系，二者之间为共格界面，但与另一侧的奥氏体晶粒［图2-61（a）中的γ_2］无位向关系，二者之间是非共格界面。当然，在同一个奥氏体晶界上形成的另一个铁素体晶核，可能与奥氏体晶粒γ_1无位向关系，而与奥氏体晶粒γ_2存在K-S关系。核形成后，与其接壤的奥氏体的碳浓度将增加，在奥氏体内形成浓度梯度，从而引起碳的扩散，结果导致界面上碳平衡被破坏。为了恢复平衡，必须从奥氏体中继续析出低碳铁素体，从而使铁素体不断长大。

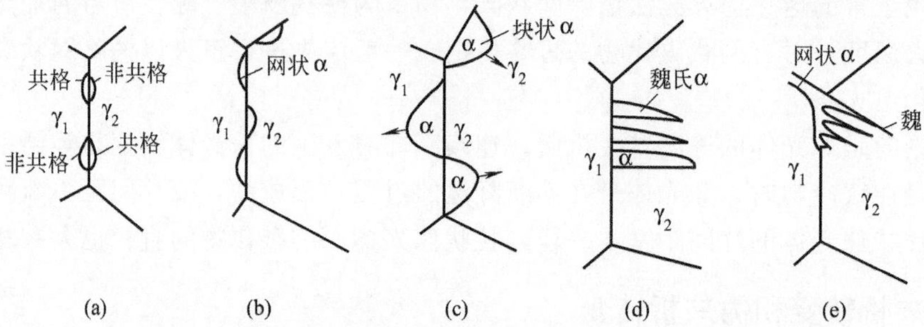

图2-61 先共析铁素体不同形态形成示意图

先共析铁素体的形态有三种，即块状（又称等轴状，图2-62）、网状（图2-63）和片状（图2-64）。一般认为，块状铁素体和网状铁素体都是由铁素体晶核的非共格界面推移而长成的。片状铁素体则是由铁素体晶核的共格界面推移而长成的。钢的化学成分、奥氏体晶粒的大小以及冷却速度的不同，使先共析铁素体的长大方式也各不相同，因而表现出各种不同的形态。

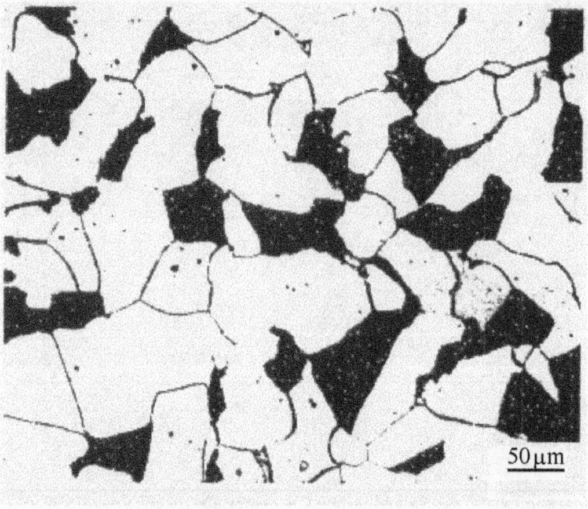

图2-62 亚共析钢（20钢）块状铁素体及珠光体

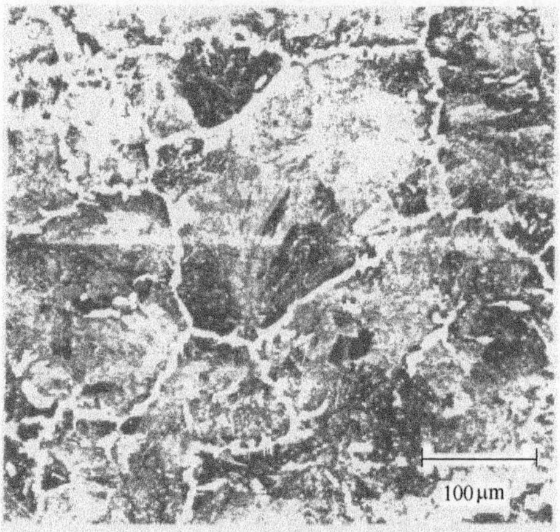

图2-63 亚共析钢（50钢）网状铁素体及珠光体

块状铁素体的形貌趋于等轴形。它可以在奥氏体晶界，也可以在奥氏体晶内形成。当亚共析钢奥氏体含碳量较低时，在一般的情况下，先共析铁素体大都呈等轴块状。这种形态的铁素体往往是在温度较高、冷却速度较慢的情况下形成的。此时，非共格界面迁移比较容易，故铁素体将向奥氏体晶粒γ_2（此晶粒与铁素体无位向关系）一侧长大成球冠状［图2-61（b）、（c）］，最后长成等轴状。

网状铁素体是由铁素体沿奥氏体晶界择优长大而成的。这种铁素体可以是连续的网状，也可以是不连续的网状。如果亚共析钢的奥氏体含碳量较高，当奥氏体晶界上的铁素体长大并连成网时，剩余奥氏体的碳浓度可能已经增加到接近共析成分，进入$E'SG'$区（图2-60），奥氏体将转变为珠光体，于是就形成了铁素体呈网状分布的形态。

片状铁素体一般为平行分布的针状或锯齿状。这种铁素体常被称为魏氏组织铁素体，是通过共格界面的推移而形成的。

(2) 过共析钢先共析渗碳体的析出。过共析钢热到A_{cm}以上完全奥氏体化后，过冷到$E'SG'$区域时将析出先共析渗碳体。先共析渗碳体的组织形态可以是网状（图 2-63）、粒状（图 2-64）或针状（图 2-65）。但在奥氏体晶粒粗大、成分均匀的情况下，先共析渗碳体的形态呈粒状的可能性很小，一般均呈针状（立体形状实际为片状，下同）或网状，称为魏氏组织渗碳体。

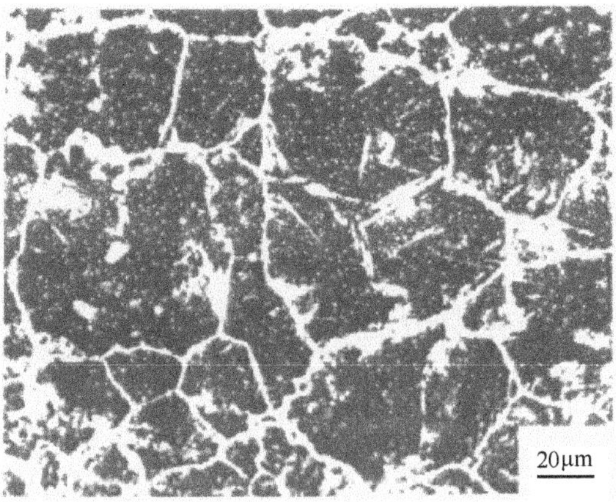

图 2-64 过共析钢（T12A 钢）的网状先共析 Fe_3C 及细片状珠光体

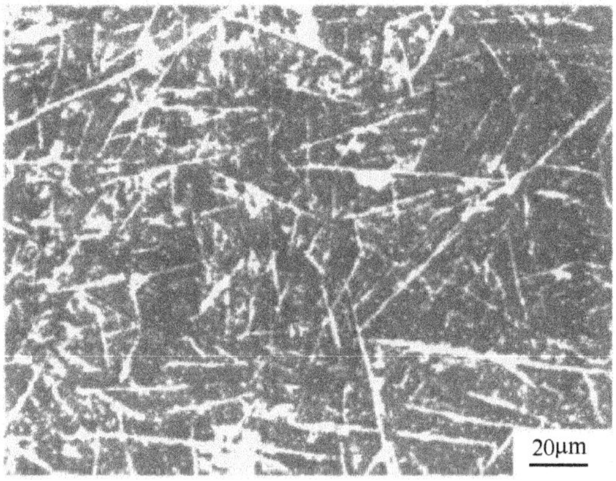

图 2-65 过共析钢中的针状魏氏组织渗碳体

先共析针状渗碳体与奥氏体之间具有 Pitsch 关系，即 $[100]_\theta // [5\bar{5}4]_\gamma$，$[010]_\theta // [110]_\gamma$，$(001)_\theta // (\bar{2}25)_\gamma$。

2.3.3.2 魏氏组织

(1) 魏氏组织的形态和分布。魏氏组织是一种沿母相特定晶面析出的针状组织，由奥地利矿物学家 A. J. Widmanstatten 于 1808 年在铁-镍陨石中发现。

钢中的魏氏组织是由针状先共析铁素体或先共析渗碳体及其间的珠光体组成的复相组织。魏氏组织中的先共析渗碳体，被称为魏氏组织渗碳体（图 2-65），魏氏组织中的先共析铁素体，被称为魏氏组织铁素体（图 2-66）。从奥氏体中直接析出的针状先共析铁素体被称为“一次魏氏组织铁素体”，如图 2-61 (d) 所示；从网状铁素体长出的先共析针状铁素体被称为“二次魏氏组织铁素体”，如图 2-61 (e) 所示。

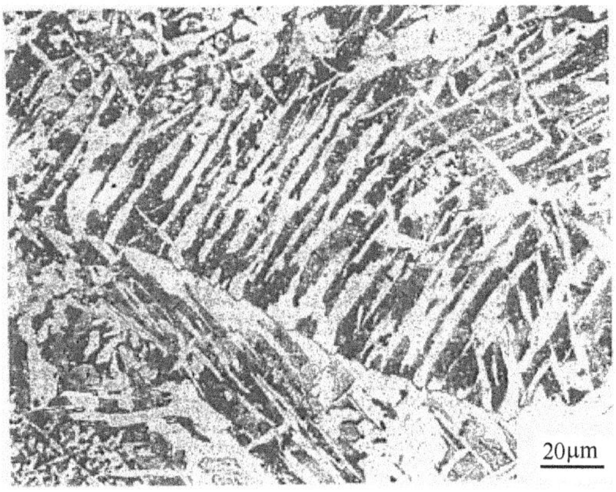

图 2-66 亚共析铸钢 ZG270-500 中的魏氏组织铁素体

魏氏组织薄片在母相中所占据的平面被称为惯习面。

魏氏组织铁素体的惯习面为 $(111)_\gamma$，与母相奥氏体的位向关系为 K-S 关系，即

$$(110)_\alpha // (111)_\gamma, [111]_\alpha // [110]_\gamma$$

魏氏组织渗碳体的惯习面为 $\{227\}_\gamma$，与母相奥氏体的位向关系为：

$$\{001\}_\theta // \{311\}_\gamma, \langle 100 \rangle_\theta // \langle 112 \rangle_\gamma$$

因为魏氏组织铁素体的惯习面是 $(111)_\gamma$，因同一奥氏体晶粒内的 {111} 晶面或是相互平行，或是相交成一定角度，因此针状铁素体常常呈现为彼此平行，或互成 60°或 90°。有时可能是由于析出开始时温度较高，最先析出的铁素体沿奥氏体晶界成网状，随后温度降低，再由网状铁素体的一侧以针状向晶粒内长大，呈现为二次魏氏组织铁素体形态。

亚共析钢中的魏氏组织铁素体，单个的形貌是针状的，而从分布状态来看，则有羽毛状的、三角形的，也有的是几种形态的混合型。在对 20CrMo 等亚共析钢进行组织观察时，应注意不要把魏氏组织与上贝氏体混淆起来。虽然这两种组织的形貌很相似，但分布状况则不同。上贝氏体成束分布，魏氏组织铁素体则彼此分离，而且片之间常常有较大的夹角。

魏氏组织形成时，在抛光的试样表面也会出现表面浮凸。

（2）魏氏组织的形成条件。魏氏组织的形成条件与钢的化学成分、过冷度及奥氏体晶粒度有关。对碳钢而言，形成魏氏组织的条件如图 2-67 所示。由图可看出，只有当钢的碳含量 w_C 为 0.2%～0.4%时，并在适当的过冷度下，才能形成魏氏组织铁素体 W。魏氏组织的形成有一个上限温度 W_S 点。在这个温度以上，魏氏组织不能形成。钢的碳含量对 W_S 点的影响规律与对 GS 线及 ES 线的影响相似。奥氏体晶粒越细，W_S 点越低。当碳含量 w_C 大于 0.4%时主要形成网状铁素体 G，w_C 低于 0.2%时，主要形成块状铁素体 M。

钢中加入锰，会促进魏氏组织铁素体的形成，而加入钼、铬、硅等则会阻碍魏氏组织的形成。

魏氏组织铁素体的形成还与原奥氏体晶粒的大小有关，奥氏体晶粒越粗大，越容易形成魏氏组织。这是因为晶粒越大晶界越少，使晶界铁素体的数量减少，剩余的奥氏体所富集的碳也较少，有利于魏氏组织铁素体的形成，如图 2-67（a）所示。另外，奥氏体晶粒越粗大，网状铁素体析出后剩余的空间也越大，给魏氏组织铁素体的形成创造了条件。因此魏氏组织常常出现在过热的钢中。当奥氏体晶粒较细小（如 7～8 级）时，则形成魏氏组织的可能性减小，如图 2-67（b）所示。

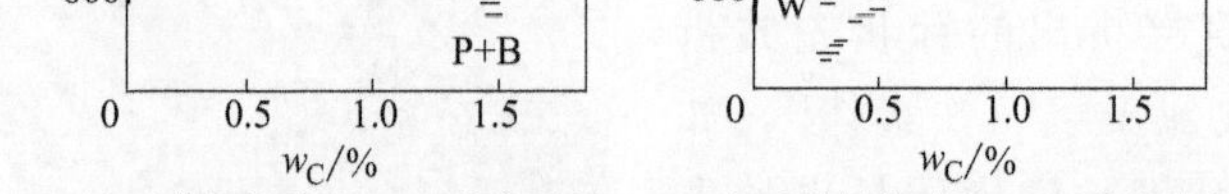

(a) 奥氏体晶粒度为0~1级的粗晶粒　(b) 奥氏体晶粒度为7~8级的细晶粒

图 2-67　先共析铁素体（渗碳体）的形态与转变温度及含碳量的关系

G 为网状铁素体；M 为块状铁素体；W 为魏氏组织

连续冷却时，只有当钢的含碳量和过冷度都在适当的范围内才会形成魏氏组织。当奥氏体晶粒大小适中时，只有在含碳量 w_C 为 0.15%～0.32%的较窄范围内，且冷却速度大 140℃/s 时才会形成魏氏组织。当奥氏体化温度较高，晶粒较粗大时，在 w_C 为 0.15%～0.5%（特别是 w_C 为 0.3%～0.5%）之间的亚共析钢，在较慢的冷速下就会形成魏氏组织。含碳量在共析成分附近的钢，一般不容易形成魏氏组织，如含碳量 w_C 大于 0.6%的亚共析钢就难于形成魏氏组织铁素体。含碳量较高的过共析钢，只有当奥氏体晶粒较粗大，在适当的冷却速度下才会形成魏氏组织。

在实际生产中，如果工件在铸造、锻造或热轧后砂冷或空冷，焊接件的焊后空冷，热处理过热后以一定速度冷却等都可能出现魏氏组织。通过降低终锻、终轧温度，控制冷却速度，即可防止魏氏组织的产生。

魏氏组织铁素体也是通过成核、长大形成的。与网状或块状先共析铁素体的形成不同，在形成时有浮凸现象，因此柯俊院士认为魏氏组织铁素体是通过类似马氏体相变的切变机制形成的。铁素体核在奥氏体晶界上形成后，如温度较低，由于铁原子扩散变得困难，故使非共格界面不易迁移，而共格界面仍能迁移。因此，铁素体晶核不会向与其没有位向关系的奥氏体晶粒内长大，而只能向与其有位向关系的奥氏体晶粒内通过共格切变机制长大成针状。据此，很多人认为魏氏组织铁素体即无碳化物贝氏体。

魏氏组织铁素体的长大过程受碳原子在奥氏体中的扩散所控制。随着铁素体的不断长大和增多，未转变的奥氏体的碳含量不断增高，当整体碳浓度达到该转变温度下与铁素体接界处的平衡浓度值时，长大停止。未转变的高碳奥氏体，在继续等温保持或随后连续冷却时，将转变为珠光体，最终形成针状铁素体加珠光体的组织。

奥氏体晶粒越细小，先共析铁素体越易在晶界形核并长大，C 原子扩散距离越短，奥氏体富碳越快，使W_S点下降到处理温度以下，故细晶粒奥氏体不易形成魏氏组织。

当钢的w_C超过 0.6%时，魏氏组织难于形成，因为钢的碳含量高时不易形成铁素体核，即使形成，也很容易从高碳奥氏体中析出碳化物形成上贝氏体，而不易形成魏氏组织。

魏氏组织铁素体只在一定的冷却速度范围内才会形成。过慢的冷却有利于 Fe 原子扩散而形成网状铁素体。过快的冷却使 C 原子来不及扩散，从而抑制了魏氏组织铁素体的形成。

(3) 魏氏组织的力学性能。由表 2-3 可见，魏氏组织以及经常与之伴生的粗晶组织，会使钢的强度，尤其是塑性和冲击韧性显著降低，还会使钢的韧脆转变温度升高。如w_C 0.2%、w_{Mn} 0.6%的造船钢板，当终轧温度为 950℃时，韧脆转变温度为−50℃；而当终轧温度为 1050℃时，由于形成魏氏组织和粗晶组织，结果使韧脆转变温度升高到−35℃。此时，应采用退火、正火或锻造等方法细化晶粒，消除魏氏组织以恢复性能。

表 2-3 魏氏组织对 45 钢力学性能的影响

组织状态	σ_b/MPa	σ_s/MPa	δ_5/%	ψ/%	a_K/(J/cm^2)
有严重魏氏组织	524	337	9.5	17.5	12.74
经细化晶粒处理	669	442	26.1	51.5	51.94

当奥氏体晶粒较小，只有少量魏氏组织铁素体时，并不明显降低钢的力学性能，在某些情况下仍可使用。

2.3.3.3 伪共析转变

非共析成分的奥氏体经快冷而进入$E'SG'$区后将发生共析转变，即分解为铁素体与渗碳体的混合组织。这种共析转变被称为伪共析转变，转变产物被称为伪共析组织。伪共析组织仍属于珠光体类型的组织。例如图 2-60 中的合金Ⅰ和Ⅱ，当奥氏体被过冷到T_2温度时，合金Ⅰ不再析出先共析铁素体，合金Ⅱ不再析出先共析渗碳体，而是全部转变为珠光体类型的组织。其分解机制和分解产物的组织特征与珠光体转变完全相同，但其中的铁素体和渗碳体的量则与共析成分珠光体中的量不同，与奥氏体的碳含量有关，碳含量越高，渗碳体量越多。

产生伪共析转变的条件与奥氏体的含碳量及过冷度有关。含碳量越接近于共析成分，过冷度越大，越易发生伪共析转变。总之，只有当非共析成分的奥氏体被过冷到 $E'SG'$ 区后，才可能发生伪共析转变。

2.3.4 珠光体转变动力学

珠光体转变与其他转变一样，也是通过形核和长大进行的，转变动力学也取决于晶核的形核率 N 及晶体的线长大速度 v。

2.3.4.1 珠光体的形核率及长大速度

(1) 珠光体的形核率、长大速度与温度的关系。珠光体转变的形核率 N 及线长大速度 v 与转变温度之间的关系均具有极大值。w_C 为 0.78%、w_{Mn} 为 0.63%、奥氏体晶粒度为 5.25 级的共析钢的珠光体转变的形核率 N 及线长大速度 v 与转变温度之间的关系曲线如图 2-68 所示。由图可见，N 及 v 均随过冷度的增加先增后减，在 550℃附近有一极大值。这是因为随着过冷度的增加（转变温度降低），将同时存在使 N 及 v 增长和减小的两个方面的因素。一方面，随着过冷度的增加，转变温度的降低，奥氏体与珠光体间的自由能差将增加，使转变驱动力增加，从而将使 N 及 v 都增加；此外，随着过冷度的增加，转变温度的降低，将使 $C_\gamma^{\gamma\text{-}\alpha}$ 增加、$C_\gamma^{\gamma\text{-}\theta}$ 下降（图 2-55）、珠光体片间距减小，使得奥氏体中的碳浓度梯度增大，碳原子的扩散速度加快，扩散距离减小，导致 v 增加。另一方面，随过冷度增加、转变温度降低，原子活动能力减弱，原子扩散速度变慢，使 N 及 v 减小。当转变温度高于 550℃时，前一因素起主导作用，使得 N 及 v 均随转变温度的下降、过冷度的增大而增大；当转变温度低于 550℃时，后一因素起主导作用，导致 N 及 v 均随过冷度的增大而减小。以上两方面的因素的综合作用，使得珠光体转变的形核率曲线和线长大速度曲线呈图 2-68 的规律。

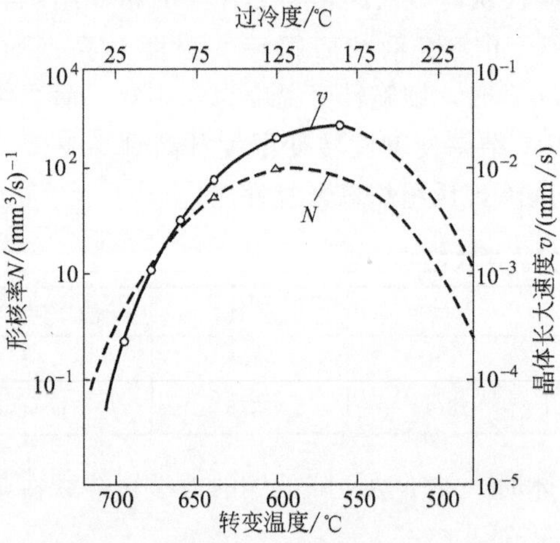

图 2-68 共析钢在 680℃的珠光体转变形核率与等温时间的关系

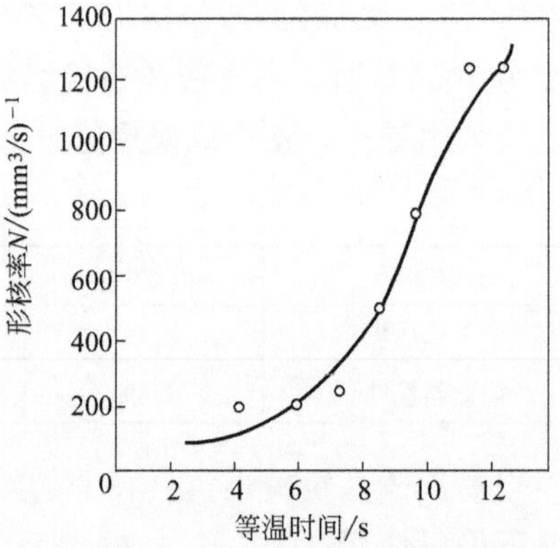

图 2-69 共析钢珠光体转变的形核率 N 及线长大速度 v 与过冷度的关系

还应指出，由于共析钢在 550℃以下存在贝氏体转变，而用现有的试验方法难以单独测出珠光体转变的 N 及 v，故图 2-68 中 550℃以下的曲线都画为虚线。

(2) 珠光体转变的形核率 N、线长大速度 v 与时间的关系。当转变温度一定时，形核率 N 与等温时间的关系曲线呈 S 形，如图 2-69 所示。开始时，随着转变时间的延长，形核率逐渐增大。但是由于珠光体转变一般都在晶界形核，其中界隅形核优于界棱，界棱又优于界面，故随时间推移，适于珠光体形核的位置越来越少，最后很快达到饱和，称为位置饱和

(site saturation)，使形核率 N 急剧下降。

线长大速度 v 与等温时间无关。温度一定时，线长大速度 v 为定值。珠光体的长大速度，受碳原子在奥氏体中的扩散所控制。过去认为，珠光体的长大速度受碳原子在奥氏体中的体扩散所控制。现在的实验研究结果认为，珠光体长大时，碳在奥氏体中的重新分配，一部分是通过体扩散完成的，另一部分是通过界面扩散完成的。有的研究结果表明，珠光体片间距大于 70nm 时，长大速度基本上受体扩散所控制；片间距小于 70nm 时，长大速度基本上受界面扩散所控制。还有的文献认为，珠光体长大速度的主导扩散机制，可能与合金的成分有关：在 Fe-C 合金中，珠光体的生长可能以体扩散机制为主；而在 Fe-C-M（M 为合金元素）合金中，珠光体的生长可能以界面扩散机制为主。实验与计算结果表明，在合金钢或非铁合金的共析分解中，界面扩散在控制其长大速度上起着较为主要的作用。

2.3.4.2 珠光体等温转变动力学曲线

将奥氏体过冷到某一温度，使之在该温度下进行等温转变。假设珠光体转变为均匀形核，形核率 N 不随时间而变，线长大速度 v 不随时间和珠光体团的大小而变，则转变分数 f 与等温时间 t 之间的关系可以用 Johnson-Mehl 方程式表达：

$$f=1-\exp\left(-\frac{\pi}{3}Nv^3t^4\right) \tag{2-42}$$

但是，实际上珠光体转变为不均匀形核，形核率 N 不是常数，而是随等温时间而变，且很快达到位置饱和。此后，转变将完全由线长大速度 v 所控制，而与形核率无关。所以用 Johnson-Mehl 方程计算珠光体转变动力学有一定困难。

如设珠光体转变为非均匀形核，形核率随时间 t 呈指数变化，且有位置饱和，假定线长大速度仍为常数，则转变分数 f 可用 Avrami 方程表示：

$$f=1-\exp(-Kt^n) \tag{2-43}$$

式中，K、n 均为常数。在位置饱和的情况下，对于不同的形核位置，K、n 的值见表 2-4。表 2-4 中，A 为单位体积中的晶界面积；L 为单位体积中的界棱长度；n 为单位体积中的界隅数；v 为线长大速度。由于该方程推导前的假设更接近于实际情况，所以 Avrami 方程较适合于珠光体转变动力学的计算。

表 2-4 不同形核位置的 K、n 值

形核位置	K	n
界面	$2Av$	1
界棱	πLv^2	2

将珠光体转变量 f 与等温时间 t 之间的关系绘成曲线，如图 2-70 所示。由图可见，f 与 t 之间呈 S 形曲线，称为等温转变动力学曲线。转变开始前有一段孕育期，转变刚开始时转变速度较慢，随着时间的增长转变速度增加。当转变分数达到 50%时，转变速度达到最大值，随后转变速度又随时间延长逐渐降低，直到转变结束。

2.3.4.3 珠光体等温转变动力学图

珠光体等温转变动力学图一般都是用实验方法来测定的，常用的方法有金相法、硬度法、膨胀法、磁性法和电阻法等。图 2-70 (a) 表示用实验方法测得的共析成分奥氏体，在不同温度下的等温转变曲线。一般可以取转变分数为 5%时所需的时间为转变开始时间，取转变分数 95%时所需的时间为转变终了时间，则可得出各个转变温度下的转变开始及终了时间。然后仍以时间为横坐标，等温转变温度为纵坐标，将各个温度下的珠光体转变开始和终了的时间绘入图中，并将各温度下的珠光体转变开始时间连接成一曲线，转变终了时间连接成另一曲线，即得珠光体转变动力学图［图 2-70（b）］。将珠光体转变温度、时间和转变量三者结合在一起，一目了然，可供制定热处理工艺参考。因为图中曲线的形状与字母“C”相似，故称 C 曲线图，也称 TTT 曲线。

由 C 曲线图可看出，珠光体等温转变动力学图具有如下的一些特点：

① 各温度下的珠光体等温转变开始前，都有一段孕育期。所谓孕育期是指从等温开始至转变开始的这段时间。

② 当等温温度从A_1 点逐渐降低（即过冷度增大）时，珠光体转变的孕育期开始逐渐缩短，降低到某一温度时（如 550℃），孕育期达到最短，然后随着温度的降低，孕育期又逐渐增长。孕育期最短处，通常被称为 C 曲线的鼻子。

③ 转变温度一定时，转变速度随时间的延长逐渐增大。当转变分数为 50％时，转变速度达到极大值，其后，转变速度又逐渐降低，直至转变结束。

④ 亚共析钢珠光体等温转变动力学图的左上方，有一条先共析铁素体析出线，如图 2-71、图 2-72 所示。这条析出线随着钢中碳含量的增加，逐渐向右下方移动，直至消失。

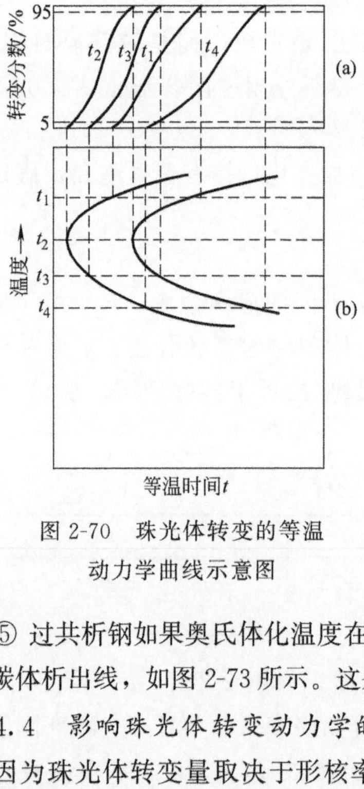

图 2-70　珠光体转变的等温动力学曲线示意图

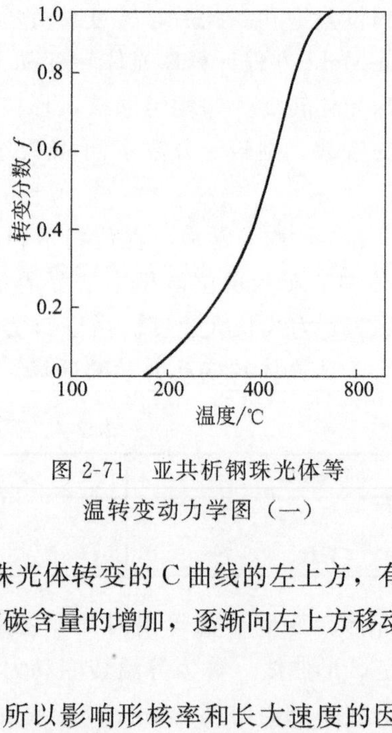

图 2-71　亚共析钢珠光体等温转变动力学图（一）

⑤ 过共析钢如果奥氏体化温度在A_{cm} 以上，则珠光体转变的 C 曲线的左上方，有一条先共析渗碳体析出线，如图 2-73 所示。这条析出线随钢中碳含量的增加，逐渐向左上方移动。

2.3.4.4　影响珠光体转变动力学的因素

因为珠光体转变量取决于形核率和长大速度，所以影响形核率和长大速度的因素，都是影响珠光体转变动力学的因素。这些影响因素可以分为两类：一类属于材料的内在因素，如化学成分、原始组织等；另一类属于材料的外在因素，如加热温度、保温时间等。

（1）奥氏体中碳含量的影响。对于亚共析成分的奥氏体，珠光体转变速度将随着碳含量的增加而减慢，C 曲线逐渐右移。这是因为奥氏体中碳含量的增加将使铁素体的形核率下降，铁素体长大时所需扩散离去的碳量增大，所以随着碳含量的增加，过冷奥氏体析出先共析铁素体的孕育期增长，析出速度减小，同时珠光体转变的孕育期也随之增长，转变速度下降。

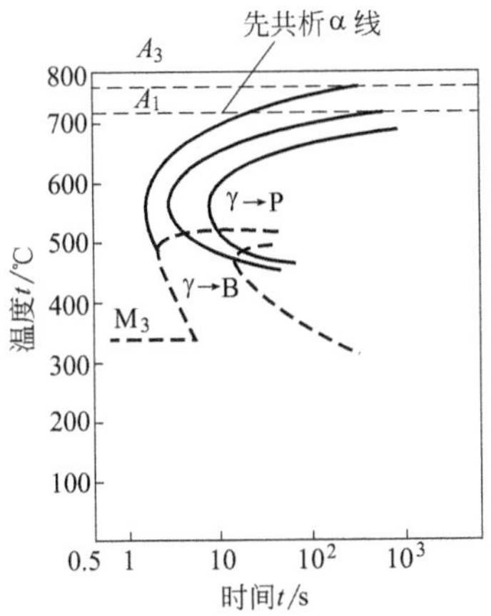

图 2-72　亚共析钢珠光体等温转变动力学图（二）

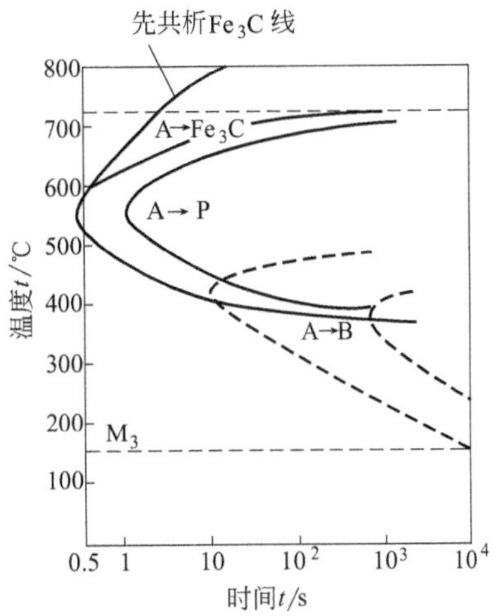

图 2-73　过共析钢珠光体等温转变动力学图

对于过共析成分的奥氏体，珠光体转变速度将随着碳含量的增加而加快，C 曲线逐渐左移。这是因为奥氏体中碳含量的增加将使渗碳体的形核率提高，碳的扩散系数增大，所以随着碳含量的增加，过冷奥氏体析出先共析渗碳体的孕育期将缩短，析出速度加快，并且珠光体转变孕育期也随之缩短，转变速度增大。正因为如此，经高浓度渗碳、碳氮共渗的钢件，在淬火时渗层比较容易出现托氏体。因此。可相对地说，共析成分的过冷奥氏体最稳定，C 曲线位置最靠右。

还应指出，这里所指的碳含量是奥氏体中的碳含量，而不是钢的碳含量，因为有时二者并不一致。对亚共析钢及过共析钢进行不完全奥氏体化时，所得奥氏体的碳含量并不是钢的碳含量，只有在完全奥氏体化的情况下，奥氏体的碳含量才与钢的碳含量相同。

（2）奥氏体中合金元素的影响。与碳相比，合金元素对珠光体转变动力学的影响更大。溶入奥氏体中的合金元素能显著影响珠光体转变动力学。当钢中的合金元素充分溶入奥氏体时，除钴和w_{Al}大于 2.5％的以外，所有的常用合金元素都使珠光体转变的孕育期加长，转变速度减慢，C 曲线右移。除镍和锰外，所有的常用合金元素都使珠光体转变的温度范围升高，C 曲线向上方移动。图 2-74 综合了各种合金元素对珠光体转变动力学定性的影响。合金元素推迟珠光体转变的作用，按大小排列的顺序为：Mo、Mn、W、Ni、Si。其中，Mo 对珠光体转变动力学的影响最强烈，在共析钢中加入 Mo 的质量分数为 0.8％，可使过冷奥氏体分解完成所需的时间增长 2800 倍。

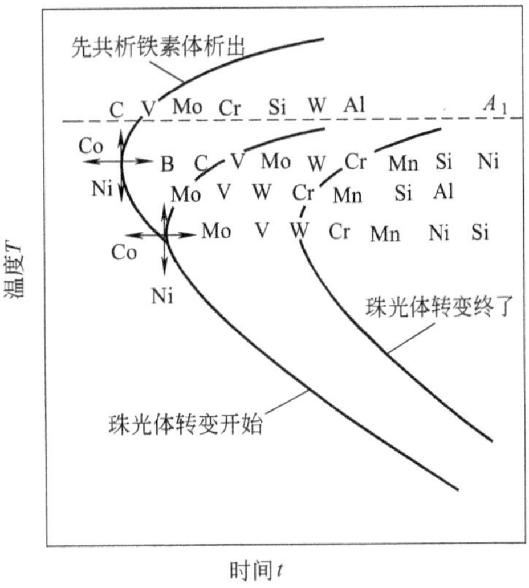

图 2-74　合金元素对珠光体转变动力学的影响示意图

强碳化物形成元素 V、Ti、Zr、Nb、Ta 等，溶入奥氏体后也会推迟珠光体转变。但是在一般奥氏体化的情况下，这类元素形成的碳化物极难溶解，而未溶碳化物则会促进珠光体转变。

微量的 B（w_B 0.001%～0.0035%）可以显著降低亚共析成分的过冷奥氏体析出先共析铁素体的速度和珠光体的形成速度。但随着钢中碳含量的增加，硼的作用逐渐减小，碳含量 w_C 超过 0.9%后，B 几乎不起作用。因此，B 只用于亚共析钢中。

合金元素 Co 则相反，使珠光体转变的孕育期缩短，转变速度加快，C 曲线左移。

合金元素对珠光体转变动力学的影响是很复杂的，特别是钢中同时含有几种合金元素时，其作用并不是单一合金元素作用的简单叠加。

合金元素对珠光体转变动力学产生的上述影响是通过以下几个途径产生的。

① 合金元素通过影响碳在奥氏体中的扩散速度，影响珠光体转变动力学。除 Co 和 w_{Ni} 小于 3%的以外，所有合金元素都提高碳在奥氏体中的扩散激活能，降低碳在奥氏体中的扩散系数和扩散速度，所以使珠光体转变速度下降。相反，Co 提高碳在奥氏体中的扩散速度，故使珠光体转变速度加快。

② 合金元素通过改变 $\gamma \rightarrow \alpha$ 同素异构转变的速度，影响珠光体转变动力学。

非碳化物形成元素 Ni 主要是由于降低了 $\gamma \rightarrow \alpha$ 同素异构转变的速度，特别是增大了 α-Fe 的形核功，从而降低了珠光体转变速度。而 Co 由于提高了 $\gamma \rightarrow \alpha$ 同素异构转变的速度，从而提高了珠光体转变速度。

③ 通过合金元素在奥氏体中的扩散和再分配，影响珠光体转变动力学。珠光体转变时，除了要求碳的扩散和再分配之外，还要求合金元素的扩散和再分配。而合金元素，特别是碳化物形成元素的扩散系数又远远小于碳的扩散系数，约为碳扩散系数的 10^{-2}～10^{-4}，故使珠光体的转变速度大大减慢。

④ 合金元素通过改变临界点，影响珠光体转变动力学。转变温度相同时，由于临界点的改变将改变转变的过冷度。例如 Ni 和 Mn 降低了 A_1 点，减小了过冷度，而使转变速度降低。而 Co 提高了 A_1 点，则增加了过冷度，从而加快了转变速度。

⑤ 合金元素通过影响珠光体的形核率及长大速度，影响珠光体转变动力学。Co 增大珠光体的形核率，所以提高珠光体的转变速度。其他合金元素降低珠光体的形核率及长大速度，所以降低珠光体的转变速度。

⑥ 合金元素通过改变界面的表面能，影响珠光体转变动力学。例如 B 这样的元素为内表面活性元素，有富集于晶界的强烈倾向。它在晶界的富集可使晶界处的表面能大大降低，使先析铁素体（从而使珠光体）在晶界的形核非常困难，故大大降低了珠光体转变速度。当奥氏体化温度较高时，硼可能向晶内扩散，降低了硼的作用，故硼钢淬火温度不宜太高。

(3) 奥氏体晶粒度的影响。奥氏体晶粒越细小，单位体积内的晶界面积越大，珠光体的形核部位越多，所以将加快珠光体转变速度。

(4) 奥氏体成分均匀度的影响。奥氏体成分的不均匀，将有利于在高碳区形成渗碳体，在贫碳区形成铁素体，并加速碳在奥氏体中的扩散，所以将加快先共析相和珠光体的形成速度。

(5) 奥氏体中过剩相的影响。当奥氏体中存在过剩相渗碳体时，未溶渗碳体既可作为先共析渗碳体的非均质晶核，也可作为珠光体领先相的晶核，因而可加速珠光体转变的速度。

(6) 原始组织的影响。原始组织越粗大，奥氏体化时碳化物溶解速度越慢，奥氏体均匀化速度也越慢，珠光体的形成速度就可能越快。原始组织越细，则珠光体形成的速度可能越慢。

(7) 加热温度和保温时间的影响。提高奥氏体化温度和延长保温时间，可提高奥氏体中碳和合金元素的含量并使之均匀化，故可使珠光体转变的孕育期增长，转变速度降低。

如果奥氏体化温度较低，或保温时间较短，碳化物没有全部溶解，或碳化物虽已溶解，但还未均匀化，奥氏体中碳和合金元素的含量将低于钢的含量。未溶解的碳化物，可以作为珠光体转变的晶核。如果碳化物已溶解，但奥氏体成分仍不均匀，则高碳区和低碳区可为珠光体转变时渗碳体和铁素体的形核准备有利条件。所以奥氏体化温度低，时间短，均将加速过冷奥氏体的珠光体转变。

(8) 应力的影响。拉应力将使珠光体转变加速，而压应力则使珠光体转变推迟，这是由于珠光体转变时比体积将增加。例如，压应力由 29×10^8Pa 增加到 38.5×10^8Pa 时，可使铁碳合金及钢的孕育期约增加 5 倍，并使珠光体形成的温度降低，共析成分移向低碳。

(9) 塑性变形的影响。在奥氏体状态下进行塑性变形，有加速珠光体转变的作用，且形变量越大，形变温度越低，珠光体转变速度越快。这是因为形变增加了奥氏体晶内缺陷密度，故增加了形核部位，提高了形核率。晶内缺陷密度的增加也提高了原子扩散速度，故使转变速度加快。

2.3.5 珠光体的力学性能

珠光体转变的产物与钢的化学成分及热处理工艺有关。共析钢珠光体转变产物为珠光体，亚共析钢珠光体转变产物为先共析铁素体加珠光体，过共析钢珠光体转变产物为先共析渗碳体加珠光体。同样化学成分的钢，由于热处理工艺不同，转变产物既可以是片状珠光体，也可以是粒状珠光体。同样是片状珠光体，珠光体团的大小、珠光体片间距以及珠光体的成分也不相同。对同一成分的非共析钢，由于热处理工艺不同，转变产物中先共析相所占的体积分数就不相同，珠光体中渗碳体的量也不相同。既然珠光体转变的产物不同，则其力学性能也必然不同。

通常，珠光体的强度、硬度高于铁素体，而低于贝氏体、渗碳体和马氏体，塑性和韧性则高于贝氏体、渗碳体和马氏体，见表 2-5。因此，一般珠光体组织适合于切削加工或冷成形加工。

2.3.5.1 片状珠光体的力学性能

片状珠光体的硬度一般在 160～280HBW 之间，抗拉强度在 784～882MPa 之间，伸长率在 20%～25%之间。

片状珠光体的力学性能与珠光体的片间距、珠光体团的直径以及珠光体中铁素体片的亚晶粒尺寸等有关。珠光体的片间距主要决定于珠光体的形成温度，随形成温度降低而变小；而珠光体团直径不仅与珠光体形成温度有关，还与奥氏体晶粒大小有关，随形成温度的降低以及奥氏体晶粒的细化而变小。故可以认为共析成分片状珠光体的性能主要取决于奥氏体化温度以及珠光体形成温度。由于在实际情况下，奥氏体化温度不可能太高，奥氏体晶粒不可能太大，故珠光体团的直径变化也不会很大，而珠光体转变温度则有可能在较大范围内调整，故片间距可以有较大的变动。因此从生产角度来看，片间距对珠光体力学性能的影响就更具有生产实际意义。

表 2-5　0.84C、0.29Mn 钢经不同温度等温处理后的组织和硬度

等温温度/℃	组织	硬度(HBW)	等温温度/℃	组织	硬度(HBW)
720～680	珠光体	170～280	550～400	上贝氏体	400～460
680～600	索氏体	250～320	400～240	下贝氏体	460～560
600～500	托氏体	320～400	240～室温	马氏体	580～650

随着珠光体团直径以及片间距的减小，珠光体的强度、硬度以及塑性均将升高。图 2-75 和图 2-76 给出了共析钢珠光体片层间距与抗拉强度、断面收缩率的关系。由图可见，抗拉强度和断面收缩率随片间距的减小而增加。这与表 2-5 中的珠光体、索氏体（细珠光体）、托氏体（极细珠光体）硬度的变化规律是一致的。比如，粗片状珠光体的硬度可达 200HBW，细片状珠光体的硬度可达 300HBW，极细珠光体的硬度可达 450HBW。有的文献还给出了根据珠光体片间距计算屈服强度的经验公式：

$$\sigma_s = 139 + 46.4S_0^{-1} \tag{2-44}$$

式中，σ_s 为屈服强度，MPa；S_0 为片间距，μm。

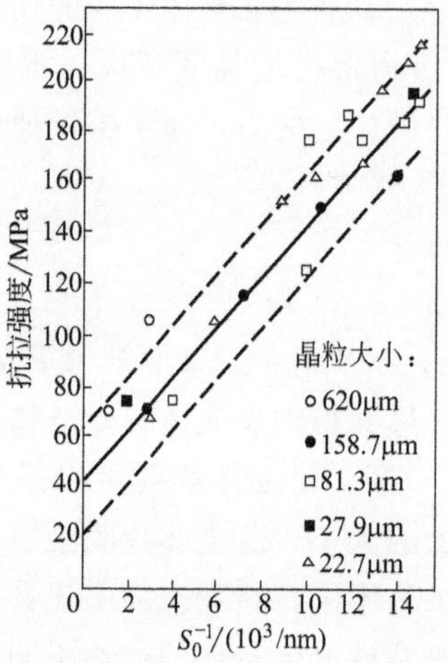

图 2-75 共析钢珠光体片间距 S_0 与强度的关系

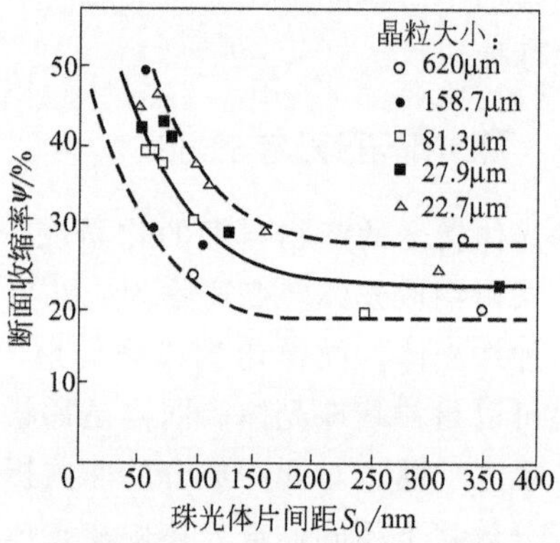

图 2-76 共析钢珠光体片间距 S_0 与断面收缩率的关系

强度与硬度随片间距的减小而升高，是因为片间距减小时铁素体与渗碳体变薄，相界面增多，铁素体中位错不易滑动，故使塑变抗力升高。在外力足够大时，位于铁素体中心的位错源被滑动后，滑动的位错将受阻于渗碳体片，渗碳体及铁素体片越厚，因受阻而塞积的位错也越多，塞积的位错将在渗碳体薄片中造成正应力，而使渗碳体片产生断裂。片层越薄，塞积的位错越少，正应力也越小，越不易引起开裂。只有提高外加作用力，才能使更多的位错塞积在相界面一侧，造成足够的正应力而使渗碳体片产生断裂。当每一个渗碳体片发生断裂并且裂纹连接在一起时便引起整体脆断。由此可见，片间距的减小可以提高断裂抗力。

片间距的减小能提高塑性，这是因为渗碳体片很薄时，在外力作用下，塞积的位错可以切过渗碳体薄片引起滑移，产生塑性变形而不使之发生正断，也可以使渗碳体薄片产生弯曲，致使塑性增大。

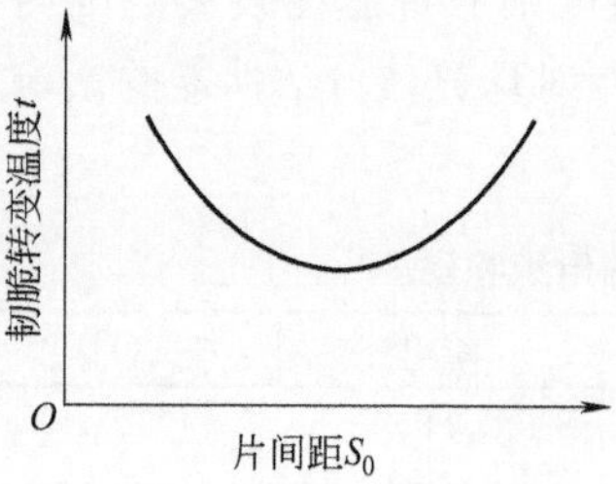

图 2-77 珠光体片间距与冷脆转变温度的关系

片间距对冲击韧度的影响比较复杂，因为片间距的减小将使冲击韧度下降，而渗碳体片变薄又有利于提高冲击韧度。前者是由于强度提高而使冲击韧度下降；后者则是由于薄的渗碳体片可以弯曲、形变而使断裂成为韧性断裂，从而提高冲击韧度。这两个相互矛盾的因素使韧脆转变温度与片间距之间的关系出现一个极小值（图 2-77），即韧脆转变温度随片间距的减小先降后增。

如果片状珠光体是在连续冷却过程中在一定的温度范围内形成的，先形成的珠光体由于形成温度较高，片间距较大，强度较低；后形成的珠光体片间距较小，则强度较高。因此，在外力的作用下，将引起不均匀的塑性变形，并导致应力集中，从而使得强度和塑性都下降。因此，为提高强度和塑性，应采用等温处理以获得片层厚度均匀的珠光体。

表 2-6 珠光体的组织形态对疲劳强度的影响

钢种	纤维组织	σ_b/MPa	σ_{-1}/MPa
共析钢	片状珠光体	676	235
共析钢	粒状珠光体	676	286
w_C 为 0.7%钢	细珠光体片状	926	371
w_C 为 0.7%钢	回火索氏体	942	411

2.3.5.2 粒状珠光体的力学性能

经球化退火或调质处理，可以得到粒状珠光体。

在成分相同的情况下，与片状珠光体相比，粒状珠光体的强度、硬度稍低，但塑性较好，如图 2-78 所示。粒状珠光体的疲劳强度也比片状珠光体高，见表 2-6。另外，粒状珠光体的可切削性、冷挤压时的成形性好，加热淬火时的变形、开裂倾向小。所以，粒状珠光体常常是高碳工具钢在切削加工和淬火前要求预先得到的组织形态。碳钢和合金钢的冷挤压成形加工，也要求具有粒状珠光体组织。GCr15 轴承钢在淬火前也要求具有细粒状珠光体组织，以保证轴承的疲劳寿命。

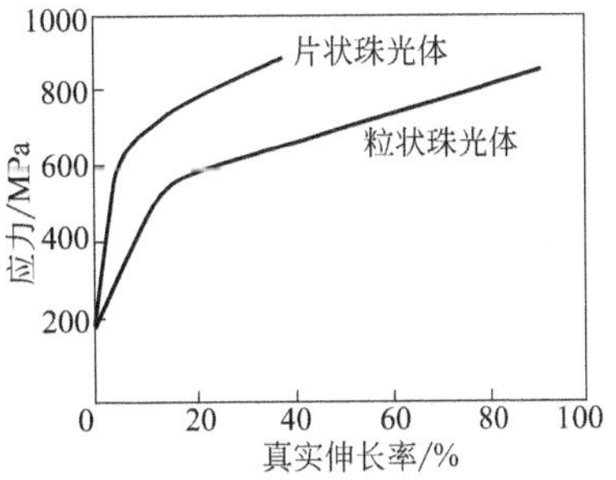

图 2-78 片状珠光体与粒状珠光体的应力应变

粒状珠光体的硬度、强度比片状珠光体稍低的原因是铁素体与渗碳体的界面比片状珠光体少。粒状珠光体塑性较好是因为铁素体呈连续分布，渗碳体呈颗粒状分散在铁素体基底上，对位错运动的阻碍较小。

粒状珠光体的性能还取决于碳化物颗粒的大小、形态与分布。一般来说，碳化物颗粒越细、形态越接近等轴、分布越均匀，韧性越好。

2.3.5.3 铁素体+珠光体的力学性能

与共析钢、过共析钢相比，亚共析钢的碳含量低，退火态的显微组织中除了有珠光体外还有先共析铁素体，所以亚共析钢的强度、硬度低，塑性、韧性高。

亚共析钢珠光体转变产物的力学性能主要取决于 C、Mn、Si、N 等固溶强化元素的含量和显微组织中铁素体和珠光体的相对量、铁素体晶粒的直径和珠光体的片间距。C、Mn、Si、N 等元素的含量越多、珠光体相对量越多、铁素体晶粒越细、珠光体片间距越小，其强度和硬度也就越高。亚共析钢的抗拉强度和屈服强度可由下式求出：

$$\sigma_s(\text{MPa})=15.4\{\varphi_\alpha^{\frac{1}{3}}[2.3+3.8[\text{Mn}]+1.13d^{-\frac{1}{2}}]+(1-\varphi_\alpha^{\frac{1}{3}})[11.6+0.25S_0^{-\frac{1}{2}}]+4.1[\text{Si}]+27.6[\text{N}]^{\frac{1}{2}}\} \quad (2\text{-}45)$$

$$\sigma_b(\text{MPa})=15.4\{\varphi_\alpha^{\frac{1}{3}}[16+72.4[\text{N}]^{\frac{1}{2}}+1.18d^{-\frac{1}{2}}]+(1-\varphi_\alpha^{\frac{1}{3}})[46.7+0.23S_0^{-\frac{1}{2}}]+6.3[\text{Si}]\} \quad (2\text{-}46)$$

式中，φ_α 为铁素体的体积分数，%；d 为铁素体晶粒的平均直径，mm；S_0 为珠光体片平均间距，mm。式中的化学元素符号代表该元素的质量分数。

式（2-45）、式（2-46）不仅适用于亚共析钢，也适用于共析钢。由关系式可见，当珠光体量少时，珠光体对强度贡献不占主要地位，此时强度的提高主要依靠铁素体晶粒尺寸的减小。而当珠光体的量趋于100%时，珠光体对强度的贡献就成为主要的，此时强度的提高主要依靠珠光体片间距的减小。

塑性则随珠光体量的增多而下降，随铁素体晶粒的细化而升高。

亚共析钢珠光体转变产物的韧脆转变温度与铁素体的体积分数σ_α、铁素体晶粒直径d、珠光体团直径D、片间距S_0、渗碳体片厚度t以及Si、N含量等有关。韧脆转变温度可用断口形貌转变温度$FATT_{50}$（fracture appearance transition temperature，FATT）表示。$FATT_{50}$是指出现体积分数为50%解理断口和50%纤维断口时的温度。中高碳与共析钢的韧脆转变温度（与27J冲击吸收功相对应）可由下式求出：

$$FATT_{50}(℃)=\varphi_\alpha[-46-11.5d^{-\frac{1}{2}}]+(1-\varphi_\alpha)[-335+5.6S_0^{-\frac{1}{2}}-13.3D^{-\frac{1}{2}}+3.48\times10^8 t]+48.7[\mathrm{Si}]+762N_f^{\frac{1}{2}} \tag{2-47}$$

式中，d为铁素体直径，mm；D为珠光体团直径，mm；t为渗碳体片厚度，mm；N_f为固溶状态的氮含量。

式(2-47)清楚地表明，亚共析钢的碳、氮、硅含量越高，珠光体量越多，珠光体团和铁素体晶粒直径越大，片间距越大，渗碳体片越厚，韧脆转变温度也就越高。这一关系还可从图2-79中看出，随着亚共析钢碳含量的增加，珠光体量增多，冲击韧度下降，韧脆转变温度升高。

但是对于含碳量一定的亚共析钢来说，增加珠光体的相对量，使珠光体的平均含碳量降低，将有助于改善韧性。

为了获得最大的冲击韧度，应使用细晶粒以及硅、碳含量低的钢，因为细化铁素体晶粒及珠光体团对韧性是有益的，而固溶强化对韧性是有害的。

2.3.5.4 形变珠光体的力学性能

索体经塑性变形可以大幅度提高材料的强韧性。

将高碳钢或中碳钢经奥氏体化后，先在以下适当温度（大约500℃）的铅浴中等温，获得索氏体（或主要是索氏体）组织。这种组织适于深度冷拔，经冷拔后可获得优异的强韧性配合。这种工艺被称为派登脱处理（Patenting）或称为铅浴处理。

高碳钢经派登脱处理后所达到的强度水平，是钢在目前生产条件下能够达到的最高水平。比如，w_C为0.9%、直径为1mm的钢丝，预先经845～855℃奥氏体化，经516℃等温索氏体化处理，再经断面收缩率80%以上的冷拔变形，抗拉强度可接近4000MPa，如图2-80所示。

含碳量w_C为0.78%的15mm厚的共析钢板，经850℃×30min奥氏体化后于600℃等温10min空冷，得到平均片间距为260nm的片状珠光体［图2-81(a)］。经压下率为40%的冷轧，珠光体片层发生变形和不规则弯曲，渗碳体片层向轧制方向倾斜，有些渗碳体发生溶解并断开，片间距减为160～230nm［图2-81(b)］。经压下率为90%的冷轧，珠光体片层严重变形，渗碳体片发生细化、溶解及碎化，珠光体变为极细片型，与轧制方向基本趋于平行排列，片间距仅为20～30nm［图2-81(c)］。XRD谱分析结果表明，铁素体的点阵常数增大为2.8718nm，含碳量为0.14%（质量分数），呈现过饱和状态，抗拉强度由原来的1220MPa提高到2220MPa。

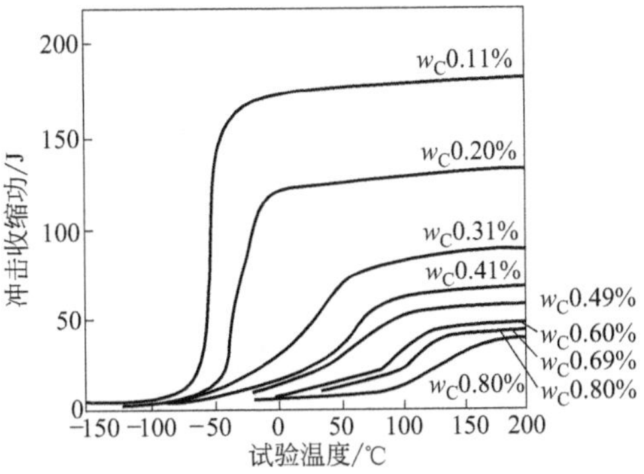

图 2-79 亚共析钢碳含量（珠光体体积分数）对正火钢韧脆转变温度和冲击韧度的影响

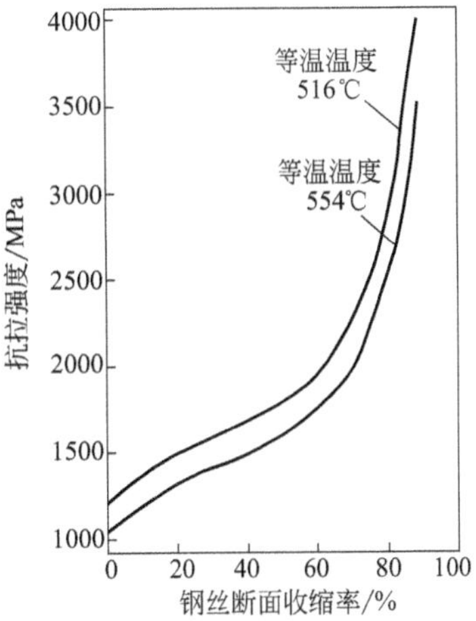

图 2-80 索氏体化等温温度和冷拔变形率对钢丝抗拉强度的影响

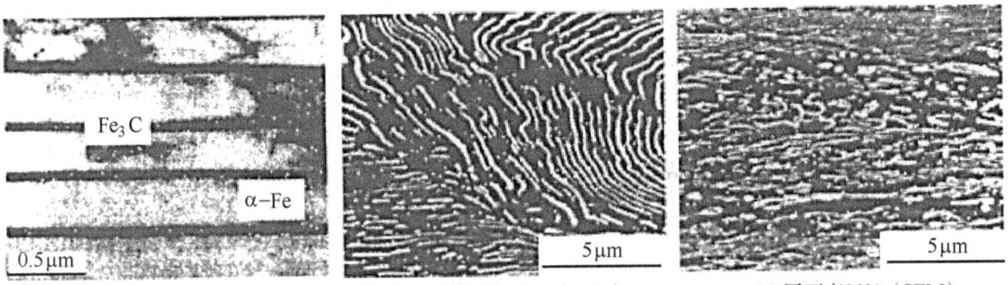

(a) 原始组织（TEM） (b) 压下率40%（SEM） (c) 压下率90%（SEM）

图 2-81 共析钢片状珠光体冷变形前后的组织形貌

索氏体具有良好的冷拔性能，是因为索氏体的片间距很小，使位错沿最短途径滑移的可能性增加。同时，由于渗碳体片很薄，在进行较强烈塑性变形时它能够产生弹性弯曲和塑性变形。正是这两种因素使得索氏体的塑性增高。

综上所述，深度冷变形可以使索氏体产生显著强化的原因是铁素体内的位错密度大大增加，使由位错缠结所组成的胞块（即铁素体的亚晶粒）明显细化，而且点阵畸变明显增大，渗碳体部分溶解碎化，使铁素体含碳量过饱和，产生更大的固溶强化。冷变形率越大，铁素体内位错密度增加的幅度也越大，亚晶粒细化越明显，铁素体含碳量过饱和度越大，强化效果越显著。

2.3.6 钢中碳化物的相间沉淀

含有强碳（氮）化物形成元素的过冷奥氏体，在珠光体转变之前或转变过程中可能发生纳米碳（氮）化物的析出，因为析出是在 γ/α 相界面上发生的，所以称为相间析出，又称为相间沉淀（interphase precipitation）。相间沉淀首先在含 Nb、V 等强碳化物形成元素的钢中发现，后来被广泛接受和大量研究。现在不但在低碳合金钢中发现存在相间沉淀，而且在中高碳合金钢中也发现存在相间沉淀。与从奥氏体中析出和从铁素体中析出的碳化物一样，相间沉淀析出的碳化物也起着重要的沉淀强化作用，并被应用于控制轧制生产高强度微合金化钢中。

2.3.6.1 相间沉淀组织

利用强碳化物形成元素产生的相间沉淀反应可发生在铁素体、珠光体或贝氏体内。现今使用的低碳或中碳微合金钢，均是添加少量的强碳化物形成元素，使之发生相间沉淀，得到由相间沉淀碳化物与铁素体组成的相间沉淀组织以及珠光体组织。在光学显微镜下观察，相间沉淀组织与典型的先共析铁素体毫无差别。但在高倍电子显微镜下观察，可以看到在铁素体中有极细小的颗粒状碳化物，或呈互相平行的点列状分布［图 2-82(a)］，或呈不规则分布［图 2-82(b)］。这些极细小的颗粒状碳化物分布在有一定间距的平行的平面上。当电镜入射电子束与平面相平行时所观察到的碳化物呈互相平行的点列状分布，否则呈不规则分布。

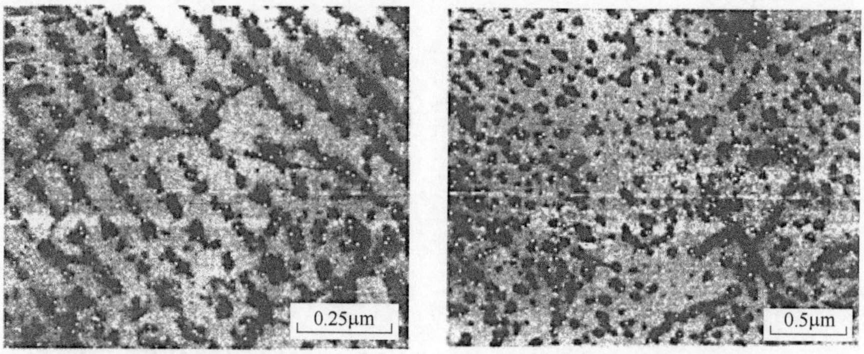

(a) 垂直于γ/α界面　　(b) 平行于γ/α界面

图 2-82　w_C 为 0.02%、w_{Nb} 为 0.032%钢在 600℃等温 40min 后 NbC 相间沉淀的分布

相间沉淀组织也称为“变态珠光体”或“退化珠光体”(degenerate pearlite)。

相间沉淀碳化物是纳米级的颗粒状碳化物。碳化物的直径随钢的成分和等温温度的不同而发生变化，有的小于 10nm 甚至小于 5nm，有的达到 35nm，一般平均直径为 10～20nm。相邻平面之间的距离称为面间距或层间距，面间距一般在 5～230nm。几乎所有熟知的特殊碳化物，如 VC、NbC、TiC、Mo_2C、Cr_7C_3、$Cr_{23}C_6$、W_2C 等在适当条件下都可以成为相间沉淀碳化物，其中以 VC、NbC、TiC 最为常见。与 NbC、TiC 相比，VC 在奥氏体中的溶解度最大，因此能获得最大的强化效果。钢中加入氮，可促进形成 V（C、N）相间沉淀，进一步提高强化效果。

相间沉淀碳化物颗粒的大小和层间距主要决定于析出时的温度（冷却速度）和奥氏体的化学成分。随着冷却速度的增大，析出温度的降低，碳化物颗粒尺寸和层间距均变小。当钢中碳（氮）化物形成元素和碳含量增加时，碳（氮）化物的体积分数将增加，碳化物的颗粒尺寸及面间距略有减小。

2.3.6.2　相间沉淀机理

低、中碳微合金钢经奥氏体化后过冷到A_1 以下，贝氏体转变开始温度B_s 以上的某一温度等温，或以一定的冷却速度连续冷却经过A_1B_s 区间时均可发生相间沉淀。如图 2-83（a）所示，成分为 C_0 的奥氏体在t_1 温度下将在奥氏体晶界形成铁素体，出现 γ/α 界面。由于铁素体的形成，在界面的奥氏体一侧碳的浓度增高至 $C_\gamma^{\gamma\text{-}\alpha}$。图 2-83（b）左边的剖面线代表已析出的铁素体，右边部分代表奥氏体，图中的曲线表示奥氏体中碳浓度的变化。由于 γ/α 界面处奥氏体的碳浓度增高，使铁素体的长大受到抑制。由于此时温度较低，碳原子很难向奥氏体内部做长距离扩散，只能在界面的奥氏体一侧富集起来。当碳含量超过碳化物在奥氏体中的溶解度 $C_\gamma^{\gamma/\mathrm{Cem}}$ 时，将通过析出碳化物析出消耗富集的碳原子。在 γ/α 界面析出碳化物后，如图 2-83（c）所示，在碳化物和奥氏体交界处的奥氏体一侧，碳含量下降至 $C_\gamma^{\gamma/\mathrm{Cem}}$

后，析出的碳化物不能继续长大，但给铁素体的继续长大创造了条件。铁素体将越过碳化物进一步长大，亦即 γ/α [界面向奥氏体方向推移，如图 2-83（d）所示，图中的虚线代表析出的碳化物颗粒]。铁素体向前长大后，又提高了 γ/α 界面奥氏体一侧的碳浓度，恢复到图 2-83（b）的状态。因此又将在界面上析出碳化物。转变如此往复，铁素体与细粒状特殊碳化物交替形成，直至过冷奥氏体完全分解，形成一系列平行排列的细小碳化物。

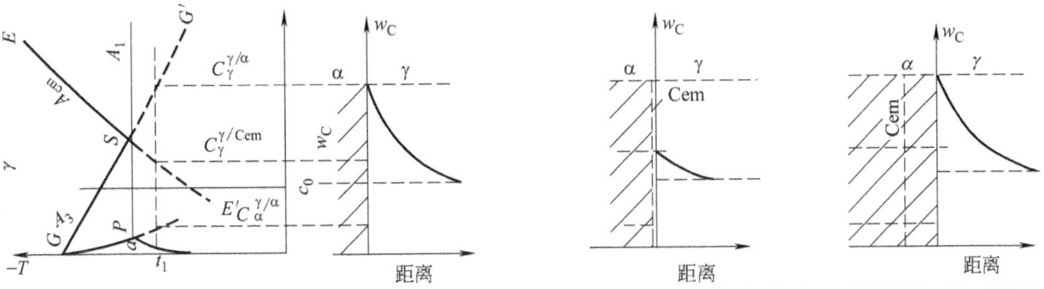

(a) 温度相变时，各相界面上的平衡浓度　(b) 铁素体成核后长大时，界面处奥氏体中碳浓度的分布　(c) 界面上碳化物沉淀后，界面处奥氏体中碳浓度的分布　(d) 铁素体长大时，界面处奥氏体中碳浓度的分布

图 2-83　铁素体长大过程中的相间沉淀示意图

图 2-84 是相间析出的碳化物空间分布示意图。从图中 A 方向观察，可以看到析出的碳化物颗粒呈点列状排列［图 2-84（a）］，而从 B 方向观察，看到的析出物颗粒则呈不规则分布［图 2-84（b）］。

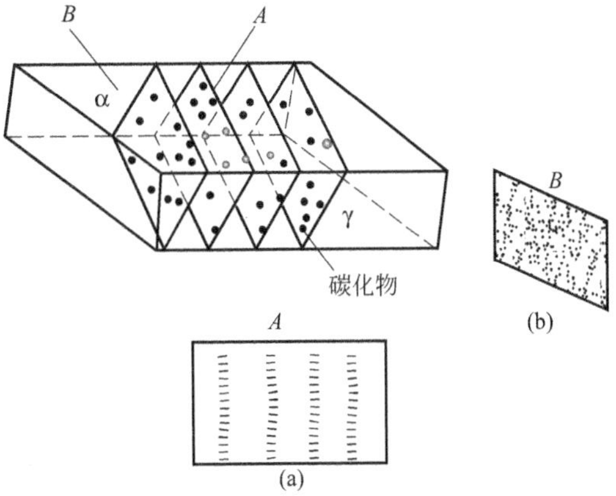

图 2-84　相间析出碳化物空间分布图

相间沉淀也是一个形核和长大过程，受碳及合金元素的扩散所控制。因为转变温度较低，合金元素和碳原子的扩散均较困难，故析出的碳化物难以长大，只能成为细小颗粒状。

相间沉淀碳化物与铁素体呈一定的晶体学位向关系。对于等温沉淀的 VC，其位向关系为：

$\{100\}_{VC}//\{100\}_\alpha$，$[100]_{VC}//[100]_\alpha$

V_4C_3 与铁素体的位向符合 Baker-Nutting 关系，即

$$(100)_{V_4C_3}//(100)_\alpha,\ [010]_{V_4C_3}//[011]_\alpha$$

说明相间沉淀碳化物与铁素体之间为共格界面。

Honeycombe 提出了相间沉淀的台阶机制，模型如图 2-85 所示。铁素体的长大依赖于台阶端面沿细箭头方向的迁移，导致台阶宽面沿粗箭头方向推进。台阶端面为非共格界面，界面能高，可动性大，易于迁移。它的迁移必伴有碳原子与碳化物形成元素原子的扩散，使端面 γ/α 界面一侧的奥氏体中溶质原子浓度升高。由于端面可动性高，碳化物不易在其上成核，所以在端面迁移的同时，该处的溶质原子向台阶宽面上扩散。台阶宽面系共格或半共格界面，界面能低，可动性也低，从台阶端面扩散来的溶质原子便在其上沉淀出合金碳化物。但有时台阶高度（即面间距）小且均匀［图 2-85（a）］，而有时台阶高度大而不均匀［图 2-85（b）］，其原因尚待进一步研究。

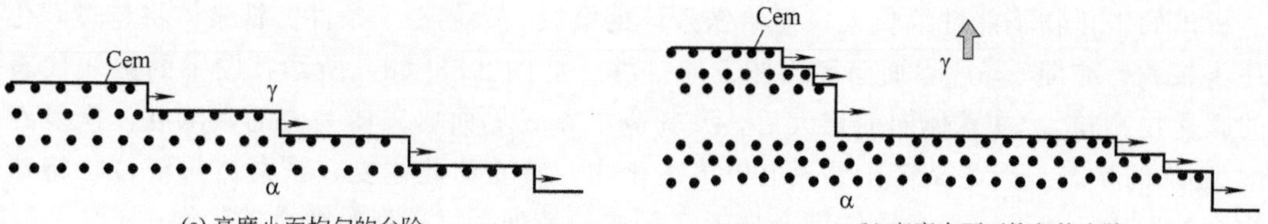

(a) 高度小而均匀的台阶　(b) 高度大而不均匀的台阶

图 2-85　相间析出碳化物空间分布图

2.3.6.3　相间沉淀条件

能否产生细小弥散相间的沉淀碳化物，取决于钢的化学成分、奥氏体化温度、等温温度（连续冷却速度）。

首先，要求奥氏体中必须溶有足够的碳（氮）元素和碳化物形成元素，其次必须采用足够高的奥氏体化温度，使碳（氮）化物能够溶解到奥氏体中。碳（氮）化物能否溶入奥氏体，与钢的化学成分、碳（氮）化物的类型及奥氏体化温度下的极限溶解反应有关。

碳（氮）化物在奥氏体中的极限溶解度与温度有关。例如，当 V_4C_3 溶入奥氏体时，其反应可写成：

$$VC_{3/4} \longrightarrow [V] + \frac{3}{4}[C] \tag{2-48}$$

式中，[V]、[C] 为奥氏体中 V 与 C 的质量分数。在恒温、恒压条件下，此反应的平衡常数K_S 为：

$$K_S = \frac{a_V a_C^{\frac{3}{4}}}{a_{V_4C_3}} \tag{2-49}$$

式中，a_V、a_C、$a_{V_4C_3}$ 为 V、C、V_4C_3 的活度，其中 $a_{V_4C_3}$ 为 1。

在稀固溶体中，可近似地认为活度等于含量。因此，式（2-49）可写成：

$$K_S = [V][C]^{3/4} \tag{2-50}$$

此时的平衡常数K_S 又称为 V_4C_3 的溶解度积。V_4C_3 的溶解度积K_S 与温度的关系为：

$$\lg K_S = \lg([V][C]^{3/4}) = -\frac{10800}{T} + 7.06 \tag{2-51}$$

K_S 值可作为碳（氮）化物相能否溶解或沉淀的判据。当钢中碳（或氮）和碳（氮）化物形成元素实际含量的乘积小于由式（2-51）计算出的K_S 时，便会发生碳（氮）化物的溶解；当乘积大于K_S 时，便会发生相间沉淀。显然，在钢的化学成分一定时，碳（氮）化物能否溶解或沉淀，主要取决于温度。

加热时选择的奥氏体化温度一定要高于由式（2-51）计算出的温度，才能使溶质实际浓度的乘积小于发生碳（氮）化物的溶解度积。可见奥氏体化温度越高，碳（氮）化物溶解得越充分。当钢中含氮时，应该采用更高的奥氏体化温度。但需注意，碳（氮）化物的溶解温度还与钢中的其他成分有关，因为其他成分可通过影响 C 和 N 的活度来起作用。

奥氏体冷却时能否发生相间析出，主要决定于转变温度。一定要低于由式（2-51）计算出的温度，才能使溶质实际浓度的乘积大于K_S，发生碳（氮）化物的沉淀。可见等温温度越低，溶质实际浓度的乘积大于K_S 的差值越大，发生碳（氮）化物沉淀的可能性就越大。但是，等温温度不能低于B_S，否则过冷奥氏体将发生贝氏体转变。

K_S 与热力学温度 T 的关系，已有不少报道，表 2-7 是一些常见沉淀相在奥氏体中的溶解度积与温度的关系。图 2-86 是溶解度积与 $1/T$ 的关系图。这样的图表可供选择奥氏体化温度、等温温度、冷却速度时参考。

表 2-7 钢中常见的 C、N 化合物在奥氏体中溶解度积与温度的关系

化合物	溶解度积方程	化合物	溶解度积方程
V_4C_3	$\lg[V][C]^{3/4}=-10800/T+7.06$	VN	$\lg[V][N]=-7733/T+2.99$
TiC	$\lg[Ti][C]=-7000/T+2.75$	AlN	$\lg[Al][N]=-6770/T+1.03$
NbC	$\lg[Nb][C]^{0.87}=-7530/T+3.11$		

不同碳含量的钢的相间析出温度范围不同，含碳量低时范围较宽，为 450～700℃；含碳量较高时范围较窄，如w_C 高达 0.8%时为 320～450℃。

低碳合金钢相间沉淀的等温转变动力学图与珠光体转变相似，也具有“C”形特征，如图 2-87 所示。图中实线为相间沉淀动力学曲线。可以看出，相间沉淀是在一定的温度范围内发生的，而且转变温度较高或者较低时，都使相间沉淀的速度减慢。除了温度以外，其他合金元素的加入和塑性形变也会影响相间沉淀动力学。镍、锰、铬的加入会使钒钢中的相间沉淀变慢，这些元素对钛钢和钒钢也有类似的影响。塑性形变一般会加速相间沉淀的进行。

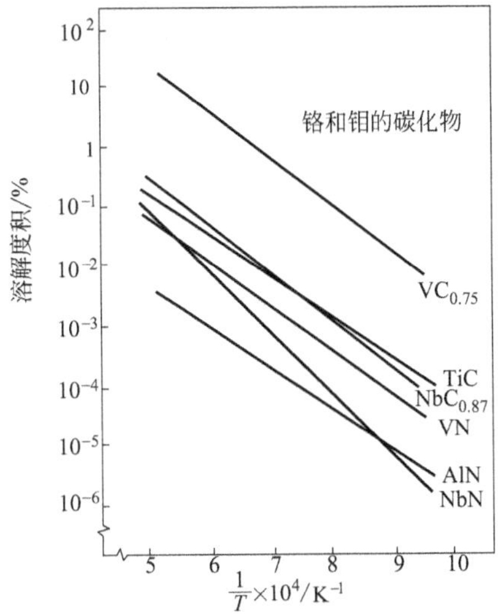

图 2-86 溶解度积与 $1/T$ 的关系图

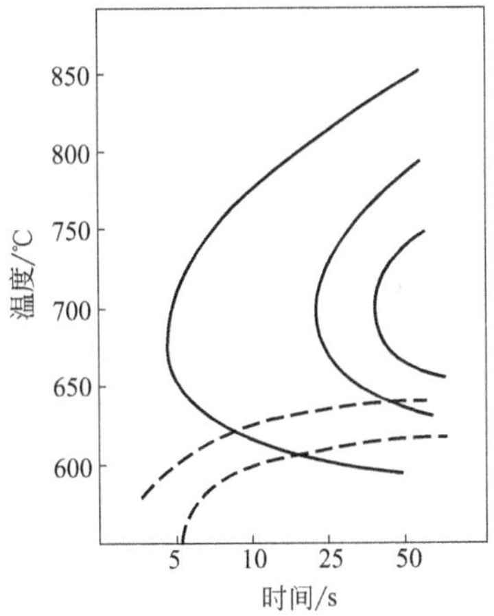

图 2-87 w_C 为 0.23%、w_V 为 0.85%钢过冷奥氏体等温转变动力学图形

在连续冷却条件下，如果冷却速度过慢，在较高的温度下停留的时间过长，则由于碳化物聚集长大，组织粗化，会使钢的硬度、强度降低。如果冷却速度过快，即在可发生相间沉淀的温度范围内停留时间过短，细小的碳化物来不及形成，过冷奥氏体将转变为先共析铁素体和珠光体以及贝氏体，也会使钢的硬度、强度降低。

因此，对于低碳合金钢，必须根据钢的成分及奥氏体化温度（或轧制温度）控制冷却条件，使其在合适的温度和时间范围内进行转变，才会发生相间沉淀，得到好的强化效果。

2.3.6.4 相间沉淀钢的强化机制及应用

相间沉淀钢的强度主要由三种强化机制提供，即细晶强化、沉淀强化和固溶强化，并以沉淀强化与细晶强化为主。假定各强化机制的作用可以相互叠加，则有：

$$\sigma_s=\sigma_0+\sigma_{sss}+\sigma_{disp}+K_y d^{-\frac{1}{2}} \tag{2-52}$$

式中，σ_0 为纯铁的屈服强度；σ_{sss} 为固溶强化项，对于低碳微合金钢而言值很小，可以忽略；σ_{disp} 为沉淀强化项；$K_y d^{-1/2}$ 为细晶强化项。其中σ_{disp} 项，可按 Kocks 模型中位错切过沉淀粒子的临界切应力 τ 计算：

$$\tau=\frac{1}{1.18}\left(\frac{1.2\mu b}{2\pi\lambda}\right)\ln\left(\frac{\overline{x}}{2b}\right) \tag{2-53}$$

式中，μ 为基体相的切变弹性模量；b 为柏氏矢量；$\overline{x}$ 为在观察平面上截取的粒子平均直径；λ 为相邻粒子的表面间距。

按式（2-52）计算所得结果，与实验值符合得很好。可见，增加沉淀粒子的体积分数，减小粒子尺寸及其间距，可有效地提高相间沉淀的强化效果。表 2-8 是钒、碳含量和等温温度对三种强化机制所提供的强度值的影响。由表可以看出，在三种强化机制所提供的强度中，以沉淀强化的效果最好，固溶强化的效果最差。沉淀强化提供的强度值是细晶强化提供强度值的 2 倍，是固溶强化提供强度值的 11～29 倍。钢的碳、钒含量越高，相间沉淀碳化物的体积分数越大，钢的屈服强度提高越大。在化学成分一定时，等温温度越低，细晶强化，特别是沉淀强化效果越显著。比如，1.0V-0.2C 钒钢经奥氏体化后，当等温温度由 825℃降低到 725℃时，钢的屈服强度就由 442MPa 提高到了 843MPa。

表 2-8 钒、碳含量和等温温度对三种强化机制所提供的强度值的影响

合金成分 w/%	碳化物的体积分数/%	等温温度/℃	屈服强度/MPa	固溶强度/MPa	细晶强化/MPa	沉淀强化/MPa
1.0V-0.2C	1.23	725	843	19.6	238	587
1.0V-0.2C	1.23	750	843	19.6	215	608
1.0V-0.2C	1.23	775	667	19.6	194	453
1.0V-0.2C	1.23	899	549	19.6	168	362
1.0V-0.2C	1.23	825	442	24.9	136	280
0.48V-0.09C	0.56	725	647	19.6	236	391
0.48V-0.09C	0.56	756	559	19.6	215	324
0.48V-0.09C	0.56	775	475	19.6	228	228

相间沉淀最大的优点是在提高钢的强度的同时并不明显降低钢的韧性。通过适当的成分设计，低碳低合金钢轧后可以获得相间沉淀组织，屈服强度可大于 500MPa，冲击吸收功可大于 170J。

相间沉淀组织的硬度变化与强度变化相似。钒钢相间沉淀组织的硬度随转变温度降低而增大，比同一温度下形成的上贝氏体硬度要高。

相间沉淀已成功地应用于工业生产，如对高强度低碳微合金钢的控制轧制，中碳微合金非调质钢的锻造余热正火替代常规调质处理等。

高强度低碳微合金钢如果采用普通热轧工艺，钢中的铌或钒只能起到沉淀强化作用，虽然使强度提高，但韧性变差，热轧后不得不进行正火处理。如采用控轧工艺，则可使奥氏体以相间沉淀的形式分解，并使转变前的奥氏体和转变后的铁素体尽可能变为细晶粒组织，从而将细晶强化、弥散强化和形变强化结合起来，使钢的强度和韧性同时得到提高，且轧后不需要正火处理，经济效益十分显著。

世界各国研制开发的中碳微合金非调质钢均采用钒进行微合金化，我国也成功地开发出YF35MnV、YF40MnV、YF45MnV、F35MnV、F35MnVN等中碳微合金非调质钢。由于中碳微合金非调质钢不需要提高淬透性的铬、钼等贵重合金元素，取消了调质工序，故可大幅度节约能源，降低成本，所以目前在机械、汽车等行业中已经获得了广泛的应用。

2.4 马氏体转变

2.4.1 马氏体转变的主要特征

由于马氏体转变研究范围的不断扩大，马氏体转变的定义也在不断更新，也有不少争论。本书采用徐祖耀院士提出的简化定义，即马氏体转变是指置换原子无扩散切变（原子沿相界面做协作运动），使其形状改变的转变。它具有以下的特点。

2.4.1.1 切变共格性和表面浮凸现象

马氏体转变时，在预先磨光的试样表面上可以形成表面浮凸，这表明马氏体转变是通过奥氏体均匀切变进行的。奥氏体中已转变为马氏体的部分发生宏观切变而使点阵发生改组，且带动靠近界面的还未转变的奥氏体也随之发生弹塑性变形，如图2-88所示。相变前在试样表面上的直线ACB，在切变以后变成折线$ACC'B'$。在显微镜光线照射下，浮凸两边呈现明显的山阴和山阳，图2-89给出了Cu-14.2Al-4.2Ni合金表面抛光试样在淬火冷却时形成的马氏体浮凸。由此可见，马氏体是以切变方式形成的，同时马氏体与奥氏体之间界面上的原子为两相共有，即整个相界面是共格的，因此称为切变共格。

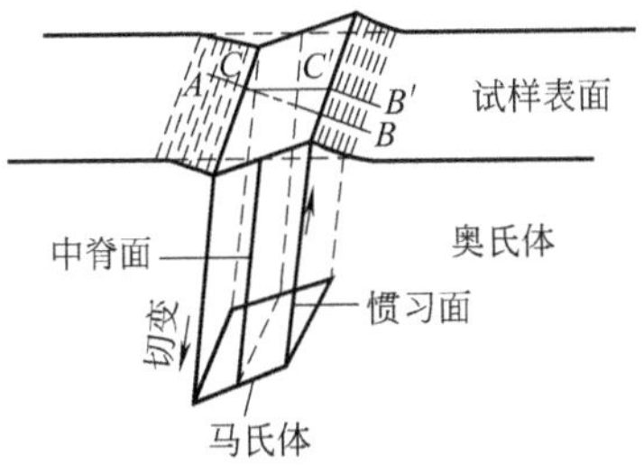

图2-88 马氏体浮凸示意图

图2-89 Cu-14.2Al-4.2Ni合金的马氏体浮凸

切变共格界面的界面能比非共格界面小，但其弹性应变能却较大。随着马氏体的形成，必定会在其周围奥氏体中产生一定的弹性应变，从而积蓄一定弹性应变能（或称共格应变能）。当马氏体长大到一定程度时，奥氏体中的弹性应力可能超过其弹性极限，此时两相的V共格关系即遭破坏，这时马氏体便停止生长。

2.4.1.2 无扩散性

首先，马氏体转变是通过奥氏体的均匀切变实现的，因此马氏体的成分与原奥氏体的成分完全一致；其次，马氏体可以在极低的温度下（例如−196℃）进行，在如此低的温度下，无论是置换原子还是间隙原子都已经极难扩散，而此时马氏体的生长速度仍可达到10^3m/s，这意味着马氏体的生长速度已经达到了固体中的声速。这种情况下，马氏体转变是不可能依靠扩散来进行的。试验表明，某些低碳钢的马氏体转变过程中存在碳的扩散，可见马氏体转变的无扩散性特征是指合金中置换原子无扩散，而间隙原子可能扩散。但间隙原子扩散不是马氏体转变的主要过程和必要条件，因此仍应称其为无扩散性转变。

2.4.1.3 具有特定的位向关系和惯习面

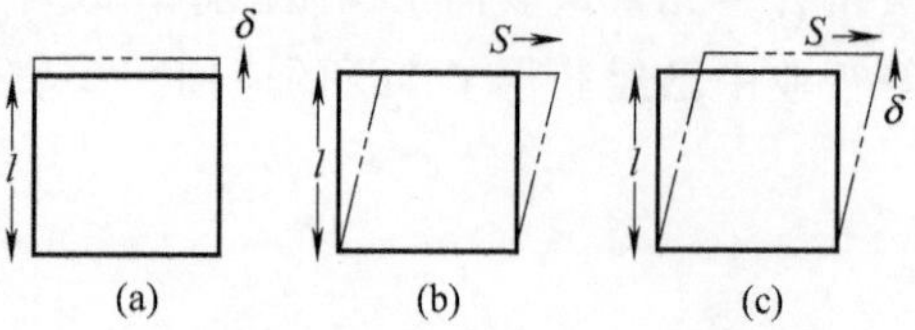

图 2-90 三种不变平面应变示意图

通过均匀切变所得的马氏体与原奥氏体之间存在严格的晶体学位向关系。在钢中常见的位向关系包括K-S关系、西山关系、G-T关系。K-S（Kurdjumov-Sachs）关系为 $\{111\}_\gamma // \{011\}_\alpha$，$\langle 110\rangle_\gamma // \langle 111\rangle_\alpha$。西山（Nishiyama）关系为 $\{111\}_\gamma // \{011\}_\alpha$，$\langle 112\rangle_\gamma // \langle 110\rangle_\alpha$。G-T（Greninger-Troiano）关系与K-S关系接近，只是角度存在一定偏差：$\{111\}_\gamma // \{011\}_\alpha$，差1°；$\langle 110\rangle_\gamma // \langle 111\rangle_\alpha$，差2°。此外，马氏体转变有惯习面，由于马氏体转变是以切变共格的形式进行的，所以惯习面也就是新旧相的相界面，如图 2-88 所示。惯习面为不畸变平面，或称不变平面，即在转变过程中它不发生畸变和转变，平面上所产生的均匀应变称为不变平面应变。图 2-90 是三种不变平面应变，底面均为不变平面，图 2-90（a）为简单的膨胀或压缩；图 2-90（b）为切变；图 2-90（c）既有膨胀又有切变。马氏体转变属于图 2-90（c）状态。

钢中马氏体转变的惯习面随含碳量不同而异，常见的有三种：$\{111\}_\gamma$、$\{225\}_\gamma$、$\{259\}_\gamma$。含碳量小于 0.4%（质量分数）时为 $\{111\}_\gamma$；含碳量为 0.5%～1.4%时为 $\{225\}_\gamma$；含碳量为 1.5%～1.8%时为 $\{259\}_\gamma$。此外，随着温度的下降马氏体转变的惯习面有向高指数面变化的趋势，例如含碳量较高的奥氏体在较高温度转变时，马氏体的惯习面是 $\{225\}_\gamma$，而在较低温度转变时惯习面变为 $\{259\}_\gamma$。由于马氏体惯习面不同，马氏体的组织形态也将有所差异。

马氏体-奥氏体的界面并不都是平直的。这种情况下的惯习面可以用图 2-91 来说明。

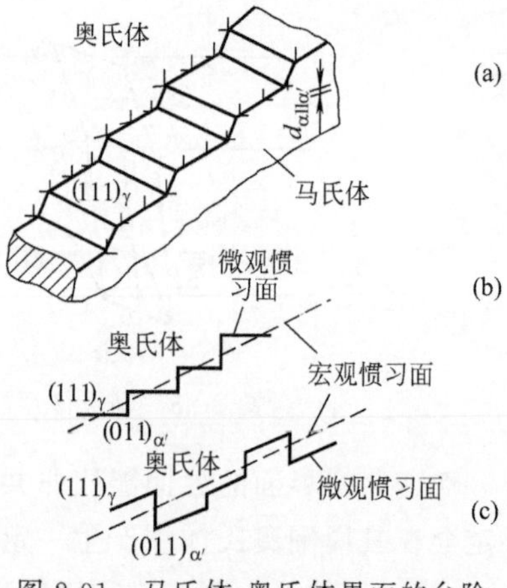

图 2-91 马氏体-奥氏体界面的台阶模型和惯习面

图 2-91（a）为设想的台阶模型，图 2-91（b）和图 2-91（c）分别表示因台阶结构不同而造成的“宏观惯习面”与“微观惯习面”彼此异同的情况。实际上“宏观惯习面”是两相的界面，“微观惯习面”才是真正的惯习面。可以想象，随着台阶密度或形貌的变化，可以得到任意指数的“宏观惯习面”，而“微观惯习面”却始终不变。

2.4.1.4 马氏体的亚结构

马氏体组织内出现的组织结构称为马氏体的亚结构。在低碳马氏体内通常呈现密度较高的位错，而在高碳马氏体内以细的孪晶作为亚结构；有色金属马氏体的亚结构为孪晶或层错。这些亚结构是马氏体的一个重要特征，对马氏体的力学性能有着直接的影响。

2.4.1.5 马氏体转变的可逆性

将母相以大于临界冷却速度的冷速（在钢中是为了避免发生珠光体转变）冷至某一温度以下才能发生马氏体转变，这一温度称为马氏体转变开始点，以 M_s 表示。当冷却至 M_s 以下某一温度时，马氏体转变便不再继续进行，这个温度称为马氏体转变终了点，用 M_f 表示。一般情况下，冷却到 M_f 点以下仍不能得到100%马氏体，而保留一部分未转变的奥氏体，称为残留奥氏体。重新加热时，马氏体也可以转变为奥氏体，即马氏体转变具有可逆性。一般将加热时马氏体向奥氏体的转变称为逆转变。逆转变与冷却时的马氏体转变具有相同的特点，与冷却时的 M_s 及 M_f 相对应。逆转变时也有转变开始点 A_s 及转变终了点 A_f。通常，A_s 比 M_s 高，二者之差视合金成分不同而异。如 Au-Cd、Ni-Mn-Ga 等合金的 A_s 与 M_s 之差较小，仅为几摄氏度到几十摄氏度；而 Fe-Ni 等合金的 A_s 与 M_s 之差就很大，大于400℃。图 2-92 给出了 Au-Cd 和 Fe-Ni 合金的例子。需要指出的是，在钢中一般不出现马氏体逆转变。这是因为钢中马氏体在未加热到 A_s 以前就会析出碳化物而向更稳定的状态转变。

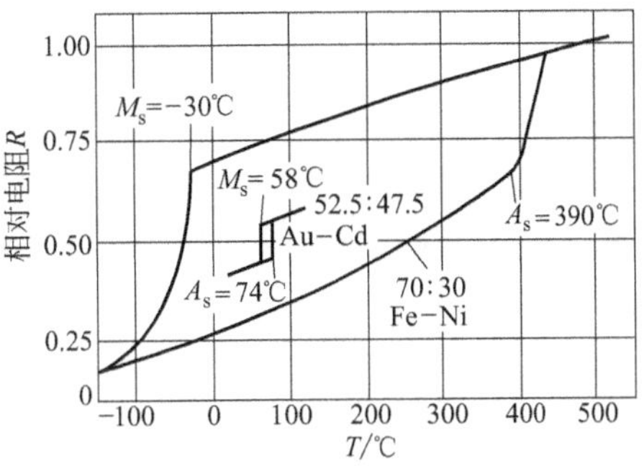

图 2-92 Fe70Ni30 和 Au52.5Cd47.5 合金马氏体转变时的相对电阻变化

综上所述，马氏体转变区别于其他转变的最基本的特点有两个：一是转变以切变共格方式进行；二是转变的无扩散性。其他特点均可由这两个基本特点派生出来。

2.4.2 钢中马氏体转变的晶体学

2.4.2.1 马氏体的晶体结构

在 fcc 点阵的 γ 相中，八面体间隙尺寸为 0.414D［D 为铁原子直径（室温 γ-Fe 的铁原子直径为 0.252nm）］，故能容纳的间隙原子的最大尺寸是 0.1043nm。而碳原子的直径是 0.154nm，这就意味着碳原子进入八面体间隙将引起奥氏体的畸变。

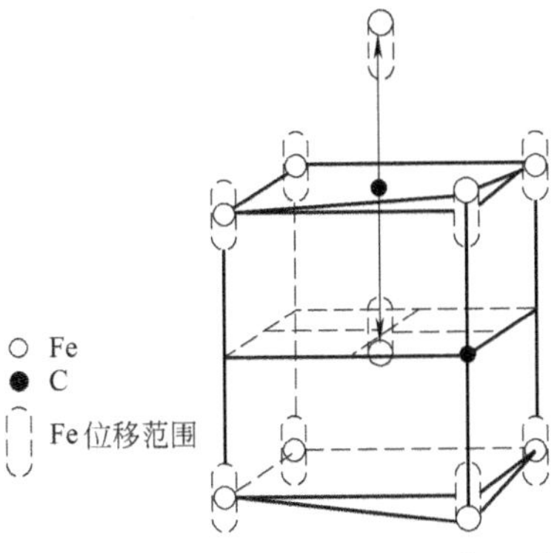

图 2-93 体心立方中的扁八面体间隙

bcc 点阵的 α 相中，扁八面体间隙（图 2-93）可以接纳的不产生点阵畸变的最大间隙原子尺寸为 0.155D，远小于 fcc 点阵的 0.414D。这说明，尽管 bcc 点阵的致密度小于 fcc 点阵，但其间隙尺寸却小于 fcc。因此碳原子填入扁八面体间隙位置时，将引起更大的畸变，这正是在室温平衡状态下碳在 bcc 点阵的 α 相中溶解度（仅 0.006%）低于具有 fcc 点阵的 α 相的原因。

一般碳钢中的碳含量远高于碳在 α 相中的溶解度，所以在发生马氏体转变时，原奥氏体中的碳原子完整保留在晶格中，其产生的畸变之大可想而知。因此，钢中马氏体通常被称为碳在 α-Fe 中的过饱和固溶体。这些间隙碳原子在$\frac{1}{2}$［001］位置呈择优分布，由此造成 bcc 点阵被畸变成体心正方（bct）结构，如图 2-93 所示。马氏体中最大含碳量仅为 2%，也就是约 10～11 个晶胞才能分摊一个碳原子，但由于碳原子在$\frac{1}{2}$［001］的择优分布，其对点阵畸变的影响已经相当明显。点阵在一个方向上的伸长，引起了在垂直方向上的收缩，轴比 c/a 为：

$$c/a = 1.005 + 0.045x \tag{2-54}$$

式中，x 为碳原子的质量分数。据计算，约有 80%的碳原子呈择优分布状态。实际上，含碳量小于 0.2%的 Fe-C 马氏体具有体心立方结构；而含碳量大于 0.2%时的马氏体为体心正方结构。其原因可能是当含碳量小于 0.2%时，碳原子偏聚于位错附近形成科垂尔（Cottrell）气团，只有当含碳量大于 0.2%时，碳原子才在八面体间隙呈有序分布。碳含量对钢奥氏体和马氏体点阵常数的影响如图 2-94 所示。

2.4.2.2 马氏体转变的经典切变模型

（1）贝茵（Bain）模型。Bain 最早注意到，可把 fcc 点阵看成 bct 点阵，其轴比（c/a）为 1.41（即$\sqrt{2}/1$），如图 2-95 所示。如果将 Z 方向压缩 20%，沿 X 和 Y 方向拉长 12%，则该晶胞可以转变成 bcc 结构，也就是轴比（c/a）为 1。实际上，马氏体含碳量不同时，轴比介于 1.00～1.08 之间。因此在转变过程中，只需将轴比调整到与含碳量对应的数值，转变即完成。在图 2-95 中未标出碳原子的位置，但由于碳原子在 bct 中有序分布（在 fcc 中不存在），碳原子实际上做了非常小的挪动。

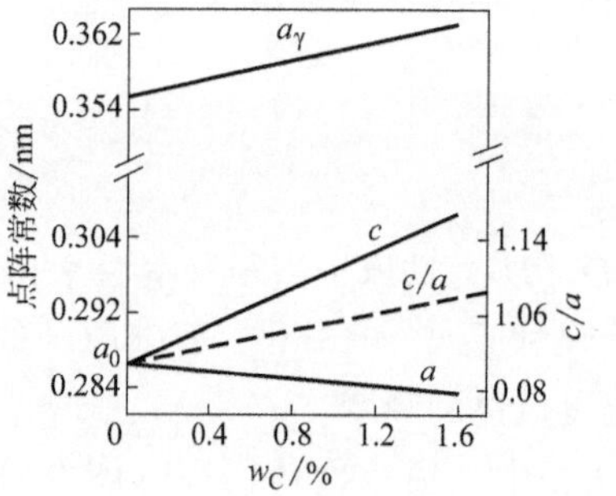

图 2-94 碳含量对钢奥氏体和马氏体点阵常数的影响

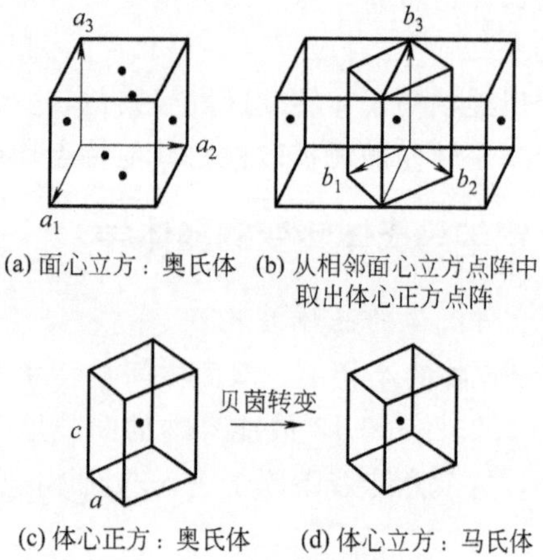

图 2-95 Bain 切变模型示意图

从图 2-95 可以得出以下的结论：①马氏体转变时，原子只进行很小距离的挪动；②在晶格改建过程中，原子进行集体协同、有规则的位移，转变前后原子间的相对位置不变，并有 $(111)_\gamma \rightarrow (011)_\alpha$，$[10\bar{1}]_\gamma \rightarrow [11\bar{1}]_\alpha$，$[1\bar{1}0]_\gamma \rightarrow [100]_\alpha$ 的关系，符合 K-S 关系；③碳原子处于马氏体晶格的八面体间隙位置。但 Bain 模型不能解释表面浮凸效应、惯习面和亚结构等的存在，因此不能完整地说明马氏体转变的特征。

（2）K-S（Kurdjumov-Saebs）模型。K-S 切变模型是在确定 K-S 关系后提出的，认为马氏体转变是通过两次切变完成的，如图 2-96 所示。图 2-96（a）为面心立方点阵示意图，其中突出了 $(111)_\gamma$ 面的排列情况，并在 $(111)_\gamma$ 面上以阴影部分示出切变的基面。图 2-96（b）为 γ 点阵以 $(111)_\gamma$ 面为底面的排列情况，图中示出了沿 $[\bar{2}11]$ 方向产生切变角为 19°28′的第一次切变。图中的 B 层原子移动 $\frac{1}{12}$ $[\bar{2}11]$ γ（0.057nm），C 层原子移动了 $\frac{1}{6}$ $[\bar{2}11]$ γ（0.114nm），往上各层原子移动距离按比例增加，但相邻两层原子移动距离均为 $\frac{1}{12}$ $[\bar{2}11]$ γ。第一次切变在 $(111)_\gamma$ 底面上的投影示于图 2-96（Ⅰ）和（Ⅱ）。从垂直于

$(111)_\gamma$ 面的角度看，B层原子移动到了菱形底面的中心，C层原子移动到了与A层原子重合的位置，这样使C层原子与A层原子的连线正好垂直于底面。

第二次切变可以在图 2-96（Ⅲ）和（Ⅳ）中看到。它是在$(11\bar{2})_\gamma$面上［垂直于$(111)_\gamma$面］沿$[1\bar{1}0]$方向产生一个10°32′的切变，结果是底面的锐角从60°增加到70°32′，从而得到体心立方点阵［图 2-96（c）］。

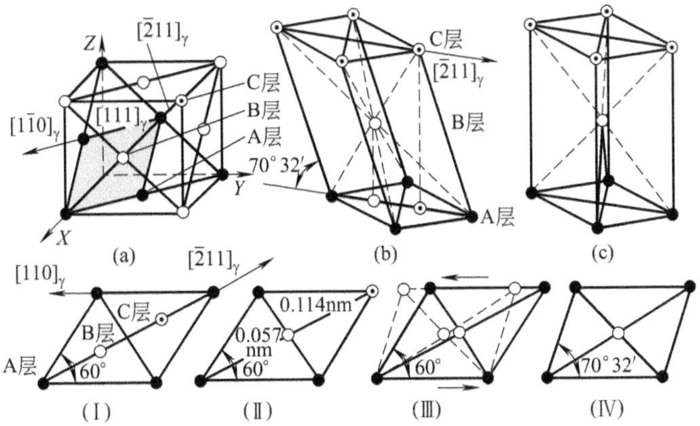

图 2-96 K-S 切变模型示意图

第二次切变后需再对晶面间距做一些微小调整，使其符合实测数值，γ→α 转变即告完成。

在γ相中含有碳而成为奥氏体时，其马氏体转变过程与以上所述基本相同，只是由于含有碳，使最后得到的是体心正方结构，并且第一次切变角为15°15′，第二次切变角为9°。

经过K-S切变后，$(111)_\gamma$ 变为 $(110)_\alpha$，$[110]_\gamma$ 变为 $[111]_\alpha$，很好地反映了新相与母相的晶体学关系。但此模型的惯习面是 $(111)_\gamma$，只能解释低碳钢中的情况，不能解释高碳钢的惯习面为 $(225)_\gamma$ 和 $(259)_\gamma$ 的切变过程，此外，其引起的表面浮凸也与实测结果不符。

在奥氏体中共有4个 $\{111\}_\gamma$ 晶面，每一个 $\{111\}_\gamma$ 晶面上共有6个 $[110]_\gamma$ 晶向，因此经过K-S切变后，马氏体在奥氏体中共有24种可能的取向。每一个取向的马氏体称为一种马氏体变体，所以一个奥氏体单晶经过K-S切变后可能有24种马氏体变体。

（3）G-T（Greninger-Troiano）模型。G-T模型的切变过程也是由两次切变组成，如图 2-97 所示。首先在接近于$(259)_\gamma$面上产生宏观均匀切变，造成试样表面的浮凸，并确定马氏体的惯习面。由于晶胞的变形和宏观变形相似，通常称为均匀切变。所谓均匀切变指的是如图 2-98（b）所示的有宏观变形的切变。此时的相变产物是复杂的三棱结构，还不是马氏体，但它有一组晶面间距，及原子排列与马氏体的$(112)_\alpha$面相同。第二次切变是在$(112)_\alpha$面上沿$[1\bar{1}1]_\alpha$方向产生12°～13°的不均匀切变。

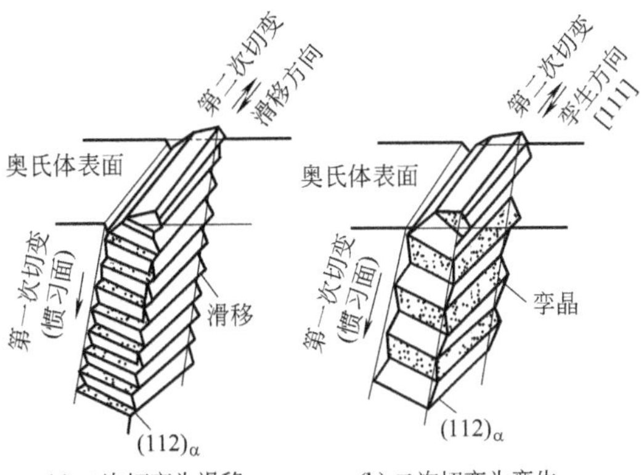

(a) 二次切变为滑移　(b) 二次切变为孪生

图 2-97 G-T 模型立体示意图

如图 2-98（c）滑移和图 2-98（d）孪生的情形所示，不均匀切变时只有点阵的改组而无晶体外形的改变。图 2-97 中的不均匀切变使点阵转变为体心正方点阵，取向与马氏体一样，晶面间距也相近。由于不均匀切变限制在三棱点阵范围，对第一次均匀切变产生的浮凸没有影响。最后再做一些微小调整，使晶面间距与实测值相符合。

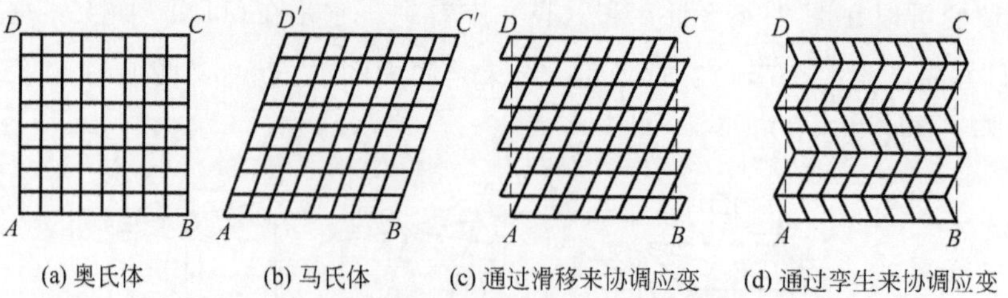

图 2-98　马氏体转变中不均匀切变示意图

G-T 模型很好地解释了马氏体的点阵改组、宏观变形、位向关系、表面浮凸，特别是预测了马氏体内的两种主要的亚结构——位错和孪晶，但不能解释惯习面是不变平面以及低、中碳钢的位向关系问题。

(4) $\gamma \rightarrow \varepsilon$ 马氏体转变切变模型。与前述的体心立方或体心正方结构的 α' 马氏体不同，在 Cr-Ni（Mn）不锈钢和高锰钢中，常存在一种具有密排六方结构的马氏体，称为 ε 马氏体。从晶体结构分析可知，面心立方结构（奥氏体）的密排面堆垛顺序为…ABCABC…，密排六方结构（ε 马氏体）为…ABAB…其中，A、B、C 为密排面。因此 $\gamma \rightarrow \varepsilon$ 马氏体转变实质上是密排面堆垛顺序的变化。实现这一转变，只需要在母相（111）面（密排面）上每隔一层滑过一个萧克莱（Shockley）不全位错，如图 2-99 和图 2-100 所示。这对于层错能较低的铬镍不锈钢、高锰钢、Fe-Ni-Mn 合金是完全可能的。全位错很容易发生下面的分解：

$$1/2\,[\bar{1}01] \longrightarrow 1/6\,[\overline{11}2] + 1/6\,[\bar{2}11] \qquad (2\text{-}55)$$

其结果是在两个 Shockley 不全位错之间夹着一层层错，层错的宽度随层错能的降低而增大。这也表明，发生 $\gamma \rightarrow \varepsilon$ 马氏体转变的合金中将存在较多的层错。

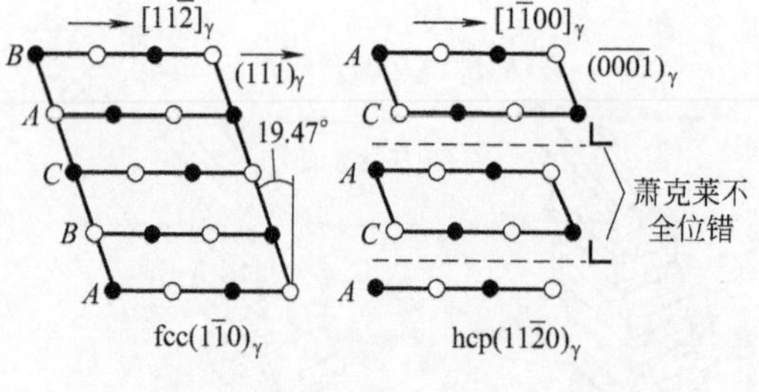

图 2-99　fcc→hcp 切变侧视示意图

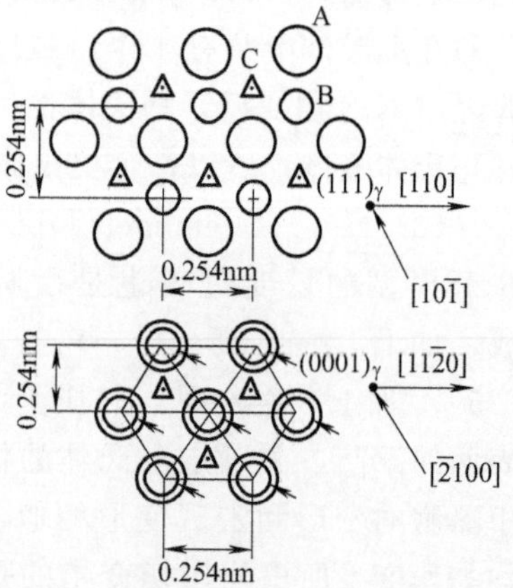

图 2-100　fcc→hcp 切变俯视示意图

2.4.3　马氏体的组织形态及影响因素

众所周知，各种材料的性能除成分外还决定于组织形态。马氏体的组织形态取决于钢的成分和热处理条件，因此了解马氏体的组织形态及其影响因素具有重要的实际意义。

2.4.3.1　马氏体的组织形态

钢中马氏体的组织形态有：板条状马氏体、蝶状马氏体、透镜片状马氏体、薄片状马氏体。这里主要介绍板条状马氏体和透镜片状马氏体。

(1) 板条状马氏体。板条状(lath)马氏体是在低、中碳钢以及马氏体时效钢、不锈钢、Fe-Ni 合金中形成的一种典型的马氏体组织。图 2-101 是碳钢淬火所得板条状马氏体。其特征是每个单元的形状为窄而细长的板条，并且许多板条总是成群地相互平行地聚一起，故称为板条状马氏体。又因为这种马氏体的亚结构主要是位错，其位错密度约为 $(0.3\sim0.9)\times10^{12}/cm^2$，故也称为位错马氏体。图 2-102 给出了 Fe-21Ni-4Mn 合金板条马氏体在透射电子显微镜下观察到的位错网络。

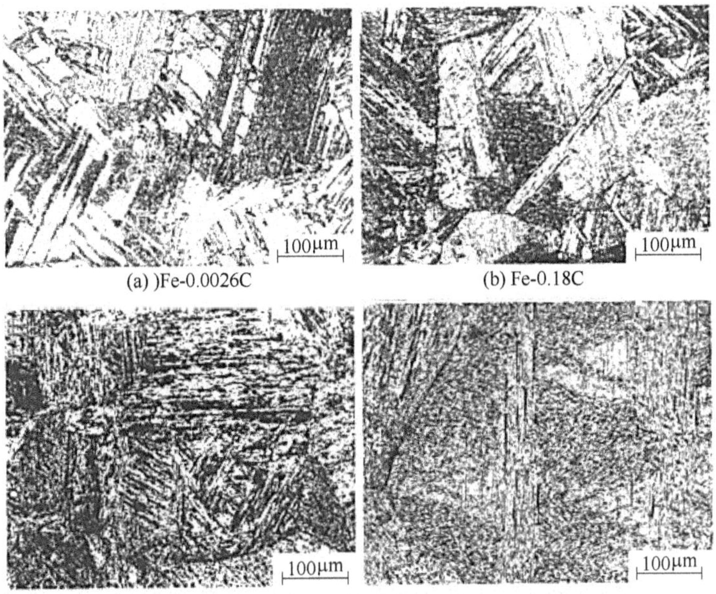

(a))Fe-0.0026C (b) Fe-0.18C
(c) Fe-0.38C (d) Fe-0.61C

图 2-101 碳钢板条状马氏体的金相显微组织(3%硝酸乙醇腐蚀)

板条状马氏体与奥氏体的位向关系绝大多数符合 K-S 关系，惯习面为 $(111)_\gamma$。板条状马氏体的组织形态与其晶体学之间存在对应关系。图 2-103 (a) 是 w_C 为 0.0026%~0.38%的低碳板条状马氏体组织示意图。一个奥氏体晶粒由几个马氏体“束”(packet)构成，每一束对应奥氏体 $\{111\}_\gamma$ 晶面族中的一个晶面。每个束由平行的“块”(block)构成。一个束内有三个不同取向(取向差较大)的块；每个块则由两种特定 K-S 取向的变体群构成，这两个变体群取向相差比较小，约 10°左右。这种变体群称为板条群，是板条马氏体的基本单元。随着含碳量增加，束和块的尺寸均减小。在 w_C 为 0.15%钢中，板条的平均宽度大约在 0.15μm，束的尺寸则与原奥氏体晶粒的尺寸有关。在较高含碳量(w_C 为 0.61%)钢中，马氏体束由宽度仅为几微米的细小块构成，每一个块由单一变体的板条构成。在一个束中则共有 6 个块，见图 2-103 (b)。这些变化与协调各马氏体变体间由切变引起的应变有关。

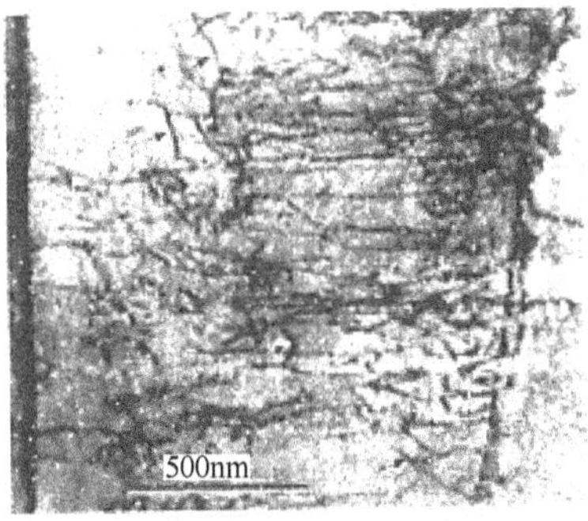

图 2-102 Fe-21Ni-4Mn 合金板条状马氏体中的位错网络

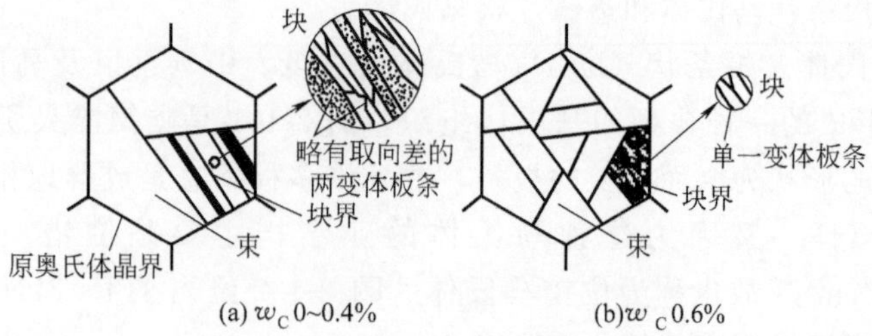

图 2-103 板条状马氏体组织示意图

(2) 透镜片状马氏体。透镜片状（lenticular plate）马氏体是在中、高碳钢及 Fe-Ni（w_{Ni} 大于 29%）合金中形成的一种典型马氏体组织。对于碳钢，当 w_C 小于 1.0%时，与板条状马氏体共存，只有 w_C 大于 1.0%时才单独存在。它的立体形状是双凸透镜片状，与试样表面相截成针状或竹叶状，故又称片状马氏体或针状马氏体。当奥氏体被过冷到 M_s 点以下时，最先形成的第一片马氏体将贯穿整个奥氏体晶粒，将晶粒分为两半，使以后的马氏体的生长受到限制（马氏体不能互相穿越，也不能穿过母相晶界和孪晶界），因此马氏体的大小不一。图 2-104 为透镜状马氏体在光学显微镜下的基本特征。多数透镜片状马氏体的中间有一条中脊线（按立体应为中脊面），其厚度约为 0.5～1μm。一般认为中脊面是最先形成的，因此中脊面被视为转变的惯习面。根据钢含碳量的不同和形成温度的高低，惯习面为 $\{225\}_\gamma$ 或 $\{259\}_\gamma$。典型透镜片状马氏体的组织如图 2-105 所示。透镜状马氏体的亚结构主要是 $\{112\}_\alpha$ 孪晶，如图 2-106 所示，因此也称透镜片状马氏体为孪晶马氏体。观察表明，中脊面附近的孪晶密度最高，在马氏体的边缘则存在高密度的位错，与此同时，马氏体与奥氏体的位向关系也从中脊及其附近区域的 G-T 关系过渡到外围区的 K-S 关系，如图 2-107 所示。从图中还可以看到，与马氏体相邻的奥氏体区域也存在较高密度的位错，这是马氏体转变引起的相变应力在奥氏体中产生的形变所致。随着 M_s 温度的降低，孪晶的比例逐步增大，以至于变成完全孪晶。在马氏体的周围往往存在残留奥氏体，表明马氏体转变不能完全。

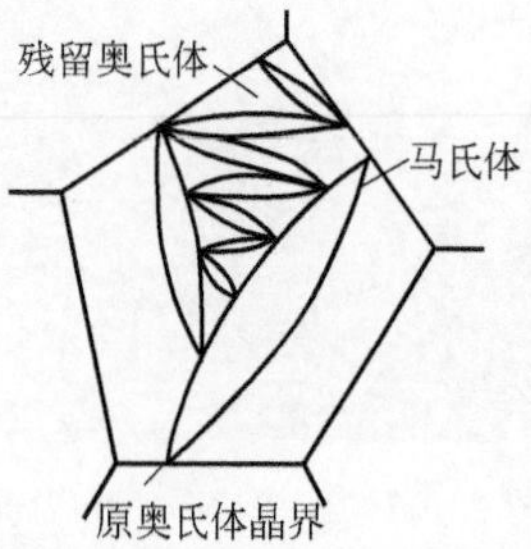

图 2-104 透镜片状马氏体示意图

图 2-105 Fe-1.86C 合金中的透镜片状马氏体（箭头所指为显微裂纹）

(3) 蝶状马氏体。图 2-108 是 Fe-29Ni 合金在−30℃形变 20%后获得的马氏体组织。这种马氏体的形状似蝴蝶（butterfly），故被冠以蝶状马氏体的美称。蝶状马氏体在碳钢中也有。从金相形态、内部组织和形成温度看，它是介于板条状马氏体与透镜片状马氏体之间的一种特殊形态的马氏体。

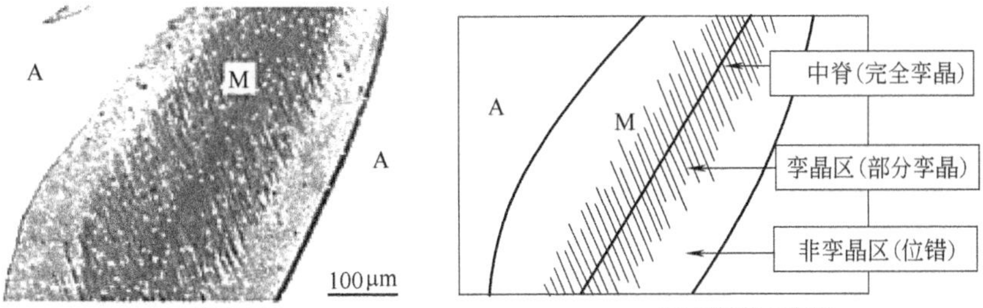

(a) 片状马氏体　　(b) 亚结构示意图

图 2-106　Fe-31Ni-0.28C（$M=192K$）的透镜片状马氏体及其亚结构示意图

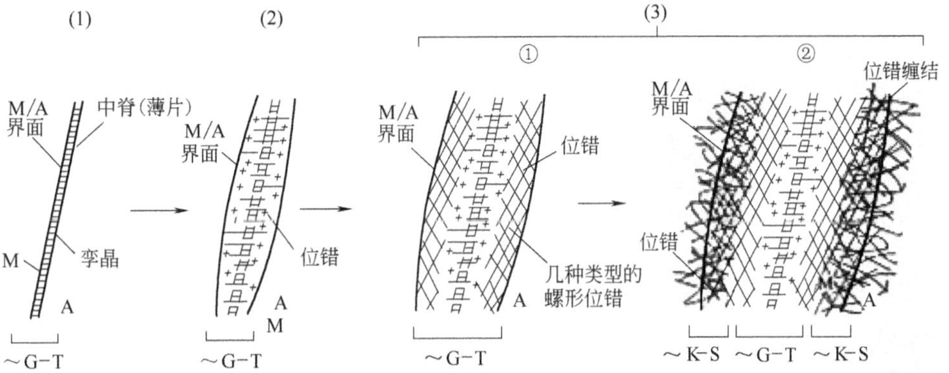

图 2-107　透镜片状马氏体长大过程中位向关系与亚结构的变化

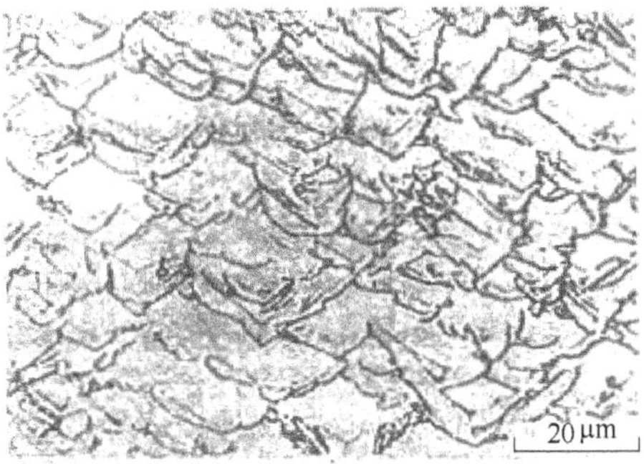

图 2-108　Fe-29Ni-0.26C（$M_s \approx -60$℃）在－30℃形变 20%后所形成的蝶状马氏体

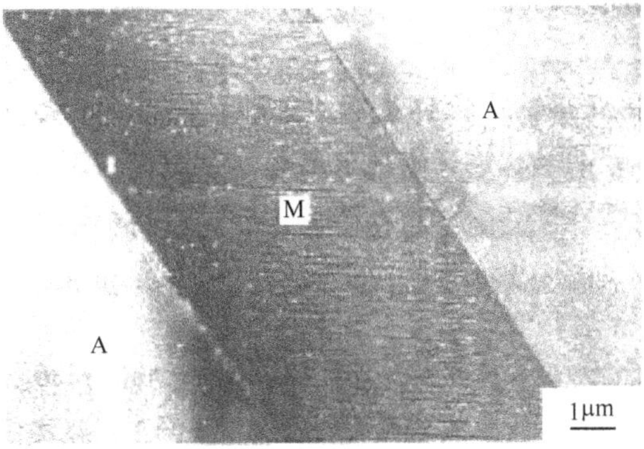

图 2-109　Fe-30Ni-0.4C 合金薄片状马氏体内的完全孪晶

（4）薄片状马氏体。这种马氏体出现在 M_s 点低于 0℃的 Fe-Ni 合金中，其立体形状为薄片状（thin-plate），而片很薄，无中脊，亚结构全部为孪晶，如图 2-109 所示（注意与图 2-106 的差异）。与奥氏体具有平直的界面，惯习面接近 $\{259\}_\gamma$，孪晶面为$\{112\}_\alpha$。当两片马氏体相遇时，可以发生交叉、分枝、褶皱等特异形态。图 2-110 为 Fe-31Ni-0.28C 合金（$M_s=-171$℃）在－196℃形成的马氏体片 A 与先形成的马氏体片 B 相遇时交叉的情形。相遇时在内部形成形变孪晶，并与相变孪晶几乎平行。

（5）ε 马氏体。在 Fe-Cr-Ni（Mn）不锈钢或 Fe-Mn-C 合金中还存在一种 ε 马氏体。它的晶体结构为密排六方，与前面介绍的四种体心正方马氏体 α' 均不同。它通常在层错能很低的合金中出现，并可能与 α' 马氏体共存。它的惯习面是 $\{111\}_\gamma$，内部亚结构为层错。图 2-111 为高锰钢中典型 ε 马氏体组织。

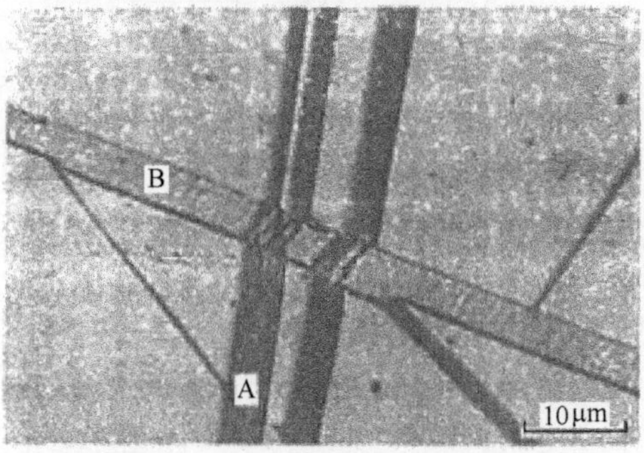

图 2-110 Fe-31Ni-0.28C 合金在－196℃形成的薄片状马氏体

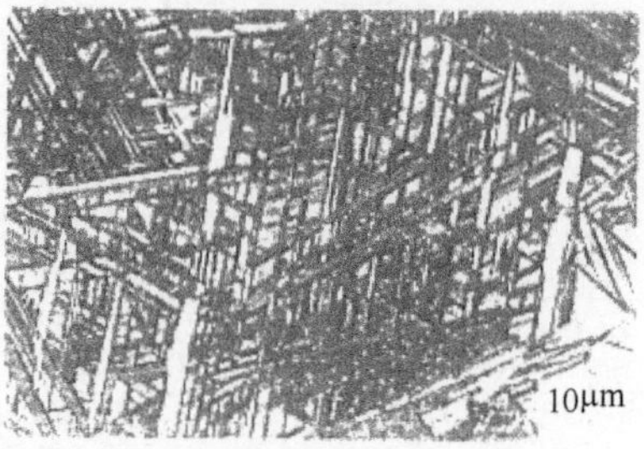

图 2-111 Fe-24Mn-2Ge 合金中的 ε 马氏体

2.4.3.2 影响马氏体形态及其内部亚结构的因素

影响马氏体形态的关键因素是奥氏体的化学成分和形成温度，此外还有一些其他的影响因素。

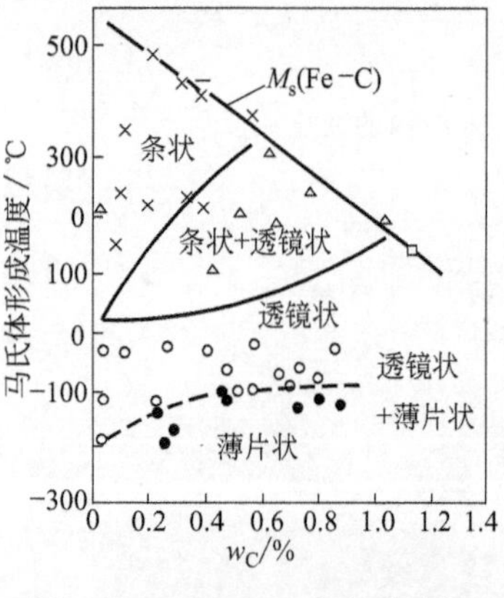

图 2-112 Fe-Ni-C 合金形成的各类马氏体形态与形成温度和含碳量的关系

(1) 化学成分和形成温度的影响。由图 2-112 可见，Fe-Ni-C 合金（w_{Ni} 为 25%～35%）随含碳量的增加及温度的降低，马氏体的形态由板条状向透镜片状转化，当温度下降到－100℃左右时，马氏体的形态又变成了薄片状。

对于其他的合金元素，凡是能够缩小 γ 相区的元素均促使得到板条马氏体；凡是扩大 γ 相区的元素均促使形成透镜片状马氏体。在某些钢中，随着形成温度的降低，马氏体的形态可能按照下列顺序转化：板条→蝶状→透镜片状→薄片状，亚结构则由位错转化为孪晶。

(2) 奥氏体屈服强度的影响。研究发现，不论在奥氏体中加入何种元素或其 M_s 点如何变化，只要在 M_s 点时奥氏体的屈服强度小于 206MPa，就形成惯习面为 $\{111\}_\gamma$ 的板条状马氏体或 $\{225\}_\gamma$ 的透镜片状马氏体；而大于此值时，则形成惯习面为 $\{259\}_\gamma$ 的透镜片状马氏体。相应的亚结构为：惯习面为 $\{111\}_\gamma$ 的板条状马氏体为位错；惯习面为 $\{225\}_\gamma$ 的透镜片状马氏体为位错加孪晶；惯习面为 $\{259\}_\gamma$ 的透镜片状马氏体为单一孪晶。这是因为奥氏体的强度决定了变形方式（滑移或孪生），从而导致形成位错马氏体或孪晶马氏体。

(3) 奥氏体的层错能。奥氏体的层错能越低，越难以形成孪晶马氏体，易于形成位错马氏体；反之，高层错能的奥氏体容易形成孪晶马氏体。

总而言之，马氏体的组织形态和亚结构表观上受多种因素的影响，但马氏体转变是从切变这一基本特征出发，不难得出判断：马氏体转变时的驱动力相当于切变应力；奥氏体的屈服强度相当于切变阻力；奥氏体向马氏体转变时由切变引起的应变，相当于转变时产生的额外应力，它们共同控制着马氏体的组织形态及其亚结构。

2.4.4 马氏体转变的热力学

2.4.4.1 马氏体转变的热力学特点

根据相变的一般规律，系统的自由能变化 $\Delta G<0$ 时，相变才能进行。图 2-113 为奥氏体与马氏体自由能随温度的变化情况。它们在 T_0 相交：温度大于 T_0 时，奥氏体自由能小于马氏体，奥氏体为稳定相，马氏体应转变为奥氏体；低于 T_0 时，马氏体的自由能小于奥氏体，马氏体是稳定相，奥氏体应转变为马氏体。但实际上奥氏体向马氏体的转变并不是冷却到 T_0 就立即发生，而是过冷到 T_0 以下某一温度M_s 才能进行，如图 2-113 所示。这就是说，只有在足够大的自由能驱动力 $\Delta G^{\gamma\to\alpha'}$ 作用下，马氏体转变才能发生。M_s 与 T_0 差称为热滞，代表转变所需的驱动力，其大小视合金而异。钢的马氏体转变热滞很大；而 Au-Cd、Ni-Mn-Ga、Ti-Ni 等热滞仅为几摄氏度或十几摄氏度。这与冷却时的奥氏体→马氏体转变相同，加热时马氏体→奥氏体的逆转变也是在 T_0 以上某一温度A_s 才发生。

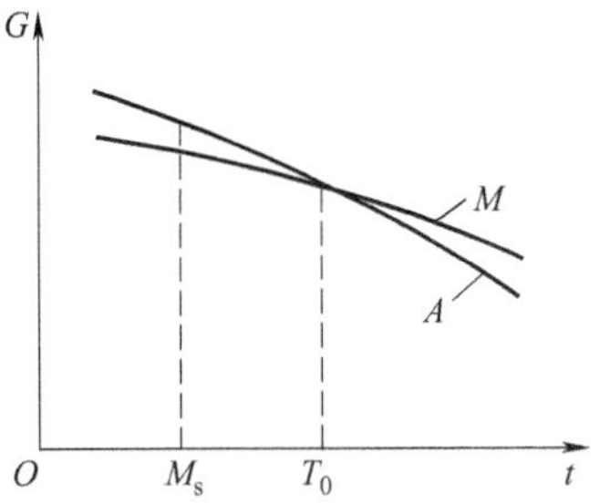

图 2-113 奥氏体与马氏体自由能随温度的变化

马氏体转变的热滞取决于马氏体转变时增加的界面能与弹性能之和。一般情况下，马氏体与奥氏体的界面多为共格界面，因此弹性能是主要的影响因素，可以细分为以下几个方面：

(1) 因新相与母相比体积不同和维持切变而引起的弹性应变能。

(2) 产生宏观均匀切变而做的功。

(3) 产生不均匀切变而在马氏体内形成的高密度位错或孪晶所消耗的能量。

(4) 近邻奥氏体基体发生的协作形变而做的功。

根据以上分析，马氏体转变时需要增加的能量比较多，因此阻力比较大，需要很大的过冷度才能进行。而且在中高碳钢中，即使温度降低到M_f 以下，奥氏体也不能全部转变为马氏体，即总有残留奥氏体存在。

2.4.4.2 影响M_s 点的因素

M_s 点是马氏体转变的一个重要参数，也是制定钢铁热处理工艺的主要参考依据。其高低决定了钢中奥氏体发生马氏体转变的温度范围及冷却到室温所得的组织状态。因此了解影响M_s 点的因素十分必要。

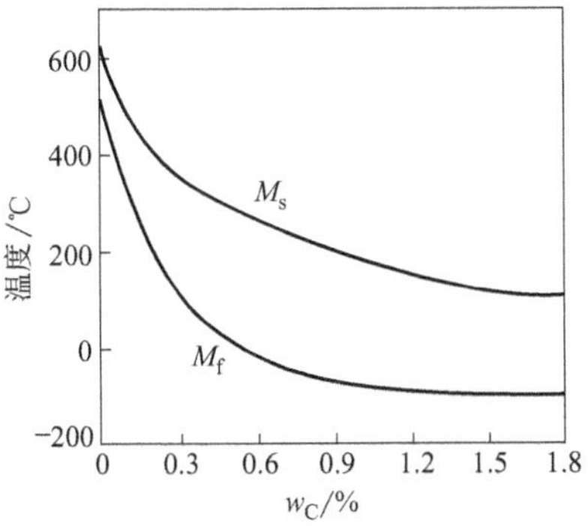

图 2-114 碳含量对碳钢 M_s 和 M_f 的影响

(1) 母相的化学成分。母相的化学成分是影响 M_s 最主要的因素。图 2-114 给出了 Fe-C 合金中 C 的影响。随碳含量增加，M_s 和 M_f 均不断下降，但下降趋势不同。$w_C<0.6\%$时，M_f 较 M_s 下降得快，故扩大马氏体转变的温度范围；$w_C>0.6\%$时，M_f 低于室温，故冷却到室温时仍将保留较多的残留奥氏体。与碳一样，氮也强烈降低奥氏体的 M_s。多数合金元素均降低 M_s

点，但作用相对较弱。如果将合金元素含量对 M_s 的影响看成直线关系，且各元素的影响可以叠加，则可以获得 M_s 点与合金元素含量的经验关系。对于 w_C0.11%～0.6%，w_{Mn}0.04%～4.87%，w_{Si}0.11%～1.89%，w_S0～0.046%，w_P0～0.048%，w_{Ni}0～5.04%，w_{Cr}0～4.61%，w_{Mo}0～5.4%钢，M_s 点可由下式计算获得：

$$M_s(℃)=539-423[C]-30.4[Mn]-17.7[Ni]-12.1[Cr]-7.5 \quad (2\text{-}56)$$

计算误差为±10℃。式中的元素符号代表该元素的质量分数。

应注意，这里的成分指的是奥氏体的成分，而不是钢的成分。如加热时未完全奥氏体化，即有未溶碳化物或其他相存在，则钢的成分就不同于奥氏体成分。

(2) 母相的晶粒大小和强度。在母相成分相同的情况下，母相的晶粒大小对 M_s 点有明显的影响。图 2-115 为 Fe-Ni 及 Fe-Ni-C 合金母相晶粒大小与 M_s 点的关系。从图中可以看到，随着奥氏体晶粒的增大，M_s 点升高。由于奥氏体的晶粒大小通常与奥氏体化温度有关，因此有人认为这是受奥氏体化温度的影响。但进一步的研究表明，奥氏体的屈服强度是决定性的因素。因加热温度越高，奥氏体晶粒越粗大，奥氏体的屈服强度越低，导致 M_s 越高。其原因在于母相切变时，需要克服母相晶体的阻力。屈服强度越高，阻力越大，M_s 越低。

(3) 冷却速度。冷却速度大于临界冷却速度时，奥氏体才能过冷到 M_s 点以下转变为马氏体。如果进一步提高冷速，则 M_s 也会发生变化。图 2-116 表明，当冷却速度增加到 6600℃/s（对 Fe-0.5C 合金）时，M_s 点将上升，此外硬度也会提高。若加入减小碳扩散的元素（如 Co、W），则冷速增至 5000℃/s，即可使 M_s 点升高；若加入加快碳扩散的元素（如 Ni、Mn），则冷速需增至 13000℃/s 才能使 M_s 点升高。一般工业用淬火介质的冷却速度对 M_s 点基本没有影响。

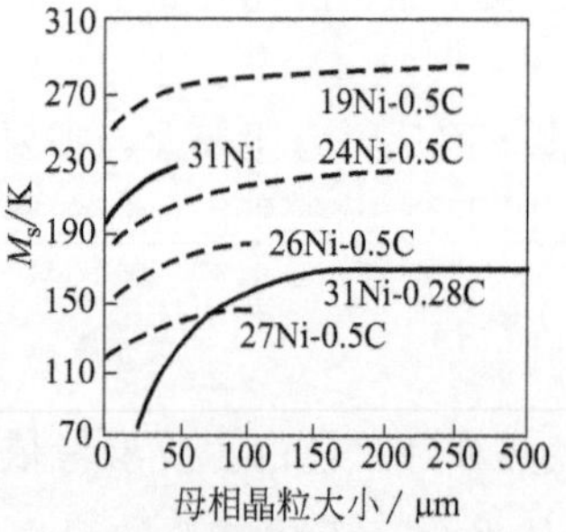

图 2-115 Fe-Ni 及 Fe-Ni-C 合金的 M_s 点随奥氏体晶粒尺寸的变化

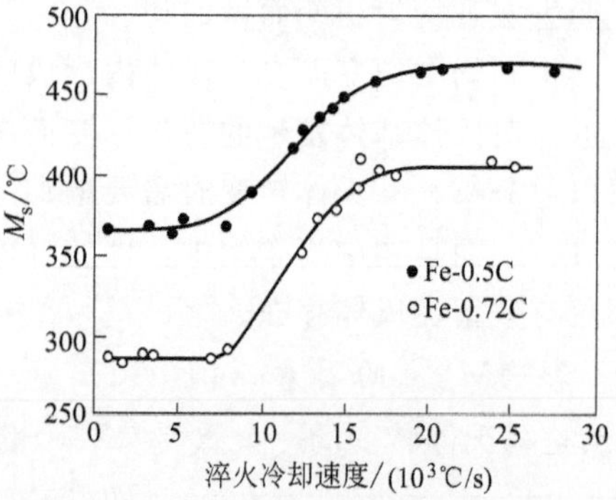

图 2-116 淬火冷却速度对 Fe-C 合金 M_s 点的影响

(4) 应力和塑性形变。单向弹性拉应力或压应力将改变马氏体的开始形成温度 M_s，马氏体变体的取向和形态，进而影响其性能。表 2-9 给出了应力对 Fe-Ni 和 Fe-Ni-C 合金 M_s 的影响。由于 Fe-Ni 和 Fe-Ni-C 合金从母相转变为马氏体时体积将膨胀，在惯习面上的分切应力提供了部分相变驱动力，结果是单向拉伸使 M_s 升高，单向压缩使 M_s 点升高，但M_B 点（马氏体爆发式转变温度）下降，三向压缩则使 M_s 和M_B 点下降。从表 2-9 可以看到，实验值与将切应力作为部分相变驱动力计算所得结果符合得很好。

表 2-9 应力对合金 M_s 点的影响

应力	单向拉伸	单向压缩	三向压缩
合金成分	Fe-0.5C-20Ni	Fe-0.5C-20Ni	Fe-30Ni
每 7MPa 应力下	+1.0℃(实验值)	+0.65℃(实验值)	−0.57℃(实验值)
M_s 点的变化	+1.07℃(计算值)	+0.72℃(计算值)	−0.38℃(计算值)

塑性形变对马氏体转变也有很大影响。在 M_s 以上一定温度范围内，塑性形变会诱发马氏体转变，称为形变诱发马氏体。马氏体转变量与形变温度和形变量有关。一般情况下，形变量越大，形变诱发马氏体越多，但当形变温度超过一定值时，形变不再能诱发马氏体转变，这一温度被称为形变马氏体点M_d。但有一点应当注意，塑性形变虽能诱发形变马氏体转变，但对随后冷却发生的马氏体转变起抑制作用。由图 2-117 可见，当形变量 ϕ 大于 1.5% 时，即可看到形变诱发马氏体的作用，但随着形变量的增加，随后冷却时所形成的马氏体量越来越少。当形变量 ϕ 为 72%时，随后冷却时的马氏体转变几乎被完全抑制。这种现象称为奥氏体的机械稳定化。其原因可能是大塑性形变强化了奥氏体，从而阻碍了马氏体转变。这种机械稳定化在 M_s 点以下和 M_d 点以上同样存在。

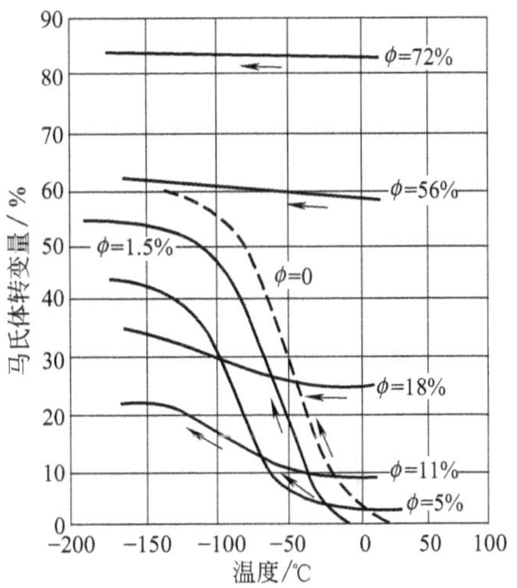

图 2-117 室温预变形对（Fe-22.7%Ni-3.1%Mn，M_s=−10℃）马氏体转变量的影响

2.4.5 马氏体转变的动力学

马氏体转变也是通过形核和长大过程进行的，故与其他转变一样，其转变速度取决于形核率和长大速度。但多数马氏体的长大速度较高，因此形核率成为马氏体转变动力学的主要控制因素。

关于马氏体转变的形核机制，国内外研究者曾提出多种模型，但均还不够完善。一般认为，马氏体相变是不均匀形核，是在奥氏体中通过能量及结构起伏在某些有利位置（如位错、层错、晶界等处）形成大小不同的具有马氏体结构的微区。这样的微区被称为核胚。从经典相变理论可知，冷却温度越低，过冷度越大，临界晶核尺寸就越小。当奥氏体被过冷至某一温度，尺寸大于该温度下临界晶核尺寸的核胚时就能成为晶核，长大成马氏体。具体形核模型这里不进行详细介绍。马氏体转变形式介绍如下。

2.4.5.1 变温转变

变温转变的特点是当奥氏体被过冷到 M_s 点以下某一温度时，马氏体晶核能瞬时形成并即刻长大到极限尺寸。若不再降温，转变即告终止。只有继续降低温度，转变才能继续。此时马氏体量的增加主要是通过新马氏体片的形成，而不是通过原有的马氏体片的进一步长大。由此可见，马氏体的量取决于冷却到的温度，也就是 M_s 以下的过冷度，而与在该温度的保温时间无关。这表明马氏体变温转变不存在热激活形核，因此也把变温转变称为非热学性转变。由于马氏体转变时的相变驱动力很大，而长大激活能极小，故长大速度极快。据测

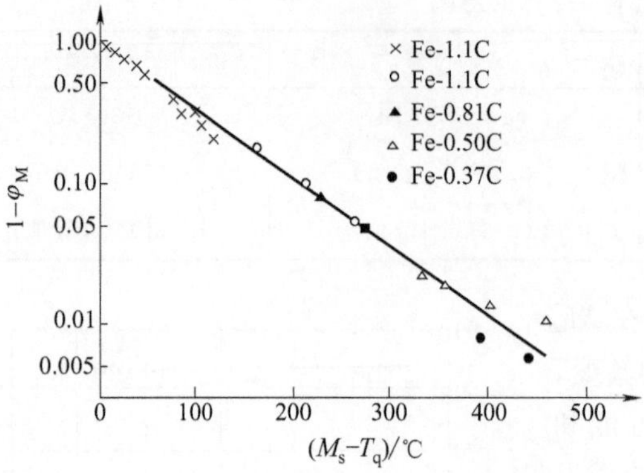

图 2-118 高、中碳钢变温马氏体形成动力学曲线

定，低碳型和高碳型马氏体的长大速度分别为 10^2mm/s 和 10^5mm/s 数量级，所以一般长成一片马氏体所需的时间仅为 10^{-4}～10^{-7}s。

大多数碳钢和合金钢的马氏体转变属于变温转变。图 2-118 为各类碳钢变温马氏体形成的动力学曲线，以半对数坐标作图。图中曲线可以由下式表示：

$$1-\varphi_M=\exp\left[\alpha\ (M_s-T_q)\right] \tag{2-57}$$

式中，φ_M 是马氏体的体积分数；T_q 为冷却（淬火）温度；α 为一常数，决定于钢的成分，在碳钢中（w_C<1.1%），α 为−0.011。

2.4.5.2 等温转变

马氏体转变也有等温转变，随等温时间的延长马氏体量增多，即转变量是等温时间的函数。这表明马氏体晶核也能通过热激活形成。

马氏体等温转变的主要特点是马氏体的形核也需要一定的孕育期，形核率随过冷度增加，先增后减，符合一般热激活形核规律。图 2-119 为 Fe-Ni-Mn 合金的等温马氏体转变动力学曲线，图中百分数代表马氏体转变量。可以看出，它与珠光体转变极为相似，曲线也呈“C”形。不同的是在任意温度下，等温马氏体转变都不能进行到底。

观察表明，等温马氏体的形成包括原有马氏体的继续长大和新马氏体的形成。

2.4.5.3 爆发式转变

M_s 低于 0℃的 Fe-Ni、Fe-Ni-C 等合金的奥氏体被过冷到零下某一温度时，将形成惯习面为 $\{259\}_\gamma$ 的透镜片状马氏体。当第一片马氏体形成时，有可能在几分之一秒内激发出大量马氏体而引起所谓的爆发式转变。该转变往往伴有响声，并释放出大量相变潜热，爆发量达 70%时可以使温度上升 30℃。图 2-120 是 Fe-Ni-C 合金的马氏体转变曲线，其中直线部分为爆发式转变，随后的降温又表现为正常的变温转变。随着 Ni 含量的增加，爆发转变量先增后减，其最大值可达 70%。习惯上用M_B（≤M_s）表示发生爆发式转变时的温度。除了合金成分的影响外，M_B 点随冷却速度的提高和晶粒尺寸的减小而降低。

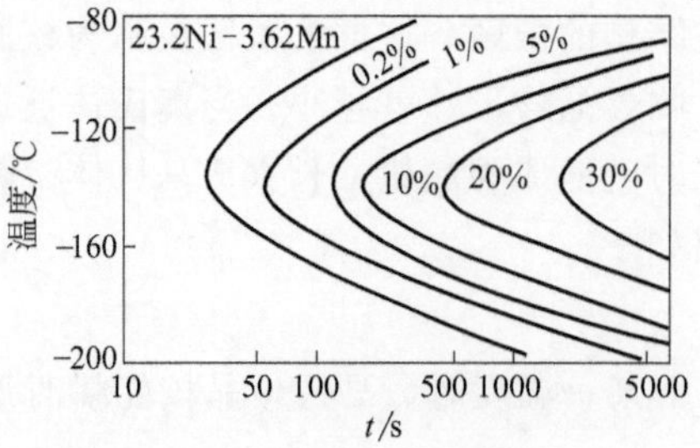

图 2-119 Fe-Ni-Mn 合金等温马氏体转变动力学曲线

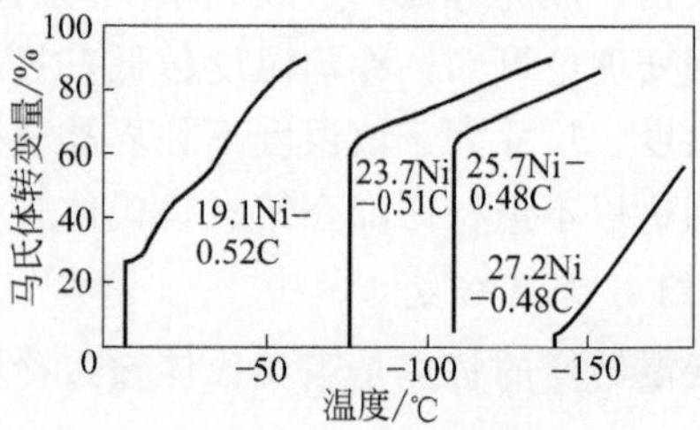

图 2-120 Fe-Ni-C 合金的马氏体转变曲线

对 Fe-Ni-C 合金爆发式形成的马氏体组织的研究表明，这种马氏体的惯习面为 $\{259\}_\gamma$，有中脊，马氏体呈“Z”形。据计算，在 $\{259\}_\gamma$ 马氏体的尖端存在很高的应力场。这个应

力促使另一片马氏体核在另一取向的形成，即“自促发”形核，以致呈现连锁反应式转变。因此，能够进行大量爆发式转变的合金，必须具有较多的惯习面。惯习面之间的夹角又必须使转变的切应变在惯习面上产生足够大的切应力。

2.4.5.4 表面马氏体转变

在大尺寸块钢表面，往往在 M_s 点以上就能形成马氏体，其形态、长大速率和晶体学特征等都和整块试样在 M_s 下形成的马氏体不同，称为表面马氏体。

表面马氏体也是在等温条件下形成的，但与等温形核、瞬时长大的大块试样的等温马氏体转变有所不同。表面马氏体转变的形核也需要孕育期，但长大速率极慢。对 Fe-30Ni-0.04C 合金的研究表明，表面马氏体的深度一般仅为 5～30μm，呈条状，长度为宽度及厚度方向的千倍。一般认为，表面马氏体的形成是表面不存在静压力而使 M_s 提高引起的。在试样内部，由于马氏体比体积大于奥氏体，因此马氏体转变将给周围造成很大的静压应力，从而降低 M_s。

2.4.5.5 奥氏体的热稳定化

奥氏体由于冷却缓慢或冷却中断引起的稳定化，称为奥氏体的热稳定化。

图 2-121w_C 为 1.17% 钢淬至室温后停留不同时间再继续冷却（冷处理）时，室温停留时间对奥氏体转变为马氏体的影响。由图可见，在室温停留 30min 后继续冷处理至 −150℃ 时，比不停留连续冷却所得马氏体数量少（纵坐标的指针偏转量表示马氏体量）；室温停留时间越长，在 −150℃ 得到的马氏体量越少。目前已知，含 C、N 的铁基合金都会出现奥氏体的热稳定化现象，淬火空位也能使奥氏体呈现稳定化现象。据此认为，热稳定化机制是间隙原子与位错交互作用形成柯垂尔（Cottrell）气团，增加位错运动的阻力，阻碍转变的进行所致。按此机制，若将已经热稳定化的奥氏体加热到一定温度以上，由于原子热运动加剧，柯垂尔气团中的原子将会脱离位错使柯垂尔气团消失，从而使热稳定化作用降低或消失，即所谓反稳定化现象。出现反稳定化的温度因钢种和热处理工艺不同而异，高速钢中出现反稳定化的温度约为 500～550℃。利用高速钢的反稳定化，通过多次 550℃ 回火可以降低残留奥氏体含量，提高回火后硬度。除了柯垂尔气团机制外，停留过程中的应力弛豫对奥氏体的稳定化也有一定作用。因为淬火应力在一定条件下会有助于马氏体形核以及马氏体自触发形核。

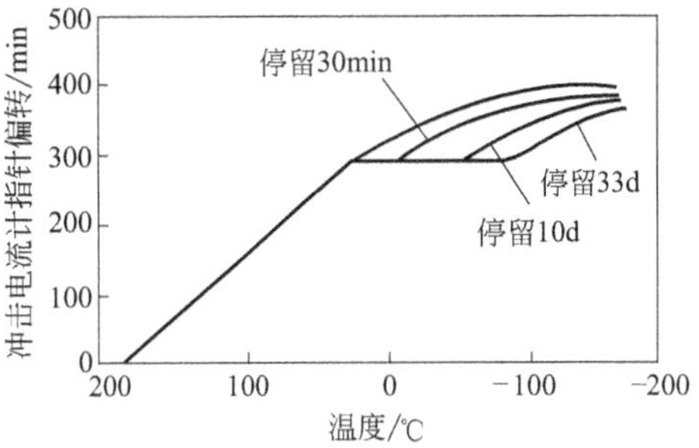

图 2-121 w_C 为 1.17% 钢的室温停留时间对继续冷却时马氏体转变的影响

在热处理实践中，利用奥氏体的热稳定化可以协调淬火后工件变形和硬度这一对矛盾，因而具有重要的意义。冷却速度越快，钢的马氏体量越多，残留奥氏体量越少，其硬度自然越高，但同时将带来工件淬火变形的加剧；反之，冷却速度慢，虽然工件淬火变形较小，但硬度可能不足。因此要恰当地制定热处理工艺，使之既能满足硬度要求，又能把淬火变形控制在合理的范围内。此外，某些钢中的残留奥氏体量较高，在使用过程中可能发生马氏体转变，导致尺寸增大并使脆性增加。因此有必要利用奥氏体的热稳定化现象来解决这些问题，如进行低温时效或回火等。

2.4.6 马氏体的性能

淬火成马氏体是强化钢的一种主要手段。淬成马氏体后，虽然还要根据需要进行回火，但回火后的性能在很大程度上取决于淬火所得的马氏体的性能，因此有必要对马氏体的性能特点进行全面了解。

2.4.6.1 马氏体的硬度和强度

钢中马氏体最主要的特点是高的硬度和强度。实验证明，钢中马氏体的硬度主要取决于碳的含量，而不是合金元素的含量。图 2-122 是 4320 钢渗碳淬火后测得的碳含量与显微硬度、纳米压痕硬度和残留奥氏体的关系。显微硬度在碳含量低时随碳含量增加而提高，但 w_C 超过 0.4%时趋于稳定，并与残留奥氏体量逐渐增多相对应。其原因在于显微硬度测量中压头的作用范围较大，包含了残留奥氏体的影响。采用纳米压痕实验，则可以准确测定马氏体片的真实硬度。由图 2-122 可见，在 w_C 小于 0.8%时，马氏体的纳米硬度一直随含碳量增加而提高，在高碳区硬度增长趋势明显减缓，但其硬度已经提高到相当于 70HRC。

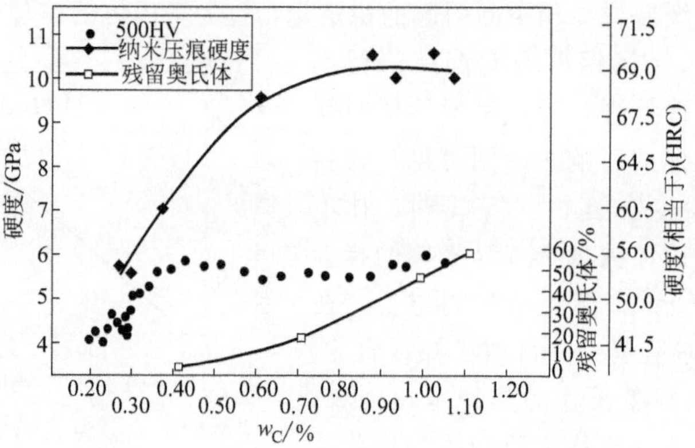

图 2-122 美国 4320 钢（相当于 20CrNiMo 钢）渗碳淬火后碳含量与显微硬度、纳米压痕硬度和残留奥氏体的关系

马氏体之所以具有如此高的硬度和强度，是固溶强化、相变（亚结构）强化和时效强化等因素引起的。

（1）过饱和碳引起的固溶强化。钢中马氏体是碳在 α-Fe 中的过饱和固溶体。碳原子溶入奥氏体中只能使奥氏体点阵发生膨胀（对称畸变）而不产生畸变，因此对强度与硬度影响不大。在马氏体中碳原子处于一个对角线的长度小于其他两个对角线长度的扁八面体中心，因此碳原子的溶入不仅引起点阵的膨胀，还将使点阵发生不对称畸变，使短轴伸长，长轴稍有缩短。畸变的结果是在点阵内造成一个强烈的应力场，能阻止位错运动，从而使马氏体的硬度和强度显著提高。当 w_C 超过 0.4%后，由于碳原子靠得太近，相近应力场互相抵消，以致减弱了部分强化作用。合金元素在马氏体中多为置换元素，对点阵畸变的影响远不如碳原子强烈，故固溶强化的作用较小。

（2）相变（亚结构）强化。马氏体在形成过程中形成大量位错、孪晶等亚结构，这些晶体缺陷也是提高马氏体硬度和强度的重要因素。在 w_C 小于 0.3%的碳钢中，马氏体为板条马氏体，亚结构为位错，这时主要靠碳原子钉扎位错引起固溶强化。进一步增加碳含量，亚结构中孪晶增多，孪晶能有效阻止位错运动，故孪晶的存在也将强化马氏体。图 2-123 为碳含量对 Fe-C 合金马氏体显微硬度的影响。图中虚线为 0.3%w_C 以下位错马氏体硬度的延长线，表明碳原子钉扎位错的固溶强化作用，实测值高于虚线的部分说明了孪晶对强度的附加贡献。可见在相同碳含量的条件下，孪晶马氏体的硬度和强度略高于位错马氏体。

(3) 马氏体的时效强化。由于碳原子极易扩散，马氏体在淬火过程中，或淬火后在室温停留过程中，碳原子也可能发生偏聚甚至弥散析出碳化物，引起时效强化。由图 2-124 可见，Fe-Ni-C 合金在室温停留 3h 的屈服强度明显提高，且碳含量越高，提高得越多。

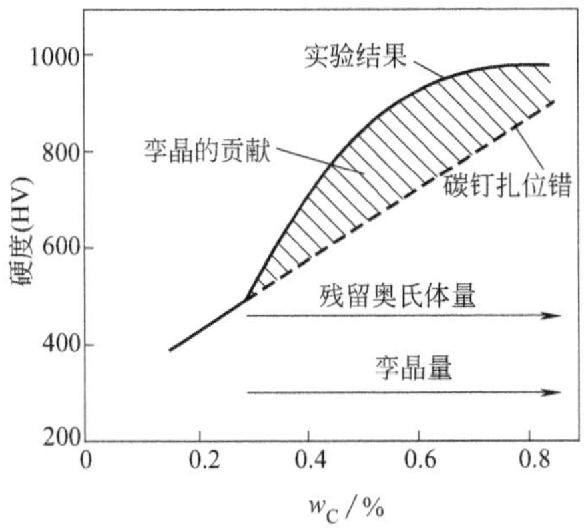

图 2-123 Fe-C 合金马氏体显微硬度与碳含量的关系

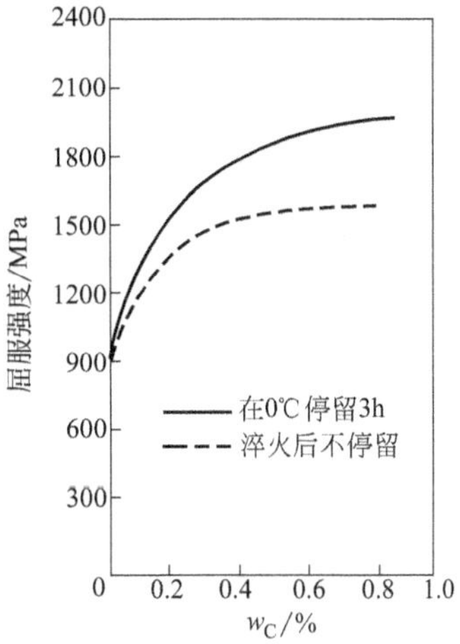

图 2-124 室温时效（3h）对 Fe-Ni-C 合金屈服强度的影响

除了以上三种强化方式外，原始奥氏体晶粒大小和马氏体束的尺寸对马氏体的强度和硬度也有一定影响，即奥氏体晶粒和马氏体束尺寸越细小，马氏体的强度越高，如图 2-125 所示。但总的来说，除采用形变热处理奥氏体的超细化处理外，常规热处理工艺中晶粒尺寸的影响没有前面三种方式明显。

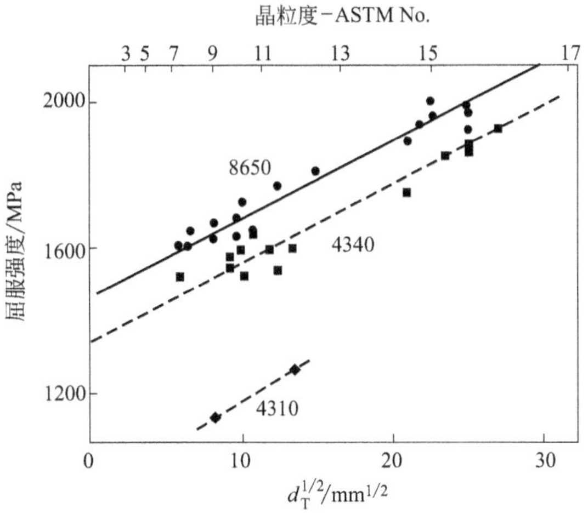

图 2-125 马氏体晶粒尺寸对马氏体屈服强度（2000℃回火）的影响（图中 8650、4340、4310 为美国钢号，8650 为 0.5C-0.9Mn-0.5Ni-0.5Cr-0.2Mo，4340 为 0.4C-0.7Mn-1.8Ni-0.8Cr-0.25Mo，4310 为 0.1C-0.5Mn-1.8Ni-0.5Cr-0.25Mo）

2.4.6.2 马氏体的韧性

一般认为，马氏体硬而脆，韧性很低。但实际上马氏体的韧性取决于其碳含量和亚结构，可以在很大范围内变化。图 2-126 为碳含量对镍铬钼钢冲击韧性的影响。由图可见，w_C<0.4%时，马氏体具有较高的韧性；w_C>0.4%时，马氏体韧性很低，变得硬而脆，即使低温回火，韧性也不高。此外，碳含量越低，冷脆转变温度也越低。由此可见，从保证韧性考虑，马氏体的 w_C 不宜大于 0.4%。位错亚结构对马氏体韧性有影响。如含 w_C 为 0.17%和 w_C 为 0.35%的铬钢淬成马氏体后在不同温度下回火，测出屈服强度与断裂韧度的关系，如图 2-127 所示。由图可见，强度相同时位错马氏体的断裂韧度显著高于孪晶马氏体。这是由于孪晶马氏体滑移系少，位错不易开动，容易引起应力集中，从而使断裂韧度下降。

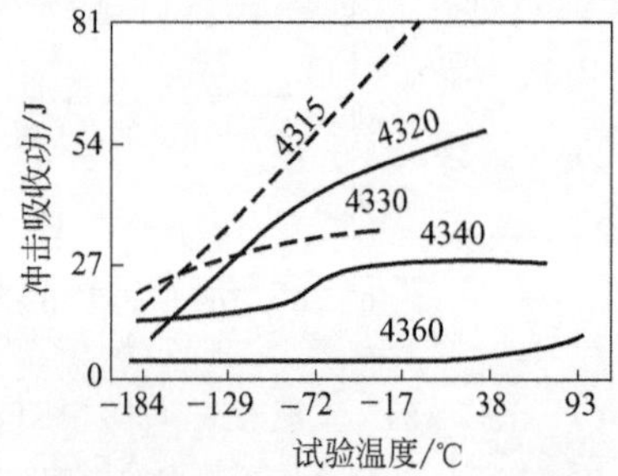

图 2-126 铬镍钼钢含碳量对冲击韧性的影响（图中数字为美国钢号，4315 为 0.15C，4320 为 0.2C，4330 为 0.3C，4340 为 0.4C，4360 为 0.6C）

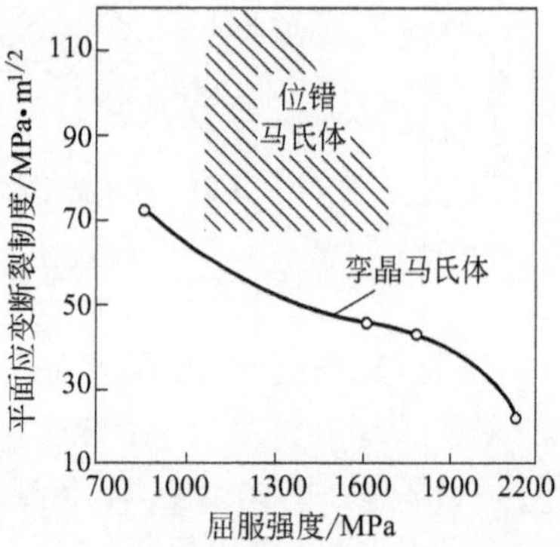

图 2-127 马氏体亚结构对钢断裂韧度的影响

2.4.6.3 马氏体的相变塑性

金属及合金在相变过程中屈服强度显著下降，塑性显著增加，这种现象称为相变诱发塑性。钢在马氏体转变时也产生相变诱发塑性，称为马氏体相变诱发塑性。

图 2-128 为 Fe-15Cr-15Ni 合金在不同温度下进行拉伸时测得的伸长率。可以看出，在 $M_s \sim M_d$ 温度范围内，钢的伸长率有了明显的提高，显然这是塑性形变诱发了马氏体转变，马氏体形成又诱发了塑性所致。

马氏体相变所诱发的塑性还可以显著提高钢的韧性。图 2-129 示出了 Fe-9Cr-8Ni-2Mn-0.6C 钢的断裂韧度与测定温度的关系。钢经 1200℃奥氏体化后水冷，然后在 460℃挤压变形 75%，此时试样仍处于奥氏体状态，最后在−196～200℃之间测定其断裂韧度。由图 2-129 可见，存在着两个明显的温度区间，在 100～200℃的高温区，因为在断裂过程中没有发生马氏体相变，所以断裂韧度很低；而在−196～20℃的低温区，因在断裂过程中伴随马氏体相变，结果使 K_{IC} 显著升高。

马氏体相变诱发塑性的原因可解释如下：①因塑性变形引起的局部区域应力集中，由于马氏体的形成而得到松弛，因而能够防止微裂纹的形成。即使微裂纹已经产生，裂纹尖端的应力集中亦会因马氏体的形成而得到松弛，故能抑制微裂纹的扩展，从而使塑性和断裂韧度提高。②在发生塑性变形的区域有形变马氏体形成，随形变马氏体量的增多，形变强化指数不断提高，这比纯奥氏体经大量变形后接近断裂时的形变强化指数还要大，从而使已发生塑性变形的区域难以继续发生变形，故能抑制颈缩的形成。

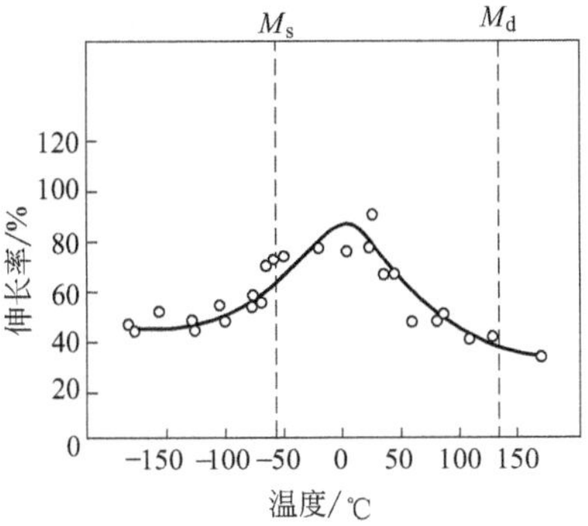

图 2-128 Fe-15Cr-15Ni 合金在 $M_s \sim M_d$ 温度范围内的相变诱发塑性（M_d 为形变马氏体相变开始点）

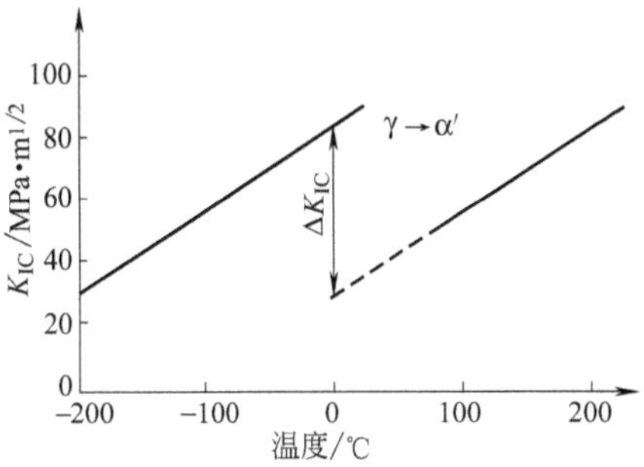

图 2-129 Fe-9Cr-8Ni-2Mn-0.6C 钢的断裂韧度与测定温度的关系

马氏体的相变塑性在生产上有许多应用，例如加压淬火、加压回火、加压冷处理、高速钢拉刀淬火时的热校直等。这些工艺都是在马氏体转变时加上外力，此时钢屈服强度小，伸长率大，工件在外力作用下能够按要求进行变形。应用马氏体相变诱发塑性理论还设计出相变诱发塑性钢（TRIP 钢），这种钢符合 $M_d > 20℃ > M_s$，即钢的马氏体相变开始点低于室温，而形变马氏体相变开始点高于室温。这样，当钢在室温变形时便会诱发出形变马氏体，而马氏体转变又诱发出相变塑性。因此，这类钢具有很高的强度和塑性。

2.4.6.4 马氏体的物理性能

钢中马氏体具有铁磁性和高的矫顽力，马氏体钢是早期的永磁材料，其磁饱和强度随马氏体中碳含量和合金元素含量的增加而下降。马氏体的电阻率也较奥氏体和珠光体高。

在钢的各种组织中，马氏体与奥氏体的比体积差最大。表 2-10 列出碳钢中各种组织的比体积。由表可以计算出当 w_C 为 1%时，马氏体与奥氏体的比体积差为 0.00525cm^3/g。这一比体积差将导致淬火零件的变形、扭曲和开裂。但也可以利用这一效应，在淬火钢表面造成压应力，提高零件的疲劳强度。

表 2-10 碳钢各种组织的比体积（20℃）

组织	比体积/(cm^3/g)	组织	比体积/(cm^3/g)
铁素体	0.1271	奥氏体	$0.1212+0.0033w_C$
渗碳体	0.130 ± 0.001	铁素体+渗碳体	$0.1271+0.0005w_C$
ε碳化物	0.140 ± 0.002	贝氏体	$0.1271+0.0015w_C$
马氏体	$0.1271+0.0026w_C$	0.25%C 马氏体+ε碳化物	$0.12776+0.0015(w_C-0.25)$

2.4.6.5 马氏体中的显微裂痕

高碳钢在淬成透镜片状马氏体时，经常在马氏体片的边缘以及马氏体片内出现显微裂纹。图 2-105 示出了 Fe-1.86C 合金的透镜片状马氏体及其显微裂纹。这种显微裂纹是淬火钢开裂的重要原因之一，当回火不及时或不充分时，在淬火宏观应力的作用下，它可以发展成为晶内的宏观开裂或晶界开裂。目前一般公认，这种显微裂纹只在透镜片状马氏体内产生。裂纹形成的原因是片状马氏体形成时的互相碰撞。因为马氏体形成速度极快，相互撞击时形成相当大的应力场，高碳马氏体又很脆，不能通过相应的形变来消除应力，当应力足够大时就形成显微裂纹。

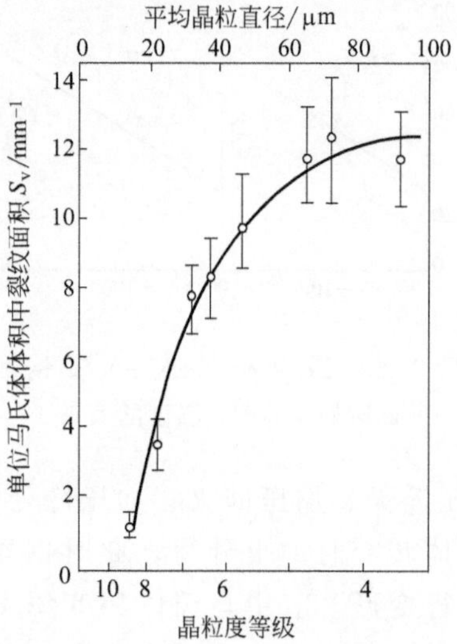

图 2-130　Fe-1.22C 合金奥氏体晶粒度等级对马氏体内形成微裂纹敏感度的影响

一般以单位体积马氏体内出现的显微裂纹的面积 S_v（mm^{-1}）作为形成显微裂纹的敏感指标。影响 S_v 的因素包括碳含量、奥氏体晶粒大小、淬火冷却温度和马氏体转变量等，其中奥氏体晶粒尺寸具有非常重要的影响，如图 2-130 所示。原因在于奥氏体晶粒越大，初期形成的马氏体片越大，产生的内应力越高，被其他马氏体片撞击的机会越多，显微裂纹也就越多。在奥氏体晶粒相同的条件下，碳含量越高，奥氏体与马氏体的比体积差越大，S_v 越大。淬火冷却温度越低，马氏体形成量则越多，S_v 越大。但在马氏体转变分数超过 27%后，S_v 不再增加，原因在于后期形成的马氏体片较小，不至于形成显微裂纹。

如果淬火过程中已经产生了显微裂纹，则可采取及时回火以使部分显微裂纹通过弥合而消失。研究表明，马氏体的显微裂纹经 200℃回火后大部分可以弥合。但进一步提高回火温度并不能使剩余的显微裂纹弥合，只有当回火温度高于 600℃，碳化物在裂纹处析出才能使裂纹消失。根据这些特点，在实际生产中，可通过改变钢的成分、采用较低的淬火加热温度或缩短加热保温时间、等温淬火或淬火后及时回火等，来降低或避免高碳马氏体中显微裂纹的产生。

2.4.6.6　*超弹性与形状记忆效应*

钢中马氏体转变的一个重要特征是晶核形成后以极快的速度长大到一定尺寸后就不再长大，这是因为马氏体边界的共格关系遭到破坏。但在一些有色合金，如 Ni-Ti、Cu-Al、Ag-Cd、Cu-Al-Zn、Ni-Mn-Ga 中还存在一种马氏体，这种马氏体与相邻母相始终保持共格关系，依靠自由能差与弹性能及界面能之间的平衡来控制马氏体的尺寸大小，可随温度降低而长大，随温度升高而缩小，称为热弹性马氏体。由于转变时没有不可逆的能量消耗，故转变的热滞很小，仅几摄氏度到几十摄氏度。一般来说，热弹性马氏体为保持界面共格关系不被破坏，母相与马氏体的比体积差要小，以减小共格应变；母相的弹性极限要高，切变不是通过滑移而是通过孪生实现，因此热弹性马氏体的亚结构通常是孪晶；母相多数呈有序结构，因为有序点阵中原子排列的规律性强，对称性低，易保持共格关系。图 2-131 给出了热弹性马氏体转变的示意图。

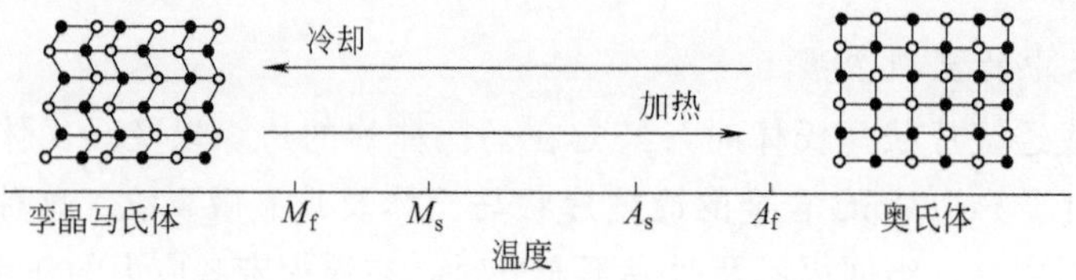

图 2-131　热弹性马氏体转变的示意图

形状记忆效应是指当热弹性在低于A_s温度下变形后，加热到A_f以上温度，通过马氏体的逆转变，使试样恢复到变形前形状的现象。形状记忆效应的机制可由图 2-132 说明。一个单晶体母相冷却到M_f以下，马氏体以自协调的方式形成［图 2-132(b)］，图中为两个孪晶变体，可以使试样的形状不发生变化。其孪晶界面是非常容易移动的。如果外加应力，孪晶界面开始移动，合金变成图 2-132（c）和图 2-132（d）的情形。当应力足够高时，就变成应力作用下的单一变体，这样通过马氏体孪晶变体的再取向可以产生相当大的孪生切应变。然后将图 2-132（d）的试样加热到以上温度，出现晶体学可逆的转变，原始形状就可以恢复［图 2-132(e)］。

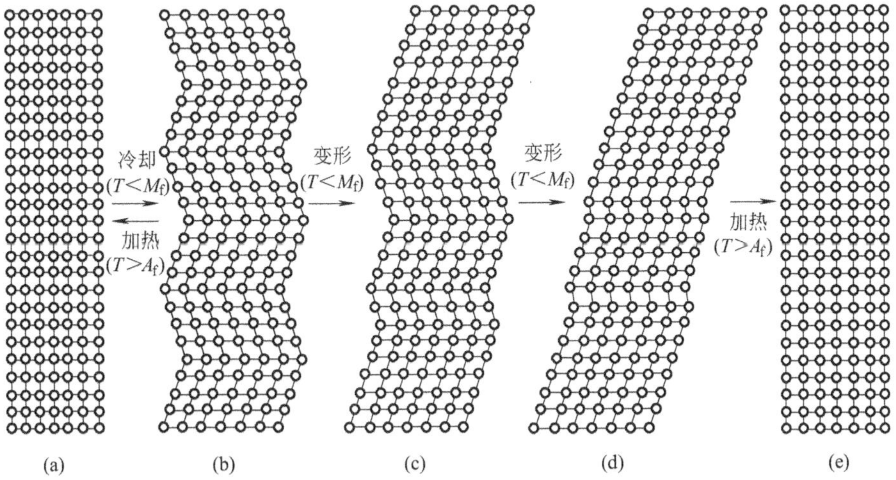

图 2-132　形状记忆效应机制

（a）初始母相单晶体；（b）自协调马氏体；（c）、（d）马氏体的一个变体，以消耗其他变体而长大的方式进行相变；（e）加热到A_f以上，马氏体的一个变体通过逆转变回复成原始取向的钼相

具有热弹性马氏体的合金，如果在M_s～M_d温度区间施加应力，由母相应力诱发形成马氏体；当去除应力后，部分或全部应变因应力诱发马氏体逆变为母相而回复，称为伪弹性(由相变和逆相变呈现的弹性)。当应变全部回复时，称为超弹性。图 2-133 为热弹性马氏体的应力-应变示意曲线。当应力超过母相的弹性极限后，发生应力诱发马氏体转变。在外应力的作用下，形成的马氏体孪晶变体与外力作用的方向一致，倾向于获得单变体的马氏体组织，因此它与降温过程中的热形成多变体孪晶马氏体的自协调机理不同。当外应力减小和去除时，应力诱发马氏体逐步回复成奥氏体，并恢复原状。图 2-134 为 Cu-34.7Zn-3.0Sn 合金单晶体在不同温度下的应力-应变曲线。

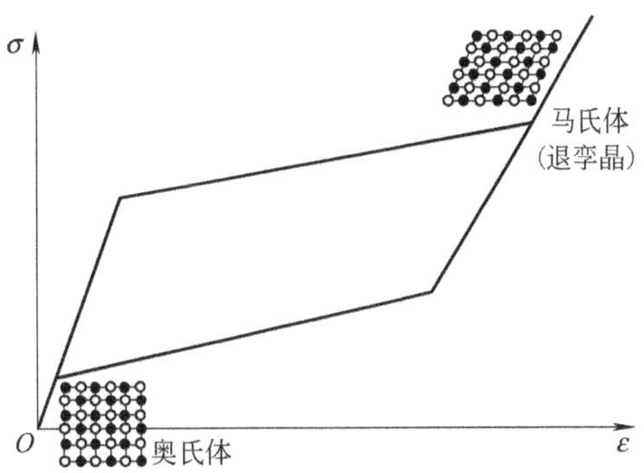

图 2-133　热弹性马氏体的应力-应变示意曲线

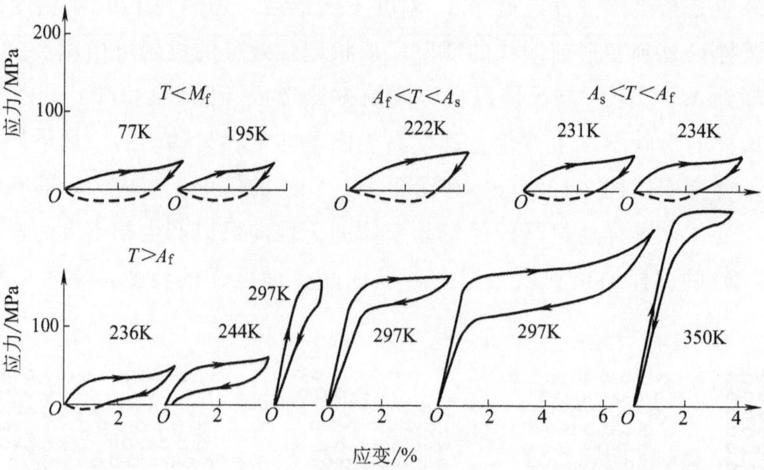

图 2-134 Cu-34.7Zn-3.0Sn 单晶体不同温度下的应力-应变曲线

($M_s=221K$, $M_f=208K$, $A_s=223K$, $A_f=235K$)

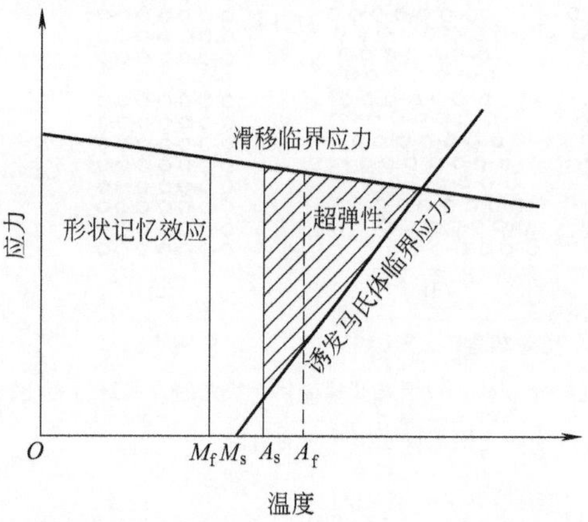

图 2-135 形状记忆效应和超弹性出现的范围

超弹性与形状记忆效应是密切相关的，二者之间的关系如图 2-135 所示。原则上，只要马氏体晶体发生位错滑移的临界应力足够高，随着温度的变化，同一试样既可以观察到形状记忆效应，又可以呈现超弹性。马氏体在A_s温度以下形变，加热到A_f以上可以回复原状，即呈形状记忆效应；在A_f以上，合金出现超弹性，此时的马氏体是热力学不稳定的。在A_s～A_f之间，部分地兼有二者。图中的实斜线是诱发马氏体转变的临界应力，只有外加应力大于临界应力，才能在M_s以上温度诱发马氏体转变。图中的滑移临界应力表示所加应力引起晶体滑移的临界应力。只有外加应力低于这条线，或者说不发生晶体位错滑移的条件下，才能呈现超弹性和形状记忆效应。

呈现超弹性和形状记忆效应的合金称为形状记忆合金，包括 Ni-Ti、Cu-Zn-Al 等主要类别（此外有 Fe-Mn-Si 形状记忆合金，但不属热弹性马氏体相变，可参阅有关专著）。其中应用最成功的当属 Ni-Ti 合金，从卫星天线、航空管接头到心脏支架、牙齿校正器、脊椎矫正器等，可谓种类繁多。新的应用在不断开发，其中形状记忆合金薄膜在微机电系统上（MEMS）的应用令人瞩目。

2.5 贝氏体转变

2.5.1 贝氏体转变特征

2.5.1.1 贝氏体的发现

钢中过冷奥氏体在A_1稍下的温度区间发生珠光体转变，而在M_s以下的低温区间发生马氏体转变。在珠光体转变区与马氏体转变区之间的较宽温度区间内，过冷奥氏体将按另一种转变机制转变。由于这一转变在中间温度范围内发生，故被称为中温转变。

20 世纪 20 年代，Robertson 首先发现钢的中温转变产物，随后 Devenport 和 Bain 等人对这种组织进行了大量细致的研究。在此温度区间内，铁原子已难以扩散，而碳原子还能进行扩散，这就决定了这一转变不同于铁原子也能扩散的珠光体转变以及碳原子也基本上不能扩散的马氏体转变。为纪念美国著名冶金学家 Bain，此转变被命名为“贝氏体转变”，转变所得产物则被称为“贝氏体”。贝氏体转变既具有珠光体转变的一些特征，又具有马氏体转变的某些特征，是一种相当复杂的转变。

大量研究表明，贝氏体具有多种不同的组织形态，Mehl 于 1942 年将贝氏体转变的高温区和低温区所得的转变产物分别称为“上贝氏体”和“下贝氏体”。后来研究人员又进一步发现了粒状贝氏体、无碳化物贝氏体、柱状贝氏体、反常贝氏体、准贝氏体等组织形态。由于转变的复杂性和转变产物的多样性，致使至今还未完全弄清楚贝氏体转变的机制，对转变产物贝氏体也无法下一个确切的定义。但可以认定的是，贝氏体是铁素体和碳化物所组成的非层片状组织。

虽然人们对贝氏体转变了解得还很不够，但贝氏体转变在生产上却很重要，因为通过贝氏体转变所得的下贝氏体组织具有非常好的综合力学性能，据此发展了等温淬火工艺，并开发了一系列贝氏体钢。因此，对贝氏体转变进行研究和了解，不仅具有理论上的意义，而且具有重要的应用价值。

2.5.1.2 贝氏体转变的基本特征

贝氏体转变兼有珠光体转变与马氏体转变的某些特征。归纳起来，主要有以下几点。

（1）贝氏体转变有上、下限温度。对应于珠光体转变的A_1点及马氏体转变的M_s点，贝氏体转变也有一个上限温度B_s点。奥氏体必须过冷到B_s以下才能发生贝氏体转变。合金钢的B_s点比较容易测定，碳钢的B_s由于有珠光体转变的干扰而很难测定。贝氏体转变也有一个下限温度B_f点，B_f与M_f无关，即B_f可以高于M_s，也可以低于M_s。

（2）转变产物为非层片状。与珠光体一样，贝氏体也是由 α 相与碳化物组成的两相机械混合物，但与珠光体不同，贝氏体不是层片状组织，α 相形态也不同于珠光体中的铁素体而类似于马氏体，且组织形态与转变温度密切相关，其中包括 α 相的形态、大小以及碳化物的类型及分布等。

（3）贝氏体转变通过形核及长大方式进行。贝氏体转变也是一个形核及长大的过程，既可以等温形成，也可以连续冷却形成。贝氏体等温转变需要孕育期，等温转变图也呈“C”形。应当指出，精确测得的贝氏体转变的 C 形曲线，明显是由两条 C 形曲线合并而成，这表明，贝氏体转变很可能包含着两种不同的转变机制。

（4）转变的不完全性。贝氏体等温转变一般不能进行彻底，在贝氏体转变开始后，经过一定时间形成一定数量的贝氏体后，转变会停下来。换言之，奥氏体不能全部转变为贝氏体，这种现象被称为贝氏体转变的不完全性。通常随着温度的升高，贝氏体转变的不完全程度增大。未转变的奥氏体，在随后的等温过程中有可能发生珠光体转变，称为二次“珠光体转变”。

（5）转变的扩散性。由于贝氏体转变是在中温区进行，在这个温度范围内尚可发生碳原子的扩散，因此，贝氏体转变中存在着碳原子的扩散，而铁及合金元素的原子则不发生扩散。碳原子可以在奥氏体中扩散，也可以在铁素体中扩散。由此可见，贝氏体转变的扩散性是指碳原子的扩散。

(6) 贝氏体转变的晶体学。在贝氏体转变中，当铁素体形成时，也会在抛光的试样表面上产生“表面浮凸”。这说明铁素体的形成与母相奥氏体的宏观切变有关，母相奥氏体与新相铁素体之间维持第二类共格（切变共格）关系，贝氏体中的铁素体与母相奥氏体之间存在着一定的惯习面和位向关系。

(7) 贝氏体铁素体也为碳过饱和固溶体。贝氏体中铁素体的碳含量一般均为过饱和，且过饱和程度随贝氏体形成温度的降低而增加，但低于马氏体的过饱和程度。

由上述主要特征可以看出，贝氏体转变与珠光体转变、马氏体转变既有区别，又有联系，表现出从扩散型转变到无扩散型转变的过渡性、交叉性，同时又具有自己的特殊性。

2.5.2 贝氏体的组织形态

如前所述，贝氏体一般是由铁素体和碳化物所组成的非层片状组织，其形态随钢的化学成分及形成温度的改变而变化。贝氏体按金相组织形态的不同可区分为上贝氏体、下贝氏体、无碳化物贝氏体、粒状贝氏体、反常贝氏体以及柱状贝氏体等。下面分别介绍各类贝氏体的组织形态。

2.5.2.1 上贝氏体

(1) 形成的温度范围。其在贝氏体转变区的较高温度区域内形成，对于中、高碳钢，上贝氏体大约在350～550℃之间形成。因其在转变区的上部（高温区）形成，所以称为上贝氏体。

(2) 组织形态。上贝氏体是一种由铁素体和渗碳体组成的两相机械混合物，铁素体呈板条状成束地自晶界向奥氏体晶内长入，渗碳体呈粒状或短杆状分布于铁素体板条之间，在光学显微镜下观察时呈羽毛状，故又称为羽毛状贝氏体（图 2-136)。

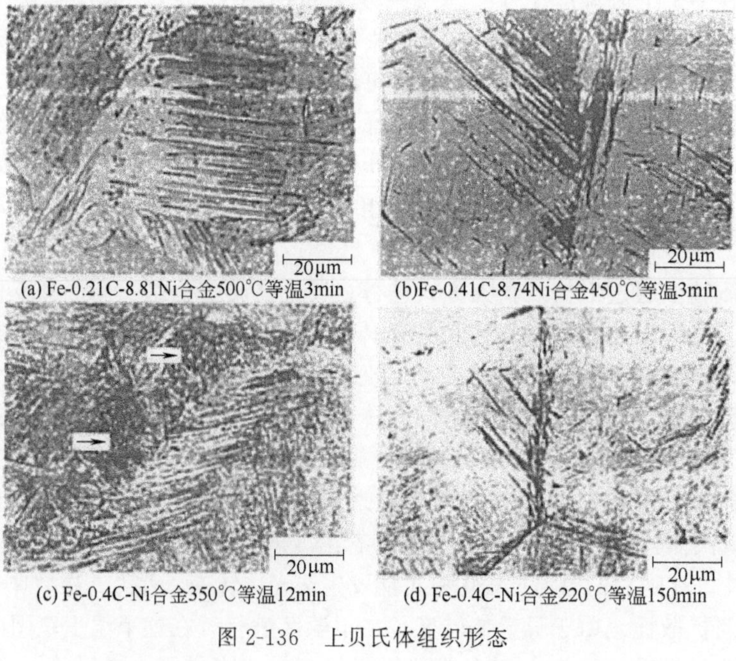

(a) Fe-0.21C-8.81Ni合金500℃等温3min
(b) Fe-0.41C-8.74Ni合金450℃等温3min
(c) Fe-0.4C-Ni合金350℃等温12min
(d) Fe-0.4C-Ni合金220℃等温150min

图 2-136 上贝氏体组织形态

上贝氏体中的铁素体板条厚约 0.2μm，长约 10μm。板条成团生长成“束”。在每一束中，板条相互平行并具有一定的惯习面。每一束中的单个板条被称为贝氏体的“亚基元”,

相邻板条间被低位相差晶界或渗碳体颗粒分隔开。铁素体板条束的平均尺寸被称为贝氏体的有效晶粒尺寸。板条的宽度通常比相同温度下形成的珠光体铁素体片大。板条铁素体束与板条马氏体束很相近，束内相邻铁素体板条之间的位向差很小，束与束之间则有较大的位向差。Hehemarnn 观察到上贝氏体铁素体条是由许多亚基元组成的（图 2-137 和图 2-138），每个亚基元的尺寸大致是厚小于 1μm，宽 5～10μm，长约 10～50μm。上贝氏体铁素体中的亚结构为位错，位错密度较高，且可形成缠结。

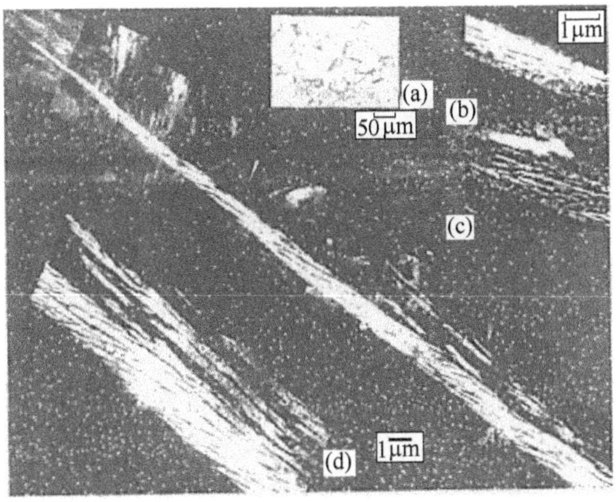

图 2-137 Fe-0.43C-2Si-3Mn 合金上贝氏体板条的透射电镜照片

（a）光学显微镜照片；（b）透射电镜明场像；（c）残留奥氏体暗场像；（d）贝氏体束拼接画面

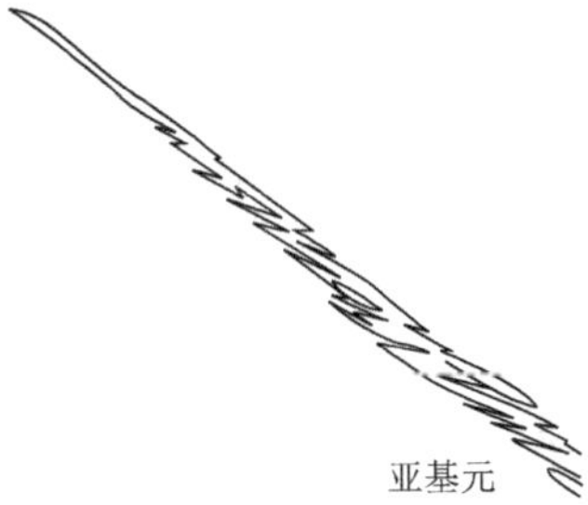

图 2-138 板条束顶部亚基元结构

上贝氏体中的碳化物分布在铁素体板条之间，均为渗碳体型碳化物。碳化物的形态取决于奥氏体的碳含量，碳含量低时，碳化物沿条间呈不连续的粒状或链珠状分布，随钢中含碳量的增加，上贝氏体板条变薄，渗碳量增多并由粒状、链状过渡到短杆状，甚至可分布在铁素体板条内。碳化物惯习面为 $(2\bar{2}7)_\gamma$，与奥氏体之间存在 Pitsch 关系，即 $(001)_\theta // (\bar{2}25)_\gamma$，$[010]_\theta // [110]_\gamma$，$[100]_\theta // [5\bar{5}4]_\gamma$。

由于渗碳体与奥氏体之间存在位向关系，故一般认为上贝氏体中的碳化物是从奥氏体中析出的。

在上贝氏体中，除贝氏体铁素体及渗碳体外，还可能存在未转变的残留奥氏体，尤其是当钢中含有 Si、Al 等元素时，由于 Si、Al 能抑制渗碳体的析出，故使残留奥氏体量增多。当钢中含有较多量的硅、铝等元素时，可延缓渗碳体的析出，使贝氏体板条间很少或无渗碳体的析出，成为一种特殊的贝氏体形态。

形成温度对上贝氏体组织形态影响显著，随形成温度的降低，铁素体板条变薄，板条束顶部亚基元结构变小，渗碳体也更细小和密集。

2.5.2.2 下贝氏体

（1）形成的温度范围。在贝氏体转变区域的低温范围内形成的贝氏体称为下贝氏体。下贝氏体大约在 350℃以下形成。碳含量低时，下贝氏体形成温度有可能略高于 350℃。

（2）组织形态。与上贝氏体相似，下贝氏体也是由铁素体和碳化物组成的两相混合组织。其与上贝氏体最显著的差异是铁素体的形态及碳化物的分布。

下贝氏体中铁素体的形态与马氏体很相似，亦与奥氏体碳含量有关，随碳含量的变化而变化。碳含量低时呈板条状（图 2-139），碳含量高时呈透镜片状（图 2-140），碳含量中等时两种形态兼有。由于贝氏体片之间互成交角，在金相显微镜下常可观察到“竹叶状”组织。无论是条状的还是片状的下贝氏体铁素体，在其内部总有细微碳化物沉淀。碳化物为渗碳体或ε碳化物，碳化物呈极细的片状或颗粒状，排列成行，约以 55°～60°的角度与下贝氏体的长轴相交，并且仅分布在铁素体的内部。钢的化学成分、奥氏体晶粒大小和均匀化程度等对下贝氏体组织形态影响较小。

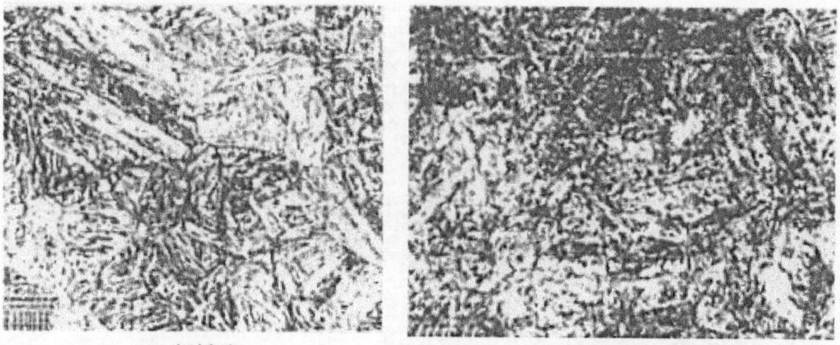

(a) 超低碳　　(b) Fe-0.15C-3.0Mn

图 2-139　低碳钢中下贝氏体形态

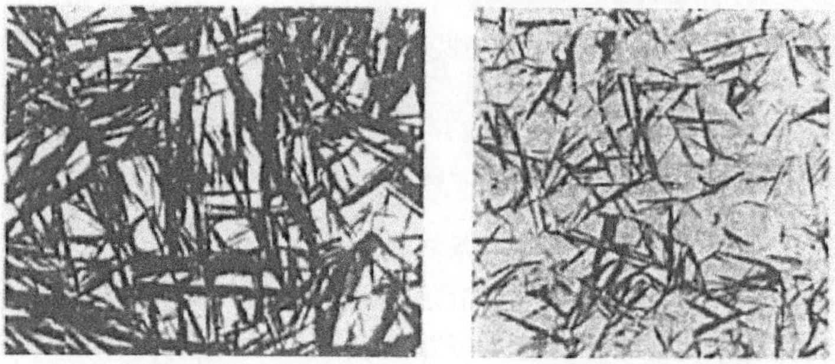

(a) 45钢　　(b) 0.9C-1.3Si-1.1Cr钢

图 2-140　中高碳钢下贝氏体形态

Hehemann 用光镜及电镜观察发现，下贝氏体铁素体片与板条也是由亚基元所组成。通常这些亚基元都是沿一个平直的边形核，并以约 60°的倾斜角向另一边发展，最后终止在一定位置，形成锯齿状边缘（图 2-138）。下贝氏体铁素体中的亚结构为位错，位错密度较高时可形成缠结。在下贝氏体铁素体中未发现有孪晶亚结构存在。

下贝氏体铁素体的碳含量远高于平衡碳含量。测定初形成的铁素体的碳含量比较困难，因为铁素体形成后立即可以通过析出碳化物而使碳含量下降，故实际测出的碳含量均较初形成时的碳含量低。

下贝氏体中的碳化物均匀分布在铁素体内。由于碳化物极细，在光镜下无法分辨，故看到的是与回火马氏体极相似的黑色针状组织，但在电镜下可清晰看到碳化物呈短杆状，沿着与铁素体长轴呈 55°～60°角的方向整齐地排列着，如图 2-141 所示。

下贝氏体中的碳化物也是渗碳体型的，但形成温度低时，最初形成的是ε碳化物，随时间的延长，ε碳化物将转变为θ碳化物（渗碳体）。在含 Si 的钢中，由于 Si 能阻止θ碳化物的析出，故贝氏体转变时主要析出ε碳化物。目前在下贝氏体中还未观察到η碳化物与χ碳化物。

下贝氏体铁素体与碳化物之间的位向关系与回火马氏体中的位向关系相近，即：$(001)_{\theta} /\!/ (112)_{\alpha}$，$[100]_{\theta} /\!/ [0\bar{1}1]_{\alpha}$，$[010]_{\theta} /\!/ [1\bar{1}\bar{1}]_{\alpha}$；或 $(010)_{\theta} /\!/ (1\bar{1}\bar{1})_{\alpha}$，$[103]_{\theta} /\!/ [011]_{\alpha}$。

ε碳化物与下贝氏体铁素体之间的位向关系为：$(0001)_{\varepsilon} /\!/ (011)_{\alpha}$，$[10\bar{1}1]_{\varepsilon} /\!/ [101]_{\alpha}$。

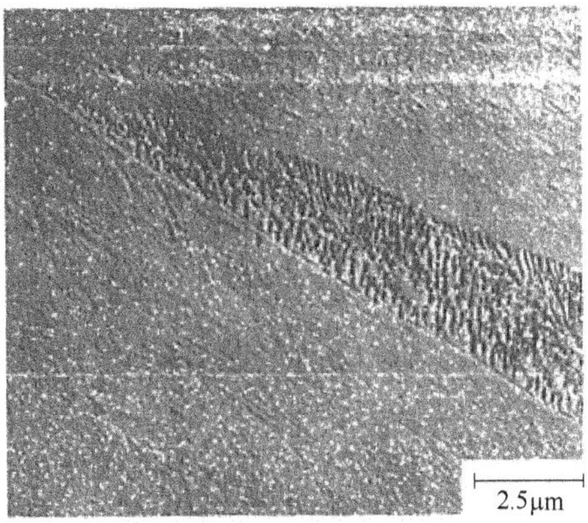

图 2-141 60CrNiMo 钢在 345℃等温形成的下贝氏体的电镜照片

由于碳化物与下贝氏体铁素体之间存在一定的位向关系，故一般认为碳化物是从过饱和铁素体中析出的。但 Thomas 指出，由于铁素体与奥氏体之间存在 K-S 关系，故可将碳化物与铁素体之间的位向关系转换为碳化物与奥氏体之间的位向关系。转换得出θ碳化物与奥氏体之间为 Pitsch 关系，即 $(001)_{\theta} /\!/ (\bar{2}25)_{\gamma}$，$[010]_{\theta} /\!/ [110]_{\gamma}$，$[100]_{\theta} /\!/ [5\bar{5}4]_{\gamma}$。

已知θ碳化物自奥氏体中析出时二者之间保持 Pitsch 关系，因此，Thomas 认为θ碳化物是从奥氏体中析出的。应该指出，转换问题到目前为止还未最后定论，因为每一种位向关系均存在多种空间取向，如 K-S 关系就有 24 种，并不是所有的取向经转换后均符合 Pitsch 关系，故碳化物究竟自何处析出还不能根据位向转换得出结论。

2.5.2.3 无碳化物贝氏体

当钢中含有一定量的硅或铝时，贝氏体组织由板条铁素体束及富碳的残留奥氏体组成，铁素体之间为富碳的奥氏体，在铁素体与奥氏体内均无碳化物析出，故称为无碳化物贝氏体，是贝氏体的一种特殊形态（图 2-142）。在光学显微镜下，难以与一般的上贝氏体区别，只能在透射电子显微镜下予以区别。

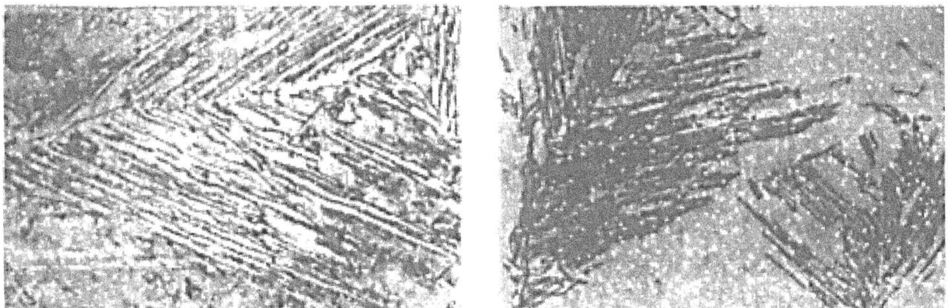

(a) 20CrMo, 1150℃(放大800倍)　　(b) 30CrMnSi, 900℃→550℃ (放大1000倍)

图 2-142 无碳化物贝氏体

（1）形成温度范围。其在贝氏体转变的最高温度范围内形成。

（2）组织形态。其主要由大致平行的铁素体板条组成。铁素体板条在原奥氏体晶界处形核，成束地向一侧晶粒内长大，铁素体板条较宽，板条之间的距离也较大。随着贝氏体形成温度的降低，铁素体板条变窄，板条之间的距离也变小，在铁素体板条之间分布着富碳的奥氏体。

富碳的奥氏体在随后的等温和冷却过程中还会发生相应的变化，可能转变为珠光体、其他类型的贝氏体或马氏体，也有可能保持奥氏体状态不变，所以说无碳化物贝氏体是不能单独存在的。

2.5.2.4 粒状贝氏体

粒状贝氏体一般是在低碳或中碳合金钢中以一定的速度连续冷却时获得的。如在正火后、热轧空冷后，或在焊缝热影响区中都可发现这种组织，在等温冷却时也可以形成。由于转变是在连续冷却过程中逐渐进行的，故铁素体束很粗大。

(1) 形成温度范围。这种贝氏体的形成温度稍高于上贝氏体的形成温度。

图 2-143 粒状贝氏体

(2) 组织形态。粒状贝氏体由块状铁素体与富碳奥氏体所组成，其形态为在铁素体基体上分布着小岛状的奥氏体。由于富碳奥氏体区一般呈颗粒状，因而得名。实际上，富碳奥氏体区通常呈小岛状、小河状等，形状很不规则，在铁素体基体中呈不连续平行分布，如图 2-143 所示。用透射电镜观察，基体铁素体呈针片状，小岛分布在相邻针片间。形成条形粒状贝氏体时也可在抛光表面引起针状浮凸。电子探针成分分析表明，在粒状贝氏体中铁素体的碳含量很低，接近平衡浓度，而奥氏体区的碳含量则较平均碳浓度高出很多。铁素体与富碳奥氏体区的合金元素含量则与平均浓度相同。这表明粒状贝氏体形成过程中有碳的扩散，而合金元素则不扩散。综上所述不难看出，粒状贝氏体与上面讨论的无碳化物贝氏体很相近，只是铁素体量较多已汇合成片，奥氏体呈小岛状分布在铁素体基体中。

富碳奥氏体区在继续冷却过程中，由于冷却条件和过冷奥氏体稳定性不同，可能发生以下三种不同转变。

① 部分或全部分解为铁素体和碳化物。

② 可能通过马氏体相变部分转变为马氏体，这种马氏体中的碳含量甚高，含有精细的孪晶，属于孪晶马氏体。这种马氏体加上残留下来的奥氏体被称为 M-A 组织或 M-A 组成物。

③ 可能全部保留下来而成为残留奥氏体。

2.5.2.5 反常贝氏体

在某些过共析钢中，渗碳体也可以作为贝氏体形成时的领先相，渗碳体首先在奥氏体晶粒内部形成，并长大成薄片状，随后铁素体在其周围形核长大，并将渗碳体包围，最终形成含有渗碳体中脊的片状形态贝氏体，称为反常贝氏体，如图 2-144 所示。反常贝氏体形成后，开始正常贝氏体的形核和长大。

图 2-144 反常贝氏体

2.5.2.6 柱状贝氏体

柱状贝氏体通常出现在中碳钢或高碳钢中，一般在下贝氏体形成温度范围内出现。在高压下，柱状贝氏体也可在中碳钢中形成，因为高压会使共析点 s 左移。例如 w_C 为 0.44%的钢在

2400MPa 下于 288℃等温就可形成。

图 2-145 为 1.02C-3.5Mn-0.1V 钢的柱状贝氏体组织，图中基体是马氏体。由光学显微组织 [图 2-145 (a)] 可以看出，柱状贝氏体中的碳化物分布在铁素体内部。单从碳化物分布状态来看，柱状贝氏体与下贝氏体类似。另外，柱状贝氏体形成时不产生表面浮凸。

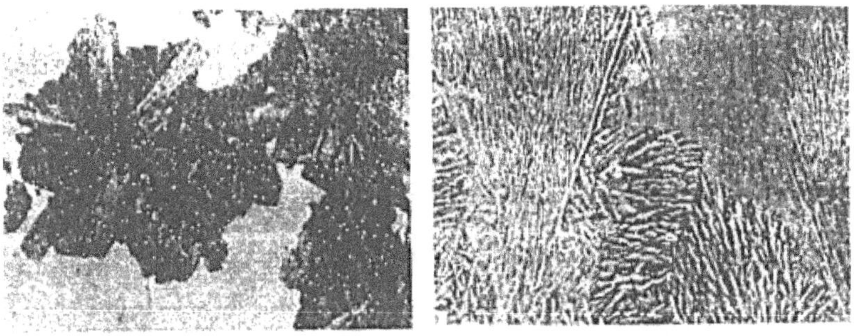

(a) 光学显微组织（放大500倍）　(b) 电子显微组织（放大5000倍）

图 2-145 1.02C-3.5Mn-0.1V 钢经 950℃加热，250℃等温 80min 后水淬的柱状贝氏体

2.5.3 贝氏体的形成条件

为使相变能够进行，必须满足热力学条件，即必须有足够的相变驱动力，且在动力学上应有一定的速度。

2.5.3.1 贝氏体转变热力学

贝氏体转变遵循固态相变的一般规律，也服从一定的热力学条件。

贝氏体转变是通过形核与长大进行的，转变时铁素体是领先相，转变过程中有碳原子的扩散，转变的驱动力是新旧两相之间的体积自由能差。一般认为，与马氏体转变类似，贝氏体转变时点阵的改组也是通过共格切变方式进行的。相变驱动力，即体积自由能差必须能够补偿表面能、弹性应变能以及缺陷能等能量消耗的总和，相变才能发生。

假如贝氏体铁素体确实是按马氏体转变机制形成的，则贝氏体形成的上限温度 B_s 应是马氏体转变开始温度 M_s。事实上，B_s 显著高于 M_s，对此可作如下解释：无论是贝氏体转变还是马氏体转变，自发进行转变的热力学条件都是自由能总变化值为负。但与马氏体转变不同，贝氏体转变时相变驱动力较大，而弹性应变能较小。相变驱动力的增大是因为贝氏体转变时 C 的扩散降低了贝氏体铁素体的碳含量，使铁素体自由能降低。弹性应变能较小的原因是贝氏体与奥氏体之间的比体积差较小，使由体积变化产生的应变能减小，加之贝氏体形成温度较高和长大速度较小，奥氏体的强度较低，致使奥氏体发生塑性变形和共格界面移动所需克服障碍的能量减小。

2.5.3.2 贝氏体转变动力学

了解贝氏体转变动力学，不仅可以为弄清贝氏体转变机制提供线索，而且可以为制定与贝氏体转变有关的热处理工艺提供依据。

(1) 贝氏体转变动力学的特点

① 贝氏体转变速度比马氏体转变速度慢得多。用高温金相显微镜对 3%Cr 钢在等温下形成的下贝氏体表面浮凸长大速度进行实测时发现，在等温下的贝氏体长大速度，无论是纵

向（长度方向），还是横向（宽度方向）都是常数，其中以纵向长大速度快得多（是指在各片表面浮凸发生碰撞之前而言）。实测下贝氏体纵向长大速度约为 0.0012cm/min，比马氏体的纵向长大速度要慢很多。为了解释这一现象，人们曾提出许多假设、成长模型以及计算公式。一般认为，这是由于贝氏体的长大受碳原子从铁素体中的脱溶所控制。

② 贝氏体转变的不完全性。温度降至心点以下贝氏体才能形成，而且随着等温温度的降低，最大转变量将增加（图 2-146）。但有两种情况：一是当等温温度降至某一温度，奥氏体可以全部转变为贝氏体，碳钢、中碳 Mn 钢、中碳 Si-Mn 钢等就属于这种情况；二是等温温度即使降低到很低的温度，仍然不能完全转变，仍有部分奥氏体残留下来，许多合金钢属于这种情况，这种现象称为“转变不完全性”或“转变的自制”。

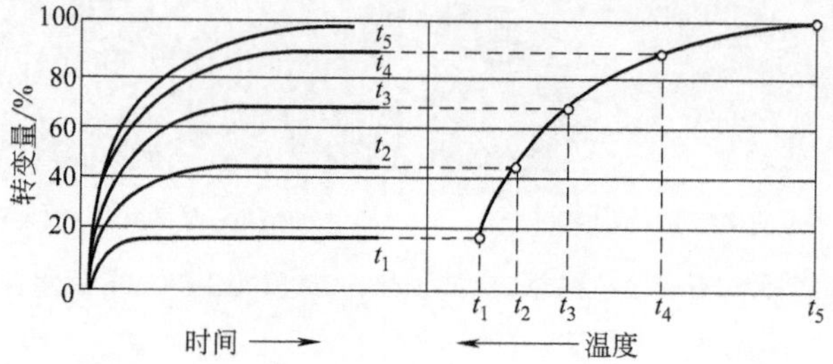

图 2-146 贝氏体转变量与等温温度 t 的关系示意图

由于贝氏体转变不完全性而残留下来的奥氏体，在继续保温过程中可能发生下列两种情况。

a. 随等温时间延长，残留奥氏体一直保持不变。如 4340 钢通过定量金相分析证明，在 510℃下等温，当时间从 1h 延长到两个多月，贝氏体转变量并没有增加。需要指出的是，这种奥氏体在冷却到室温时可能部分转变为马氏体。

b. 等温温度较高时，残留下来的奥氏体可能转变为珠光体，直至终了获得“贝氏体+珠光体”的混合组织。此时所发生的珠光体转变，一般称为“二次珠光体转变”。在这种情况下，如果需要鉴别这两种组织组成物，可采用金相分析法。与珠光体相比，贝氏体浸蚀得稍浅，且层间距离较大。

c. 可能与珠光体转变或与马氏体转变重叠在碳钢和一些合金钢中，在某一等温温度范围之内，贝氏体转变可能与珠光体转变发生部分重叠。这可能有两种情况：一是珠光体开始转变在贝氏体转变之前，过冷奥氏体在形成一部分珠光体以后接着转变为贝氏体；二是贝氏体开始转变在珠光体开始转变之前，过冷奥氏体在形成一部分贝氏体以后，接着转变为珠光体。

对于具有较高 M_s 点的钢，当温度在 M_s 点以下时，贝氏体转变与马氏体转变可能发生重叠。当奥氏体急冷至 M_s～M_f 温度范围的某一温度并保持恒定以后，奥氏体先有一部分发生马氏体转变，以后其余部分发生贝氏体转变，马氏体转变可以对贝氏体转变产生促进作用。

(2) 贝氏体等温形成图。贝氏体等温转变动力学曲线与珠光体等温转变相同，也呈 S 形，但与珠光体转变不同，贝氏体转变不能进行到底。等温温度越高，越接近B_s 点，等温转变量越少。根据等温转变动力学曲线也可以作出贝氏体等温转变动力学图。与珠光体转变相同，贝氏体等温转变动力学图也呈 C 形（图 2-147）。在某一温度以上观察不到贝氏体转变，该温度称为B_s 点。在B_s 点以下，随转变温度降低，等温转变速度先增后减，与珠光体转变一样，在等温动力学图中也有一个“鼻子”。对于碳钢，由于珠光体转变与贝氏体转变的C曲线重叠在一起，故合并成一个C曲线（图2-148）。

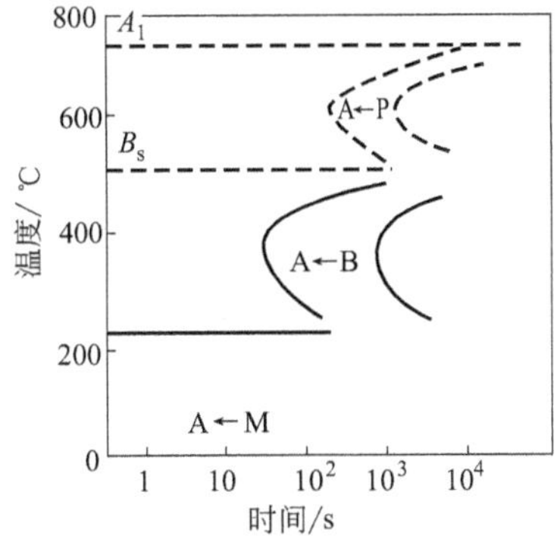

图2-147 合金钢等温转变动力学图
（珠光体转变与贝氏体转变已分离）

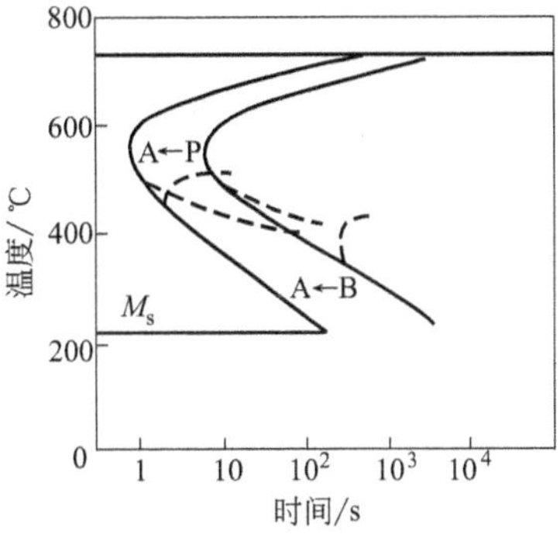

图2-148 碳钢等温转变动力学图
（珠光体转变与贝氏体转变合并成一条C曲线）

近年来，由于测试灵敏度的提高，人们发现，贝氏体转变的C曲线是由两个独立的C曲线合并而成的，即由上贝氏体转变C曲线及下贝氏体转变C曲线合并而成。图2-149是40CrMnSiMoVA钢奥氏体等温转变动力学图。图2-150是共析钢等温转变动力学示意图。由此可见，上贝氏体与下贝氏体是通过不同机制形成的。

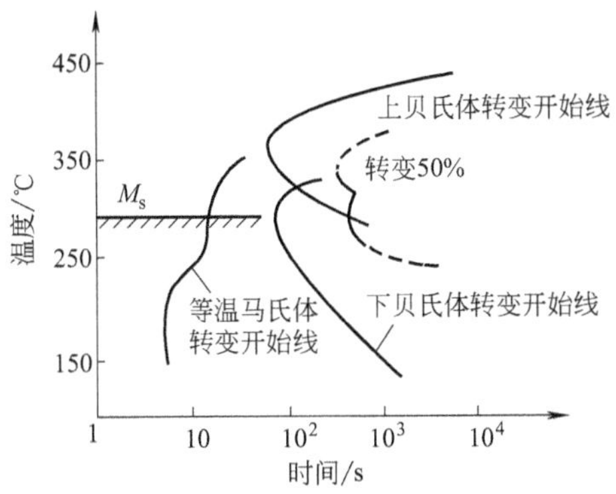

图2-149 40CrMnSiMoVA等温转变动力学图

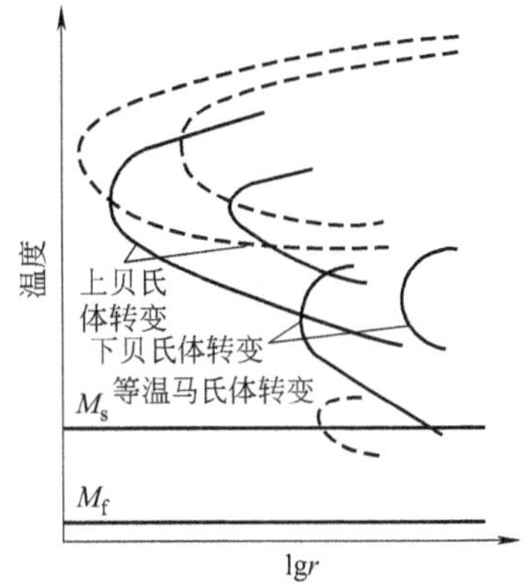

图2-150 共析碳钢等温转变动力学示意图

2.5.3.3 贝氏体转变时碳的扩散

贝氏体转变是在碳原子还能扩散的中温范围内发生的。与马氏体转变不同，贝氏体转变的进行依赖于碳原子的扩散。由Fe-Fe_3C图可知，为了在奥氏体中形成低碳的铁素体，碳必将向奥氏体富集。当奥氏体的碳含量超过Fe_3C在奥氏体中的溶解度曲线及其延长线时，碳又将以渗碳体形式自奥氏体中析出，而使奥氏体的含碳量下降。由此可见，在贝氏体转变过程中，奥氏体的碳含量有可能升高，也有可能降低，视奥氏体成分及转变温度而定。用实验方法在贝氏体转变过程中测得的奥氏体碳含量的变化证实了上述分析。此外，由于贝氏体铁素体初形成时是过饱和的，而贝氏体转变温度范围又较马氏体转变高，故贝氏体铁素体在形成后必将发生分解，以碳化物形式自贝氏体铁素体析出过饱和的碳而使铁素体的碳含量下降。由此可见，贝氏体转变与碳原子的扩散密切相关。

图2-151是用三种不同碳含量的钢测得的某一温度下的贝氏体等温转变动力学曲线，以

及与之相对应的奥氏体点阵常数的变化，即表示奥氏体碳含量的变化。由图 2-151（a）可见，对于 w_C 为 0.48%的中碳钢，在等温转变孕育期，奥氏体的碳含量已经有了明显的提高，这意味着在奥氏体中已经出现了局部小范围的低碳区，为形成低碳的贝氏体铁素体做好了准备。以后随贝氏体转变的进行，奥氏体含碳量不断升高。由图 2-151（b）可见，碳含量 w_C 为 1.18%时，在孕育期及转变初期奥氏体碳含量基本不变，以后随着贝氏体转变的进行奥氏体碳含量显著下降，这是因为自奥氏体中析出了碳化物。当碳含量 w_C 高达 1.39%时，由图 2-151（c）可见，在孕育期奥氏体碳含量就有了明显的下降，这表明等温一开始就自奥氏体析出了碳化物。

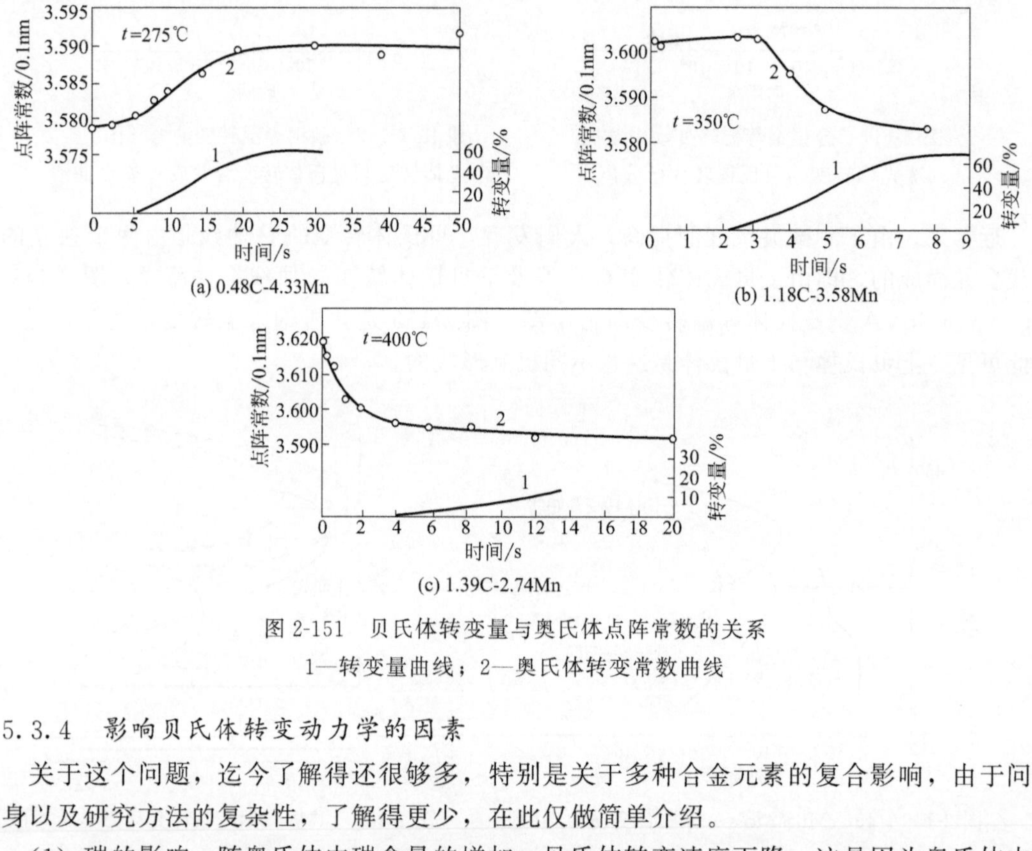

图 2-151 贝氏体转变量与奥氏体点阵常数的关系

1—转变量曲线；2—奥氏体转变常数曲线

2.5.3.4 影响贝氏体转变动力学的因素

关于这个问题，迄今了解得还很够多，特别是关于多种合金元素的复合影响，由于问题本身以及研究方法的复杂性，了解得更少，在此仅做简单介绍。

（1）碳的影响。随奥氏体中碳含量的增加，贝氏体转变速度下降。这是因为奥氏体中碳含量高，形成贝氏体时需要扩散的碳原子量增加。

（2）合金元素的影响。除了 Co、Al 能加速贝氏体转变以外，其他合金元素，如 Mn、Cr、Ni 等都会延缓贝氏体转变，但作用均不如 C 显著。Si 的作用更弱，Mo 对奥氏体分解为珠光体有强烈的抑制作用，但对奥氏体分解为贝氏体却影响甚小，故使过冷奥氏体等温转变图中的珠光体转变部分显著右移，而贝氏体转变部分却和碳钢的相近，结果使钢经奥氏体化后在连续冷却时（如正火后）即可获得贝氏体组织。B 能降低奥氏体的晶界能，抑制先共析铁素体晶核的形成，所以有人把“w_{Mo} 0.5%加微量 B”作为低碳贝氏体钢的基本成分，国产低碳贝氏体钢 14CrMnMoVB 和 12MnMoVB 钢等大体上也是按照这个思路设计的。

至于多种合金元素的复合影响，尚待进一步研究。一般来说，合金元素由于影响 C 在奥氏体和铁素体中的扩散速度，从而影响贝氏体的转变速度。同时，合金元素影响了体积（化学）自由能与温度之间的关系，从而提高或降低了温度。

合金元素对贝氏体等温转变动力学图的影响，如图 2-152 所示。

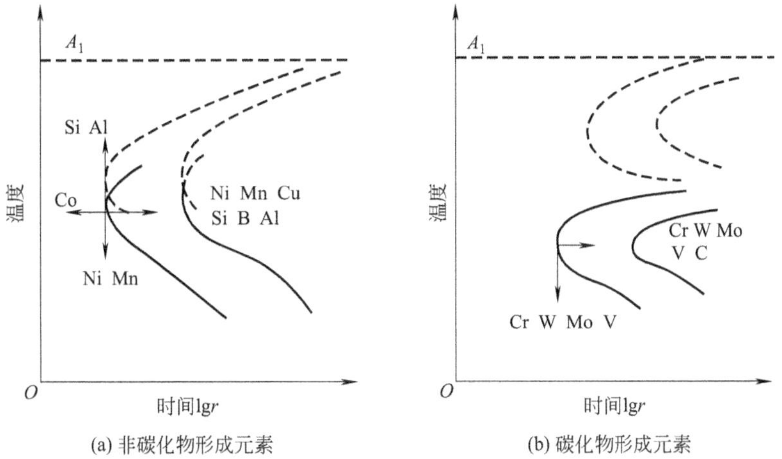

图 2-152 合金元素对贝氏体等温转变动力学图的影响

（3）奥氏体晶粒大小和奥氏体化温度的影响。一般来说，随奥氏体晶粒增大，贝氏体转变孕育期增长，转变速度减慢。

随奥氏体化温度升高，贝氏体转变速度先降后增。奥氏体化时间对贝氏体转变也有类似影响，即随时间延长贝氏体转变速度先减后增。

（4）应力的影响。拉应力能使贝氏体转变加速。

中碳铬镍硅钢的贝氏体转变动力学曲线与拉伸应力的关系，如图 2-153 所示。由图可见，随着拉应力的增加，该钢在 300℃下的贝氏体转变速度不断增加，当拉应力超过该钢在同一温度下的屈服强度（245～294MPa）时，速度增加得尤为显著。如果在施加应力 3～5min 后将应力去除（图中虚线 7、8），则转变在开始阶段较快，而后变慢。

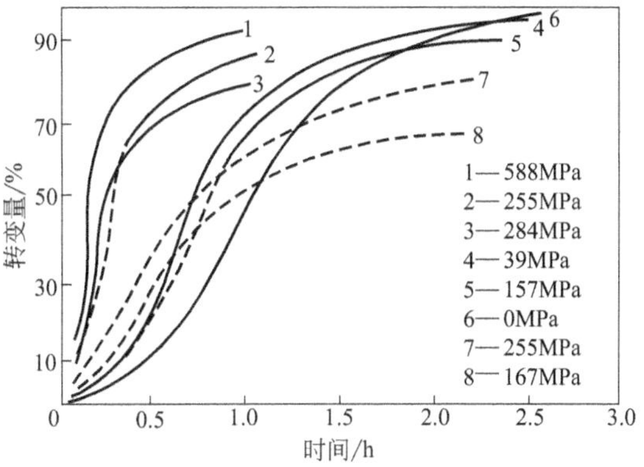

图 2-153 0.37C-1.81Cr-4.77Ni-1.25Si 钢在 300℃贝氏体转变与拉应力的关系

（5）塑性形变的影响。试验证明，塑性形变对贝氏体转变的影响较为复杂。形变程度和形变温度都有影响，其中以形变温度的影响为最大。形变温度的影响可以分为两种不同的情况：

① 在较高温度（800～1000℃）范围内对奥氏体进行塑性形变，将使奥氏体向贝氏体转变的孕育期增长，转变速度减慢，转变的不完全程度增加。

② 在较低温度（300～350℃）范围内对奥氏体进行塑性形变，则结果正好与上述相反，如图 2-154 所示。

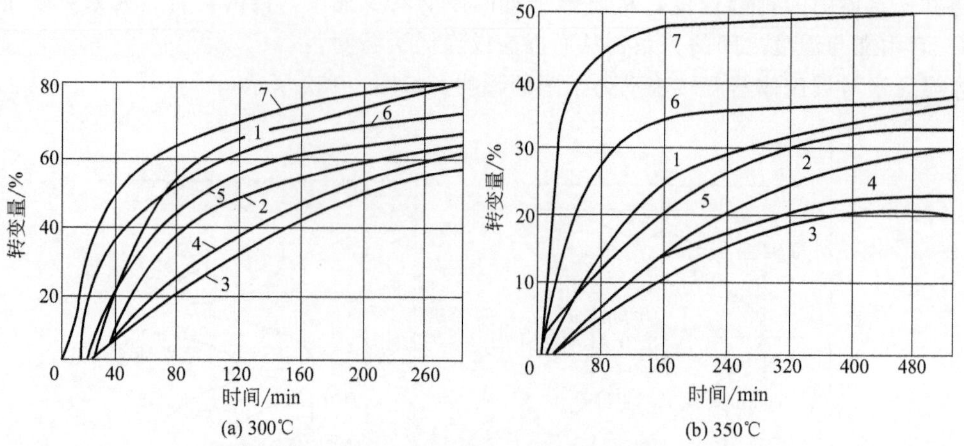

图 2-154　形变温度对 35CrNi5Si 钢贝氏体转变的影响

等晶处理温度：

变形量：曲线 1 未变形；曲线 2～7 变形 30％

形变温度：2—1000℃；3—800℃；4—600℃；5—500℃；6—350℃；7—300℃

在 800～1000℃高温形变时可能发生两种相反的作用，一方面形变使奥氏体中的晶体缺陷密度增加，有利于 Fe 原子的扩散；另一方面，奥氏体在形变后会产生多边化亚结构，这种亚结构对贝氏体中铁素体的共格成长是不利的，从而使贝氏体转变速度减慢。后一种作用为主时，通过抑制贝氏体转变来提高钢淬透性。

在 300～350℃范围内对奥氏体进行塑性形变，使奥氏体中的晶体缺陷密度更大，促进了碳的扩散，并使奥氏体中的应力增加，有利于贝氏体铁素体按马氏体型转变机理形成，结果使贝氏体转变速度加快。

(6) 冷却时在不同温度下停留的影响。研究这一问题具有一定的实际意义，因为可以借此了解在各温度下停留时各种相变的动力学的相互影响，并可以为探索热处理新工艺提供线索。

图 2-155　冷却时在不同温度停留的三种不同情况

① 过冷奥氏体在珠光体-贝氏体之间的亚稳区域进行等温停留，会加速随后的贝氏体形成速度(图 2-155 中曲线 1)。这可能是由于在等温停留过程中自奥氏体中析出了碳化物，降低了奥氏体的稳定性。如高速钢 W18Cr4V 在 500℃保温一定时间后，由于析出了碳化物，降低了奥氏体中的碳含量，故使随后的贝氏体转变加快。

② 过冷奥氏体在贝氏体形成温度区的高温区停留，形成部分上贝氏体后再冷至低温区域(图 2-155 中曲线 2)，则先形成的少量贝氏体将会降低下贝氏体转变速度。图 2-156 为中碳 Ni-Cr-Mo 钢预先在 500℃停留一定时间，然后再冷至 425℃等温以及直接冷至 425℃等温所得的转变动力学曲线。由图可见，部分上贝氏体转变可使下贝氏体转变的孕育期增长，转变速度降低，最终转变量减少。又如对 37CrMnSi 钢的研究指出，在 350℃进行等温处理，最终有

73%的奥氏体转变为贝氏体；而先在400℃保温17min，约有36%的奥氏体发生转变，然后降至350℃等温，最终只有65%的奥氏体转变为贝氏体。这可能是一种奥氏体稳定化现象，原因还不太清楚。

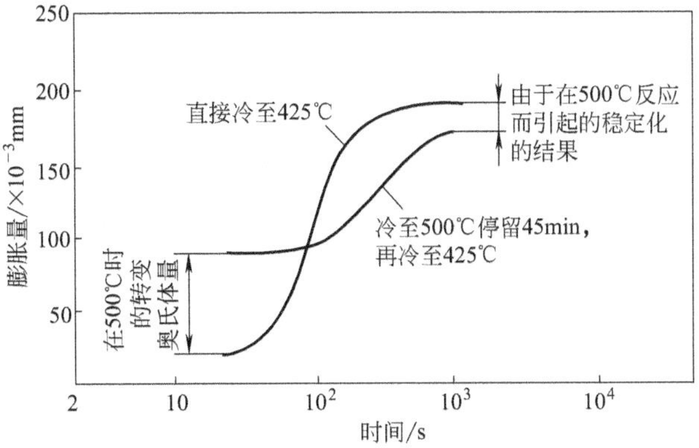

图 2-156 中碳 Ni-Cr-Mo 钢部分上贝氏体转变对下贝氏体转变的影响

根据这一现象，在进行等温淬火时，应严格控制等温淬火槽中盐浴的温度。当工件淬入后，等温淬火槽中盐浴的温度不应升得过高，否则残留奥氏体的数量将增加。

③ 先冷至低温停留形成少量马氏体或下贝氏体，然后再升至较高温度，先形成的马氏体及少量贝氏体可以使随后的贝氏体转变速度加快（图 2-155 中曲线 3）。如 GCr15 钢中有部分马氏体存在时，将使以后450℃的贝氏体转变的速度提高 15 倍，而先在 300℃短时停留，形成少量下贝氏体后，也可使450℃的贝氏体转变速度增加 6～7 倍。

2.5.3.5 钢中贝氏体组织的获得

为了获得贝氏体组织，一般可将经奥氏体化的钢淬入温度稍高于 M_s 点的盐浴或碱浴中，停留一定时间以获得下贝氏体组织，然后取出空冷却，这种热处理操作被称为贝氏体等温淬火。经等温淬火的零件具有良好的综合力学性能，淬火应力小，适用于形状复杂及要求较高的小型件。

某些贝氏体钢还可通过连续冷却（空冷）获得贝氏体组织，在低碳低合金钢的焊缝组织中经常能获得粒状贝氏体。

2.5.4 贝氏体的转变机理

关于贝氏体转变机理，目前学术界尚无统一观点。一般认为，钢中贝氏体转变是有碳原子扩散的共格切变，即贝氏体形成时，由于温度较低，铁和合金元素不能扩散，只有碳原子能扩散，贝氏体中的铁素体是通过奥氏体的共格切变实现点阵改组，碳化物的形成则依靠碳原子的扩散来达到。贝氏体转变过程可用图 2-157 来描述。

实验证明，由于贝氏体铁素体是由相对贫碳的奥氏体转变成的，因而贝氏体铁素体是碳在 α-Fe 中的轻度过饱和固溶体，其过饱和度低于马氏体中碳的过饱和度。含碳少的 α-Fe 比含碳多的 α-Fe 具有较低的自由能，因而与马氏体转变相比，贝氏体转变时尽管过冷度较马氏体转变过冷度低，但仍可具有足够的相变驱动力。同时，由于贝氏体与奥氏体的比体积差不像马氏体与奥氏体之间那样大，故贝氏体转变时的弹性应变能较小，加之贝氏体转变的温度较高，奥氏体的强度较低，实现共格切变所需克服的阻力较小，因此，即使贝氏体转变的

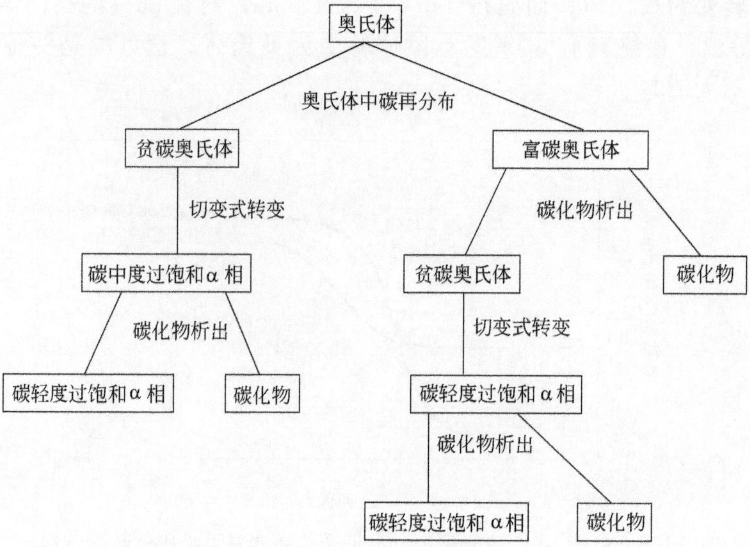

图 2-157　贝氏体转变过程示意图

温度高于 M_s，也可以发生共格切变。

贝氏体转变也是形核和长大的过程。无碳化物贝氏体、上贝氏体、下贝氏体的形成过程如图 2-158 所示。

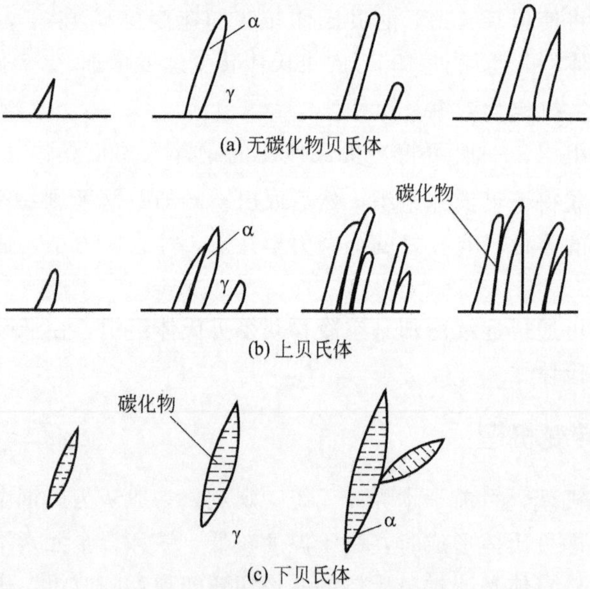

图 2-158　贝氏体形成机理示意图

贝氏体转变需要一定的孕育期。在孕育期内，由于碳在奥氏体中重新分布出现了贫碳区，贫碳区通过切变形成铁素体晶核。晶核形成后，过饱和的碳从铁素体向奥氏体中扩散，并于铁素体条间或铁素体内部沉淀析出碳化物。由此可见，贝氏体转变受碳的扩散所控制。图 2-159 是上、下贝氏体形成过程受碳扩散控制的模型。

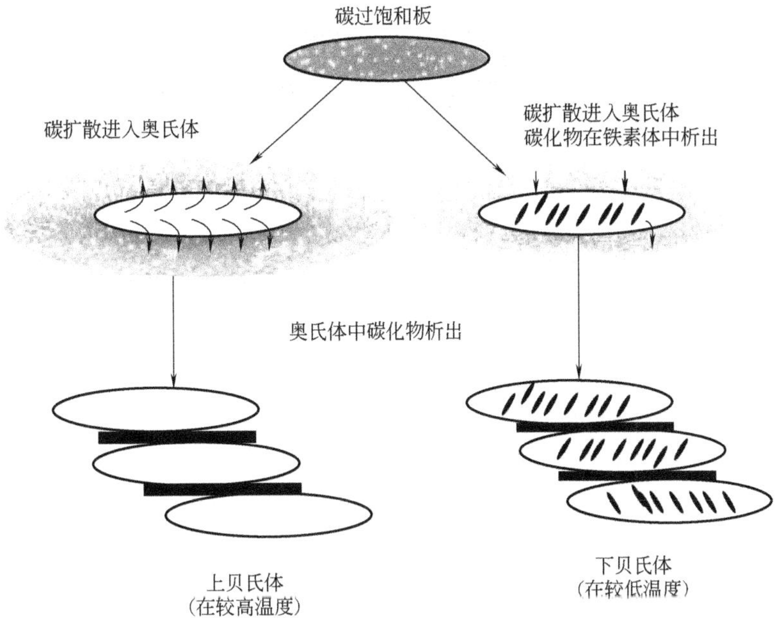

图 2-159　上、下贝氏体形成过程受碳扩散控制的模型

2.5.4.1　无碳化物贝氏体转变机理

形成温度较高时，碳不仅可在铁素体中扩散，而且在进入奥氏体后在奥氏体中迅速扩散，使碳原子在奥氏体中均匀分布，不出现高碳区，故无碳化物析出，从而形成无碳化物贝氏体。这时由于转变温度较高，过冷度小，新相与母相之间的自由能差小，故形成的贝氏体铁素体量较少，铁素体板条也就长得较宽，条间距亦较大。存在于条间的奥氏体在随后的冷却过程中，因其稳定性和冷速的差异，既可能部分转变为马氏体，亦可能转变为其他奥氏体分解产物。

2.5.4.2　上贝氏体转变机理

转变温度稍低时，碳虽仍可在铁素体中充分扩散，但碳在奥氏体中的扩散却不能充分进行。此时由于过冷度较大，相变驱动力增大，形成的铁素体量增多，铁素体板条较密，由铁素体扩散进入奥氏体的碳不能充分扩散，在奥氏体中将出现高碳区，当碳浓度足够高时将以粒状或短杆状碳化物从奥氏体析出，从而得到羽毛状上贝氏体。随转变温度的下降，贝氏体铁素体量增多，板条趋窄；随着碳的扩散系数的减小，碳化物亦趋细。

2.5.4.3　下贝氏体转变机理

转变温度继续降低，碳不仅在奥氏体中的扩散难以进行，在铁素体中的扩散亦受到限制。

随转变温度降低，转变驱动力增加，转变所得贝氏体铁素体的碳过饱和度也增加。此时碳在铁素体中尚能做短程扩散，并在一定的晶面上偏聚，进而在贝氏体铁素体内以碳化物的形式析出，从而在片状铁素体基体上析出与主轴呈一定交角排列碳化物的下贝氏体。转变温度越低，铁素体的过饱和度越高，形成的碳化物的弥散度也越高。

2.5.4.4　粒状贝氏体转变机理

可以认为，某些低合金钢中出现的粒状贝氏体是由无碳化物贝氏体演变而来的。当无碳化物贝氏体的条状铁素体长大到彼此汇合时，剩下的岛状富碳奥氏体便为铁素体所包围，沿铁素体条间呈条状断续分布。因钢的碳含量低，岛状奥氏体中的碳含量不至于过高而析出碳化物，这样就形成粒状贝氏体。如果延长等温时间或进一步降低温度，则岛状富碳奥氏体将有可能分解为珠光体或转变为马氏体，也有可能保留到室温。

2.5.5 贝氏体转变产物的力学性能

贝氏体产物的性能取决于贝氏体的形态、尺寸大小和分布，以及贝氏体与其他组织的相对量。由于铁素体和渗碳体是贝氏体中主要的组成相，铁素体又是基本相，因此铁素体的强度是贝氏体强度的基础。

2.5.5.1 贝氏体的强度与硬度

贝氏体的强度随形成温度的降低而提高，如图 2-160 所示。贝氏体的硬度与形成温度的关系与此相似。

影响贝氏体强度的因素如下。

(1) 贝氏体铁素体的粗细。铁素体条越细，晶界越多，强度越高，晶粒越小，强度越高，符合 Hall-Petch 公式，因此，形成温度越低，强度越高。

(2) 碳化物颗粒大小与分布。根据弥散强化理论，碳化物颗粒越小，分布越弥散，贝氏体强度越高。下贝氏体中碳化物颗粒小，颗粒量多，故下贝氏体强度高于上贝氏体。贝氏体形成温度越低时，碳化物颗粒越小，量越多，强度也越高。

(3) 铁素体过饱和度及位错密度。转变温度越低，铁素体的碳过饱和度越高，位错密度也越高，强度也越高。

总之，贝氏体形成温度越低，强度越高。

2.5.5.2 贝氏体的韧性

(1) 贝氏体的冲击韧性和脆性转变温度。研究表明，下贝氏体的冲击韧性优于上贝氏体，且下贝氏体的韧脆转变温度亦明显低于上贝氏体，如图 2-161 所示。由图可见，随着上贝氏体抗拉强度的升高，初脆转变温度明显上升，而在形成下贝氏体时，其韧脆转化温度突然下降，以后随抗拉强度的升高，韧脆转变温度又有所升高。

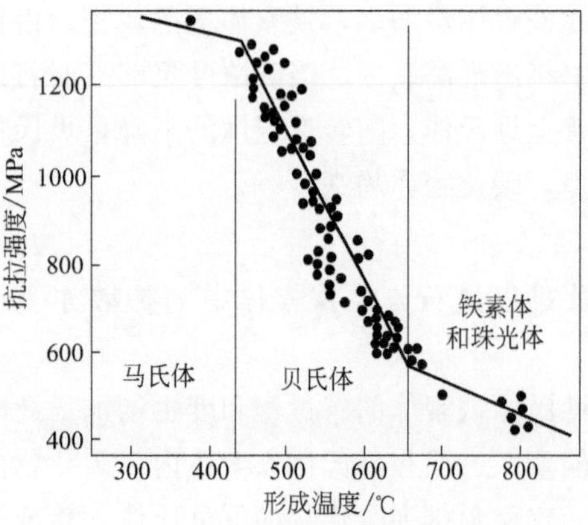

图 2-160 贝氏体抗拉强度与形成温度的关系

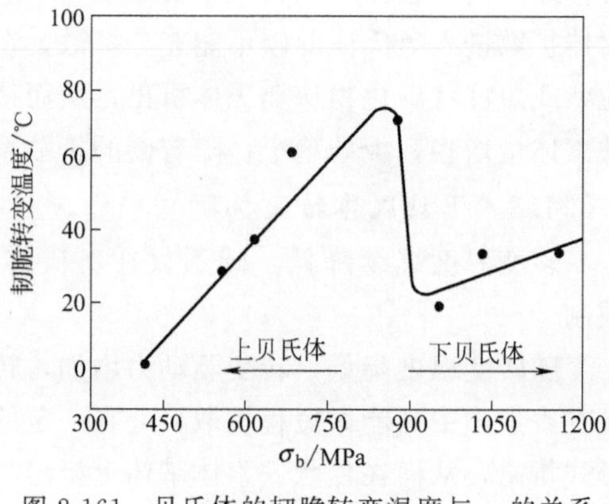

图 2-161 贝氏体的韧脆转变温度与 σ_b 的关系

(w_C 为 0.1%的 0.5Mo-B 钢)

上贝氏体的冲击韧性低于下贝氏体的原因有：

① 脆性 Fe_3C 分布于铁素体条间，造成脆性通道。

② 上贝氏体由彼此平行的铁素体条构成，好似一个晶粒，而下贝氏体铁素体片彼此位向差很大，故每一片贝氏体铁素体片均能起分割晶粒的作用，将原奥氏体晶粒分割成小晶粒，所以下贝氏体的有效晶粒直径远远小于上贝氏体。

(2) 影响冲击韧性的因素

① 铁素体板条及其束的尺寸。一般情况下，板条厚度增加，板条束的直径亦增加，而板条束大小对韧脆转变温度的影响则主要表现在对断裂解理小平面的影响上。由于相邻板条束的位向差较大，裂纹的扩展容易受阻于束界。故解理小平面的直径随板条束直径的增大而增大，从而导致韧脆转变温度的升高。又由于上贝氏体铁素体的板条直径大于下贝氏体的，故其韧脆转变温度较高，这对冲击韧性是不利的。

② 碳化物的形态及其分布。由于上贝氏体中的碳化物分布在铁素体板条之间，呈线状，且其粒子又较为粗大，故在碳化物与铁素体的界面处易于萌生微裂纹并迅速传播。而下贝氏体的碳化物分布在铁素体内，且粒子极为细小，不易产生裂纹；一旦出现解理裂纹，又为大量碳化物及高密度位错所阻止，从而具有较高的冲击韧性和较低的韧脆转变温度。

③ 奥氏体晶粒度。对于上贝氏体，奥氏体晶粒的细化将有助于韧性的提高，而下贝氏体铁素体的尺寸较小，奥氏体晶粒的细化对下贝氏体韧性的贡献则不太明显。

(3) 贝氏体和马氏体回火组织的冲击韧性。在较高强度水平的情况下，强度相同时下贝氏体的韧性往往高于淬火＋回火钢，其韧脆转变温度也常高于后者。

在强度相同的条件下，低碳钢贝氏体组织的冲击韧性稍低于回火后板条马氏体的冲击韧性；而在高碳钢中，下贝氏体的冲击韧性则高于回火孪晶马氏体。

在工业上，常常通过控制等温转变过程，获得适当数量的贝氏体加马氏体的复合组织，以获得良好的强韧性。

2.5.5.3 贝氏体的抗疲劳性能和耐磨性能

同一种钢在要求热处理后硬度相同时，选用等温淬火获得的贝氏体组织较淬火回火组织具有更高的疲劳性能，这是因为贝氏体较其他组织具有最佳的强韧性配合，疲劳裂纹的产生和扩展都较困难。此外，在重载和大的冲击载荷工作条件下，应首选贝氏体作为使用组织，因为抗冲击耐磨损性能亦以强韧性配合较佳的组织为最好。

2.5.6 贝氏体组织的应用

2.5.6.1 贝氏体钢

贝氏体转变所得的贝氏体组织具有非常好的综合力学性能。国内外学者根据贝氏体相变理论设计了多种成分以及相关工艺，生产出不同系列、通过连续冷却就能得到贝氏体组织的贝氏体钢。由于贝氏体钢在应用中可将热加工成形工序与热处理工序合并，省去淬火工序，不仅节约能源，简化工艺，提高生产效率，而且可以避免淬火引起的变形、开裂以及淬火加热时的氧化、脱碳等热处理缺陷，故贝氏体钢一出现，就很快受到欢迎，大大推动了贝氏体相变理论在生产上的应用。

20 世纪 50 年代，在系统研究合金元素对过冷奥氏体转变动力学的影响，以及贝氏体转变温度与形态和性能之间的关系的基础上，人们首先开发出在正火状态便可获得贝氏体组织的 Mo-B 及 Mo 系贝氏体钢。贝氏体钢的出现受到世人的重视，但由于 Mo 原料价格昂贵，同时 Mo-B 钢起始转变温度较高，产品强韧性差，为降低此温度，还必须将 Mo-B 钢复合金化，从而进一步增加了钢的成本，因此在应用上受到一些限制。

根据Mn能使过冷奥氏体等温转变C曲线上、下两部分分离，以及Mn与B结合能使高温转变孕育期明显大于中温转变的特点，我国成功地开发出廉价的Mn-B系空冷贝氏体钢。在中温区，适量的Mn可以在奥氏体晶界处富集，显著降低贝氏体相变驱动力，使贝氏体相变温度降低，细化贝氏体组织尺寸，改善韧性和强度。随着对贝氏体钢强韧性研究的深入，逐步形成了Mn-B系低碳、中低碳、中碳和高碳的系列贝氏体钢。

超低碳贝氏体钢（ULCB）是近20年来国际上发展起来的一大类高强度、高韧性、多用途新型钢种，被国际上誉为21世纪钢种。这类钢的成分设计改变了原有高强度低合金钢的设计思路，大幅度降低了钢中的碳含量（一般碳含量 w_C 均小于0.05%），这样彻底消除了碳对贝氏体韧性的影响，得到极细的含有高位错密度的贝氏体基体组织。这时钢的强度不再依靠碳的强化，而主要依靠晶粒细化强化、位错及亚结构强化，Nb、Ti、V微合金化强化以及ε-Cu沉淀强化，从而使钢的强韧性得到很好匹配，尤其是具有优良的野外焊接性能和抗氢致开裂性能，现已广泛用于油气管线、工程机械、重型汽车、集装箱、造船、桥梁、海军舰艇、压力容器等诸多领域。

2.5.6.2 奥/贝复合强韧化——贝氏体球墨铸铁

20世纪70年代末期，出现了通过等温淬火获得贝氏体+奥氏体复合组织的贝氏体球墨铸铁。这种铸铁的性能优异，在伸长率相同的情况下，贝氏体球墨铸铁的 σ_b 是普通（珠光体铁素体型）球墨铸铁的两倍，弯曲疲劳强度与合金锻钢相当，冲击韧性比普通球墨铸铁高数倍，因此，已广泛用于生产凸轮轴、曲轴、齿轮、拖拉机配件、火车车轮等。贝氏体球墨铸铁主要分为两大类：一类是以奥氏体+贝氏体为基体组织的贝氏体球墨铸铁，称为奥贝球墨铸铁，简称ADI。这种材料具有较高的强度，同时具有一定的耐磨性。另一类是以贝氏体+少量碳化物为基体组织的贝氏体球墨铸铁，称为贝氏体球墨铸铁，简称BDI。这种材料具有很好的耐磨性，同时具有一定的强度和韧性。目前，生产贝氏体球墨铸铁的方法已由过去的等温淬火发展到连续冷却淬火和合金化铸铁等多种方法。

2.5.6.3 马/贝复合强韧化

对 $w_C<0.15\%$ 的低碳低合金钢的研究结果表明，屈服强度相同时，马氏体+（10～20)%下贝氏体复相组织的韧脆转变温度比回火马氏体和回火贝氏体都低。这是由于10%～20%下贝氏体的存在分割了原奥氏体晶粒，使淬火组织得到细化，在断裂过程中裂纹不断曲折转向，吸收更多的能量，从而提高韧性。进一步研究工作表明，在中碳合金钢中将等温处理获得的下贝氏体/马氏体复相组织再进行低温回火后，具有优于马氏体或下贝氏体单相组织的强韧性。在中高碳低合金钢中，当低温回火马氏体中存在少量下贝氏体时，韧性 K_{IC} 和 A_K 大幅度上升，塑性和疲劳性能显著改善。这种复相组织经中温回火后，$\sigma_{0.2}$ 下降极小，韧性明显上升，获得优良的强韧配合。

2.5.6.4 减小变形开裂

在20世纪30年代，人们已经注意到等温淬火可以减少工件的淬火应力及变形。迄今，等温淬火仍然是一种重要的热处理工艺。例如，对于一些淬透性低的碳钢和低合金钢零件，只要零件尺寸不大，也可以采用等温淬火。对于尺寸较大、精度要求高的工模具，也经常采用等温淬火。

2.6 钢的过冷奥氏体转变图

从以上各节可以看出，由于转变温度不同，过冷奥氏体可以通过不同机制进行转变而获得完全不同的组织。在较高的温度范围内，过冷奥氏体可以通过珠光体转变机制转变为珠光体；在中温范围内，过冷奥氏体可以通过贝氏体转变机制转变为贝氏体；而在低温范围内，过冷奥氏体将通过马氏体转变机制转变为马氏体。对于亚共析钢和过共析钢来说，在高温范围内还可能出现先共析转变，析出先共析铁素体或先共析渗碳体。

上述三种不同的转变虽然是因温度的下降而依次出现，但转变温度范围并不是截然分开的，而是相互重叠的。贝氏体转变的上限温度 B_s 并不是珠光体转变的下限温度。同样，马氏体转变的上限温度 M_s 也不是贝氏体转变的下限温度。

虽然转变类型主要取决于温度，但是转变速度或程度又往往与时间相关。也就是说，成分一定的过冷奥氏体的转变是一个与温度和时间（或冷却速度）相关的过程，通常可以用表征转变程度与温度、时间之间关系的过冷奥氏体转变图予以表示。

本节将讨论在低于 A_1 点的各种温度下等温保持或以不同速度连续冷却时过冷奥氏体的转变规律，以及在制定热处理工艺、合理选用钢材和判别非平衡组织中的应用。

2.6.1 过冷奥氏体等温转变图

在生产中，过冷奥氏体大多是在连续冷却过程中的一个温度范围内发生转变的，而且几种转变可能重叠出现，情况比较复杂。为此，这里首先讨论比较简单的过冷奥氏体的等温转变。

2.6.1.1 过冷奥氏体等温转变图的建立

将奥氏体迅速冷却到临界温度以下的某一温度，并在此温度下等温，在等温过程中所发生的相变称为过冷奥氏体等温转变。过冷奥氏体等温转变图可综合反映过冷奥氏体在不同过冷度下的等温转变过程：转变开始和终了时间、转变产物的类型以及转变量与温度和时间的关系等。由于等温转变图通常呈“C”形，所以又称为C曲线，亦称为TTT图。

可以采用金相、膨胀、磁性、电阻和热分析等方法测定等温转变图。下面简要介绍用金相法测定等温转变图的方法。

将试样（ϕ10～15mm×1.5mm）放入浴炉中加热保温一段时间（通常为10～15min），在获得均匀的奥氏体组织后自浴炉取出，迅速淬入恒温盐浴槽（或金属浴槽），等温保持一定时间后取出淬入盐水中，使尚未转变的奥氏体转变成马氏体。磨制成金相试样，用光学显微镜确定在给定温度下保持一定时间后转变所得产物的类型和转变量，绘出转变量与时间的关系曲线，即等温转变动力学曲线，如图2-162（a）所示。由图可见，转变前有孕育期，转变开始后转变速度逐渐加快，当转变量达50%左右时转变速度最大，以后逐渐降低，直至转变终了。

将不同温度下的等温转变开始时间和终了时间绘制在温度-时间半对数坐标系中，并将不同温度下的转变开始点和转变终了点分别连接成曲线，则可得到如图2-162（b）所示的过冷奥氏体等温转变图。图中 *ABCD* 线代表不同温度下的转变开始（通常取转变量为2%左右）时间，而 *EFGH* 线和 *JKLM* 线分别表示发生50%和100%（实际上常为98%左右）转变的时间。

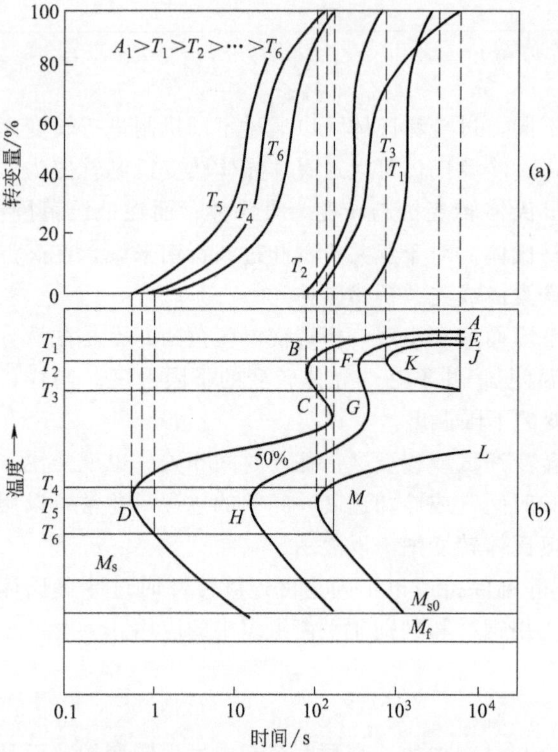

图 2-162 过冷奥氏体等温转变图

也可用金相法确定 M_s 和 M_f 温度，但方法十分繁杂，已很少被采用。目前多采用膨胀或磁性等物理方法来测定 M_s 和 M_f 温度。

图 2-163 为一典型的 C 曲线图。通常还在图中标出临界点 A_{c1} 和 A_{c3}，以及各个相区（γ——奥氏体，α——铁素体，P——珠光体，B——贝氏体），转变产物的硬度（数值示于圆圈内）和 M_s、M_f 点等，有时也给出各类组织所占的百分数。如过冷奥氏体于 650℃ 等温时，保持 5s 左右开始析出铁素体，约经 12s 形成 30%铁素体后开始珠光体转变，约经 105s 后 70%未转变的过冷奥氏体全部转变为珠光体。

图 2-162（b）中的等温转变曲线可以看成是由两个 C 曲线组成的，第一个 C 曲线与珠光体形成相对应，第二个 C 曲线与贝氏体形成相对应。曲线中两个凸出部分称为珠光体和贝氏体转变曲线的“鼻子”，分别对应着珠光体和贝氏体转变孕育期最短的温度。在两个曲线相重叠的区域（图 2-163 中的 550℃）内等温时可以得到珠光体和贝氏体混合组织。在珠光体区内，随着等温温度的下降，珠光体片层间距减小，珠光体组织变细。在贝氏体较高温度区等温时获得上贝氏体，在较低温度区等温时，获得下贝氏体。

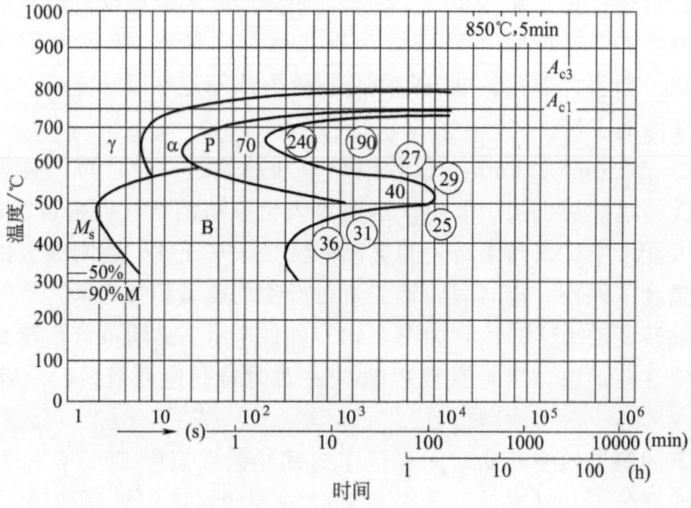

图 2-163 中碳 Cr-Ni 钢（w_C 0.35%，w_{Cr} 1.11%，w_{Ni} 0.23%，w_{Si} 0.23%，w_{Mn} 0.65%，w_{Cu} 0.18%，w_P 0.026%，w_S 0.013%）的 C 曲线图

对 M_s 点较高的钢，贝氏体等温转变曲线可延伸到 M_s 线以下，即贝氏体与马氏体转变重叠。这时如果在稍低于 M_s 温度等温，则在形成少量马氏体后继而形成贝氏体。

共析碳钢的 C 曲线呈简单的 C 形，实际上是由两个邻近的 C 曲线合并而成，如图 2-164 所示。在“鼻尖”以上温度（>550℃）等温时，形成珠光体；在鼻尖以下温度等温时，形成贝氏体。

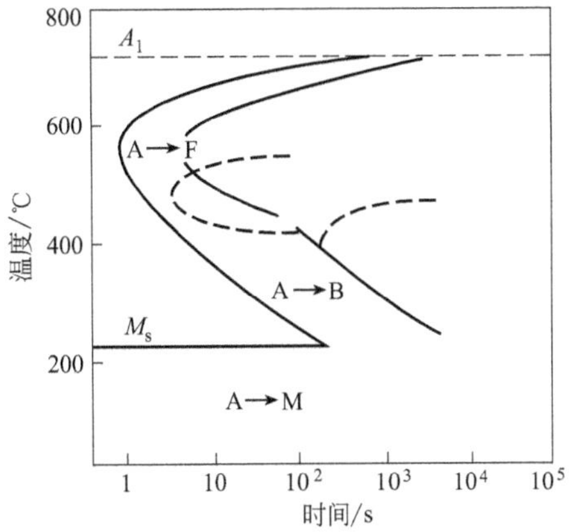

图 2-164 两个 C 曲线合并成一个 C 曲线

2.6.1.2 奥氏体等温转变图的基本类型及影响因素

C 曲线的形状是多种多样的，这是由于各种合金元素对过冷奥氏体的三种冷却转变的温度范围及转变速度具有不同影响的结果。C 曲线的基本类型大体有以下六种。

第一种，具有单一的 C 形曲线。除碳钢外，含有 Si、Ni、Cu、Co 等元素的钢均属此种（图 2-165），其“鼻尖”温度为 500～600℃。

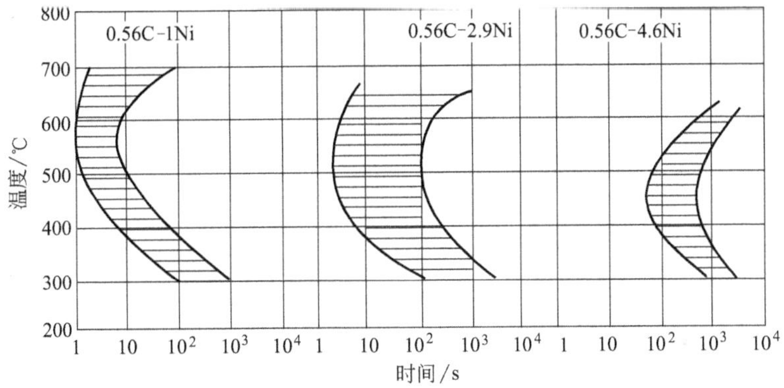

图 2-165 Ni 对 C 曲线的影响

第二种及第三种，曲线呈双 C 形。钢中加入能使贝氏体转变温度范围下降，或使珠光体转变温度范围上升的合金元素（如 Cr、Mo、W、V 等）时，则随着合金元素含量的增加，珠光体转变 C 曲线与贝氏体转变 C 曲线逐渐分离（图 2-166）。当合金元素含量足够高时二曲线将完全分开，在珠光体转变与贝氏体转变之间出现一个奥氏体稳定区。

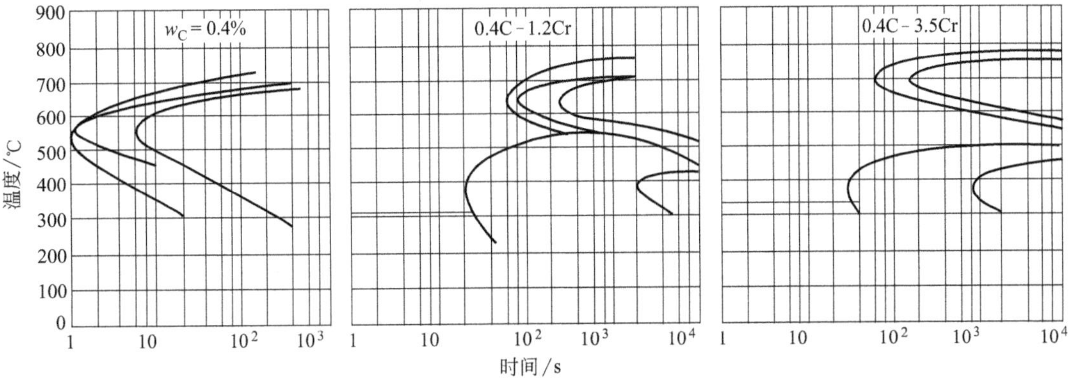

图 2-166 Cr 对 C 曲线的影响

如果加入的合金元素不仅能使珠光体转变与贝氏体转变分离，而且能使珠光体转变速度显著减慢，但对贝氏体转变速度影响较小，则将得到如图 2-167 所示的等温转变图（第二种）；反之，如果加入的合金元素能使贝氏体转变速度显著减慢，而对珠光体转变速度影响不大，则将得到如图 2-168 所示的等温转变图（第三种）。

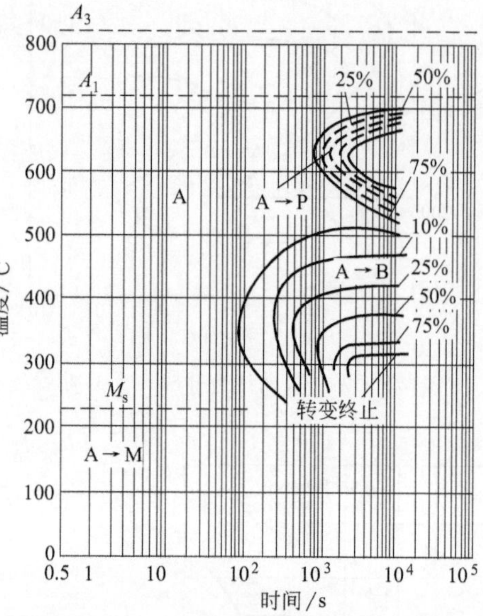

图 2-167 5CrNiMo 钢的 C 曲线

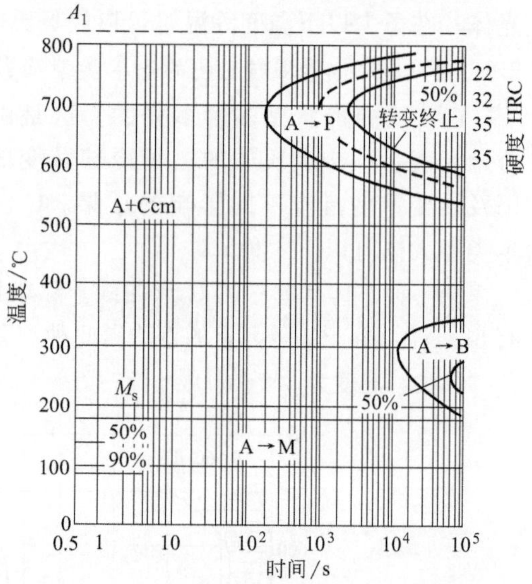

图 2-168 Cr12MoV 钢的 C 曲线

Mn 对奥氏体等温转变图的影响较为特殊。钢中加入 Mn 量较少时，只出现单一的 C 曲线；但 w_{Mn} 增加到 1.5%以上时，却会在转变后期出现分离现象（图 2-169），w_{Mn} 增加到 3%以上时，也呈现双 C 曲线（图 2-170）。

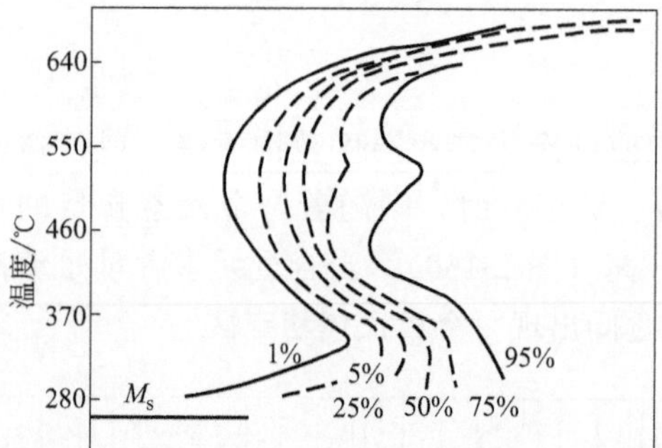

图 2-169 w_C 0.42%，w_{Mn} 1.8%钢的 C 曲线

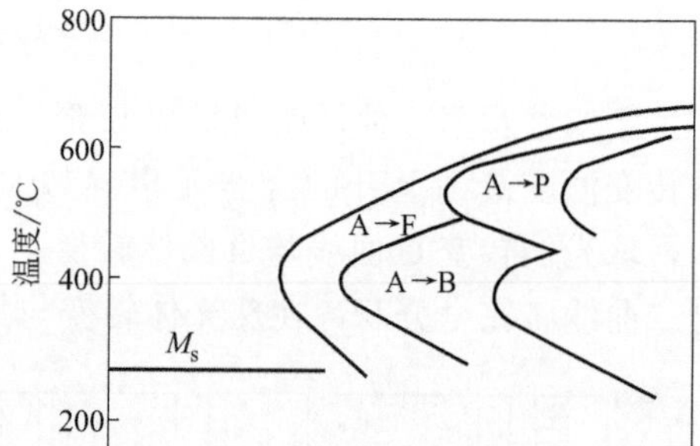

图 2-170 w_C 0.2%，w_{Mn} 3.2%钢的 C 曲线

第四种，只有贝氏体转变的 C 曲线。在含碳量低（$w_C<0.25\%$）且含 Mn、Cr、Ni、W、Mo 量高的钢中，扩散型的珠光体转变受到极大阻碍，而只出现贝氏体转变 C 曲线（图 2-171）。18Cr2Ni4WA、18Cr2Ni4MoA 钢均属此。

第五种，只有珠光体转变的 C 曲线。在中碳高铬钢（如 3Cr13、3Cr13Si 和 4Cr13 等）中出现此种等温转变图（图 2-172）。

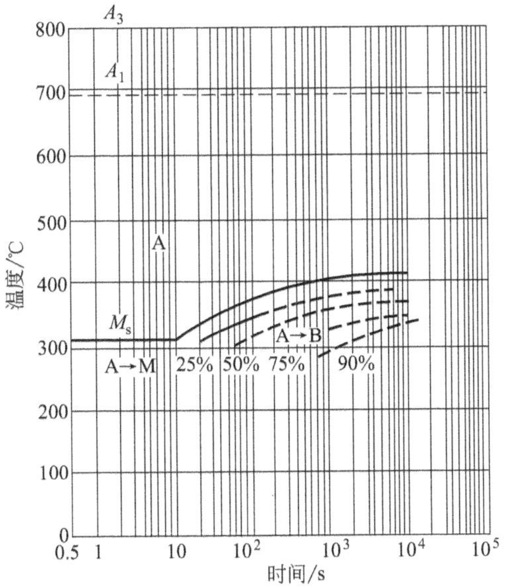

图 2-171　18Cr2Ni4WA 钢的 C 曲线

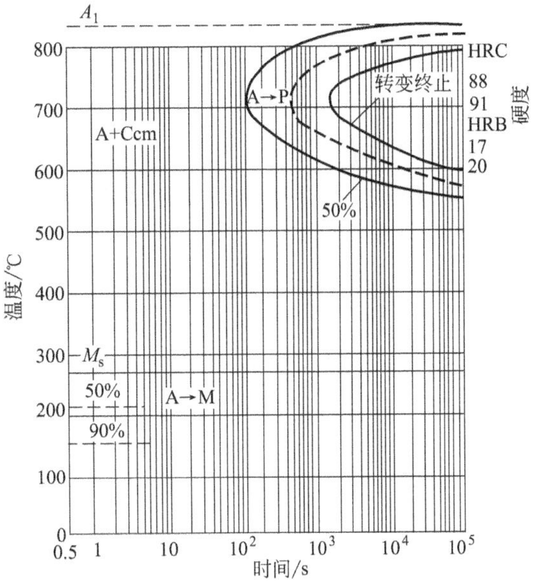

图 2-172　3Cr13 钢的 C 曲线

第六种，在马氏体点（M_s）以上整个温度区内不出现 C 曲线。这类钢通常为奥氏体钢，高温下稳定的奥氏体组织能全部过冷至室温。但可能有过剩碳化物的析出，使得在 M_s 点以上出现一个碳化物析出的 C 曲线（图 2-173）。

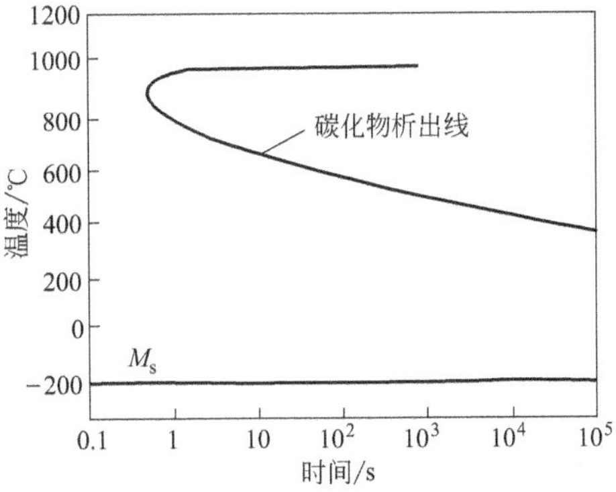

图 2-173　只有碳化物析出的 C 曲线

应该指出，C 曲线的形状除了与钢的化学成分有关外，还与钢的热处理规程有关。如细化奥氏体晶粒，会加速过冷奥氏体向珠光体的转变。当原始组织相同时，提高奥氏体化温度或延长奥氏体化时间，将促使碳化物溶解、成分均匀和奥氏体晶粒长大，导致 C 曲线右移等。此外，奥氏体的高温和低温形变均会显著影响珠光体转变动力学。一般来说，形变量越大，珠光体转变孕育期越短，即加速珠光体转变。关于形变加速珠光体转变的原因，应根据形变条件分别讨论，可以区分为三种情况。第一种情况是相变前形变奥氏体处于完全再结晶状态。这时形变加速珠光体转变的原因是再结晶细化了奥氏体晶粒。第二种情况是相变前形变奥氏体处于加工硬化-回复状态。这时形变加速珠光体转变的原因是形变促进了晶界与晶内（如滑移带、孪晶）形核。第三种情况是相变前形变奥氏体中析出大量细小的形变诱发碳化物。这时形变加速珠光体转变的原因是形变诱发碳化物，促进了珠光体的形核。

综上所述，奥氏体等温转变图的形状和位置是许多因素综合作用的结果。在应用等温转变图时，必须注意所用钢的化学成分、奥氏体化温度和晶粒度等，否则，可能导致错误的结果。

2.6.2 过冷奥氏体连续冷却转变图

等温转变图反映的是过冷奥氏体的等温转变规律，可以直接用来指导等温热处理工艺的制定。但是，实际热处理常常是在连续冷却条件下进行的，如淬火、正火和退火等。虽然可以利用等温转变图来分析连续冷却时过冷奥氏体的转变过程，但这种分析只能是粗略的估计，有时甚至可能得出错误的结果。连续冷却时，过冷奥氏体是在一个温度范围内进行转变的，几种转变往往重叠，得到的是不均匀的混合组织。

过冷奥氏体连续冷却转变图——CCT（continuous cooling transformation）图，是分析连续冷却过程中奥氏体的转变过程以及转变产物的组织和性能的依据，其重要性早已被人们所认识。但由于连续冷却转变比较复杂以及测试上的困难，到目前为止仍有许多钢的CCT图有待进一步精确测定。

2.6.2.1 过冷奥氏体连续冷却转变图的建立

通常是综合应用膨胀法、金相法和热分析法来测定过冷奥氏体连续冷却转变图。快速膨胀仪的问世为CCT图的测定提供了许多方便。

快速膨胀仪所用试样尺寸通常为ϕ3mm×10mm。采用真空感应加热方法加热试样，程序控制冷却速度，在500～800℃范围内平均冷却速度可从100000℃/min变化到1℃/min。从不同冷却速度的膨胀曲线上可确定出转变开始点（转变量为1%）、各种中间转变量点和转变终了点（转变量为99%）所对应的温度和时间。将数据记录在温度-时间半对数坐标系中，连接相应的点，便得到连续冷却转变图，如图2-174所示。为了提高测量精度，常用金相法或热分析法进行定点校核。

2.6.2.2 冷却速度对转变产物的影响

图2-174为w_C 0.46%钢的CCT图，图中标注的符号意义与C曲线图相同。自左上方至右下方的各条曲线代表不同冷却速度的冷却曲线。这些曲线依次与铁素体、珠光体和贝氏体转变终止线相交处所标注的数字，表示的是以该冷却速度冷至室温后的组织中铁素体、珠光体和贝氏体所占的体积分数。冷却曲线下端的数字，代表以该速度冷却时获得组织的室温维氏（或洛氏）硬度。常在图的右上角注明奥氏体化的温度和时间。从目前已公布的CCT图来看，可用下述几种方法来描述CCT图中的冷却速度。

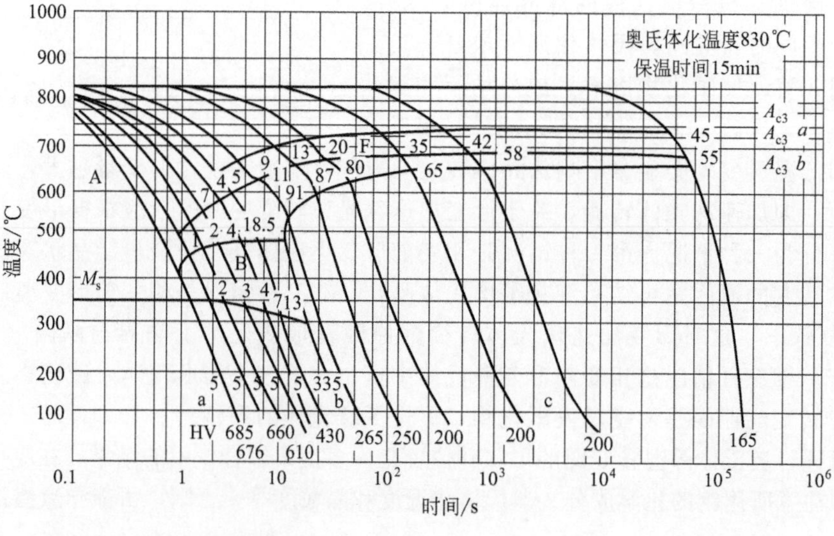

图2-174 碳钢（质量分数：C 0.46%，Si 0.26%，Mn 0.39%，P 0.12%，S 0.026%，Al 0.003%，Cr 0.12%，Cu 0.215%，N 0.06%）的CCT图

（1）500～800℃范围内的平均冷却速度（单位为℃/s或℃/min）。如图2-175所示，在硬度HV值上方标示了500～800℃范围内的平均冷却速度（单位为℃/min）。

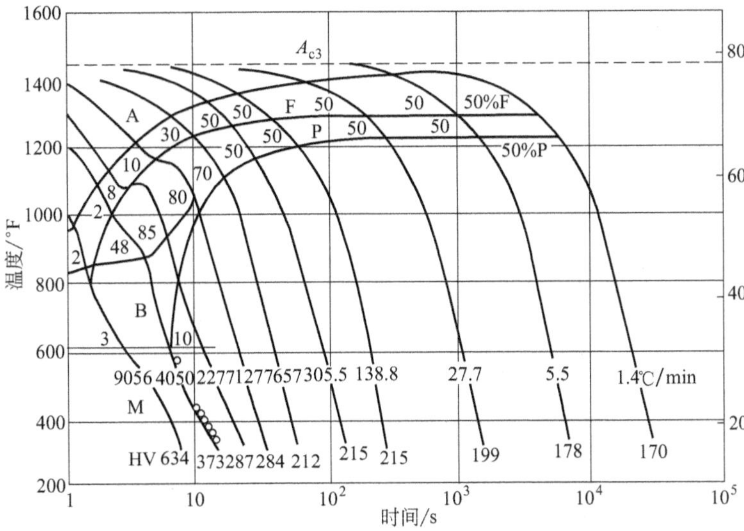

图 2-175　40 钢的 CCT 图

$t/℃=\frac{5}{9}(t/℉-32)$，下同

（2）距端淬试样水冷端的距离。在端淬规定的冷却条件下，试样的各点均相应于一定的冷却速度，而且因距水冷端距离的增大而降低。因此可使 CCT 图上的各条冷却曲线与端淬试样上某些点的冷却速度对应，如图 2-176 所示。用这种方法描述某些冷却曲线的优点是能把 CCT 图和端淬试样的数据联系起来，便于分析钢件在淬火后截面上的硬度分布和淬透层深度。这种方法的实例如图 2-177 所示。

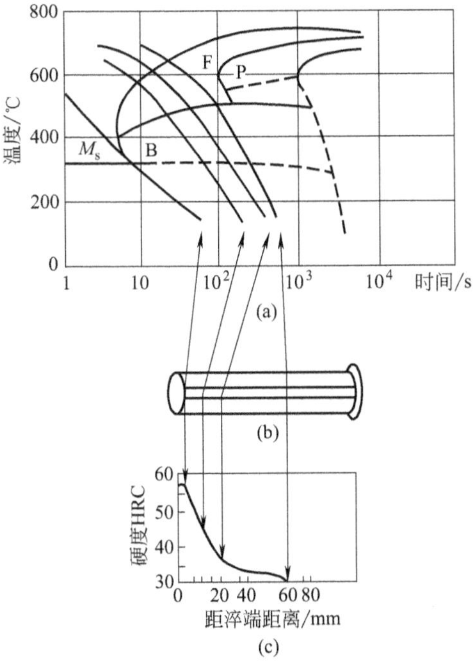

图 2-176　CCT 图中的冷却曲线与距端淬试样水冷端距离的对应关系示意图

(a) CCT 图；(b) 端淬试样；(c) 端淬试样上的硬度分布曲线

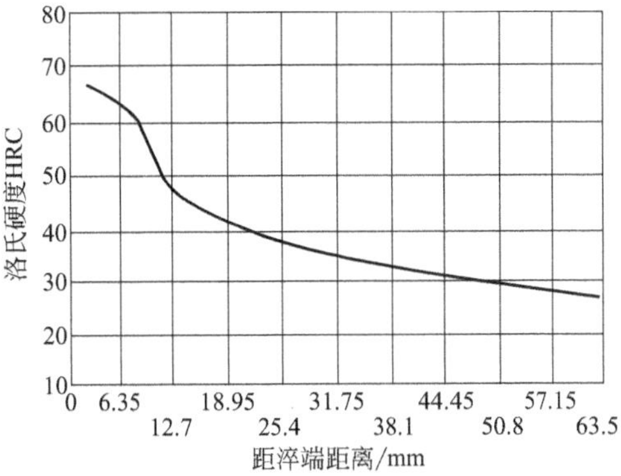

图 2-177　GCr15 钢的端淬曲线

(3) 冷却时间。这种方法是用从奥氏体化温度冷至500℃所需的时间来描述冷却速度的，可用CCT图中各条冷却曲线与图中500℃等温线的交点来确定冷却时间，所以比平均冷却速度法更方便些。

现根据图2-174讨论在三种典型的冷却速度（图中a、b和c）下，过冷奥氏体的转变过程和产物组成，并说明冷却速度对转变产物的影响。以速度a（冷却至500℃需0.7s）冷却时，直至M_s点（360℃）仍无扩散型相变发生。从M_s点开始发生马氏体转变，冷至室温后得到马氏体加少量残留奥氏体组织，硬度为685HV。以速度b（冷至550℃需5.5s）冷却时，约经2s在630℃开始析出铁素体；经3s冷却至600℃左右析出铁素体量达5%后开始珠光体转变，经6s冷至480℃珠光体达50%；然后进入贝氏体转变区，经10s冷至305℃左右，有13%的过冷奥氏体转变成贝氏体；随后开始马氏体转变，冷至室温仍有奥氏体没转变而残留下来，室温组织由5%铁素体、50%细片状珠光体、13%贝氏体、30%马氏体和2%残留奥氏体组成，硬度为335HV。以速度c（冷至500℃需260s）冷却时，经80s冷至720℃时开始析出铁素体；经105s冷至680℃左右，形成35%铁素体并开始珠光体转变；经115s冷至655℃转变终了，获得35%铁素体和65%珠光体的混合组织，硬度为200HV。

2.6.2.3 连续冷却转变图与等温转变图的比较

在连续冷却条件下，过冷奥氏体转变是在一个温度范围内发生的，可以把连续冷却转变看成许多温度相差很小的等温转变过程的总和。因此可以认为，连续冷却转变组织是不同温度下等温转变组织的混合。

与等温转变相比，过冷奥氏体连续冷却转变有如下特点。

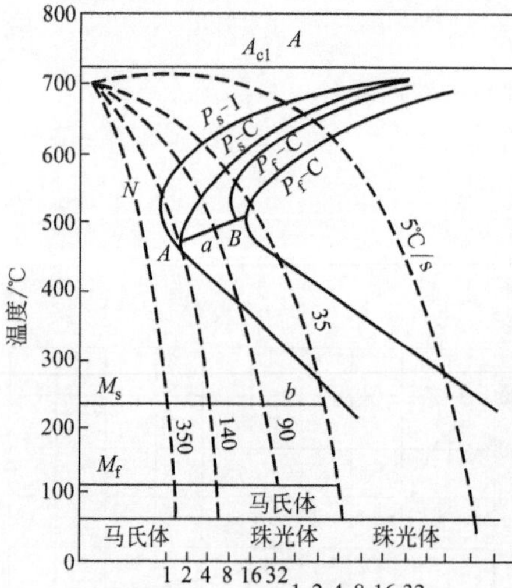

图2-178 共析碳钢的CCT图

I—等温转变；C—连续冷却转变

(1) 共析碳钢的CCT图只有高温的珠光体转变区和低温的马氏体转变区，而无中温的贝氏体转变区，由图2-178可见，以90℃/s的速度冷却时，到a点有50%的奥氏体转变为珠光体，余下的50%在a—b间不转变，从b点开始进行马氏体转变。通过A点的冷却速度（140℃/s）使珠光体转变不能发生，可获得100%马氏体（包括残留奥氏体）的最小冷却速度，称为临界淬火速度。A点与C曲线图中的"鼻尖"点N并不是一个点。从图2-178中还可看到，CCT图中的P_s曲线（珠光体开始转变线）和P_f曲线（珠光体终止转变线）向右下方移动。

(2) 合金钢连续冷却转变时组织多变，可以有珠光体转变而无贝氏体转变，也可以有贝氏体转变而无珠光体转变，也可两者兼而有之，具体图形由加入钢中合金元素的种类和含量而定。合金元素对连续冷却转变图的影响规律与对等温转变图的影响相似。合金钢连续冷却转变图的基本类型如图2-179所示。

(3) 合金钢与碳钢的连续冷却转变曲线都处于等温转变曲线的右下方，这是由于连续冷却转变时转变温度较低、孕育期较长。

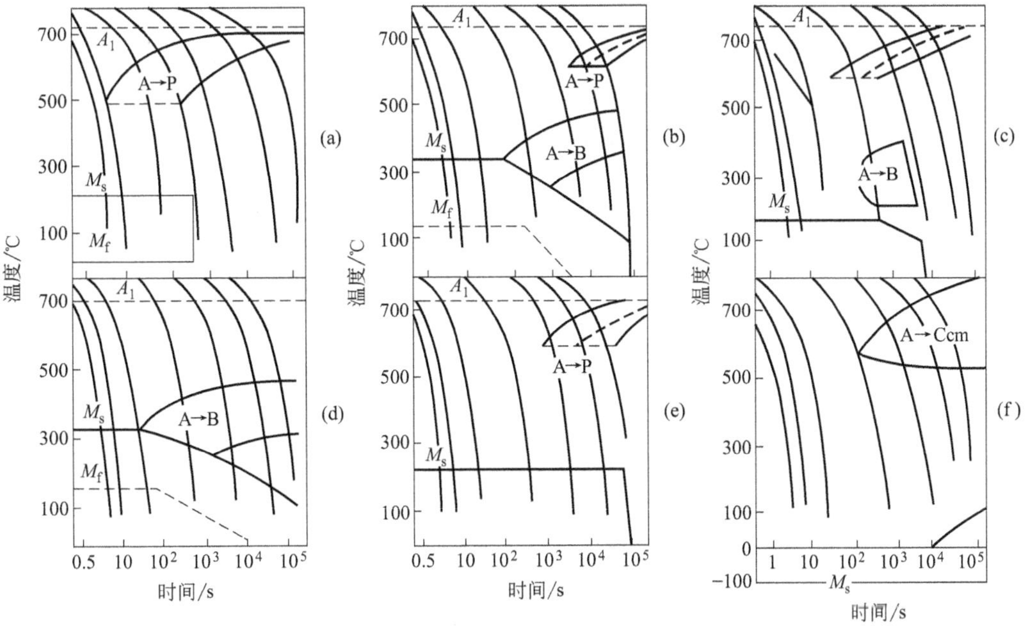

图 2-179　过冷奥氏体连续冷却转变图的基本类型

(a) 碳钢和含非碳化物形成元素的低合金钢；(b) 合金结构钢；(c) 合金工具钢；
(d) 含有多量 Mn、Cr、Ni、Mo 的合金结构钢（如 18Cr2Ni4WA 的合金结构钢）；
(e) 高铬钢（如 2Cr13）；(f) 易形成碳化物的奥氏体钢

2.6.2.4　钢的临界冷却速度

连续冷却时，过冷奥氏体的转变过程和转变产物取决于钢的冷却速度。

在连续冷却中，使过冷奥氏体不析出先共析铁素体（亚共析钢）、先共析碳化物（过共析钢高于A_{cm}奥氏体化），或不转变为珠光体、贝氏体的最低冷却速度，分别称为抑制先共析铁素体、先共析碳化物、珠光体和贝氏体的临界冷却速度。它们分别用与 CCT 图中先共析铁素体和先共析碳化物析出线，或珠光体和贝氏体转变开始线相切的冷却曲线对应的冷却速度来表示。

为了使钢件在淬火后得到完全的马氏体组织，应使奥氏体在冷却过程中不发生分解。这时钢件的冷却速度应大于某一临界值。上面已经谈到，此临界值称为临界淬火速度，通常以v_c表示。v_c是得到完全马氏体组织（包括残余奥氏体）的最低冷却速度，代表钢接受淬火的能力，是决定钢件淬透层深度的主要因素，也是合理选用钢材和正确制定热处理工艺的重要依据之一。

临界淬火速度与 CCT 图的形状和位置有关。图 2-180 是高碳高铬工具钢的 CCT 图。由图可见，珠光体转变的孕育期较短，而贝氏体转变的孕育期较长，因而 Cr12 钢的临界淬火速度取决于抑制珠光体转变的临界冷却速度v_1。与此相反，中碳 Cr-Mn-V 钢珠光体转变孕育期比贝氏体长（图 2-181），这时临界淬火速度将取决于抑制贝氏体转变的临界冷却速度v_2。

亚共析碳钢和低合金钢的临界淬火速度多取决于抑制先共析铁素体析出的临界冷却速度。抑制先共析碳化物析出的临界冷却速度，可用来衡量过共析成分的奥氏体在连续冷却时析出碳化物的倾向性。从 Cr12 钢的 CCT 图（图 2-180）可知，抑制先共析碳化物析出的临界冷却速度较大，因而在淬火过程中容易析出碳化物。

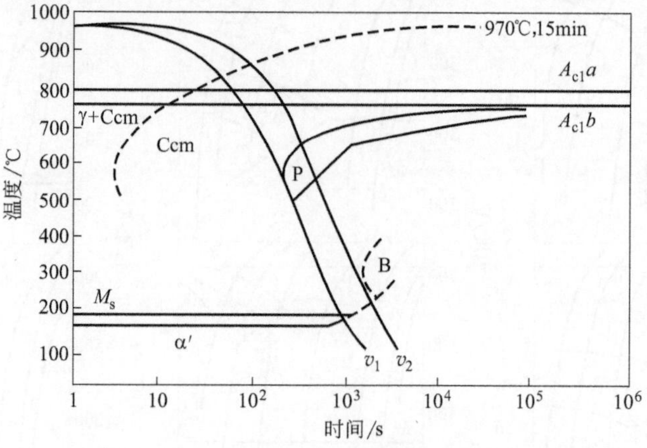

图 2-180 Cr12 钢的 CCT 图

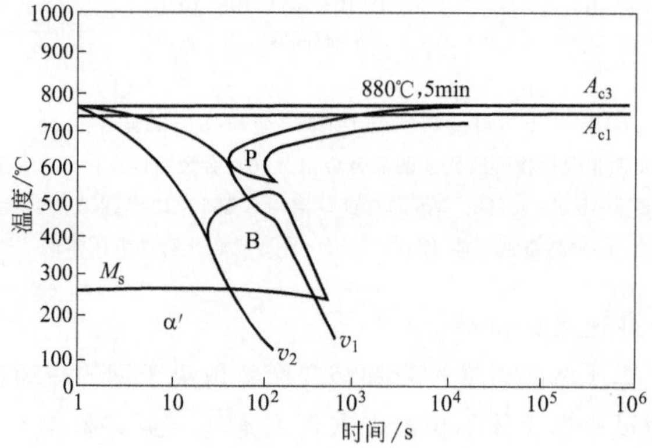

图 2-181 中碳 Cr-Mn-V 钢的 CCT 图（w_C 0.55%，w_{Si} 0.22%，w_{Mn} 0.88%，w_{Cr} 1.02%，w_V 0.77%）

临界淬火速度主要取决于 CCT 图曲线位置。使 CCT 图曲线左移的各种因素，都将使临界淬火速度增大；而使 CCT 图曲线右移的各种因素，都将降低临界淬火速度。

2.6.2.5 利用等温转变图估计临界冷却速度

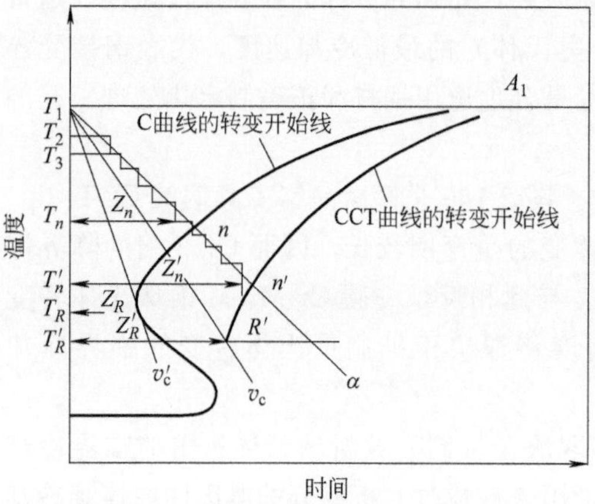

图 2-182 CCT 图曲线与 C 曲线的关系

因为连续冷却转变图在测试上存在困难，所以到目前为止还有许多钢的 CCT 图未被测定。而有关 C 曲线图的资料却比较多，因此研究 CCT 图与 C 曲线图的关系，应用 C 曲线图来估计v_c是有实际意义的。

可以把连续冷却看成许多保持时间非常小的等温阶段的总和。其中每一个极小的时间段（τ_i）都对应着一个相应的温度（T_i）。从 C 曲线图可知，每个温度（T_i）又与一定的孕育期（Z_i）相对应（图 2-182）。因此在过冷奥氏体分解的温度范围内任一温度 T_i

下的$\frac{\Delta\tau_i}{Z_i}$即表示在该温度下的孕育效果或孕育期消耗量，以 I. P. 表示。从A_1 冷至 T_n 时的 I. P. 可用下式表示：

$$\text{I. P.}=\frac{\Delta\tau_1}{Z_1}+\frac{\Delta\tau_2}{Z_2}+\cdots+\frac{\Delta\tau_n}{Z_n}=\sum_{i=1}^{n}\frac{\Delta\tau_i}{Z_i}$$

若把冷却曲线无限细分，即令 $\Delta\tau_i\to 0$，上式可写为：

$$\text{I. P.}(T_n)=\int_{\tau_0}^{\tau=\tau_n}\frac{\mathrm{d}\tau}{Z(T)}=\int_{A_1}^{T_n}\frac{\mathrm{d}\tau/\mathrm{d}T}{Z(T)}\mathrm{d}T$$

式中，A_1 为珠光体和奥氏体的平衡温度；$\mathrm{d}\tau/\mathrm{d}T$ 为冷却速度的倒数。

令冷却速度为常数，并以 α 表示，则 $\mathrm{d}T/\mathrm{d}\tau=\alpha$，上式可写成：

$$\text{I. P.}(T_n)=\frac{1}{\alpha}\int_{A_1}^{T_n}\frac{\mathrm{d}T}{Z(T)}$$

设 I. P. 等于 1 时孕育过程完成，开始转变。则由图 2-182 可知，当温度高于 T_R（C 曲线“鼻尖”所对应的温度）时：

$$Z_1>Z_2>Z_3>\cdots>Z_R$$

所以
$$\frac{1}{Z_1}<\frac{1}{Z_2}<\frac{1}{Z_3}<\cdots<\frac{1}{Z_n}<\frac{1}{Z_R}$$

令
$$\Delta\tau_1=\Delta\tau_2=\Delta\tau_3=\cdots=\Delta\tau_n$$

而且
$$\Delta\tau_1+\Delta\tau_2+\Delta\tau_3+\cdots+\Delta\tau_n=Z_n$$

所以
$$\frac{\Delta\tau_1}{Z_1}+\frac{\Delta\tau_2}{Z_2}+\frac{\Delta\tau_3}{Z_3}+\cdots+\frac{\Delta\tau_n}{Z_n}<1$$

即
$$\frac{1}{\alpha}\int_{A_1}^{T_n}\frac{\mathrm{d}T}{Z(T)}<1$$

这就是说，冷却速度为 α 的冷却曲线与 C 曲线开始转变线相交时（这时的温度为 T_n，孕育期为 Z_n），过冷奥氏体并不开始转变。只有进一步冷却至更低温度（T_n'），并满足 $\frac{1}{\alpha}\int_{A_1}^{T_n}\frac{\mathrm{d}T}{Z(T)}=1$ 时才开始转变。所以连续冷却时，转变开始点处于冷却曲线与相应的等温转变开始线交点的右下方（图 2-182）。

在临界淬火速度v_c 下，从A_1 冷至 T_R'时孕育期消耗量为：

$$\frac{1}{v_c}\int_{A_1}^{T_n'}\frac{\mathrm{d}T}{Z(T)}=1$$

所以：

$$v_c=\int_{A_1}^{T_n'}\frac{\mathrm{d}T}{Z(T)} \tag{2-58}$$

因此，若已知A_1、T_R'和 $Z(T)$，则可代入式（2-58）求出临界淬火速度。而 $Z(T)$ 是一个复杂函数，所以根据式（2-58）对v_c 做精确计算是不可能的。但可根据钢的 C 曲线图粗略估计临界淬火速度，方法如下：从纵坐标轴上的A_1 点作冷却曲线与 C 曲线图的转变开始线相切（图 2-182），该冷却曲线所代表的冷却速度v_c'可用下式描述：

$$v_c'=\frac{A_1-T_R}{Z_R} \tag{2-59}$$

式中，T_R 和Z_R 为切点所对应的温度和时间。

考虑到CCT曲线总是在C曲线的右下方，将上式修正为：

$$v_c=\frac{v_c'}{1.5}=\frac{A_1-T_R}{1.5Z_R} \tag{2-60}$$

上述方法纯属估算，而且只适合v_c决定于抑制珠光体转变的临界冷却速度的情况。

2.6.2.6 连续冷却过程中冷却速度变化对临界淬火速度的影响

钢的CCT图大多是在一系列恒定的冷却速度下测定的。但是，在实际热处理操作中冷却速度却往往是非恒定的。例如油淬火时，在蒸气膜覆盖、沸腾和对流等阶段的冷却速度显然是不一样的。冷却途中冷却速度的变化必然导致过冷奥氏体转变行为的变化，从而难以用CCT图对转变行为作出直接判断。研究结果表明，这时的珠光体转变行为取决于低于A_1点的孕育期消耗量和冷却速度发生变化的温度。

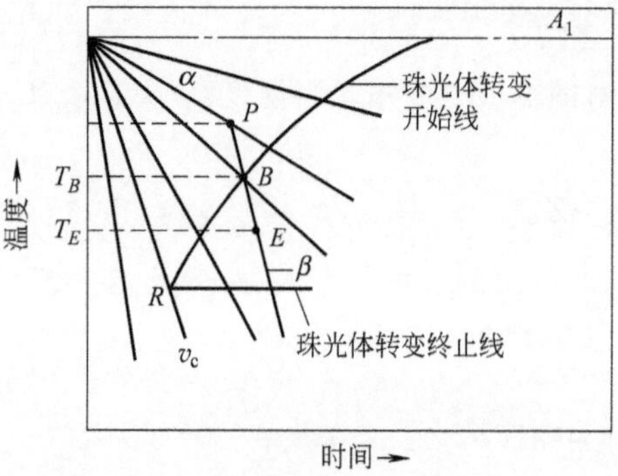

图 2-183 冷却途中冷却速度变化时的孕育期消耗示意图

假设一个试样开始以恒定的冷却速度α从A_1点冷至P点，在P点冷速改变为β（图2-183）。由式（2-56）可知，冷却速度越大，则孕育期消耗量越小。因此，当$\beta>\alpha$时，以β速度冷却时的孕育期消耗量较小，因而当冷至CCT图转变开始线上的B点时，I. P. <1。只经历更长时间并冷至更低温度（如A_E），并满足下式时过冷奥氏体才开始转变。

$$\frac{1}{\alpha}\int_{A_1}^{T_P}\frac{dT}{Z(T)}+\frac{1}{\beta}\int_{T_P}^{T_E}\frac{dT}{Z(T)}=1 \tag{2-61}$$

这就是说，与恒定冷速α比较，当$\beta>\alpha$时，转变将滞后发生；反之，转变将提前发生。冷却途中改变冷速时的转变行为见图2-184。图2-184（a）是以比临界淬火速度v_c低的恒定冷却速度α冷却，中途于P点改变冷速为β。根据式（2-61）可知，当变更后的冷却速度$\beta>\alpha$时，转变将滞后发生；当$\beta<\alpha$时，转变将提前发生；当$\beta=\alpha$时，转变开始点（B）不变。图中RF代表以α速度继续冷却时的转变开始线，$R'F'$代表以冷速β的转变开始线，$T_R=T_{R'}$。

下面讨论冷却途中改变冷速时的临界淬火速度问题。假如开始以α速度冷至P点［图2-184（a）］，那么从P点起的临界淬火速度（以δ表示）与从A_1点开始的临界淬火速度（v_c）应该相同还是不同呢？

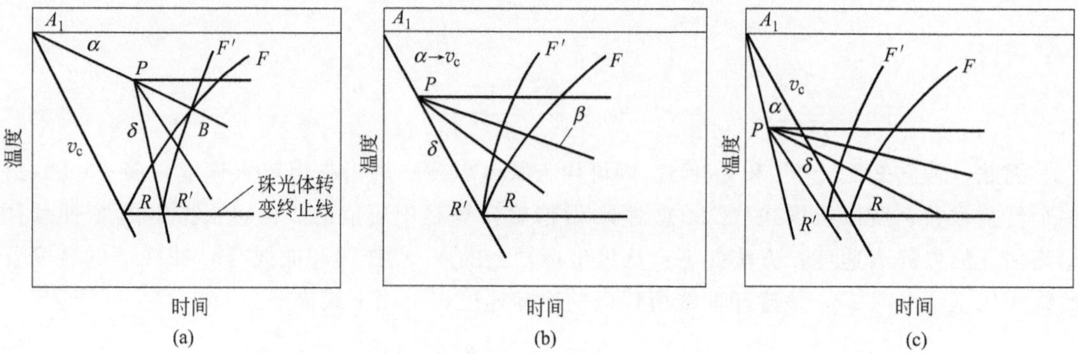

图 2-184 冷却速度在P点发生变化的转变行为示意图

RF—连续冷却转变开始线；R′F′—冷却速度变化后的转变开始线

假如开始缓冷至 P 点，随后以临界淬火速度 δ 继续冷却时，过冷奥氏体全部转变成马氏体，则应满足下式：

$$\frac{1}{\alpha}\int_{A_1}^{T_P}\frac{\mathrm{d}T}{Z(T)}+\frac{1}{\delta}\int_{T_P}^{T'_P}\frac{\mathrm{d}T}{Z(T)}=1 \tag{2-62}$$

因为 $v_c>\alpha$，所以用 α 冷至 P 点的消耗量 I. P.（T_P）大于以 v_c 冷至 P 点的消耗量 I. P.（T_P），因此为了满足式（2-62），δ 必须大于 v_c。这就是说，缓冷至 P 点的过冷奥氏体如果要全部转变为马氏体，所需的最低冷却速度应大于 v_c。由式（2-62）可知，T_P 越低（即 P 点越接近 B 点），或 α 越小（即初始冷速越小），则 δ 越大（即新的临界淬火速度越大）。

图 2-184（b）表示以 $\alpha=v_c$ 冷至 P 点，从 P 点起以低的冷速（$\beta<\alpha$）继续冷却时的情况。由式（2-56）可知，降低冷却速度（$\beta<\alpha$）将使消耗量 I. P. 增加，导致过冷奥氏体提前发生转变［见图 2-184（b）中的 $R'F'$ 线］。而且变更后的冷速越小，转变提前越多。从 P 点起的临界淬火速度不变，仍为 v_c。

图 2-184（c）表示以 $\alpha>v_c$ 冷至 P 点，而后以低的冷速（$\beta<\alpha$）继续冷却时的转变情况。上边已多次讲述过原因，不难解释这时转变将提前发生，以及从 P 点起的临界淬火速度将低于 v_c。

总之，在连续冷却时，从某一瞬时起的临界淬火速度将随孕育期消耗程度的增加而增大。

滚珠轴承钢等在油淬后常常发生所谓“逆硬化”现象，指的是钢件经淬火后表面硬度低于心部硬度的反常现象，经金相观察表明，表面为托氏体加马氏体组织，而次表层则为马氏体组织。试验表明，钢件在淬火前于空气中预冷或在具有较长蒸气膜覆盖期的油中淬火时才会出现“逆硬化”现象。可用图 2-185 对“逆硬化”现象予以解释。由图可见，如果钢件表面的温度已降低到 A_1 点以下的 P 点，已消耗一部分孕育期，而心部的温度仍高于 A_1，孕育期尚未消耗。在随后淬火时，尽管表面的冷速大于钢的 v_c，但却低于从 P 点起的临界淬火速度，发生了部分珠光体转变，导致表面硬度下降；而次表层和心部的冷速大于 v_c，得到了完全马氏体组织和较高的硬度。

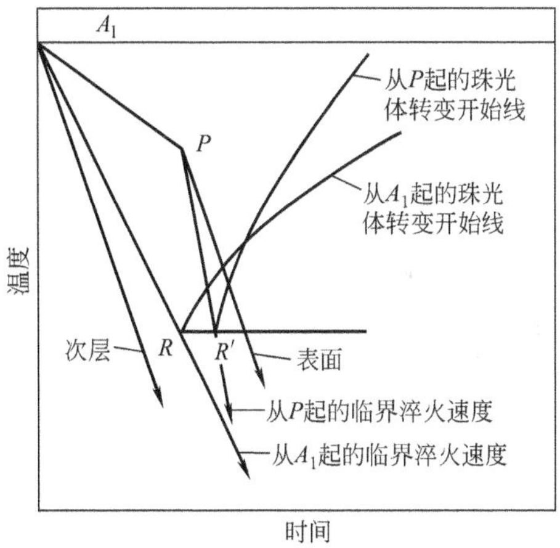

图 2-185 “逆硬化”现象解析示意图

2.6.3 过冷奥氏体转变图的应用

钢的冷却转变图反映了在临界点（A_3 和 A_1）以下等温或一定冷却速度连续冷却时过冷奥氏体的转变规律，综合显示了合金元素和其他元素对转变动力学的作用，示出了等温温度或冷却速度对转变产物和硬度的影响。因此，过冷奥氏体转变图可以为正确制定钢的热处理工艺、分析热处理后的组织和性能以及合理选用钢材等提供依据。

2.6.3.1 过冷奥氏体等温转变图的应用

（1）分级淬火（martempering）。分级淬火是一种减小内应力、避免工件变形开裂的淬火工艺。其操作程序是将奥氏体化后的工件在 M_s 以上、奥氏体较稳定区的某一温度下等温保持，使钢件中心基本达到该温度，而后取出在空气中冷却（图 2-186）。C 曲线图可以告诉我们，过冷奥氏体比较稳定区域的位置、M_s 温度和分级淬火所需的冷却速度，还可以为选择浴槽温度和估计钢件在浴槽中的可能保持时间提供依据。

（2）等温淬火（austempering）。等温淬火是一种使过冷奥氏体转变为下贝氏体的热处理工艺（图 2-187）。C 曲线图可以给出过冷奥氏体等温转变为贝氏体的温度范围，完成这种转变所需要的时间以及贝氏体的硬度与等温温度的关系等。

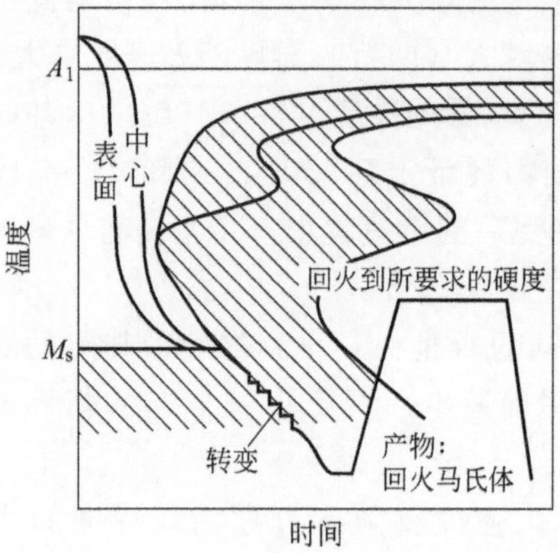

图 2-186 钢的分级淬火工艺示意图

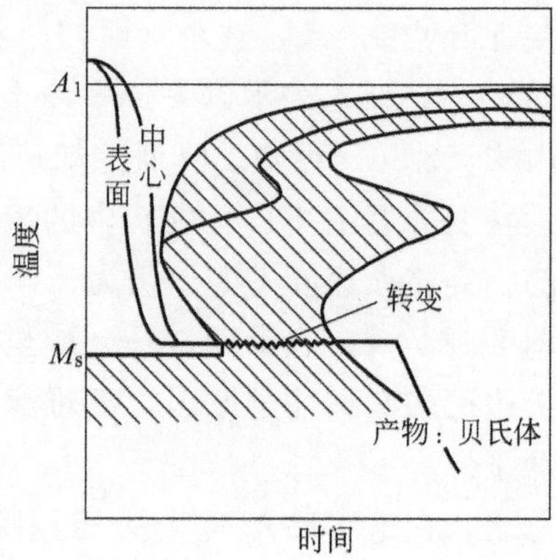

图 2-187 钢的等温淬火工艺示意图

（3）等温退火。Cr-Mo 结构钢的 C 曲线图（图 2-188 中细线）和 CCT 图示于图 2-188。Cr、Mo 元素使钢的 C 曲线分为珠光体转变和贝氏体转变两支，连续冷却时有贝氏体形成。从图中可看到，如果在 600℃进行等温，则只需 10min 左右转变即可完成达到软化钢材的目的，这就是所谓的等温退火。但如果按 D 冷却曲线连续冷却，尽管慢冷几个小时，得到的却是铁素体、珠光体、贝氏体和马氏体的混合组织，达不到退火软化钢材的目的。

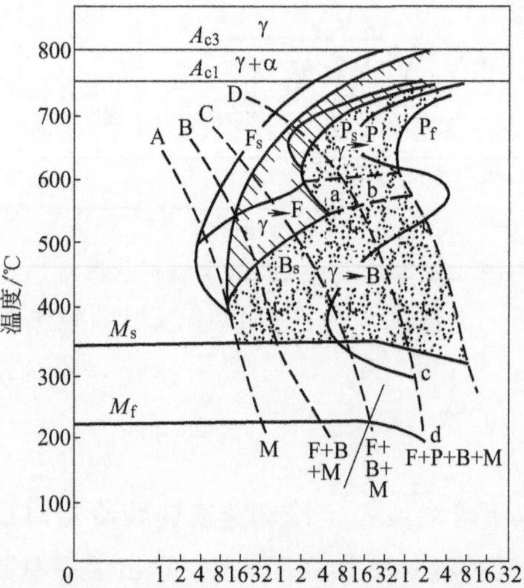

图 2-188 Cr-Mo 结构钢的 C 曲线和 CCT 图

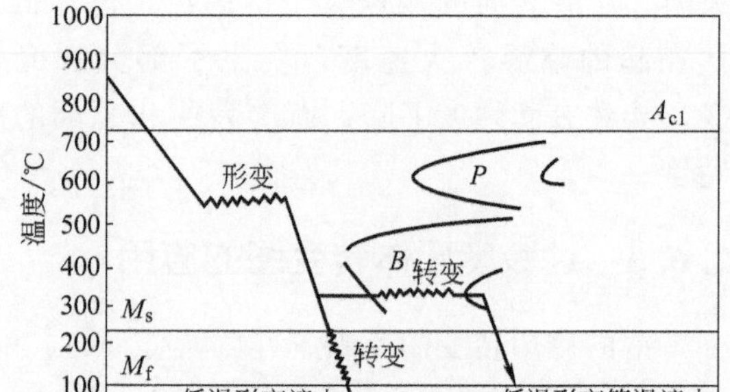

图 2-189 低温形变淬火和低温变形等温淬火示意图

（4）形变热处理。形变热处理是在金属材料上有效综合利用形变强化及相变强化，将压力加工与热处理操作相结合，使成形工艺同最终性能的获得统一起来的一种工艺方法。这种方法不但能够得到一般加工处理所达不到的高强度与高塑性（韧性）的良好配合，而且还能大大简化金属材料或零件的生产流程，从而带来相当高的经济效益。在制定形变热处理工艺时往往以 C 曲线图为依据。例如低温形变淬火和低温形变等温淬火中的形变都是在过冷奥氏体稳定区（图 2-189）进行的，然后淬火或等温淬火。因此可根据 C 曲线图判断某种钢是否适于进行这两种形变热处理，以及选择形变温度、形变时间或等温淬火温度和保持时间等。

2.6.3.2 过冷奥氏体连续冷却转变图的应用

钢的热处理大多是在连续冷却条件下进行的，因此 CCT 图对热处理生产具有更为直接的指导意义。

CCT 图在预计热处理后的组织和性能以及在合理选用钢材上的应用。如果已知钢材截面上各点的冷却速度，则可根据其 CCT 图很方便地预先估计出热处理后钢件各部位的组织和硬度，也可以反过来，根据组织和硬度的要求来合理选择钢材。下面介绍确定连续冷却时钢件截面上各点冷却速度的方法。

① 端淬试验数据的利用。端淬试验是在固定的冷却条件下进行的，端淬试样上每一点就相应于一定的冷却速度。同样，在一定冷却条件下，不同直径钢材截面上各点的冷却速度，也可以用距端淬试样水冷端距离来表示。图 2-190 表示了在中等强度搅拌的油中冷却时，它们之间的等效对应关系。同样也可测得在其他各种冷却条件下两者间的等效对应关系。根据这类冷却速度关系图，可确定在一定冷却条件（图 2-190 的冷却条件是在中等强度搅拌的油中冷却）下，ϕ（12.5～100）mm 棒料不同位置的冷速与端淬试样的对应关系。例如，要确定 ϕ75mm 钢棒距表面 2mm 处的冷却速度，从纵坐标为 2mm 处作水平线与 ϕ75mm 曲线相交，交点的横坐标值为 14mm。就是说，ϕ75mm 钢棒距表面 2mm 处的冷却速度与端淬试样距水冷端 14mm 处的冷却速度相同。而端淬试样各点的冷速是已知的，于是根据上述关系，可以预计在一定冷却条件下，不同直径钢件截面上各点的冷却速度，并结合钢的 CCT 图曲线预计出钢件沿截面分布的硬度和组织变化。

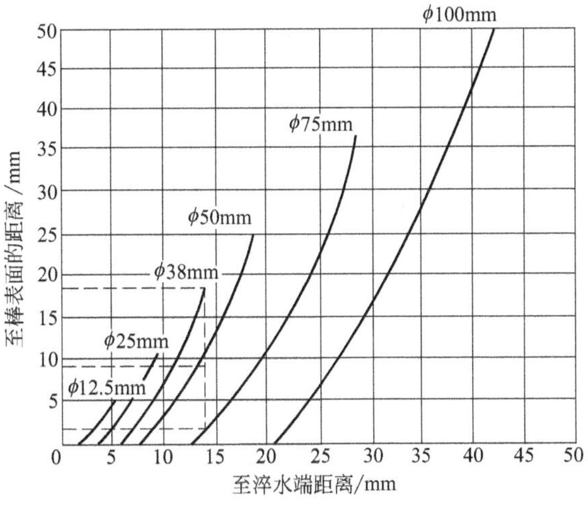

图 2-190 在中等搅拌油中冷却时，ϕ（12.5～100）mm 棒料截面各点的冷却速度与至端淬试样水冷端不同距离的冷却速度之间的关系

② 不同直径钢料冷却曲线的应用（图 2-191）是不同直径棒料在水、油和空气中的冷却

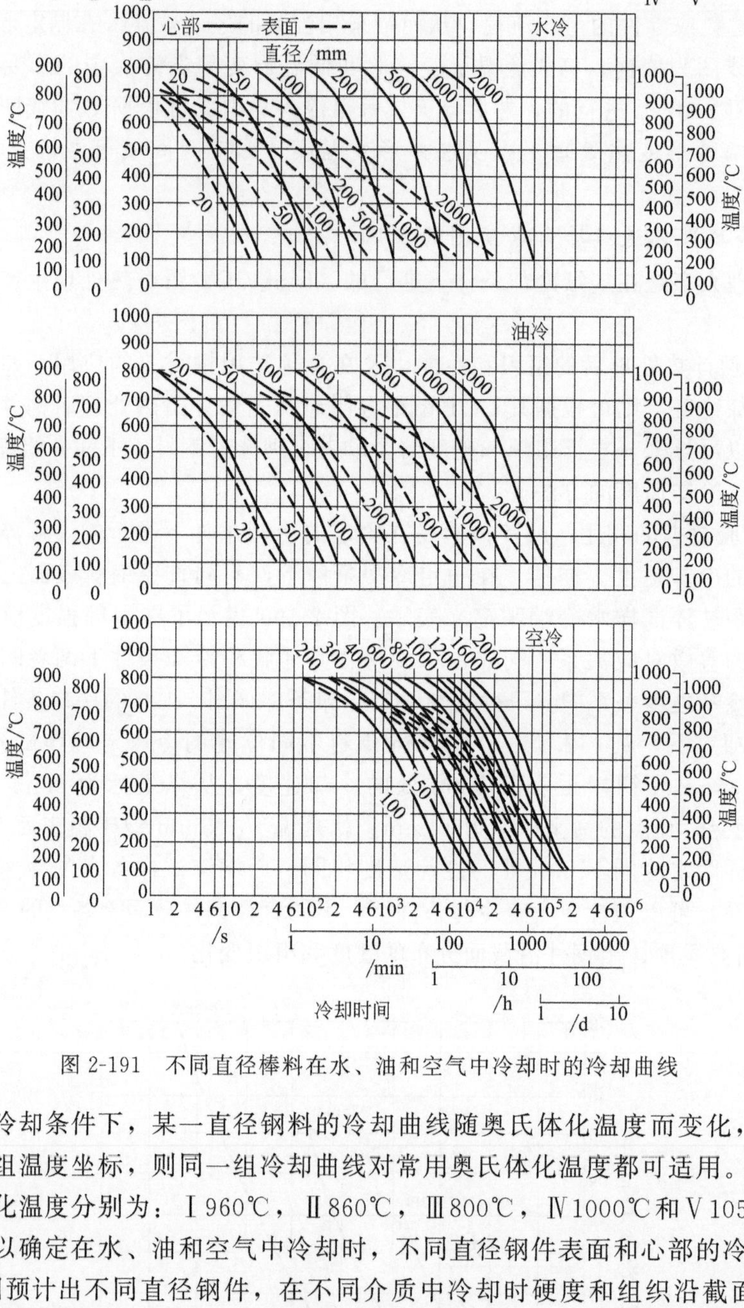

图 2-191 不同直径棒料在水、油和空气中冷却时的冷却曲线

曲线。在一定冷却条件下，某一直径钢料的冷却曲线随奥氏体化温度而变化，但形状相同。若合理选用一组温度坐标，则同一组冷却曲线对常用奥氏体化温度都可适用。图中五组温度坐标的奥氏体化温度分别为：Ⅰ960℃，Ⅱ860℃，Ⅲ800℃，Ⅳ1000℃和Ⅴ1050℃。

据此，可以确定在水、油和空气中冷却时，不同直径钢件表面和心部的冷却曲线，并结合钢的 CCT 图预计出不同直径钢件，在不同介质中冷却时硬度和组织沿截面的分布状况。也可以在直径确定的情况下，根据对面部和心部的硬度和组织要求来确定材质或冷却介质。

若把不同直径钢料在某冷却介质中的心部冷却曲线与钢的 CCT 图中的 v_c 作比较，则可求得某一直径钢料的心部冷却曲线与之相当，这一直径就是这种钢在该介质中淬火时的临界淬火直径，从而为选用钢材提供了依据。

③ 从奥氏体化温度到 500℃间的冷却时间的利用。有些 CCT 图是用从奥氏体化温度至 500℃的冷却时间来描述冷却速度的，同时图中还给出转变产物和硬度与冷却至 500℃所需时间的关系（图 2-174）。因此如果能确定在一定冷却条件下钢件截面上各点从奥氏体化温度冷至 500℃的时间，则可根据相应的 CCT 图确定出组织和硬度沿截面的分布状况，从而

判断钢材选用的合理性。

从奥氏体化温度至500℃的冷却时间可从相应的手册和书籍中查到，也可根据冷却曲线（图2-174）确定。

由于CCT图反映了过冷奥氏体在连续冷却时转变的全过程，并给出对应于每一个冷却规范所得到的组织和性能，这样有可能按照工件的尺寸、形状及性能要求，根据CCT图选择适当的冷却规范及冷却介质。使用方法是根据工件所用钢种查出它的CCT图，然后分析在哪些冷却规范内能够满足组织与性能要求，最后考虑到减少工件变形、开裂和提高生产效率等因素，选择出合适的冷却介质和冷却方法。

2.7 过饱和固溶体的脱溶分解

脱溶分解是指从过饱和固溶体析出第二相（沉淀相）或形成溶质原子聚集区以及亚稳定过度相的过程。产生脱溶分解的前提是在合金平衡相图上有固溶度的变化，即随着温度下降固溶度减小。一般情况下，首先要将合金加热到固溶线以上一定温度保温足够时间，获得均匀的单相固溶体，快冷到室温得到过饱和固溶体，整个过程称为固溶处理。然后，将固溶处理的合金加热到固溶线以下某一温度保温一定时间，实现脱溶分解，这个过程称为时效。时效可以在室温下进行，称为自然时效，也可以升温至某一温度进行，称为人工时效。脱溶分解出的第二相将显著提高合金的强度和硬度，称为沉淀强（硬）化或时效强化，是合金强化的主要方法之一。

按脱溶分解过程中母相成分变化的特点，可以分为连续脱溶和不连续脱溶。连续脱溶是指随着新相形成，母相的成分连续、平缓地由过饱和状态逐渐达到饱和状态。不连续脱溶也称为饱状脱溶，脱溶时两相耦合成长，与共析转变很相似，因其脱溶物中的a相与母相之间的溶质浓度不连续而称为不连续脱溶。若 a_0 为原始a相，b为平衡脱溶相，a_1 为饱状脱溶区的a相，则不连续脱溶可表示为：$a_0 \longrightarrow a_1 + b_0$。由于不连续脱溶与共析转变相似，这里不再赘述。

在实际生产中应用的固溶体与时效工艺有很多，但是与真空热处理有联系的不是很多，因此在本书中不再详细介绍。

参考文献

[1] 阎承沛.真空与可控气氛热处理.北京：化学工业出版社，2006.
[2] 马登杰，韩立民.真空热处理原理与工艺.北京：机械工业出版社，1988.
[3] 刘仁家，濮绍雄.真空热处理与设备.北京：宇航出版社，1984.
[4] 中国机械工程学会《热处理手册》编委会.热处理手册：第3卷.3版.北京：机械工业出版社，2002.
[5] 潘邻.化学热处理应用技术.北京：机械工业出版社，2004.
[6] 黄守伦.实用化学热处理与表面强化技术.北京：机械工业出版，2002.
[7] 中国热处理行业协会.当代热处理技术与工艺装备精品集.北京：机械工业出版社，2002.
[8] 吉泽升.多元渗硼技术及其应用.北京：冶金工业出版社，2004.
[9] 张玉庭.简明热处理工手册.北京：机械工业出版社，2002.
[10] 《机械工程标准手册》编委会.机械工程标准手册热处理卷.北京：中国标准出版社，2003.
[11] 董世柱，唐殿福.热处理工实际操作手册.沈阳：辽宁科学技术出版社，2006.
[12] 李泉华.热处理技术400问.北京：机械工业出版社，2002.
[13] 王德文.提高模具寿命应用技术实例.北京：机械工业出版社，2004.

[14] 樊东黎.热处理技术数据手册.北京：机械工业出版社，2000.
[15] 赵振东，低压真空渗碳气淬技术的应用.南昌：国外金属热处理，2005.
[16] 何英介.金属材料的真空热处理.上海：上海科学技术出版社，1985.
[17] 中国机械上程学会热处理学会.热处理手册：第 3 卷. 4 版.北京：机械工业出版社，2008.
[18] 山中久彦.真空热处理.北京：机械工业出版社，1975.
[19] Garimella S，Ceistensen R N. Heat transfer and pressure drop characteristics of spirally fluted annuli：Part I Hydrodynamics. Journal of Heat Transfer，February，1995，117 (1)：54-60.
[20] 测定工业淬火油冷却性能的镍合金探头实验方法：JB/T 7951—2004.
[21] Macchion O，Zahrai S，et al. Heat transfer from typical loads within gas quenching furnace. Journal of Materials Processing Technology，2006，172 (3)：356-362.
[22] 沈理. VKNQ 真空高压气淬炉工艺性能概述.国外金属热处理，2005，26 (3)：12-15.
[23] William W Hoke. High Pressure Cooling Performance in Vacuum Heat Treating Furnaces is Analyzed by New Method. Industrial Heating，1991 (3)：23.
[24] Edenhofer B，Bouwman J W. Progress in Design and use of Vacuum Furnaces with High Pressure Gas Quench Systems. Industrial Heating，1998 (2)：12.
[25] 孙宝玉.真空加压气体淬火技术.真空，1998 (3)：17.
[26] James G Conybear. Applying Vacuum Heating Treating to Tool and Die Materials. Heating Treating，1989 (1)：26.
[27] Easolale M. Multiflow Pressure Quenching-distortion-free Vacuum Hardening. Metallurgia，1988 (4)：174.
[28] Jozef Olejnik. High-pressure Gas Quenching Provides Solutions. Heating Treating，1993 (9)：25.
[29] Janusz Kowalewsld. Selecting High-pressure Gas Quenching. Advanced Materials and Processes，1999 (4)：H37.
[30] Lubben T，Hofemann F，Mayr P，Laumen C. The Uniformity of Cooling in High Pressure Gas Quenching. Heat Treatment of Metals，2000 (3)：57-61.
[31] Segerberg S，Troell E. High Pressure Gas Quenching in Cold Chamber for Increased Cooling Capacity//Proceedings of the 2nd International Conference on Quenching and Control of Distoration. ASM International. 1996：165-169.

3 真空退火

3.1 概论

金属材料在经过焊接、铸造、锻造、轧制、拉拔等加工之后，往往存在较高的残余应力、结晶组织粗大、成分偏析，进而导致硬度过高或过低难以切削加工、残余应力较高切削加工后尺寸精度及表面粗糙度难以保证、力学性能低劣导致零件变形及开裂等问题。普通退火作为一种广泛使用的热处理工艺能较好解决上述问题。而真空退火除了能消除残余应力、软化材料、细化晶粒、改善组织、提高材料力学性能等之外，还有优于普通退火的特点，在以下几方面更具有独特的优势和作用。

(1) 对钛 (Ti)、锆 (Zr)、钒 (V)、铌 (Nb)、钽 (Ta)、铬 (Cr)、钼 (Mo)、钨 (W) 等难熔稀有金属除气，使有害氧化物蒸发。

(2) 去除软磁材料（硅钢、铁镍合金）中的杂质和气体，消除加工所导致的应力畸变，从而降低矫顽力、降低磁滞损耗及提高磁导率。

(3) 对钢丝、薄钢板、细钢管进行脱脂、除气、蒸发氧化物，获得与基体结合牢固的光亮镀层；阻止不锈钢、耐热钢、工具钢中的铬蒸发、钛氧化，去除油脂和气体，从而获得光亮表面及保持其耐腐蚀性。

(4) 对铜及铜合金脱脂、除气，获得光亮表面、防止氢脆及保持其电阻值稳定。

(5) 改善表面膜组织，提高与基体结合牢固程度及改善表面膜的光、电、磁性能。

3.1.1 真空加热的特点

(1) 在真空条件下，由于炉内气体极为稀薄，被加热工件不被能氧化，节约了金属材料，保护了工件表面性质。

(2) 在真空条件下，加热元件与工件间的传导和对流的传热作用极其微弱，辐射传热起主导作用。由于低温阶段辐射传热效率低，因此，真空条件下的工件升温速度远远低于存在传导和对流的传热作用的环境下的升温速度。图 3-1 是尺寸为 ϕ50mm×100mm 的 GCr15 钢试件在真空、盐浴和空气炉中加热的试验结果。

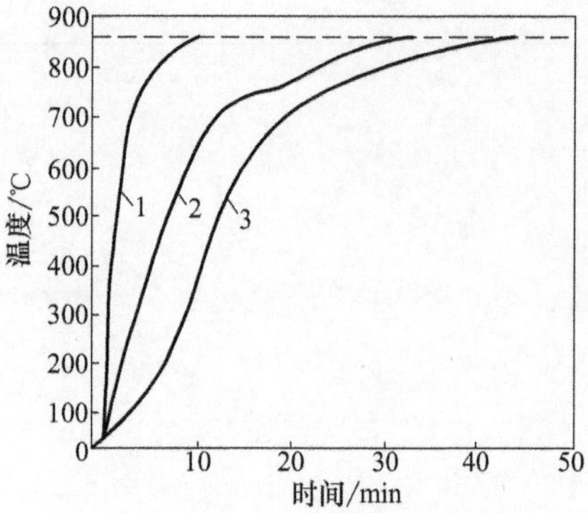

图 3-1　ϕ50mm×100mm 的 GCr15 钢试样在不同介质中的加热速度
1—盐浴中加热；2—空气炉中加热；3—真空中加热

由图 3-1 可以看出，试样心部加热到 850℃所需的时间：盐浴炉为 8min，空气炉为 35min，真空炉则需要 50min。由此可见，真空加热速度远远低于空气炉和盐溶炉。

根据斯蒂芬-玻尔兹曼公式，绝对黑体在单位时间、单位面积上辐射的能量 E_0 为：

$$E_0=C_0\left(\frac{T}{100}\right)^4 \tag{3-1}$$

式中，T 为热力学温度，K。

根据公式可知，绝对黑体的辐射能与其绝对温度的四次方成正比。工程上并不存在绝对黑体，而只有灰体。灰体的辐射能 E 比同一绝对温度的黑体辐射能低，其比值 E/E_0 称为理想灰体的黑度 ε，理想灰体的黑度 ε 不随温度变化而变化。

$$E=\varepsilon E_0=\varepsilon C_0\left(\frac{T}{100}\right)^4 \tag{3-2}$$

对于工程材料而言，并不符合理想灰体，其黑度随着温度的上升而增大，且呈线性关系。也就是说，温度越高，能量辐射越大。反之，温度越低，能量辐射越小。实测一些材料的黑度如表 3-1 所示。

表 3-1　相关材料的黑度

材料名称	温度/℃	ε
表面磨光的铁	425～1020	0.144～0.377
氧化后表面光滑的铁	125～525	0.78～0.82
经研磨后的钢板	940～1100	0.55～0.61
在 600℃氧化后的钢	200～600	0.80
精密磨光的金	225～635	0.018～0.035
碾压后的未加工过的黄铜板	22	0.06
精密磨光的电解铜	80～115	0.018～0.023
钼线	725～2600	0.096～0.292
铬	100～1000	0.08～0.26
铬镍	125～1034	0.64～0.76
纯铂，经磨光的铂片	225～625	0.054～0.104
碳丝	1040～1405	0.526
耐火砖		0.8～0.9

任何灰体可部分吸收投射在它表面上的辐射能，其对辐射能的吸收能力也符合上述公式。辐射与吸收是灰体的一体两面。因此，工件所吸收的辐射能可近似表达为：

$$Q_{吸}=4.96\varepsilon\left[\left(\frac{T_1}{100}\right)^4-\left(\frac{T_2}{100}\right)^4\right] \tag{3-3}$$

式中，$Q_{吸}$ 为工件所吸收的辐射能；T_1 为辐射元件表面温度，K；T_2 为受辐射物体表面温度，K。据计算，在 1200℃时，1℃温度差工件所吸收的辐射能是 540℃时 1℃温度差工件所吸收的辐射能的 5 倍。因此，在加热初期的低温阶段，工件对辐射能的吸收速度较低，升温较慢。

3.1.2 真空加热应注意的问题

3.1.2.1 加热时间滞后效应

由于炉膛的隔热材料大多采用石墨毡和陶瓷纤维，这类材料的热容小，保温性能好，炉膛的热惯性小，升温速度快。而真空炉内气体极为稀薄，传导、对流的传热作用极其微弱，加热元件对工件的传热方式以传热效率低下的热辐射为主，工件的升温速度慢。所以炉膛升温速度明显快于工件升温速度，二者温度差距明显，工件到达工艺温度的时间滞后于炉膛温度的时间。

图 3-2 所示为 W18Cr4V 高速钢 ϕ50mm×100mm 试样经 850℃ 预热，然后加热到 1280℃的升温曲线，图 3-3 所示为 40CrMnSiMoVA 合金钢直接加热曲线。从两图可以看出，炉膛温度（热电偶指示温度）与工件实际温度有着明显差异，这种温度差在低温阶段较大，高温阶段温度差逐渐减小。

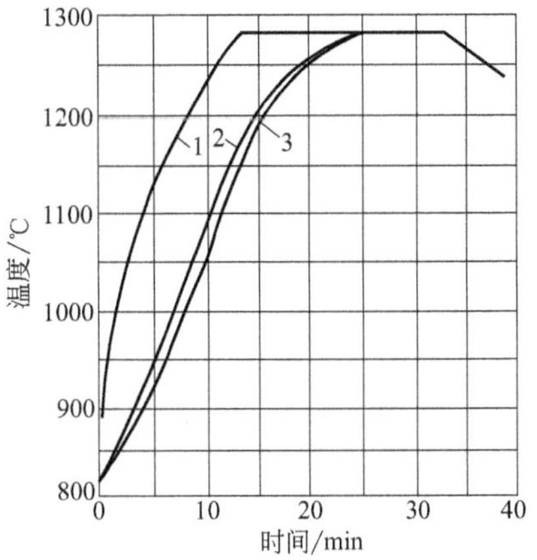

图 3-2 ϕ50mm×100mm 的 W18Cr4V 高速钢试样经 850℃预热，再加热到 1280℃过程中表面和心部的升温曲线

1—炉温；2—表面温度；3—心部温度

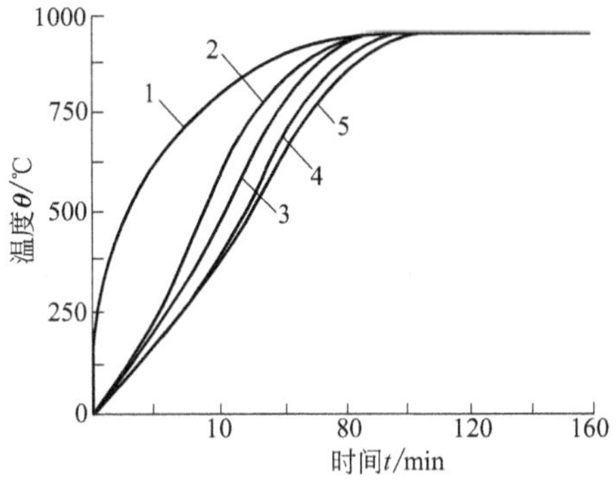

图 3-3 40CrMnSiMoVA 钢直接加热曲线

1—炉温；2—下层外部试样温度；3—上层外部试样温度；4—下层心部试样温度；5—上层心部试样温度

3.1.2.2 装炉量及装炉方式对工件升温速度影响较大

由于加热器与被加热工件之间常常有遮挡，工件之间有时还互相遮蔽，工件本身也存在背向加热器的部位。在这些地方，工件升温所需热量只能来自于间接辐射和传导，远离直接辐射的堆垛炉料就只能靠传导来的热量升温。在料堆垂直于工件表面的方向，传热能力可能仅为钢的导热能力的几十分之一。因而，乱堆乱放的炉料的加热时间比间隔且规则摆放的同样炉料要长三倍之多，见图 3-4。

当装炉量较大时，即使进行了合理摆放，各部分工件的升温差异仍可能较大。如图 3-5 所示，图中装有 ϕ25mm×60mm 的 10kg 棒料，分上、中、下三层规则摆放。试验结果表明，在 900℃以下，试验工件与炉膛、工件之间温差仍然较大。

3.1.3 解决加热时间滞后的工艺措施

加热时间滞后是影响真空热处理质量的重要问题。对其认识不足，保温时间不足，则会造成材料软化程度不够、脱脂除气不彻底及光亮度不够等问题，即使可以重新进行处理，也

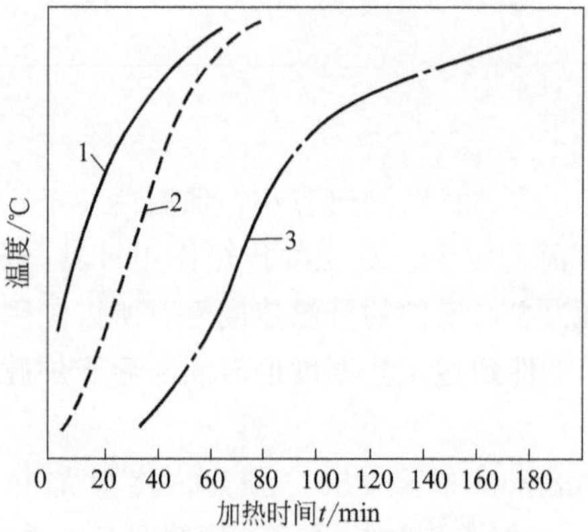

图 3-4 工件不同摆放方式的温升特性

1—炉温；2—整齐摆放；3—乱堆乱放

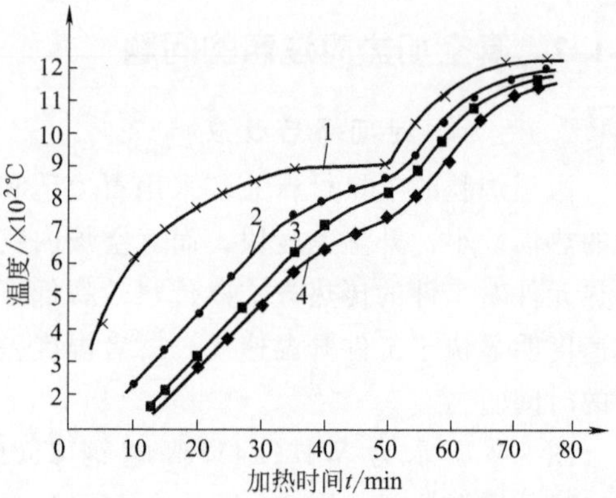

图 3-5 工件摆放位置的温升曲线

1—炉温；2—上层位置；3—中层位置；4—下层位置

会造成时间、能源的浪费；反之，不符合工艺要求过于延长加热时间，则可能造成结晶组织粗大、力学性能不合格，甚至工件变形、开裂，造成工件的报废。较为合理的工艺措施是在把工件加热到所要求的较高工艺温度之前，在低温阶段分一段或两段升温及保温。在低温阶段预先消除炉膛与工件之间的部分温度差。等到高温阶段，即使炉压较低，因辐射传热效率同样较高（辐射能与温度的四次方成正比），炉膛与工件之间的温度差也较小。如果工艺温度在1000℃以上，则可分三段加热，先从室温加热到650℃（或600℃）保温一次，待工件温度与炉温一致后再加热到850℃（或800℃），并保温一段时间使工件温度与炉温相同，最后加热到工艺规定的温度，并保温一段时间。如果工艺规定的温度低于1000℃，可分两段升温和保温，如图3-6所示。

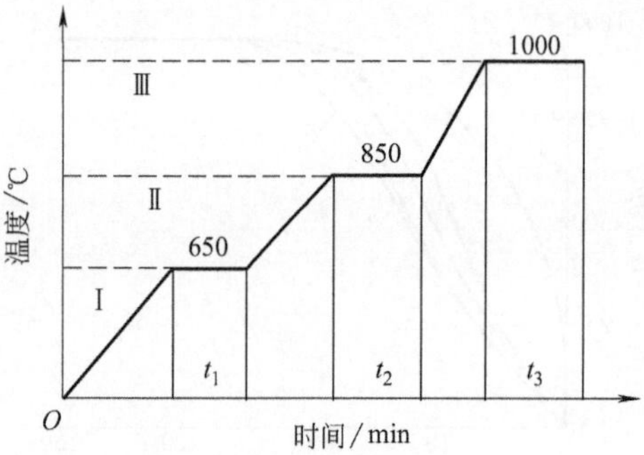

图 3-6 工件三段加热曲线

对比图3-3、图3-7、图3-8可以发现，达到工艺要求时，预热一次的工件与炉膛之间的

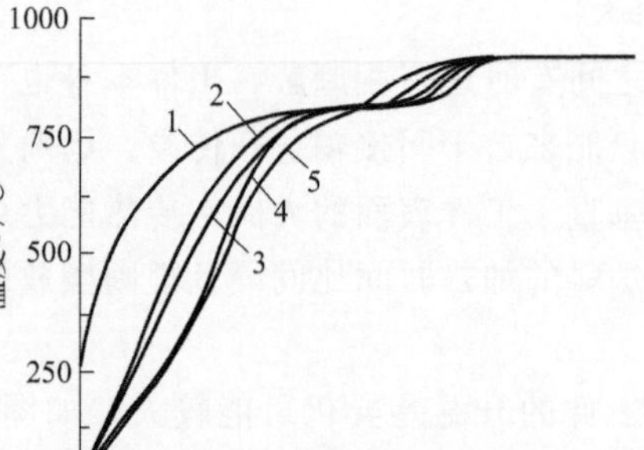

图 3-7 40CrMnSiMoVA 预热一次加热曲线（预热 850℃×30min）

1—炉温；2—下层外部温度；3—上层外部温度；4—下层心部试样温度；5—上层心部试样温度

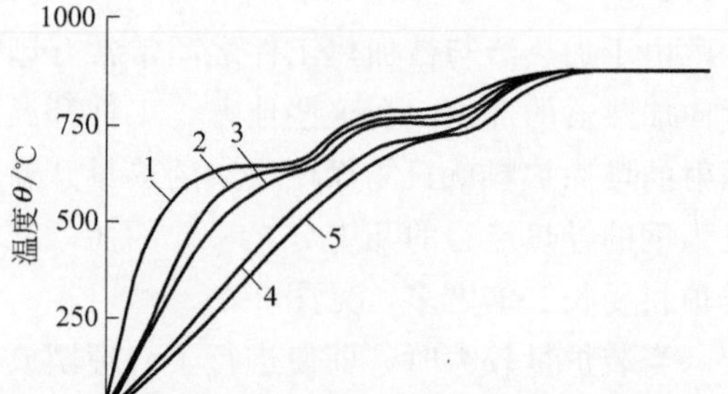

图 3-8 40CrMnSiMoVA 预热二次加热曲线（预热 700℃×30min，850℃×30min）

1—炉温；2—下层外部温度；3—上层外部温度；4—下层心部试样温度；5—上层心部试样温度

温度差要小于未预热过的温度差，而预热二次的温度差又小于预热一次的温度差。

3.2 真空退火炉

真空退火是真空热处理中应用最早的工艺手段，因而真空退火炉的设计、制造、使用也是最早的，应用范围最为广泛。其在真空处理设备中结构最为简单，包括炉体、抽真空系统、加热系统、密封系统和炉温控制系统。如果不考虑炉子因一些专用功能的闲置而造成的浪费，那么任何真空热处理炉都可用来进行真空退火。

3.2.1 外热式真空退火炉

外热式真空炉是最早用于真空退火的炉型，其后逐渐发展出了用于真空淬火及真空回火的真空炉。其结构形式如图 3-9 所示。因其外炉壁未进行水冷，故又称热壁式真空热处理炉。

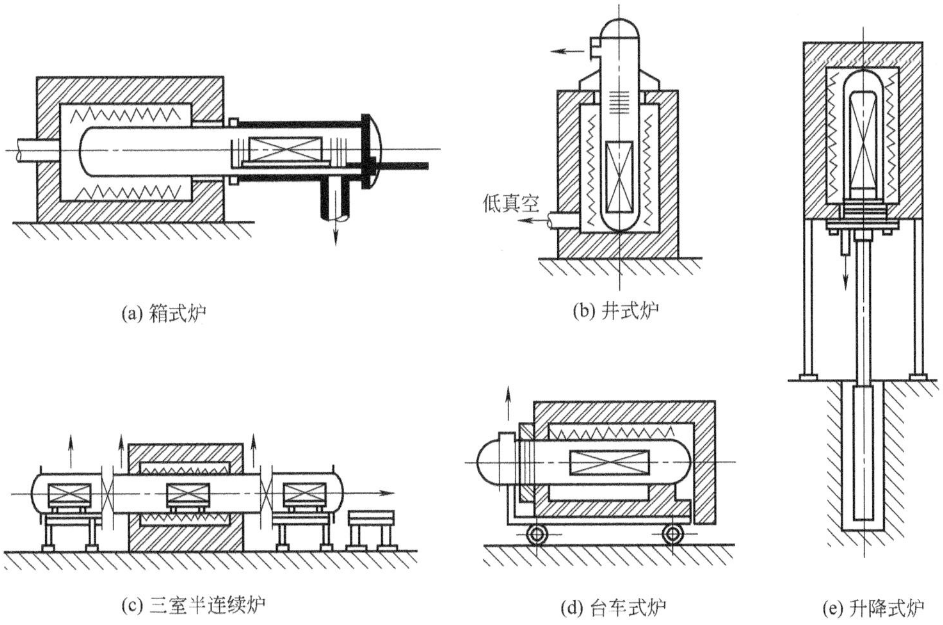

图 3-9 外热式真空炉结构示意图

由图 3-9 可见，外热式真空炉与普通箱式电阻炉相似，其中图 3-9（a）、（b）是为了降低炉罐的内外压力差以提高炉罐寿命，采用了双重真空设计，将炉膛用另外一套真空装置抽成低真空。为了减少热量损失，炉罐全部置于炉膛之内［图 3-9（e）］。为了提高生产率，可采用由装料室、加热室及冷却室三部分组成的半连续作业的真空炉［图 3-9（c）］，该炉各室有单独的真空系统，室与室之间有真空闸门，为了实行快速冷却，在冷却室内可以通入惰性气体，并与换热器相连接，进行强制循环冷却。

与内热式真空炉相比，外热式真空炉主要有以下优点：①结构简单，易于制造或用普通电阻炉改装，同等装载量的条件下，其造价仅是内热式真空炉的 1/3～1/2；②炉子系统简单，机械动作少，操作简单，故障少，维修方便，使用可靠。其缺点是：①炉罐一部分暴露在室外，热损失大，效率低；②炉子热容和热惯性大，炉温难以控制；③传热效率低，

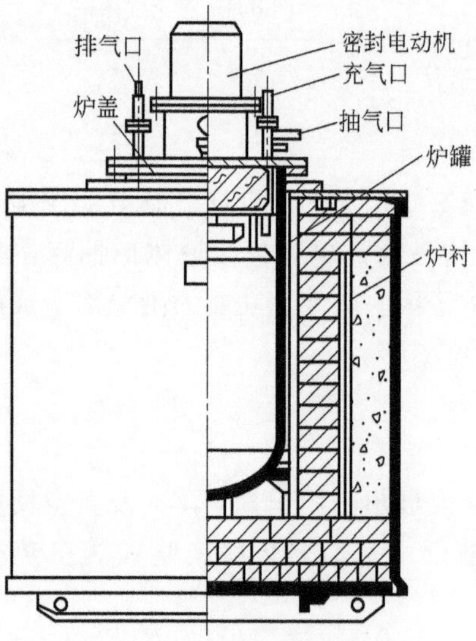

图 3-10 外热式井式预抽真空炉结构示意图

工件升温速度慢；④受炉罐材料所限，工作温度低。目前生产的外热式真空炉多为650℃和900℃两种，前者采用 1Cr18Ni9Ti 不锈钢，后者则采用 Cr25Ni20Si2、Cr18Ni25Si2 或 3Cr24Ni17SiNRe 等耐热钢板卷制焊接而成。所以，如果不是出于投资成本的考虑，外热式真空炉基本属于边缘化炉型。

外热式真空炉以低真空为多见，真空度一般为 10～100Pa，当罐内真空度为 13Pa 时，剩余气体的氧含量为 $(13/10^5)\times 21\% = 2.73\times 10^{-5}$，相对露点 −50℃左右，相当 99.99%～99.999%高纯 N_2 或 Ar 中氧气杂质的含量。对一个密封的炉罐抽成这样的真空度是很容易达到的，只需一台机械泵抽 10min 即可实现。这与一般气氛炉相比（用保护气氛置换炉内空气需 5～6 次才可达到炉内气氛相同的含氧量），外热式预抽真空炉的用气量是很少的，为一般可控气氛炉的 1/5～1/7，大大缩短了换气时间。

外热式真空炉主要由加热炉、炉罐、炉盖、充气和冷却系统、真空泵（机组）和控制柜等组成，图 3-10 为一台典型的外热式井式预抽真空炉结构示意图。

3.2.2 可用于真空退火的抽空炉

抽空炉是在外热式真空炉（低真空）的基础上，添加了充气换气功能的炉子，是近年来新发展起来的一种新的经济型炉型，其成本约为内热式真空炉的 1/3～1/2。其最初主要用于光亮退火及正火，后来也用于多种热处理作业，如渗碳、碳氮共渗、气体渗氮、钢材脱碳后的复碳、光亮淬火及回火等。

周期作业的真空炉的工作程序为：先将炉子抽真空，后充气，之后开始升温工件，保温结束后，如需快速冷却，则用风机鼓入空气冷却炉膛（带马弗罐的），使马弗罐内的工件快速冷却。如是不带马弗罐的炉子，则由风机将炉内热气抽出，热气经热交换器冷却后，再通入炉内，加速工件冷却。

无马弗罐的抽空炉的炉壳钢板也是单层的，不是内热式真空炉那样的水冷夹层，其对保温层的要求相对较高，一般用耐火纤维制作，其炉体也需按内热式真空炉结构设计，即炉壳应气密焊接，空洞应按真空密封设计。对于连续或半连续炉，各室之间要同时设置隔热门和真空密封门，或设置真空隔热密封闸门。图 3-11 是带马弗罐的立式抽空炉示意图，图 3-12 是不带马弗罐的卧式抽空炉示意图，图 3-13 是推杆式连续抽空炉示意图，均可用于真空退火。

3.2.3 内热式真空退火炉

本部分仅介绍几种有代表性的、专门用于真空退火的真空炉。

3.2.3.1 负压强制冷却 LZT-150 立式真空退火炉

（1）主要技术指标

① 有效加热区尺寸：ϕ1500mm×1200mm。

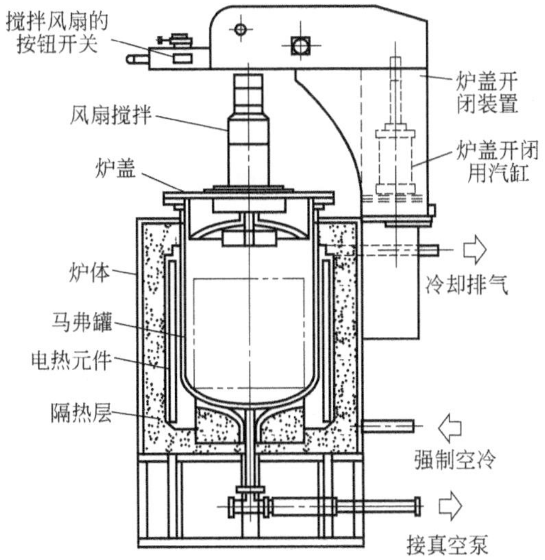

图 3-11　带马弗罐的立式抽空炉示意图

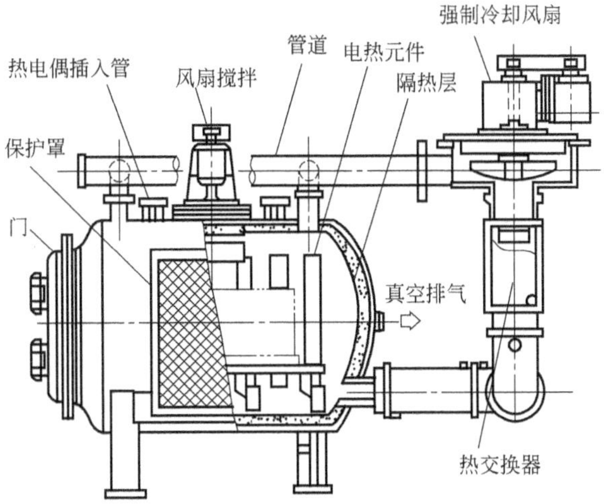

图 3-12　不带马弗罐的卧式抽空炉示意图

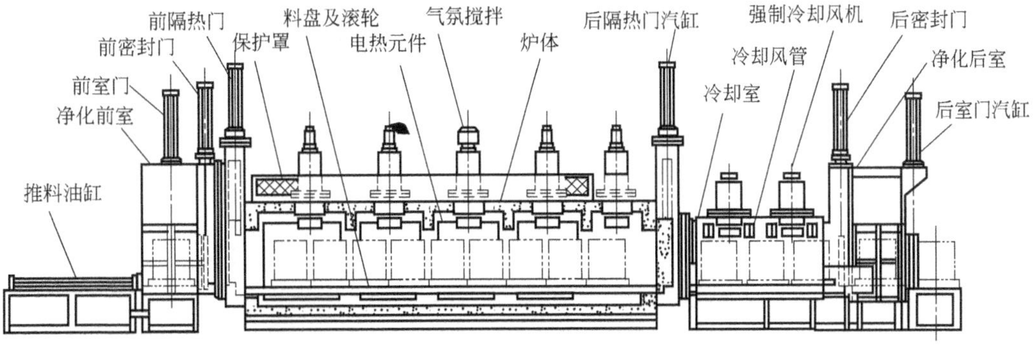

图 3-13　推杆式连续抽空炉示意图

② 额定装炉量：600kg（包括料盘质量）。

③ 最高工作温度：1300℃。

④ 炉温均匀性：530～650℃，≤±8℃；>650℃，≤±10℃。

⑤ 极限真空度：6.6×10^{-3}Pa。

⑥ 压升率：6.6×10^{-1}Pa/h。

⑦ 抽空时间：至1.33Pa，≤30min；至6.6×10^{-3}Pa，≤1.5h。

⑧ 升温时间：从室温至1300℃，≤1h。

⑨ 炉膛冷却速度：≥22℃/min（到530℃空炉）。

⑩ 加热功率：480kW。

⑪ 总重量：27t。

⑫ 占地面积：$100m^2$。

（2）设备用途、结构特点

① 设备用途。LZT-150立式真空退火炉主要用于马氏体不锈钢1Cr13和沉淀硬化型不锈钢PH17-4等材料大型零部件的整体退火，以及固溶处理、真空钎焊等热处理工艺加工。

② 主要结构特点。LZT-150立式真空退火炉结构如图3-14所示，其结构特点如下。

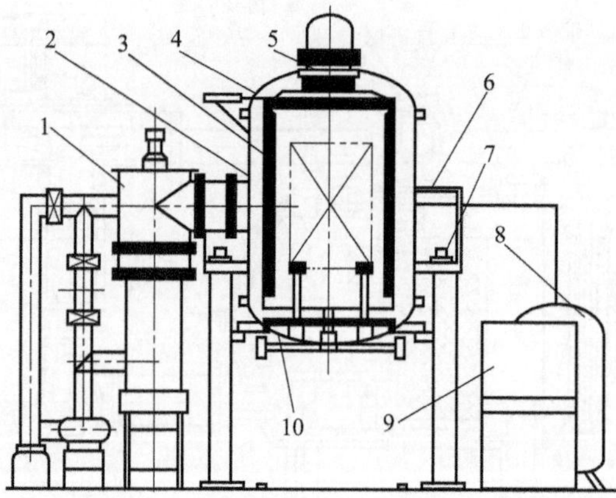

图3-14 LZT-150立式真空退火炉（机械部北京机电研究所）

1—真空系统；2—炉体；3—炉胆；4—上炉门；5—风冷系统；
6—支架；7—升降机构；8—充气系统；9—电控系统；10—下炉门

a.该设备为立式、单室结构，结构简单，占地面积小。全部热处理过程（包括加热和冷却）不用移动工件即可完成。设计采用高架式垂直升降底装料结构，设计了料台、炉门合为一体的活动料车，可以升降，亦可在导轨上纵向进出移动。该设备装料方便、操作简单，炉门升降机构采用丝杠螺母传动，与国外同类真空炉机构相比结构简单，制造成本低（国外均采用滚珠丝杠）。

b.炉胆隔热屏由二层钼片、四层不锈钢和一层碳毡组成复合式隔热屏，保温隔热性能好，节省能源。加热元件为厚1.2mm、宽55mm的钼带在炉内均匀布置，钼片之间用钼螺钉连接，加热元件由特殊设计的陶瓷架支撑，安装拆卸方便。为防止金属元素蒸发造成加热体对地短路，加热元件与隔热屏间设计了陶瓷绝缘珠。

c.炉膛有效加热区分为上、中、下三区，分别由三个控温热电偶控制。输入电压由三台磁性调压器分别供给，以保证有效加热区内温度均匀性要求，该设备温控器为E5TC91S智能化仪表，该仪表功能强，具有4条控温曲线，每条曲线可分为15个温度段。每条曲线可以设定一组PID控制参数和输出限幅值，适应和满足钼加热元件的工作特性，满足程序控制的技术要求。

d. 该设备配备有容积 $2m^3$、压力为0.6MPa的充气储罐及充气气冷装置，当工件需快速冷却时，充气系统向炉内快速充入 8×10^4Pa 的Ar强制冷却，同时打开上下炉胆小门和开启离心风扇，使气体形成对流。炉内热量通过热交换器和炉体循环水冷却带走，加速了工件的冷却速度，可以满足工件固溶处理、钎焊等热处理工艺的技术要求。

e. 整个工艺过程既可进行自动程序控制，又可手动操作，并有连续安全保护（报警）装置。其温度测量和真空度测量采用智能化控制仪表，备有自动记录装置。

3.2.3.2 卧式管材半连续真空退火炉

（1）主要技术参数

① 有效加热区尺寸：ϕ450mm×6000mm。

② 额定工作温度：800℃。

③ 炉温均匀性：+3℃。

④ 压升率：6.7×10^{-1}Pa/h（各室）。

⑤ 真空度：冷却室 6.65×10^{-3}Pa；加热室冷态 6.65×10^{-3}Pa，热态（空载）1.33×10^{-2}Pa。

⑥ 最大装载量：700kg。

（2）设备用途、结构特点

①设备用途。该设备主要用于锆、钛等管、棒材的真空光亮退火处理。

②主要结构特点。卧式管材半连续真空退火炉的结构如图3-15所示，其结构特点主要有以下几点。

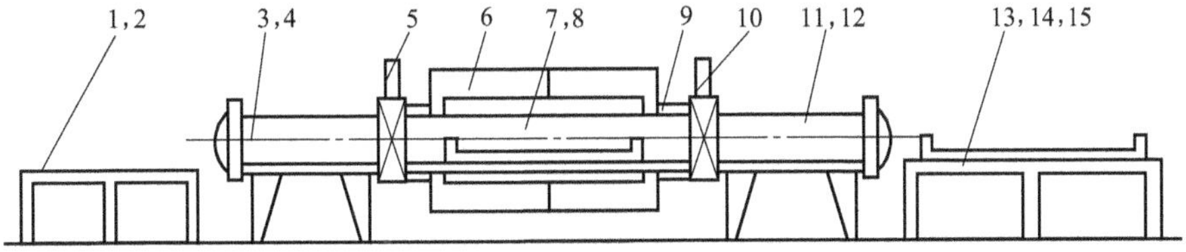

图3-15 卧式管材半连续真空退火炉（西安电炉研究所）

1—左料台；2—左推料机构；3—左进出料室；4—左传送机构；5—左闸阀；6—加热炉；7—炉胆；8—右料架；9—右过渡伸缩段；10—右闸阀；11—右进出料室；12—右传送机构；13—右料架；14—右料台；15—右推料机构

a. 进出料室机构设计具有特色，退火炉设备由400型扩散泵真空系统、传送机构、辊道、炉室体组成，炉室容积 $2.2m^3$，长度为8.4m。采用齿轮齿条传动小车进出料机构，工件借助传动小车分五次步进送料，缩短了冷却室长度，节省了材料，结构紧凑，传动平稳。传动小车送料的进退信号采用传感器采集和输出，并保证了结构密封性，传感器的启动功能由撞块及与其相撞下压限位开关完成。

b. 闸阀机构主要由阀壳、阀板、四连杆机构、汽缸等组成。闸阀直径ϕ500mm，采用四连杆机构，传动方式为汽缸升降阀板，由于该炉处理工件为细长形，为缩短整个炉子长度使结构紧凑，闸阀设计采用提升式结构，宽度只有200mm左右。通常阀板密封件均安装于阀壳水冷法兰上，但该闸阀将密封件安装在阀板上，这是由于闸阀两边各与很长的加热室和冷却室连接，将密封件安装在阀板上，可在不拆移加热室及冷却室的条件下方便地将阀板从阀壳中取出，安装或更换密封件。为防止密封件脱落，在四连杆机构与阀板间安装了一个阀板弹簧，当阀板上升时弹簧给阀板一个轴向力，使阀板与水冷法兰迅速离开，防止密封件与水冷法兰的摩擦。闸阀升降的汽缸采用电触点式传输电信号，代替限位开关形式并解决其安设困难的问题。

为了保证活塞与缸盖的可靠接触，设计采用了弹性触点结构，研制的闸阀结构简单、紧凑，外形美观，安装维修方便，运行安全可靠。

c. 为补偿炉体工作时炉胆热膨胀，设置了炉体的过渡伸缩段结构，其位置连接于闸阀与炉胆之间。

d. 加热炉和炉胆结构，炉胆由耐热钢制成，长 8m，内有辊道。为防止热态时炉胆下沉，在炉胆中间部位设计安置了一个支撑架。为保证炉温均匀性，采用 12 组加热体均布安置 6 区控温方式。为便于维修，加热炉分两段，而接口处和炉口处采取保温措施，减少热损失，同时保证了炉温均匀性的要求。

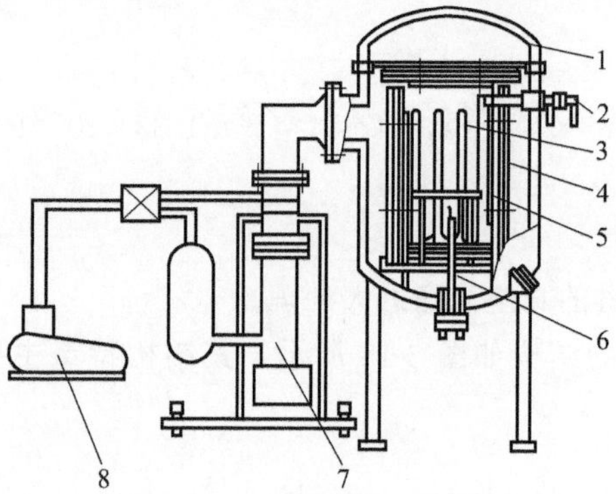

图 3-16 钼丝立式真空退火炉

1—炉盖；2—水冷电极；3—钼加热丝；4—隔热屏；5—料盘；6—热电偶；7—真空机组；8—真空泵

3.2.3.3 钼丝立式真空退火炉

该设备主要用于铍青铜、沉淀硬化不锈钢、PH17-4、钛合金 TC4、高温合金 GH169、弹性合金 3J1、康铜箔等材料的真空退火、真空时效、真空固溶处理。其结构如图 3-16 所示。

(1) 技术指标和结构特点。钼丝立式真空退火炉炉壳外径 ϕ500mm，有效加热区尺寸为 ϕ200mm × 300mm，水冷炉壁，炉壳高度为 800mm，内层为不锈钢，外壳为普通钢板，隔热屏为多层不锈钢板（0.5mm）叠层结构。

炉子加热功率为 8kW，笼式钼丝结构，采用可控硅调压电源，输出电压小于 40V。炉子最高使用温度 1200℃，测温热电偶置于料盘下炉子中部，配以 XCT-101 温度调节仪表。真空机组包括旋片式真空泵、油扩散泵机组，极限真空度为 1.33×10^{-1}Pa。

(2) 性能特点

① 抽真空时间短。真空度不低于 4×10^{-2}Pa，升温至 700℃，时间不超过 40min，升温至 1000℃时为 1～1.5h。

② 升温快。在装炉条件下从室温升至 1000℃，大约为 1～1.5h。

③ 温度均匀性好，为±5℃。

④ 冷速快。空炉从 1100℃冷至 300℃，仅用 35min，从 300℃冷至 150℃需 2h，这是辐射传热与温度的四次方成正比所致，300℃以上温度的快速冷却性能对于许多要求固溶处理的材料来说，是有实用意义的。

3.2.3.4 ZTR9 型气冷退火回火真空炉

(1) 主要技术参数

① 有效加热区尺寸：900mm×1200mm×650mm。

② 最大装炉量：600kg。

③ 最高工作温度：900℃。

④ 炉温均匀性：±5℃。

⑤ 极限真空度：4×10^{-1}Pa。

⑥ 压升率：1.33Pa/h。

⑦ 气冷压力：<0.1MPa。

⑧ 加热功率：210kW。

(2) 设备用途和结构特点。ZTR9 型气冷退火回火真空炉主要用于合金钢、工具钢、不锈钢及磁性材料的无氧化退火、回火及钎焊处理。

该炉将强制气流循环换热技术用于加热和冷却，显著缩短了热处理作业周期，快速气冷技术的采用，避免了某些合金钢的回火脆性。其结构形式见图 3-17。

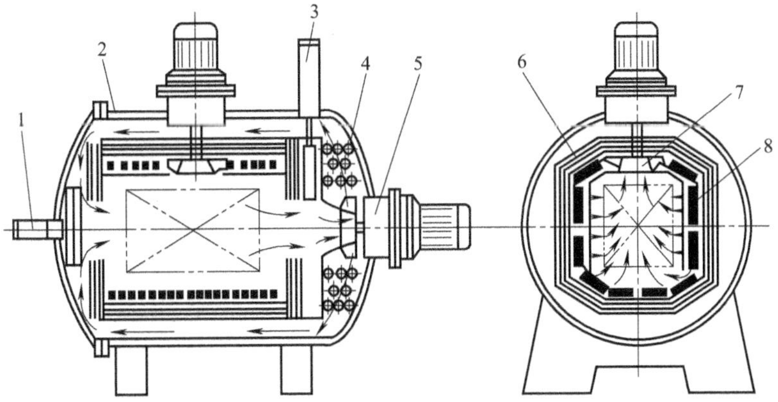

图 3-17 ZTR9 型气冷退火回火真空炉

1—前风门；2—炉体；3—后风门；4—冷却器；5—冷却循环风机；6—加热室；7—加热循环风机；8—加热带

ZTR9 型气冷退火回火真空炉的结构特点如下。

① 加热室采用全不锈钢板辐射屏结构。每块屏以多块拼接敷设以减小热变形，加热室各开孔处设置隔热密封装置，并在炉门处设有弹性封口等隔热措施，防止热短路损失。

② 热循环加热系统。真空加热主要以辐射加热为主，而在 600℃以下辐射率很低，加热功率不能发挥。低温加热的特点是对流换热率高，该炉采用气流强制对流循环加热技术，为获得良好的炉温均匀性，在内导流板两侧设有分布气流的喷孔。在 600℃以上采用辐射加热，此时内导流板相当于隔热屏，起到均热作用。

③ 该炉为单区加热方式，其有效加热区尺寸大，温度均匀性要求在±5℃以内，设计要求高，设计采用 Cr20Ni80 带状加热体均布于八面形加热室各侧面，辅以导流板均热设置，实现了炉温均匀性要求。

④ 气冷循环系统采用内循环涡轮气冷系统，由水冷动密封风扇机构、换热器、加热室形成的内、外风道及风门组成。该系统风门的设置相对于留间隙风道而言，具有两个优势：一是对于加热室风门关闭状态提高其隔热性能；二是风门可根据气体流量的需要开启较大，以利于快速冷却。

⑤ 控制系统可实现操作程序的全自动控制，具有程序自锁和保护系统。

(3) 性能特点

① 保温性好，热效率高。该炉采用封闭隔热型加热室结构，具有明显减少热损失的效果，测试表明，空炉损失为85kW，其热效率为60%，通常同类炉型的热效率为40%左右。

② 温度均匀性达到国际标准C级要求（≤±5℃），这主要由于加热体设计布置和导流板设置合理，同时强制对流加热对低温段炉温均匀性提高是有利的。

③ 工件加热采用热循环加热系统，使该炉有较快的加热能力，尤其在满载条件下，其加热效率得以充分发挥，炉温升至900℃的时间为22min，满载加热到900℃的时间小于1h。技术标准规定时间为1.5h。

④ 该设备强制冷却循环系统方式优于传统常规冷却方式，冷却速度显著加快，表3-2列出了两种冷却方式的对比数据。试验结果表明，生产率可提高3倍。

表3-2 100kg工件从850℃开始冷却的两种冷却方式比较

冷却方式	冷至100℃时间/h	冷至50℃时间/h	平均每2班生产炉次
负压自然冷却	8	12	1
ATR9炉86450Pa循环快冷	1	1.5	4

⑤ 真空抽气能力强。真空机组采用JL2H609型罗茨双台滑阀机组，该机组最大优点是整套机组噪声低（<75dB）。该炉抽至2.66Pa的时间仅为11min。

⑥ 电器控制系统实现了操作过程全自动化控制。

3.2.3.5 WZT-10型真空退火炉

(1) 主要技术性能指标

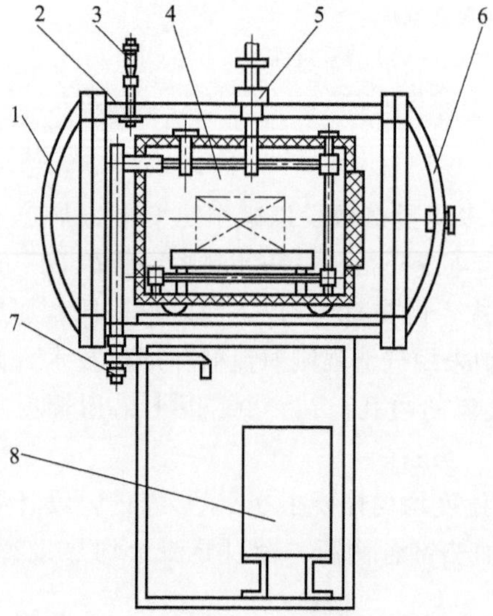

图3-18 WZT-10型退火炉示意图
（北京机电研究所）
1—后炉门；2—炉壳；3—真空规组件；4—炉胆；5—控温热电偶组件；6—前炉门；7—水冷电极；8—变压器柜

① 有效加热区尺寸：100mm×150mm×100mm。

② 额定装炉量：5kg。

③ 最高工作温度：1300℃。

④ 炉温均匀性：±5℃。

⑤ 极限真空度：6.6×10^{-3}Pa。

⑥ 压升率：6.6×10^{-1}Pa/h。

⑦ 升温时间：30min（从室温到1300℃）。

⑧ 加热功率：10kW。

(2) 设备用途及结构。WZT-10型真空退火炉主要用于沉淀硬化型不锈钢PH17-4（0Cr17Ni4Cu4Nb）和其他合金材料的固溶处理和时效硬化及退火处理。

WZT-10型真空退火炉为单室卧式内热式真空炉，主要由炉门、炉壳、炉胆、真空系统、充气系统、水冷系统和电控系统组成。其主要结构如图3-18所示。

（3）结构与性能特点

① 炉胆。炉胆是 WZT-10 型真空退火炉的核心部件，也是设计的技术关键。炉胆由外壳（框架）、隔热屏、料台及发热元件组成，其结构如图 3-19 所示。

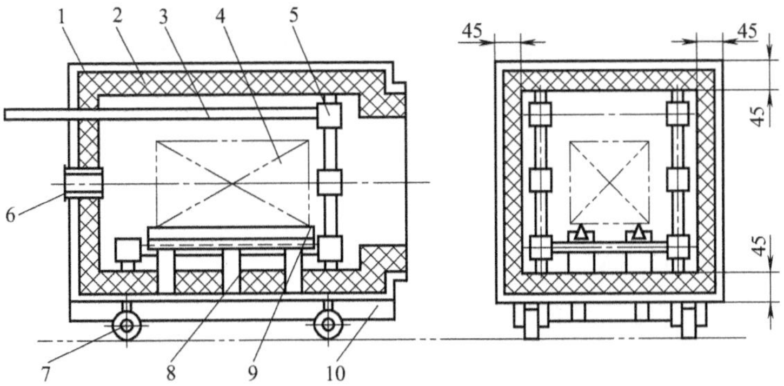

图 3-19　炉胆结构示意图

1—外壳体；2—隔热层；3—发热体；4—料筐；5—发热体支架；6—观察孔；7—滚轮；8—立柱；9—炉床；10—加强筋

炉胆因隔热材料不同，设计了两种结构。一种炉胆结构采用碳纤维做隔热屏，因其隔热性能好且成本低，主要用于高温加热处理场合应用。由于碳纤维所夹存的气体不易排出，在加热温度低时（<650℃），炉内气氛呈微氧化气氛，如第 2 章所述。因而当工件时效硬化时，影响工件的表面质量。为此另一种炉胆结构采用全部不锈钢做隔热屏，可降低炉内材料在加热过程中的放气量，尽可能减少对工件的氧化。发热元件采用 7 根 ϕ12mm 的石墨棒串联组成。

② 真空系统。为了迅速将真空炉内的真空度达到要求，并保证在加热过程中将工件及炉内结构件释放出的气体及时排出，WZT-10 型真空退火炉配制了强抽气能力的真空系统。真空机组由 K-200 扩散泵、ZJ-30 罗茨泵和 2X-15 旋片式机械泵及各种真空阀门、附属管路连接件等组成。真空系统如图 3-20 所示。

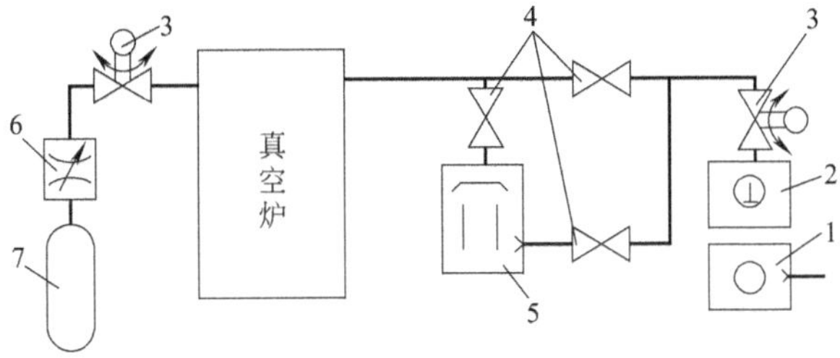

图 3-20　真空系统及充气系统示意图

1—机械泵；2—罗茨泵；3—电磁阀；4—手动蝶阀；5—扩散泵；6—减压阀；7—储气罐

③ 充气系统。充气系统的作用是在加热或冷却时向炉内充入中性和惰性气体。如加热温度在 650℃以下，炉内处于微氧化状态，向炉内充入适量的 H_2（如采用 90%N_2＋10%H_2），与炉内的微氧化气体中和，形成微还原性气氛，以保证工件在时效硬化处理后表面光亮。在工件冷却时，可向炉内快速充入中性或惰性气体，加速工件的冷却速度。充气系统由电磁充气阀、减压阀和储气罐组成，见图 3-20。

炉门、炉壳、水冷系统和电控系统结构与性能特点与WZC系列真空炉相同，故从略。

3.3 真空退火工艺

真空退火是指在低于一个大气压的条件下，将工件缓慢加热到规定的温度，并保温一段时间，然后再将工件按规定的冷却方式冷却到室温的过程。

3.3.1 稀有难熔金属的退火

钛（Ti）、锆（Zr）、钒（V）、铌（Nb）、钽（Ta）、铬（Cr）、钼（Mo）、钨（W）等金属在自然界中含量很少、分布稀散、难于从原料中提取，被称为稀有金属。由于它们在高端加工制造、电子、原子能、新能源、国防军工、航空航天等尖端工业的某些领域具有无可替代的作用，是一个国家的战略资源。例如，钛的密度小，比强度高，广泛用于制造航天器、战机的受力部件。锆的中子吸收截面小及耐腐蚀性好，其锆锡和锆铌合金用于制造核反应堆的核燃料包套材料、定位格架等。铌的某些化合物和合金（铌-钛和铌-锡）具有较高的超导转变温度，被广泛用于制造各种工业超导体，如超导发电机、加速器大功率磁体、超导磁储能器、核磁共振成像设备等。铌还是很好的“生物适应性材料”，用铌片可以弥补头盖骨的损伤，铌丝可以用来缝合神经和肌腱，铌条可以代替折断了的骨头和关节，铌丝制成的铌纱或铌网，可以用来补偿肌肉组织等。钽在电子工业中可用于制造大功率电容、发射管电极等。钽和铌耐酸碱腐蚀性好，在化学工业中可用于制作蒸煮器皿、加热器、冷却器和成料器皿；其高温强度高，可用于制作航天飞机、火箭、核潜艇的发动机耐热部件，如燃烧室、燃烧导管、涡轮泵、火箭加速器喷管等。钼、钨的电导率大，膨胀系数小，导热性能好，适合作电极材料和电真空元件。钼丝是理想的电火花线切割机床用电极丝，钨丝用于制造焊机的钨极、电子振荡管的直热阴极和栅极、高压整流器的阴极和各种电子仪器中的旁热阴极加热器等。钼、钨高温饱和蒸气压低、蒸发少，常常被用来制造真空高温炉的电发热体和结构材料。钼在氮气中可使用至2000℃，在氢气和分解氨中钼丝可使用至接近熔点。钨丝和钨棒在氢气气体、惰性气体或真空中工作，可使用至3000℃。上述金属的共同特点是熔点高，其加工过程往往需要在高温下进行，因而真空退火就成为其加工过程中的一道必需工艺手段。各金属的熔点见表3-3。

表3-3 高温难熔金属的熔点

项目	钛	锆	钒	铌	钽	铬	钼	钨
熔点/℃	1725	1852	1890	2468	2996	1857	2620	3410

3.3.1.1 钛、锆的真空加热和真空退火

钛、锆是ⅣB族金属，有相近的物理、化学性能。钛、锆有同质异晶转变，高温下的晶体结构为体心立方（β相），低温下为密排六方结构（α）。其合金依据成分的不同，还存在α+β型合金及β型合金。钛、锆及其合金塑性好，可通过塑性加工制成管材、板材、棒材和丝材。与其他难熔金属不同，钛、锆虽然在常温下化学性质比较稳定，但在加热时性质活泼，易与碳、氧、氮、氢化合，锆甚至可用作储氢材料。氮溶于锆的固溶体的含量可达4.8%，其对氧的亲和力更强，溶于锆的固溶体的含量高达6.7%，1000℃时氧气溶于锆中能使其体积显著增加。与锆相比，钛的化学性质更为活泼，钛可与CO、CO_2、H_2O、NH_3

以及许多挥发性有机物反应。钛及其合金在大气中加热时，250℃即开始氧化；高于540℃时表面将出现黄色或暗青色的致密氧化膜；在760～1100℃时，氧化大大加速。碳、氧、氮、氢可通过白色多孔性氧化膜向内部扩散，形成高硬度、高脆性的含氧污染层（对氧的吸收速度是氮的10^5倍）。在以后的加工使用过程中，它可促使表面产生裂纹并延伸到基体中去，大大降低其使用性能。所溶解的气体（除氢以外）用真空退火也难以去除。如将此脆弱的异常层磨削掉，将使材料每面损失2～3mm，若采用酸洗[$w(HNO_3)$20%+w(HF)3%+$w(H_2O)$77%]，将使材料吸氢。所以钛、锆及其合金的高温加热一般都在真空中进行。

（1）钛、锆的真空加热和退火工艺。钛的锻压、轧制加热一般在1000～1100℃，真空度为10^{-1}～10^{-3}Pa下进行。真空烧结可以去除钛粉末中易挥发的低熔点金属夹杂物，提高了工件质量。钛烧结温度应≥1100℃。在1200～1400℃及10^{-1}～10^{-4}Pa条件下进行烧结时，应注意防止钛及其合金元素的蒸发。

钛中$w(H_2)$高于0.015%时即变脆，冲击韧性、缺口拉伸强度将下降。$w(H_2)$为550×10^{-6}的钛合金TC4（Ti-6Al-4V）在538～760℃、7.67×10^{-2}Pa下退火2～4h，$w(H_2)$可降至25×10^{-6}～35×10^{-6}。钛锻件经过真空退火后，$w(H_2)$从0.185%降至7.9×10^{-3}%，这时冲击韧度可从20J/cm² 上升至80J/cm²。对于钛、锆及其合金，存在以下两种退火。

一是完全退火（即再结晶退火）。钛、锆及其合金都存在加工硬化现象，其锻压、轧制过程之中及产品最终出厂交货之前，均需要进行完全退火。完全退火温度介于相变温度与再结晶温度之间。α钛在883℃将发生βTi(bcc)→αTi(hcp)转变，因而完全退火可在780～840℃，即α态下进行。应用最广泛的是室温为α+β相的钛合金，如TC4（Ti-6Al-4V），可在700～840℃进行0.5～8h的退火。

二是去应力退火。其目的是为了消除铸造、机械加工及焊接等过程所产生的内应力，一般在再结晶温度以下进行。如α钛在500～550℃下进行，而TC4（再结晶温度为750℃）则在550～650℃下进行。钛、锆加热规范及退火温度如表3-4、表3-5所示。

真空度是真空热处理的一个重要参数，参考文献［6］的研究表明，钛及其合金热处理的真空度不得高于6.7×10^{-2}Pa，建议不低于2×10^{-3}Pa，以免产生合金元素的贫化。如果需要更低真空度，则需要用纯度不小于99.999%的高纯氩分压。真空热处理后工件应在200℃以下出炉空冷，高于此温度将导致工件氧化。

（2）钛、锆及其合金的真空加热与退火中的几个问题。应尽量选用反射屏式的高真空热处理炉。这是因为钛、锆及其合金需要在较高的真空度下进行退火及除气，如使用石墨元件

表3-4 ⅣB族金属的主要加热规范

金属	加热温度/℃	剩余气体或保护气体压力/Pa	加热用途
钛	600～1100	1～10^{-3}	轧件、锻件、铸件退火；淬火后退火；氮化、粉末除气退火；轧、锻前加热
	950～1150	1～10^{-1}	用铝、铬、镍、铍、氮等元素饱和处理
	1100～1450	1～10^{-4} Ar：10^5	烧结、除气；退火；用硼和碳饱和处理
锆	680～1200	1～10^{-2} He：10^5	退火、除气
	1420～1635	1～10^{-4}	用硼、碳饱和处理；高温退火；烧结

表 3-5 钛、锆及其合金的退火温度

名　称	退火温度/℃	去应力退火温度/℃	备　注
工业纯钛	700	540	α型合金
5Al-2.5Sn	850	540～650	
5Al-5Cr	750	750	α＋β型合金
2Al-2Mn	700	550	
4Al-4Mn	750	750	
5Al-3Mn	750～800	750	
5Al-2.75Cr-1.75Fe	790	650	
6Al-4V	790～815	620	
2Fe-2Cr-2Mo	650		
3Mn-1.5Al	730		
8Mn	650～700	540～590	缓冷至550℃以下
锆①	650～700		
锆合金 2	850		

① 参考文献［5］的研究表明，R6070232工业纯锆管在580℃时开始再结晶，600～630℃到达最佳力学性能，680℃开始，力学性能开始降低，推荐退火工艺为600℃×60min。

的真空炉，由于漏气则在炉内生成的一氧化碳会与钛反应（$x\mathrm{CO}+\mathrm{Ti}=x\mathrm{C}+\mathrm{TiO}_x$），生成脆性氧化物。

在950℃以上温度，蒸发后的钛蒸气可与加热器及高温结构件中镍作用形成低熔点的Ni-Ti混合物（镍的质量分数为10%～40%，合金的熔点为980℃，当钛的质量分数为0.1%～0.2%时则降为960℃）。因而，加热元件及加热室中的其他结构件最好选用镍的质量分数低于10%的材料。烧结钛及其合金粉末时应采用钼元件真空炉。为防止烧结过程中自粉末中排出氧、氮、氢和水以及这些排出物在高温下与钛形成牢固的化合物，则应在300～400℃以下温度进行缓慢的升温，这样，除可充分地排出气体外，也可使工件温度均匀。

用于加热钛合金的真空炉不要用来处理其他合金材料。这是由于自这些材料脱出并附于炉壁的气体、污染物等将污染随后处理的钛合金，使其无法得到光亮的表面，只能用高纯氦或氩作冷却气或载气，处理后需在200℃以下温度出炉，工件入炉前应仔细清除表面上的指纹、轧制印记、润滑脂和清洗用的烃类化合物等的残留物，以减少吸氢或沾污表面的可能性。

3.3.1.2 钒、铌、钽的真空退火

第ⅤB族元素钒、铌、钽已广泛地用于尖端工业中。钒主要作为添加元素广泛用于工业之中，素有工业味素之称。铌、钽的塑性好，可在室温条件下采用挤压、锻造、轧制等方法制取棒材、板材、带材、箔材、管材、丝材和异形材。但如果合金元素含量较高，铌合金第一次开坯时需在1000℃以上进行，钽合金则需要1200℃以上。由于它们高温性质活泼，与碳、氧、氮、氢极易发生化学反应，因而不能在大气和保护气氛（H_2-H_2O-N_2 或 CO-CO_2-N_2）中加热，只能在真空中进行。与钼、钨不同，铌、钽及其合金可进行焊接，焊接后需在真空下退火处理。因为铌在200℃以上温度将迅速吸收氧、氮、氢，并变脆。真空加热有明显的除气效果，可以有效除去热加工过程中所溶解的气体。例如，钒在1450℃、2.7×10^{-3}Pa条件下，氢的浓度可从280cm^3/100g降至22.4cm^3/100g。铌在真空加热后可使氧浓度降至原来的1/5。钽电解粉末在2600℃经过4h真空加热后，氧、氮、氢的含量将大幅降低，见表3-6。

表 3-6 真空处理氧、氮、氢含量的变化

项目	氧/(cm^3/100g)	氮/(cm^3/100g)	氢/(cm^3/100g)
处理前	9.5	10.4	79.5
处理后	2.45	3.2	33.6

铌制管材必须在真空度高于 1.33×10^{-2}Pa 和 1100～1200℃条件下进行退火。钽没有相变点，一般在再结晶温度以下（1200～1260℃，1.33×10^{-1}Pa）进行消除加工硬化的退火，钒、铌、钽的真空加热规范如表 3-7 所示。

表 3-7 钒、铌、钽的真空加热规范

金属	温度/℃	剩余气体或保护气体压力/Pa	加热目的
钒	700～1140 1450～1600	10^{-3}～10^{-4} 10^{-3}	锻件和板材压力加工退火、分解氢化物 条材的精制退火、烧结
铌	960～1500 1800～2400	10^{-3}～10^{-4} 10^5 氦气 10^5 氩气 10^{-1}～10^{-7}	冷压加工后的各种形式退火(消除应力、时效) 充压压力加工加热 (锻、压、轧) 铸锭和单晶体的高温退火、淬火加热、除气退火和烧结
钽	1200～1850 2000 2300～2700	10^{-3}～10^{-4} 10^{-2}～10^{-4} 10^{-1}～10^{-2}	压力加工后的退火、初次烧结加热、除气退火 电容器烧结 各种工件和条材的烧结

由于含锆、铪的铌、钽合金极易受铁、铜、镍、钴等污染，因而在加工工序的各个阶段必须进行严格管理，去除各工序中的污染物，在使用真空热处理时，其元器件的上述元素含量要低。

3.3.1.3 铬、钼、钨的真空退火

铬、钼、钨是ⅥB 族金属。铬因饱和蒸气压高，因而很少在真空中进行加热。与其他难熔稀有金属不同，钼、钨与氮较难反应，与氢不发生反应，因而其加热可用氢作保护性气体。在烧结、轧制、冲压、拔丝和反复塑性变形后，需进行再结晶温度以下的软化退火，ⅥB 族金属可在高纯氢、氩中进行加热。对真空管的电极、灯丝等材料，在真空中加热可以防止脆化，并大大减少在真空下工作时析出的气体量，如表 3-8 所示。

表 3-8 钨在空气、氩气和真空中加热至 1300℃时的气体的含量

加热和轧制的条件	气体含量/(cm^3/100g)		
	O_2	N_2	H_2
原始金属	12.6	2.4	9
在空气中加热和轧制	16.1	2.4	11.2
在氩气中加热和轧制	5.6	2.4	4.48
在真空(10^{-3}Pa)中加热和轧制	1.4	2.4	3.36

钨丝在 1400℃以上温度、1.33×10^{-1}～1.33×10^{-2}Pa 压力下退火之后，所制灯丝的寿命可明显提高。钨丝的除气工艺是：在氢中加热 1h，再在 1400℃、6.7×10^{-3}Pa 条件下加热。在 700～750℃、真空条件下拔钨丝，可比在其他气氛中拔丝大大提高金属的塑性，在

真空中（1800～1900℃）烧结钼条可以获得所需的密度。经冷压力加工的钼合金，以 50～100℃/h 的升温速度在 1.3×10^{-1}～2.6×10^{-3}Pa 条件下加热至 1800℃，不经保温即可提高伸长率（达 18%～30%）。要消除钼的冷加工硬化，在 1.3×10^{-1}Pa 以上真空度、900℃加热即可。钼、钨的加热规范如表 3-9 所示。

表 3-9 钼、钨的加热规范

金属	温度/℃	剩余气体压力/Pa	加热用途
钼	1100～1400	1×10^{-3}	压力加工后消除应力退火，拉丝和冲压后再结晶退火；轧、锻压和冲压加热
		10^{-1}	硼化处理
	1600～2000	10^{-2}～10^{-3}	间接加热烧结和除气
	2000～2400	10^{-2}	直接通电流烧结，组织均匀化退火；低合金退火
含钛、锆、钒的钼合金	1300～1600	1～10^{-3}	消除应力和再结晶退火；轧、锻压和冲压加热
钨	1000～1400	1～10^{-3}	条材压力加工后去应力退火；除气退火；预先烧结硼饱和处理加热；冲和轧以及部分锻造加热
	1400～1700	10^{-2}～10^{-3}	再结晶退火；含活性成分的工件烧结加热，锻以及部分的压制加热
	1700～2200	10^{-2}～10^{-4}	锻造过程去应力中间退火；压制及部分加热
	2200～3000	10^{-2}～10^{-4}	烧结；单晶体退火

在真空炉中加热时，应防止钼与石墨元件直接接触而相互作用。在石墨容器表面涂以钼粉调和酚醛漆的钼涂料，在高温下可形成一层低蒸发气压的碳化钼层，从而阻止了石墨进一步的蒸发。钼、钨在真空中与一些材料接触时相互作用的温度如表 3-10 所示。

表 3-10 钼、钨与一些材料相互作用的温度 单位：℃

材料	W	Mo	Al_2O_3	BeO	MgO	SiO_2	ThO_2	ZrO_2	Ta	Ti	Ni	Fe	C
Mo	1926	1926	1815	1760	1371	1371	1899	1899	1926	1260	1260	1204	1482
W	2537	1926	1815	1760	1371	1371	2204	1593			1260	1204	1482

退火温度过高将导致钼、钨晶粒粗大而脆化。退火后的元件和材料不得再用手触摸，暂时不用则需用清洁纸包扎且存于 1.3Pa 的真空干燥器中，并需于一周之内使用。

3.3.2 软磁材料的退火

磁性材料广泛应用于输变电设备、通信、电子计算机、家用电器、汽车及航天航空等工业领域，用来制作电工和电子产品。根据材料磁化后再退除磁性的难易程度，磁性材料分为硬磁材料（亦称为永磁材料）和软磁材料。硬磁材料经外磁场磁化以后，即使在相当大的反向磁场作用下，仍能保持大部分原磁化方向的磁性，其特征为剩余磁感应强度 B_r 高，矫顽力 H_c（即磁性材料抗退磁能力）强，磁能积 BH（即给空间提供的磁场能量）大，主要有钕铁硼、铝镍钴合金、钐钴合金及永磁铁氧体等。软磁材料在磁场内磁化后表现出强磁性，离开磁场后磁性基本消失，按成分可分为软磁铁氧体和金属软磁材料，金属软磁材料主要有电工硅钢、铁镍合金（坡莫合金）、非晶软磁合金和电工纯铁等。由于广泛用于磁性反复出现和消失的场合，反映软磁材料性能优劣的参数除了剩余磁感应强度 B_r、矫顽力 H_c 外，还有磁损耗，其由磁滞损耗 P_h 及涡流损耗 P_e 两项构成。磁滞损耗与厚度的平方成正比，涡流损耗（又称铁损）与磁场的频率 f 成正比，与材料的电阻率 ρ 成反比，频率越高、电阻（率）越小，铁损越大。

一般来说，磁性材料的剩余磁感应强度 B_r、矫顽力 H_c、磁滞损耗 P_h、初始磁导率 μ_0、饱和磁导率 μ_m、居里温度 T_c、磁滞回线特性及磁晶各向异性 K_1 等诸多性质，除了与成分有关外，还与杂质含量（碳、氧、硫化物、氮化物等）及显微组织结构有关，所以才被称为精密合金（其中的一种）。对于存在有序化转变的软磁合金而言，其有序度对于磁性能有很大影响。例如铁镍合金，对于镍含量大于 35%的合金，室温下为单向固溶体——铁磁性的 γ 相组织，并且不随温度的变化而发生相变。当合金由高温冷却到居里温度时发生了磁性转变，合金中产生了自发磁化区域——磁畴，进而由顺磁性转变成铁磁性。对于高镍合金（镍含量≥75%），当缓慢冷却时，还将在某一温度下发生有序化转变，使高温下的原子由无序状态转变成按一定规律排列的有序化状态，形成超结构相 Ni_3Fe。这些合金即使成分不发生变化，但由于形成的有序度的不同，其磁性能仍然会不同。然而加工过程中的任何环节，甚至运输搬运都可能造成有序度的改变，从而导致其磁性能的改变。因此，无论是出于纠正加工过程所造成的应力畸变，还是为了获得所需要的组织结构，都需要对软磁材料进行高温退火处理。真空退火既能防止材料的高温氧化，又能最大限度地去除磁性材料中的碳、氧、硫化物及氮化物等杂质，增大晶粒尺度，减小冷变形造成的晶粒取向、晶格缺陷、畸变等不均匀状态，进而提高磁性材料的性能。真空退火日益成为提高软磁材料性能的重要工艺手段。有研究表明，经真空退火的 D320 钢带比经空气退火，在 15000Gs（$1Gs=10^{-4}T$，下同）下的空载电流降低 8.8%，铁损减少 6.4%。

3.3.2.1 硅钢的真空退火

硅钢是含硅量在 3%～5%左右的硅铁合金，是目前用量最大的软磁合金，主要用于制作各种电机、发电机和变压器的铁芯。硅钢分为热轧硅钢正和冷轧硅钢，热轧硅钢正在逐渐被淘汰。冷轧硅钢又分为冷轧无取向硅钢、冷轧取向硅钢和高磁感冷轧取向硅钢。冷轧无取向硅钢主要用于制作各种电动机、发电机的铁芯，冷轧取向硅钢主要用于制作各种变压器的铁芯，与冷轧无取向硅钢相比，取向硅钢的磁性具有强烈的方向性，其在轧制方向的铁损仅为横向的 1/3，磁导率之比为 6∶1。高磁感冷轧取向硅钢主要用于制作电信与仪表工业中的各种变压器、扼流圈等电磁元件。其应用场合有两个主要特点：一是小电流（即弱磁场）条件下，要求材料在弱磁场范围内具有高的磁性能，即高的 μ_0 值和高的 B 值；二是使用频率较高，通常都在 400Hz 以上，甚至高达 2MHz。

一般来说，冷轧硅钢生产厂家通过连续退火技术已经能够提供软磁性能优异的冷轧硅钢产品。但生产实践和研究表明，在生产电工产品过程中，由于冲压、裁剪会损伤硅钢的磁性能，这种磁性能损伤可通过真空退火予以部分恢复。A. J. Moses 等人探究了切割加工对于铁损、局部磁通量密度和磁导率的影响。试验将 300mm×100mm 的无取向硅钢 400-50AP 冲剪成 2 条、4 条和 8 条，然后测量其在 50Hz 和 400Hz 下的磁性能，结果显示，剪切成窄条后由于机械应力的存在，导致铁损增大，最多可以达到 30%。Kenici Yamamoto 等人研究了电机中外力对磁性能的影响，结果表明，在压缩装配时产生的压应力会使磁致伸缩 λ 增加，从而导致铁损增加和磁导率的下降。黄力明等人、韩志磊等人的研究均表明，剪切工艺会导致冷轧硅钢片的铁损增加、磁感应强度降低，而 750℃×2h 真空退火对硅钢的磁性能有恢复作用。李腾飞、王均安等人研究了弯曲变形对取向硅钢磁性能的影响，结果显示，弯曲形变会使取向硅钢磁感应强度降低，铁损增加，而且随着折弯角度的增加，磁性能恶化进一步增大。通过对取向硅钢进行去应力退火后发现，500℃×2h 退火后试样的磁性能开始发生恢复，700℃×2h 可以基本消除弯曲形变对磁感应强度的影响，850℃×2h 退火的效果最明显，弯曲形变对铁损的影响可以基本消除。因此，为保证电工产品的质量，冷轧无取向硅钢制品可在 $1.3\times10^{-1}\sim1.3\times10^{-2}$Pa 条件下，升温至 750～850℃，保温 3～6h，其后以不高于 100℃/h 的速度冷至 600℃，再随炉冷至 200℃以下出炉进行退火处理。高磁感（Hi-B）冷轧取向硅钢制品的真空退火按表 3-11、冷轧取向硅钢制品的真空退火按表 3-12 的规范执行。

表 3-11　高磁感（Hi-B）冷轧取向硅钢制品真空退火工艺规范

<table>
<tr><th>牌号</th><th>厚度/mm</th><th>退火目的</th><th>加热温度/℃</th><th>保温时间/h</th><th>冷却制度</th></tr>
<tr><td>DG3</td><td rowspan="4">0.15～0.2</td><td rowspan="4">去应力
退火</td><td rowspan="4">800～850</td><td rowspan="4">3～6</td><td rowspan="4">①以≤150℃/h 的速度冷至 600℃；
②随炉冷至 200℃以下空冷至室温</td></tr>
<tr><td>DG4</td></tr>
<tr><td>DG5</td></tr>
<tr><td>DG6</td></tr>
<tr><td>DG3</td><td rowspan="4">0.08～0.1</td><td rowspan="11">高温退火
＋
磁场退火</td><td rowspan="11">900～980</td><td rowspan="11">8～10</td><td rowspan="11">①以≤100℃/h 的速度冷至 600℃；
②随炉冷至 200℃以下空冷至室温</td></tr>
<tr><td>DG4</td></tr>
<tr><td>DG5</td></tr>
<tr><td>DG6</td></tr>
<tr><td>DG3</td><td rowspan="4">0.05</td></tr>
<tr><td>DG4</td></tr>
<tr><td>DG5</td></tr>
<tr><td>DG6</td></tr>
<tr><td>DG3</td><td>0.025</td></tr>
<tr><td>DG3</td><td>0.03</td></tr>
<tr><td>DG4</td><td>0.03</td></tr>
</table>

注：磁场退火为 700～800℃下保温 2h，在 800～1600A/m 的直流磁场中缓冷至 400℃以下出炉。

表 3-12　冷轧取向硅钢制品真空退火工艺规范

<table>
<tr><th>合金牌号</th><th>升温方式</th><th>加热温度/℃</th><th>保温时间/h</th><th>冷却制度</th></tr>
<tr><td>DQ133-30</td><td rowspan="17">随炉升温</td><td rowspan="7">800～850</td><td rowspan="17">3～6</td><td rowspan="7">①以≤150℃/h 的速度冷至 600℃；
②随炉冷至 200℃以下空冷至室温</td></tr>
<tr><td>DQ147-30</td></tr>
<tr><td>DQ162-30</td></tr>
<tr><td>DQ179-30</td></tr>
<tr><td>DQ137-35</td></tr>
<tr><td>DQ157-35</td></tr>
<tr><td>DQ183-35</td></tr>
<tr><td>DQ120-27</td><td rowspan="10">850～900</td><td rowspan="10">①以≤100℃/h 的速度冷至 400℃；
②随炉冷至 200℃空冷至室温</td></tr>
<tr><td>DQ127-27</td></tr>
<tr><td>DQ143-27</td></tr>
<tr><td>DQ113G-30</td></tr>
<tr><td>DQ122G-30</td></tr>
<tr><td>DQ133G-30</td></tr>
<tr><td>DQ117G-35</td></tr>
<tr><td>DQ126G-35</td></tr>
<tr><td>DQ137G-35</td></tr>
</table>

3.3.2.2 铁镍合金的真空退火

镍可在35%～81%宽泛范围与铁组成多种具有不同磁特性的铁镍软磁合金（又称为坡莫合金），而且还可以添加钼、铜、铬、锰和硅等合金元素以弥补二元合金的不足，使得坡莫合金在电力、电子及通信等领域有着广泛用途。坡莫合金可分为以下四大类。

a. 镍含量35%～40%的坡莫合金。该类磁晶各向异性 K_1 随镍含量增加而减小，并且方形比 B_r/B_s 也变小，显示出圆形磁滞回线特性，加之高电阻率，该类合金适用于制作方波变压器、直流变换器等。

b. 镍含量45%～50%的坡莫合金。该成分范围内的合金具有最高的饱和磁化强度，且 $K_1>0$，易磁化方向为〈100〉。通过形成立方织构可得到矩形磁滞回线，用于制作磁放大器、扼流圈和变压器。也可通过形成二次再结晶的{210}织构，或借助初次再结晶形成细晶粒各向同性显微组织，得到圆形磁滞回线。这种合金具有高磁导率和低矫顽力，可用于制作电流变压器、接地故障断路器、微电机和继电器等。

c. 镍含量50%～65%的坡莫合金。该成分范围内的合金有最高的居里温度，饱和磁化强度也较高，且在有序状态 $K_1\approx 0$，因此磁场热处理效应明显，不同的磁场热处理工艺，可得到不同的磁特性合金。

d. 镍含量70%～82%的坡莫合金。该成分范围内的坡莫合金具有最高的磁导率，在此成分范围内加入适量的合金化元素（如钼、铬、铜等），再通过控制热处理的冷却速度，便可以使 K_1 和 λ 同时趋近于零，从而获得很高的磁导率和很低的矫顽力。其中的Ni79Mo5合金 μ_0 可达150mH/m以上，μ_m 可达1130mH/m。在78%Ni-Fe合金中加入铌、钽，再加入第四和第五种元素，如钼、铬、钛、铝、锰等，可获得硬度>200HV的高磁导率的坡莫合金，称为硬坡莫合金。这类合金适用于制作变压器、扼流圈、磁头、磁屏蔽等。

正如前面所说，坡莫合金的磁性能除了与成分、杂质含量有关外，还与合金的织构、取向、有序度等显微组织有关，同一成分的材料可以显示出截然不同的磁滞回线，以及不同的晶粒组织，热处理工艺直接影响这些组织敏感的合金的性能。由于坡莫合金零件的尺寸通常较小，形状规则，容易烧透，所以工艺过程中的升温阶段没有特别的要求，工艺参数包括真空度、退火温度、保温时间、冷却方式。一般来说，真空度越高，去除杂质与气体越彻底。表3-13反映了真空度对 w(Ni) 79%、w(Mo) 4%合金的初始磁导率 μ_0 的影响。

表3-13 真空度对Ni79Mo4合金的初始磁导率 μ_0 的影响

真空度	6.7×10^{-1}Pa	6.7×10^{-2}Pa	6.7×10^{-3}Pa	6.7×10^{-4}Pa
μ_0	12500	35600	40000	45000

真空度越高，磁性能越好。不过，由于对软磁材料的性能影响最大的是碳含量，如果缺氧，仅通过真空很难将碳从材料中去除，而且真空度增大，还可能导致真空炉中元器件的碳蒸发及镍蒸发（镍的蒸气压相对较高），反而可能产生相反的效果。一些学者的研究证实了上面的推测。参考文献［14］在研究热处理工艺对1J22合金的影响时发现，7×10^{-3}Pa压力下合金表面发白，后改为 7×10^{-1}Pa+氩气分压才获得了光亮表面。此外，过高真空条件下元素蒸发还会造成工件粘连，有文献进行过报道。因此比较适宜的真空度为 1×10^{-1}～1×10^{-2}Pa。

退火温度是影响磁性材料性能的重要工艺参数。温度越高，越有利于合金晶粒长大，随着晶粒的长大，晶界数量减少，畴壁移动磁化的阻力减小，磁滞损耗降低，初始磁导率 μ_0 提高，矫顽力 H_c 减小，磁性能变好。但许多学者研究发现，磁性能存在一个峰值，随着退火温度的进一步提高，磁导率降低，矫顽力增大，如图 3-21、图 3-22 所示。

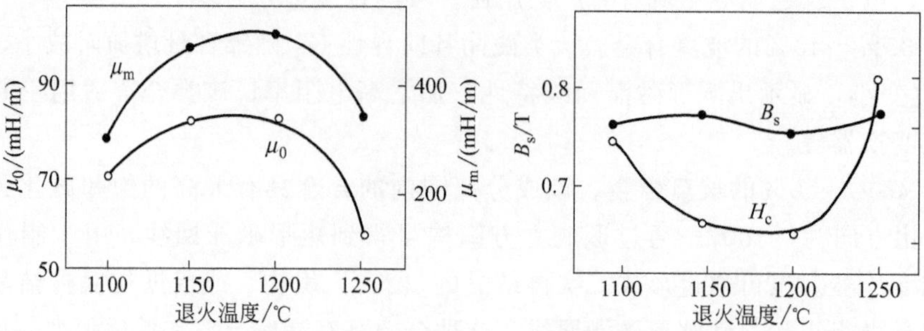

(a) (b)

图 3-21 退火温度对 1J85 合金性能的影响

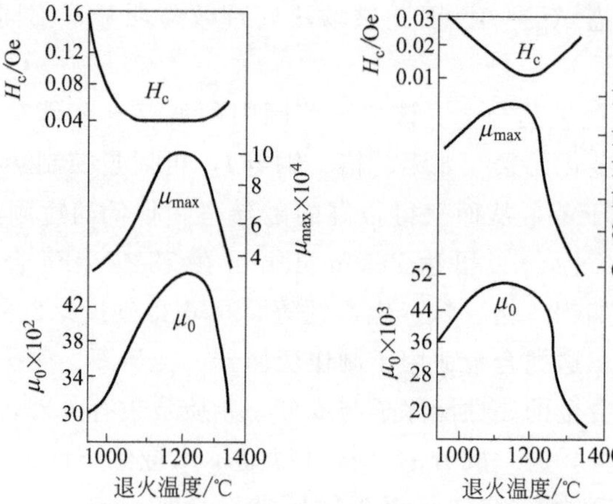

(a) 50H软磁合金 (b) 79H软磁合金

图 3-22 退火温度对铁镍合金磁性的影响（1.3×10^{-2} Pa）

1Oe=79.6A/m，下同

保温时间对磁性材料性能的影响是单向的。保温时间加长，晶体内缺陷减少，晶粒尺寸增大，对畴壁的钉扎作用减弱，畴壁移动更容易，材料的磁性能提高。所以保温时间的长短是一个经济问题，而不是一个技术问题。

冷却方式是影响磁性材料的一个关键参数。大多数坡莫合金都存在从高温无序到低温有序的转变，当发生有序转变时，其磁晶各向异性常数 K_1 和磁致伸缩系数 λ 会发生显著的变化。因此当合金化学成分固定以后，可通过改变冷却速度得到最佳有序度，从而可以调整 K_1 和 λ 的值趋于零，而使合金具有较高的初始磁导率 μ_0，较低的矫顽力 H_c。过度有序和完全无序都无法得到最佳的磁性能。高饱和磁感应强度、矩磁坡莫合金真空退火规范见表 3-14，高初始磁导率的坡莫合金真空退火规范见表 3-15，特种坡莫合金真空退火规范见表 3-16，高电阻高硬度坡莫合金真空退火规范见表 3-17，磁补偿坡莫合金真空退火规范见表 3-18。需要指出的是，在进行相关牌号的软磁合金真空退火时，依据工件尺寸、结构做些调整可能会得到更好的磁性能。

表 3-14 高饱和磁感应强度、矩磁坡莫合金真空退火规范

退火目的	牌号	退火温度/℃	保温时间/h	冷却方式
高饱和磁感应强度合金的最终退火	1J46	1050～1150	3～6	以100～200℃/h冷却至600℃，快冷到≤200℃出炉
	1J50			
	1J54	1100～1150	3～6	以80～120℃/h冷却至400℃，快冷到≤200℃出炉
矩磁合金的最终退火	1J51	1050～1150	1	以100～200℃/h冷却至600℃，快冷到≤200℃出炉
	1J52			
	1J83		3～6	
矩磁合金+纵向磁场1.2～1.6kA/m	1J34	1050～1150	3～6	以100～200℃/h冷却至600℃，快冷到≤200℃出炉
	1J65			
	1J67	650～700	1～2	以30～100℃/h冷却至≤200℃出炉

表 3-15 高初始磁导率的坡莫合金真空退火规范

退火目的	牌号	退火温度/℃	保温时间/h	冷却方式
软化退火	1J76	850～900	2～5	炉冷至400℃，快冷至≤250℃出炉
	1J77			
	1J79			
消除应力退火	1J80	750～850	3～6	以100～150℃/h冷却至400℃，快冷至≤250℃出炉
	1J85			
	1J86			
最终退火	1J76	1100～1150	3～6	以100～150℃/h冷却至500℃，以30～50℃/h冷却至200℃出炉
	1J77			
	1J79			以100～200℃/h冷却至600℃，快冷至≤300℃出炉
	1J80			以≤200℃/h冷却至500℃，以≥400℃/h快冷至200℃出炉
	1J85	1100～1200		以100～200℃/h冷却至480℃，快冷至200℃出炉
	1J86			以80～120℃/h冷却至600℃，以30～100℃/h冷却至200℃出炉

表 3-16 特种坡莫合金真空退火规范

退火目的	牌号	退火温度/℃	保温时间/h	冷却方式
恒导磁率合金退火+横向磁场16kA/m	1J66	1200	3	以200℃/h冷却至600℃，以≥400℃/h快冷至300℃出炉
		650	1	以50～200℃/h冷却至≤200℃出炉
耐蚀合金的最终退火	1J36	1150～1250	2～6	以100～200℃/h冷却至450～650℃，快冷却至200℃出炉
	1J116			
	1J117			

表 3-17 高电阻高硬度坡莫合金真空退火规范

退火目的	牌号	厚度/mm	退火温度/℃	保温时间/h	冷却方式
最终退火	1J87	≤0.2	950～1150	2～3	80～120℃/h 冷却至 500℃保温 1h，慢冷至 350℃，炉冷至≤200℃出炉
		>0.2	1150～1250	4～6	
	1J88	≤0.2	950～1150	2～3	100～200℃/h 冷却至 500～600℃，200～300℃/h 冷却至 200℃出炉
		>0.2	1150～1200	4～6	
	1J89	≤0.2	950～1100	2～3	200～300℃/h 冷却至 600℃保温 1h，以 100℃/h 冷却至 200℃出炉
		>0.2	1100～1200	3～5	
	1J90	≤0.2	1000～1150	2～3	以 200～300℃/h 冷却至 250℃出炉
		>0.2	1000～1200	3～4	
	1J91	≤0.2	1000～1150	2～3	炉冷至室温，再加热至 970℃保温 1h，以≥300℃/h 空冷
		>0.2	1100～1200	3～4	

表 3-18 磁补偿坡莫合金真空退火规范

退火目的	牌号	退火温度/℃	保温时间/h	冷却方式
最终退火	1J30	800～850	2～3	80～120℃/h 冷却至 500℃，快冷至≤200℃出炉
	1J31			
	1J32			
	1J33			
	1J38	790～810		

3.3.2.3 软磁合金退火应注意的问题

目前对硅钢的真空退火、氢气退火看法尚不一致。原始含碳量高的合金以脱碳能力强的氢退火好（可降低碳含量一半左右）。对含碳低的合金进行真空退火后可使碳形成石墨，以氢退火时则形成 Fe_3C。另外，用氢气退火的成本较高，消耗气量较大，还存在安全问题。含杂质越多的材料经真空退火，特别是高温、高真空退火后，磁性提高得越显著。钢中主要杂质碳和氧，通过一氧化碳反应去除的效果，将受到两者相对含量多少的限制。当一种元素低时，另一种元素是去除不净的。当材料含碳量多，含氢量少时，进行氧化处理可提供一氧化碳反应必要的氧，否则，软磁材料的真空退火结果并不总是令人十分满意。有时在 2.7×10^{-2}Pa 下的真空退火和在最纯氢中的退火效果是相同的。

一般认为，先在真空中 500～600℃下加热，以排除表面潮气，后在干氢中 1100℃下保温，再在氢中冷至 600℃是较好的退火方法。国外有人证明，在氢和真空中交替退火可进一步提高磁性。可先在 1200℃氢中保温 2h，再在真空 1.3×10^{-3}Pa、1000℃中保温 1h 进行退火；也可先在 1000℃氢中保温 2h，再在真空中 0.5h 进行多次交替退火。若先在真空中而后在氢气中交替退火，磁性反而得不到提高。凡需进行高温退火的硅钢，其 w(Al) 应低于 0.02%，否则即使是在 1.3×10^{-2}Pa 的真空中也难以防止形成 Al_2O_3，从而使磁性下降。例如，含 w（Al）0.03%～0.04%时，只能在 920～950℃进行退火。若进行高温退火，当真空度低于 1.33Pa 时，工件表面将形成致密的二氧化硅膜，从而使精制速度降低，甚至导致内氧化。

高温退火还必须防止工件叠片间或卡具黏合，可在其间撒布工业纯氢氧化镁或滑石粉，也可将经高于退火的温度下除过气体的氧化铝粉撒布其间。

真空退火加磁场退火可进一步提高磁性。这种退火是在居里点以下至 300～400℃温度范围的短时冷却（如 1～3min）过程中，施加 800～1600A/m（10～20Oe）的磁场。

一般来说，在石墨结构材料的真空炉中加热软磁材料，磁性不会明显下降，应注意的是，此类材料不得与石墨直接接触。但高磁导率的合金的含碳量越低越好，其基本化学成分也应精确。当以石墨毡隔热和以石墨布作加热元件的真空炉中的石墨与漏入的氧作用生成 CO 而具有渗碳作用时，处理含碳量极低［w(C)≤0.01%］的坡莫合金将不会得到令人满意的性能。从试验得知，在 1200℃温度保温 3h 后，厚 0.2mm 的 1J85、1J88 合金的增碳结果如表 3-19 所示，1J85 合金按图 3-23 所示的工艺退火时，在石墨元件真空炉与在 Cr25Ti 管式真空炉里所得的结果不同，起始磁导率等可降低 100%，如表 3-20 所示，即使在石墨元件真空炉内充入氢，或将试样装在匣里，也没什么改善。

表 3-19　1J85、1J88 合金的增碳结果　　单位：%

牌号	热处理前	管状真空炉	氢气炉	ZC-30A(石墨元件炉)	ZC-30A(试样加罩)
1J85	0.01	0.01	0.01	0.02	0.02
1J88	0.01	0.01	0.01	0.03	0.03

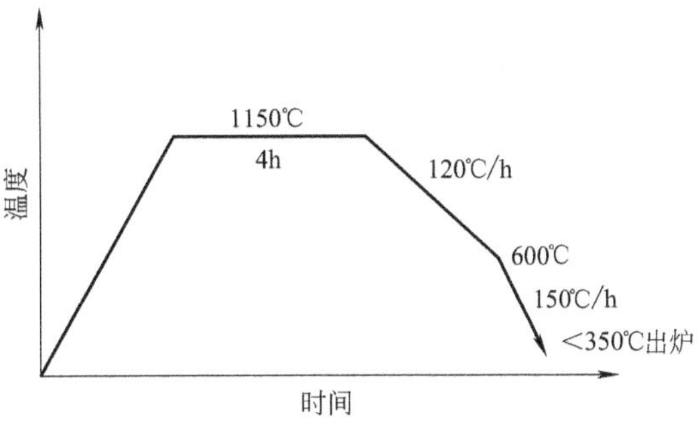

图 3-23　1J85 合金退火工艺曲线

（合金成分：C<0.03%，Mn 0.30%～0.60%，Si 0.15%～0.60%，Ni 79%～81%，Mo 4.8%～5.2%，Cu<0.20%）

表 3-20　不同退火炉所得 1J85 的磁性能

炉型	μ_0/(H/m)	μ_m/(H/m)	H_c/(A/m)	B_s/T	备注
石墨纤维真空炉	23640	217000	0.0116	8150	6.7×10^{-2}Pa
钢管真空炉	40300	208000	0.0142	7350	6.7×10^{-2}Pa
氢气炉	98800	305000	0.0101	7480	露点−60℃
合格标准	≥30000	≥150000	≤0.020	≥7000	

3.3.3 钢铁材料的真空退火

工具钢、普通结构钢的真空退火虽然占退火总量的比例不大，但却日益增大。其主要目的是为了得到光亮表面。薄板、钢丝各工序间进行的真空退火可使变形晶粒得到恢复和均匀化。同时，还可以蒸发掉表面残存的润滑脂、氧化物，排除掉溶解的气体，退火后，处理工件可得到光洁的表面，因而可省略掉脱脂和酸洗工序，并可直接镀锌、锡。这对钢丝的高速镀锌是特别有利的。真空镀铜钢丝的镀铜层与基体结合牢固并具有光洁的外观。

杂质氮含量高的钢在600℃以上温度进行退火可降低氮和氢的含量，因而可减少由其引起的脆性。表面不得增碳、脱碳的精密工件和过共析钢，在一般保护气氛中退火是难以避免产生增碳或脱碳的，但在真空下退火则可获得高质量的表面。

真空退火的主要工艺参数是加热温度与真空度，真空度是根据对表面状态的要求选定的。一般质量的结构钢产品只要求60%以上的光亮度，在$1.3 \sim 1.3\times10^{-1}$Pa的真空度下退火即可达到要求。含碳0.35%～0.60%的卷钢丝于750～800℃退火可获得良好的外观。进行中温退火的重要工件和工具（特别是含铬的合金工具钢），表面的含铬氧化膜需在$1.3\times10^{-1} \sim 1.3\times10^{-2}$Pa以上的真空中才可蒸发，工件才可得到光洁的表面。处理温度应比常规退火温度略高，一般材料的光亮度随退火温度的上升而提高，于950℃以上温度退火，光亮度可达80%。对锈蚀表面可于1000℃进行退火，借助于蒸发使表面净化。带氧化皮的轧制轴承钢于780℃、高速钢于840℃退火，表面即可净化。与此同时将脱碳，如在300～500℃以上温度出炉将使退火净化的表面重新氧化。因而为获得70%以上的光亮度，必须在200℃以下出炉，为缩短处理周期和提高炉子利用率，可充入惰性气体循环冷却降温。一般钢材的退火工艺参数，如表3-21所示。

表3-21 钢的退火工艺参数

材料	真空度/Pa	退火温度/℃	冷却方式
45	$1.3 \sim 1.3\times10^{-1}$	850～870	炉冷或气冷，300℃出炉
0.35～0.6卷钢丝	1.3×10^{-1}	750～800	炉冷或气冷，200℃出炉
40Cr	1.3×10^{-1}	890～910	缓冷300℃出炉
Cr12Mo	1.3×10^{-1}以上	850～870	720～750℃等温4～5h，炉冷
W18Cr4V	1.3×10^{-2}	870～890	720～750℃等温4～5h，炉冷
空冷低合金模具钢	1.3	730～870	缓冷
高碳铬冷作模具钢	1.3	870～900	缓冷
W9～18热模具钢	1.3	815～900	缓冷

不锈钢、耐热合金含有在高温下与氧亲和力强的铬、锰、钛等元素。在空气中加热时，由于表面的铬氧化，内部的铬向外扩散，因而在一定范围内产生了贫铬现象。如在含碳的保护气氛中退火，则由于增碳使不锈钢易产生晶间腐蚀。将这类合金在真空中退火比在常用的低露点氢中退火更易于获得洁净和高质量的表面并保持耐蚀性。对尺寸小、精度高、比表面积大的薄片、细丝，如高纯镍丝、镍合金丝、ϕ0.03mm镍铬-镍铝热偶丝等进行退火时，如发生氧化将使表面成分变化并改变其电学性能，对这类制品进行真空退火的实际意义更大。

表面光亮程度是不锈钢退火的重要指标，于6.7Pa进行低温退火的表面光亮度<60%，光亮度随退火温度的升高而提高。SUS304在5.33Pa下及在900℃以下的升温过程中形成的氧化膜在900℃以上温度的加热过程中将逐渐蒸发掉，于1050℃全部消失。氧化膜还原的难

易与还原时生成的 CO 分压有关，分压低的钢氧化膜难于还原。所以，光亮度按马氏体类不锈钢、铁素体类不锈钢、奥氏体类不锈钢、耐热铸铁的次序下降。于 1.3×10^{-1}Pa、950℃条件下进行退火，所得不锈钢的光亮度可达 80%以上。可见，在 1.3×10^{-1}Pa、1050℃条件下即可对不锈钢实现去除氧化膜的退火。如果温度和真空度太高，由于铬的蒸发反而得不到光亮的表面，工件相互间还易于粘连。适用于奥氏体不锈钢的退火温度与真空度如表 3-22 所示。一些不锈钢的退火工艺参数如表 3-23 所示。

表 3-22 奥氏体不锈钢的真空退火参数

热处理	温度/℃	真空度/Pa
热变形后去除氧化皮代替酸洗退火	900～1050	13.3～1.3
退火	1100 1050～1150	$1.3\times10^{-1}\sim6.7\times10^{-2}$ $1.3\sim1.3\times10^{-1}$
电真空零件退火	950～1000	$1.3\sim4\times10^{-3}$
带料在电子束设备中退火	1050～1150	$1.3\times10^{-2}\sim1.3\times10^{-3}$

表 3-23 不锈钢的退火工艺参数

钢种类型	主要化学成分(质量分数)/%	退火温度/℃	真空度/Pa
铁素体类	Cr 12～14,C 0.08(最多)	630～830	$1.3\sim1.3\times10^{-1}$
马氏体类	Cr 14,C 0.4;Cr 16～18,C 0.9	830～900	$1.3\sim1.3\times10^{-1}$
奥氏体类(未稳定化)	Cr 18,Ni 8	1010～1120	$1.3\sim1.3\times10^{-1}$
奥氏体类(稳定化)	Cr 18,Ni 8,Nb 或 Ti 1	950～1120	$1.3\times10^{-2}\sim1.3\times10^{-3}$

3.3.4 铜及铜合金的真空退火

3.3.4.1 纯铜的真空退火处理

(1) 对铜进行真空退火，可有效防止氢脆。含氧铜在还原性气氛中（H_2、CO、CH_4）加热或使用时会变脆和开裂，这是因为含氧铜中的 Cu_2O 杂质与还原性气体发生反应，生成水蒸气或 CO_2，反应方程式如下：

$$Cu_2O+H_2 \xlongequal{} 2Cu+H_2O$$

$$Cu_2O+CO \xlongequal{} 2Cu+CO_2$$

这些气体不溶于铜，也没有扩散能力，在铜中形成很大的压力而使铜产生裂纹，在随后的压力加工或使用过程中破裂。这种脆性可能不会瞬时产生，有一定的潜伏期。无氧铜、脱氧铜（磷铜和锰铜）在氧化气氛中加热后，再在还原气氛中加热，同样会发生氢脆。

(2) 对铜进行真空退火，可有效防止铜的氧化，提高塑性。镜面铜管是空调、电冰箱生产中必用的材料。这种铜管管径小（外径 10～20mm）、管壁薄（0.2～1.8mm）、管体长。需要在室温条件下把铜管在模具内弯成 90°～180°，弯曲后的管材的外缘表面不能有拉裂，管材内缘起皱越轻越好，壁厚偏差应小于 20%，同时还要保证在 7MPa 的压力下不破裂、不泄漏。过去国内生产的铜管一直达不到加工要求，只得依赖进口。经在 13.3Pa 真空条件下，T2 铜管升温至 340℃、软铜管升温至 350～400℃、半硬铜管升温至 300～320℃、软态 TUP 铜管升温至 420℃、保温 60min 后炉冷至 80℃以下出炉的真空退火后，成功实现了该铜管国产化。加工印刷线路板的康铜箔是厚度为 0.02mm 的冷轧带材，必须退火软化，而且不能有轻微的氧化。在 13.3Pa 的真空炉中加热至 650℃、保温 1h，炉冷至 80℃以下出炉，表面光亮，软化效果好。

(3) 真空退火对铜有良好的除气效果。转子铜导条是时速 250km 的高速动车组牵引电机的重要部件，转子铜导条与转子端环钎焊的质量，对动车的安全、稳定运行有至关重要的影响。某公司在用国产铜导条与转子端环钎焊时，总有一部分铜导条产生气泡，后经在钎焊前对铜导条进行真空退火处理，去除了铜导条中的气体，成功实现了牵引电机的国产化。

(4) 低真空退火对铜的丝材、细管有良好的脱脂作用。对拔丝工序间的丝材进行真空退火可省去脱脂和酸洗工序，可直接涂漆。对汽油管、制冷管进行真空退火，除了去除外表面的油脂和污物，还同时净化铜管内壁，进而省去了许多麻烦的清理操作。例如，可将和 ϕ0.6mm 毛细管盘成圈后入炉退火，一次就可使 500m 长的整根管子内壁脱脂干净。需要注意的是，细铜丝、薄壁铜管若相互受压，则接触面间将会因铜原子的扩散而焊合，需要以具有同等膨胀系数的材料做胎具绕成丝盘、丝卷，且应在低真空（13.3Pa)、低温（350～600℃）条件下进行。纯铜材料的退火工艺如表 3-24 所示。

表 3-24　纯铜材料的退火工艺

产品类型	牌号	退火温度/℃	保温时间/min	尺寸/mm
管材	T2、T3、T4、TU1、TU2、TUP	450～520 500～550 530～580 550～600 580～630	40～50 50～60 50～60 50～60 60～70	≤1.0 1.05～1.75 1.8～2.5 2.6～4.0 >4.0
棒材	T2、TU1、TUP （软制品）	550～620	60～67	—
带材	T2	290～340 340～380 350～410 380～440	—	≤0.09 0.1～0.25 0.3～0.55 0.6～1.20
丝材	T2、T3、T4	410～430	—	0.3～0.8

3.3.4.2　黄铜的真空退火

H96、H90、H80 等为低锌黄铜，呈金黄色，有足够的强度，良好的延展性、深冲性及抗蚀性，用来制造热交换器、冷凝管。H90 用来制造热轧双金属板、带及温差双金属。H70、H68 性能相近，称三七黄铜，用来制造弹壳、热交换器、管材。H68 广泛用来制造深冲件，如热交换器外壳、波纹管等。H62（$\alpha+\beta$）易于切削和焊接，以管材和板材用于精密制造业。H59 属高锌黄铜，强度高、热变形能力好，用于热冲，以棒材、型材用于机械制造业及焊条等。黄铜的板材、线材在制造过程中均需多次反复进行退火。为了防止氧化变色和因氧化而造成的材料损失，通常采用光亮退火。这样，还可以省去因去除氧化皮而进行的酸洗工序，同时避免了酸洗对环境造成的污染。黄铜易于氧化主要是由于锌的存在。铜在高温下易氧化，但在 CO-CO_2 系及 H_2-H_2O 系气氛中几乎不氧化。然而，锌不仅在氧化气氛中有氧化，而且在以上两种气氛中也产生氧化，其反应如下：

$$Zn+H_2O=ZnO+H_2$$

$$Zn+CO_2 = ZnO+CO$$

由于这些反应产生脱锌现象，从而破坏了铜制品光亮的表面。所以用真空处理铜制品可望获得光亮的表面及优异的性能。ϕ4mm 的 H65 黄铜丝在 10Pa、450℃条件下保温 3h、随炉冷至 100℃后出炉，效果为表面光亮，色泽一致，晶粒度 7～8 级，内外圈硬度均匀，被处理黄铜丝返工率为零。

参 考 文 献

[1] 阎承沛. 真空与可控气氛热处理. 北京：化学工业出版社，2006.

[2] 马登捷，韩立民. 真空热处理原理与工艺. 北京：机械工业出版社，1986.

[3] 张庆善. 真空热处理加热滞后时间的研究. 金属热处理，2000 (1).

[4] James G Conbear. Improving Productivity of Vacuum Heat Treating Equipment. Heat Treating，1977，10：24-32.

[5] 马小菊，李明强等. 热处理对工业纯锆管材组织和性能的影响. 钛工业进展，2012，29 (55)：39-41.

[6] 孙枫，佟小军，王广生. 航空工业中热处理现状和发展//全国热处理学会成立 50 周年纪念大会论文集. 北京，2013.

[7] Moses A J，Derebasi N，Loisos G，et al. Aspects of the cut-edge effect stress on the power loss and flux density distribution in electrical steel sheets. Journal of Magnetism and Magnetic Materials，2000，215 (SI)：690-692.

[8] Ken-ichi Yamamoto，Eiji，Shimomura，et al. Effects of External Stress on Magnetic Properties in Motor Cores. Electrical Engineering in Japan，1988，123 (1)：15-22.

[9] 黄力明，赵圻华等. 冲剪加工对冷轧硅钢片磁性能影响的试验研究. 中小型电机，2004，31 (3)：10-13.

[10] 韩志磊，胡树兵等. 冲剪加工对无取向硅钢边缘组织和磁性能的影响. 材料热处理学报，2014，35 (6)：154-158.

[11] 李腾飞，王均安等. 弯曲形变以及去应力退火对取向硅钢片磁性能的影响. 热加工工艺，2012，41 (6)：137-140.

[12] 孟庆龙，田蘅等. 电器制造技术手册. 北京：机械工业出版社，1999.

[13] 波尔 R 著，软磁材料. 唐与谌，黄桂煌，译. 北京：冶金工业出版社，1985.

[14] 张善庆. 软磁合金真空精密磁场热处理工艺研究 (上). 机械工人，2006 (4)：27-30.

[15] 何海军. 250km/h 动车组牵引电机转子铜导条的国产化. 电机技术，2012 (4)：34-37.

[16] 张建国，丛培武. 特殊材料的真空热处理. 真空，2001 (6)：1-8.

[17] 冯法富等. 真空热处理黄铜产品效果//第五届全国真空热处理年会论文集. 西安，1992.

4 真空渗碳与真空渗氮

4.1 概述

4.1.1 真空渗氮

渗氮处理（nitriding/nitridation）是指在低于钢的临界点 A_{c1}、基体不发生相变的前提下，将活性氮原子渗入钢表层，形成氮化物硬化层的化学热处理工艺。这些氮化物具有很高的硬度、热稳定性和很高的弥散度，因而可使渗氮后的钢件得到高的表面硬度、耐磨性、疲劳强度、抗咬合性、抗大气和过热蒸汽腐蚀能力、抗回火软化能力，并降低缺口敏感性。例如典型渗氮钢 38CrMoAl 的表面硬度可达 1100～1200HV（相当于洛氏硬度 68～72HRC），模具寿命提高 1～2 倍，甚至更高，光滑试样的抗疲劳强度提高 20%～40%，缺口试样的抗疲劳强度提高 0.5～1.2 倍，高硬度可在 500℃长期保持或在 600℃短期保持。广义上来讲，所有钢铁材料都能渗氮，但由于铁的氮化物（如 Fe_4N 和 Fe_2N）较脆且不稳定，温度稍高，就容易聚集粗化，不能充分发挥渗氮后的良好性能。只有含有 Cr、Mo、V、Ti、Al 等元素的低碳、中碳合金结构钢、工具钢、模具钢等才适合渗氮处理并能获得满意效果。这是因为渗氮零件往往是在摩擦和变载荷等复杂工况条件下工作，不论表面和心部的性能都要求很高。Cr、Mo、V、Ti、Al 等元素既能与氮形成稳定氮化物，降低钢氮化层的脆性，获得强韧的表面硬化层，又能改善钢的心部组织，提高钢的整体强度和韧性，使这些钢材充分发挥渗氮处理所得到的优异性能。

钢的渗氮研究始于 20 世纪初，20 世纪 20 年代以后获得工业应用。最初工艺方法是固体渗氮、液体渗氮及气体渗氮，由于固体渗氮、液体渗氮（不包括碳氮共渗）的介质毒性较强，对人员和环境危害较大，目前几乎不再使用。从 20 世纪 70 年代开始，渗氮从理论到工艺都得到迅速发展并日趋完善，新工艺、新设备不断涌现。等离子渗氮、真空渗氮及各种催化渗氮、复合渗氮开始应用于工业生产，适用的材料和工件截面日益扩大，由最初仅限于含 Al、Cr 等元素的渗氮钢，扩大到其他钢种，如以提高在大气、自来水、热水蒸气及碱性溶液中的抗腐蚀性能的碳钢，可用等离子轰击去除氧化膜的不锈钢和耐热钢。渗氮处理成为重要的化学热处理工艺之一。部分常用渗氮钢的钢号、主要性能和用途见表 4-1。

表 4-1 部分常用渗氮钢的钢号、渗氮后性能和用途

类别	钢号	渗氮后性能	用途
低碳钢	08、10、15、20、A3、08Al、30	抗大气与水等的腐蚀	螺栓、螺母、铁路道钉
中碳钢	40、45、40Mrt、45Mn	耐磨、抗疲劳	轴和中、轻载齿轮
中碳合金钢	38CrMoAlA、38Cr2MoAlA、35CrMo、35NiMo、42CrMo、40CrNiMo、30Cr3WA、50CrVA、38CrWVAlA	耐磨、抗疲劳性优良，可承受重载荷	坦克、飞机、机床的主轴、镗杆、重载齿轮、丝杠、缸套
模具钢	Cr12MoV、Cr12Mo、4Cr5MoV1Si、3Cr2W8V、5CrNiMo、5CrMnMo	耐磨、抗热疲劳与冲击疲劳、型腔温度≤600℃保持高硬度	冲模、拉伸模、压铸模、挤压模
高速钢	W6Mo5Cr4V2	耐磨及红硬性优良	高速钢刀具
不锈钢等高合金钢	1Cr13、2Cr13、1Cr18Ni9Ti、1Cr18Ni9、45Cr14Ni14W2Mo、1Cr17Ni13Mo2Nb、25Cr18Ni8W2、3Cr19Ni9MoWNbTi	耐磨性、红硬性及高温强度优良，≤600℃长期工作，多种介质中耐腐蚀	走丝槽、泵轴、叶轮、阀杆、腐蚀介质中的齿轮

真空渗氮是在低真空（几千帕到几十千帕）、低温（520～550℃，耐腐蚀处理可到650℃）条件下，以脉冲方式将活性气体 N 原子渗入金属表面，从而得到较高的表面硬度或耐腐蚀性的化学过程，是真空热处理与气体渗氮（渗氮气为 NH_3）结合的工艺手段。真空渗氮除了承袭真空热处理的共同优点外，与气体渗氮相比，工艺时间更短，渗氮层与基体结合更牢固。

4.1.2 真空渗碳

渗碳处理（carburizing/carburization）是指在钢的完全奥氏体相区（一般为 900～950℃）将碳原子渗入到钢表面层，使钢的表面层碳含量达到高碳钢的水平的化学处理过程。一般渗碳层深度范围为 0.8～1.2mm，深度渗碳时可达 2mm 或更深。其后经过淬火和低温回火，高碳含量（C 的质量分数为 0.85%～1.05%）的表层的显微组织为高硬度的马氏体、残余奥氏体和少量碳化物，硬度可达 58～63HRC，低碳含量的心部组织为韧性好的低碳马氏体或非马氏体组织（应严格限制铁素体的比例），硬度为 30～42HRC。适合渗碳的钢种为低碳钢，包括低碳碳素钢和低碳合金钢，含碳量一般都在 0.15%～0.25%，对于承受重载的渗碳工件，含碳量可以提高到 0.25%～0.30%。这样既可以通过渗碳使工件表面具有高硬度和高耐磨性，还可以使工件的心部仍然保持着低碳钢的强韧性，使工件能承受较大的冲击载荷，且渗碳使工件表面产生压应力，大幅提高了工件的疲劳强度。碳素渗碳钢中用得最多的是 15 钢和 20 钢，由于淬透性较低，只适用于心部强度要求不高、受力小、承受磨损的小型零件，如轴套、链条等。低合金渗碳钢，如 20Cr、20Cr2MnVB、20Mn2TiB 等，其渗透性和心部强度均较碳素渗碳钢高，可用于制造一般机械中的较为重要的渗碳件，如汽车、拖拉机中的齿轮、活塞销等。中合金渗碳钢，如 20Cr2Ni4、18Cr2Ni4W、15Si3MoWV 等，具有更高的淬透性、强度及韧性，主要用以制造截面较大、承载较重、受力复杂的零件，如航空发动机的齿轮、轴等。合金化元素锰、铬、镍、钼、钨、钒、硼等可细化晶粒，影响渗层中的饱和碳浓度、渗层厚度及硬度，提高钢的渗碳淬透性。

渗碳处理在化学表面处理中历史最悠久，应用也最广泛。应用最早的固体渗碳可追溯到

19世纪的中国。20世纪20年代开始出现液体渗碳、气体渗碳，30年代连续式气体渗碳炉开始在工业上应用，60年代高温（960～1100℃）气体渗碳得到发展，70年代出现了真空渗碳。渗碳处理经历了从固体渗碳到液体渗碳、再到气体渗碳、直到真空渗碳的发展过程。真空渗碳开发初期，渗碳气体采用CH_4，处理温度为1040℃，处理压力为1～3kPa，但在实际应用中发现，当密集装料（增大装炉量）或工件的几何形状复杂时无法实现均匀渗碳。为了解决这一问题，通入炉内的渗碳气的压力逐渐增加，直到50kPa的程度，并同时增加搅拌风扇，但渗碳均匀性的问题一直未得到根本改观。直到渗碳介质改为丙烷，才使渗碳均匀性问题基本得以解决。但随之而来的是丙烷裂解产生的大量炭黑堆积于炉内，残余气体聚合产生的焦油吸附在炉体内壁上和真空管道内，以及炉体结构因渗碳给设备的运转和维修造成很大困难。直至20世纪90年代，Ipsen公司将乙炔（C_2H_2）用作渗碳介质才使炭黑问题得到了有效控制，出现了第二次真空渗碳技术的兴旺景象。

虽然气体渗碳依然是目前渗碳处理的主流工艺，而且真空渗碳自身还有诸多技术难题需要解决，但真空渗碳所展示出的晶界内无氧化、表面光亮、变形更小、节能环保等优势使其代表了渗碳处理的发展方向。乙炔（C_2H_2）作为渗碳介质，在很大程度上解决了丙烷所导致的炭黑及焦油污染问题，为真空渗碳的大规模商业应用带来了希望。

真空渗碳是在低真空（500～1500Pa，最大到2000Pa）、高温（950～1050℃）条件下，以脉冲方式将活性气体C原子渗入金属表面，从而得到较高的表面硬度的化学过程。与真空渗氮处理不同，真空渗碳的表面高硬度需经过淬火处理才能实现。

4.1.3 真空碳氮共渗与真空氮碳共渗

真空渗碳及真空渗氮作为一种表面化学热处理工艺，其共同特点是提高了工件的表面硬度，进而提高了工件的耐磨性、抗疲劳强度、抗咬合性及承载能力。其又各有特点，真空渗碳渗层较深，其硬化层同基体的结合性较好，但表面硬度较低，所以其承载能力、抗冲击载荷能力、抗疲劳强度较好，但耐磨性、抗咬合性不如真空渗氮，且加热温度较高，变形较大。此外，其耐腐蚀性能也低于真空渗氮。真空碳氮共渗与真空氮碳共渗均是集合了真空渗碳和真空渗氮两者性能优点的工艺。真空碳氮共渗以渗碳为主、渗氮为辅。真空氮碳共渗则以渗氮为主、渗碳为辅。

4.2 真空渗碳、渗氮设备

真空渗氮炉结构较简单，在真空回火、退火炉上增加充NH_3系统和废气净化系统即可。

与真空渗氮处理不同，真空渗碳处理之后需进行淬火处理。为提高热能利用率，往往渗碳及淬火（高压气淬、油淬）工艺过程组合在一起。此外，渗碳气体产生炭黑和焦油，因而渗碳装置及炉体结构要复杂得多，所以本节重点介绍真空渗碳炉。

真空渗碳炉是以真空淬火为主体的通用型真空炉附加渗碳功能，是冷壁型的。目前这种炉子仍是真空渗碳的主要设备，生产应用较广。真空渗碳时，气氛烃类化合物裂解后直接渗碳，炉内产生炭黑无法避免，因而真空渗碳炉要求能够排除或烧掉炭黑。

真空渗碳炉的技术关键如下：

（1）使用不因氧化而消耗的陶瓷纤维；

(2) 发热体在氧化气氛、还原气氛和真空条件下均可使用，为防止炭黑沉积在发热体上造成电阻值下降，将发热体置于辐射管内；

(3) 为了减少炉壳上焦油的冷凝，炉壳不采用水冷；

(4) 炉胆和炉壳间没有空间，防止气体回转，确保渗碳均匀性；

(5) 具有炭黑过滤装置。

真空渗碳设备有周期式的，适合小批量、多品种的生产情况。其也有连续式的，由多个加热渗碳室、气淬室、油淬室、进出料室、真空系统、工件自动运输系统等组成，适合少品种、大批量生产。周期性真空渗碳炉分为单室、双室、三室。单室渗碳气淬炉，其结构特点决定了在每次进料和出料时必须打开炉门，使整个热区暴露在大气中，由于热区中的部件多数为石墨材料，具有很高的吸气率，所以每次上料之后，在加热和抽空过程中，工作真空度的建立需要相对较长的时间。另外，由于在低温状态下进行真空加热，其热传导主要靠对流传递，因此单室真空炉必须装有低温对流加热风扇，并向炉内充氮气，以提高低温段的加热速度，这样既使结构复杂化，也增加了生产成本。而对于双室（或多室）真空炉，热区一直保持在真空和高温状态，在冷工件进入热室时，炉温基本降到 750℃，在此温度下进行真空加热，热量的传递主要靠辐射传热，因此双室（或多室）真空炉不需要安装低温对流加热装置即可实现快速加热。基于上述原因，双室真空炉相对于单室真空炉有更快的加热速度和更高的生产效率。

4.2.1 WZST 型真空渗碳炉

4.2.1.1 主要技术性能指标

WZST 型真空渗碳炉主要技术性能指标如表 4-2 所示。

表 4-2 WZST 型真空渗碳炉主要技术指标

技术指标项目	设计指标	技术指标项目	设计指标
有效加热区尺寸(长×宽×高)/mm	670×450×300	加热室极限真空度/Pa	6.6
最高加热温度/℃	1200	工作真空度(900℃)/Pa	13.3
加热功率/kW	63	抽空时间(大气压到 13.3Pa)/min	10
最大装炉量/kg	120	压升率/(Pa/min)	0.066
炉温均匀性(1050℃)/℃	±51	工作转移时间/s	≤15
空炉升温时间(室温到 1200℃)/min	≤30	控温精度/℃	±1

4.2.1.2 设备结构及特点

WZST 真空渗碳炉是在 WZC 真空淬火炉的基础上增加了渗碳机构装置及附件，主要结构和 WZC 真空炉（见第 5 章）类同，故从略。

炭黑是由渗碳气体（丙烷 C_3H_8 或乙炔 C_2H_2）的裂解而产生的，被处理工件渗碳时，渗碳气体最好仅存在于加热室炉胆隔热层以内。渗碳时往炉胆绝热层内充入渗碳气体的同时，在炉胆隔热层外壁和炉壳内壁间的空间充入高纯度 N_2，这样可以减少炭黑在炉壳内壁和隔热屏处的积存。WZST 真空渗碳炉炉胆结构如图 4-1 所示。

炉胆结构的特点是排气管 4 开口位于炉胆隔热层内的高温区，渗碳气体在高温区裂解渗碳后，残余气体可不穿过绝热层直接经排气管 4 排出。在每个脉冲向加热室炉胆送气的同时向炉胆隔热层外炉壳内的空间导入高纯氮气。在送气阶段，上述区域被高纯氮气充填，而在排气阶段，N_2 经隔热层从排气管排出。因而在整个渗碳过程始终保持没有渗碳气氛反向进入隔热层与炉壳内壁的空间部位，可以大大减少炭黑和焦油在这一区域的积存，排除不良弊端。为此，真空渗碳炉炉胆设计做了考虑，渗碳空间被隔离板 13 分成 4 个区域，每个区域有一个氮气入口，安设一根送气管，每根管上开 8 个送气孔。一方面保证高纯氮气快速均匀地充入上述空间部位，另一方面可防止 4 个区域 N_2 气流强烈循环流动，以使炉温均匀性较好。

渗碳炉喷嘴的设计如图 4-2 所示。渗碳炉喷嘴分主喷嘴和辅助喷嘴，主喷嘴有两个，分布在炉膛底部，辅助喷嘴有六个，分布在炉膛两侧。为了控制喷嘴的气体流量，各喷嘴和流量计的配置见图 4-3。该结构使进入炉内的渗碳气体分布均匀，无气体短路现象，并使炉膛四周的流量可分别自由调节，因而可使工件获得较好的渗碳均匀性。

真空渗碳时，由泵排出的气体含极细的炭黑颗粒，进入泵内将污染真空泵油，使泵的抽气能力下降，性能和寿命降低。为避免此类弊病，研制了炭黑过滤器装置，其原理见图 4-4，在渗碳时关闭排气阀 2，开启排气阀 3，使含炭黑的渗碳气体先经过干过滤器 5，再经过油过滤器 4，可以获得良好的过滤效果。

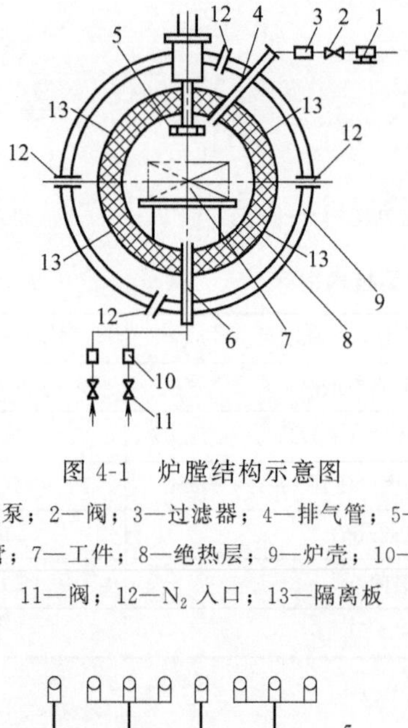

图 4-1 炉膛结构示意图

1—排气泵；2—阀；3—过滤器；4—排气管；5—风扇；6—进气管；7—工件；8—绝热层；9—炉壳；10—流量计；11—阀；12—N_2 入口；13—隔离板

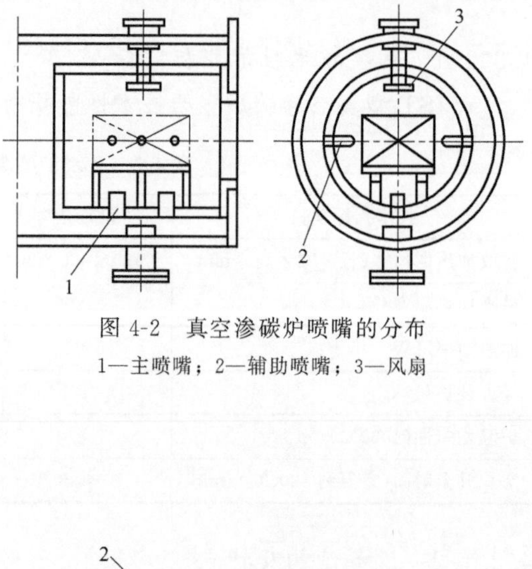

图 4-2 真空渗碳炉喷嘴的分布

1—主喷嘴；2—辅助喷嘴；3—风扇

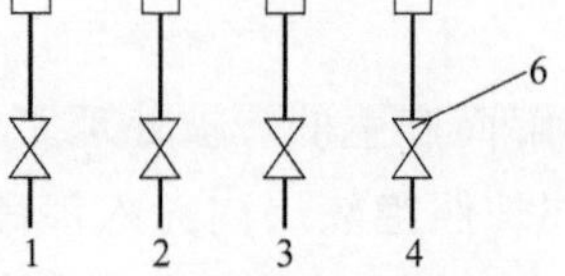

图 4-3 喷嘴和流量计的配置图

1,3—主喷嘴；2,4—辅助喷嘴；5—流量计；6—阀

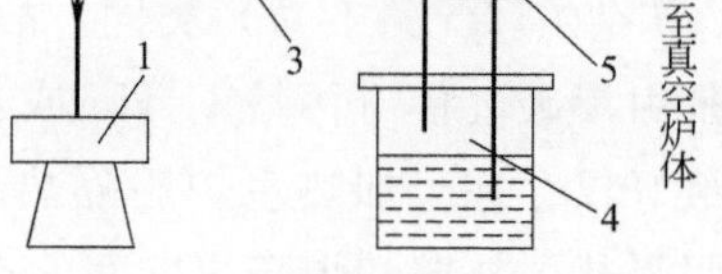

图 4-4 炭黑过滤器工作原理

1—泵；2,3—排气阀；4—油过滤器；5—干过滤器

此外，为使渗碳气体流动，提高渗速，加热室安设搅拌风扇。搅拌风扇轴为钼制，耐高温。扇体扇叶为高强度石墨制，可分解，安装拆卸方便。

WZST 系列三室真空高温低压渗碳炉（见图 4-5）的加热室、高压气淬室、油淬室三室为一体，以满足不同热处理工艺需求。各室用真空密封闸阀隔开，被处理工件在渗碳之后，以热状态进入高压气淬室或油淬室，从而减少加热时间，提高了生产效率，更节能环保。

图 4-6 为 WZST 系列三室渗碳炉的渗碳喷嘴布置图。为保证渗碳均匀，炉胆中配备了搅

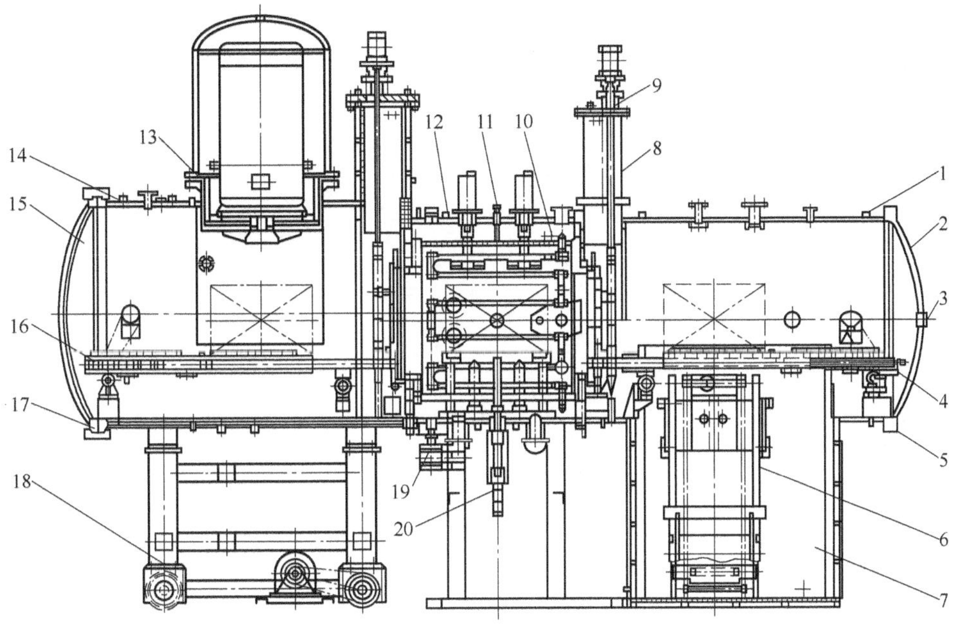

图 4-5 WZST 系列三室真空高温低压渗碳炉结构示意图

1—油淬室炉壳；2—炉门；3—观察窗；4—送料机构；5—炉门锁紧机构；6—淬火机构；7—淬火油槽；8—热闸阀；9—升降汽缸；10—加热元件；11—控温热电偶；12—加热室炉壳；13—风冷系统；14—气淬室炉壳；15—炉门；16—取料机构；17—炉门卡环；18—冷却室行走机构；19—自动对接系统；20—渗碳移动喷嘴

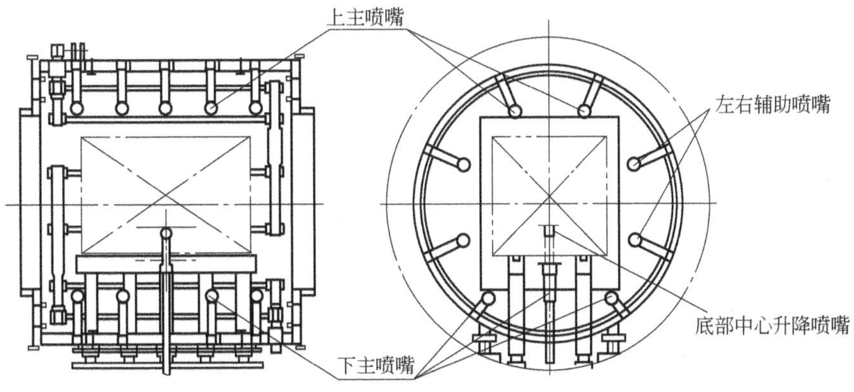

图 4-6 渗碳喷嘴布置图

拌风扇和加热区中央的可移动喷嘴。中央可移动喷嘴的结构见图 4-7。该设备配备了两套充气系统：淬火冷却时的快速充气（氮）系统和渗碳工艺充气系统。图 4-8 为充气系统原理图，此系统可进行碳氮共渗。WZST 系列三室渗碳炉配有两套真空系统，气淬室和油冷室共用一套主真空系统，加热室配有另一套真空排气系统。主真空系统由罗茨泵、滑阀式机械泵、压差阀和蝶阀组成。加热室真空系统由罗茨泵、滑阀式机械泵、过滤器、压差阀和蝶阀组成，既可达到所需的真空要求，又可完成渗碳排气。真空系统中的两套过滤装置可保证在不停产的条件下清理过滤器，见图 4-9。WZST 系列三室真空高温低压渗碳炉技术指标见表 4-3。

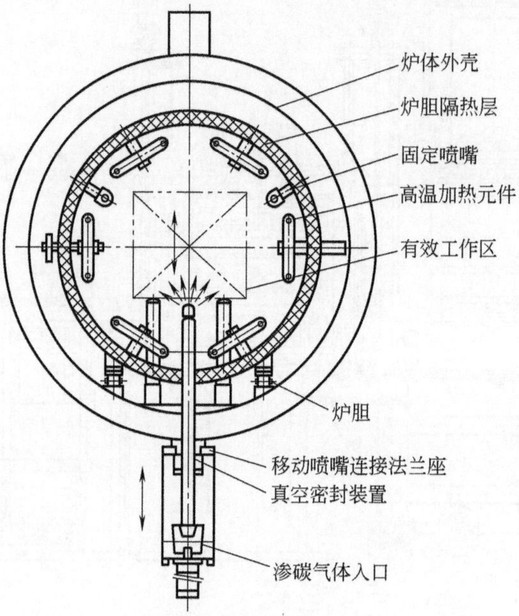

图 4-7 移动喷嘴与炉体连接示意图（喷嘴低位）

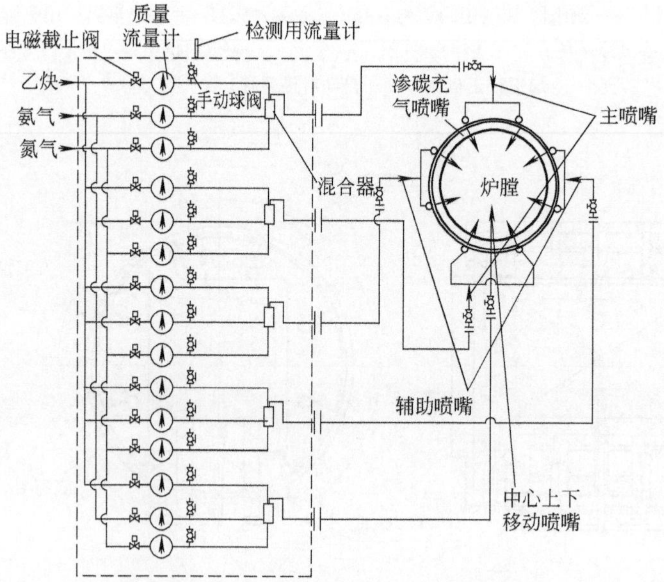

图 4-8 碳氮共渗工艺充气系统原理图

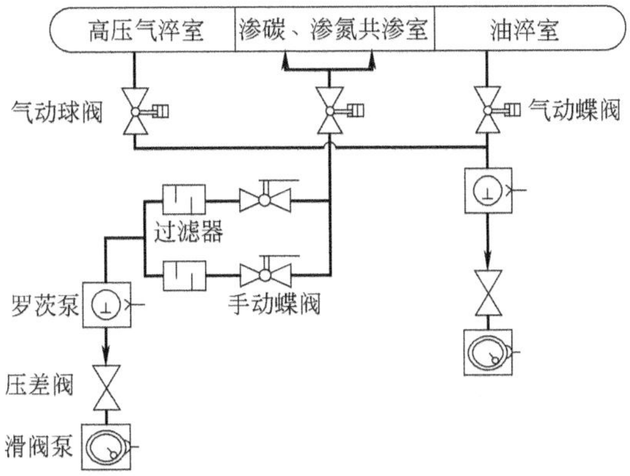

图 4-9 真空系统示意图

表 4-3 WZST 系列三室真空高温低压渗碳炉技术指标

技术指标	WZST45 型	WZST60 型	WZST60G 型
有效加热区尺寸(长×宽×高)/mm	670×450×400	900×600×450	900×600×600
额定装炉量/kg	150	300	500
最高温度/℃		1320	
加热功率/kW	63	100	160
炉温均匀性/℃		±5	
极限真空度/Pa		2.0×10^{-1} 或 4.0×10^{-3}	
压升率/(Pa/h)		0.65	
气冷压力/MPa		1.5	

4.2.2 VSQ 型真空渗碳炉

VSQ 型真空渗碳炉是在 VCQ 型真空淬火炉（见第 5 章）的基础上研制开发的新炉型，其结构如图 4-10 所示，主要技术规格见表 4-4。

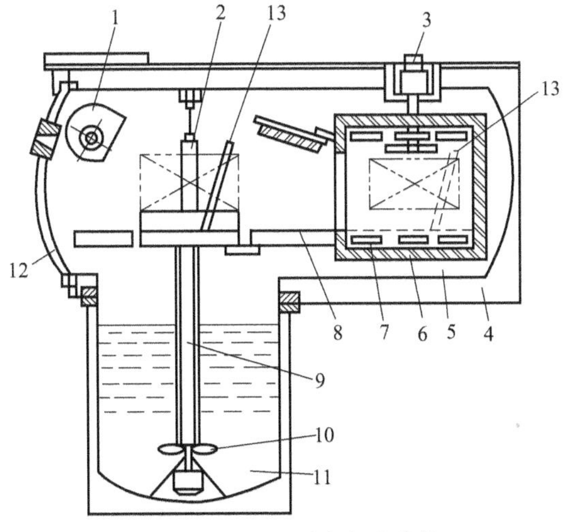

图 4-10 VSQ 型真空渗碳炉

1—冷气风扇；2—工件淬火升降装置；3—热搅拌器；4—箱形水套；5—炉体内壁；6—加热室；7—加热元件；8—倾斜导轨；9—升降导轨；10—油搅拌器；11—油槽；12—炉盖；13—拨杆

表 4-4 VSQ 型真空渗碳炉技术规格

型号	VSQ-121830	VSQ-182436	VSQ-243648
加热功率/kW	75	90	210
有效加热区尺寸/mm	760×460×310	920×610×460	1220×920×610
装炉量(1100℃)/kg	160	230	420
工作真空度/Pa	67	67	67
抽空时间(至 67Pa)/min	<15	<15	<15

4.2.3 VC 型真空渗碳炉

图 4-11 是 VC 型真空渗碳炉的结构示意图，其技术规格见表 4-5。

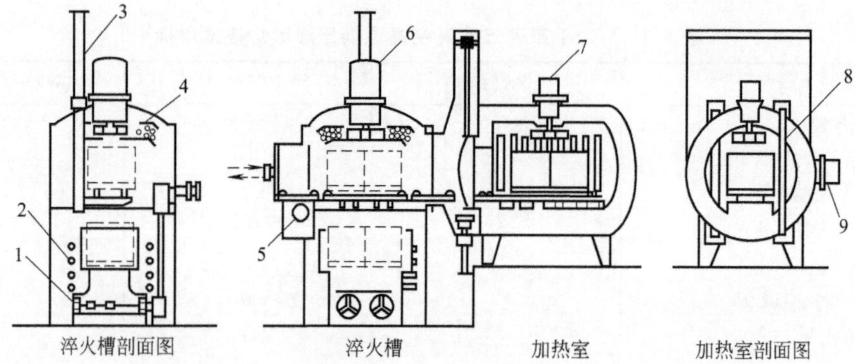

图 4-11 VC 型双室真空渗碳炉的结构示意图

1,8—加热器；2—搅拌器；3—提升缸；4—冷却管；5—操纵器；
6—冷却风扇；7—循环风扇；9—排气口

表 4-5 VC 型真空渗碳炉技术规格

型号	加热区尺寸/mm	装炉量/kg	炉温/℃	炉温均匀性/℃	真空度/Pa	工艺消耗			
						电能量/kV·A	冷却水/(m^3/h)	N_2/(m^3/次)	渗碳气流量/(m^3/h)
VC-40	610×920×610	420	800～1100	±7.5	25	155	14	16	1.5
VC-50	760×1220×610	660				215	16	18	2.0

注：日本中外炉公司产品。

4.2.4 Ipsen 所生产的真空渗碳炉

VUTK 系列真空渗碳炉是 Ipsen 公司所生产的周期性单室渗碳炉，见图 4-12 (a)，其加热室尺寸为 600mm×900mm×600mm。当需要较高的生产率和冷却强度时，可采用多室真空炉。其加热室处于加热条件下，因而可减少加热所需的时间和输入的热能。气淬室总处于冷态，易于进行冷却条件的优化和应用很低温度的气体。为此，它能适用于中等截面尺寸的低合金钢工件的生产。Ipsen RVTC 双室真空炉的容积为 550mm×550mm×310mm，其加热室内铺石墨，装载工件总重 150kg，最大冷却压力可达 20bar。双室炉进一步还可添加油淬系统，图 4-12 (c) 为具有油淬和高压气淬的三室真空炉剖面示意图。图 4-13 为半连续式真空推杆低压渗碳生产线。

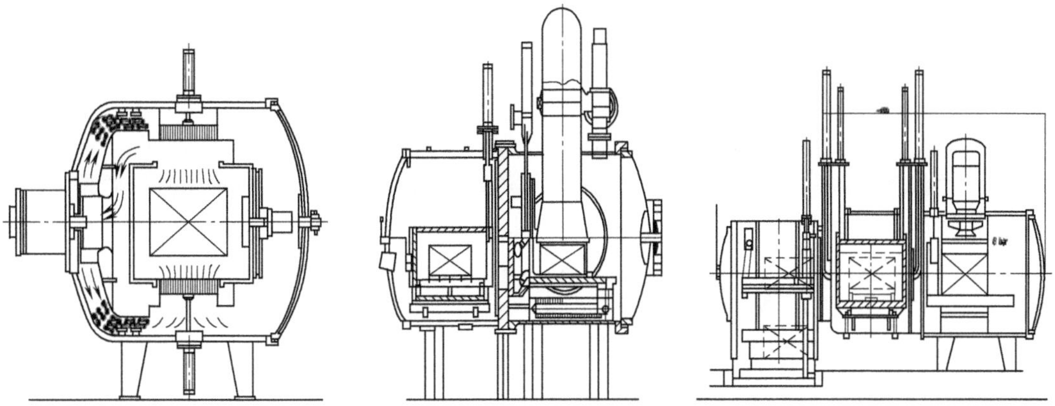

图 4-12 单室（a）、双室（b）和三室（c）真空炉横剖面示意图

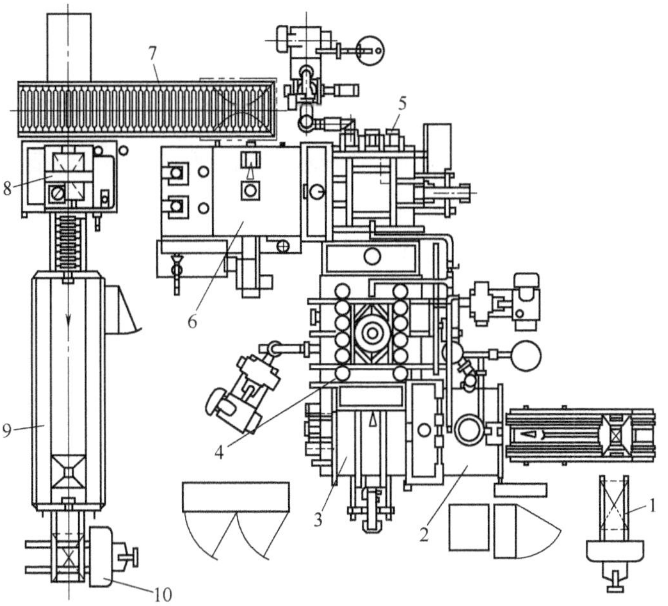

图 4-13 半连续式真空推杆低压渗碳生产线示意图（Ipsen）

1—装料机；2—去油室；3—前室；4—预热室；5—渗碳室；6—淬火；7—输送辊道；8—清洗室；9—回火；10—出口

图 4-14 为 Ipsen 开式多室柔性热处理生产线，其由真空加热室、低压渗碳室、高压气淬室、油淬室、清洗室、回火室、渗氮室等组成。各室相对独立、运行可靠、维修方便，各室间靠真空移动小车连接，真空移动小车具有加热功能，并可与各室实现真空对接，所以工件在从加热室到淬火室的传送过程中不会产生温度降低，且保持真空状态。各个室（模块）有其独立的控制系统，再由计算机控制系统将整个生产线连接起来。该生产线的具体配置可视各用户产品的特点、技术要求及产量而定。

图 4-14 开式多室柔性热处理生产线（Ipsen）

4.2.5 ICBP 系列低压渗碳设备

ICBP 系列低压渗碳设备是 ECM 开发的产品，有周期式和连续式两大类。周期式是一个低压渗碳装置，可配置到其他真空炉上。连续式又分为低压渗碳＋气淬 $ICBP_{TG}$ 系列和低压渗碳＋油淬 $ICBP_{TH}$ 系列，每一系列又有立式和卧式。$ICBP_{TG}$ 系列由多台周期式真空渗碳炉（视生产量而定）、一个气淬室、一个装卸料室、一套附带轨道和具备三维运动功能的物料自动识别机器人系统、真空系统、渗碳气氛供给和控制系统、气体循环系统、计算机集中监控系统组成，如图 4-15 所示。$ICBP_{TH}$ 系列则是将其中的气淬室改为油淬室。

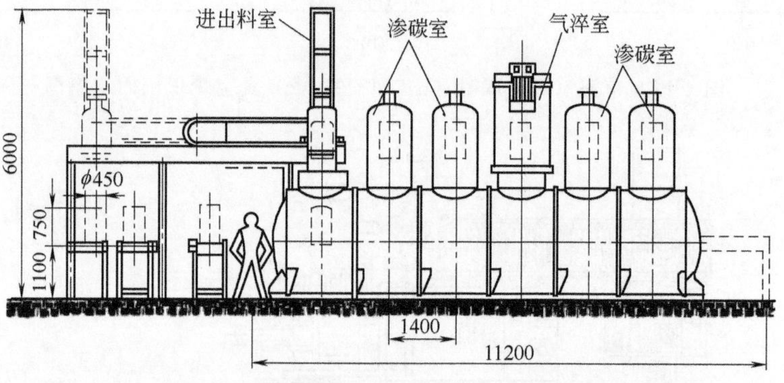

图 4-15 立式 $ICBP_{TG}$ 连续生产线示意图

4.2.6 真空渗氮炉

单独的真空渗氮炉较少，一般多为在其他真空炉的基础上，附加 NH_3 添加装置（图 4-16）及废气净化装置（图 4-17）。在真空脉冲渗氮过程中，残余 NH_3 需排出炉外，这会对人及环境有害，净化方式就是将 NH_3 燃烧，生成 N_2 和 H_2O。

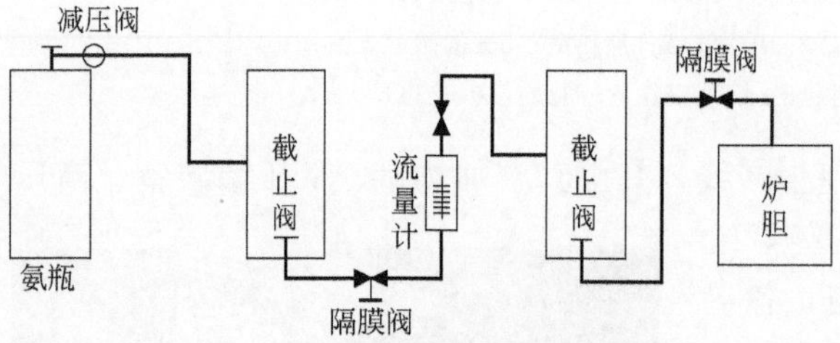

图 4-16 NH_3 添加装置示意图

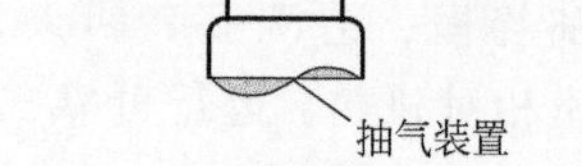

图 4-17 废气净化装置示意图

4.2.7 VKA-D 真空氮化回火多功能炉（卧式）

图 4-18 为 VKA-D 真空氮化回火多功能炉的结构示意图，其可用于真空渗氮、真空氮碳共渗、真空退火和真空回火。该炉炉膛有效尺寸 900mm×900mm×1200mm，额定处理能力 1500kg，额定处理温度 650℃，10min 以内到达 10^2Pa，压升率 1Pa/h，控温精度为±

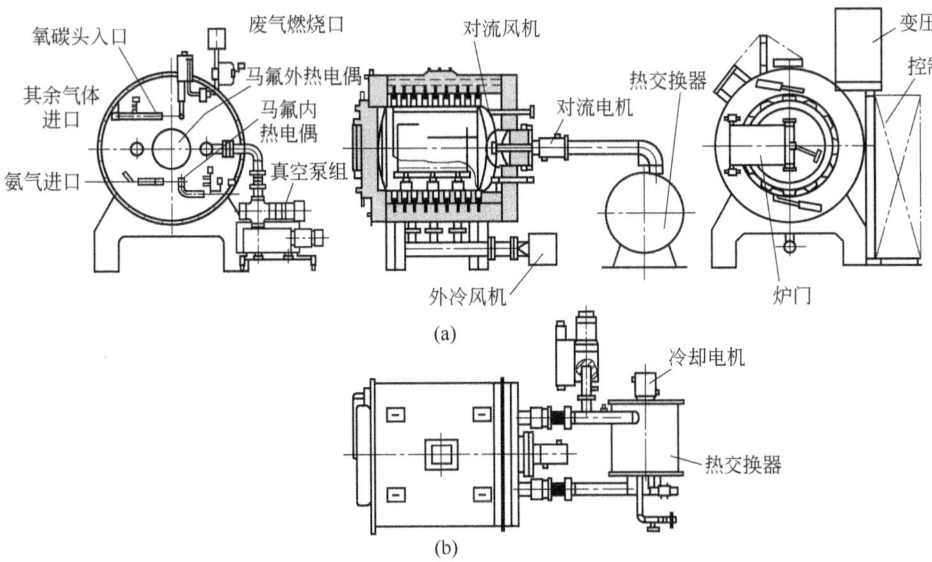

图 4-18 VKA-D 型真空氮化回火多功能炉结构示意图

1℃，炉温均匀性为±5℃。该炉由炉门、炉体、炉胆、加热系统、真空系统、冷却系统、控制系统、小车等部分组成。

该炉内保温材料采用真空固化一次成型的优质耐火纤维优质组块，具有升温快降温快、保温性能好的特点，比通常耐火砖节能 30%。

该炉发热体材料选用优质 Ni-Cr 合金材料，能够承受冷却过程中的温度剧烈变化。炉罐及导流罩、炉门内面、搅拌风扇、滴注管路等炉内材料全部采用优质 SUS310 材料，保证了其抗氮化及耐腐蚀性能，使得炉内气氛长期稳定和耐久使用。

该炉具有内外冷两套气体冷却装置，炉罐内安装有内冷式导流风罩，罐外设计有外冷风道。在高温时采用内冷式热交换器循环系统，热交换器由带特殊鳍状棘片的铜管构成，实现工件的快速冷却。低温时同时启动外循环冷却系统，使得冷却速度大大提高，从而提高了生产效率。

该炉属炉罐外热式预抽真空炉型，为克服炉罐的蓄热量大、温度控制很容易滞后的弊端，采用了炉罐内外温度级联的控制方式，利用大功率可控硅、大流量变频对流风机、独特的导流罩系统，通过对加热元件区温度进行自动跟踪设定，从而实现温度的精确控制。经实测，控温精度为±1℃。

以往的氮势控制方法一般是采取测量炉内氨分解率的间接方法，这种方法有一定的滞后性而且自动化程度较低。VKA-D 氮化炉采用德国 Stange 公司生产的氢探头作为气氛测量传感器，对炉内气氛进行实时测量，并通过数学模型，计算出工件表面氮浓度及渗氮层，从而实现氮势的精确控制。其原理为：H_2 具有高的热传导系数，当气氛流经氢探头的测量室时，气氛中 H_2 的含量不同，将引起测量室的温度变化差异，从而可以计算出炉内的 H_2 含量，再通过数学模型，计算出工件表面氮浓度及渗氮层。

该炉的缺点是缺乏脉冲控制系统。

VKPN 型低压脉冲渗氮炉是该炉的升级版，增加了脉冲控制系统。

4.3 真空渗氮工艺

4.3.1 渗氮工艺理论基础

4.3.1.1 渗氮层中的相、组织及其性能

铁氮二元相图见图 4-19。

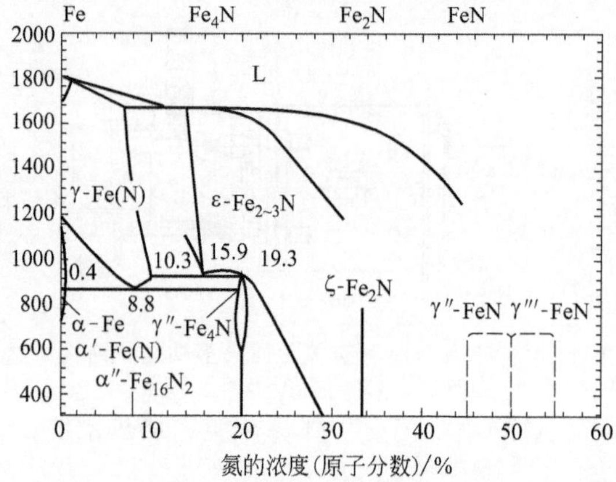

图 4-19 铁氮二元相图

铁和氮可以最终形成四种不同成分、结构和性能的相。

α 相（含氮铁素体）是氮在体心立方点阵 α-Fe 中的固溶体。氮原子位于 α-Fe 点阵的八面体空隙内。氮在 α-Fe 的溶解度在 590℃时最大，达 0.10%（质量分数），而在室温时降至 0.004%。

γ 相是氮在 γ-Fe 中的间隙固溶体，是一高温相，相当于 $Fe\text{-}Fe_3C$ 状态图中的奥氏体，为面心立方点阵，存在于共析温度 590℃以上，在 650℃时溶解度最大，为 2.8%。γ 相在 590℃时有共析转变，在慢冷时将发生 $\gamma \longrightarrow \alpha + \gamma'$ 的共析分解，而在快冷时则发生 $\gamma \longrightarrow \alpha'$ 的马氏体型转变。和 Fe-C 合金中的一样，α′相为氮在 α 相中的过饱和固溶体，具有体心立方点阵。最终在室温中形成氮化物 Fe_4N，即 γ′相。

γ′相是以氮化物 Fe_4N 为基的固溶体，具有面心立方点阵，存在于 680℃以下，含氮在 5.9%左右，化合物为 Fe_4N，γ′相有较高的硬度和韧性。

ε 相是以 $Fe_{2\sim3}N$ 为基的间隙固溶体，即含氮量范围很宽的间隙相。在 500℃以下，ε 相的成分大致在 Fe_3N（含氮 8.1%）与 Fe_2N（含氮 11.1%）之间变化。ε 相同样具有较高的硬度和韧性。

ζ 相（Fe_2N）是相当于化学当量为 Fe_2N 的氮化物，点阵结构为氮原子有序排列的斜方点阵。其性脆，但耐腐蚀性好。

4.3.1.2 渗氮工艺机理

与气体渗氮一样，真空渗氮有四个基本过程：活性氮原子的产生、表面的吸收、氮原子的扩散、渗氮层的生长。

a. 气相分子的分解。渗氮所需的活性氮原子是通过氨气的分解得到的。将氨气通入加热炉中，将发生如下反应：

$$2NH_3 \rightleftharpoons 2[N]+3H_2 \tag{4-1}$$

这是可逆反应，在一定的条件下达到动态平衡，炉内气体是NH_3、N_2和H_2的混合气体。加入有利于氨气分解的催化剂或减少［N］含量都会使化学反应朝氨气分解的方向进行。

b. 表面的吸收。在无催化剂时，氨气分解的活化能约为376kJ/mol，在气相中自行分解的数量是较少的。而当有铁、钨、镍等催化剂的参加下，其活化能约为167kJ/mol，分解数量大大增加。因此，到达工件表面的氨气在钢的催化作用下发生更多分解，渗氮所需的活性氮原子大大增加。与此同时，钢中的Fe、Al、Cr、W、Mo等元素吸收氮原子形成化合物相，使氮原子减少，从而促使氨气进一步分解。

c. 氮的扩散。钢的表面渗入氮原子后，表面和内部产生了氮的浓度差，造成了热力学上的不平衡，因而发生氮原子宏观的、向钢的内部的定向扩散。

d. 渗氮层的生长。渗氮层的生长包括两个方面，一是表面和内部产生了氮的浓度差，促使含氮的α相向内部扩散，使渗氮层加厚；二是表层的α相不断吸收新的氮原子，当达到过饱和时引发$\alpha \rightarrow \gamma'$转变，形成$\gamma'$相；$\gamma'$相进一步吸收氮原子而形成ε相，$\varepsilon/\gamma'$化合物层形成并向内部扩散。

4.3.1.3 共析温度以下渗氮层的形成过程

图4-20说明了渗氮层的形成过程：渗氮初期，表层的α相的固溶体未被氮饱和，渗氮层随着时间的延长而增加。随着气相中的氮的不断渗入，使氮含量达到了α相的固溶体的饱和值，即t_1时刻。在$t_1 \sim t_2$时间内，随着气相中的氮继续向零件内扩散，使α相过饱和，引发$\alpha \rightarrow \gamma'$转变。渗氮时间延长，使表面形成一层连续的$\gamma'$相，当达到$\gamma'$相中氮的饱和极限后，表面开始形成氮含量更高的ε相，此时即为t_3时刻开始。如果时间继续延长，γ'相、ε相开始积聚长大，$\varepsilon/\gamma'/\alpha$的层状结构形成。

需要说明的是，如果加热温度高于合金的共析反应温度，层状结构会有ζ相出现。

4.3.2 真空渗氮工艺

4.3.2.1 真空渗氮工艺过程

与气体渗氮不同，真空渗氮并未应用传统气体渗氮的一段、二段、三段渗氮法的模式，而是采用脉冲渗氮方式进行渗氮处理。真空处理具有少氧化、除气脱脂等作用，但气压过低，NH_3含量少，无法提供足够渗氮所需的活性氮原子；气压过高，又失去了真空处理的意义。真空脉冲渗氮同时发挥了真空处理与气体渗氮的优势，使工件获得了良好的渗氮性能。具体做法如下：先将炉膛抽至0.1Pa的真空，然后将工件加热至渗氮温度（一般为520～560℃），保温30～60min（视装炉量而定）使工件均热及表面净化除气，其后充NH_3至50～70kPa，保持2～5min，随后开动真空泵，将炉内的N_2、H_2和残余的NH_3迅速抽出炉外，抽气降压至5～10kPa，然后再充NH_3至50～70kPa，如此反复“充气-抽气”若干次，直至渗氮层深度满足使用要求为止。最后随炉降温至200℃出炉。该操作过程如图4-21所示。

4.3.2.2 影响渗氮性能的因素

影响真空脉冲渗氮的因素有：初次真空度、渗氮温度、渗氮时间、脉冲间隔、炉压、氨气流量及冷却方式。

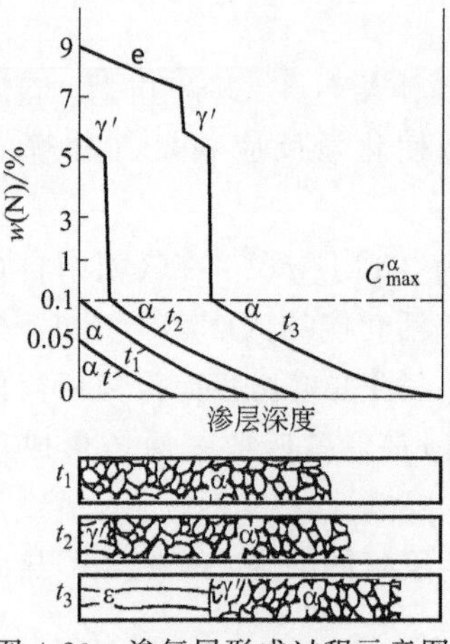

图 4-20 渗氮层形成过程示意图

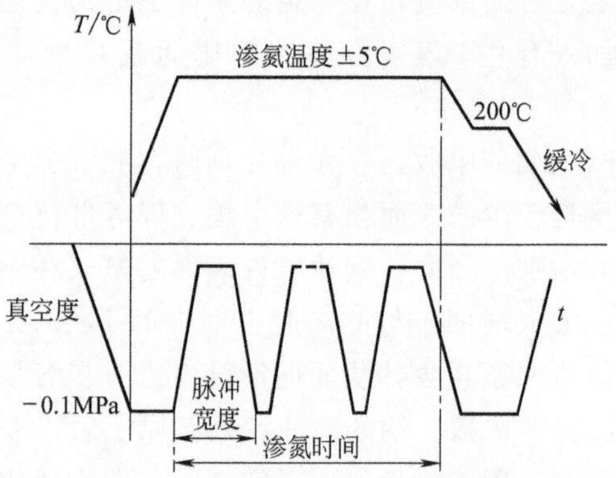

图 4-21 真空脉冲渗氮工艺曲线

初次真空度是为了净化工件表面，除去工件表面的氧化物、油脂及吸附的气体，可能并不需要抽至图 4-21 所示的 0.1Pa 的真空度。参考文献［3］认为，在 1.33Pa 加热至 500℃以上时，钢表面的 Fe_2O_3 和 FeO 将转化为亚稳态的氧化物蒸发，随之被抽去，钢表面吸附的其他气体和黏附物（如清洗剂等）也将脱附被排出炉外。

冷却方式多参考气体渗氮，随炉冷却至 200℃，后出炉空冷。至于 200℃出炉是为了防止高温出炉导致渗氮件氧化。不过为了保持 ε/γ′化合物层至室温，充氩气加速冷却可能使渗氮效果更好。这一推测正确与否有待研究确认。

参考文献［1］在研究真空渗氮工艺参数对 Q235 的渗氮层性能的影响时，经正交试验分析发现，脉冲间隔对渗氮层性能没有显著影响。

渗氮温度、渗氮时间是两个对渗氮深度、表面硬度影响显著的主要参数。渗氮温度与渗氮时间对 38CrMoAl 气体渗氮厚度的影响见图 4-22。从图中可以看出，在相同的渗氮时间内，渗氮温度越高，渗氮层深度越大。在同一渗氮温度下，渗氮层深度随渗氮时间的延长而不断增加。渗氮初期，渗氮层深度增加较快，后期增加较慢，渗氮的经济性变差，还可能导致 ε/γ′化合物层的长大粗化，硬度降低，耐磨性、耐腐蚀性、疲劳强度降低。

渗氮温度与时间对 38CrMoAl 气体渗氮表面硬度的影响见图 4-23。图中显示，在渗氮温度不低于 500℃时，随着渗氮时间的增加，表面硬度增大，随后表面硬度达到峰值，其后随

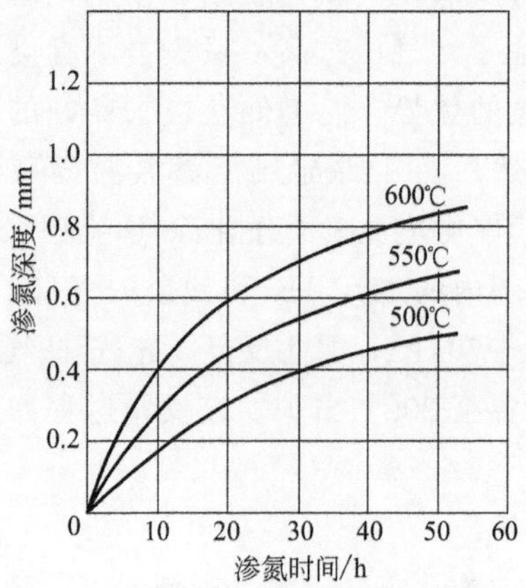

图 4-22 温度和时间对渗氮深度的影响

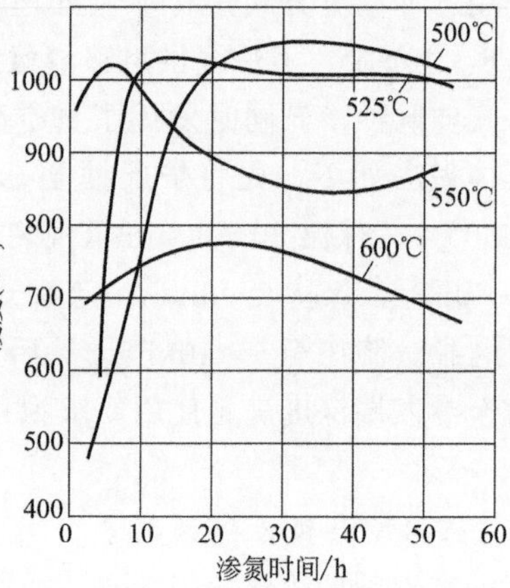

图 4-23 温度及时间对表面硬度的影响

着渗氮时间的进一步延长，表面硬度降低。在不同温度时，温度越高，达到表面硬度的峰值时间越短，但其后表面硬度降低的幅度越大。研究还表明，渗氮温度的提高对表面硬度所能达到的峰值影响不明显。但当渗氮温度为600℃时，其峰值远远低于其他渗氮温度的峰值。

除参考文献［1］外，多数参考文献的研究表明，随着渗氮温度提高及渗氮时间延长，渗氮深度、表面硬度均增加，并未出现表面硬度的峰值，这可能与试验所选取的温度范围有关，导致表面硬度下降，腐蚀加剧的较高温度并未进行试验。

炉压是对渗氮时间的影响显著的重要参数，这是因为氨气在炉内发生如下反应：

$$2Fe+2NH_3 \rightleftharpoons 2\alpha\text{-}Fe[N]+3H_2 \tag{4-2}$$

式中，α-Fe［N］为氮在铁中的固溶体。氮在固溶体中的活度（γ_N）与炉气中的NH_3的分压（P_{NH_3}）与H_2的分压（P_{H_2}）存在以下关系：

$$\gamma_N=K(P_{NH_3}/P_{H_2}^{1.5}) \tag{4-3}$$

式中，K为平衡常数。从式(4-2)可以看出，氨分解是体积增加的过程。随着炉压提高，NH_3分解率降低，同时H_2的分压降低，NH_3的分压增大，根据式（4-3）可知，γ_N随之提高。提高炉压，可降低氨的分解率，能有效降低氨的消耗量。实践证明，增大炉压可以明显缩短渗氮时间，降低炉压则延长渗氮时间。由于化学热处理主要是化学吸附，当压力达到一定值时，吸附量不再增加。参考文献［4］研究表明，增大炉压可以缩短渗氮时间，降低炉压则延长渗氮时间，而且在正压并大于53kPa的低压范围内，炉压的变化对渗氮时间的影响不明显，而在小于27kPa时，渗氮速度骤然下降。

氨气流量是影响渗氮层的性质的主要参数之一。参考文献［5,6］的研究均表明：氨气流量增加，渗氮硬度及渗氮深度增大。参考文献［6］的研究还发现，氨气流量高低先后顺序对是否产生白亮层及白亮层的脆韧性有决定性影响。氨气流量先高后低，有助于获得韧性好的白亮层，也有助于获得没有白亮层的渗氮层（详见本章4.3.4.1节和4.3.4.3节）。

4.3.2.3 真空渗氮与气体渗氮的对比

与气体渗氮对比，真空渗氮有以下优势：

a. 真空渗氮的渗氮时间更短。虽然工件经过普通气体渗氮处理也能获得优异的渗氮性能，但渗氮时间太长，往往需要保温时间长达几十个小时，如果对畸变要求严格的工件采用等温渗氮（一段法渗氮），渗氮时间甚至高达近百个小时。这样的渗氮效率是工业生产难以承受的。所以现代渗氮技术都是以如何提高渗氮速度为重点研究方向，提高渗氮质量反而成为次要问题。真空渗氮之所以能够大幅提高渗氮速度，是因为真空的净化作用及能够提高炉内氮势。假设真空渗氮炉内的压力为0.5×10^5Pa，忽略减压对NH_3分解率的影响，与1个大气压（即1×10^5Pa）下气体渗氮相比：

$$P'_{NH_3}(真空)=\frac{1}{2}P'_{NH_3}(1\times10^5\text{Pa})$$

$$P'_{H_2}(真空)=\frac{1}{2}P'_{H_2}(1\times10^5\text{Pa})$$

$$\gamma(真空)=\sqrt{2}\gamma(1\times10^5\text{Pa}) \tag{4-4}$$

式中，γ为氮势。式（4-4）说明，真空渗氮比普通气体渗氮炉的氮势提高了约40％。氮势提高加快了扩散速度。真空的净化作用也使得工件表面更有活性，从而提高了表面的吸附能力。

b. 渗氮层硬度更高。图4-24显示了38CrMoAlA钢经真空渗氮与气体渗氮的表面硬度

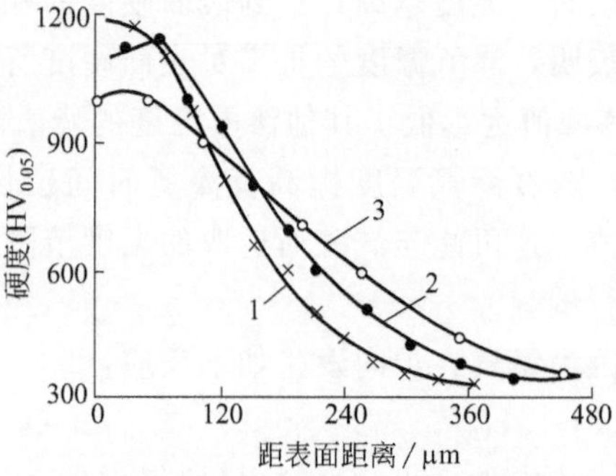

图 4-24 真空与气体渗氮的硬度分布对比
1—真空渗氮（530℃×10h）；
2—真空渗氮（555℃×10h）；
3—气体渗氮（540℃×33h）

的对比情况。曲线 1 为 530℃条件下经 10h 真空渗氮后的表面硬度分布，曲线 2 为 555℃条件下经 10h 真空渗氮后的表面硬度分布，曲线 3 为 540℃经普通气体渗氮 33h 后的表面硬度分布。从图中可以看出，530℃的真空渗氮硬度高出 540℃的气体渗氮 200HV。参考文献［7］认为是氮势较高所导致的。真空处理使金属表面活性化，去除了 Fe_2O_3 及 FeO 等杂质，同时在加热、保温的整个热处理过程中，不纯的微量气体被排出，含活性物质的纯净复合气体被送入，这样既净化了工件表面，又净化了炉内气氛，ε/γ'化合物层组织更致密，因而渗氮层硬度更高。

c. 可以对尖角、锐边、盲孔、狭缝及压实表面进行渗氮。由于采用脉冲式送气，活性氮原子可以到达盲孔、狭缝及压实表面等普通气体渗氮无法到达的部位，从而实现对这些部位的渗氮处理。活性氮原子的流动可有效防止尖角、锐边因过度渗氮而产生的脆性渗氮层，使得存在尖角、锐边、盲孔、狭缝的工件获得均匀致密的渗氮层，能够对压实表面渗氮，可以提高装炉量，提高生产效率。

d. 氨气用量少。经测算，对于容积为 $1m^3$ 的真空炉，得到 0.3～0.5mm 的渗氮层所需液氨不足 2kg，而普通气体渗氮每小时的消耗量在 1kg 以上，可见普通气体渗氮的氨气消耗量是如何惊人。

4.3.3 真空渗氮应注意的问题

（1）真空渗氮是最后一道工序。氮化后的工件至多再进行精磨或研磨加工，不再进行其他加工。这是因为渗氮层比较薄，一般为 0.3～0.5mm，如果再进行机械加工，将丧失渗氮所获得的硬化层。

（2）渗氮件使用场合受力复杂，对心部的强度要求也较高，需要在渗氮前对渗氮件进行调质处理，以获得回火索氏体组织。调质处理回火温度一般高于渗氮温度。

（3）对变形量要求严格的渗氮件，渗氮前需要进行 1～2 次去应力热处理，以消除机械加工过程中产生的内应力。

（4）对于局部不氮化部位，不宜用留加工余量的方法，而应采取防止渗氮措施予以保护。保护措施有以下几种：a. 镀锡法——在防渗表面镀 10～15μm 的锡层，防渗层太薄则效果差，太厚又容易使锡漫流。b. 涂料法——将锡粉、铅粉、氧化铬粉以 3∶1∶1 的比例混匀，用氯化锌浴液调成稀糊状涂于零件防渗表面，或用水玻璃（质量分数为 10%～15%）和石墨粉调成糊状涂刷后，缓慢烘干。c. 工装法——自制专用工装，把不需渗氮的部位封闭密封。

4.3.4 真空渗氮应用实例

4.3.4.1 真空渗氮工艺研究

（1）实验材料。参考文献［5］选用 P20（3Cr2Mo）、Cr12MoV、3Cr2W8V、38CrMoAlA 及 H13（4Cr5MoSiV1）等钢材作为实验材料。这五种钢材均属于典型的合金模具钢和渗氮用钢，这些钢的基体经预先热处理后有一定硬度，主要靠形成共格的合金氮化物来进一步提高硬度和耐磨性，考虑氮化温度对基体的影响，取 500～560℃的温度进行工艺实验。

(2) 实验工艺。实验工艺参数：渗氮温度、炉压、渗氮时间、氨气流量。

工件装炉后按装炉量的多少，预抽真空并均热一段时间（0.5～2h），然后通入氨气进行真空脉冲渗氮，出炉前抽真空降温到 500℃（出炉温度可能有误）后出炉油冷。

(3) 试验参数对渗氮层的影响

a. 温度对渗层的影响。真空脉冲渗氮温度过高，合金化合物粗大；渗氮温度过低，渗层浅，合金化合物形成少，硬度低。真空脉冲渗氮温度在 510～570℃范围内，对渗层深度、硬度的影响不明显。故可以根据不同模具材料使用情况及回火温度情况，采用不同的工艺，如 Cr12 型（Cr12Mo、Cr12MoV、Cr12Mo1V1、SAED2、D6）等冷作模具钢渗氮的目的是进一步提高耐磨性，增加使用寿命，这类钢的真空脉冲渗氮温度一般为510～520℃，时间为8～12h。渗层深0.08～0.12mm，硬度在 1000$HV_{0.1}$ 左右。对热作模具钢（3Cr2W8V、H13、4CrW2VSi）进行真空脉冲渗氮，可采用（530～540℃）、(12～16h) 一段（脉冲）渗氮，也可用（520～545℃）、8h+(550～560℃)、(4～6h) 两段（脉冲）渗氮。

b. 炉压对渗层的影响。炉压上限越高，渗层的深度和硬度也越好；炉压下限对渗层的影响是真空度越高，则硬度和渗层厚度均比较好。

c. 渗氮时间对渗层的影响。渗氮时间的增长，硬度增加，而且有化合物层出现，硬度增加更加明显，渗层也加深。

d. NH_3 流量对渗层的影响。NH_3 流量越多，则硬度越高，渗层也加深，如 1600 格比 1000 格要好很多。脉冲时间过长，渗层变薄，排出气不能充分燃烧；时间过短，表面脆性加大。

(4) 最终工艺参数及实验结果。依据工艺实验结果，制定工艺参数如下：氨气流量 2500 格，炉压上限－0.01MPa，下限－0.08MPa，氮化时间 6h，脉冲时间 2min，渗氮温度 550℃，结果见表 4-6。

表 4-6 实验结果

材料	化合物层/mm	扩散层/mm	硬度(HV_{100g})		实样编号
			数值	平均值	
P20	0.035	0.10～0.15	824、882、824	843	P37
Cr12MoV	无	0.08～0.10	852、946、852	883	R37
38CrMoAlA	无	0.12～0.15	1187、1141、1097	1142	3837
3Cr2W8V	无	0.10～0.12	852、914、852	873	337
H13	无	0.05	1018、1056、1097	1057	H37

经真空脉冲渗氮后 P20、Cr12MoV、38CrMoAlA、3Cr2W8V、H13 五种实验试样表面硬度均超过国家标准，经 X 射线物相分析、脆性检验及硬度法测定，五种材料渗氮层脆性均评为 1 级，化合物层较薄，无明显疏松。

4.3.4.2 4Cr5MoSiV1 钢热挤压模真空渗氮生产实验

真空渗氮是低压状态下产生的活性氮原子渗入并向钢中扩散而实现硬化的。一般渗氮温度取 530～560℃，保温时间 3～5h，低温碳氮共渗的渗层厚度只有在开始氮化的前 3～4h 内增加显著，而后明显减慢。对铝型材热挤模的挤压生产跟踪表明，渗层厚度在 0.12～

0.15mm 比较理想。在综合相关资料及热挤模的实际挤压情况，对真空渗氮温度、渗氮时间、氨流量和炉内压力等工艺参数进行了优化实验考察的基础上，选取了六炉具代表性的工艺参数及实验，结果列于表 4-7。

表 4-7 真空渗氮实验结果

实验标号	渗氮温度/℃	渗氮时间/h	氨流量/(m^3/h)	炉内压力/kPa	渗层厚度/mm	表面显微硬度(HV)	渗层组织特征
N_1	530	4	0.10	14.2	0.07	916	只有扩散层
N_2	550	4	0.12	14.2	0.10	1027	只有扩散层
N_3	570	4	0.30	14.2	0.125	1103	白亮层+扩散层
N_4	550 570	1 3	0.20 0.10	20.2	0.14	1017	只有扩散层
N_5	570 570	2 1	0.10 0.20	16.2 11.2	0.11	1051	白亮层+扩散层
N_6	570	3	0.03	18.2	0.03	686	只有扩散层

注：渗层组织中均无脉状晶组织存在。

(1) 渗氮层显微组织。从表 4-7 及图 4-25 可看出，真空渗氮层组织中均无脉状晶组织存在。这主要是因为真空热处理具有脱气、净化功能及少、无氧化脱碳的优点，克服了传统气体渗氮工艺中炉内含水量多及脱碳等现象。配有氨气净化罐对氨气具有干燥净化作用。

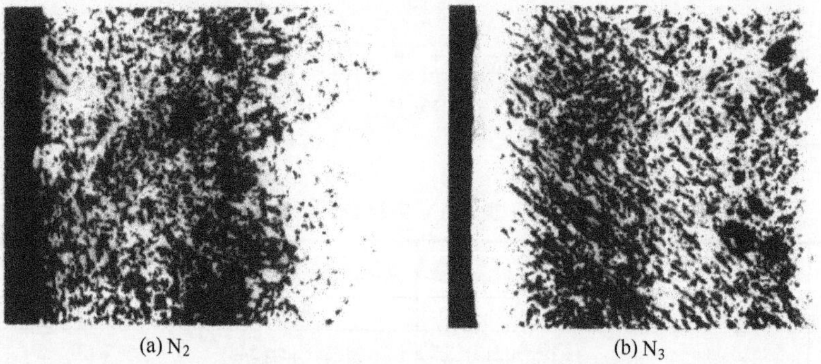

(a) N_2　　(b) N_3

图 4-25 真空渗氮层组织（放大 400 倍）

研究发现，通过对氨流量及炉压的调控，可以获得白亮化合物层+扩散层或仅有扩散层渗氮层的渗氮层两种渗层组织结构。

从表 4-7 中的 N_1、N_2、N_3、N_6 的实验比对中可看出，氨流量的变化是控制渗层中是否可获得白亮化合物层及渗层厚度大小的主要工艺参数。适当提高氨流量，可降低氨的分解率，减少工件表面氮气和氢气的吸附，从而增大工件表面对活性氮原子的吸收，使渗层的厚度和硬度得到有效提高。同时通过循环交替通入 NH_3 和抽真空来调控炉内的氨量，以得到无化合物层，仅有扩散层的渗层组织（图 4-25 中的 N_2）。随着氨流量达到一定值，工件表面活性氮原子的浓度梯度不断增大，当超过了其在 α-Fe 中的溶解度后，就会在表层开始形成白亮氮化物层（见表 4-7 及图 4-25 中的 N_3）。

从实验 N_4、N_5 对比来看，N_4 前期加大氨流量以增大工件表面的活性氮原子的浓度梯度，强化氮原子不断由表面向内部的扩散，从而可增加扩散层的厚度，而后期又减小了氨流量，可避免表面形成白亮氮化物层，从而获得较为理想的渗层厚度及表面显微硬度（见表4-7 中的 N_4）。与此相反，实验 N_5 前期采用小的氨流量，影响了扩散层厚度的增加，而后期采用大的氨流量，促进表面形成了白亮氮化物层。

（2）渗氮层显微硬度分布。图 4-26 为实验 N_3、N_4 的真空渗氮层显微硬度分布曲线，二者的硬度分布都较为平缓，这是由于真空渗氮中循环交替抽真空，使工件表面活性化和洁净化，促进了氮原子的扩散渗入，提高了扩散层中的氮浓度，也就是溶解了更多的氮原子，使其微观应力显著增大。氮化后采用了油冷处理，使过饱和固溶体发生时效，从而大大提高了扩散层的硬度，使渗层硬度梯度趋于平缓。

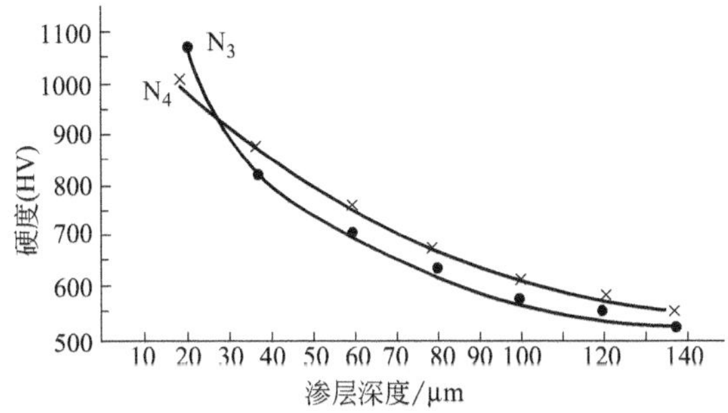

图 4-26 真空渗氮层显微硬度分布

相对而言，N_4 的硬度分布比 N_3 更为平缓，这与 N_3 的试样表层形成白亮氮化物，造成相邻的次表层合金元素的贫化，使得最外层的白亮层与次表层的硬度梯度特别陡峭，会影响到热挤模在热挤压过程中所承受的热疲劳状态，产生渗层剥离现象，降低挤压模寿命，有文献认为，仅有扩散层而无氮化物层（白亮层）的氮化层韧性最好。

（3）生产应用分析。实验模具与试样取自同一厂家同炉号模坯，制成同一型该号断面的铝型材挤压模具（采用了 ML911A 型方管断面），随炉进行真空渗氮处理实验，上机挤压跟踪其挤压通过量，并根据挤压实际情况进行适时多次渗氮处理。表 4-8 列出了实验 N_3、N_4 所处理的实验模具的挤压跟踪情况。N_3 的实验模由于渗层剥落，使得其挤压通过量低于 N_4 的实验模。这可能同 N_3 实验模表层白亮化合物与次表层的硬度梯度较陡，减弱了两者间的结合力，降低了其在热挤压过程中的接触疲劳强度，造成渗层剥落有关，因而影响了其挤压通过量。N_4 的实验模则是由于壁厚超差而报废，说明仅有扩散层的渗层，其耐磨性还有待进一步提高。这也提出了一个亟待解决的问题：是进一步提高仅有扩散层的渗层硬度，还是寻找适当厚度的白亮层与扩散层的合理结合，更有效提高铝型材热挤模的使用寿命。

表 4-8 真空渗氮实验模挤压通过量

实验编号	累计挤压通过铝锭数/根	模具报废原因
N_3	199	渗层剥落
N_4	297	壁厚超差

（4）小结

a. 真空渗氮基本上可消除渗氮层中的脉状晶组织，并且还可通过改变炉压和氨流量来调控渗氮层组织结构和渗氮层厚度、硬度，达到提高渗层质量、提高热挤模耐磨性和抗热疲劳能力的目的。

b. 真空氮化过程中的通氨是采用间歇式的换气通氨方式，在同样渗氮时间内，其通氨时间远短于传统气体渗氮法，既节省了 NH_3，又使 NH_3 在炉内得到充分有效利用。

c.采用真空渗氮处理的实验模，经考察其挤压通过量发现，渗氮层的厚度要适当(0.12～0.15mm)，而且仅有扩散层的实验模的使用寿命优于具有白亮层＋扩散层的实验模。

4.3.4.3 H13、3Cr2W8V 模具钢真空脉冲渗氮生产实验

(1) 渗氮层显微结构特点。图 4-27 是两种材料经真空脉冲渗氮后试样显微结构的光学照片，渗氮层组织分析结果列于表 4-9 中。从图 4-27 及表 4-9 可见，渗氮层组织均匀而致密，没有明显的孔隙或夹杂，这对材料的耐磨性、耐腐蚀性、耐疲劳性、抗咬合性均有很好的作用。在真空条件下，气体具有更多的运动机会，扩散更迅速。在真空脉冲渗氮过程中，采用脉冲送气和抽气方式，炉内氨气不断更新，避免出现滞留气体，使模具各表面经常能与新鲜的氨气接触，可以得到更多活性氮原子和均匀的渗层。同时，真空脉冲渗氮时，随着炉气压力的降低，局部脱气作用使表面化合物层内的孔隙程度减轻或消失，因而形成致密的化合物层。

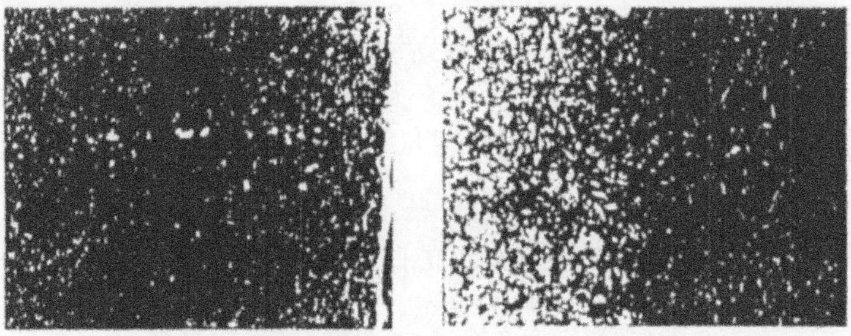

(a) (b)

图 4-27 两种材料渗氮层显微结构（放大 500 倍）

表 4-9 渗氮层组织分析结果

材料	化合物层	扩散层氮化物	化合物层
H13	白亮层不明显	出现少量脉状组织,级别 2	疏松不明显
3Cr2W8V	局部白亮层	无明显脉状组织,级别 1～2	疏松不明显

(2) 渗氮层脆性级别和表面硬度。由表 4-10 可以看出，H13、3Cr2W8V 经脉冲渗氮后的渗氮层脆性小、化合物层较薄、扩散层较厚、硬度较高。炉温升到渗氮温度时，一部分氨分子被模具表面吸附并发生分解，如 $2NH_3 = 3H_2 + 2[N]$ 所述；随后活性氮原子 [N] 以间隙固溶体形式渗入模具表面。在渗氮保温时，一方面表层渗氮，另一方面氮向内部扩散，形成一定深度的氮层。二段渗氮的主要目的是降低渗层白亮层的厚度。第一阶段，在高氮势气氛中渗氮，由于分解率低，且采用脉冲送气和吸气，因而能够提供较多的活性氮原子，使模具能获得较深的扩散层和一定深度的 ε 相层。第二阶段，在低氮势气氛中渗氮，由于氨分解率高，使表面氨浓度下降，减少了氮化物网和 ε 相厚度，因而氮化层脆性小。

表 4-10 H13、3Cr2W8V 渗氮层脆性和表面硬度

材料	扩散层/mm	硬度值($HV_{0.1}$)	硬度平均值	脆性级别
H13	0.15～0.16	980、946、1018	981	1 级
3Cr2W8V	0.10～0.12	882、946、824	884	1 级

（3）小结

a. H13、3Cr2W8V 模具钢经真空脉冲渗氮后，可获得化合物层较薄、无明显疏松、脆性小的渗氮层。

b. 渗氮层脆性小是真空脉冲渗氮的特点，因而可提高压铸模、冷冲模、塑料模的寿命。

4.3.4.4 真空渗氮的退脆效应

某企业用 38CrMoAl 钢制轴承座经井式渗氮炉渗氮处理后，渗层深度 0.55～0.57mm，渗层组织中"白层"深度为 0.06～0.09mm，还有须状氮化物和回火索氏体，心部组织为回火索氏体，表面硬度为 83.5～84.5HRN_{30}，心部硬度 34～34.5HRC，脆性Ⅲ级，所以检查后判定结论是白层和脆性均超标，为不合格品。经真空炉进行退氮处理，工艺是 0.133Pa 压力下、530～560℃、保持 6～9h、随炉冷却。经检查渗层深度为 0.62mm，渗层组织表面无白层，离表面 0.03～0.04mm 范围有须状氮化物及渗氮索氏体。渗层表面硬度 82.5～83.5HRN_{30}，心部硬度 34HRC，脆性检查结果是渗氮面脆性Ⅰ级，磨去 0.03mm 后脆性Ⅰ级，磨去 0.05mm 后脆性Ⅰ级，判定结论为符合要求，属合格品。真空退氮处理工艺是利用炉压的变化，使氮浓度降低，从而使"白层"减少和消除，并改善了原来的脆性。该工艺不改变零件的尺寸和表面状态，优于机械法和化学腐蚀法，为消除"白层"开辟了新的途径。

4.4 真空渗碳工艺

4.4.1 真空渗碳原理

真空渗碳也称低压渗碳，是指在具有一定分压的碳氢气氛、低真空的奥氏体化条件下进行渗碳和进行扩散，在达到技术条件要求后于油中或高压气淬条件下冷却的一个过程，是一种非平衡的强渗-扩散型（non-equilibrium boost and diffusion type）渗碳过程。真空渗碳与常规气体渗碳过程相同，也是由分解、吸收和扩散三个过程组成的。

4.4.1.1 渗碳气体的分解

目前真空渗碳以丙烷、乙炔作为渗碳气源直接通入炉内进行渗碳。丙烷、乙炔在渗碳温度和真空（≤2kPa）条件下，有着完全不同的分解特性。

丙烷为饱和烃结构，在≤2kPa 条件下，丙烷无须借助于钢铁表面的催化，自 600℃开始按下列反应进行分解：

$$C_3H_8 \longrightarrow C_3H_6 + H_2$$
$$C_3H_8 \longrightarrow C_2H_4 + CH_4$$
$$C_3H_8 \longrightarrow C_2H_2 + H_2 + CH_4$$

其后，丙烯（C_3H_6）、乙烯（C_2H_4）又会进一步分解：

$$C_3H_6 \longrightarrow C_2H_4 + [C] + H_2$$
$$C_2H_4 \longrightarrow 2[C] + 2H_2$$
$$C_2H_4 \longrightarrow C_2H_2 + H_2$$
$$C_2H_4 \longrightarrow CH_4 + [C]$$

对丙烷裂解过程进行质谱分析得知，在渗碳温度下，其裂解产物的 80%左右为氢和甲烷，其余 20%左右为乙烯、丙烯和乙炔，见图 4-28。试验表明，在真空条件下甲烷直到 1050℃时仍不分解，可视为惰性气体。

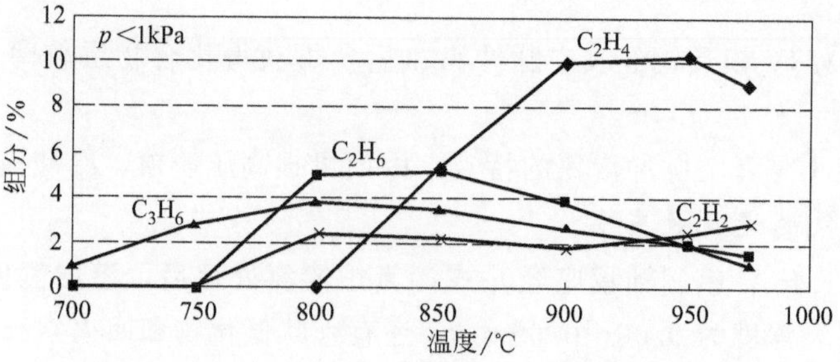

图 4-28 在 1kPa 压力下丙烷裂解产物与温度的关系

乙炔是不饱和烃，在金属的催化作用下，其分解反应为：

$$C_2H_2 \longrightarrow 2[C]+H_2$$

由于丙烷的分解温度低，且不需钢铁的催化，因而丙烷一进入炉内还未接触工件表面就开始分解，形成大量炭黑漂浮于炉内，而且在如炉内壁、真空管道等低温的地方，还会聚合成焦油黏附于炉体上。即使采用特制的喷嘴改变丙烷气体的供应方式和流速，也只是对碳的均匀传输稍有改善，无法解决其根本问题。而乙炔的分解反应则不同，一则其反应温度较高，二则需钢铁表面的催化其分解速度才加快，虽不能杜绝产生炭黑，但只要控制好气体通入流量，使炉压降低到 10～1000Pa，就能使炭黑降低到微不足道的程度，而且这样低的炉压还能做到对密集装料、大批量装料及细长小孔进行均匀渗碳。

再者，乙炔分解只有 H_2 和 C 原子，而丙烷分解后的气氛中，充斥着大量 H_2、C_3H_6、C_2H_4 和 C_2H_2 气体，这意味着在相同的炉压条件下，乙炔具有更高的碳含量比率，因而具有更高的碳传输率和渗碳工艺效率。参考文献［12］研究认为，由于乙炔的分子量小于丙烷，乙炔比丙烷有更高的分子碰撞频率，该现象增加了碳的吸收率和渗碳层的均匀性。表 4-11 为乙炔真空渗碳、丙烷真空渗碳、丙烷气体渗碳的效率对比。

表 4-11 乙炔和丙烷渗碳效率的比较

组别	渗碳方式	渗碳温度/℃	渗碳时间/min	渗层深度（0.35%C）/mm	碳传输量/(g/m²)
1	乙炔低压渗碳 丙烷低压渗碳 丙烷气体渗碳	900	79	0.46 0.43 0.33	13.44 13.05 9.81
2	乙炔低压渗碳 丙烷低压渗碳 丙烷气体渗碳	930	81	0.58 0.52 0.41	18.44 15.47 12.40
3	乙炔低压渗碳 丙烷低压渗碳	1050 1050	149 149	1.46 1.22	45.19 33.64

图 4-29 为细直径盲孔工件（材料 16MnCr5）简图，工件盲孔的尺寸为 ϕ3mm×90mm，渗碳条件是在 900℃下强渗 10min，炉内压力为 400Pa，渗后采用 2×10^5Pa 氮气进行快速冷却，然后用 5×10^5Pa 氮气在 860℃进行气淬。在小孔内不同距离处测定硬度 HV_1 及渗碳深度。试验结果见图 4-30。图 4-30 表明，丙烷和乙烯仅对盲孔中 6mm 深度处有渗碳能力，在 27mm 以后完全没有渗碳效果。与之相比，乙炔对该盲孔全长均能进行均匀渗碳。与丙烷相比，乙炔具有更好的真空渗碳特性。

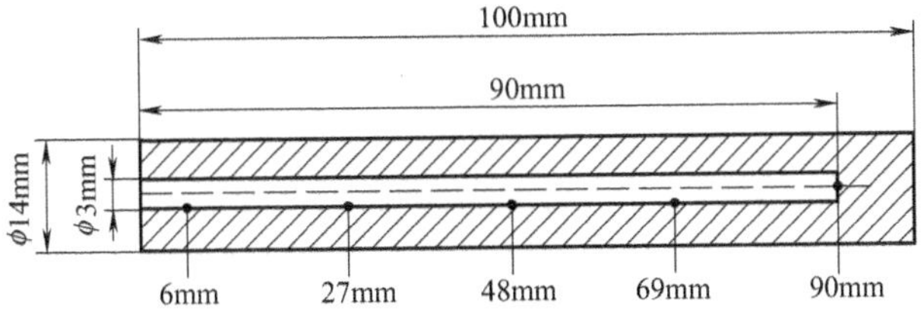

图 4-29 测试盲孔渗碳均匀能力的工件简图

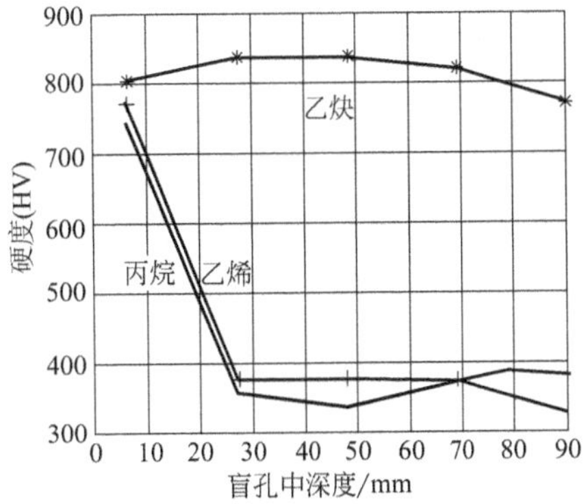

图 4-30 丙烷、乙烯和乙炔低压渗碳后盲孔的表面硬度和有效硬化深度

4.4.1.2 吸收阶段

吸收是指炉内高浓度的活性碳原子被工件表面所吸附，并有部分碳原子进入工件表面的过程。真空的表面净化作用使得妨碍零件进行化学热处理的表面层得以去除，真空渗碳的吸收碳的速度要高于普通气体渗碳。

4.4.1.3 扩散阶段

扩散是指工件表面高浓度的碳向工件心部迁移的过程。表面与心部的碳浓度梯度越大，扩散速度也越快。其参数为扩散系数 D，扩散系数与温度呈指数关系，渗碳温度从 930℃ 提高到 1030℃，碳的扩散速度增大近 1 倍。

渗碳阶段结束后进行扩散时，其做法是仍保持渗碳温度，但将渗碳气体抽出炉外，使炉内处于较低真空进行扩散（如 Ipsen、HAYES 公司），或是将渗碳气体抽出炉外后，充入 N_2 维持原有真空进行扩散（如 ECM 公司）。

在扩散阶段，炉内仍残存的气体为 $H_2+CH_4+C_2H_2$。在炉子漏气率很小时可以认为，此残存气体仍为增碳性的，所以脱碳问题可以不用考虑。从实际结果来看，真空渗碳工件从未发现过脱碳现象。

4.4.2 真空渗碳工艺

4.4.2.1 渗碳方式

与真空渗氮一样，真空渗碳也是以脉冲方式将渗碳气体送入炉内并排出，在一个脉冲时间内既渗碳又扩散。其方式如图 4-31 所示。

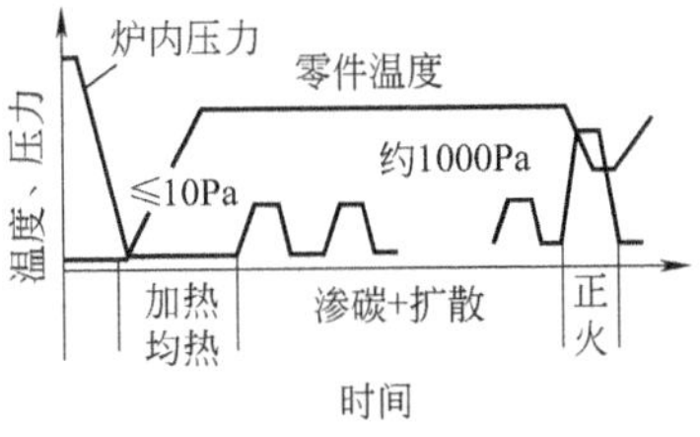

图 4-31 真空脉冲渗碳示意图

4.4.2.2 工艺参数的影响

影响工件的渗层硬度、渗层深度及畸变大小等渗碳质量的工艺参数有渗碳温度、渗碳时间和扩渗比、炉压及气体流量。

(1) 渗碳温度。由于真空渗碳无须考虑工件的氧化，因而可以在比气体渗碳更高的温度条件下进行。较高的渗碳温度可获得较高的渗碳速度、缩短渗碳时间、提高生产效率。

图 4-32 为渗碳温度、渗碳时间与总渗碳层深度的关系曲线。从图中可以看出，随着渗

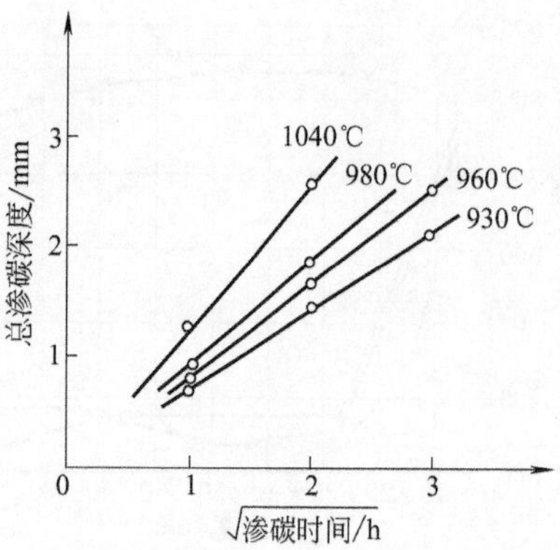

图 4-32 渗碳温度、渗碳时间与总渗碳深度的关系曲线

碳温度的提高，渗碳效率将大大提高。这是由于渗碳温度的提高将使得渗碳气体和工件的原子获得更多动能，加速了工件表面对碳原子的吸收及碳原子向工件内部的扩散。

但是，过高的温度会带来以下问题：

a. 使炭黑及焦油增加，增加炉体的清理工作量，甚至影响炉子的寿命；

b. 渗层不均匀性及变形量增大；

c. 随着温度的提高，奥氏体晶粒会聚集长大，从而降低工件的力学性能。

图 4-33 为 20Cr 在不同加热温度下加热 2h 的奥氏体金相组织。表 4-12 为 20Cr 不同加热温度和保温时间下的晶粒度等级。图 4-33 和表 4-12 均表明，渗碳温度提高将导致晶粒长大或粗化。

因此依据钢的成分不同，渗碳温度有上限限制，一般为 950～1050℃。锰、铬、镍、钼、钨、钒、硼等合金元素有助于提高晶粒长大的温度，所以含有上述元素的合金钢可以在较

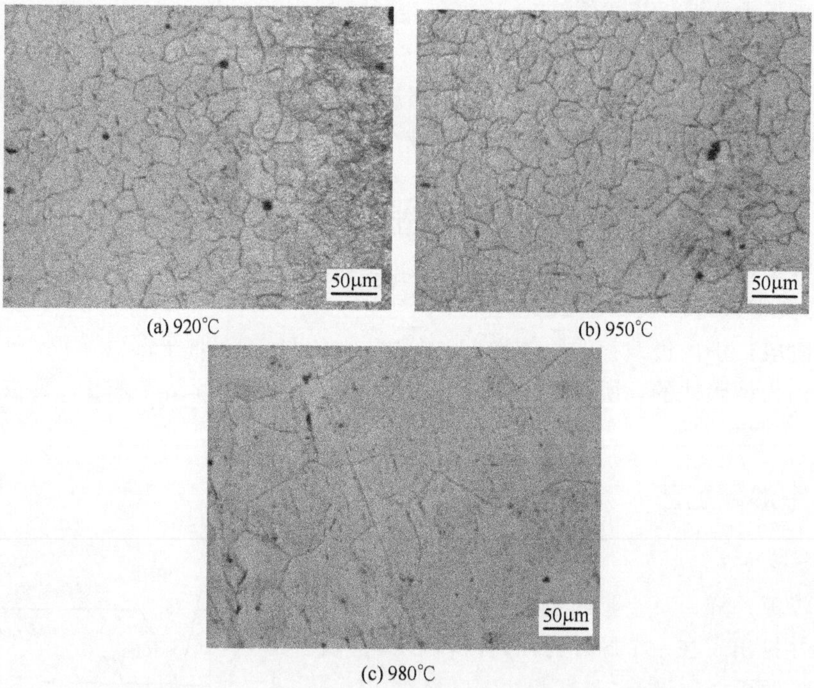

(a) 920℃ (b) 950℃

(c) 980℃

图 4-33 20Cr 在不同加热温度下加热 2h 的奥氏体金相组织

表 4-12 20Cr 不同加热温度和保温时间下的晶粒度等级

项目	加热 2h	加热 4h	加热 8h	加热 16h
920℃	5～6 级	4～5 级	5～6 级	5～6 级
950℃	5～6 级	4～5 级	4～5 级	3～4 级
980℃	2～3 级	2～3 级	1～2 级	2～3 级

高的温度下进行真空渗碳。如果有细长孔，渗碳温度需要降低到 900℃。所以在选取渗碳温度时除了考虑渗碳时间的长短之外，更要考虑渗碳层深度、渗层均匀性、变形度要求以及力学性能的要求。当零件外形较简单、要求渗层深、含抑制晶粒长大的元素及变形量不严格时可采用高温渗碳。当零件形状较复杂、变形要求严格、渗层要求均匀时则宜采用较低的渗碳温度。表 4-13 列出了选择渗碳温度的一般考虑。

表 4-13 渗碳温度的使用范围

温度范围	零件形状特点	渗碳层深度	零件类别	渗碳气体
1040℃（高温）	较简单、变形要求不严格、晶粒不粗化	深	凸轮、轴齿轮	C_2H_2 $C_3H_8+N_2$
980℃（中温）	一般	一般		C_2H_2 $C_3H_8+N_2$
980℃以下（低温）	形状复杂、变形要求严、渗层要求均匀	较浅	柴油机喷嘴等	C_2H_2 $C_3H_8+N_2$

（2）渗碳时间和扩渗比。由图 4-32 可知，在一定温度下，渗碳时间越长，渗层深度越大。但从表 4-12 可以发现，渗碳时间过长，将导致晶粒粗化，使渗碳硬度降低。渗层深度 d_T 与渗碳温度 T、渗碳时间 t 的关系如式（4-5）：

$$d_T=\frac{802.6}{10(6700/T)}\sqrt{t}=K\sqrt{t} \tag{4-5}$$

式中 T——渗碳温度，℉+460；

K——渗碳系数，其随着温度升高而增大。

渗碳深度、渗碳温度和渗碳时间之间的对应数值见图 4-34 或表 4-14。

根据式（4-5）求出的渗碳时间 t 为渗碳和扩散两个过程所需时间的总和。在求出渗碳时间之后即可按 Harris 公式求出渗碳过程所需的时间，即渗碳期时间 t_C：

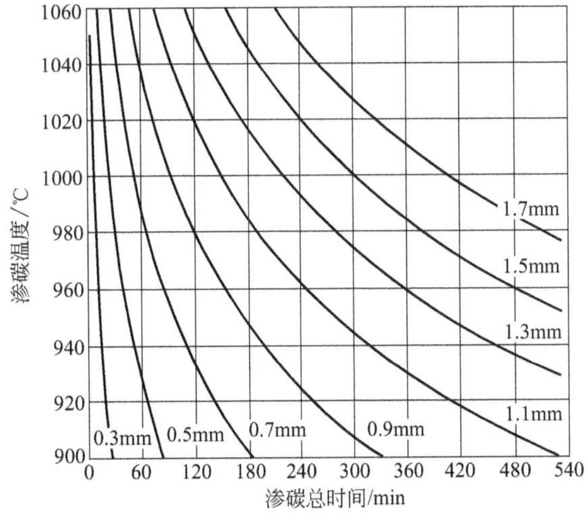

图 4-34 渗碳温度、渗层深度及渗碳时间之间的关系（曲线上数据为渗层深度）

表 4-14 渗碳温度、渗碳时间与总渗碳时间的关系

渗碳温度/℃ 渗层深度/mm 渗碳时间/h	899	927	954	982	1010	1038	1066	1093
0.10	0.169	0.201	0.230	0.275	0.319	0.368	0.421	0.480
0.20	0.240	0.284	0.234	0.389	0.451	0.520	0.596	0.678
0.30	0.294	0.348	0.409	0.477	0.553	0.637	0.729	0.831
0.40	0.339	0.402	0.472	0.551	0.638	0.735	0.842	0.959
0.50	0.379	0.449	0.528	0.616	0.714	0.822	0.942	1.073
0.60	0.415	0.492	0.578	0.675	0.782	0.901	1.032	1.175
0.70	0.448	0.631	0.624	0.729	0.845	0.973	1.114	1.269
0.80	0.479	0.568	0.667	0.779	0.903	1.040	1.191	1.357
0.90	0.508	0.602	0.703	0.826	0.958	1.103	1.263	1.439
1.00	0.536	0.635	0.748	0.871	1.009	1.163	1.332	1.517
1.25	0.599	0.710	0.834	0.974	1.129	1.300	1.489	1.696
1.50	0.656	0.778	0.914	1.067	1.236	1.424	1.631	1.858
1.75	0.709	0.840	0.987	1.152	1.335	1.538	1.762	2.007
2.00	0.758	0.898	1.055	1.231	1.428	1.645	1.883	2.145
2.25	0.804	0.952	1.119	1.306	1.514	1.744	1.998	2.275
2.50	0.847	1.004	1.180	1.377	1.596	1.839	2.106	2.398
2.75	0.889	1.053	1.237	1.444	1.674	1.928	2.209	2.515
3.00	0.928	1.100	1.292	1.508	1.748	2.014	2.307	2.627
3.25	0.966	1.144	1.345	1.570	1.820	2.096	2.401	2.735
3.50	1.003	1.188	1.396	1.829	1.889	2.170	2.492	2.838
3.75	1.038	1.229	1.445	1.686	1.955	2.252	2.579	2.937
4.00	1.072	1.270	1.492	1.742	2.019	2.326	3.664	3.034
4.25	1.105	1.309	1.538	1.795	2.081	2.397	2.746	3.127
4.50	1.137	1.347	1.583	1.847	2.141	2.467	2.825	3.218
4.75	1.168	1.384	1.626	1.898	2.200	2.534	2.903	3.306
5.00	1.199	1.420	1.669	1.947	2.257	2.600	2.978	3.392
5.50	1.257	1.489	1.750	2.042	2.367	2.727	3.123	3.557
6.00	1.313	1.555	1.828	2.133	2.473	2.848	3.262	3.716
6.50	1.367	1.619	1.902	2.220	2.574	2.965	3.395	3.867
7.00	1.418	1.680	1.974	2.304	2.671	3.077	3.524	4.013
7.50	1.468	1.739	2.044	2.385	2.766	3.185	3.647	4.154
8.00	1.516	1.796	2.111	2.463	2.855	3.289	3.767	4.290
8.50	1.563	1.851	2.175	2.539	2.943	3.390	3.883	4.422
9.00	1.608	1.905	2.239	2.612	3.028	3.489	3.995	4.551
9.50	1.652	1.957	2.300	2.684	3.111	3.584	4.105	4.675
10.00	1.695	2.008	2.360	3.754	3.192	3.677	4.212	4.797
11.00	1.778	2.106	2.475	2.888	3.348	3.857	4.417	5.031
12.00	1.857	2.199	2.585	3.017	3.497	4.028	4.613	5.255
13.00	1.933	2.289	2.690	3.140	3.640	4.193	4.802	5.469
14.00	2.006	2.375	2.792	3.258	3.777	4.351	4.988	5.676
15.00	2.076	2.459	2.890	3.373	3.910	4.504	5.158	5.875
16.00	2.144	2.539	2.985	3.483	4.038	4.652	5.327	6.067
17.00	2.210	2.618	3.077	3.590	4.162	4.795	5.491	6.254
18.00	2.274	2.693	3.166	3.694	4.283	4.934	5.650	6.435
19.00	2.336	2.767	3.253	3.796	4.400	5.069	5.805	6.612
20.00	2.397	2.839	3.337	3.894	4.514	5.201	5.956	6.784
21.00	2.458	2.909	3.419	3.991	4.628	5.329	6.103	6.951
22.00	2.514	2.978	3.500	4.084	4.735	5.454	6.247	7.115
23.00	2.571	3.045	3.579	4.176	4.841	5.577	6.387	7.275
24.00	2.626	3.110	3.656	4.266	4.945	5.697	6.524	7.431
25.00	2.680	3.174	3.731	4.354	5.047	5.814	6.659	7.584

$$t_C = t\left(\frac{C_k - C_0}{C_s - C_0}\right)^2 \quad (4\text{-}6)$$

式中 t_C——渗碳期时间，h；

C_k——扩散后的表面碳浓度（即技术要求的表面碳浓度）；

C_s——渗碳期结束后的表面碳浓度（渗碳温度下的奥氏体最大碳溶解度）；

C_0——工件的原始碳浓度；

t——根据式(4-5) 求出的总渗碳时间，$t = t_C + t_D$；

t_D——扩散期时间，h。

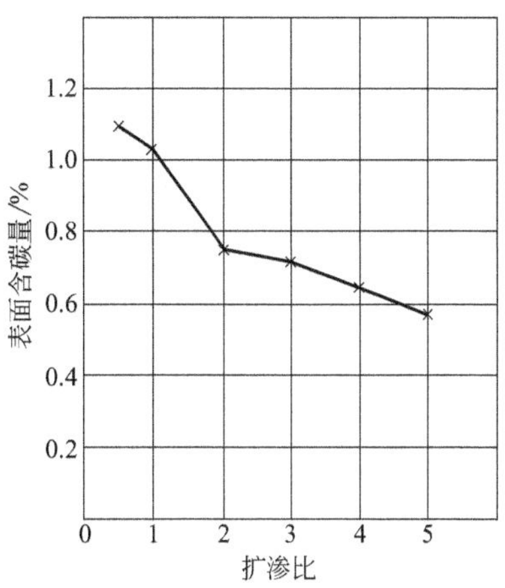

图 4-35 扩渗比对表面含碳量的影响

扩散期时间与渗碳期时间之比 t_D/t_C 称为扩渗比 R。扩渗比对渗碳层的碳浓度分布影响显著，进而影响硬度分布。在渗碳总时间一定的条件下，扩渗比越大，则扩散期时间越长，表面碳浓度越低，碳浓度分布越平缓。图 4-35、表 4-15 说明了 15 钢在 1040℃、2.6×10^4 Pa 条件下的扩渗比对渗层深度及表面碳浓度的影响。

表 4-15 扩渗比对渗碳深度及表面碳浓度的影响

试样编号	炉次	扩渗比	渗碳时间/min	循环次数	渗碳层深度/mm			渗层表面含碳量/%
					硬化层	过渡层	全渗层	
3	7	5	96	2	—	0.72	0.72	0.57
4	8	4	70	2	—	0.90	0.90	0.64
1	6	3	96	3	0.09	0.73	0.82	0.71
14	21	2	96	4	0.35	0.83	1.18	0.74
13	20	1	96	6	0.64	0.72	1.36	1.03
15	23	0.5	96	4	0.61	0.55	1.36	1.09

对于不同温度下的渗碳常数 K 通过试验很容易准确测得，锰、铬、镍、钼、钨、钒、硼等合金元素对 K 的影响可忽略不计，仅影响渗层的显微组织及渗层硬度。渗碳常数 K、扩散比 R 可按表 4-16 选取。

表 4-16 乙炔低压渗碳的 *K* 及 *R* 值

0.8%表面碳当量 \ 渗碳温度		900℃	930℃	980℃	1040℃	应用实例
K	总渗碳深度	0.62	0.71	1.14	1.24	低碳钢、表面淬火钢
	有效渗碳深度(0.3%C)	0.44	0.54	0.78	1.04	表面淬火钢
	有效渗碳深度(0.4%C)	0.37	0.46	0.69	0.94	低碳钢
R	扩散时间/渗碳时间	1.3	1.5	2.2	3.5	低碳钢

气体流量对渗层深度及表面渗碳浓度没有显著影响，对脉冲充气时间和渗层均匀性有影响，各渗碳设备公司均未将其列为控制参数，C_2H_2 的流量一般选用 2500～3500L/h，C_3H_8 的流量选用 3500～4500L/h。过高的流量将导致大量焦油产生，按工件总表面积适当予以调整。

炉压是主要的工艺参数之一。炉压过低，会导致渗层深度及渗碳硬度不均匀；炉压过高，渗层均匀性较好，但容易产生大量炭黑。真空渗碳技术开发的初期的 20 年间，炭黑问题一度影响了真空渗碳的商业应用。现在商业应用的真空渗碳炉一般 C_2H_2 不超过 1500Pa，C_3H_8 一般不超过 1000Pa，经常为 800Pa，极端情况下为 2000Pa。

基于以上分析，工艺参数的选择可参照表 4-17。

表 4-17 真空渗碳工艺参数（参照 JB/T 11078—2011）

<table>
<tr><th>工艺参数名称</th><th>具体说明</th></tr>
<tr><td>真空渗碳加热温度 T</td><td>①T 一般采用 920～1050℃，常用温度为 920～980℃；
②低压碳氮共渗常用 800～900℃（典型深度 0.25～0.50mm）</td></tr>
<tr><td>真空室渗碳压力</td><td>① 一般采用 300～2000Pa，常用压力 400～800Pa；
② 工艺气氛进口压力一般为 0.2MPa</td></tr>
<tr><td>气体流量</td><td>① 强渗过程中富化气以脉冲方式通入，通入量一般按装料工件表面积由以下方式确定：
<table>
<tr><td>工件表面积/m^2</td><td>≤3</td><td>3～10</td><td>10～20</td></tr>
<tr><td>C_3H_8 流量/(L/h)</td><td>3000</td><td>4500</td><td>5700</td></tr>
<tr><td>C_2H_2 流量/(L/h)</td><td>1200</td><td>2000</td><td>2700</td></tr>
</table>
② 一般每炉工件表面积不大于 $20m^2$</td></tr>
<tr><td>渗碳时间
总渗碳时间 t_A
渗碳时间 t_C
扩散时间 t_D
$t_A=t_C+t_D$</td><td>渗碳时间分渗碳时间、扩散时间。前者按渗碳温度、渗层深度和碳富化率确定；扩散时间按表面碳浓度和碳浓度梯度确定。
<table>
<tr><td>渗碳温度/℃</td><td colspan="2">920</td><td colspan="2">940</td><td colspan="2">960</td><td colspan="2">980</td></tr>
<tr><td>碳富化率 F</td><td colspan="2">8</td><td colspan="2">11</td><td colspan="2">13</td><td colspan="2">15</td></tr>
<tr><td>渗层深度
($550HV_1$)/mm</td><td>t_C/min</td><td>t_D/min</td><td>t_C/min</td><td>t_D/min</td><td>t_C/min</td><td>t_D/min</td><td>t_C/min</td><td>t_D/min</td></tr>
<tr><td>0.30</td><td>7</td><td>26</td><td>6</td><td>21</td><td>4</td><td>12</td><td>4</td><td>9</td></tr>
<tr><td>0.60</td><td>15</td><td>94</td><td>11</td><td>80</td><td>1</td><td>60</td><td>8</td><td>40</td></tr>
<tr><td>0.90</td><td>22</td><td>240</td><td>17</td><td>163</td><td>15</td><td>120</td><td>12</td><td>68</td></tr>
<tr><td>1.20</td><td>29</td><td>420</td><td>24</td><td>320</td><td>20</td><td>230</td><td>17</td><td>140</td></tr>
<tr><td>1.50</td><td>37</td><td>697</td><td>30</td><td>530</td><td>25</td><td>400</td><td>22</td><td>260</td></tr>
</table></td></tr>
<tr><td>碳富化率 F
/[mg/(h·cm^2)]</td><td>真空渗碳炉达到平衡条件下，通入富化气，工件单位表面积上在单位时间内的碳增加量 F，按下述计算：
$F=\Delta W/(t_A S)$
式中，$\Delta W=W-W_0$（工件渗碳前 W_0 和后 W 的质量差值，mg）；t_A 为富化气通入总时间，h；S 为工件表面积，cm^2</td></tr>
</table>

4.4.3 真空渗碳（低压渗碳）的过程及控制

4.4.3.1 真空渗碳工艺过程

图 4-36 为真空渗碳的一般工艺过程，其说明如下：

① 工件进炉后在真空条件（或≤10Pa，基本达到无氧条件）下进行加热；

② 达到确定的奥氏体化温度 T_c 保温，并通入渗碳的气氛（C_mH_n），使炉压增加到某

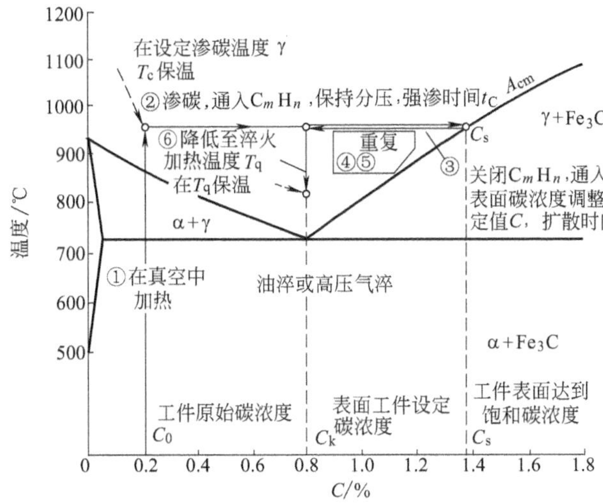

图 4-36　碳浓度饱和值调整法示意图

一值进行强渗，使工件表面碳浓度达到奥氏体在该温度下的饱和值 C_s（该值将随锰、铬、镍、钼、钨、钒、硼等合金元素的加入而改变），时间为 t_C；

③ 关闭和抽去渗碳气体，炉压降低到下限（或充入 N_2，维持炉压不变），进入扩散阶段，碳原子向工件内部扩散使渗层厚度增加，同时工件表面碳浓度下降至设定值 C_k，时间为 t_D；

④、⑤重复②、③的过程，直至达到设计的渗碳层深度；

⑥ 降温至淬火的奥氏体化温度 T_q 和保温，并调整炉内压力进行油淬或实施高压气淬。

Ipsen 公司的乙炔真空渗碳过程如图 4-37 所示。[1]为第一次脉冲的渗碳过程，[2]为第一次脉冲的扩散过程，[3]为第二次脉冲的渗碳过程，[4]为第二次脉冲的扩散过程。工件在真空炉内装好后，抽真空至≤10Pa，真空室基本达到了无氧条件，真空炉开始加热，当工件渗碳的温度较高或工件装炉排列紧密时，工件加热分两段进行预热。在真空室内工件达到设定渗碳温度并均热一段时间后，开始渗碳-扩散的脉冲循环，直至工件的渗碳深度符合要求为止。这时真空炉开始降低炉温，使工件达到优选的淬火温度，后进行淬火操作，淬火操作可以在同一渗碳室内进行或在另外冷却室内进行。图 4-38 为渗层中碳浓度变化示意图，C_1 是有效硬化层对应含碳量（0.3%或 0.4%的 C 含量），C_0、C_k、C_s 意义同图 4-36。线[1]代表第一渗碳时段结束时的碳浓度分布，线[1+2]代表第一扩散时段结束时的碳浓度分布，线

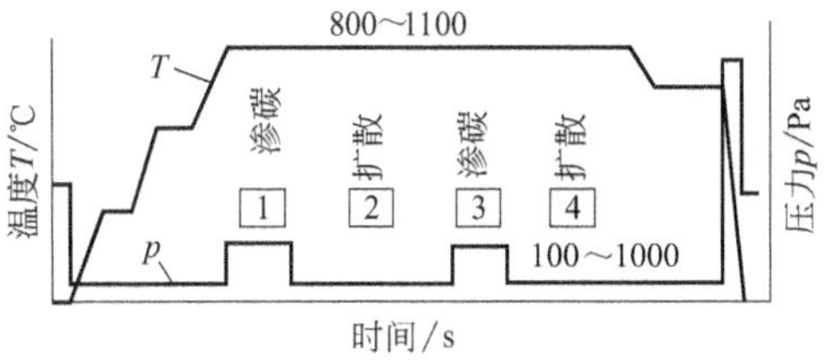

图 4-37　乙炔真空渗碳工艺图

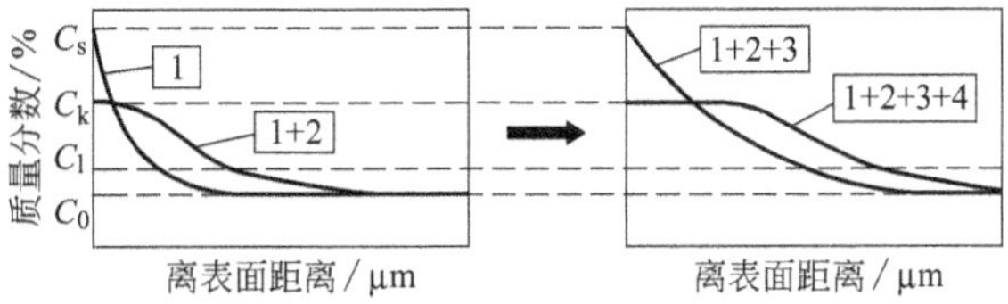

图 4-38　渗层中碳浓度变化示意图

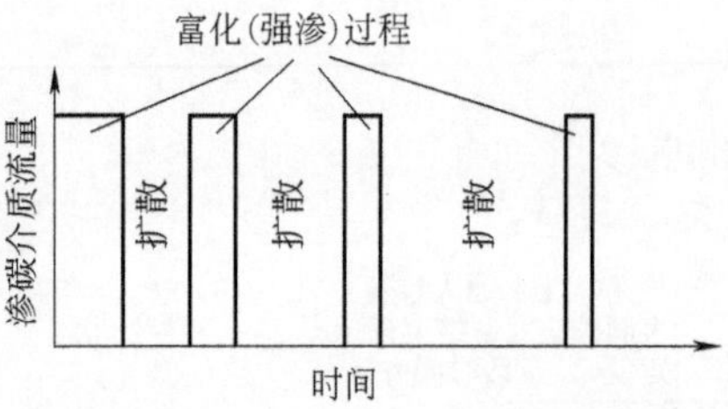

图 4-39　ECM 渗碳工艺过程示意图

1+2+3 代表第二渗碳时段结束时的碳浓度分布，线 1+2+3+4 代表第二扩散时段结束时的碳浓度分布。

ECM 的真空渗碳与上述工艺过程略有不同，如图 4-39 所示。渗碳气体以丙烷为主（近年来也开始使用乙炔），炉压为 500～1500Pa，常用 800Pa。整个渗碳过程炉压保持不变，其中的扩散阶段在抽离残余的渗碳气体后，再充入氮气维持炉压。如果渗碳气体是丙烷，每个渗碳阶段是由多个小脉冲构成。渗碳阶段大约 50～100s，小脉冲是 10s，如图 4-40 所示。每个渗碳阶段（强渗、扩散）结束后的碳浓度分布如图 4-41 所示，其中 C_1、C_1' 分别为第一次强渗阶段、扩散阶段结束后的碳浓度分布，C_2、C_2' 分别为第二次强渗阶段、扩散阶段结束后的碳浓度分布。

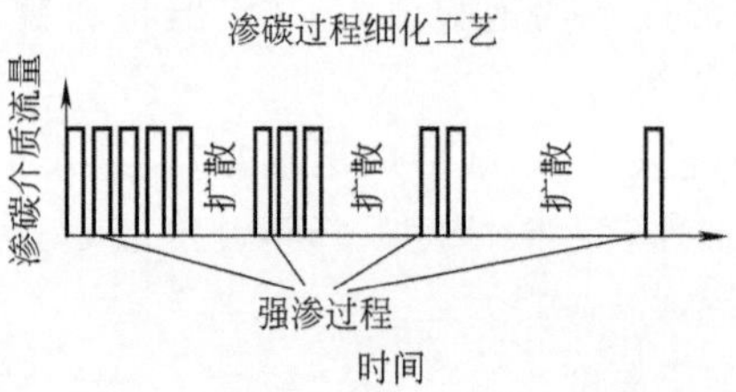

图 4-40　渗碳过程细化工艺示意图

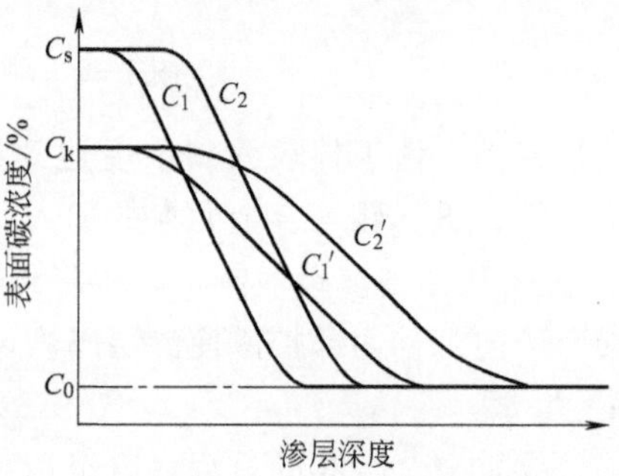

图 4-41　丙烷渗层中碳浓度变化示意图

4.4.3.2　真空渗碳的过程控制

在低压真空渗碳中，碳氢类气体的裂解是非平衡反应，意味着钢表面很快能达到奥氏体中的碳饱和水平。真空渗碳工艺控制的关键是确定强渗时间和扩散时间。即在不产生炭黑的情况下通过控制强渗时间使工件表面的含碳量达到饱和值（C_s）。随后进行扩散，通过控制扩散时间使其表面碳浓度降到预设值（C_k）。这种方法被称为饱和值调整法。真空渗碳所使用渗碳介质中没有 O_2、CO、CO_2，不能用氧探头及 CO、CO_2 分析仪等测定碳浓度是否达到了设定值（C_k）及饱和值（C_s）。ECM 和 Ipsen 采用的解决方法就是在总结过去大量数据及经验基础上，开发计算机模拟仿真软件对过程进行控制。Ipsen 开发的软件是 Avac 专家控制系统，ECM 开发的是 Infracarb 专家控制系统。计算机控制系统依据渗碳温度、原始碳浓度、碳的饱和浓度、工件最终表面碳浓度、渗碳深度和装炉量（对应工件总面积）等计算出渗碳气体流量和每个渗碳子程序的强渗期时间 t_C、扩散期时间 t_D 及渗碳子程序的个数等。这些参数易于控制，因而易于实现真空渗碳的再现性。这两套专家系统经测试及工业应用证明，其模拟结果与实际结果的相符程度可以满足工业生产的要求。

4.4.4　真空渗碳应注意的问题

4.4.4.1　零件的清洗

零件在进行热处理之前表面常附有油脂和污物，在进行真空渗碳前应去除油脂和污物（铁屑和其他杂质亦在其内），不能像其他真空热处理一样，利用真空的净化特性进行脱脂除气。这是由于真空渗碳最大的问题是炭黑，油脂加热过程中将蒸发和炭化，会导致炭黑的增加，从而加重炉子的负担。

4.4.4.2 零件的放置

对于新使用的料筐、料盘和其他装具，需单独进行一次渗碳处理。因为如果这些装具事先未进行过渗碳处理，则在对工件进行渗碳处理的同时，也在对装具进行渗碳处理，这样就会因为实际渗碳表面积增加而导致工件渗碳不足。工件间要保持足够间隙且整齐摆放，见图4-42。小工件不能堆放，可将小工件压在不锈钢网上间隔地插放或单层铺放。对于工件上有内孔或外表面需要防渗时，可用石棉绳或机械法将孔堵塞或涂以防渗涂料。零件之间要用无锌皮的铁丝相互串起来然后再与料筐捆牢，见图 4-43。

(a) (b)

图 4-42 工件的整齐、间歇摆放

4.4.4.3 工件的预热与均热

工件入炉后抽真空后开始升温，由于渗碳温度高，一般需要两次预热。在升温到达渗碳温度之后(按测温仪表或记录曲线)，需在此温度保温一段时间，这个阶段称为“均热”。均热的目的有两点：一是使渗碳工件的温度均匀，这对获得均匀的渗层是很重要的；二是将表面的氧化物去掉，将油脂及其他污物蒸发掉，从而使零件表面活化，有利于渗碳的进行。

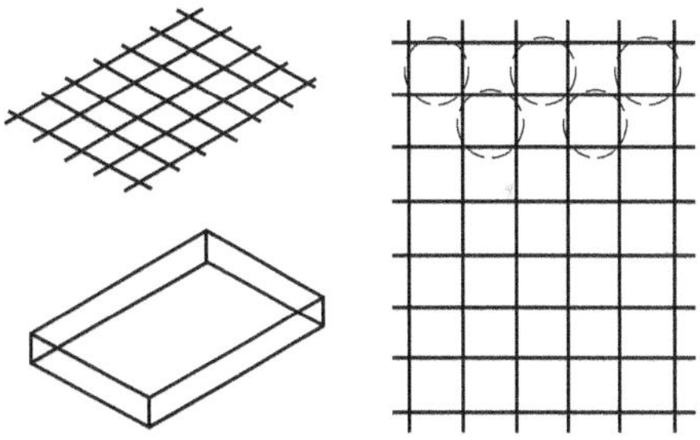

图 4-43 小工件摆放示意图

4.4.5 真空渗碳工艺实例

4.4.5.1 阀门电动装置零件的真空渗碳

(1) 电动机齿轮的真空渗碳。齿轮的材料是 20CrMo，其形状如图 4-44 所示，要求渗层深度分别为 0.38mm 和 0.64mm，硬度为 (58±3) HRC。该电动机齿轮带花键，内孔要求防渗，采用螺栓螺母堵塞方法，有一小孔也要防渗，采用石棉绳堵塞方法。齿轮的摆放方式如图 4-45 所示。

真空渗碳工艺如图 4-46 和图 4-47 所示。渗碳方式为脉冲式渗碳，每个脉冲时间为 5min，渗碳气氛流量比为 $C_3H_8:N_2=1:1$。为减小变形，渗碳、扩散后采用预冷淬火处理，经真空渗碳后的齿轮表面碳浓度为 0.97%～1.00%，渗碳淬火后的渗碳层硬度分布曲线如图 4-48 所示，表面硬度 550HV (50HRC) 以上为有效渗碳层。

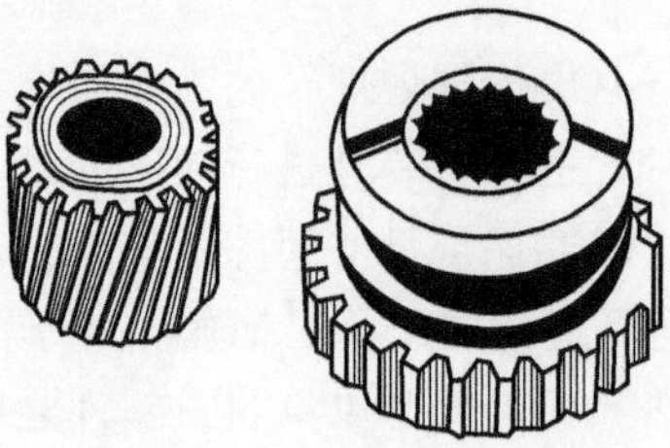

图 4-44 电动机齿轮形状

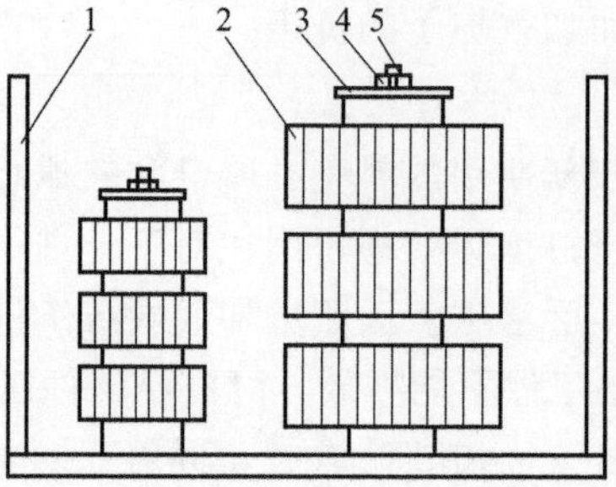

图 4-45 电动机齿轮的摆放方式

1—料筐；2—齿轮；3—垫圈；4—螺母；5—螺栓

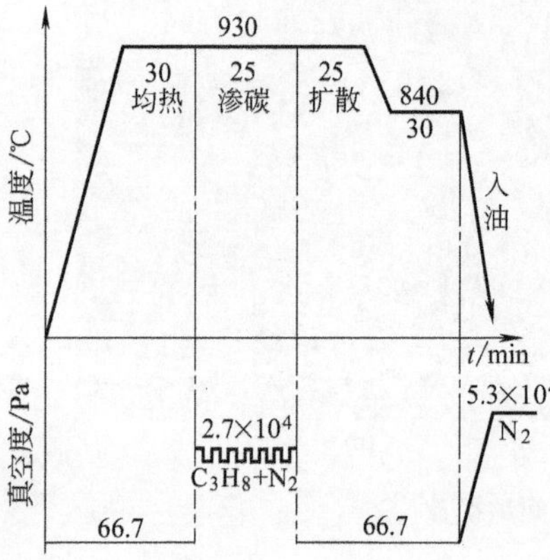

图 4-46 渗层 0.38mm 的齿轮渗碳工艺

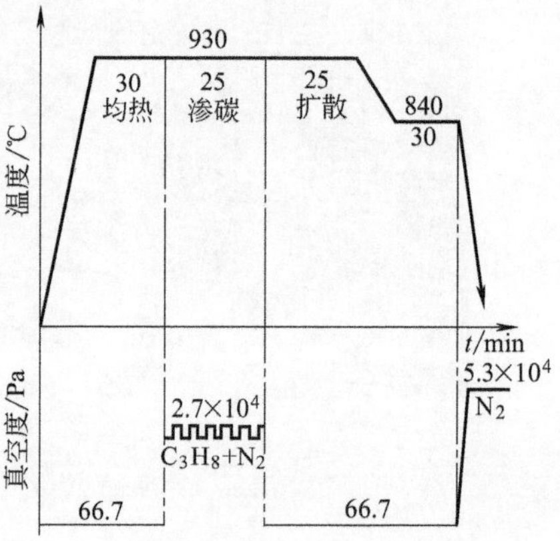

图 4-47 渗层 0.64mm 的齿轮渗碳工艺

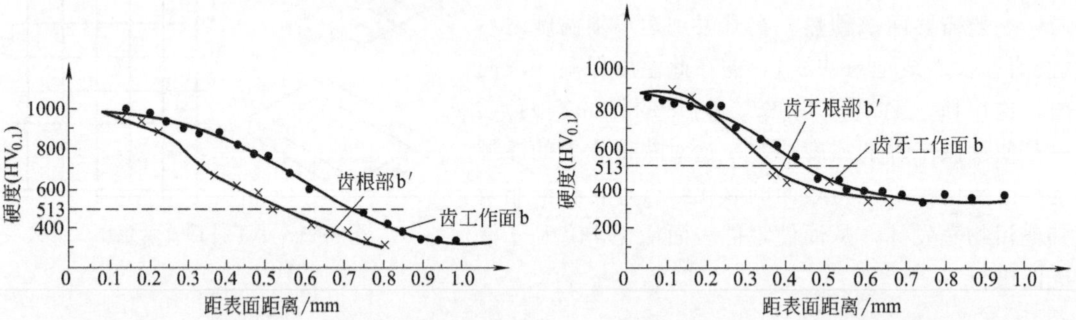

(a) 渗层为0.38mm的齿轮

(b) 渗层为0.64mm的齿轮

图 4-48 齿轮渗碳淬火后渗碳层硬度分布曲线

电动机齿轮真空渗碳结果汇总见表 4-18。

表 4-18 电动机齿轮真空渗碳结果汇总

项目	渗层深度/mm		金相组织		
	工作面 b 处	齿根 b′处	齿工作面处	齿顶处	心部
渗层 0.38mm 的齿轮	0.43	0.36	碳化物 1 级，马氏体和残余奥氏体 2 级	碳化物 3 级，马氏体和残余奥氏体 2 级	铁素体为 1 级
渗层 0.64mm 的齿轮	0.68	0.52	碳化物 1 级，马氏体和残余奥氏体 2 级	碳化物 4 级，马氏体和残余奥氏体 3 级	铁素体为 2 级

图 4-49 为渗层 0.38mm 的齿轮真空渗碳后的金相组织，图 4-50 为渗层 0.64mm 的齿轮真空渗碳后的金相组织，图 4-51 是真空渗碳、气体渗碳后表面处理的显微组织。从图 4-51 中可以看出，气体渗碳后表面有 0.02mm 的晶界氧化层，其硬度低于渗碳层硬度。电子探针扫描表明，晶界氧化层的成分系 Cr、Mn 等合金元素的氧化物，如图 4-52 所示。这些氧化物是气体渗碳时气氛中的 H_2O、CO_2 等氧化性气体在奥氏体晶界处和 Cr、Mn 优先结合形成的。被氧化的晶界处由于 Cr、Mn 等的偏聚，使附近金属的淬火性能变坏，淬火时形成托氏体组织，因此硬度降低，硬度降低还导致疲劳强度的降低。气体渗碳后钢的晶界氧化层超过 10μm 时，疲劳强度将降低，严重时仅为真空渗碳工件的 55%。真空渗碳因无氧化性气氛，所以没有晶界氧化层，对于渗碳淬火、回火后直接装配使用的零件更能发挥其优点。

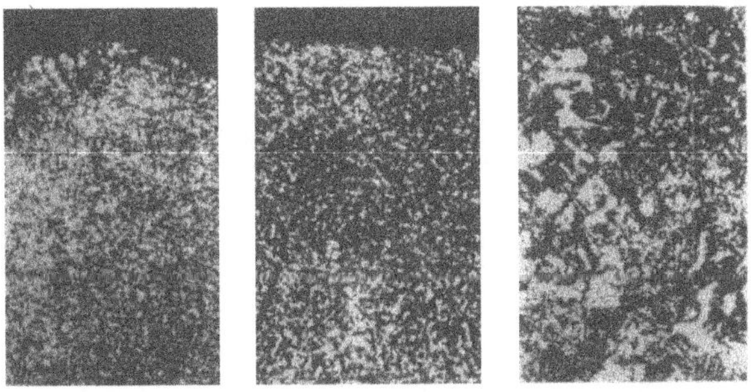

(a) 齿顶处　(b) 齿工作面　(c) 心部

图 4-49　齿轮（0.38mm 渗层）真空渗碳后的金相组织（放大 400 倍）

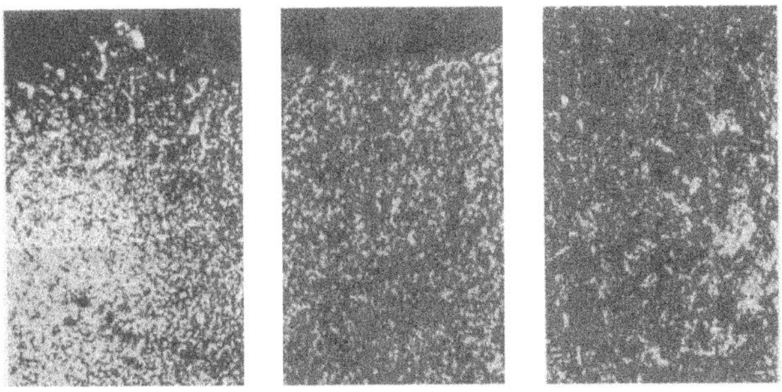

(a) 齿顶处　(b) 齿工作面　(c) 心部

图 4-50　齿轮（0.64mm 渗层）真空渗碳后的金相组织（放大 400 倍）

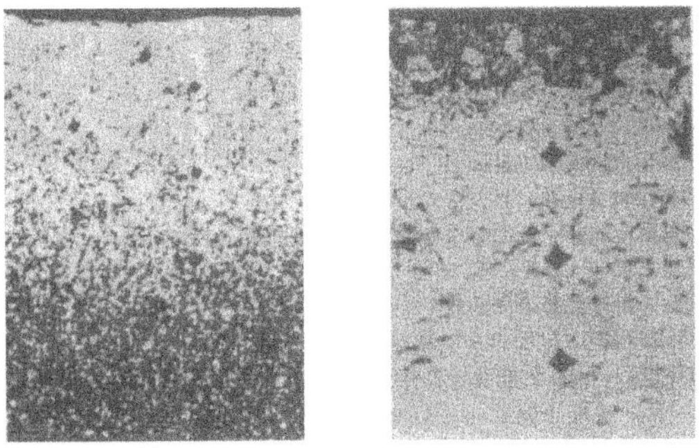

(a) 真空渗碳(放大130倍)　(b) 滴注法气体渗碳(放大600倍)

图 4-51　真空渗碳、气体渗碳后表面层的金相组织

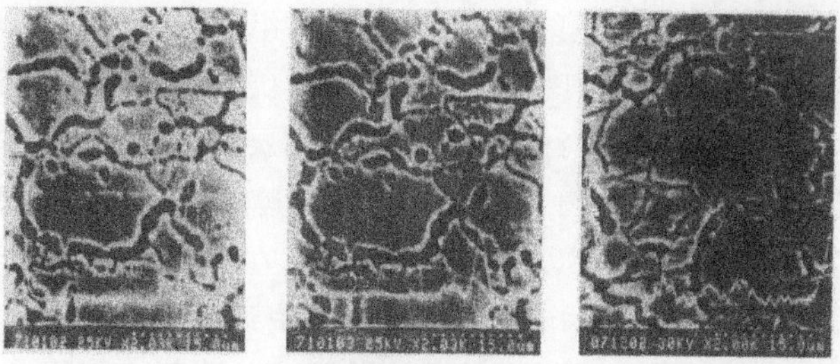

(a) O扫描分析　(b) Mn扫描分析　(c) Cr扫描分析

图 4-52　被氧化晶界处的探针分析

(2) 离合器齿轮、蜗杆的真空渗碳。该工艺曲线如图 4-53 所示，工件渗碳淬火后在油中进行 200℃×2h 回火处理。经真空渗碳后，表面没有炭黑，呈均匀的银灰色，见图 4-54。图 4-55 是蜗杆各部位尺寸。将蜗杆分别进行真空渗碳、气体渗碳处理，其变形量测量结果列于表 4-19。结果表明，真空渗碳后工件的变形量明显小于常规渗碳处理的变形量。

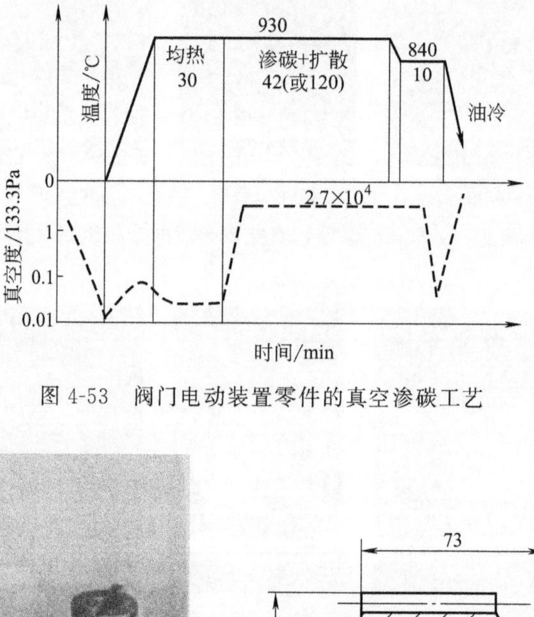

图 4-53　阀门电动装置零件的真空渗碳工艺

图 4-54　真空渗碳后的阀门电动装置零件

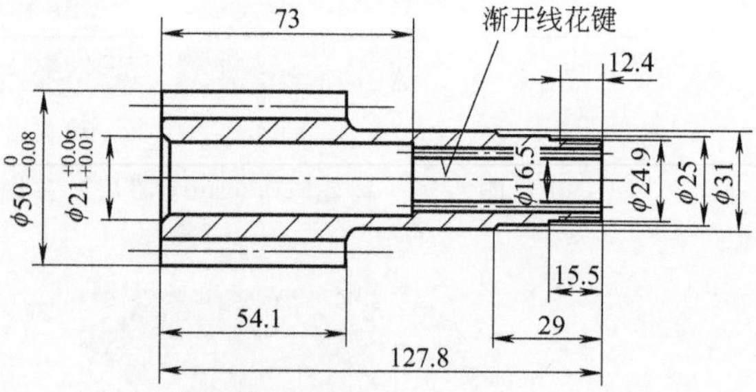

图 4-55　蜗杆的各部位尺寸

表 4-19　蜗杆真空渗碳、气体渗碳后变形的测量结果

项目	外径/mm	内孔/mm	内孔渐开线花键/mm	全齿高/mm	径节/mm	压力角/(′)	硬度(HRC)
真空渗碳	0～0.02	0～0.01	0.062～0.08	0～－0.03	－0.01～－0.03	－2～－7	58
气体渗碳	0～0.04	0.01～－0.01	0.118～－0.22	0～－0.07	－0.02～0.05	7～－5	55

4.4.5.2 柴油机针阀体的乙炔低压渗碳

（1）技术要求。针阀体作为柴油机的“心脏”部件，直接决定着柴油机的输出功率。DF8B机车柴油机针阀体的座面工作状况非常恶劣，座面要承受反复冲击，所承受的最大瞬时冲击达110MPa，喷孔要承受高压油液的冲刷。材质为27SiMnMoV钢，要求硬度为58～63HRC，渗碳层深度为0.6～1.0mm。针阀体孔直径与孔深的细长比很大，而喷孔直径又很小（0.5mm），近似于盲孔结构，其结构尺寸见图4-56。这种结构使得常规的气体渗碳无法达到设计要求。

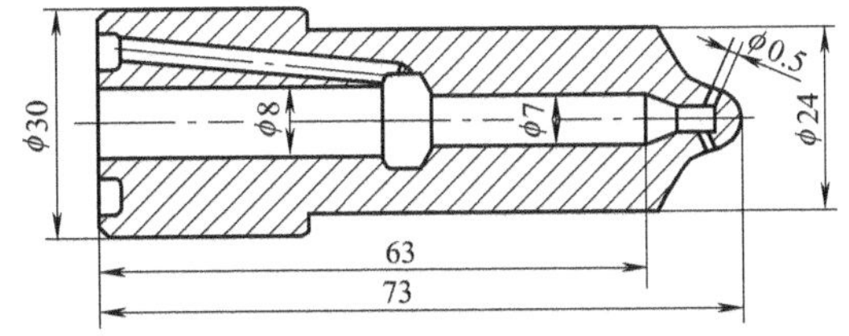

图4-56 针阀体形状及尺寸

（2）真空热处理工艺。真空渗碳设备为VUTK型真空渗碳高压气淬炉，渗碳气体为乙炔，渗碳和扩散过程中，用机械泵和罗茨泵调节并保持压力为1Pa。渗碳完毕后，分别用6×10^5Pa和1.5×10^5Pa的纯氮气进行分段冷却（整个渗碳、淬火过程共耗时183min），渗碳和淬火过程的工艺如图4-57所示。淬火结束后，进行冷处理和低温回火，冷处理工艺为－80℃×90min，采用液氮进行处理。低温回火工艺为170℃×120min。

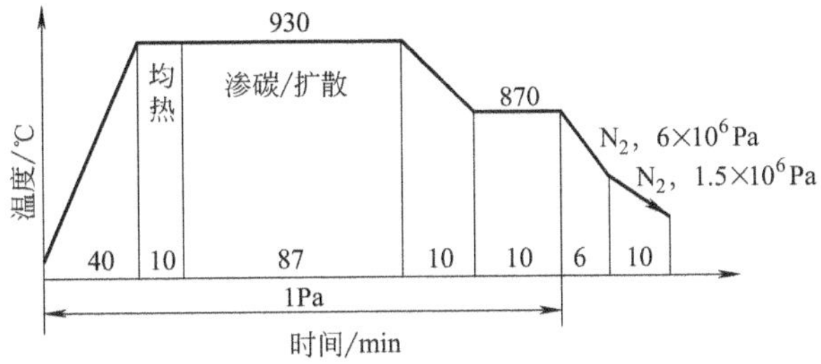

图4-57 针阀体乙炔真空渗碳淬火工艺曲线

（3）热处理结果。整个针阀体外表清洁光亮，同处理前基本一样，表面硬度为63HRC，外圆的有效淬硬层深度（自表面起至550HV，即52.5HRC处）为0.95mm，座面有效淬硬层深度为0.87mm，喷孔有效淬硬层深度为0.95mm。表4-20为针阀体渗碳层硬度分布值。座面渗碳层及心部的组织见图4-58和图4-59，从图中可以看出，各部位未产生网状碳化物。

4.4.5.3 高浓度真空渗碳

常规真空渗碳的表面碳浓度为0.85%～1.05%，碳浓度过高，将导致Fe_3C析出粗化，疲劳强度降低。但经特殊处理，真空渗碳后的渗层表面碳浓度可高达2%～4%，其高浓度渗

表4-20 针阀体渗碳层硬度分布值

距表面距离/mm	0.1	0.2	0.3	0.4	0.5	0.6	0.7	0.8	备注
外圆硬度(HRC)	63	63	63	62	61	60	58	56	54.5(0.9mm),52.5(0.95mm)
座面硬度(HRC)	63	63	62.5	62	61	59.5	57	54.5	52.5(0.87mm)
喷孔硬度(HRC)	62.5	62	62	61	60.5	59	57.5	56	54(0.9mm),52.5(0.95mm)

图 4-58 针阀体座面的渗碳层组织（放大 200 倍）

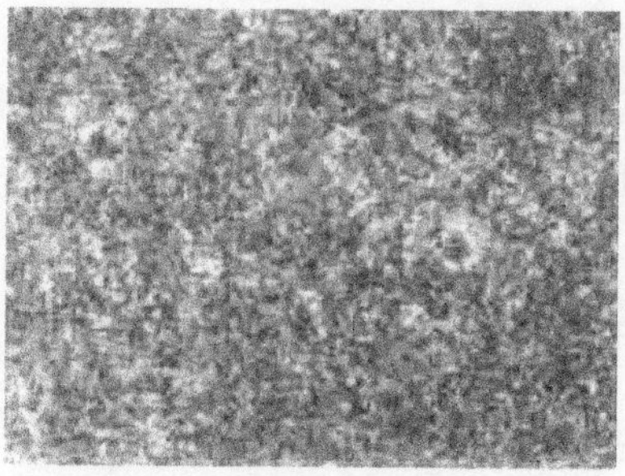

图 4-59 针阀体心部的渗碳层组织（放大 200 倍）

碳层含有很高数量（20%～50%）的弥散均匀分布的细小球状的碳化物，从而提高了表面硬度，改善了部件耐磨性和疲劳强度。典型的高浓度渗碳工艺曲线、工件装炉料筐及 SNCM220 钢高浓度渗碳后的组织（对应的有效硬化层深为 1.20mm）列于图 4-60（a）、（b）、（c）中。这种工艺已应用于 SNCM220 钢制作的部件上，可以确认能提高机床零件、喷丸机零件、一般机械零件的性能。根据产品的不同，亦有其寿命比过去的高浓度气体渗碳者高 1 倍以上的实例。

(a) 渗碳工艺曲线　(b) 工件装料图　(c) SNCM220钢渗层组织

图 4-60 真空高浓度渗碳

4.4.5.4 不锈钢的高温真空渗碳

不锈钢表面的致密钝化层使得传统气体渗碳工艺难以进行，通过乙炔真空渗碳，可以使耐腐蚀性优良的不锈钢同时具备较高的硬度，从而具有高耐磨性。图 4-61 为 SUS304 不锈钢于 1050℃渗碳后的显微组织及硬度梯度曲线和工件的装料。

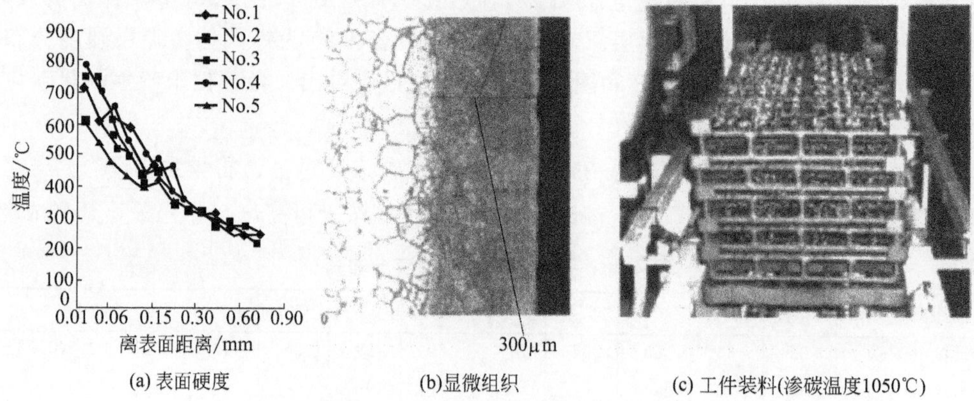

(a) 表面硬度　(b)显微组织　(c) 工件装料(渗碳温度1050℃)

图 4-61 SUS304 不锈钢真空渗碳

4.5 真空碳氮共渗与真空氮碳共渗工艺

4.5.1 真空碳氮共渗

4.5.1.1 特点

真空碳氮共渗是在低真空（100～2000Pa，常用 500～1000Pa）条件下将碳、氮同时渗入工件表层的化学热处理工艺过程。这种工艺以吸收碳原子为主，吸收氮原子为辅。碳氮共渗的介质为乙炔（或丙烷）＋氨气。在碳氮共渗过程中，一旦停止气源供应，表层的碳继续向金属内部扩散，呈现非平衡态，而此时已渗入金属的氮则同时向金属内部和表面两个方向扩散，呈现平衡态。由于氮的渗入能够增加碳的扩散速度，C、N 同时渗入有助于缩短碳氮共渗的时间，提高碳氮共渗的效率。但由于高温下的氨经过分解，在未与工件表面接触之前便已结合成分子氮，从而降低了活性氮原子的浓度。另外，在温度升高时，氮在奥氏体中的溶解度和钢对氮的吸收率都将下降。先渗入 C，其后在扩散过程渗入 N 及在较低温度继续渗入 N 的渗入方式可能更为有利。两种方式的优劣目前没有定论。真空碳氮共渗时，由于氮的渗入使工件具有以下特点：a. 比渗碳温度低，工件淬火畸变量明显减小。b. 渗层性能好：碳氮共渗层比渗碳层的表面硬度、耐磨性、抗回火软化温度、耐腐蚀性和疲劳强度更高，比渗氮层有更低的表面脆性、更高的疲劳接触强度和抗冲击载荷能力。c. 适应的钢种更广泛：由于氮的渗入，工件淬透性增加，即使碳素钢也能在真空炉中油淬，淬硬性明显增加，从而使廉价碳素钢达到合金钢的性能。d. 工艺时间缩短，生产效率提高，气体用量减少。因此，真空碳氮共渗有取代真空渗碳的趋势。

4.5.1.2 工艺参数

真空碳氮共渗的影响因素及规律与真空渗碳基本相同，但有两点与其不同。

a. N 的最高浓度点在次表层。与 C 的浓度叠加会形成浓度平台，其后浓度会陡降，因而硬度的分布也呈现相同的规律，见图 4-62。

b. 适合的共渗温度范围窄且低。目前广泛采用的共渗温度为 820～860℃。这是因为温度过高（例如超过 900℃，具体值视合金成分而定），一则共渗层中 N 浓度过低，类似于单纯渗碳，二则工件变形量大。温度过低，不仅共渗时间长，而且表层 N 浓度过高，共渗层脆性大。所以碳氮共渗温度有一合理范围，图 4-63 为 C、N 同时共渗的工艺曲线，图 4-64 为

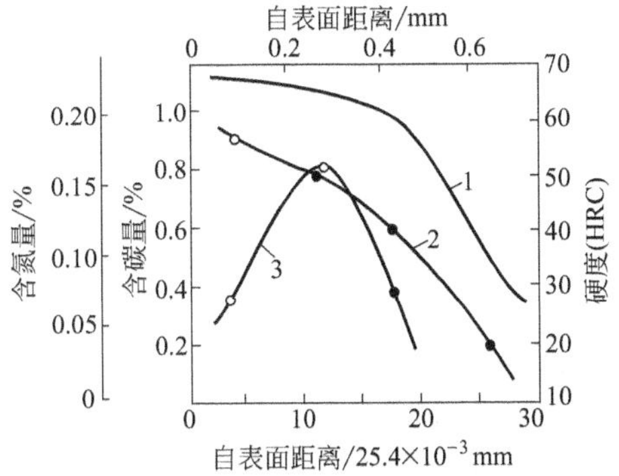

图 4-62 20CrMnMo 齿轮碳氮共渗效果

1—硬度；2—含碳量；3—含氮量

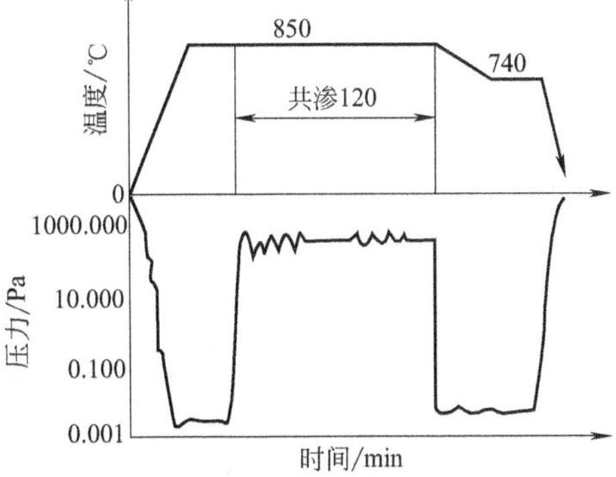

图 4-63 C、N 同时真空共渗工艺

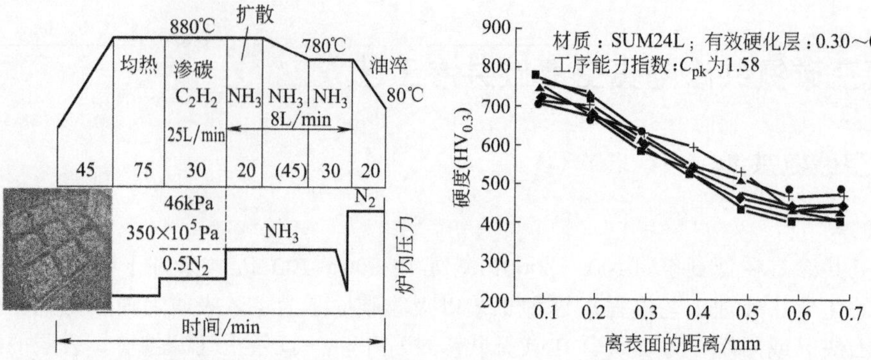

(a) 乙炔先C后N共渗工艺　(b) 表面硬度分布

图 4-64　先 C 后 N 方式的乙炔碳氮共渗（350Torr，即 46kPa）

先 C 后 N 的共渗工艺曲线。

4.5.1.3　C、N 共渗研究实例

不同材质的钢在 880℃×60min 条件下的真空碳氮共渗结果见表 4-21，显微组织见图 4-65。从中可以看出，试验所选的 5 种钢中，合金钢比碳素钢更易接受共渗处理。合金钢中合金元素种类越多，其渗碳层深度越深、硬度越高、碳化物数量也稍多，也就是越易接受共渗处理。碳素钢中，基体含碳量较高时易接受共渗处理。表 4-22、表 4-23 分别为共渗温度、共渗时间对 10 钢渗层性能的影响，温度越高、时间越长，10 钢的渗层深度越深，硬度也越高。这与真空渗碳的基本规律一致（具体温度有差异）。

表 4-21　不同钢种真空碳氮共渗后的渗层测试结果

工艺	材料	渗层深度/mm	硬度($HV_{0.3}$)	碳化物级别/级
880℃×60min（方式见图 4-63）	10 钢	0.16～0.17	667、670、672	1
	20 钢	0.20～0.21	689、687、689	1
	45 钢	0.28～0.29	721、718、719	1～2
	20Cr 钢	0.25～0.26	726、723、723	1～2
	20CrMo 钢	0.27～0.28	728、727、730	1～2

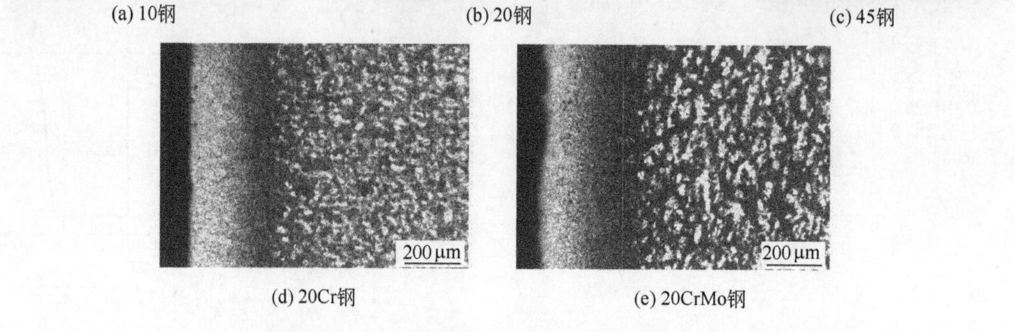

(a) 10钢　(b) 20钢　(c) 45钢

(d) 20Cr钢　(e) 20CrMo钢

图 4-65　不同钢种真空碳氮共渗后的显微组织

表 4-22　真空碳氮共渗温度对 10 钢渗层的影响

试验材料	工艺	渗层深度/mm	硬度($HV_{0.3}$)	碳化物级别/级
10 钢	930℃×60min	0.22～0.23	692、694、691	1
	880℃×60min	0.16～0.17	667、670、672	1
	850℃×60min	0.14～0.15	661、660、663	1
	800℃×60min	0.08～0.09	560、580、583	1

表 4-23　真空碳氮共渗时间对 10 钢渗层的影响

试验材料	工艺	渗层深度/mm	硬度($HV_{0.3}$)	碳化物级别/级
10 钢	880℃×150min	0.26～0.27	706、708、705	1
	880℃×100min	0.21～0.22	680、683、684	1
	880℃×60min	0.16～0.17	667、670、672	1

4.5.2　真空氮碳共渗

真空氮碳共渗（又称软氮化）是在真空条件下将氮、碳同时渗入工件表层的化学热处理工艺过程。这种工艺以吸收氮原子为主，吸收碳原子为辅。由于 C 的渗入促进了 N 的渗入，所以氮碳共渗除了承袭真空渗氮硬度高及耐腐蚀的优点外，比真空脉冲渗氮的渗层更深，而且脆性小、渗层致密，因而有更好的耐磨性、抗咬合性和承载能力。

氮碳共渗的渗剂为 NH_3+CO_2，其机理是 NH_3 在已被加热的钢铁表面分解而生成原子状态的 N，和 CO_2 分解并释放出的活性 C，同时在工件上被吸附和扩散，其化学反应如下：

$$2NH_3 \longrightarrow 3H_2+2[N] \tag{4-7}$$

$$CO_2+H_2 \longrightarrow CO+H_2O \tag{4-8}$$

$$2CO \longrightarrow CO_2+[C] \tag{4-9}$$

式（4-7）为平衡反应，式（4-8）的反应有利于减少 H_2，使式（4-7）反应朝着有利于活性 N 原子的方向进行。同时式（4-7）向右反应又有利于产生更多 H_2，从而产生更多活性 C 原子。N、C 的渗入是相互促进。

试验表明，渗氮和渗碳能力，主要取决于 CO_2 和 NH_3 的配比关系。CO_2 过少，则渗碳效果不明显；CO_2 过多，则渗层脆性增大，在 CO_2 ∶ NH_3 =（5%～10%）∶（95%～90%）时，能取得较高的硬度值。

影响氮碳共渗的渗层性质的工艺参数与脉冲渗氮相同。比如温度都常用 510～560℃，因此制定工艺时可参照真空渗氮，这里不再重复。

需要说明的是，氮碳共渗的渗层表面含有 Fe_2O_3，见图 4-66。不过其有害影响的研究未见报道。

文献［24］采用 530℃×10h＋560℃×4h 二段共渗，渗剂按 CO_2 为 5%配比，脉冲时间设为 2min，炉压上限为－0.015MPa，下限为－0.08MPa，对 38CrMoAlA、3Cr2W8V、Cr12MoV、H13（4Cr5MoV1Si）和 P20（3Cr2Mo）钢进行了真空脉冲氮碳共渗，其结果见表 4-24。

比较表 4-6、表 4-24 可以发现，氮碳共渗的渗层硬度略低于真空渗氮，渗层深度则大于真空渗氮，这与之前分析一致。该研究还发现，如果渗氮（或氮碳共渗）过渗导致渗层硬度过高，可通过单纯加热保温（相当于扩散过程）降低渗层硬度。

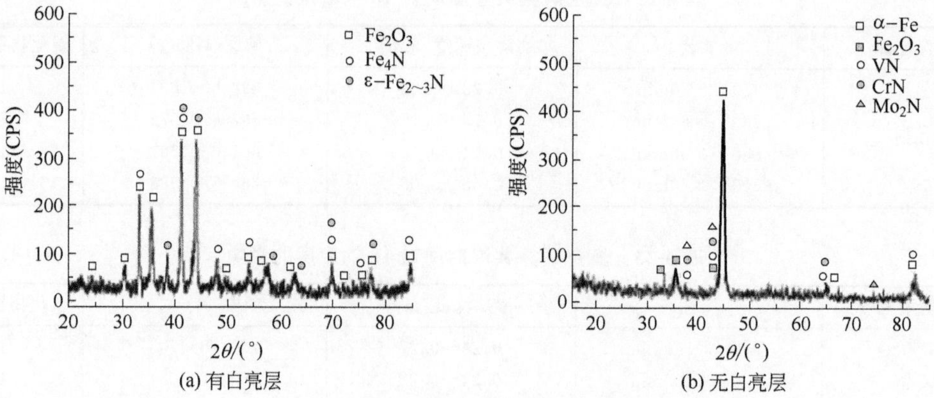

图 4-66 H13 钢表面的 X 射线衍射图

表 4-24 不同钢材经真空碳氮共渗处理后的渗层深度和硬度

钢号	化合物层	扩散层/mm	表面硬度($HV_{0.1}$)	平均硬度($HV_{0.1}$)
38CrMoAlA	无	0.15～0.18	882、824、882	883
3Cr2W8V	无	0.15～0.16	980、946、1018	981
Cr12MoV	无	0.15～0.17	1097、946、1097	1046
H13	无	0.10～0.12	882、946、824	884
P20	无	0.18～0.20	642、606、642	630

参考文献

[1] 苏红文. 真空渗氮工艺特性及渗氮层性能研究 [D]. 大连：大连海事大学，2009.

[2] 马伯龙，杨满. 热处理技术图解手册. 北京：机械工业出版社，2015.

[3] 刘永铨. 钢的热处理. 北京：冶金工业出版社，1987.

[4] 胡明娟等. 低压脉冲渗氮的试验研究. 上海交通大学学报，1997，31 (9)：95-97.

[5] 郭健，陆建明. 真空脉冲渗氮研究. 真空，2002，6：32-34.

[6] 林光磊，许剑银. 4Cr5MoSiV1 钢热挤模具真空渗氮工艺探讨//中国热处理学会首届中国热处理活动周论文集. 大连，2002.

[7] 白书欣. 真空渗氮初探. 金属热处理，1995，11：17-19.

[8] 夏立芳，高彩桥. 钢的渗氮. 北京：机械工业出版社，1989.

[9] 王琦. H13、3Cr2W8V 模具钢真空脉冲渗氮层的显微结构和性能//中国热处理学会首届中国热处理活动周论文集. 大连，2002.

[10] 张建国. 真空热处理新技术. 金属热处理，1998，5：2-5.

[11] 刘晔东，曾爱群. 乙炔低压渗碳的工艺及装备. 热处理，2005，20 (3)：47-51.

[12] Chen Fanshiong，Liu Leeder. Deep-hole carburization in a vacuum furnace by forced -convection gas flow method. Materials Chemistry and Physics，2003，82：802-811.

[13] 王丽莲，朱祖昌. 乙炔真空渗碳 AvaC 及其应用. 热处理. 2003，18 (1)：9-12.

[14] 舒颖. 真空渗碳控制中材料关键参数的测量和模拟软件的开发 [D]. 上海：上海交通大学，2009.

[15] 阎承沛. 真空与可控气氛热处理. 北京：化学工业出版社，2006.

[16] 大连工学院金相教研室真空渗碳科研组. 真空渗碳的研究. 大连工学院学报，1979，(3)：131-138.

[17] 最新的真空渗碳技术. 蔡千华，译. 国外金属热处理，2005，26 (6)：23-27.

[18] 朱祖昌，许雯，王洪. 国内外渗碳和渗氮热处理工艺的新进展 (二). 热处理技术与装备，2013，34 (5)：1-8.

[19] 马森林，高文栋，沈玉明. ECM 低压真空渗碳技术应用研究与探讨. 汽车工艺与材料，2004，8：27-30.

[20] Heat Treatment Report [R]. Ipsen International，October，2000.
[21] 张现. 20CrMnMo 齿轮真空碳氮共渗热处理工艺及性能研究. 起重运输机械，2014，8：109-111.
[22] 张建国，王京晖，刘俊祥，等. 薄层真空碳氮共渗技术及应用. 金属热处理，2010，35 (9)：79-82.
[23] 王蕾，吴光英. 4Cr5MoV1Si 钢脉冲真空氮碳共渗工艺探讨. 热处理，2005，20 (2)：29-32.
[24] 郭健，陆建明. 真空脉冲氮碳共渗在模具中的应用. 金属热处理，2003，28 (8)：19-20.

5 真空淬火

5.1 概述

按采用的冷却介质不同，真空淬火可分为真空油冷淬火、真空气冷淬火、真空水冷淬火和真空硝盐等温淬火等，但工业上应用最多的是真空气冷淬火和真空油冷淬火。

真空淬火后的工件表面光亮不增碳不脱碳，使服役中承受摩擦和接触应力的产品，如工模具的使用寿命提高几倍甚至更高。众所周知，工模具已是应用真空淬火最广泛最主要的产品了。与表面状态好具有同等重要意义的是淬火后工件尺寸和形状变形小，一般可省去修复变形的机械加工，从而提高了真空淬火的经济效益并弥补了设备投资大的不足。经真空淬火的产品硬度均匀，工艺稳定性和重复性好，这对采用计算机微电子技术和智能控制系统大批量生产的热处理工业应用，意义更为重要。

制定真空淬火工艺的主要内容是：确定加热制度（温度、时间及方式）；决定真空度和气压调节；选择冷却方式和介质等。

5.2 真空淬火设备

真空淬火炉是真空热处理炉的主要类型，品种多、数量大、结构复杂、发展迅速。

真空淬火炉分类方法较多，大致可划分为：①按作业方式划分，可分为周期式、半连续式、连续式；②按结构形式划分，可分为单室、双室、三室；③按炉子形态划分，可分为卧式、立式；④按照真空度划分，可分为低真空、高真空、超高真空；⑤按工作温度划分，可分为低温、中温、高温；⑥按热源种类划分，可分为电阻加热及高频感应、电子束、等离子体加热；⑦按冷却方式划分，可分为气冷、油冷、水冷。

气淬真空炉的结构如图 5-1 所示。图 5-1(a)、(b) 是立式和卧式单室气淬真空炉，单室炉加热和冷却在同一炉室中进行，结构简单，操作维修方便，占地面积小，应用较多。图 5-1(c)、(d) 是立式和卧式双室气淬真空炉，这种炉子加热室与冷却室由真空闸阀隔开，工件在冷却室进行冷却时，加热室不受影响，因此，工件冷却速度较单室真空气淬炉快，由于双室炉冷却气体只充入冷却室，加热室保持真空，因而缩短工件时间（抽真空、加热等），生产效率较单室真空炉提高 25%～30%左右。图 5-1（e）是三室半连续式气淬真空炉，由进料室、加热室和冷却室组成，相邻两室间由真空闸阀隔开，连续式真空热处理炉生产效率高，节约能源，降低成本，适于连续生产和大生产运行，是今后真空热处理炉的发展方向。

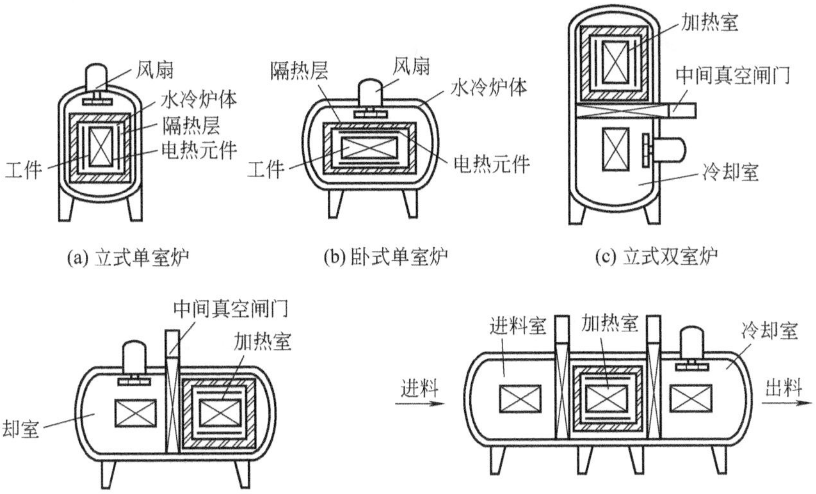

(a) 立式单室炉 (b) 卧式单室炉 (c) 立式双室炉

(d) 卧式双室炉 (e) 卧式三室炉

图 5-1 各种类型气淬真空炉

随着工业技术的进步和产品加工质量与技术要求的提高，真空热处理加工钢种、合金范围的扩大，近 20 余年来，高压气淬真空炉、高流率真空炉和高（负）压高流率真空炉得到迅速发展，其特点是通常冷却气体压力为 0.1～0.5MPa，有的高达 2MPa 甚至 4MPa 的高压气淬真空炉已投入运行，工件在高速气流下进行冷却。高压气淬炉多为单室炉，其结构形式可分为内循环方式和外循环方式，如图 5-2 所示。

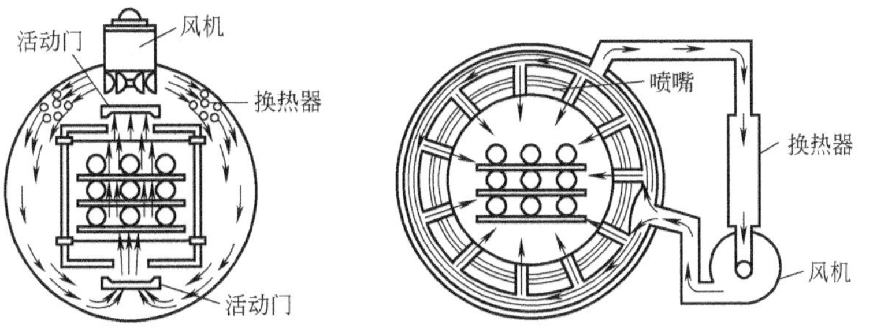

(a) 内循环 (b) 外循环

图 5-2 高压高流率气淬炉结构形式

真空淬火炉中油淬真空炉应用较广，种类齐全，各类油淬真空炉的结构如图 5-3 所示。图 5-3（a）是卧式单室油淬真空炉，工件在同一炉室进行加热与油淬，结构简单，制造容易，操作维修方便，造价也较低廉，缺点是在工件油淬时，产生油蒸气污染加热室，降低电热元件的使用寿命和绝缘材料的绝缘性能。图 5-3（b）、（c）是立式和卧式双室油淬真空炉，由于加热室与冷却油槽中间用真空隔热闸阀（门）隔开，可以防止工件油淬时产生油蒸气对加热室的侵入和污染，提高加热元件的使用寿命和绝缘件的绝缘性能。同双室油淬真空炉比，单室油淬真空炉生产效率高，节约能源，缺点是结构较复杂，制造加工要求较高。造价较高。图 5-3（e）为三室半连续式油淬真空炉。图 5-3（f）是连续式油淬真空炉。

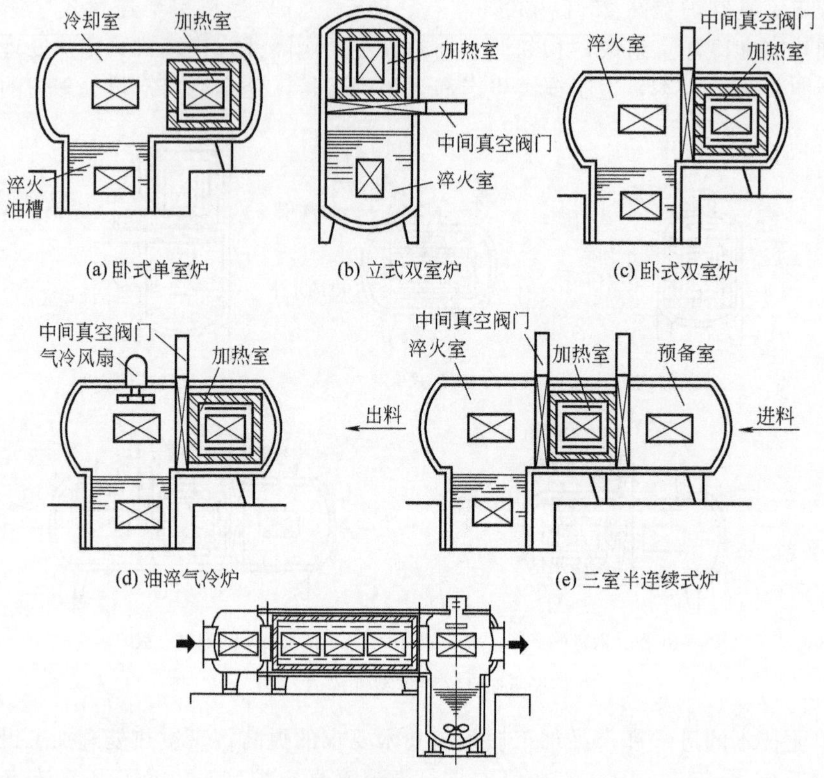

(a) 卧式单室炉 (b) 立式双室炉 (c) 卧式双室炉

(d) 油淬气冷炉 (e) 三室半连续式炉

(f) 连续式炉

图 5-3 各类油淬真空炉结构

各类真空淬火炉的型号、结构特点和技术指标及示意图分述如下。

5.2.1 真空油气淬火炉

(1) WZ 系列双室油气真空淬火炉

① 主要技术性能指标。WZ 系列双室油气真空淬火炉的主要技术指标如表 5-1 所示。

② 设备结构与性能特点。WZC-20 型真空油气淬火炉结构示意图如图 5-4 所示。WZC-60 型双室真空油气淬火炉结构如图 5-5 所示。WZ 系列真空油气淬火炉为内热式双室卧式结构，由加热室、冷却室、真空系统、充气系统、水冷系统和控制系统所组成，其主要结构与性能特点概述如下。

a. 炉胆结构。其炉床结构设计有特色，在料台上部装有三角形截面的陶瓷棒，镶在两根带燕尾槽的石墨横梁上，下部设置六根石墨立柱。三角形陶瓷棒的作用是防止料筐与石墨构件直接接触，使料筐渗碳。为了隔热和不使外壳渗碳，在六根石墨与底板之间也装有陶瓷管。

WZC 型真空炉的发热体元件有两种形式，一种以碳带作发热体，采用厚 0.2mm、宽 55mm 的碳带，用石墨压板及螺钉固定于四根支撑电板上，其连接结构见图 5-6，碳带共有四组，为保证有效加热区内炉温均匀性及达到加热功率，各组碳带的层数可以不同，最右端（靠近热闸阀的一端）为多层，向左端（后炉门方向）可依次减少，使其符合技术要求指标。

另一种形式以石墨棒为发热体，采用六根石墨棒经连接件串联而成。其结构如图 5-7 所示。棒与连接件的连接采用直孔插入式，拆卸更换方便。

表 5-1 WZ 系列双室油气真空淬火炉的主要技术指标

设备名称	设备型号	有效加热区尺寸/mm	额定装炉量/(kg/次)	最高温度/℃	炉温均匀性/℃	加热室极限真空度/Pa	压升率/(Pa/h)	加热功率/kW	油加热功率/kW	整机总功率	淬火充气压力/Pa	冷却水用量/(m^3/h)	总用量/t	占地面积/m^2
双室油气真空淬火炉	WZC-10	100×150×100	5	1300	±5	<6.6～6.6×10^{-3}	<6.6×10^{-1}	10	4	<15	8.7×10^4	0.5	约 1.5	约 3
	WZC-20A	200×300×150	20					20	6	<25		1.5	约 3	约 7
	WZC-30G	300×450×350	60					40	16	<50		2.5	约 6.2	约 10
	WZC-45	450×670×600	120					60	32	<100		3	约 8	约 16
	WZC-60A	600×900×400	210					100	48	<170		5	约 15	约 25

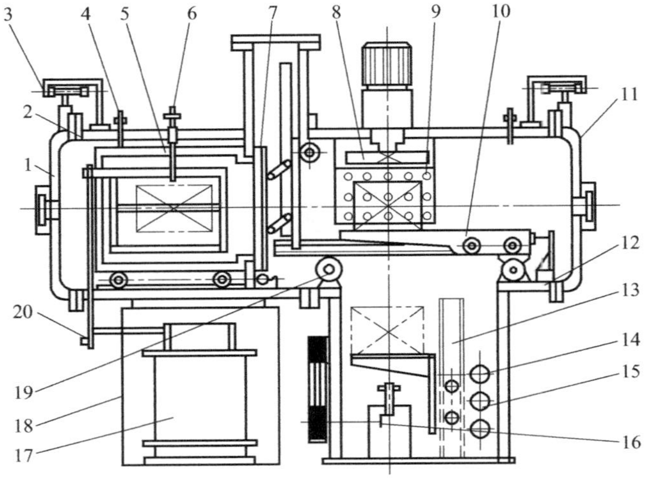

图 5-4 WZC-20 型油气真空淬火炉示意图

1—加热室门；2—加热室壳体；3—炉门吊挂；4—真空规管；5—炉胆；6—控温热电偶；7—热电阀；8—风扇；9—料筐；10—送料机构；11—冷却室门；12—冷却室壳体；13—淬火机构；14—油加热器；15—油温测量热电偶；16—油搅拌器；17—加热变压器；18—变压器框；19—凸轮机构；20—水冷极板

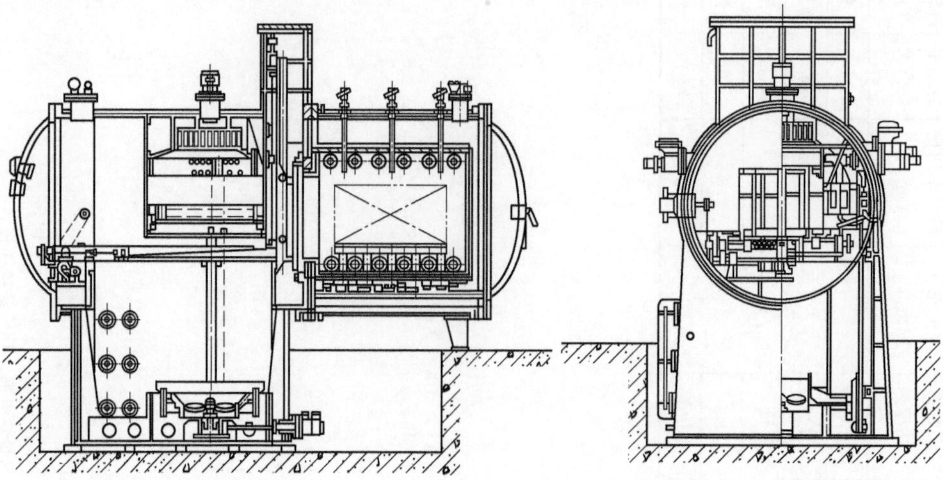

图 5-5 WZC-60 型双室真空淬火炉的结构图

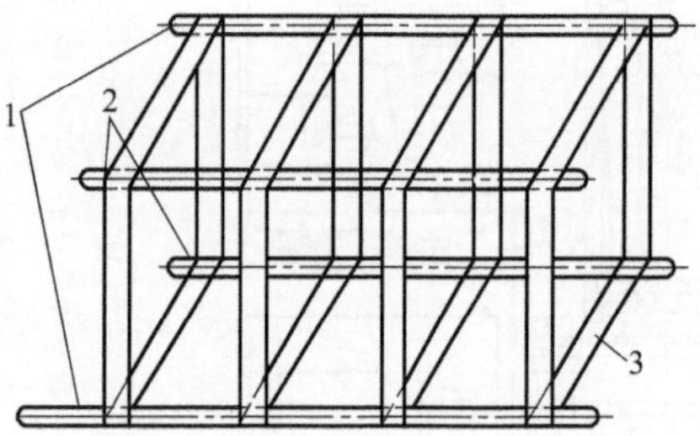

图 5-6 碳带发热体连接示意图

1—引出电极；2—连接电极；3—碳带

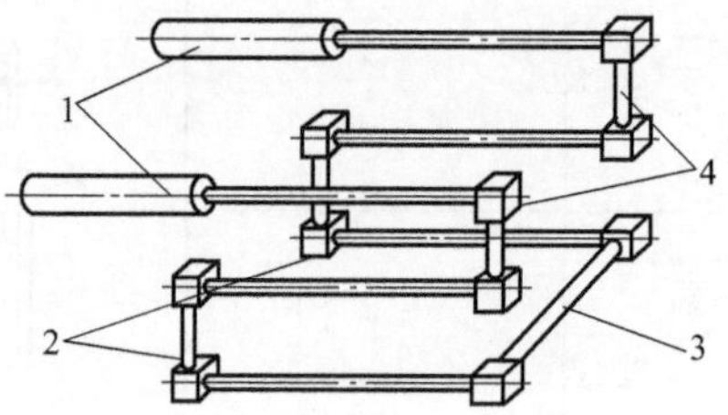

图 5-7 发热体连接示意图

1—引出棒；2—发热体；3—横梁；4—立柱

b. 水冷电极及加热变压器。水冷真空密封电极是连接发热体引出端与变压器的过渡件。其主体是一根空心紫铜棒，可通水冷却，与炉体间设有绝缘套和密封装置。WZC-10 型、20 型、30G 型真空炉加热电源为双相时使用干式变压器。WZC-45 型、60 型真空炉加热电源为三相时使用磁性调压器，控温热电偶采用铠装热电偶，可直接用于真空密封，套管与炉壳上相应孔间采用过渡件密封连接。

c. 冷却室结构。冷却室也称预备室，上部为气冷室，下部为油冷室（油槽）。冷却室由炉门、壳体、送料机构、淬火机构、油搅拌器及风冷系统等主要部件组成。

炉门结构及炉壳连接方式同加热室基体一样，门的中部设有照明灯和观察孔，可在工作时观察炉内的工作情况，壳体由上部气冷室与下部油冷室组焊而成，壳体为双层，中间通水冷却。

送料机构和淬火机构配合可完成送料、取料及淬火程序三个动作。

升降运动：由电动机通过凸轮减速器带动凸轮转动，将机构导轨升起或降下一段设定距离，送料前导轨处于高位，进入加热室时降低导轨，使料筐放在料台上，然后退车，完成送料程序。取料前导轨处于低位，进入加热室时导轨上升，使料筐脱离料台，然后退车将料拖回冷却室完成取料程序。

水平运动：由电动机通过减速器带动链轮、链条使料车沿导轨做水平运动，和凸轮机构配合完成取料动作。

分并叉运动：料车退至中位后，料车的铰链架与撞块相接触，链轮继续转动，料车后退，撞块推压顶杆和铰链架使料叉沿滚轮轴向外滑动，将料叉分开（张叉），料筐由淬火机构拖入油槽进行油淬。油淬结束后，淬火机构将料筐抬起，料车前行，铰链架和顶杆离开撞块，弹簧将料叉复位（并叉）。料车张、并叉机构示意图见图 5-8。

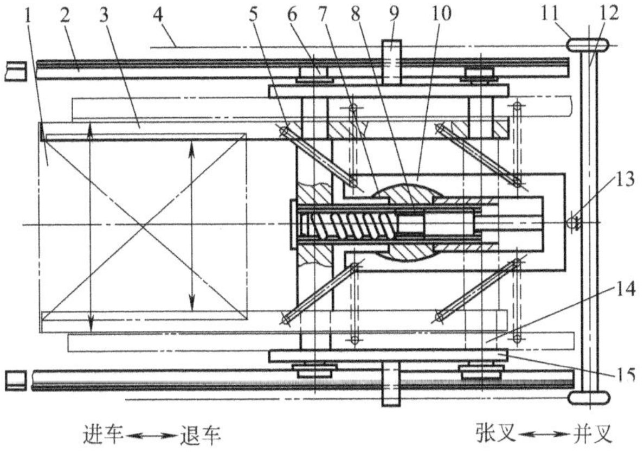

图 5-8 料车张、并叉机构示意图

1—料筐；2—导轨；3—料叉；4—弹簧管；5—连杆；6—滚轮；7—弹簧；8—顶杆；9—链条连接件；10—铰链架；11—链轮；12—链轮轴；13—装块；14—滚轮轴；15—固定板

淬火机构由驱动机构、链轮、链条、滚轮及拖架构成。拖架同链条固定在一起，拖架随链条沿导轨上下滑动，从而达到把工件拖入油槽淬火，然后提出油槽控油的目的。淬火机构示意图如图 5-9 所示。

油搅拌器和油加热器：油搅拌器的作用是加速油的循环，以利于油池散热，使各部位油温均匀一致，加速工件的冷却速度。采用双速电动机驱动叶轮，可满足不同强度搅拌要求。风冷系统由风扇、热交换器和导风罩组成。风冷系统位于冷却室上部，风扇有轴流式和离心式两种，其轴部附加了可靠的动密封装置，风扇电动机置于炉壳外部，既可使冷却室机构简化，又便于电动机的维修和保养。热交换器采用双金属系列翅片管，根据炉型大小，采用不同数量的翅片管串、并联组焊而成，其通水管径也有所区别。扇叶两侧有导风罩，使气流按要求的路线流动。当采用气淬处理时，启动风扇使炉内回充氮气高速循环流经通水冷却的热交换器，热交换器带走大量热量，提高气冷效果。

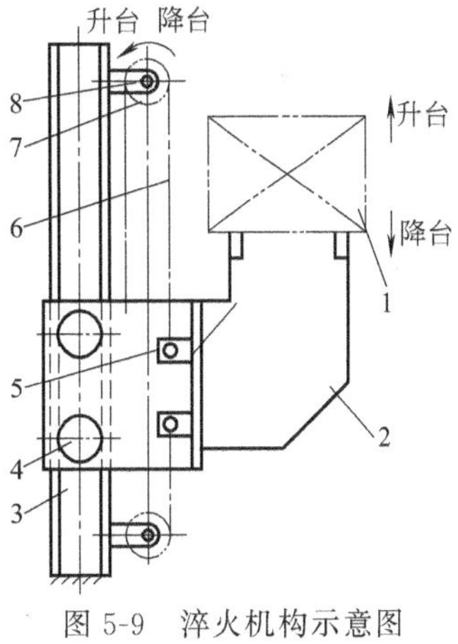

图 5-9 淬火机构示意图

1—料筐；2—料台；3—导轨；4—滚轮；5—链条连接件；6—链条；7—链轮；8—动力轴

d. 真空系统。WZC 系列真空炉的真空系统依据不同极限真空度的要求设计配制。典型的真空系统和充气系统示意图见图 5-10。真空系统由油扩散泵、罗茨泵和旋片式机械泵组成，抽气真空度达 10^{-2}～10^{-4}Pa。使用时先启动旋片机械泵，当炉内真空度达 100Pa 时，启动罗茨泵使真空度达 10Pa，再启动油扩散泵，使炉内真空度达到 10^{-2}Pa。如果极限真空度要求在 1～10^{-1}Pa 范围，可以采用旋片机械泵和罗茨泵

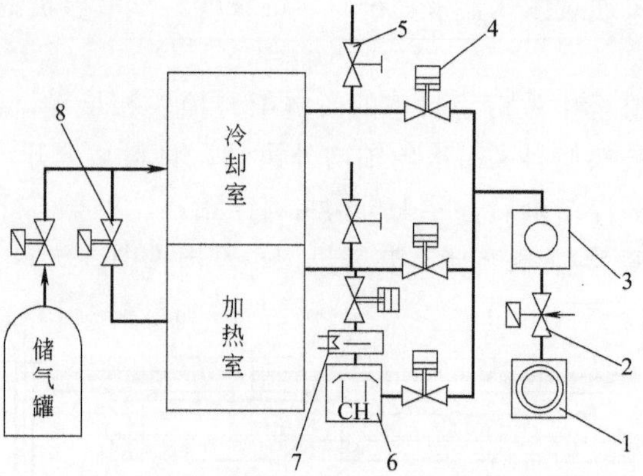

图 5-10 真空系统和充气系统示意图

1—旋片机械泵；2—电磁真空带充气阀；3—罗茨泵；4—气动角阀；
5—手动放气阀；6—油扩散泵；7—冷凝器；8—电磁充气阀

真空机组。罗茨泵的抽速快，可在短时间内使炉内达到极限真空度要求。

e. 充气系统。充气系统的主要用途有两个：一是为气冷淬火提供气源；二是在真空淬火条件下，不同钢种在真空淬火油中淬火具有不同的临界淬火压力。因此在油淬时，常采用向冷却室充填 $4\times10^4\sim7\times10^4$Pa 氮气，以维持真空淬火时的液面压力为临界压力，从而可获得接近大气压下的冷速。同时，提高气压还可避免因油本身瞬时升温造成的挥发损失和对设备的污染，真空炉加热时为防止合金工模具钢的某些合金元素的高温挥发现象，向炉内回充高纯度惰性气体。充气系统有两条支路，一路通过电磁阀对冷却室充气；另一路经电磁阀向加热室充气，同时通过旁路电磁阀对冷却室充气。充气压力由电接点压力表控制，可按要求设置。储气罐上安装有压力表和安全阀，压力一般控制在 0.6～1MPa 内，可保证在 1～2min 内使冷却室达到要求的充气压力。

f. 水冷系统。WZC 系列油气淬火真空炉水冷却系统对相关部件进行水冷循环，即加热室壳体和炉门、热交换器、水冷电极、冷却室壳体、油槽、热闸阀、机械泵和油扩散泵。冷却水先流入分水器，分水器上安装有水压表，经分水器水流分配到各个冷却部位，经循环冷却返回水斗。在水斗处可观察各部位水流是否畅通并可测量水温。

g. 电控系统。WZC 型真空炉电控系统主要由温度控制系统和机械动作控制系统组成。WZC-10、WZC-20、WZC-30 型真空炉的湿度控制系统采用变压器、可控硅-计算机控温仪系统方式；WZC-45、WZC-60 型真空炉采用磁性调压器-计算机温控仪匹配方式控制。通过计算机温控仪可设定、存储多条控温曲线，每条曲线可分多段控制，可实现手动或自动操作。机械动作控制系统通过可编程序控制器（PLC）完成手动、自动操作，机械动作定位控制采用霍尔开关执行控制，动作准确可靠。设备主要系统的工作状态由设备运行模拟屏显示，清楚直观，加热室和冷却室的真空度可由一台复合式真空计测量。加热室真空度和温度瞬时值由双笔记录仪记录，电控系统还具有故障诊断及报警功能，当设备出现超温、电流过载、断水等故障时，有声光报警等安全措施。

（2）ZC_2 系列双室真空油淬气冷真空炉。ZC_2 系列炉是卧式双室油淬气冷真空炉。图 5-11 是 ZC_2 型双室真空淬火炉结构示意图。其技术规格指标如表 5-2 所示。

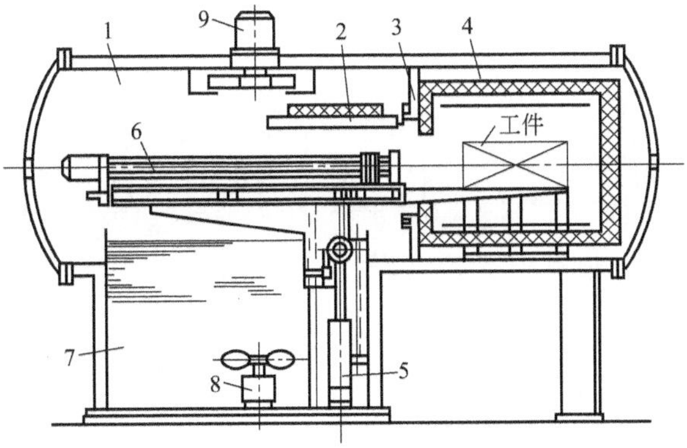

图 5-11 ZC_2 型双室真空淬火炉

1—整体式炉体；2—翻板式真空隔热板；3—密封中间墙；4—加热室；5—多位油缸升降机构；6—水平机构；7—淬火冷却油槽；8—油搅拌器；9—气冷风扇

表 5-2 ZC_2 系列双室真空淬火炉技术规格

型号	ZC_2-30 型	ZC_2-65 型	ZC_2-100 型
有效加热区尺寸/mm	400×300×180	620×420×300	1000×600×450
最高温度/℃	1320	1320	1320
炉温均匀性/℃	±5	±5	±5
装炉量/kg	30	100	250
极限真空度/Pa	4×10^{-1}	4×10^{-1}	4×10^{-1}
压升率/(Pa/h)	1.33	1.33	1.33
加热功率/kW	30	65	100

该炉主要用于工具钢、模具钢、高速钢、轴承钢、弹簧钢、不锈钢以及磁性材料的光亮淬火。

该炉加热室隔热板采用混合毡结构，即由 20mm 厚的石墨毡与 20mm 厚的硅酸铝纤维毡组成，加热元件采用石墨布。因此，该炉热效率高，炉温均匀性好，可以实现快速加热和快速冷却。该炉采用了整体式炉体和翻板式真空隔热板等结构。整体式炉体将加热室炉体、冷却室炉体、密封中间墙和淬火冷却油槽制成一个整体结构，有利于炉室的真空获得与维持。翻板式真空隔热板由石墨毡与不锈钢板组成的隔热板和门体、摇臂、滑块、导向轨等构成。工作时，摇臂转动带动门体转动，使滑块沿导轨方向移动，将门体翻转完成开闭动作。该门不需限位机构，没有振动和噪声，结构简单、紧凑。

(3) VCQ 型油淬气冷真空炉。VCQ 型炉是卧式油淬气冷真空炉，图 5-12 是其结构示意图，VCQ 型真空淬火炉的技术规格如表 5-3 所示。

VCQ 型炉主体由加热室、冷却区和淬火油槽组成，其间不设置中间真空闸门。这种炉型的优点是结构简单、操作维修方便、造价较低；缺点是工件淬火时油蒸气对加热室造成污染，使电热元件对炉壳间的绝缘电阻下降。该炉的工件传送机构由水平运动机构和竖直升降机构组成。水平运动机构由电动机、减速器、传动链和工件小车构成，工件小车本身也是炉床，由六根矩形钼棒制成，由于工件上车的滚道在加热室外侧，因而隔热门下部开两条长口，以便工件顺利地进出加热室。为使隔热门开口处热量不直接向外辐射，在工件小车的两侧装有金属反射屏。

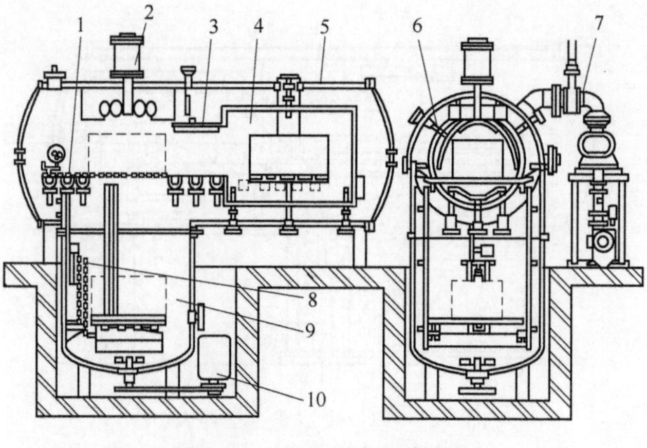

图 5-12 VCQ 型真空淬火炉

1—工件传送机构；2—气冷风扇；3—隔热门；4—加热室；5—炉体；6—电热元件；7—真空系统；8—升降机构；9—淬火冷却油槽；10—油搅拌器

表 5-3 VCQ 型真空淬火炉技术规格

型号	VCQ-E-091218	VCQ-E-121830	VCQ-E-182436	VCQ-E-243648
加热功率/kW	60	75	99	225
有效加热区尺寸/mm	460×310×230	760×460×310	920×610×460	1220×920×610
装炉量(870℃)/kg	100	200	240	450
装炉量(1100℃)/kg	80	160	220	340
装炉量(1320℃)/kg	60	130	170	250
空炉升温时间(200～1200℃)/min	30	30	30	30
工作真空度/Pa	2.6	2.6	2.6	2.6
抽气时间(至 13.3Pa)	15min 以内	15min 以内	15min 以内	15min 以内
真空淬火需要油量/L	1100	1600	2200	5200
冷却水消耗量/(L/min)	45	86	114	172
抽气速率(机械泵)/(L/min)	3000	3700	3700	10000
抽气速率(增压泵)/(m^3/h)	1000	1500	25000	6000
占地面积/mm^2	8000×4500	9500×5000	9900×5200	12600×6800

(4) VG/VO 半连续式油气淬火真空炉。VG/VO 半连续式油气淬火真空炉结构如图 5-13 所示，其产品技术规格见表 5-4。这种炉子可用于淬火及渗碳淬火，其生产率比一般间歇式炉可提高 35%。

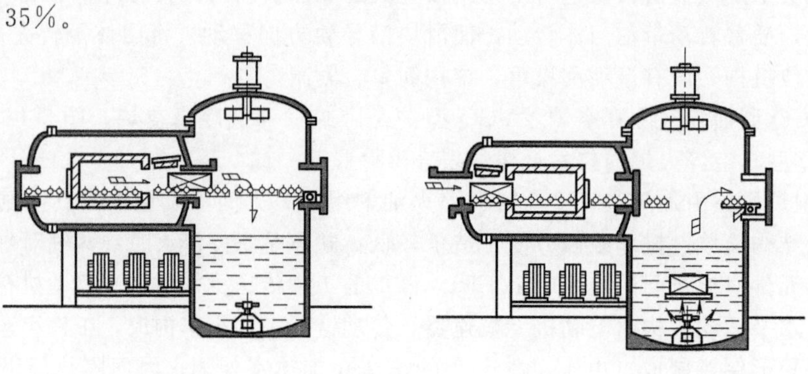

图 5-13 VG/VO 半连续式油气淬火真空炉结构示意图

表 5-4 VG/VO 半连续式油气淬火真空炉技术规格

项目	VG/VO-10/18/24 型	VG/VO-12/18/30 型	VG/VO-20/40/36 型
有效加热区尺寸(宽×长×高)/mm	460×610×250	460×760×310	610×920×510
最高温度/℃	1120	1120	1120
每批装载量/kg	90	140	320
极限真空度/Pa	66.6	66.6	66.6
功率:加热/kW	45	60	75
其他/kW	15	20	25
油回转泵/(L/min)	3700	7500	10000
气体消耗量(气冷/油冷)/(m^3/次)	2/2	3.6/4.5	9.5/10.5
淬火油量/m^3	1	1.6	2.6
外形尺寸/m	4.0×7.5×3.2	4.5×8.5×3.5	5.2×10.0×4.0

(5) VG-PH/VO-PH 连续式油气淬火真空炉。VG-PH/VO-PH 连续式油气淬火真空炉的结构如图 5-14 所示，其产品技术规格见表 5-5。

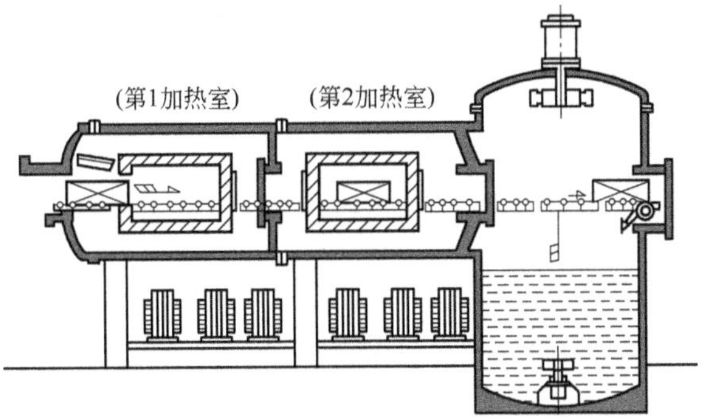

图 5-14 VG-PH/VO-PH 连续式油气淬火真空炉结构示意图

表 5-5 VG-PH/VO-PH 连续式油气淬火真空炉的技术规格

项目	VG-PH/VO-PH-10/18/24 型	VG-PH/VO-PH-12/18/30 型	VG-PH/VO-PH-20/40/36 型
有效加热区尺寸(宽×长×高)/mm	460×610×250	460×760×310	610×920×510
最高温度/℃	1120	1120	1120
每批装载量/kg	90	140	300
极限真空度/Pa	66.6	66.6	66.6
功率:加热/kW	30+30	40+40	60+60
其他/kW	20	25	35
外形尺寸/m	4.0×9.5×3.2	4.5×11.0×3.5	5.2×13.0×4.0

(6) CFQ 三室油气淬火真空炉。CFQ 三室油气淬火真空炉由加热室、气淬室和油淬室组成，可以由两端进出料，也可由一端进料一端出料。其结构示意图如图 5-15 所示。其加热室由隔热门密封，在第二批装料时炉温不会下降，热损失减少。气淬室有压力淬火循环风扇，淬火油槽装有加热元件，油泵循环。通过程序控制器可自动控制温度、气氛和作业工序，可自动化生产。其产品技术规格见表 5-6。

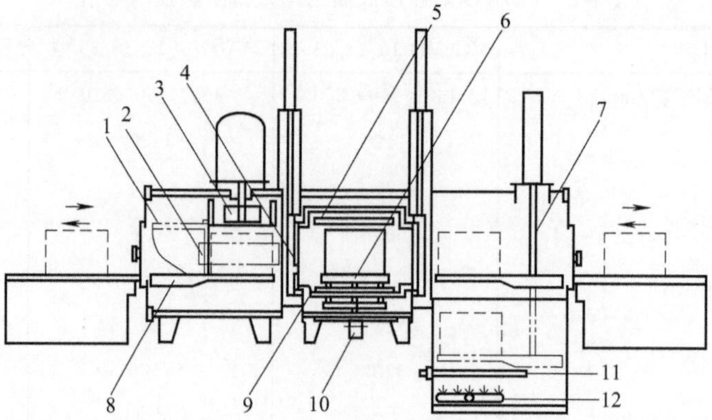

图 5-15 CFQ 三室油气淬火真空炉结构示意图

1—冷却挡板；2—内冷却器；3—压力淬火循环风扇；4—隔热门；5—加热元件；6—炉底板；7—油淬升降机；8—底盘；9—内室；10—炉底板升降机构；11—油加热器；12—油喷嘴

表 5-6 CFQ 三室油气淬火真空炉的技术规格

编号	工作空间(宽×深×高)/mm	最大装载量/kg	加热功率/kW	最高炉温/℃	真空度/Pa
10	300×500×300	100	40	1350	1
20	460×610×300	200	60		
30	610×920×460	450	105		
40	610×920×610	520	130		
50	760×1220×610	650	210		

(7) SSVF 三室油气淬火真空炉。SSVF 三室真空淬火炉与上述 CFQ 型炉相近，在其气淬室底部多设置了一个冷却风扇，在气淬时有上、下风扇加强气流搅动，其油淬室上部也设有冷却风扇和热交换器，油槽设置油搅拌器。图 5-16 是其结构示意图，其产品技术规格如表 5-7 所示。

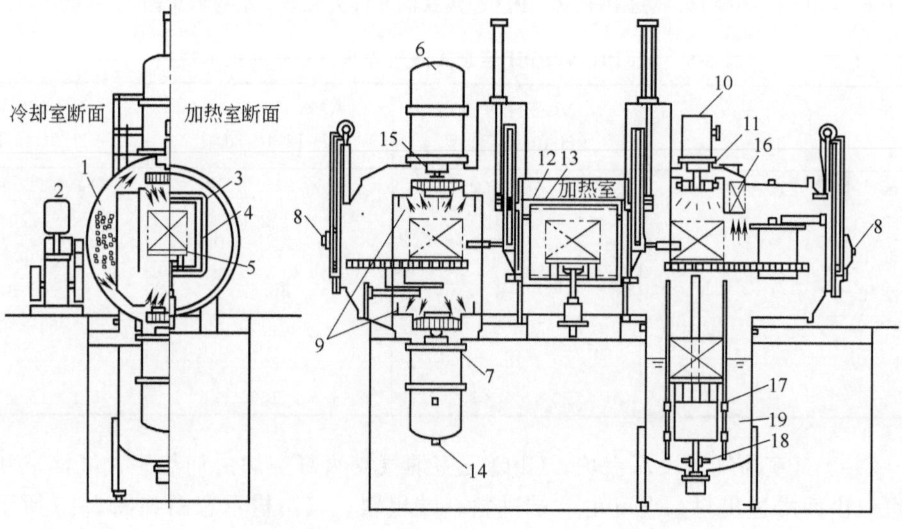

图 5-16 SSVF 三室油气淬火真空炉结构示意图

1，16—热交换器；2—真空泵；3，12—隔热层；4，13—发热体；5—炉床；6，10，14—电动机；7，11，15—冷却风扇；8—观察窗；9—导流板；17—提升机；18—搅拌器；19—淬火油槽

表 5-7 SSVF 三室油气淬火真空炉技术规格

型号	有效尺寸/mm	最大装载量/kg	功率/kW		排气泵			N_2/m^3		淬火油/L	冷却水/(L/min)
			加热	电动机	油回转泵/(L/min)	机械泵/(L/min)	扩散泵/(L/min)	气冷	油冷		
SSVF200 GO-Ⅲ	600×800×500	400	150	50	7000	2000	3500/1000	12	8	6000	300
SSVF600 GO-Ⅲ	750×1200×750	600	80	80	15000	3000	7000/2000	18	12	8000	500

(8) CVCQ 连续式油（气）淬火真空炉。CVCQ 型炉是多工位连续式油淬真空炉。图 5-17 是其结构示意图，表 5-8 是 CVCQ 连续式真空炉技术规格。

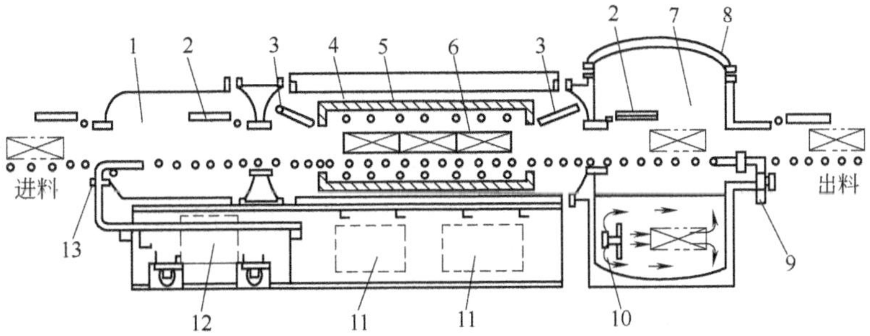

图 5-17 CVCQ 连续式真空炉结构示意图

1—装料室；2—中间真空门；3—隔热门；4—加热室；5—电热元件；6—工件；7—油淬出料室；8—顶盖；9—出炉卸料装置；10—油搅拌器；11—动力装置；12—传送装置；13—入炉推料装置

表 5-8 CVCQ 连续式真空炉技术规格

型号	CVCQ-091872	CVCQ-2024144
有效加热区尺寸/mm	1800×460×230	3640×610×510
料筐尺寸(长×宽)/mm	600×460	910×610
最高温度/℃	1320	1320
生产率/(kg/h)	360	1180
工作真空度/Pa	67	67
真空泵抽气速率/(L/min)	10000	30000
占地面积(长×宽)/mm	11000×5100	19000×5500
炉床高/mm	1230	980

该炉由装料室、多工位加热室和油淬卸料室组成。除装料和卸料外，其他操作完全自动化，工艺周期（出料）15min。加热室炉体由内圆筒外包围矩形水套构成冷壁式结构。隔热门采用 25mm 厚的高纯度石墨毡，加上 25mm 厚的高纯度硅酸铝纤维组合成混合毡结构。电热元件为管状石墨布，分上、下两排安装在炉床上、下方。油淬卸料室为垂直放置的圆筒形水冷夹层结构，顶部为水冷夹层封头盖，可以打开以使进入炉内进行维修操作。装料室为单层圆筒壳体。该炉的特点是其加热室可以同时容纳 3 个料筐（或 6 个料筐，双层）连续生

产，生产效率高，节省能源，产品成本低。

（9）ZCL-75-13 连续式油气淬火真空炉。图 5-18 是我国西安电炉研究所生产的 ZCL-75-13 连续式油气淬火真空炉结构示意图。炉子额定功率 75kW，最高炉温 1300℃，均温区温度均匀性≤±3℃。该炉采用石墨带发热体，石墨毡隔热门，进料室和出料室与加热室元件有真空闸阀，保证进出料时不破坏加热室的真空状态，进出料和淬火操作用液压传动。

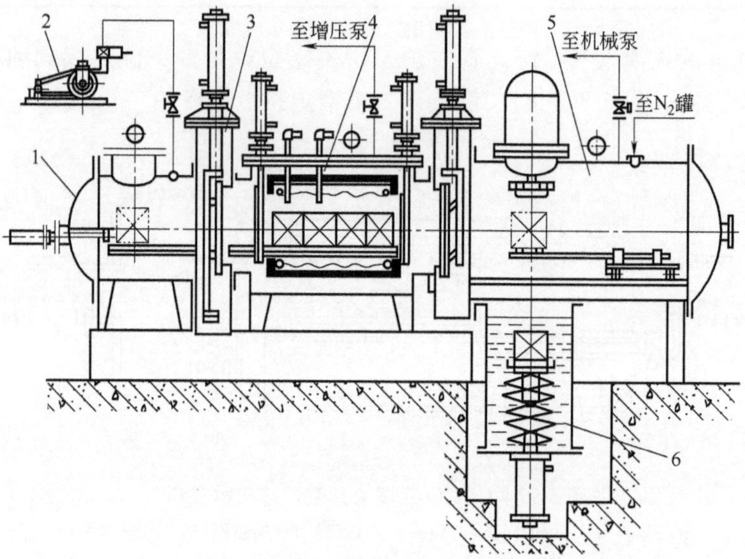

图 5-18　ZCL-75-13 连续式真空热处理炉结构示意图

1—进料室；2—真空系统；3—真空闸阀；4—加热室；5—出料室；6—淬火油槽

（10）FHH 油淬真空炉。FHH 油淬真空炉的结构如图 5-19 所示，其产品技术性能和使用规格见表 5-9。

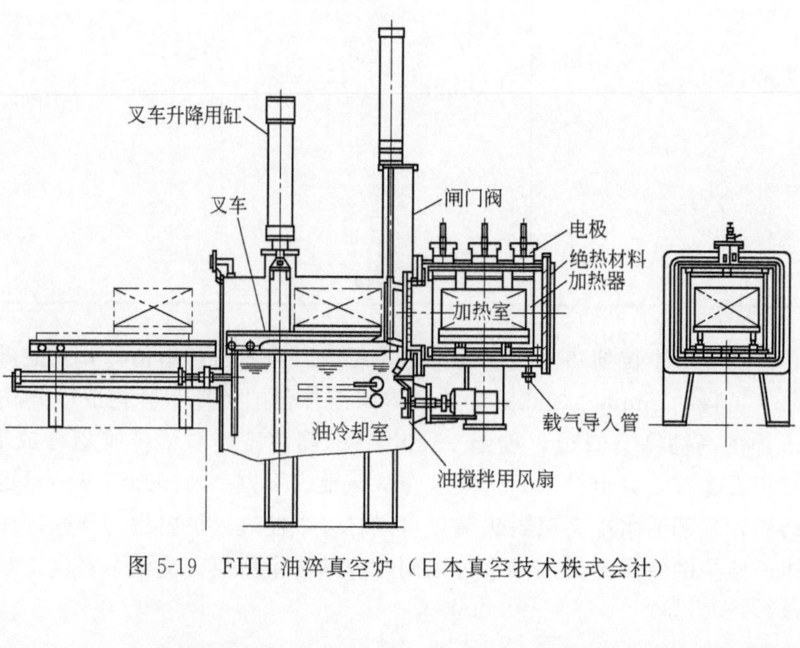

图 5-19　FHH 油淬真空炉（日本真空技术株式会社）

表 5-9 FHH 真空炉技术性能和使用规格

项目			FHH-□ 30	45	60	75	90	120	备注
性能	均热部尺寸/mm		300×450×200	450×675×300	600×900×400	750×1125×500	500×1350×600	1200×1800×800	宽×高×长
性能	处理量/(kg/次)		50	120	210	350	500	1000	标准试样程度
性能	最高处理温度/℃		1350	1350	1350	1350	1350	1350	炉温 1150℃时为±10℃以内(空炉)
性能	升温时间		30min 以内	30min 以内	30min 以内	30min 以内	30min 以内	40min 以内	使空炉的室温提升到1150℃为止
性能	N_2 的强制冷却时间		30min 以内	30min 以内	30min 以内	30min 以内	30min 以内	30min 以内	从标准试料插入
性能	冷却油投入时间		12s 以内	12s 以内	12s 以内	12s 以内	15s 以内	15s 以内	从加热室到投入油中
性能	最低压力/Pa		10^{-1}	10^{-1}	10^{-1}	10^{-1}	10^{-1}	10^{-1}	空炉脱气后
性能	工作压力/Pa		$133\sim10^{-1}$	$133\sim10^{-1}$	$133\sim10^{-1}$	$133\sim10^{-1}$	$133\sim10^{-1}$	$133\sim10^{-1}$	使用载气
性能	排气时间		10min 以内	10min 以内	10min 以内	10min 以内	10min 以内	10min 以内	从空炉至 6.7Pa 为止
性能	容许泄漏量/(L/s)		3	4	6	8	10	12	根据压力上升法
使用规格	所需电量/kW·h	GH	43	65	101	161	209	303	交流 200/220V、50/60Hz,直径 ϕ3mm(表示平均使用电量)
使用规格	所需电量/kW·h	LH	47	73	110	187	244	354	
使用规格	所需电量/kW·h	PHG	—	102	140	225	340	550	
使用规格	所需电量/kW·h	G/LH	58	102	144	240	375	570	
使用规格	所需电量/kW·h	GHL	—	118	164	272	430	630	
使用规格	所需冷却水量/(m^3/h)	GH	2	3	5	7	9	16	2.5kg/cm^2,30℃以下
使用规格	所需冷却水量/(m^3/h)	LH	2	3.3	4.6	6.2	9.8	20	
使用规格	所需冷却水量/(m^3/h)	PHG	—	5.2	8.6	9.8	13.6	28.9	
使用规格	所需冷却水量/(m^3/h)	G/LH	3.5	4.6	6	9.2	13.2	27.4	
使用规格	所需冷却水量/(m^3/h)	GHL	—	4	6	9	11	18	
使用规格	压缩空气量		若干	若干	若干	若干	若干	若干	
使用规格	载气量/(L/min)		1	1.5	2	3	4.5	6	
使用规格	冷却气体量/(m^3/次)		1.8	2.7	4.5	6	10	18	
使用规格	冷却油量/m^3		0.9	1.5	2.7	5.7	8.5	12	
使用规格	冷却油加热用加热器/kW		9	15	24	48	72		

续表

项目＼类型			FHH-□						备注
			30	45	60	75	90	120	
使用规格	安装尺寸/m	2室式	3.5×5	4×6	5.5×8	6×10	6.5×12	7×15	宽×长
		3室式	—	4×8	5.5×11	6×12.5	6.5×12	7×15	
		G型	3×0.5	3.5×0.5	4×0.5	5×0.5	5.5×0.5	6.5×0.5	
		L型	3×0.8	3.5×1.0	4×1.2	5×1.5	5.5×1.8	6.5×2.4	

5.2.2 负（高）压高流率真空气淬炉

（1）WZQ系列负压高流率真空气淬炉

①主要技术性能指标。WZQ负压高流率真空气淬炉的主要技术性能指标见表5-10。

表5-10 WZQ负压高流率真空气淬炉的主要技术性能指标

项目＼类型	WZQ-30G	WZQ-45	WZQ-60
有效加热区尺寸/mm	300×450×350	450×670×300	600×900×400
额定装炉量/kg	60	120	200
最高温度/℃	1300		
炉温均匀性/℃	±5		
加热室极限真空度/Pa	6.6×10^{-3}		
压升率/(Pa/h)	6.6×10^{-1}		
气冷压力/Pa	8.7×10^{4}		
空炉升温时间/min	<30(空炉由室温升至1150℃)		
气冷时间/min	<30(工件由1150℃降至150℃)		
加热功率/kW	40	63	100
总质量/t	4	7	12
占地面积/m^2	10	16	25

② 设备结构和性能特点。WZQ型真空炉为双室卧式内热式结构，主要由六部分组成，即加热室、冷却室、真空系统、充气系统、淬火风冷系统、控制系统。WZQ-60型真空气淬炉主要结构如图5-20所示。

WZQ型真空炉结构及特点与其他WZ真空炉相同，故不再叙述。

（2）ZQ高压离流率气淬真空炉。ZQ高压高流率气淬真空炉的结构原理如图5-21所示。其产品技术规格见表5-11。

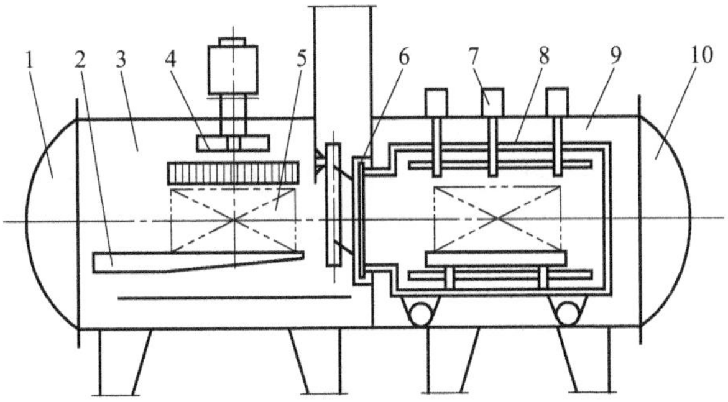

图 5-20 WZQ-60 型真空气淬炉示意图

1—冷却室门；2—送料机构；3—冷却壳体；4—淬火冷却系统；5—料筐；6—热闸阀；7—热电偶；8—炉胆；9—加热室壳体；10—加热室门

ZQ 型真空炉由炉体、加热室、高压大功率通风机、内循环喷射式冷却系统、电气系统、真空系统、氮气系统等组成。其主要特点是：①采用石墨管加热，硬化石墨毡隔热，确保加热过程安全可靠；②采用高压大功率通风机，确保大截面高速钢工件可以处理；③除在加热室周围和长度方向上配置一定数量的喷嘴外，在加热室后壁上也装有许多喷嘴，更进一步提高气淬的均匀性。

（3）H 型高压离流率气淬真空炉。H 型高压高流率气淬真空炉的结构如图 5-22 所示。该炉有两种规格，如表 5-12 所示，其特点与 ZQ 型炉相近。

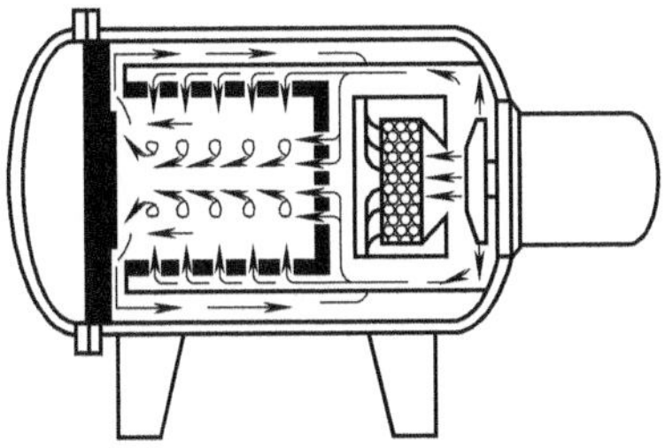

图 5-21 ZQ 高压高流率气淬真空炉示意图

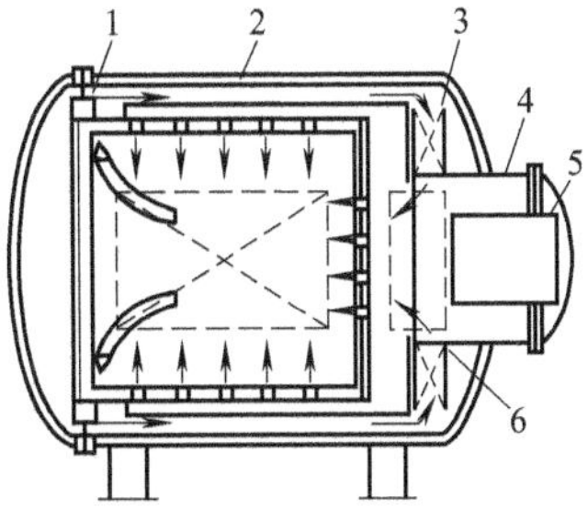

图 5-22 H 型高压高流率真空炉示意图

1—气体循环道；2—水套容器；3—热交换器；4—电机壳；5—冷却风扇电机；6—冷却立体风扇区

表 5-11 ZQ 高压高流率气淬真空炉的技术规格

型号	ZQ-70	ZQ-120
有效加热区尺寸/mm	600×400×400	900×500×500
装炉量/kg	100	200
最高工作温度/℃	1320	1320
极限真空度/Pa	$4\times10^{-1}\sim6.6\times10^{-3}$	$4\times10^{-1}\sim6.6\times10^{-3}$
加热功率/kW	70	120
气淬压力/MPa	0.2～0.5	0.2～0.5

表 5-12 H 型高压高流率气淬真空炉技术规格

型号	最大工作区尺寸/mm	最大装载量/kg	气冷压力/MPa
H3636	ϕ914×914	680	0.2
H4848	ϕ1220×1220	1134	0.25

(4) VRK 型立式双气流高压高流率气淬真空炉。图 5-23 为 VRK 型立式底装料双气流高压高流率气淬炉。该炉特点是设置双气流循环（加热和冷却）装置，可以在高真空下处理工件，亦可加压到 0.6MPa 冷却淬火，其有效尺寸为 500mm×1800mm。冷却模式为沿轴向从下往上，又沿轴向从上往下。径向气流通过喷嘴，以及径向和轴向气流的联合作用可综合完成热处理程序。

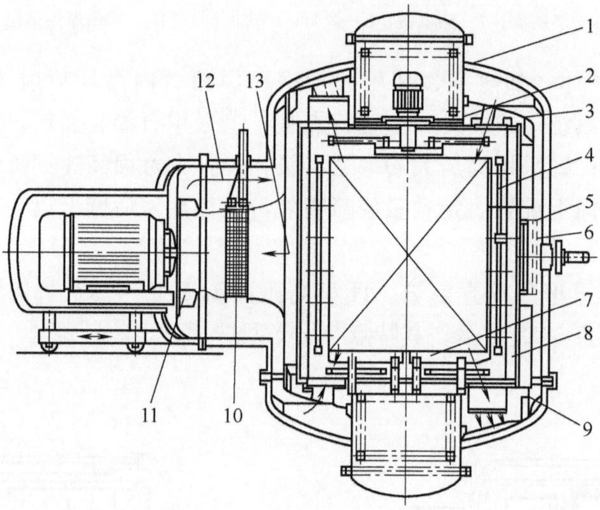

图 5-23 VRK 型立式底装料双气流高压高流率真空炉结构图（Ipsen Ind. Int. GmbH）

1—冷却气体导风罩提升装置；2—对流换热的热气体风扇；3—冷却气体导风罩顶部；4—加热元件；5—径向冷却气体进口；6—喷嘴；7—炉床；8—喷嘴加压力气流冷却；9—冷却气体导流风罩底部；10—热交换器；11—冷却气体风扇；12—冷却气体流；13—热气体流

该炉气体压力可以从 0.1～0.6MPa（绝对压力）范围内选择，同时，给出最佳的气流方向（导风罩结构），其调节装置使气流冷却可满足不同热处理程序的要求。

VRK 型气淬炉可用于汽轮机零部件的均化退火和固溶淬火，飞机起落架淬火，细长轴向工件（如挤压机蜗杆、拉刀）的瞬时延迟淬火，炉衬料凹模、压铸模及挤压机模具等热处理加工。

5.2.3 高压气淬真空炉

高压气淬真空炉是由单室气淬真空淬火炉发展来的，单室气淬真空炉充气压力一般在 0.25MPa 以内，可按常规容器制造，高压气淬真空炉一般多为 5～6bar（1bar＝10^5Pa）充气压力，近来已有 2～4MPa 的高压气淬炉应用于生产，分述如下。

(1) 单室气淬真空炉。VFC 型炉是卧式单室气淬真空炉，图 5-24 是 VFC 型卧式单室气淬真空炉结构简图，表 5-13 是其技术规格指标。VVFC 型炉是立式单室气冷真空炉，其结构简图如图 5-25 所示，VVFC 型炉的技术规格指标见表 5-14。

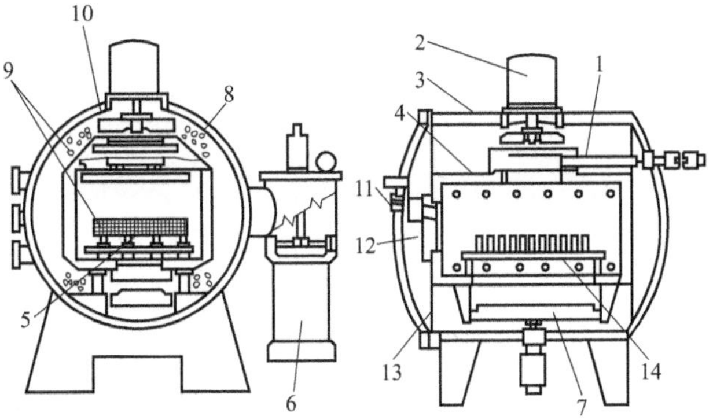

图 5-24 VFC 型卧式单室气淬真空炉

1,7—可收缩冷却门；2—冷却风扇；3—炉体；4—热屏蔽层板；
5—工件料筐；6—油扩散泵；8—冷却管组；9—加热元件；
10—高压炉壳；11—观察孔；12—铰接热室门；
13—冷却气体屏蔽室；14—炉底板

表 5-13 VFC 型卧式单室气淬真空炉技术规格

型号	有效加热区/mm	加热功率/kW	装炉量(1350℃)/kg	冷却气耗量/(m^3/次)	机械泵抽速/(m^3/min)	油扩散泵直径/mm
VFC-25	305×203×152	15	23	0.2	0.42	152
VFC-124	381×305×203	25	23	0.28	0.56	152
VFC-224	610×381×254	50	180	1.4	2.26	305
VFC-324	915×610×305	112.5	360	2.5	4.25	305
VFC-424	915×610×457	150	453	2.8	4.25	305
VFC-524	915×610×610	150	590	3.4	9.5	457
VFC-724	1220×762×508	150	680	4.8	9.5	457
VFC-924	1220×762×762	150	816	5.6	9.5	457

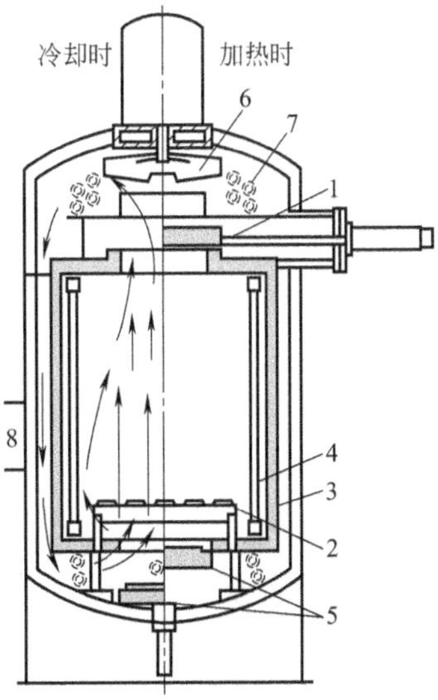

图 5-25 VVFC 型立式单室气淬真空炉

1，5—冷却门；2—炉床；3—加热室；4—电热元件；6—气冷风扇；7—冷却管组；8—接油扩散泵

表 5-14　VVFC 型立式单室气淬真空炉技术规格

型号	有效加热区（直径×高）/mm	加热功率/kW	装炉量(1315℃)/kg	冷却气耗量/(m^3/次)	机械泵抽速/(m^3/min)	油扩散泵直径/mm
VVFC-1824	457×610	50	180	1.4	2.26	305
VVFC-2436	610×915	112.5	453	2.55	4.24	305
VVFC-3048	762×1226	150	680	4.24	4.24	305
VVFC-3636	915×915	150	906	6.22	8.49	457
VVFC-3648	915×1220	150	906	7.07	8.49	457
VVFC-4848	1220×1220	225	1360	8.49	8.49	457
VVFC-4860	1220×1524	225	1360	10.2	8.49	508
VVFC-4872	1220×1824	300	1360	11.3	8.49	508
VVFC-6060	1524×1524	300	1812	14.1	8.49	812
VVFC-6084	1524×2134	450	2265	17	8.49	812

VFC、VVFC 型炉是由炉体、加热室、气冷装置、真空系统、电气控制系统等组成。其电热元件为石墨管，隔热屏采用夹层式结构，夹层内壁为钼片，外壁为不锈钢板，中间填充硅酸铝耐火纤维。炉床上镶有高铝制品，防止金属工件或料筐与石墨接触，在高温下黏结。根据需要，电热元件也可采用钼、钨等材料制成。隔热屏亦可采用钼、钨、不锈钢板制成全金属隔热屏。该炉的气冷效果较好，整个冷却装置是由高速旋转的风扇、冷却管（热交换器）、汽缸带动的冷却门等构成，充入炉内冷却气体压力可达 0.17MPa。

(2) FHH 型及 FHV 型气淬真空炉。FHH 型气淬真空炉的结构如图 5-26 所示。

FHV 型气淬真空炉及真空系统如图 5-27 所示。其产品技术规格和性能见表 5-15。

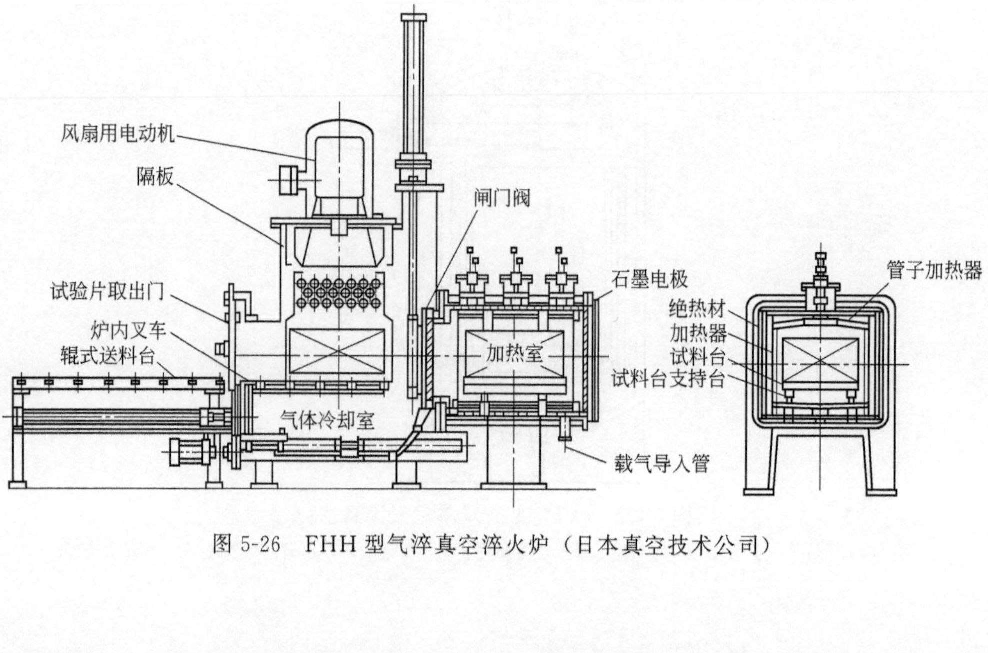

图 5-26　FHH 型气淬真空淬火炉（日本真空技术公司）

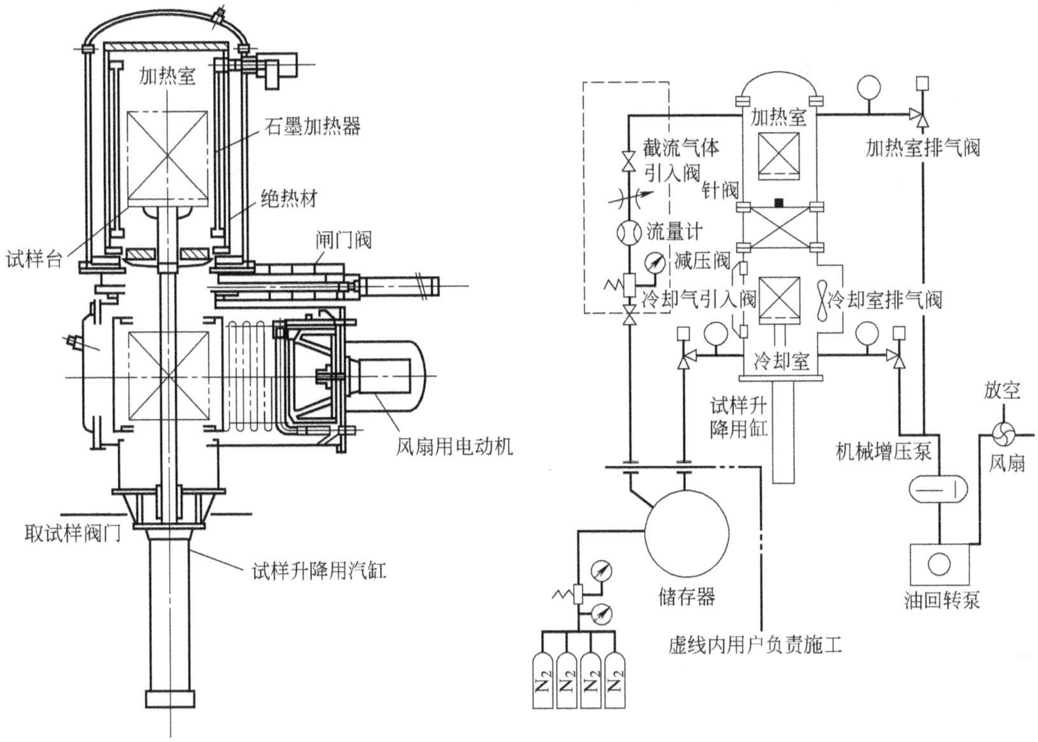

图 5-27 FHV 型气淬真空炉及真空系统图

表 5-15 FHV 型真空炉技术规格和性能

项目 \ 类型		FHV-□						备注
		30	45	60	75	90	120	
性能	均热部尺寸/mm	300×300	450×450	600×600	750×750	900×900	1200×1200	直径×高
	处理量/(kg/次)	40	90	160	260	400	800	标准试样程度
	最高处理温度/℃	1350	1350	1350	1350	1350	1350	炉温 1150℃时为±10℃以内(空炉)
	升温时间	30min 以内	30min 以内	30min 以内	30min 以内	30min 以内	30min 以内	使空炉的室温提升到 1150℃为止
	N_2 的强制冷却时间	30min 以内	30min 以内	30min 以内	30min 以内	30min 以内	30min 以内	从标准试料插入时的 1500℃降到 1150℃为止
	冷却油投入时间	12s 以内	12s 以内	12s 以内	12s 以内	15s 以内	15s 以内	
	最低压力/Pa	10^{-1}	10^{-1}	10^{-1}	10^{-1}	10^{-1}	10^{-1}	空炉脱气后
	工作压力/Pa	$133\sim10^{-1}$	$133\sim10^{-1}$	$133\sim10^{-1}$	$133\sim10^{-1}$	$133\sim10^{-1}$	$133\sim10^{-1}$	使用输送气体
	排气时间	10min 以内	10min 以内	10min 以内	10min 以内	10min 以内	10min 以内	从空炉至 6.66Pa 为止
	容许泄漏量/(L/s)	3	4	6	8	10	12	根据压力上升法

续表

类型 项目			FHV-□						备注
			30	45	60	75	90	120	
使用规格	所需电量/kW·h	GH	43	65	101	161	209	278	交流 200/220V、50/60Hz、直径 ϕ3mm(表示平均使用电量)
		LH	44	66	101	161	209	278	
		G/LH	49	78	125	185	241	326	
	所需冷却水量/(m^3/h)	GH	2	3	5	7	10	18	2.5kgf/cm^2 30℃以下
		LH	2	2.5	4	5.5	7	11	
		GHL	2.5	4	6	8.5	10	18	
	压缩空气量		若干	若干	若干	若干	若干	若干	7kgf/cm^2(G)
	载气量/(L/min)		1	1.5	2.2	4.5	7.2	10	N_2(N. T. P.)
	冷却气体量/(m^3/次)		1.2	1.8	3	4	6	10	N_2(N. T. P.)
	冷却油量/m^3		0.5	1	2	3	4	6	长用
	冷却油加热用加热器/kW		6	8	16	24	32	48	
	安装尺寸/m	GH	4×5	5×6	5×7	6×8	6×9	7×10	宽×长
		LH	5×5	6×6	6×7	7×8	7×9	8×10	
		GHL	6×5	7×6	8×7	9×8	10×9	12×10	
		G 型	2.5×1.8	3.5×2.3	4×2.6	4.5×3	5×3.5	6×4	高×直径
		L 型	3.5×1.8	4×2.3	4.5×3.6	5×3	6×3.5	6.5×4	

注：1kgf=9.80665N，下同。N. T. P 表示气相密度均为标准状态下的密度。

(3) VTC 型高压气淬真空炉。VTC 型真空炉淬火时气流从顶部的气流分配器分散穿过炉料底部，热气流被涡轮鼓风机吸取经热交换器冷却降温，再送入炉顶部，气流循环流动，如图 5-28 所示。由于气体压力提高到 5×10^5Pa，冷却速度提高，可适用于中小型零件，特别是较大截面的高速钢工模具气冷淬火。

(4) VVTC 型高压气体真空炉。这种炉子为单室卧式双气流循环高压气淬真空炉，其结构示意图如图 5-29 所示。图 5-30 为 VVTC 型高压气淬真空炉剖面图。

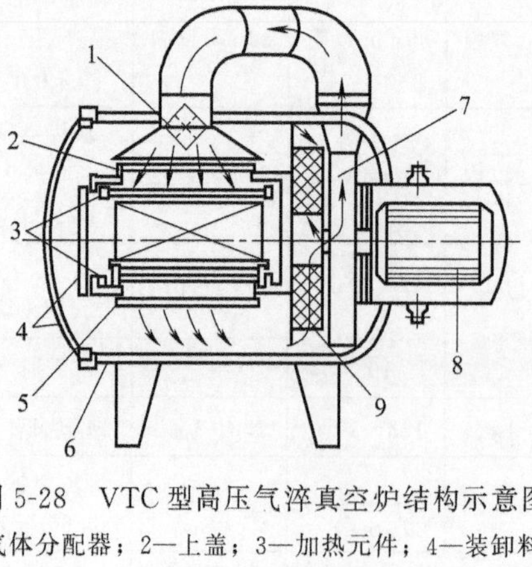

图 5-28 VTC 型高压气淬真空炉结构示意图

1—气体分配器；2—上盖；3—加热元件；4—装卸料门；5—底盖；6—真空高压容器壳；7—涡轮鼓风机；8—电动机；9—热交换器

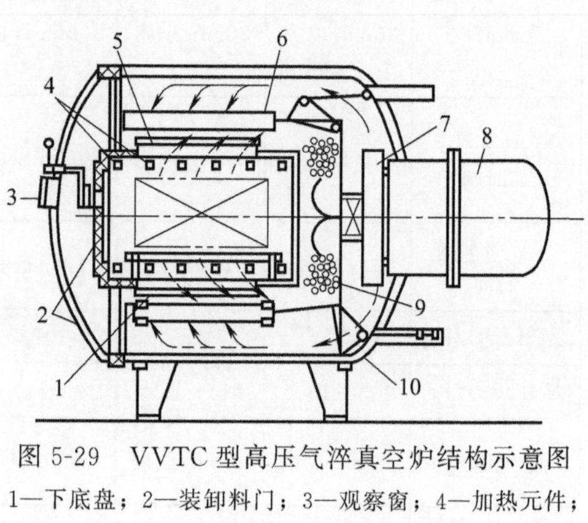

图 5-29 VVTC 型高压气淬真空炉结构示意图

1—下底盘；2—装卸料门；3—观察窗；4—加热元件；5—顶盖；6—高压气分配门；7—涡轮鼓风机；8—电动机；9—热交换器；10—真空高压容器壳

该炉分别在加热室顶部和底部采用可摆动气体（流）分配器，气流以 40m/s 速度喷出，气淬压力为 0.5MPa，采用计算机交替控制自上而下和自下而上双对流气流循环冷却，使工件得到均匀的淬火冷却。

（5）$VKUQ_{gy}$ 型高压气淬真空炉。$VKUQ_{gy}$ 型炉的气冷装置结构如图 5-31 所示，其主要技术规格见表 5-16。

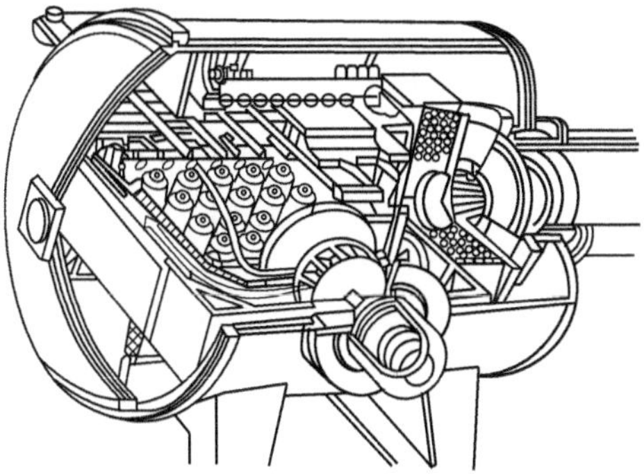

图 5-30 带有对流加热系统的 VVTC 型高压（0.5MPa）气淬真空炉结构剖面图（Abar Ipsen Co.）

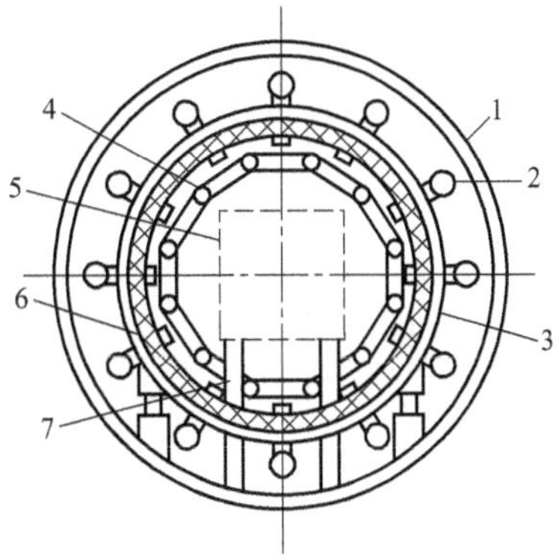

图 5-31 $VKUQ_{gy}$ 型高压气淬真空炉结构图
1—水冷容器；2—循环式冷却系统；3—石墨隔热层；4—加热器；5—炉料；6—石墨管；7—气体喷嘴

表 5-16 $VKUQ_{gy}$ 型高压气淬真空炉技术规格

型号	$VKUQ_{gy}$ 型				
	25/25/40	40/40/60	60/60/90	80/80/100	100/100/200
有效加热区尺寸/mm	250250400	400400600	600600900	800800120	100010002000
最高温度/℃	1350	1350	1350	1350	1350
炉温均匀性/℃	±5	±5	±5	±5	±5
加热功率/kW	40	80	130	200	390
风扇电动机功率/kW	37	55	110	160	180
极限真空度/Pa	1	1	1	1	1
装炉量/kg	100	200	500	1000	2500
最大气冷压力/MPa	0.6	0.6	0.6	0.6	0.6
气体消耗量(在0.1MPa 时)/m^3	1.6	3.0	4.6	7.5	17

$VKUQ_{gy}$ 型高压气淬真空炉炉体为卧式圆筒形，炉壁及炉盖均为水冷夹层结构。加热器由若干石墨夹子和支架固定的石墨管组成，各石墨管的端部采用层压石墨板连接。加热室用硬化石墨毡绝热，石墨毡固定在多孔金属框上，其气体快速冷却装置由电动机驱动的幅式风扇、充气系统、喷嘴系统和冷却器组成，冷却气体是通过加热室圆周和长度方向上的喷嘴从 360°方向上以高速喷向工件，喷嘴的数量随炉型尺寸的增大而增加，由于高速气流从各个方向与工件形成均匀的喷射，保证了工件的均匀有效冷却。

（6）HPV-200 型高压气淬真空炉。HPV-200 型高压气淬真空炉的结构如图 5-32 所示，其基体结构与 $VKUQ_{gy}$ 型炉相似，主要技术规格如下。

有效加热区尺寸：600mm×400mm×400mm。

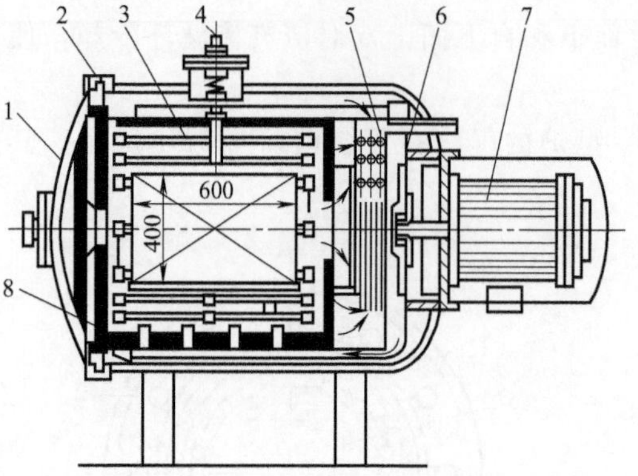

图 5-32　HPV-200 型高压气淬真空炉

1—炉门；2—炉体；3—加热器；4—电极；5—热交换器；6—风扇；7—电动机；8—喷管

最高温度：1350℃。

极限真空度：1.3×10^{-3}Pa。

加热功率：100kW。

气淬压力：5×10^{5}Pa。

(7) VPR 料台旋转式高压气淬炉。

① VPR-40 炉主要技术规格：

有效加热区尺寸：ϕ800mm×600mm。

装炉量：520kg。

最高温度：1350℃。

温度均匀性：≤±5℃。

真空度：1Pa。

冷却气体压力：0.1～0.5MPa。

发热体功率：150kW。

冷却风扇功率：110kW。

② VPR 型炉结构和运行特点。VPR 型料台旋转式高压气淬炉的结构如图 5-33 所示。VPR 型炉是 0.5MPa 高压气淬炉，发热体和冷却喷嘴在炉体全圆周方向布置。加热初始，炉底的托盘（料台）开始运转，加热保温结束，准备冷却程序时，启动冷却风扇，同时开始通入高纯氮气，20s 后达到 0.5MPa 压力，根据工件的材质和壁厚，依工艺要求可在 0.1～0.5MPa 间选择冷却速度。

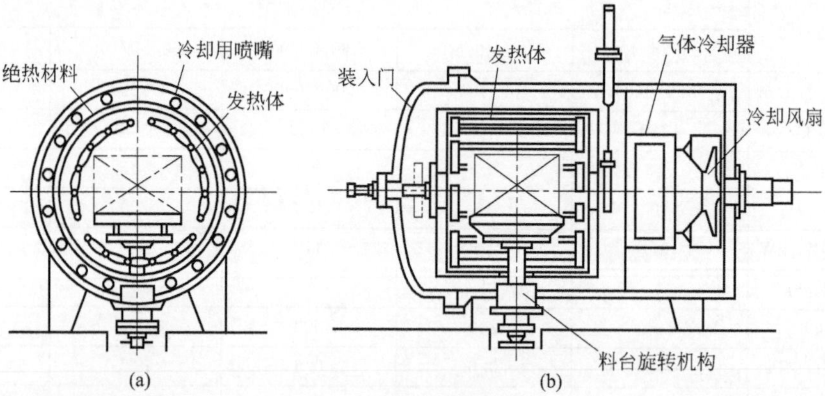

图 5-33　炉子结构

(8) PEVSE 型（ϕ850mm×1500mm）高压气淬炉。

① PEVSE 型炉主要技术指标：

用途：工模具钢的退火、淬火、回火、钎焊处理。

工作区尺寸：ϕ850mm×1500mm。

炉口尺寸：ϕ960mm。

加热高度：1900mm。

平均装载量：500kg。

1100℃时最大装载量：725kg。

最高温度：1350℃。

工作温度：260～1300℃。

炉温均匀性：

a. 在工作真空度内，650～1300℃热稳定 1h，±5℃；

b. 在 70kPa 气氛下，260～650℃热稳定 1h，±5℃；

c. 满足 BAC6521、DPS1700 等技术标准。

加热器：石墨加热器，3 区。

加热功率：上区 60kW，中区 200kW，下区 60kW。

升温速率：500kg 最大厚度 25mm 工件，20～1100℃，<60min。

气淬压力：0.35MPa。

极限真空度：1.3×10^{-4}MPa。

抽真空时间：20min 以内抽至 1.3×10^{-2}Pa；

30min 以内抽至 1.3×10^{-3}Pa。

② 设备结构和性能特点。PEVSE 型炉由炉体、真空系统、加热系统、气淬系统、N_2 充气循环系统、水冷系统、储气罐、控制系统等组成，如图 5-34 所示。

PEVSE 型立式底装料高压气淬炉是当前国际上较为流行的炉型，它能够满足波音公司控温测温规范 BAC5621 及麦道公司高温测量规范 DPS1.700 的技术要求，大量采用了 20 世

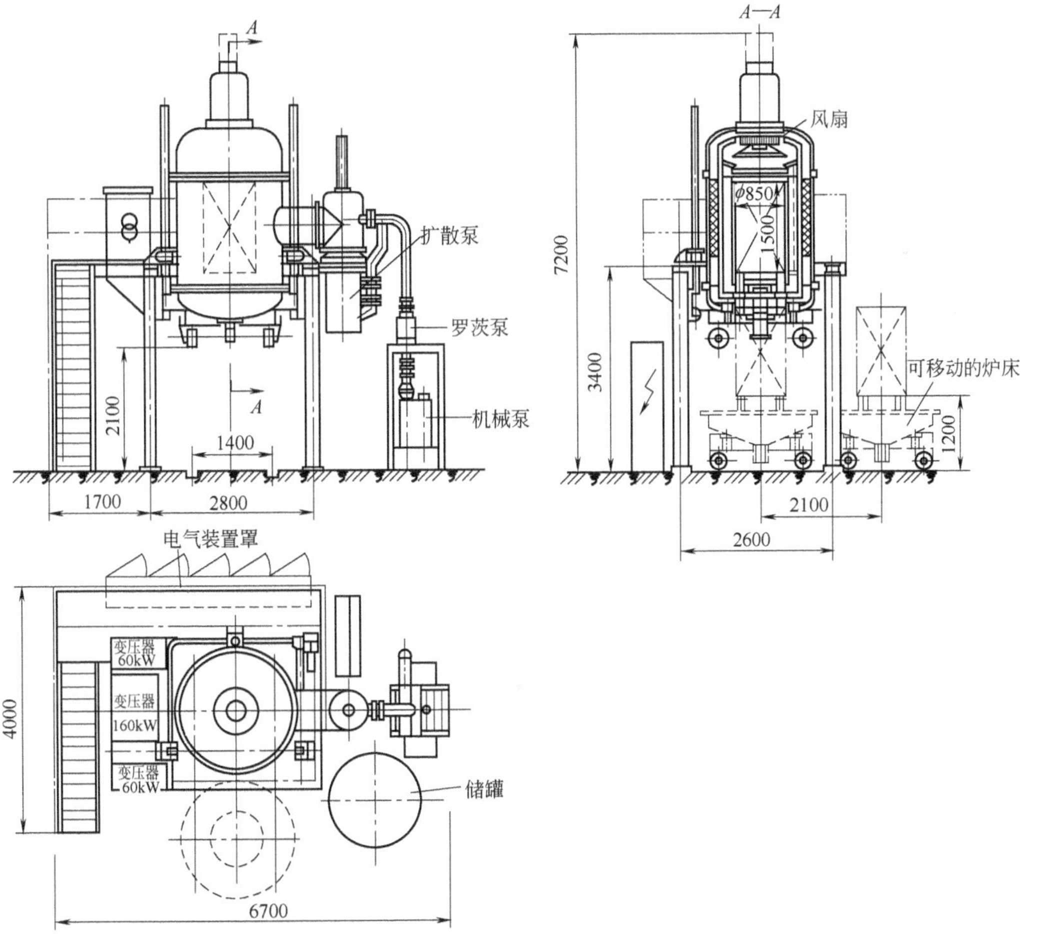

图 5-34 PEVSE 型（ϕ850mm×1500mm）立式底装料高压气淬炉（法 EMC Co.）

纪 90 年代国际最新技术成果，技术水平较高。

a. 采用大功率高效涡轮冷却风机，风量大，能耗小，噪声低，冷却风量 $6m^3/s$，功率 132kW。

b. 高压气淬采用内循环式，风机安装在炉顶上部，热交换器安装在炉壳内部，结构紧凑，占地小，工件处理全过程加热和冷却处理不移动工件即可完成。

c. 采用高架式、垂直升降底装料结构，操作方便简单，特别适用于大长工件的处理。

d. 采用当前最新的下位智能化仪表控制，精度高，可靠性好，操作方便。

e. 采用可编程序控制器控制装卸料、工件升降、真空系统、加热系统、风机及冷却水循环系统的运行和安全联锁，控制准确可靠。

f. 在 260～650℃，采用真空载气热处理技术，并在垂直升降炉底上增设热循环风机和导流马弗，以保证炉温均匀性优良。

g. 该炉特别适于处理需要高温（800～1300℃）加热的工件，也可以用于较低温度（450℃）的处理，作为零件的最终处理工序。

h. 该炉热特性可以满足各种热处理工艺的要求，并通过智能化仪表及 PLC 对多种热处理工艺进行控制。

(9) N_2、He 回收装置随着真空气淬设备的推广和应用，消耗量增加，尤其对于高压和高流率气淬炉，N_2 和惰性气体消耗量剧增，使生产成本增加，影响了高压气淬的应用和推广。因而降低 N_2、He 等气体的消耗量，减少生产费用，已普遍受到人们的关注。目前国外主要有两种方法：一种是采用纯氮（$<99.9\%$ N_2）或液氮，经净化后，作为回充氮气的气源；另一种是采用氮气回收装置，使其循环使用。

德国 Degussa 公司采用的纯氮供气装置，其流程如下：

纯 N_2 汇流装置—净化和干燥—储气罐—真空炉。

由汇流装置提供的 N_2，含氧最大为 2.5%（体积分数），露点为 −30℃，经减压后，以 1.5MPa 的压力输往净化装置，通过氢气和氧气的催化反应生成水蒸气，并经吸收剂除去水分，然后通入储气罐备用，经净化并干燥的 N_2，含氧 O_2 约为 0.1%，露点为 −70℃，气体的温度为 30℃，气体的压力为 1.47MPa。

图 5-35 是 Aichelin 公司 N_2 回收装置示意图，真空气淬炉 1 冷却结束后，打开调节阀 2 的 C 阀门，利用压缩机将气体输送至储罐 1，经净化装置 5 净化和干燥，然后将气体输入储罐 2 备用。泄漏和其他不可避免的 N_2 损失，可通过 N_2 瓶 4 予以补偿。

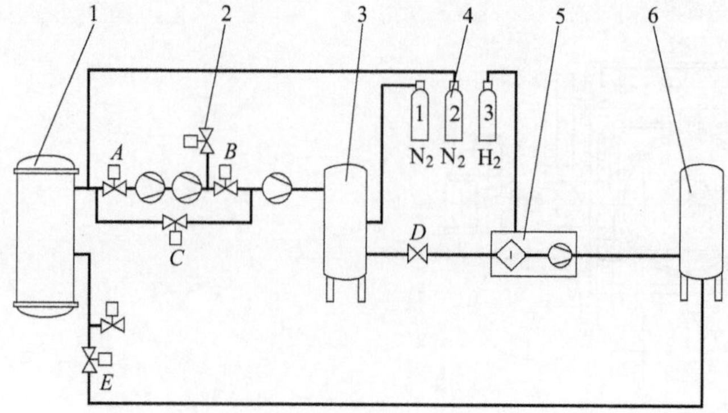

图 5-35 N_2 回收装置示意图

1—真空气淬炉；2—调节阀；3—储罐 1；4—N_2 瓶；5—净化装置；6—储罐 2

另一真空炉 He 回收装置是日本石川岛播摩公司开发的 He 回收精制装置系统，如图 5-36 所示。

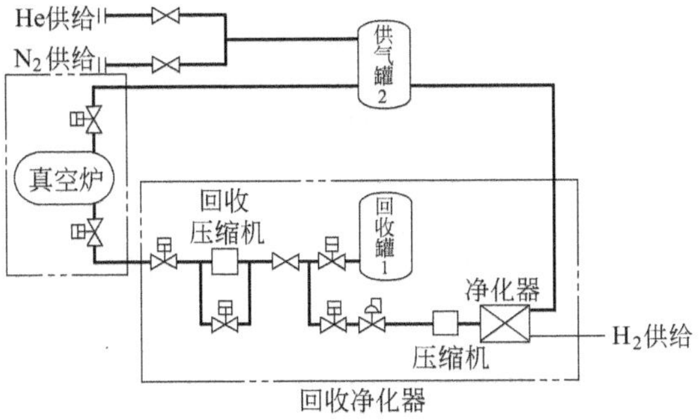

图 5-36　真空炉 He 回收精制装置系统

5.2.4　超高压气淬真空炉

真空超高压气淬作为一种真空热处理技术，是指在真空状态下或者在低压（1～2bar）对流状态下加热处理工件的技术，处理后极快流动速率的 N_2 以超高压力（20bar）进行快速冷却，使工件淬硬，达到热处理行业需要的淬火效果，真空超高压气淬炉（单室）主要结构见图 5-37。

真空超高压气淬技术具有常规淬火（油淬、水淬以及盐浴淬火）无法相比的优势：

① 淬火后的工件无氧化、不增碳；

② 淬火后工件内部热应力低，变形微小；

③ 淬火强度可操控性良好，通过相应气阀结构控制流速和流量来现实冷速的控制；

④ 与油淬和盐浴淬火相比，超高压气淬过程省掉了繁冗的清洗工序；

⑤ 与油淬相比，由于没有烟气等排出，所以环境污染少，无公害，工作人员身体健康受损小。

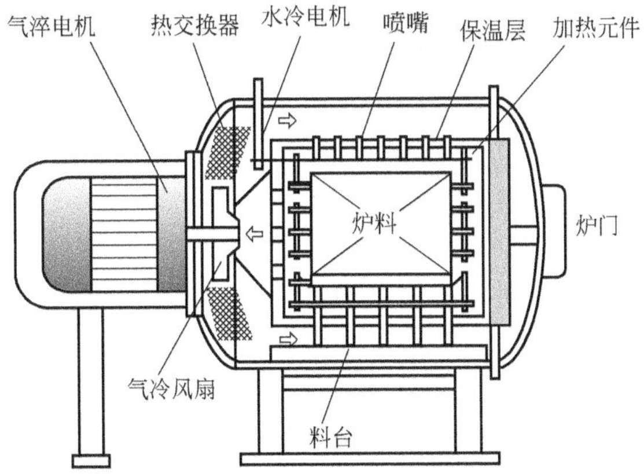

图 5-37　真空超高压气淬炉（单室）主要结构

国内企业应当自行以应用较广的单室高压真空气淬炉为对象进行改进设计，它的主要结构由炉体结构、加热室、水冷系统、真空系统、充气系统、换热系统、电气系统等多个系统组成，如图 5-38 所示。其主要结构概述如下。

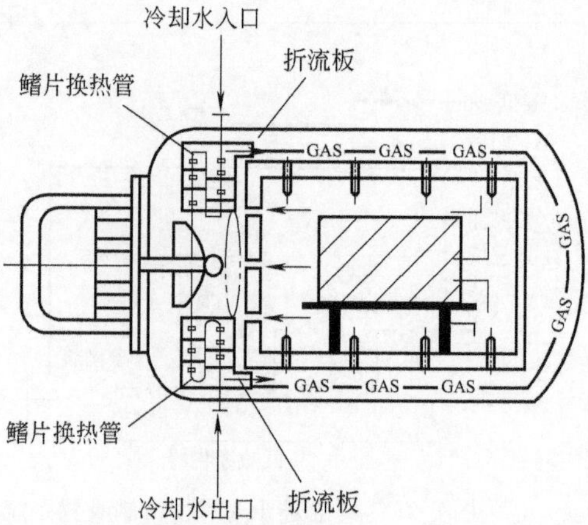

图 5-38 真空气淬炉的结构

（1）炉体结构。超高压真空气淬炉炉体一般设计成椭圆形卧式圆筒状炉体结构，由前面带有铰链的炉门和炉壳两部分组成，两部分以啮齿式结构连接，并带有电气驱动的快动锁紧机械装置以及相关的汽缸配合装置。炉门及炉壳均为双层钢板与法兰焊接，内通冷却水。炉体经过喷铝处理，成银白色状态，整个真空气淬炉是带冷却水夹套的双层壁结构。炉盖为双壁水冷结构，内外壁均为碳素钢，在炉盖上附带有汽缸装置，利用汽缸装置保持高压气淬时的炉口密封。汽缸结构增加了真空密封结构的复杂性，最重要的是难以实现炉口部位密封的自锁功能。炉门的密封一般情况下采用 O 形密封圈密封，保证炉体在真空加热阶段和充气高压状态下均不泄漏。炉壳的设计均按压力容器的要求进行，使之适应不同阶段的温度及压力的变化。在炉门和炉盖的连接部位由啮齿式快开法兰结构控制，它可以保障真空状态下的密封效果，如图 5-39 所示。啮合式法兰装置是压力容器设计中常用的结构形式，它是指将旋盖旋转某一角度或锁紧件平移一段距离完成压力容器快速启闭的装置。由于不需要逐个拧紧、固定或松开紧固件，启闭时间短，物料装卸方便，因而在频繁间歇操作场合获得广泛应用。

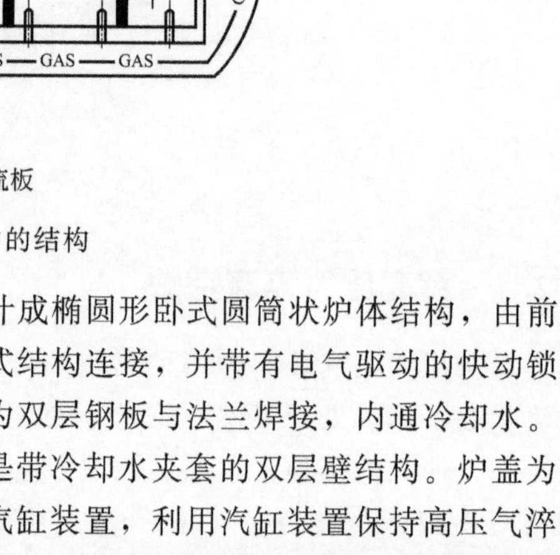

图 5-39 炉口部位啮齿式启闭结构示意图

1—炉盖；2—炉盖法兰；3—炉盖法兰齿；4—炉腔；5—炉体外壳焊接结构；6—炉体外壳法兰；7—密封圈；8—炉体外壳口部啮齿凹槽；9—汽缸连接管

炉体为椭圆形圆筒状结构，由炉门和炉壳两部分组成，两部分以带有铰链控制的啮齿式结构连接，并带有电气驱动的快动锁紧机械装置以及相关的汽缸配合装置。炉门固定在炉体上，带有一个电气驱动的快动锁紧机械装置。炉门的密封一般情况下采用 O 形密封圈实现，密封圈安装在一个带冷却水套的法兰上的密封槽中，保证炉体在真空加热和充气高压状态下均不泄漏。炉门及炉壳均为双层钢板与法兰焊接，内通冷却水。整个真空气淬炉包括后壁和门都是带冷却水夹套的双层壁结构。

真空超高压气淬炉进行淬火前需要将炉体上充气阀打开，淬火气体由高压充气瓶充入炉腔内，然后打开风机，强制高压气体以极快的速度在炉腔内循环流动。气体流经工件时吸收热量后，在循环回路中与炉壳内壁摩擦接触。为了避免炉壳温度过高以及炉内高压作用影响炉体的使用寿命，通常采用带水冷夹套的内外双层炉壳结构，这样炉壳就会受到内部淬火气体压力和水冷层的外部水压作用。

炉体结构的相关数据见表 5-17。

表 5-17 炉体的主要技术参数数据

尺寸和重量			气淬冷却的温度/℃			对流加热的温度和压力		
空间尺寸/mm	加热系统	工件的最大重量/kg	额定温度	工作温度	温度均匀性	工作温度/℃	温度均匀性/℃	最大压力/bar
宽 600 高 600 深 900	石墨棒	600	1300	600～1300	±5	150～800	±5	1.5～2.0

(2) 加热室。为了实现炉内加热和冷却的均匀性，加热室为圆形石墨结构，石墨棒为发热体。加热室结构如图 5-40 所示。其内层衬用表面光亮的碳纸，既提高热反射率，也防止冷却时碳纤维乱飞而污染炉内的受热环境。保温层采用热容小、热导率小的碳毡＋碳纸＋钼条压紧三层复合结构，外铺一层抗气流冲刷的柔性石墨纸，从而减小热散失，降低淬火气冷时的热负荷，利于快速冷却。

加热室主要由前后盖、圆筒体、料台和料台立柱以及发热元件等组成。前盖固定在炉门上，可以随炉门打开，后盖与圆筒体壁固定，后盖上有 4 个通风孔。在 4 个通风孔处由小隔热屏隔绝热量的散失。在圆筒体外，沿 360°圆周均匀分布 8 根进气管，每根进气管上分布 5 个喷气管（端部为喷嘴）伸进炉内，直接喷向工件，而不会损坏发热体和隔热屏。

(3) 换热系统。真空气淬炉换热器采用面积大、热阻小的钢制蛇管式光管换热器，如图 5-41 所示。管外由氮气冲刷，内通冷却水。以装料 500kg，每秒 5℃的冷却速度计算，换热器外有氮气，与管内冷却水的温差需要 325℃，这一温差在 1300～500℃降温段是很容易达到的，经冷却水吸收热量后的气体温度较低，可以再循环回充到加热室，进行气淬工作，提高气淬冷却能力。

目前，我国传统的热处理行业是一种典型的粗放式经营行业，不仅对行业内的工作人员的身体健康造成严重的伤害，而且能源利用效率低下，与我国正在推行的节能减排政策严重

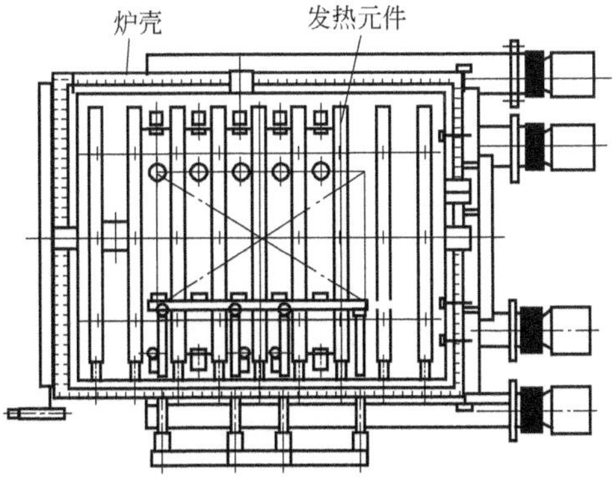

图 5-40 加热室结构

图 5-41 蛇管式光管换热器

脱节。传统的淬火过程中，热能不能得到很好的回收利用，对环境造成严重的污染问题，而且在淬火过程中需要一系列的清洗过程，需要更多的能源使用。真空高压气体淬火技术作为一种高效、优质、节能、清洁、无污染的先进热处理技术，它换热过程的热能可以得到人为的控制，而且不需要相关的后续清洗过程。

自20世纪80年代以来，为了免除后续的清洗工作，提高淬火效果以及满足社会上对于能源高效利用的要求，国内热处理行业普遍采用超高压气淬代替常规水淬和油淬等，真空气淬技术是淬火工艺发展的必然方向，因此真空高压气淬炉必然会成为国内外热处理行业需求的热门产品。

气体快速冷却系统由一个带有电机驱动的气体循环风扇，一个气体导向系统，一个气体冷却器组成。气体由冷却风扇驱动，通过导向装置以高速进入工作区。加热室顶部和底部的隔热门在冷却过程中打开，使热气体可以从加热室流出至气体冷却器。然后冷却的气体在气流导向装置引导下返回到加热室中。经过加热室的气流控制取决于时间或温度。气体的方向是从底部到顶部或相反的方向。

安装在炉壳后壁和加热室之间的气体冷却器由带翅片的管状冷却器组成。冷却水的输入由电磁阀控制。其中，换热管以及相关的风道结构是换热结构的核心。

换热器是在真空超高压气淬炉中，把淬火气体携带的热量通过循环的冷却水带出真空炉外的装置。换热器的换热性能是决定超高压真空气淬炉生产性能的关键因素之一。真空高压气淬炉中常用水冷换热器，淬火气体在炉内循环流动和换热器进行对流换热过程中，淬火气体是换热介质。它在高温工件处气体吸热，在换热器处气体放热，放出的热量通过换热管内的冷却水带到真空炉外，而炉内的经淬火处理的工件得到冷却处理，光管换热如图5-42所示。超高压真空气淬炉中的换热主要靠大面积蛇形换热管道来实现这一热量的传输过程。从结构上来看，高压气淬炉中的换热器主要以光管式金属换热器为主，普遍选用钢材质换热。这种换热器以换热管与淬火气体接触的表面作为传热面，包括蛇管式换热器、套管式换热器等。但是生产实践中的光管换热常有传热效率低、热量交换不充分、炉内热量散失造成炉体安全问题等缺点。

（4）风冷系统、风道与喷嘴。超高压真空气淬炉是主要用纯 N_2 作冷却介质的。气冷风机采用高压离心式风机。另外，由于对流加热的需要，一般超高压真空气淬中还配有对流加热风机，实现真空炉中的对流加热的目的。气体通过设计的风道在炉内进行循环流动，由气体分配器和一些阀门来控制气体的流速与流向。气体喷嘴为向心喷嘴型喷吹方式，石墨喷嘴沿圆周360°方向喷射到工件上，如图5-43所示。

（5）充气系统。在工业生产实践中，N_2 常常作为炉子使用的淬火气体，炉与现场的高

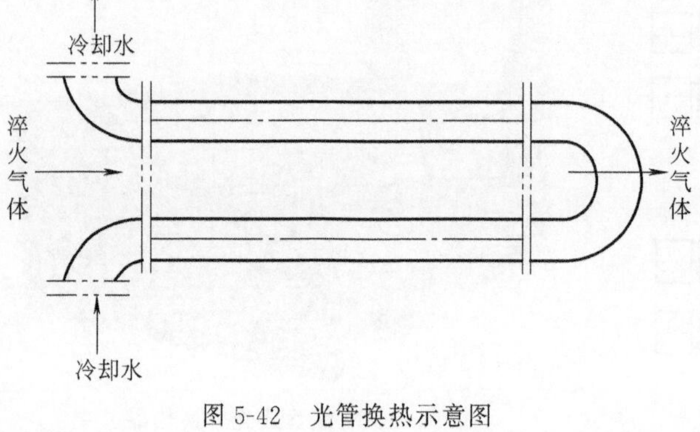

图5-42 光管换热示意图

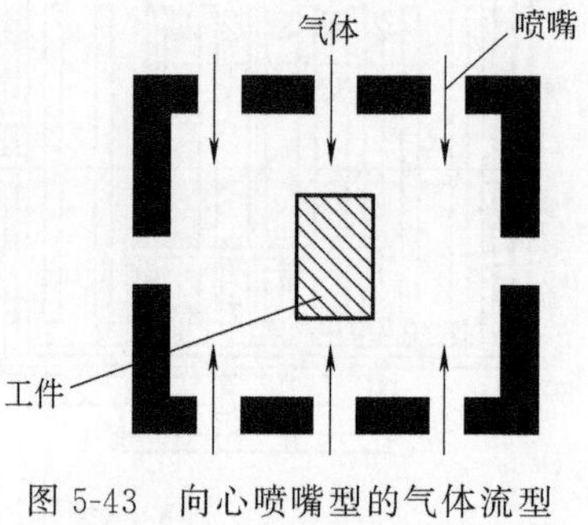

图5-43 向心喷嘴型的气体流型

纯氮气气罐连接。在气体系统中有很多的阀门来保证气体的安全流向和定向流动。在气体进口和出口处均安装切断阀，由电气系统操作控制流量。在炉子和真空泵之间的切断阀可以防止炉内热气的外泄。安全阀可以防止炉内的压力超过最大容纳限度。为了能够控制气体压力，气体进入和排出的阀门根据程序控制器的控制指令打开，设定值直接输入程序控制器，而实际值可以由程序控制器从压力传感器得到。

在超高压真空气淬炉的整个冷却过程中，加热结束后，向炉内充入 N_2，待炉内氮气达到 20bar 以上后，启动风机，气体由叶轮带动在蜗壳内加速，经过真空内设置的风道，由气体分配器均匀分配到圆周方向上的风管，然后由向心型喷嘴喷出，直接冲击工件内，工件内的热量经过充分吸收后，淬火气体流经换热器又循环回到风机的蜗壳内，如此反复循环，最终把工件的热量由淬火气体传递给换热管内冷却水，最终炉内的热量被带出炉外，工件温度降低，实现材料马氏体转变的真空气淬过程。

充气系统的设计数据如表 5-18 所示。超高压真空气淬炉中相关电气设备的设计数据见表 5-19。

表 5-18　气体系统设计数据表

淬火气体	气淬工作压力/bar	气体循环电机功率/kW
N_2	20	132

表 5-19　真空炉内电气设备设计数据

设备名称	真空炉	加热系统	气淬电机	机械泵	罗茨泵	扩散泵
功率/kW	80	57	55	5.5	4	5

(6) 水冷系统。冷却水供应是通过分配器引入独立的冷却回路中。在操作过程中，所有的冷却回路要一直呈打开的状态。气体快速冷却系统冷却水单独连接到现场，可单独受到控制。该冷却系统的设计数据如表 5-20 所示。

表 5-20　冷却系统的设计数据

基本容量/(m^3/h)	入口水压/bar	出口水压	入口水温/℃
15	2.5～3.5	无压力	18～25

(7) 真空系统。真空系统由 KT-500 型油扩散泵、ZJP-300 型罗茨泵、2X-70 型机械泵及配套的阀门管路等组成，并附有真空测量装置。炉装有两级泵，前级泵用来达到刚开始的低真空，后级就使用罗茨泵。通过热电真空规管和相关的测量管检测监控真空过程，运作某些控制功能，反映炉内的真空状况。真空/真空泵装置使用常规真空泵组的条件下，在冷、空、清洁和干燥的炉内达到的极限真空的设计数据如表 5-21 所示。

表 5-21　真空系统的设计数据

真空度/mbar	泄漏率/(mbar·L/s)	旋片泵/(m^3/h)	罗茨泵/(m^3/h)	扩散泵/(m^3/h)
5×10^{-5}	5×10^{-3}	280	1000	1.2×10^{5}

5.2.5　气冷真空淬火炉

真空淬火炉作为真空热处理设备的一种，具有系列化、模块化的特点，很适合参数化设计的要求。

5.2.5.1 真空淬火工艺

真空淬火的典型工艺过程如图 5-44 所示。图中所示为温度、压力随时间的变化曲线。其过程可分为三个阶段：排气阶段、加热阶段、冷却阶段。

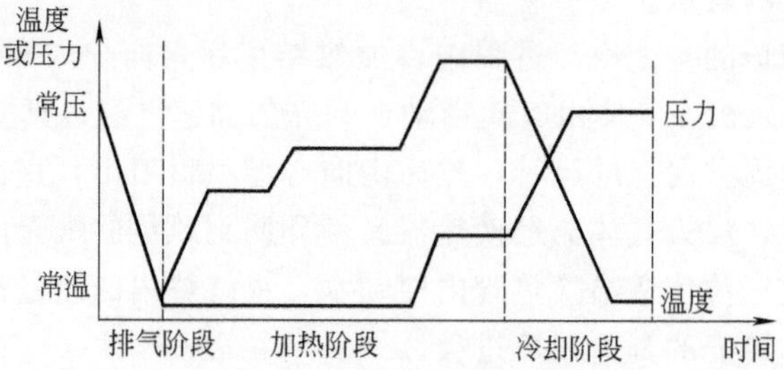

图 5-44 真空淬火工艺曲线

(1) 排气阶段。将工件装入炉内后，首先对炉室进行排气以创造真空环境，防止加热过程中工件氧化。

(2) 加热过程。当炉内压力达到极限真空度时，开始对工件进行加热。在工件升温过程中，需要有 2～3 个保温阶段，使工件受热均匀，减小热应力，防止工件变形。在加热阶段的后期，少量地充入一些保护性气体，以加快工件升温。

(3) 冷却阶段。工件加热到最高温度并保温一段时间后，充入中性或惰性气体进行冷却，并用风机使冷却气体强制循环。

5.2.5.2 真空淬火炉的系统组成

(1) 炉体部分。炉体部分是真空淬火炉的主要部分，由炉壳和加热室等部分组成。

(2) 真空系统。真空系统为真空淬火炉内的压力变化提供动力。真空系统由真空容器、真空泵、真空阀门、连接管件及真空测量仪表等部分组成。

(3) 充气系统。充气系统包括冷却气体（中性或惰性气体）的充气及回收装置。

(4) 冷却系统。冷却工件时，在风扇的驱动下，冷却气体从下门进入加热室，吸收工件热量的气体从上门流出，与换热器进行热交换，冷却后的气体再经下门流入，从而形成循环。

(5) 气动系统。该系统为加热室上门、下门的移动及系统管路中阀门的开、关提供动力源。

(6) 电控系统。电控系统好比人的大脑，它对生产过程中的各个环节发出指令，控制泵、阀门的开启与关闭及加热元件工作等操作。

5.2.5.3 真空淬火炉（炉体部分）的结构

卧式单室气冷真空淬火炉主要由以下几部分组成：炉壳、加热室、加热器、炉床等，其结构如图 5-45 所示。

(1) 炉壳。炉壳包括炉体、炉门及连接它们的铰链和夹紧机构等。炉壳为加热和淬火提供了一个真空环境，加热室安装在其内部。它一般为焊接而成的卧式圆形容器，要求具有真空密封性，炉壳的一端为可开启的炉门，另一端为椭圆形封头。炉体与炉门间用铰链连接并有夹紧机构。炉体和炉门的炉壁为双层结构，中间可通过冷却水。炉体的内、外壁上开有许多与外部连接的接口。

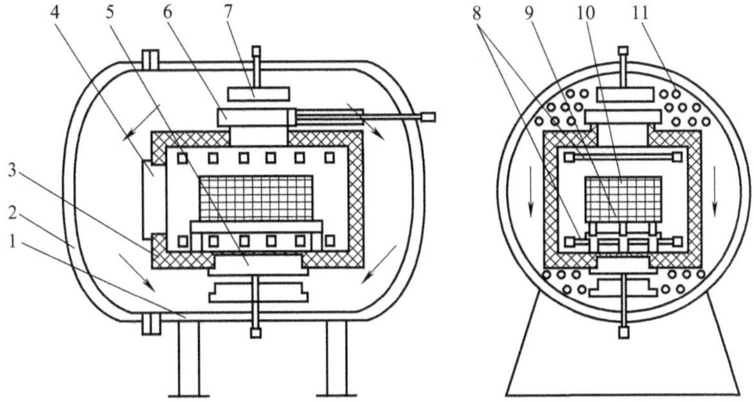

图 5-45 真空淬火炉的结构示意图

1—炉体；2—炉门；3—加热室；4—前门；5—下门；6—上门；
7—风扇；8—加热器；9—炉床；10—料筐；11—换热器

(2) 加热室。加热室是真空淬火炉的主要组成部分，它把加热器与炉体隔开，工件在加热室内加热。加热室多为方形，室壁由多层结构组成。外壁为不锈钢钢板制成，起固定和支撑的作用，外壁外侧焊有可提高冷却效率的冷却水管。内壁由钼片拼接而成，通过钼杆固定在加热室外壁上，它能大大减少热辐射损失。内壁与外壁之间为保温陶瓷纤维或石墨毡，可阻止热传导损失。

加热室前端有可开启的前门，用铰链与加热室外壁相连，供工件进出。上、下两个方向开有上门、下门。在汽缸的驱动下，上门可前后移动、下门可上下移动。冷却工件时，上门和下门打开，强制循环的冷却气体从下方进入，与工件热交换后，从上方流出。

加热室两侧装有滚轮，可使加热室在炉体内的轨道上滑入、滑出。

(3) 加热器。电加热器在加热室内部，加热器一般上下部各装 6 根空心石墨管作为加热元件，石墨管间为石墨联块，加热器与电源线通过水冷电极相连接。加热器通过陶瓷管和钼杆（加热器与钼杆间有陶瓷绝缘套）固定在加热室外壁上。加热器除了与电源、绝缘的陶瓷管和绝缘套相连外不能与任何物体相连接。陶瓷材料既可起到绝缘作用，又可起到隔热的作用。

(4) 炉床。在加热器下面一排加热管的上方，放置着炉床及料筐。工作时，装载着工件的料筐放在炉床上。炉床由石墨和刚玉材料制成，在保证强度的前提下，可最大限度地减少热损失。

5.2.5.4 *真空淬火炉参数化设计系统（VQF-PDS）*

真空淬火炉参数化设计系统（VQF-PDS）由五部分组成：几何模型模块、工程图模块、参数文件模块、数据文件模块及参数生成模块（PCM），如图 5-46 所示。

VQF-PDS 用 Autodesk Inventor5.3 构建产品的几何模型，并根据几何模型创建工程图；用 Microsoft Excel 生成参数文件（.xls），并将参数文件与几何模型相关联；用 Microso R Visual Basic 6.0 编制参数生成模块（PCM）的应用程序及界面。PCM 用来修改参数文件中的参数值。当参数文件发生数值上的变化后，几何模型也会发生相应的改变，从而达到参数化设计的目的。为了保存不同规格型号炉子的参数数据，系统设立一个数据文件模块。数据文件模块包含若干数据文件（.rmp），每个文件包含一套完整的参数数据。数据文

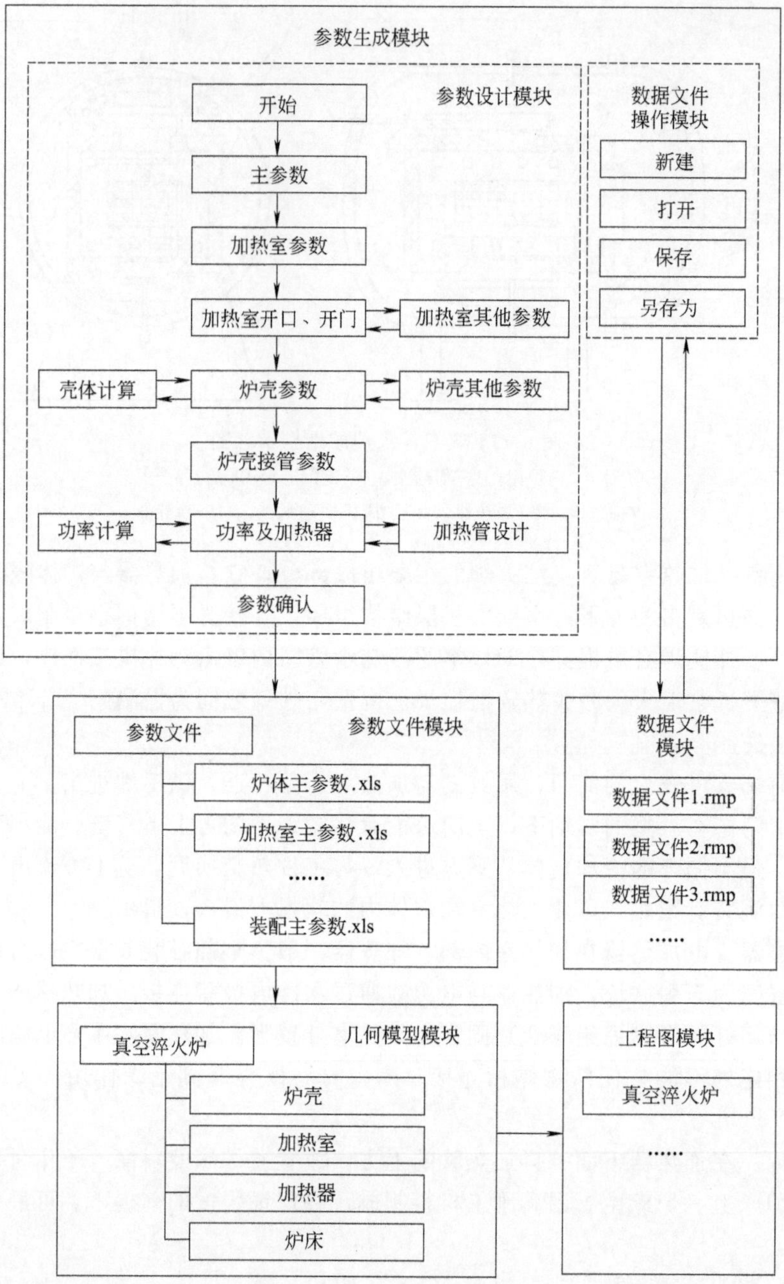

图 5-46 VQF-PDS 的系统组成

件可由 PCM 调用（读取）、保存（写入），并可将参数数据转存为参数文件。

（1）几何模型模块。几何模型模块是该系统的基础。几何建模包括全部几何模型参数化特征零件造型，零件装配以及通过对参数文件的链接，将参数文件定义的变量与相应几何模型的模型尺寸进行关联。

真空淬火炉的几何模型是在 Autodesk Inventor 中建立的。几何模型尽可能按零件的加工过程进行建模，同时考虑工程图的创建，并按实际组装过程进行装配，由若干零件组成子部件，再由子部件组成部件。零件的建模和装配使用了 iFeature、iPart、iMate 及自适应等技术。

（2）工程图模块。工程图是机械设计的最终结果。工程图是根据几何模型进行创建，并与几何模型相关联，当几何模型发生改变后，工程图会自动更新。

工程图模块与几何模型模块应该是对应的，即每一个零件或部件都应生成一个工程图，工程图也要反映出零件的装配关系。本书介绍了真空淬火炉总装配及部分零部件的工程图。

（3）参数文件模块。参数文件在 Microsoft Excel 中创建，其作用是定义变量并对变量赋值。参数文件中的变量要想在模型文件（Inventor 文件）中使用，必须将参数文件链接到模型文件中。链接后，参数文件定义的变量形成模型文件中的参数，可驱动模型尺寸。参数文件有着固定的格式，参数文件的修改只能是数值上的改动，文件的结构是固定的。

参数文件模块由 15 个参数文件（.xls）组成，原则上按部件划分。它们彼此关联又相互独立。参数文件与零件或部件文件并不是简单的一对一或一对多的关系，一个参数文件可能与多个零件或部件文件相关联，一个零件或部件文件也可能与多个参数文件相关联。

参数文件为 Excel 文件，可用多种方法进行修改。在 VQF-PDS 中，用 Visual Basic 程序将参数数据写入参数文件中。在 Visual Basic 中，对 Excel 文件进行读写操作的语句如下：

① 打开文件

```
Dim xlApp As Excel. Application
Dim xlBook As Excel. Workbook
Dim xlSheet As Excel. Worksheet
Set xlApp=Create Object（“Excel. Application”）
SetxlBook=xl App. Workbooks. Open（<文件名>）
Set xlSheet=xl Book. Worksheets（<工作表序号>）
xlApp. Visible=False
xlSheet. Activate
```

② 写操作

```
xlSheet. Cells（Row，Column）=<值>
```

③ 读操作

```
<变量>=xl Sheet. Cells（Row. Column）
```

④ 关闭文件

```
xlBook. Close（True）
xlApp. Quit
```

上述语句使用前，应在工程中添加 Microsoft Excel 引用。从“工程”菜单中选择“引用”栏，在对话框中选择“Microsoft Excel 9.0 Object Library”项。

Visual Basic 程序可以读取 Excel 文件中的数据，或将数据写入 Excel 文件中，但对 Excel 文件的读写操作的速度是较慢的。该系统只对 Excel 进行写操作，而不进行读取数据操作。

（4）数据文件模块。数据文件模块是为解决不同炉子参数的保存问题而设，它包含若干数据文件，这些文件是彼此独立的文本文件，数据文件的扩展名为“.rmp”。每个文件内存储一套完整的参数数据。在数据文件中，数据按行排列，每一行为一个参数的值。数据文件可存储在磁盘的任何位置，每个数据文件的大小约为 1KB，可很方便地进行磁盘操作，便于数据的传送和拷贝。

PCM 可以把输入和计算得出的参数直接写入参数文件（. xls）。由于参数文件和 Inventor 模型文件相关联，Inventor 会在固定的位置查找固定的文件，故参数文件的位置和文件名都不能更改，且参数文件之间存在着文件关联的问题。为了能将不同炉型的参数数据保存下来，就需要另行建立文件来存储数据。传统的数据保存方法要么用多个图形文件保存，要么用数据库保存，无论哪种方法都存在多文件及多文件关联的问题。PCM 将一个产品的数据存储为一个数据文件（. rmp），不同炉型的数据存储为不同的数据文件。数据文件可由 PCM 打开或修改，并可由 PCM 将数据转存到参数文件中，从而驱动几何模型。

在 Visual Basic 中，对数据文件的读（打开）、写（保存）操作用到下列语句：

① 写入数据

Open＜文件名＞For Output As＃＜文件号＞

Write＃＜文件号＞，＜数值 1＞

Write＃＜文件号＞，＜数值 2＞

……

Close＃＜文件号＞

程序把数值 1 写入文件的第一行、数值 2 写入第二行……。在编程过程中多用循环语句对变量数组赋值，以免使用多条 Write 语句。

② 读取数据

Open＜文件名＞For Input As＃＜文件号＞

Input＃＜文件号＞，＜变量 1＞

Input＃＜文件号＞，＜变量 2＞

……

Close＃＜文件号＞

程序将数据依次读入，赋值给变量 1、变量 2……

由于数据的写入和读取都是按顺序进行的，所以写入时的数据 1、数据 2……和读取时的变量 1、变量 2……要严格对应。

（5）参数生成模块（PCM）。参数生成模块（PCM）是该系统的核心。PCM 是由 Microsoft Visual Basic 编程而成。它有良好的交互界面，设计者可通过它来输入参数，并计算或查询出相关参数。PCM 用这些参数数据来修改参数文件，进而驱动几何模型。PCM 还能读取数据文件中的数据，或将数据存储到数据文件中。

PCM 由两大部分组成：参数设计模块和数据文件操作模块。

① 参数设计模块。参数设计模块是 PCM 的主要部分。在这里，设计者输入或获得所有设计参数。

参数设计模块主界面按顺序分七个步骤，在某些步骤又有弹出界面。设计过程可按照一定顺序进行，也可随时跳到其他任何步骤（或后、或前），交叉进行。当然参数的输入可能要有一定的次序性。如要想获得炉壳直径的参考值，必须先行输入加热室的一些（可能不是全部）数据。

② 数据文件操作模块。文件操作模块是对数据文件进行读写操作，将 PCM 的结果保存到数据文件中，或将数据文件中的结果调入到 PCM 中。文件操作可在设计过程中随时进行，不必待所有数据都出来，设计可分多次进行。

5.3 真空油淬

真空淬火油应具有如下特性：饱和蒸气压低，即低压下蒸发少；不污染真空系统，不影响真空效果；临界压力（即得到与大气压下有相当淬火冷却能力的最低气压）低，随气压降低，冷却能力变化不大，而在真空下仍有一定冷却速度；化学稳定性好，使用寿命长；杂质与残碳少；酸值低，淬火后表面光亮度高。

当前，世界上已经研制和生产了多种精制的适于真空淬火的油品，如美国海斯公司的H1油、H2油，日本初光工具公司的HV1油、HV2油；苏联的BM1～4油等。1979年我国研制成功并投入生产的ZZ-1、ZZ-2真空油具有冷却能力高、饱和蒸气压低、热稳定性良好、对工件无腐蚀的特性，而且质量稳定，适于轴承钢、工模具钢、航空结构钢等真空淬火。ZZ-1、ZZ-2和H1、H2真空淬火油特性指标分别列于表5-22和表5-23中。

表 5-22 国产真空淬火油质量指标

技术指标 \ 型号	ZZ-1	ZZ-2
黏度(50℃)/($10^{-6}m^2/s$)	20～25	50～55
闪点(不低于)/℃	170	210
凝点(不高于)/℃	−10	−10
水分/%	无	无
w(残碳)(不大于)/%	0.08	0.1
酸值/(mgKOH/g)	0.5	0.7
饱和蒸气压(20℃)/×133Pa	5×10^{-5}	5×10^{-5}
抗氧化安定性	合格	合格
冷却性能：特性温度/℃	600～620	580～600
特性时间/s	3.0～3.5	3.0～4.0
800℃冷至400℃时间/s	5～5.5	6～7.5

表 5-23 美国 C. I. Hayers 公司真空淬火油质量指标

技术指标 \ 型号	H1	H2
密度/(kg/m^3)	881	861.7
黏度指数	76	95
黏度(37.8℃)/SUS	92～95	110～121
着火点/℃	170	190
蒸气压/×133Pa 40℃	0.002	0.0001
90℃	0.100	0.0103
150℃	2.00	0.45
GM淬火试验/℃	11	17
最高使用温度/℃	60	80

用 ϕ8mm×24mm 银棒测得不同真空度下 ZZ-1、ZZ-2 真空淬火油的冷却曲线如图 5-47 和图 5-48 所示。从图中曲线可以看出，ZZ-1 油和 ZZ-2 油表现出同样的变化规律，即真空度增大，蒸气膜阶段持续时间加长，沸腾阶段开始温度降低。这是在不同真空度下油品的物理特性发生变化所致。

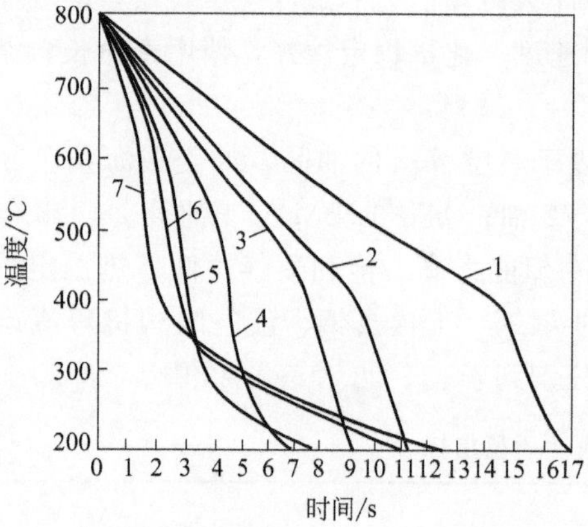

图 5-47 ZZ-1 油不同真空度下的冷却曲线

1—0.013kPa；2—5kPa；3—10kPa；4—26.6kPa；5—50kPa；6—66kPa；7—101kPa

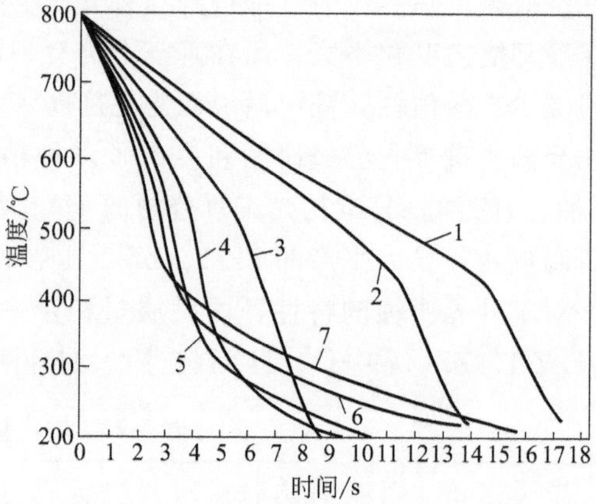

图 5-48 ZZ-2 油不同真空度下的冷却曲线

1—0.013kPa；2—5kPa；3—10kPa；4—26.6kPa；5—50kPa；6—66kPa；7—101kPa

普通淬火油的特性指标随液面压力下降有明显的变化：如特性温度降低，特性时间延长；沸腾阶段出现在更低温度区间；在 800～400℃范围的冷却时间比大气压下显著延长等，因而钢在低气压下油的冷却能力下降了，而在低温区却具有较高的冷却速度。真空淬火油的冷却强度随液面上气体压力下降而降低的程度就小得多。这是在大气压下一个较为宽广的压力区间内，蒸气膜阶段能够迅速结束，因而蒸气膜对冷却过程的影响减弱的缘故。

由于真空加热的工件具有良好的表面状态，因而钢在真空淬火油中冷却可以获得与常规工艺相同或略高的硬度。从原理上讲，真空淬火时维持液面压力为临界压力即可获得接近大气压下的冷速。除此之外，提高气压还可以提高油的蒸发和凝结温度，因而可以避免因油本身瞬时升温造成的挥发损失和对设备的污染。工艺上常采用向冷却室充填纯氮气至 40～73kPa（高于 67kPa 时对特性影响已不显著）的操作，实践证明，对某些低淬透性钢，若将气压增至大气压以上，将可获得更高的冷速。这是由于蒸气膜进一步变薄了，缩短了传热慢的蒸气膜阶段。增压油淬进一步发展为油淬气冷淬火，这就为提高大型及精密工模具的淬火效果、减少变形提供了多种可能性的选择。

为满足冷却能力要求，真空炉需要有足够的油量。设计中按入油的工件、料盘、卡具等从入油温度冷至油池温度时放散出的热量进行热平衡计算得出，再附加一定的安全油量。考虑到因搅拌、局部激烈升温造成油的膨胀、沸腾，一般取工件质量与油质量之比为 1∶(10～15)。

真空淬火油的品质，如酸值、残碳、水分、离子量都可能使工件严重着色，有时它对光亮度的影响远大于真空度的影响，使用过程中需定期分析黏度、闪点、冷却性能和水分。根据检测结果更换或补充新油，并在使用中严格防止混入其他油种和水分。当真空油中水的质量分数达 0.03%时，就足以使工件表面变暗。当水的质量分数达 0.3%时，油的冷却特性将明显改变，低温区的冷速变大，因而易使形状复杂的工件开裂。在液压压力降低时，含水的油面将发生沸腾，从而严重地破坏真空。为此，新油在第一次使用前需进行调制，每次停炉后还应保持炉子的真空，以防止空气和水分的再次溶入。

真空淬火油应在40～80℃使用。温度过低时，油的黏度大，冷却速度低，淬火后的工件硬度不均，表面不光亮。冬天，在使用之前，需将真空油进行加热。在真空条件下，油温过高将使油迅速蒸发，从而造成污染并加速油的老化。

为能迅速地调节油温并使油温均匀，油池中还应装设搅拌装置以加强油的循环和对流。静止油的冷却速度为0.25～0.30℃/s，激烈搅拌的油的冷却速度为0.80～1.10℃/s。这是由于搅拌可加速破坏蒸气膜和对流传热效果。若油的搅拌不够强烈，则易使尺寸大、结构复杂的工件和长杆件等出现软点和软带，若油的搅拌过于强烈，也易使工件产生大的变形。控制工件入油后的开始搅拌时间，调节搅拌的激烈程度以及实现断续搅拌可以减少变形和软点。

真空油淬时高温瞬时渗碳现象：

高速钢工具经过真空油淬后将在工件表层出现一个由残余奥氏体和碳化物组成的白层。分析认为，这与钢在油中冷却的高温阶段（1200～900℃）的瞬时渗碳有关。一般的解释是：由C、H、O组成的有机化合物——真空淬火油，在与活性的高速钢表面接触时，将形成一层薄而致密的、包围着工件的油蒸气外套，其中的CH_4、CO将热分解并析出浓度和传播特性较高的活性炭，可瞬时渗入钢中。高速钢SKH-9于1.33Pa、1200℃下加热后油淬所得瞬时渗层深度可达35～50μm。X射线显微分析证明，距表面10μm内是耐蚀性高的白层，其碳浓度达1.5%～1.7%，从表面至50μm处，w（C）逐渐降至0.8%～0.9%。白层与内部交界处有粗晶马氏体，因而表面硬度低。

5.4 真空气淬

真空气淬的冷速与气体种类、气体压力、流速、炉子结构及装炉状况有关。可供使用的冷却气体有氩、氦、氢、氮。它们在100℃时的某些物理特性如表5-24所示。

表5-24 各种冷却气体的性质（100℃时）

气体	密度/(kg/m³)	普朗特系数	黏度系数/Pa·s	热导率/[W/(m·K)]	热导率比
N_2	0.887	0.70	2.15×10^{-5}	0.0312	1
Ar	1.305	0.69	27.64	0.0206	0.728
He	0.172	0.72	22.1	0.166	1.366
H_2	0.0636	0.69	10.48	0.220	1.468

与相同条件下的空气传热速度相比较，以空气为1，则氮为0.99，氩为0.70，氢为7，氦为6，见图5-49。

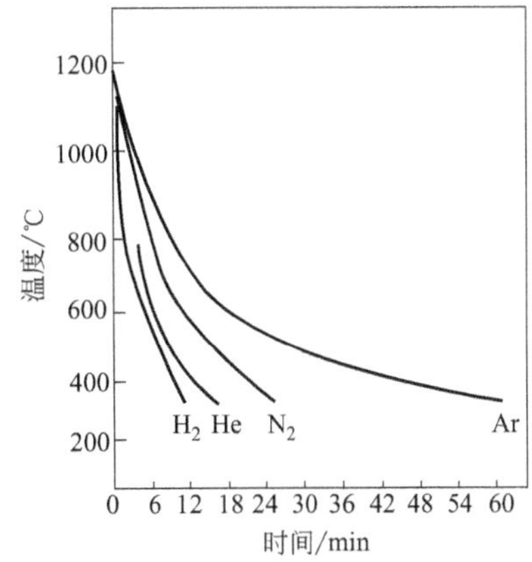

图5-49 氢、氦、氮、氩的相对冷却性能

5.4.1 淬火气体种类

在任何压力下，氢都具有最大的热传导能力及最大的冷却速度，氢可以应用于装有石墨元件的真空炉，但对含碳量高的钢种，在冷却过程的高温阶段（1050℃以上）有可能造成轻微脱碳，对高强度钢有造成氢脆的危险，因此人们不太愿意用它。

冷却速度仅次于氢的是惰性气体氦。空气中氦含量（体积分数）仅为0.0005%，一般在天然气［氦含量

(体积分数) =1%～2%，高的达 7%～8%] 液化过程中制取氦比氮的价格可高至上百倍。只有在某些场合下必须用氦，在经济上也合理的特殊情况下才使用它。

氩的冷却能力比空气差，它在大气中的体积分数为 0.93%，用压缩空气使之液化，精馏而来的氩成本较高。所以，只在必要时作为氮的代用气体使用。

氮的资源丰富，成本低，在略低于大气压下进行强制循环，冷却强度可上升约 20 倍。它是使用安全、冶金损害小的中性气体。在 200～1200℃温度范围内，氮对常用钢材呈惰性状态；在某些特殊条件下，如对易吸气并与气体反应的钛锆及其合金，一些镍基合金、高强钢、不锈钢等易呈现一定活性，需使用其他气体。

氮中含氧（如氧体积分数为 0.001%以上）可使高温下的钢轻微氧化、脱碳。因而，一般常规所使用的高纯氮气纯度为 99.999%（相对露点－62℃，相应于真空度 1.33Pa）。鉴于高纯氮价格昂贵，有时在无特殊要求情况下，可以用普通氮气。实践证明，这对产品表面状态并无明显损害，工业用普通氮气的纯度一般为 99.9%左右（O_2＜0.1%，露点－30℃）。氧化站提供的氮气，氧的体积分数可达 1.5%，还可能有较多的水，必须经过净化后才可使用。

5.4.2 提高气体冷却能力的方法

在气体淬火时，若只考虑对流传热，按牛顿公式则传热量为：

$Q=K(t_w-t_f)F$(kJ/h)，可见 Q 与固体温度（t_w）和气体温度（t_f）之差（t_w-t_f）及工件表面积大小（F）成正比。在特定的工艺和装炉量下，后二者基本是固定的。这时，对流传热系数 K 的变化，将与传热量 Q（亦可理解为冷却速度）成正比地变化。对流传热系数 K 是气体热导率 λ、黏滞系数 η、流速 ω，密度 ρ（亦可视为气压）的函数，即

$$K=\frac{\lambda}{d}C\left(\frac{\omega d\rho}{\eta}\right)^m$$

式中 d——工件直径；

C——因雷诺数范围不同而异的常数；

m——幂指数，在所讨论范围内是 0.62～0.805。

从此公式看出，提高冷却气体的密度（压力）和流速，可以成正比例地加大对流传热，这是提高真空炉气冷速度的重要手段。

图 5-50 给出了冷却气体的压力与冷却时间（亦可理解为冷却速度）的关系。可以看出，冷却速度随气压上升明显提高，但并非气压越高越好。对于尺寸较大、比表面积小的工件，在更高气压下，决定冷却速度的主导因素是钢的内部热传导。因为这时对流传热加速冷却的效果难以到达中心。此时提高气压对增大冷却速度的作用不是十分明显。又考虑到一般的真空炉只在低于大气压时密封效果较好以及为了节约高纯气体，故真空气淬时的常用压力为 0.5×10^5～0.8×10^5Pa，最高取 0.92×10^5～0.99×10^5Pa。有试验表明，对由 M2 高速钢（美国）制的 ϕ25mm × 40mm 圆柱体试样(100kg) 进行以下处理：(850℃×25min)＋(1050℃×15min) 预热，(1220℃×4min) 加热，气淬冷至 550℃。当淬

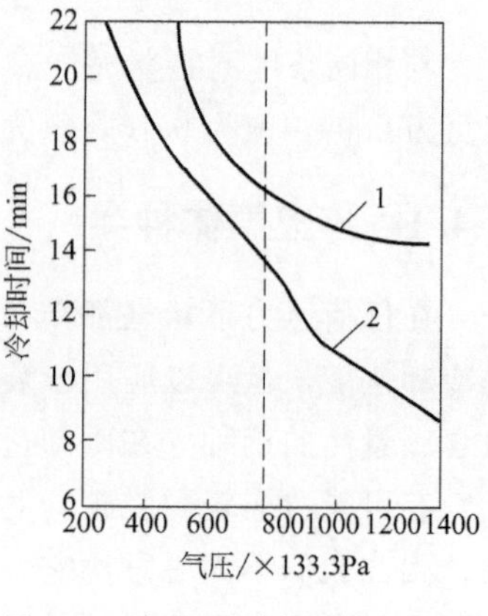

图 5-50 气压对冷却速度的影响

1—0.66m³/s；2—0.566m³/s

火气体压力为1×10^5Pa时，冷却需185s，2×10^5Pa时为110s，5×10^5Pa时为55s。即随气压的升高，冷速加大，冷却时间减少，在560℃两次回火后硬度也从750HV_{10}提高至880HV_{10}（65HRC）以上。

此外，加压气体淬火还扩大了高合金工模具气淬的材料品种和尺寸范围，但气压过高时，由于动力和气体消耗成比例地增长，设备需有严格的防护措施等，经济效益不再显著。

提高气体的流速可以提高其冷却速度。例如，静止空气的冷却烈度$H=0.008$，激烈搅拌的空气$H=0.20$，这是由于流速增大和气流的紊流程度加大，可使边界层减薄，热阻下降，因而传热系数增大。例如，当气体流速从10.2m/s提高到50.8m/s时（一般情况下不大于25m/s），氮、氢（氧）、氦的对流传热系数将提高3倍。

最后一个措施是采用合适的装炉量，保持适当间隔，均匀有秩序地摆放工件，也可以进一步改善冷却时热交换的条件。

真空淬火工件的变形：

与常规工艺相似，引起真空淬火变形的原因是组织应力、热应力及前期工序形成的残余应力。在加热、冷却过程中，当工件处于塑性高的状态时，工件的自重、相互挤压、振动等也将导致变形，并使真空淬火变形的规律复杂化。

在周期式作业真空淬火炉中进行加热时，普遍采用了预热操作，工件的温度是缓慢上升的，其截面上的温差很小。另外，由于真空炉的隔热系统完善，加热元件布置合理，因而可保证工件受热均匀。再有，进行真空气淬时，工件没有激烈的转移动作，不改变原来的装炉状态。有的炉型可使工件在原装炉处冷却。进行真空油淬或其他介质冷却时，现代真空炉可产生平缓的机械转移动作。由于这些原因，真空淬火工件的平均变形小于常规工艺。例如，几乎为盐浴加热淬火的1/2～1/10，这已为国内外的大量研究和实践所证实。

特别应强调的是，为了减少淬火变形，加热时应采取缓慢升温和预热的操作，特别注意在辐射传热效率低的低温阶段（≤600℃）进行缓慢升温。在钢的相变点（800～850℃）附近进行充分预热。冷却时，在不产生A_r转变和合金碳化物析出的条件下，应采取低冷速。

应采用不妨碍均匀加热、冷却和高温强度大、热容小的料盘与工装夹具，并防止由它们的变形而造成工件的附加变形，以氧化铝棉包扎结构复杂工件的锐角及薄壁处可减小因厚度不均引起的变形，在实践中可根据工件的大小、形状、装炉量采用不同的操作方法，如油淬时控制搅拌油的开始时间及搅拌的剧烈程度等。与常规工艺相同，为减少热处理产生的变形，还可对粗加工后的工件进行去应力退火处理。

真空淬火工艺实例：

（1）65Mn钢薄片状弹簧支架的真空淬火。弹性件热处理时要求组织均匀一致，这对于不太厚的片状弹簧钢来说容易达到，但突出的问题是变形，处理的65Mn钢弹簧片厚度只有0.3mm，其形状尺寸如图5-51所示。

该工艺实例中的钢的供货状态为冷轧退火态，组织为细珠光体＋铁素体。

由于对该弹簧片的热处理变形要求极为严格，即要求热处理后支架平面及支架边缘贴在平板的缝隙不超过0.2mm，还要求长度方向弯曲180℃，再松开后能完全恢复原来的形状，不允许有任何塑性变形。因此，生产厂家长期以来依靠进口。

为了消化吸收国外先进技术，生产厂家曾采用多种热处理工艺方法。最初淬火试验采用箱式电炉和盐浴炉加热，变形严重。另外，用箱式炉处理时氧化、脱碳严重，出现针孔状腐蚀，用盐浴炉处理时虽然表面氧化、脱碳有所减轻，但变形仍较严重，且处理后盐浴清洗困难。此外，用箱式炉和盐浴炉处理时，由于弹簧片很薄，有时出现出炉即冷无法淬硬的情况。此后，采用了真空热处理方法，工艺如图 5-52 所示。

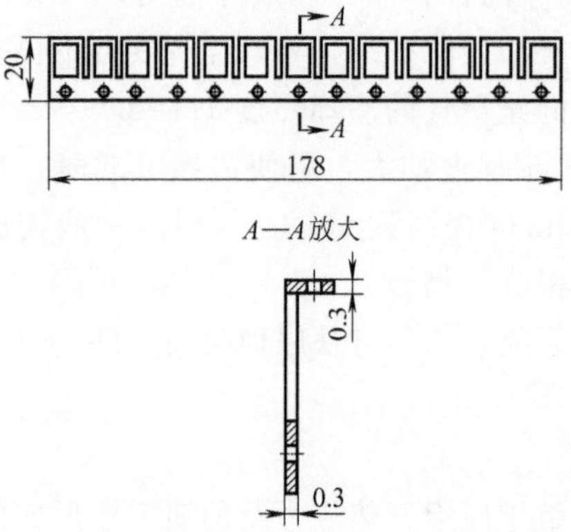

图 5-51 弹簧片形状尺寸示意图

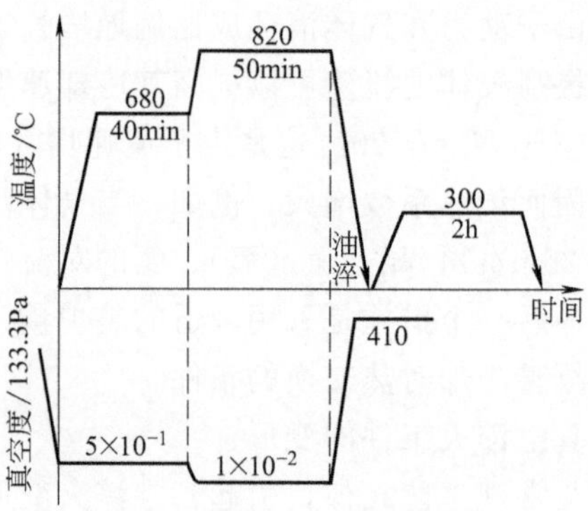

图 5-52 弹簧片真空热处理工艺

由于真空状态下的加热方式是单一的辐射传热，因此，工件在真空热处理炉中的加热速度比其他热处理方法的加热速度要慢，热应力小。众所周知，理想灰体的传热能力 $E[\mathrm{J/(m^2 \cdot h)}]$与其绝对温度的四次方成正比。

工程材料都与理想灰体有些偏差，为了计算方便，一般仍使用上述定律。由此可以看出，在真空状态下加热，低温阶段传热速度缓慢，而在高温状态下加热速度快。另外，由于真空炉绝大部分采用内热式，炉胆材料蓄热量小，因为真空炉升温较快，而工件升温相对较慢，出现了真空热处理加热时的所谓“滞后现象”，因此，真空热处理的加热系数较气氛炉、盐浴炉的加热系数要大，约相当于气氛炉的 2～3 倍，相当于盐浴炉的 6～8 倍。因此，应采取较长的预热及淬火保温时间。预热是考虑到低温阶段炉温均匀性较差，为减小工件温差及热应力而引起的变形而采取的。预热温度选用 680℃，是因为在相变点附近预热，热处理变形小，弹簧片升温速度缓慢，受热均匀、热应力小是其变形小的一个主要原因。

冷态装炉，随炉升温。冷态真空度为 1.33Pa 左右，升温后，由于工件上的油脂挥发以及炉衬材料中的气体释放等而使真空度下降至 66.5Pa 左右。由于 Mn 蒸气压较高且随温度升高而增大，因此，为防止其在高温下挥发，真空度也不宜太高。

弹簧片经预热、淬火保温后转移至冷却室油冷，入油后立即在油面上充以 0.46×10^5～0.53×10^5 Pa（350～400Torr）的氮气。因为真空油淬时，必须待工件入油后立即在油面上充以超过真空淬火油临界压力的中性气体（真空淬火油的临界压力即得到与大气压下有相同淬火冷却能力的最低气压），才能使真空淬火油达到使钢淬透的冷却速度。由于工件入油后蒸气膜阶段冷却速度慢，因此，为了减小热应力引起的变形，弹簧片入油后不开动油搅拌，以延长蒸气膜阶段，在保证淬进的前提下，尽量采用缓慢的冷却速度。

与普通淬火油相比，真空淬火油在低温区具有较低的冷却速度，因而淬火工件的组织应力小，这也是弹簧片热处理变形小的一个主要原因。

应该指出，对于这种薄而长的弹簧片来说，真空热处理前的预应力（即装夹）状态对热处理后变形影响也很大。因为在加热冷却过程中，对于薄而长的弹簧片来说，工件的自重、相互挤压力不均甚至连振动等也都能导致变形。为此，专门设计了一种夹具，装夹状态如图5-53所示，图中上、下斜铁用螺钉与底板4固定，上、下斜铁2、5将弹簧片夹在中间，再用固定螺栓1拧紧，其中下斜铁5与底板4固定螺钉可活动，底板4是带有5个U形槽的板。这样的装夹方式能够保证各弹簧片之间以及弹簧片与夹具之间贴合紧密、受力均匀，从而在一定程度上限制了弹簧片的热处理变形。

由于在真空状态下加热具有对工件脱脂、除气及使工件表面氧化物还原等作用，因此，经上述工艺处理的弹簧片表面光亮、无氧化、无脱碳、弹性好、变形合格率达90%以上，这是其他热处理方法无法达到的。

(2) 压铸模真空淬火。3Cr2W8V钢制XD-120型电机转子铝压铸模零件外形尺寸为220mm×140mm×20mm，如图5-54所示，单件质量7kg，模具型腔除承受高的压力外，还承受高温铝的冲刷。脱模用手工，需用力棒打和锤击，使用一段时间还需用水浇冷却模具，模具工作条件恶劣，故要求有高的耐磨性、耐热疲劳性、足够的硬度和韧性，模具ϕ90mm处（见图5-54）要求精度为$\phi 90^{-0.23}_{0}$mm，因热处理后无法再进行研修加工而直接使用，所以要求模具热处理后表面质量好，并尽可能减小变形。

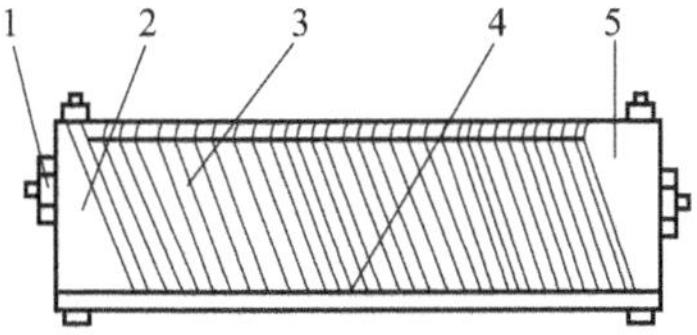

图5-53 弹簧片装夹示意图

1—固定螺栓；2—上斜铁；3—弹簧片；4—底板；5—下斜铁

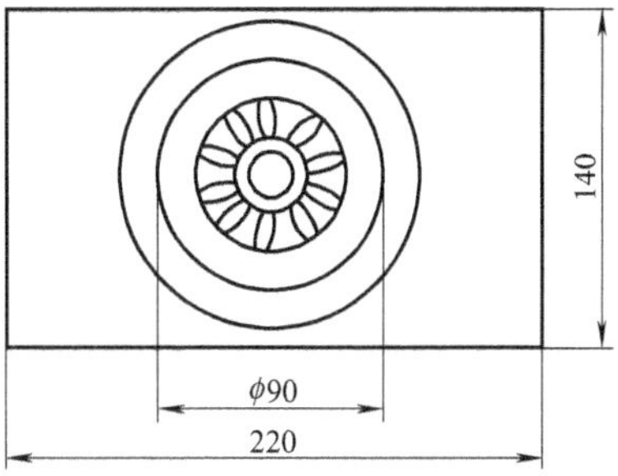

图5-54 3Cr2W8V钢压铸模尺寸

该模具原处理工艺有两种：第一种是调质处理后氮化；第二种是在空气炉中装箱用木炭、铁屑保护，实现淬、回火处理。第一种工艺因型腔表面小孔处氮化层不易均匀，使用中出现夹铝使脱模困难，所以不受工人欢迎；第二种工艺除放量不稳定外，劳动条件不好，生产效率低，因而没有发展前途。

根据对压铸模性能的要求，采用了真空热处理，并对工艺进行了优选。优选后的工艺是800℃预热60min，真空度13.3～1.33Pa，见图5-55，使用设备为WZ-20型真空淬火炉，装炉量每炉2块，因以上工艺不是手册上所列的常规工艺，说明如下。800℃预热是为了减小变形。淬火温度的选择则是为使模具获得好的使用性能。根据3Cr2W8V钢的热疲劳曲线，如图5-56所示，在1180℃以下，热疲劳抗力随淬火温度提高而升高，在1180℃以上则随淬火温度的提高而降低，在1180℃左右时3Cr2W8V钢具有最佳的热疲劳抗力。热疲劳抗力随淬火温度升高而增加的原因是由于钢基体合金化程度提高。但当淬火温度过高时，虽然钢中奥氏体合金元素的固溶量增加，合金化程度提高，但高温加热带来了晶粒的粗大，这对热疲劳抗力的影响反而是不利的。所以综合两方面的影响规律，选择压铸模的淬火温度为1150℃。

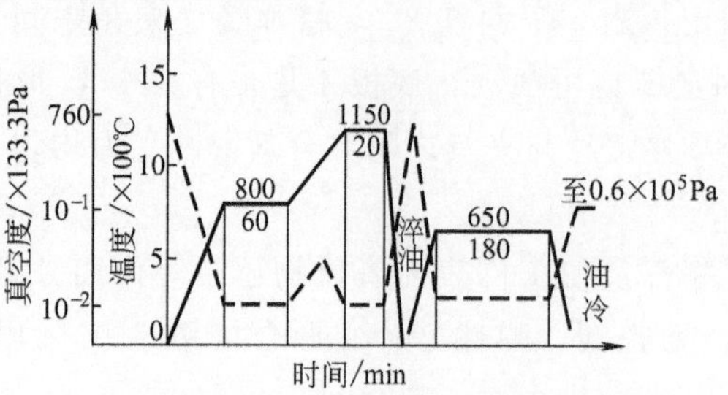

图 5-55 Cr2W8V 钢压铸模真空热处理工艺

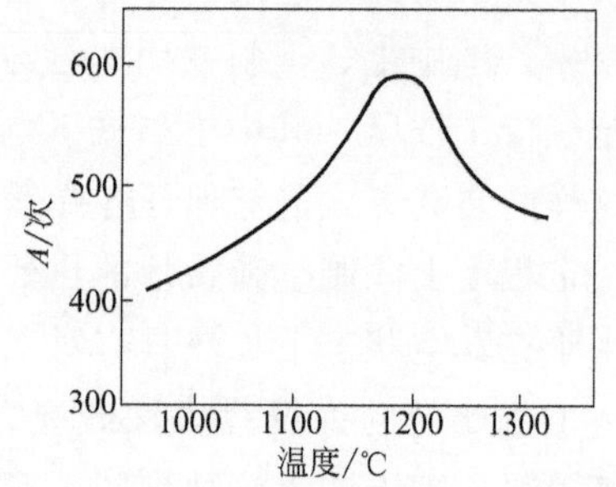

图 5-56 淬火温度对 3Cr2W8V 钢热疲劳抗力的影响

800℃→←水冷，循环前，49～51HRC；

A—产生 0.4mm 裂纹的循环次数

回火温度是综合模具对热疲劳性能、硬度、韧性的要求而选择的。据资料介绍，3Cr2W8V 钢压铸模的淬火温度由 1050℃提高到 1150℃，回火温度提高到 670～680℃时，可以使热疲劳裂纹形成的时间推迟，扩散速度降低。因此将压铸模的回火温度选择为 670～680℃，真空度选择以高于 1333～133Pa，低于 1.33Pa 为宜，真空度太低时，不易保证模具型腔的表面质量，真空度太高时，因为是高温加热，易引起钢表面合金元素的挥发。实际生产中，如果真空度超过 1.33Pa 时，可回充高纯氮气（N_2 体积分数 99.999%）使真空度保持在 1.33Pa 以下。从以上工艺还可以看出，淬火温度较高，回火温度也较高。这样高淬高回火的热处理工艺在空气炉、盐浴炉等其他炉型中要使模具表面光亮、无氧化是不容易的，而这在真空热处理炉中却是简便易行的，更可贵的是真空加热时，缓慢的加热速度有助于减少被加热零件的变形，这对于模具一类的产品是求之不得的。从以上工艺分析来看，压铸模采用真空热处理是适宜的。

经真空淬火、回火处理后的 3Cr2W8V 钢压铸模零件，硬度为 47～51HRC。经对 9 块模具零件的测量，ϕ90mm 处的变化为 $\phi 90^{-0.21}_{0}$mm，符合技术要求。该压铸模零件至今已生产几年，平均使用寿命由原来的 7～8 千件上升到万件以上。

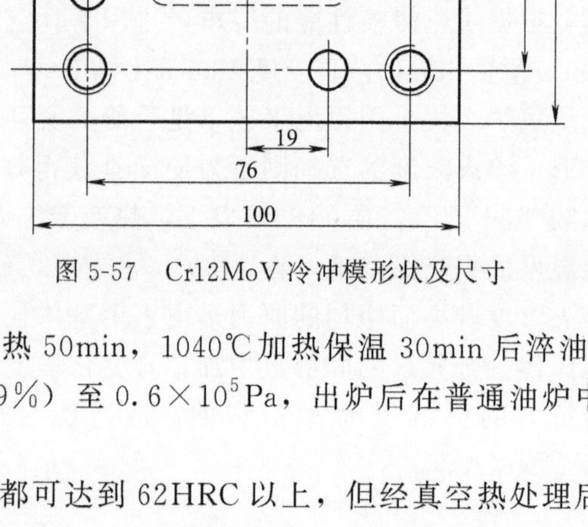

图 5-57 Cr12MoV 冷冲模形状及尺寸

（3）冷冲模真空淬火。图 5-57 是 Cr12MoV 钢制硅钢片冷冲模凹模的零件图，外形尺寸为 100mm×80mm×20mm。该冷冲模原来是在箱式高温电炉中处理的，工艺是 600℃ 预热 60min，1000℃ 加热保温 30min，淬入 400℃的硝盐炉中 10min，再转入 180℃热油中进行处理，时间为 120min，见图 5-58。冷冲模的真空热处理工艺是 850℃预热 50min，1040℃加热保温 30min 后淬油，工件入油后立即充普通氮气（N_2 体积分数 99.99%）至 0.6×10^5Pa，出炉后在普通油炉中 180℃回火 120min，见图 5-59。

经两种工艺处理后的冷冲模的宏观硬度虽然都可达到 62HRC 以上，但经真空热处理后的冷冲模不仅表面光亮，而且还有一个突出的工艺效果，即冷冲模上 4 个 ϕ8mm 的定位销孔变形很小，均在−0.02mm 以下，这 4 个定位孔的加工尺寸为 ϕ8mm+0.016mm，这样经真空热处理后可不研修或很少研修就可使用，节约了工时，缩短了模具制造周期。而经原工艺处理的冷冲模定位孔的变形量均在−0.05mm 左右。因淬火硬度在 62HRC 以上，该孔研修比较困难和耗时，真空热处理还可以杜绝氧化、脱碳层的产生，保证了型腔边缘等处的硬度，使模具寿命有所提高。

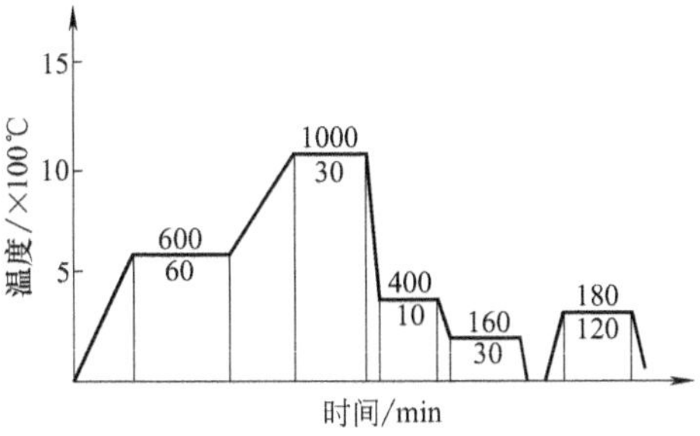

图 5-58 冷冲模工艺

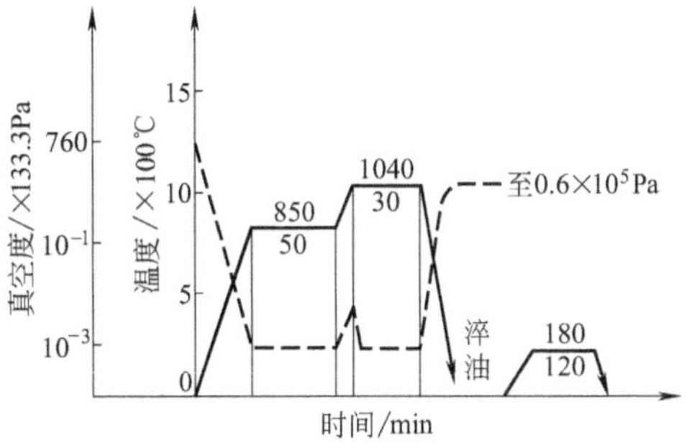

图 5-59 Cr12MoV 冷冲模真空热处理工艺

（4）辊压模真空淬火。辊压模具是用来制造纺织印染机械中钢芯的模具，在辊子的中间部位 ϕ33mm 处有 47 个高度为 0.12mm 的螺牙，两端 ϕ30mm 的端部要求圆度小于 0.003mm。辊压模的工作状态见图 5-60，辊压模 1 除本身旋转外还垂直向下进刀。钢芯放在支架上随辊压模从动，这样就在未经热处理的钢芯上（45 钢）滚制出了高 0.12mm 的牙形。辊压模的材料是 W18Cr4V，表面粗糙度 Ra=0.8μm，要求硬度为 62～64HRC。

辊压模真空热处理工艺是：850℃×30min 预热，1280℃×13.5min 加热，真空度为 13.3～1.33Pa，加热保温结束后，模具转移至预备室油淬，模具入油后立即充氮气（纯度为 99.9%）至 0.6×10^5Pa，如图 5-61 所示。

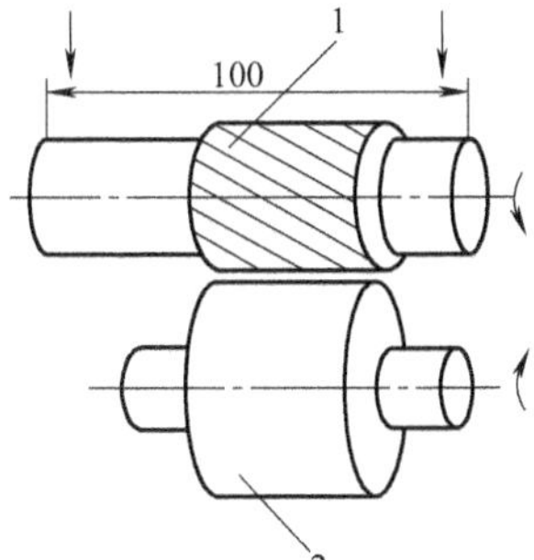

图 5-60 辊压模的工作状态

1—辊压模；2—模芯（工件）

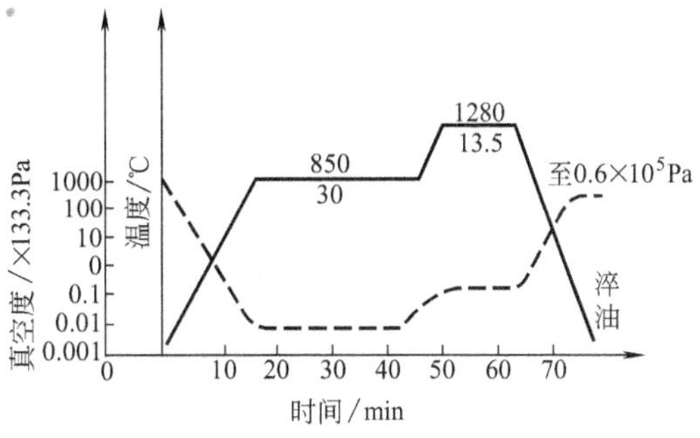

图 5-61 辊压模真空热处理工艺

处理这种高速钢模具时，必须注意的是，工件在入油前要采取适当均匀的预冷措施。预冷时间根据模具尺寸大小、装炉量而定。在 WZ 型真空油淬炉中，ϕ30mm×100mm 的辊压模需预冷 80s 后再入油，若从淬火温度直接入油冷却，则模具表面将产生所谓的“白亮层”，甚至产生表面熔化现象，使模具表面牙形破坏而报废，经上述工艺处理后，硬度为 62HRC，表面光亮，牙形完整，这是盐浴炉无法达到的效果。

（5）2Cr13 销轴淬火。技术要求为（52±2）HRC，简图及工艺曲线如图 5-62 所示。

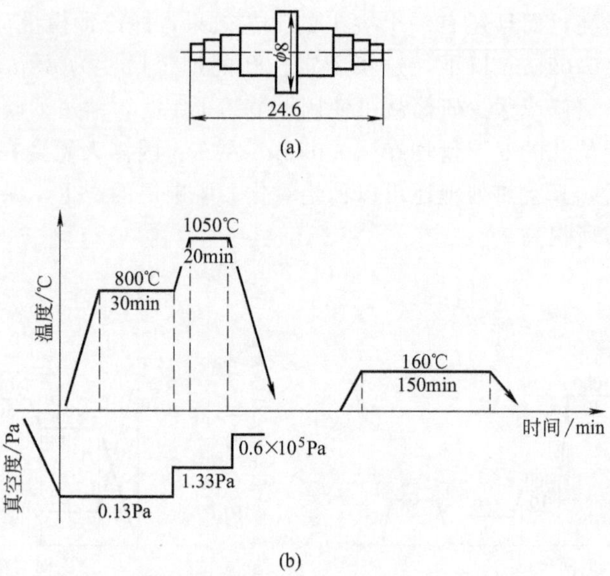

图 5-62　销轴简图（a）及其真空热处理工艺（b）

效果：原先用盐浴加热油冷淬火，清洗困难、表面质量差且硬度达不到技术要求；若用水冷淬火，则易产生开裂。真空热处理后，表面质量好，硬度为 52HRC，达到美国西屋公司塑壳开关零件的技术要求。

（6）针阀体真空淬火。

材料：GCr15。

技术要求：热处理后硬度为 62～65HRC。

天津动力机厂针阀体原先用保护气氛炉淬火。由于脱碳和变形大，废品率为 30%～40%，采用真空淬火后，表面光亮，无脱碳，变形小，合格率达 98%以上，经济效益极为可观。零件简图及工艺曲线如图 5-63 所示。

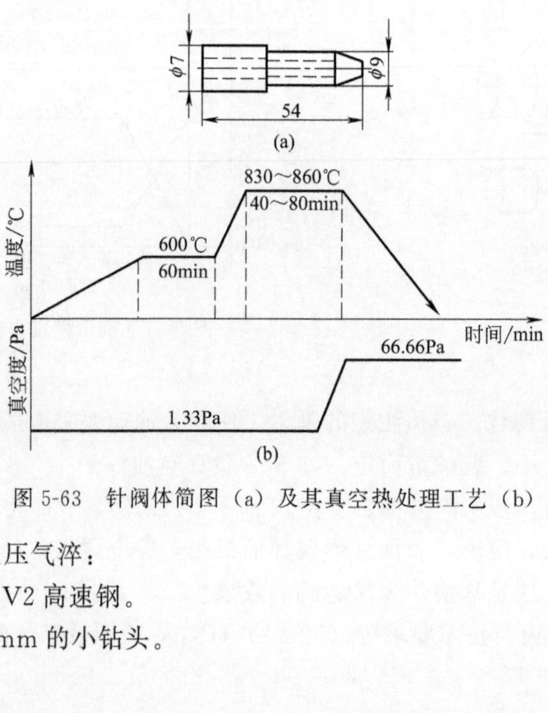

图 5-63　针阀体简图（a）及其真空热处理工艺（b）

（7）高速钢钻头正压气淬：

材料：W6Mo5Cr4V2 高速钢。

工件：ϕ1.5～2.5mm 的小钻头。

炉型：双室气淬炉。

工艺曲线：如图 5-64 所示。

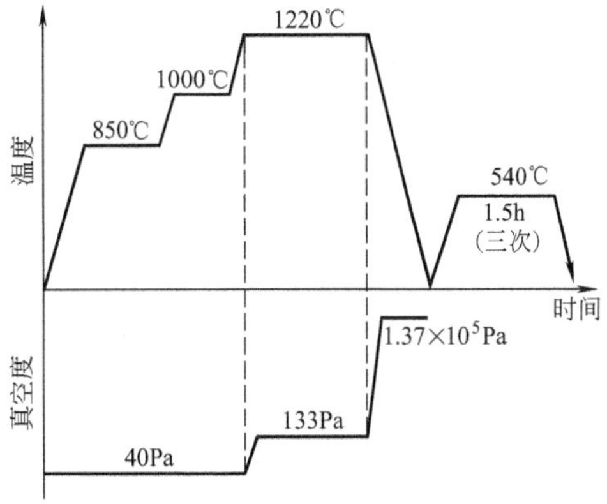

图 5-64 M2 高速钢（美国制）钻头真空气淬工艺

在处理中曾发现出炉后钻头粘连在一起不易分开现象，采取向加热室充少量高纯氮气，将真空度降至 133Pa 左右（在高温加热阶段），从而有效地解决了钻头粘连问题。经气淬处理的高速钢钻头表面光亮，呈银灰色，钻头寿命显著提高，经济效益十分可观。

（8）Cr12MoV 钢三角零件的真空淬火。图 5-65～图 5-68 是针织机使用的各种三角零件的外形尺寸图，材料为 Cr12MoV 钢，原始组织为锻造退火状态。型材经线切割成形，热处理后不再精加工即可直接装机使用，其硬度要求为 62～65HRC。

根据真空加热原理及其加热计算和 Cr12MoV 钢的常规热处理淬火工艺，制定的真空淬火工艺曲线见图 5-69。

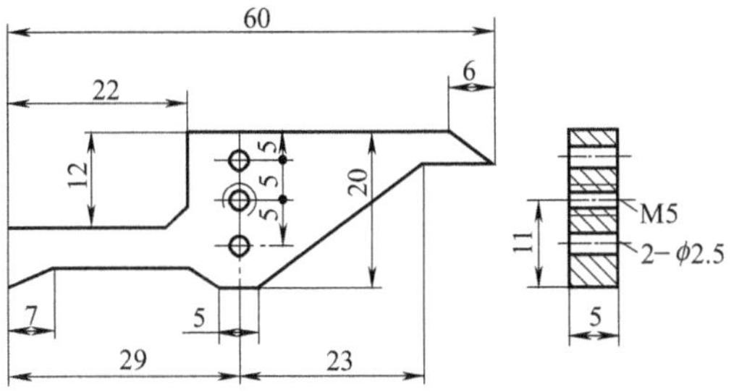

图 5-65 下盘压针三角外形

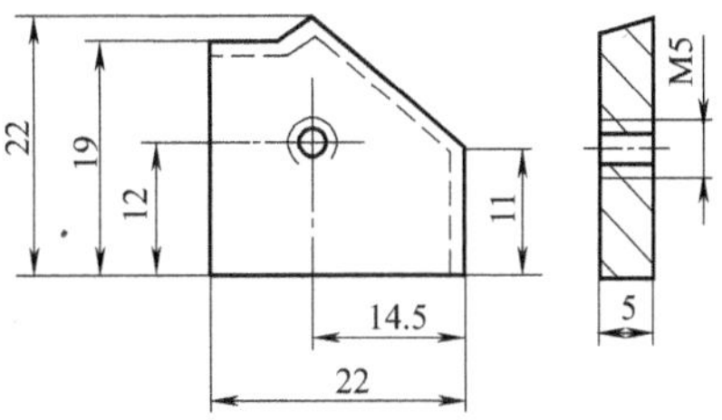

图 5-66 上盘外压针三角外形

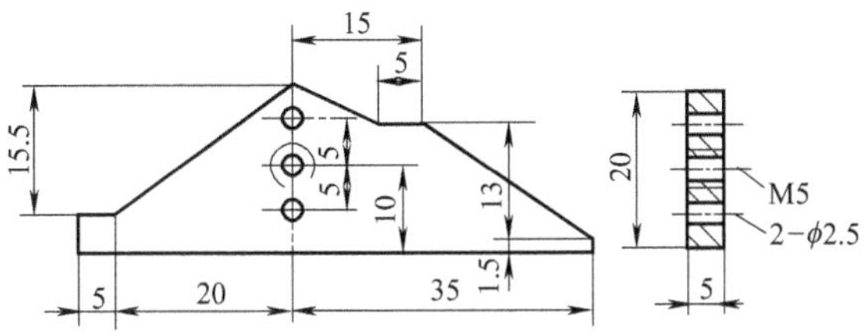

图 5-67 下盘挺针三角外形

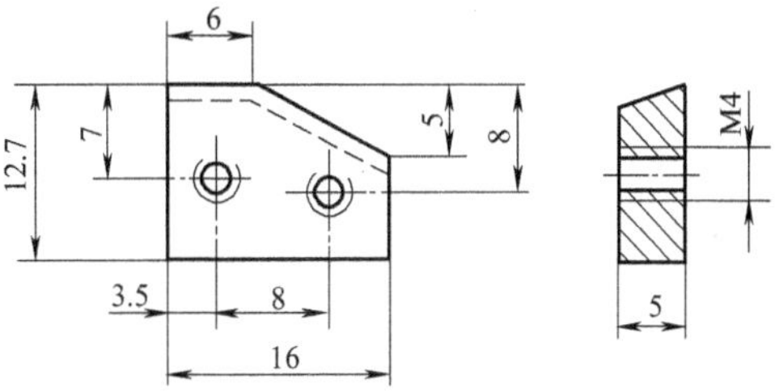

图 5-68 上盘内挺针三角外形

根据资料介绍及经验，图 5-69 中保温时间 t 可按下列公式计算：

$$t_1=30+(1.5\sim2)D$$

$$t_2=30+(1.0\sim1.5)D$$

$$t_3=20+(0.25\sim0.5)D$$

式中 D——工件有效厚度，mm；

t_1，t_2——第一次，第二次预热时间；

t_3——最终保温时间，min。

按这种工艺进行真空热处理，每炉的生产周期（考虑到装炉量为每炉 20kg）需要 3h 左右。为了降低生产成本，提高经济效益，参照基础理论知识和有关资料介绍，制定了一个新工艺，其工艺曲线见图 5-70，将第一、第二段预热温度提高，在高温下工件的透烧时间比低温下的透烧时间短 1/3，由于预热温度升高，淬火加热保温时间也可缩短。实践证明，这种工艺完全可以防止热应力引起的变形和淬裂的现象，又能明显地缩短生产周期，图 5-71、图 5-72 所示的工件，在装炉量达 20kg 时生产周期只需 2h 左右。其淬火硬度为 63～64HRC，出炉后在油炉中经（160～80℃）×2h 回火，最终硬度基本不变，由串光机串光（主要为打磨加工毛刺）后可直接装配使用。

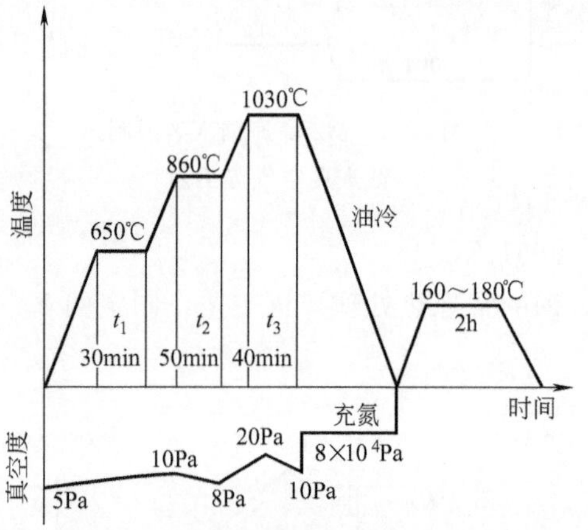

图 5-69 初次确定的真空淬火曲线

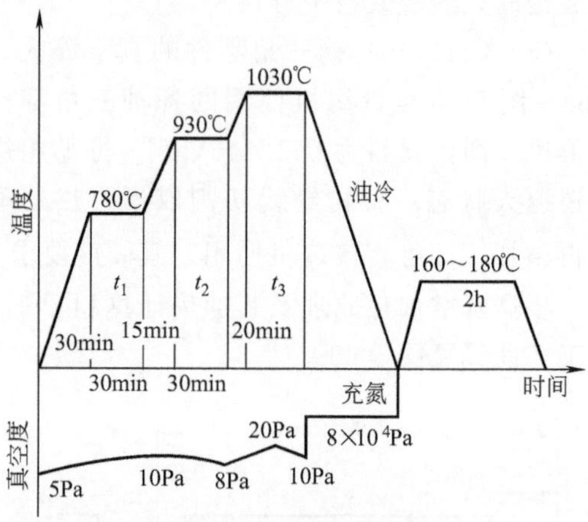

图 5-70 真空淬火工艺曲线

（9）GCr15 钢零件真空淬火。图 5-71、图 5-72 是针织机上大量使用的 GCr15 钢零件的典型代表，原始组织为铸态。从理论上讲，GCr15 钢的淬火温度为 840℃左右，淬火回火后疲劳强度和硬度都最高，冲击韧度也最好，在 840℃左右淬火时，奥氏体中溶解碳的质量分数为 0.5%～0.6%，铬的质量分数为 0.8%，尚有部分未溶解的碳化物。溶入的碳和合金元素保证了其淬透性和淬硬性，而未溶的碳化物阻止了晶粒长大。如果淬火温度偏低，则碳化物溶入奥氏体的量少，奥氏体中的碳和铬含量低，势必影响到淬火后的硬度；淬火温度过高，则会引起过热，使淬后马氏体粗大，变形也大，影响力学性能。加热时间与加热温度、传热介质、工件有效厚度及装炉量都有密切联系。相同温度条件下，加热时间太短，则奥氏

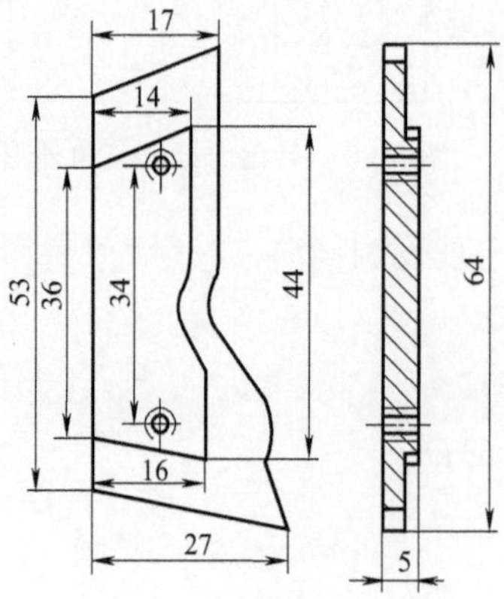

图 5-71 针织机零件上盘 0911A 外形 GCr15 钢，技术要求为 62～64HRC

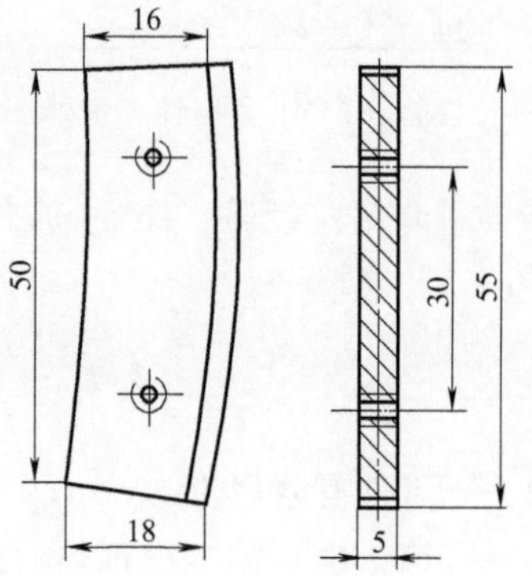

图 5-72 针织机零件上盘 0919A 外形 GCr15 钢，技术要求为 62～64HRC

体化不充分，碳化物没有完全溶解，固溶体的合金化程度低，会使淬火硬度偏低；加热时间太长，使其晶粒粗大，成本也高。

经过大量试验，确定了图 5-73 的真空淬火工艺曲线，淬火加热温度为 855℃，同时适当控制冷却时间，可以全部淬透，硬度达到 63～64HRC，变形也在允许范围之内。油炉回火后，硬度基本不变。图中所标的真空度为实际生产中的真空计显示值。

（10）高速钢零件真空淬火。高速钢零件作为模具和刀具应用是相当广泛的，以 W18Cr4V 钢零件为例介绍它的工艺曲线（图 5-74），零件为 50mm×30mm 的圆盘，1120℃以下的预热及保温期间的真空度为 5～20Pa，加热至 1120℃时，加热室充入 1×10^3Pa 的高纯氮气，从而有效地解决了零件的粘连问题。工件在入油前要采取适当的预冷措施，预冷（气淬）时间的长短根据工件尺寸大小而定，ϕ150mm×30mm 的工件预冷时间约为 80～100s，若从淬火温度直接入油冷却，则工件表面将产生所谓的“白亮层”，甚至产生表面熔化现象，经图 5-73 所示的工艺处理后，再进行（540℃×3 次）真空回火，其硬度可达 63～64HRC 左右。

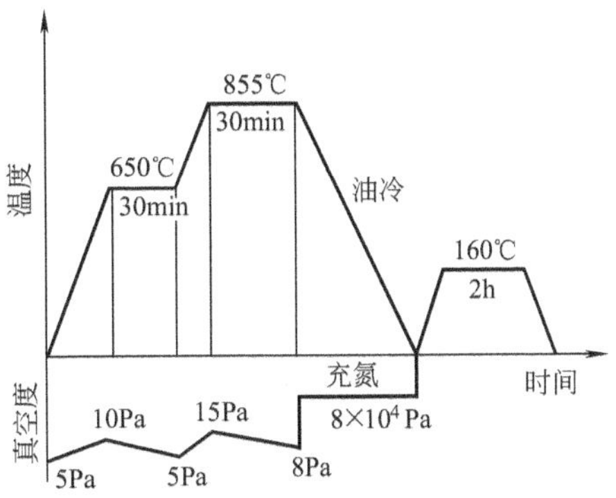

图 5-73　GCr15 钢真空淬火工艺曲线

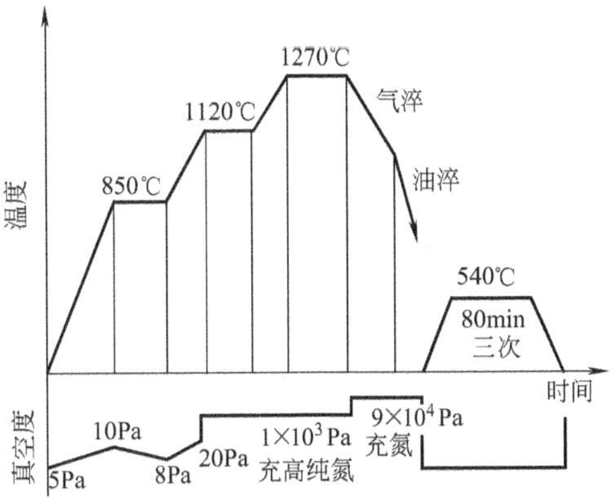

图 5-74　W18Cr4V 钢零件真空淬火工艺曲线

另外，对于小尺寸的高速钢零件，如 ϕ1.5～2.5mm 的小钻头，可以用 WZC-20 型真空淬火炉进行气淬处理，然后进行真空回火，经气淬处理的高速钢钻头表面光亮呈银灰色，钻头寿命显著提高，经济效益十分可观。

（11）4Cr13 环模材料真空淬火。

① 4Cr13 环模普通箱式炉油淬。普通油淬工艺见图 5-75，主要淬火工艺过程如下：

a. 清洗。用乳化脱脂剂清洗表面的油污，环模在清洗机中清洗 3～4h，清除油污、锈

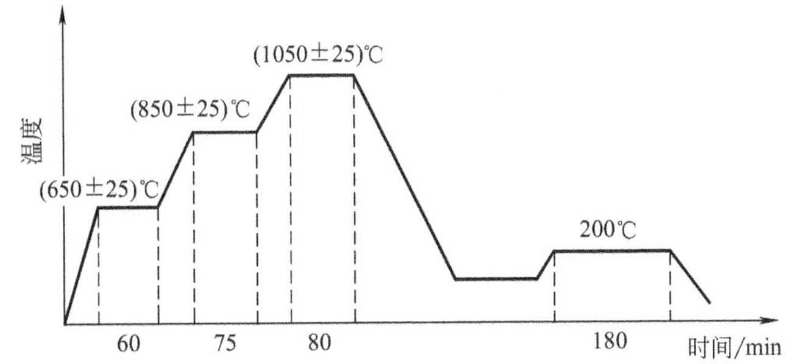

图 5-75　常规热处理淬回火工艺曲线图

迹、模孔中的铁屑。取出后放入环模烘干机烘干，烘干温度180℃，时间3h。

b. 装炉。环模在炉栅上可直接放置，为防止环模表面加热过程中相互压损，可用垫块隔开。

c. 加热。加热过程可分区间保温，采用加热650℃保温60min，850℃保温75min，淬火加热升温上限为1050℃，采用油淬，淬火后220℃回火180min。

d. 淬火。在淬火温度下保温一定时间后，出炉在3s内放入油池淬火，使环模内外同时冷却至室温均匀。

e. 回火。淬火后为释放工件内部热应力，需要进行回火处理，为保证与气淬处理环模同样条件的比对性，回火温度提高到220℃，保温3h。

② 4Cr13环模真空气淬炉淬火。环模淬火选用的是6.0VVPT-EH-50/50，其结构如图5-76所示，该真空炉是目前最先进的冷壁式的真空炉，底部上料，具有高压气淬功能。冷却气体循环系统为多喷嘴的喷气设计，能最好地保证淬火过程中工件的冷却均匀性和冷却速度。淬火工艺曲线见图5-77。

图5-76 赛科对流加热6bar气淬/立式真空炉

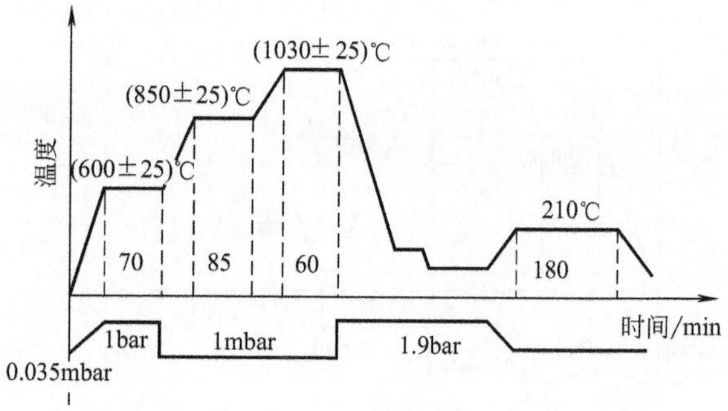

图5-77 真空气淬热处理工艺曲线图

a. 清洗、干燥。同油淬工序一样用乳化脱脂剂进行清洗，环模在清洗机中清洗3～4h，清除油污、锈迹、模孔中的铁屑。取出后放入环模烘干机烘干，烘干温度180℃，时间3h。

b. 装炉。待环模完全干燥后，入炉处理。真空热处理变形小是其一大优点。待工件摆放方式不同，其变形量也不同。同时工件的摆放方式对硬度均匀性也有重要影响，由于真空热处理是以辐射方式加热的，摆放方式不好势必遮挡严重，加热效果受影响。因此工件的摆放应有利于气流的通路（气淬时）和油的循环（油淬时），工件与工件之间应有一定的间隙，这样可使料筐中各部位的硬度均匀一致，对于细长类工件应有适当的夹具，能够悬挂放置的尽量悬挂放置，这样高温时可减小变形。为了保证环模热处理过程中模端、模身、表面以及内孔的受热均匀，无加热不足及过烧现象，保证整体淬火的组织均匀性，采用如图5-78所示的方法进行装炉，实际效果良好。

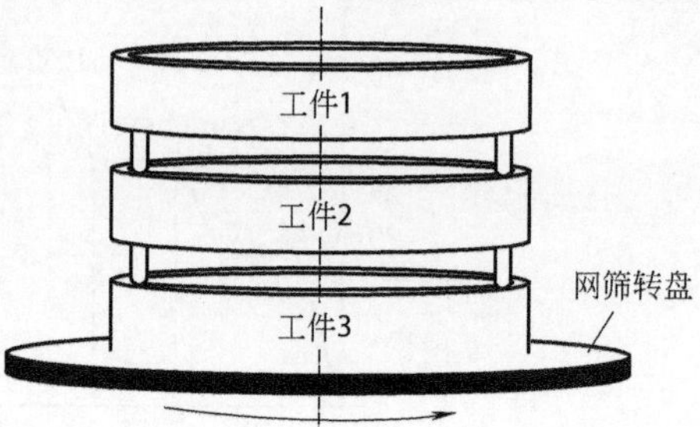

图5-78 环模装炉图

c. 加热。采用分段加热、分段保温方式，加热 650℃保温 60min，850℃保温 75min，淬火加热升温上限为 1050℃，采用油淬，淬火后 200℃回火 180min。

d. 保持时间和淬火压力。保持均温的时间长短可根据装炉量和环模的壁厚、孔径大小计算，一般保温时间 $T=KG$，K 结合环模壁厚根据经验取 1.2～1.8。

淬火所用氮气压力根据环模孔径和壁厚选取，一般环模孔径 1.2～2.5mm 时选用 2.5～3.0Pa，$\phi>2.5$mm 时选用 1.5～2.0Pa。合适压力不仅使环模变形最小，同时可获得最佳的淬硬层。

e. 回火。因淬火导致环模内部组织发生奥氏体转变，同时存在热应力，需要通过回火消除热应力，一般为获得最小残余热应力和最佳耐磨硬度，选择 180～200℃低温回火。

③ 测定方法。测定是检测螺纹孔尺寸变形和内部工作面变形情况。

a. 螺纹孔变形检测。每只环模在淬火前后都需要用千分尺检测，对用于装配的分度圆尺寸进行检测，判断是否符合标准。

环模用于装配的法兰孔分度圆的位置应符合表 5-25 的规定。

表 5-25 环模分度圆标准

环模直径 Φ_D/mm	装配螺纹孔位置度失圆度/mm	环模直径 Φ_D/mm	装配螺纹孔位置度失圆度/mm
$\Phi_D \leqslant 420$	≤1.20	$550<\Phi_D \leqslant 800$	≤2.00
$420<\Phi_D \leqslant 550$	≤1.50	$880<\Phi_D \leqslant 1200$	≤2.50

b. 内部工作面跳动检测。因环模受高温加热和急速冷却影响，内圆工作面会出现不同程度的跳动，一般跳动量通过加工中心校调后用百分表检测或用旋转工作台进行检测，内工作面允许的跳动标准与环模直径、孔径有关，具体标准如表 5-26 所示。

表 5-26 环模内工作面跳动标准

环模规格	$\phi_d \leqslant 2.0$	$2.0<\phi_d \leqslant 3.0$	$3.0<\phi_d \leqslant 5.0$	$5.0<\phi_d \leqslant 12.0$
$\Phi_D \leqslant 420$	◎≤0.1	◎≤0.3	◎≤0.4	◎≤0.5
$420<\Phi_D \leqslant 550$	◎≤0.1	◎≤0.3	◎≤0.4	◎≤0.5
$550<\Phi_D \leqslant 800$	◎≤0.3	◎≤0.4	◎≤0.5	◎≤0.6
$800<\Phi_D \leqslant 1200$	◎≤0.3	◎≤0.4	◎≤0.5	◎≤0.6

注：表中“◎”指内圆跳动符号，单位 mm；“ϕ_D”指环模工作内径，单位 mm；“ϕ_d”指模孔直径，单位 mm。

c. 4Cr13 环模淬火后力学性能的检测。淬火改变了 4Cr13 环模的内部组织，从而改变了环模的力学性能，因环模实物体积较大且无法模拟实际工况，不太容易做力学性能验证，可采用成品环模淬火后切割试样，通过试验设备验证不同的淬火工艺，检测其硬度、拉伸、冲击、磨损等性能。

④ 4Cr13 环模淬火后表面状态和内部金相的改变。4Cr13 淬火后的组织为马氏体＋碳化物＋残留奥氏体。在 4Cr13、4Cr13Cu 中有大量的碳化物析出，这与 Cr 元素的加入有关。同时 Cr 元素是中等强度的碳化物形成元素，主要是通过合金渗碳体原位转变来形成特殊的碳化物。Cr 向渗碳体富集，当其浓度超过在合金渗碳体中的溶解度时，合金渗碳体通过原位转变形成特殊碳化物。在 4Cr13 钢中有大量的碳化物析出，这些碳化物颗粒的分布起到了

沉淀强化的作用，通过碳化物颗粒对位错的阻碍作用而表现出来。

内部金相组织可以通过电子显微镜观察，通过晶粒度分析软件检测淬火后的内部晶粒度大小及分布情况。

系统主要用以鉴别和分析各种金属及合金的组织结构。用视频采集卡及数码相机等硬件设备，采集到显微镜中的金相图片，再对该图片进行处理和分析，得到相关检验结果。实验设备具有 100 多项金相检测与评定功能，分析效率高、性能稳定。

真空淬火的表面状态，产品精密度，热处理后的表面状态（光亮度、氧化、脱碳）对其经济技术效果的影响较大。影响光亮度的因素有真空度、漏气率、冷却介质特性和钢种等。

油淬比气淬的光亮度低 20%～30%，这是钢的活性表面与油的高温分解产物和水分、酸等作用而被氧化、腐蚀及黏附的结果，工件的加热温度越高，氧化作用越强烈，工件表面的光亮度越差。在 1000℃以下加热，油淬的光亮度可以达到原始状态的 80%，水淬的工件表面发灰，淬火后应做表面处理，如涂防锈油。

回火，特别是中温、高温回火可使工件表面光亮度有所下降，结构钢回火后的光亮度比淬火后下降 3.8%～17%，工具钢则可下降 2%～15%。为避免凭肉眼判定光亮度的偏差以及标准无法传播，在工业中多用简便的光学方法，以反射率判定光亮度（参见日本标准 JISZ 8741）。

⑤ 试验结果与讨论。因 4Cr13 不锈钢环模材料的奥氏体化温度为 980℃左右，环模的最终加热温度（气淬温度）应比此值高一点，以形成奥氏体组织。如果环模的真空气淬温度较高，则热处理后的硬度就会较高，但也极易形成淬火裂纹，而且在高温的真空环境里，高铬不锈钢内的合金元素，如 Cr、Mn 等的蒸发量会加大，从而可能降低环模的力学性能，因此环模的真空气淬温度不能太高，将其设定为 1050℃。

采用相同的热处理工艺对 4Cr13 分别进行了真空气淬和油淬热处理，比较分析了两种工艺热处理后的组织和性能变化，为实际应用提供了理论依据。

a. 不同淬火方式对环模金相组织的变化。图 5-79 为原始退火态 4Cr13 显微组织，为球状珠光体＋铁素体基体；这些碳化物呈网状或带状分布，割裂了基体组织，降低了材料的综合力学性能。图 5-80（a）、（b）分别为真空气淬和普通油淬后的环模的金相显微组织，可看出，两种工艺处理后的环模组织均为淬火马氏体基体组织，未完全消除沿晶界碳化物，但气淬处理后的环模组织更均匀，碳化物以小颗粒状分布在晶粒上。

图 5-79 淬火态的 4Cr13 组织

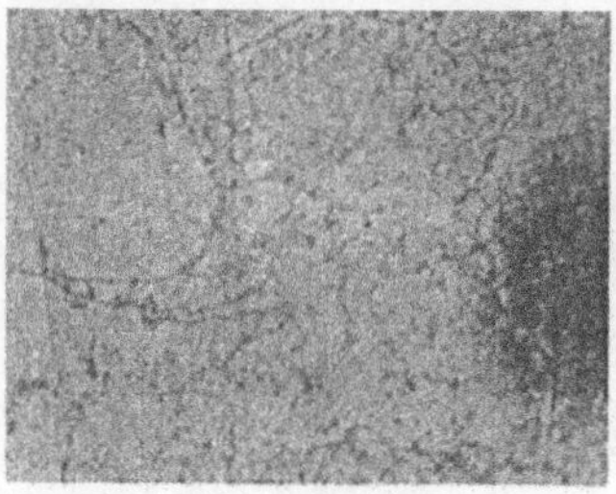

(a) 气淬后180℃回火

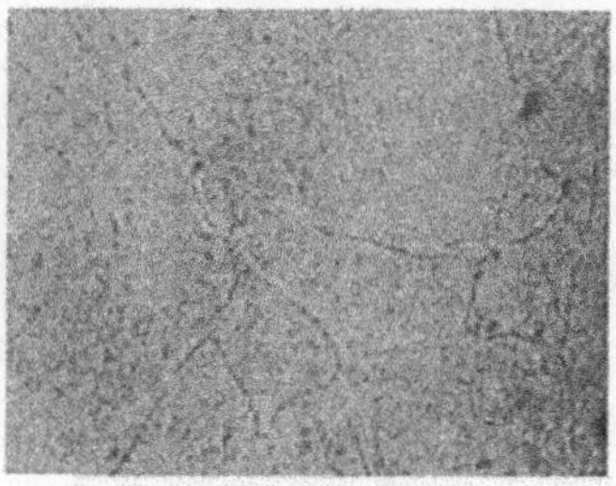

(b) 油淬200℃回火

图 5-80 气淬和油淬回火后的显微组织结构

通过晶粒度分析软件，测得油淬后的晶粒度等级为 4.2 级，真空气淬后的晶粒度等级为 5.8 级。

从检测结果看，真空气淬因在瞬间通入一定压力的纯度极高的氮气进行急速冷却，使环模内外瞬间冷却以获得较好的硬度。所淬火后的工件淬透层较好，组织更加致密，晶粒度更加细小，对环模实际使用的耐磨损更好。

b.不同淬火方式对环模硬度变化的影响。硬度对耐磨性的作用是不言而喻的，理想的黏着摩擦表面应当是表面软（保证表面润滑性能好），亚表层硬（保证有良好的支撑，得到尽量大的屈服强度），下面有一平缓的过渡区（防止层状剥落的发生）。环模经普通油淬和真空气淬后的表面硬度检测如表 5-27 所示。沿环模中心部位进行切割成宽度为 10mm 见方的试样，做其内部硬度分布情况，检测数据见表 5-28，硬度变化见图 5-81。

表 5-27 不同处理工艺后环模表面的硬度情况

普通油淬				真空气淬			
序号	硬度(HRC)	序号	硬度(HRC)	序号	硬度(HRC)	序号	硬度(HRC)
1	53.0	4	52.7	1	52.6	4	53
2	51.4	5	51.6	2	53.4	5	52.4
3	53.5	6	52.2	3	52.3	6	52.7
平均值	52.6	平均值	52.2	平均值	52.8	平均值	52.7

表 5-28 由表向里不同处理工艺淬硬度（HRC）变化

项目	由表面向里每次递进 1mm 检测										
	0	1mm	2mm	3mm	4mm	5mm	6mm	7mm	8mm	9mm	10mm
真空气淬	52.3	52.2	52.0	52.1	51.9	51.8	51.8	51.5	51.2	51.0	51.0
普通油淬	52.2	52.0	51.9	51.6	51.4	51.0	49.6	49.5	49.5	49.0	48.9

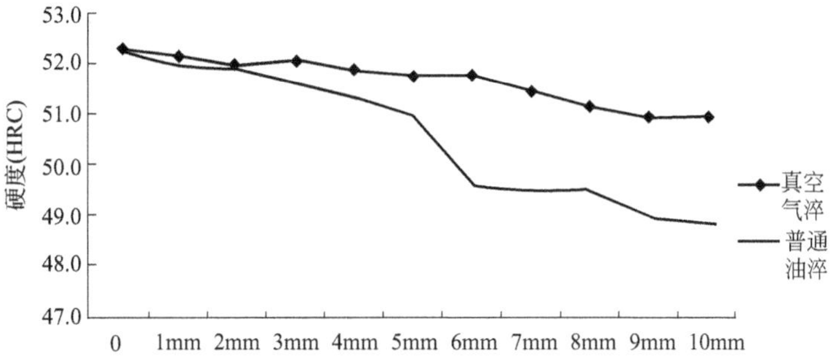

图 5-81 硬度变化折线图

真空气淬回火后硬度为 52.8HRC，而经普通油淬回火后硬度为 52.2HRC。真空气淬后的硬度值与普通油淬相比，比较接近，没有大的差异，但从淬硬深度分析，真空气淬淬硬的均匀性较好，主要是因为真空气淬内部组织相对细小，分布比较均匀。

c.不同形式淬火后环模的变形。环模经过淬火后会有不同程度的变形，变形超出标准范围将对环模使用造成影响，可能引起无法装配、装配不到位、不出料、颗粒机使用过程中跳动大等问题，严重的还会引起破模。真空淬火因加热、冷却在同一炉腔完成，同时氮气的急速冷却，环模变形控制在最小的范围内，真空淬火环模检测结果见表 5-29、表 5-30。

表 5-29 真空气淬前后环模尺寸变形情况表

环模编号	尺寸位置	A 面/mm				B 面/mm				螺纹孔径	结论
MY02-1267	淬火前	637.5	637.6	637.6	637.5	637.5	637.7	637.6	637.6	M20 ϕ17.8mm	合格
	淬火后	637.5	637.5	637.6	637.2	637.9	638.1	638.2	638		
	变形量值≤1.5	0	−0.1	0	−0.3	0.4	0.4	0.6	0.4		
MY02-1442	淬火前	637.6	637.5	637.6	637.4	637.5	637.5	637.5	637.5	M20 ϕ17.8mm	合格
	淬火后	637.5	637.4	637.6	637.3	637.6	637.9	637.8	637.9		
	变形量值≤1.5	−0.1	−0.1	0	−0.1	0.1	0.4	0.3	0.4		
MY02-1443	淬火前	637.7	637.7	637.7	637.7	637.7	637.8	637.7	637.7	M20 ϕ17.8mm	合格
	淬火后	638	637.7	637.6	637.6	638.2	637.9	637.5	637.6		
	变形量值≤1.5	0.3	0	−0.1	−0.1	0.5	0.1	−0.2	−0.1		

表 5-30 普通油淬前后环模尺寸变形情况表

环模编号	尺寸位置	A 面/mm				B 面/mm				螺纹孔径	结论
MY16-320	淬火前	532.8	532.9	532.7	532.6	532.8	532.7	532.8	532.6	M20 ϕ17.8mm	合格
	淬火后	532.2	533.2	532.1	531.6	532.2	532	533.3	532.8		
	变形量值≤1.5	−0.6	0.3	−0.6	−1	−0.6	−0.7	0.5	0.2		
MY16-321	淬火前	532.8	532.8	532.9	532.8	532.8	532.8	532.8	532.9	M20 ϕ17.8mm	不合格
	淬火后	532.3	532.7	531.6	531.5	532	531.8	532.9	534		
	变形量值≤1.5	−0.5	−0.1	−1.3	−1.3	−0.8	−1	0.1	1.1		
MY16-322	淬火前	532.9	532.9	532.9	532.9	532.9	532.9	532.8	532.8	M20 ϕ17.8mm	合格
	淬火后	532	531.8	532.3	533.3	533.4	532.3	531.6	532		
	变形量值≤1.5	−0.9	−1.1	−0.6	0.4	0.5	−0.6	−1.2	−0.8		

由此可见，环模采用真空淬火变形远小于油淬工艺，给生产带来了安全性，从而保证环模的正常使用寿命。

d. 对耐磨性能、冲击性能的影响。采用 HB-3000 型布氏硬度计和 TYPE-M 型洛氏硬度计测定试样的硬度。耐磨性试验在 MLD-10 型动载磨料磨损试验机上进行。试验数据如表 5-31～表 5-34 所示，不同状态下的冲击状况如表 5-35 所示。相同正应力条件下磨损时间与磨损质量的关系如图 5-82 所示，相同磨损时间下磨损载荷与磨损质量的关系如图 5-83 所示。

表 5-31 磨损时间变化对常规热处理 4Cr13 钢摩擦磨损性能的影响（500N）

项目 \ 时间/min	20	40	60	80	100
1 磨损前质量/g	9.6532	9.7014	9.7134	9.6856	9.6714
1 磨损后质量/g	9.6424	9.6721	9.6745	9.6362	9.6088
1 硬度(HRC)	50.7	51.1	50.4	51.5	51.2
2 磨损前质量/g	9.7543	9.6391	9.6903	9.7451	9.7241
2 磨损后质量/g	9.7431	9.6139	9.6555	9.693	9.6647
2 硬度(HRC)	51.4	52.3	51.7	50.7	52.1
1 试样失重/g	0.0108	0.0293	0.0389	0.0494	0.0626
2 试样失重/g	0.0112	0.0252	0.0348	0.0521	0.0594
平均失重/g	0.011	0.0273	0.0369	0.0508	0.061

表 5-32 磨损时间变化对真空气淬后 4Cr13 钢摩擦磨损性能的影响（500N）

项目 \ 时间/min	20	40	60	80	100
1 磨损前质量/g	9.7142	9.7341	9.6921	9.6698	9.7041
1 磨损后质量/g	9.7044	9.7106	9.663	9.6319	9.6557
1 硬度(HRC)	53.6	53.7	52.3	53.1	51.4
2 磨损前质量/g	9.7016	9.6842	9.7013	9.6785	9.7147
2 磨损后质量/g	9.6913	9.6591	9.6709	9.6418	9.6657
2 硬度(HRC)	52.2	52.8	52.6	52.5	54.3
1 试样失重/g	0.0098	0.0235	0.0291	0.0379	0.0484
2 试样失重/g	0.0103	0.0251	0.0304	0.0367	0.049
平均失重/g	0.01	0.0243	0.0297	0.0373	0.0487

由表 5-32、表 5-33 中的数据可以得出图 5-82，在正应力相同的情况下，相同的磨损时间内常规淬火处理的试样，较气淬后的试样磨损量要大，并且随着时间的推移，气淬耐磨性的优势越来越明显。主要原因可以归结为气淬后的晶粒组织较普通油淬细小且淬硬层硬度分布均匀。

表 5-33 载荷变化对常规热处理后 4Cr13 钢摩擦磨损性能的影响（20min）

项目 \ 正应力/N	300	450	600	750	900
1 磨损前质量/g	9.6815	9.7142	9.7351	9.7401	9.6928
1 磨损后质量/g	9.6713	9.7005	9.7102	9.701	9.6415
1 硬度(HRC)	51.2	52.1	52.4	51.8	51.7
2 磨损前质量/g	9.7142	9.6859	9.6951	9.7142	9.7362
2 磨损后质量/g	9.7041	9.6727	9.6698	9.6765	9.685
2 硬度(HRC)	50.3	50.7	51.4	50.1	51.9
1 试样失重/g	0.0102	0.0137	0.0249	0.0391	0.0513
2 试样失重/g	0.01	0.0132	0.0253	0.0383	0.0512
平均失重/g	0.0101	0.0134	0.0251	0.0387	0.0512

表 5-34 载荷变化对真空气淬后 4Cr13 钢摩擦磨损性能的影响（20min）

项目 \ 正应力/N	300	450	600	750	900
1 磨损前质量/g	9.6825	9.6821	9.7143	9.7142	9.7561
1 磨损后质量/g	9.6734	9.6716	9.6939	9.6894	9.7219
1 硬度(HRC)	53.3	52.4	52.8	52.7	52.1
2 磨损前质量/g	9.6854	9.7425	9.7341	9.7012	9.6524
2 磨损后质量/g	9.6759	9.731	9.7139	9.6754	9.6879
2 硬度(HRC)	53.7	54.6	53.3	52.4	53.9
1 试样失重/g	0.0091	0.0105	0.0204	0.0248	0.0342
2 试样失重/g	0.0095	0.0115	0.0202	0.0258	0.034
平均失重/g	0.0093	0.011	0.0203	0.0253	0.0341

由表 5-34、表 5-35 中的数据可以得出图 5-83，在磨损时间相同、正应力不同的情况下，真空气淬的磨损量仍然高于普通油淬的磨损量，这与其淬硬层检测是对应的，表明真空气淬的耐磨性能优于普通油淬。

两种试样对比其冲击功，普通油淬为 9.35J，真空气淬为 8.86J，可能与淬硬层深度、硬度变化有关。

e. 拉伸性能的影响。由拉伸试验我们可以得到材料的抗拉强度及其断后伸长率，从而得到材料的强度和塑性的相关数据。抗拉强度（σ_b）也叫强度极限，指材料在拉断前可承受的

表 5-35 不同处理工艺 4Cr13 试样的冲击功情况

未处理		真空气淬		普通油淬			
序号	冲击功/J	序号	冲击功/J	序号	冲击功/J	序号	冲击功/J
11	8.0	71	9.0	41	9.1	121	6.5
12	8.5	72	8.5	42	9.0	122	9.5
13	9.3	73	10.0	43	9.3	123	9.1
平均值	8.6	平均值	9.12	平均值	9.2	平均值	9.7

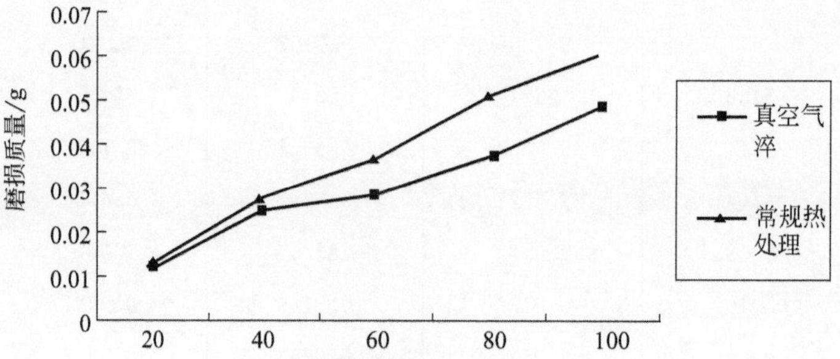

图 5-82 正应力为 500N 时，磨损时间与磨损质量的关系曲线图

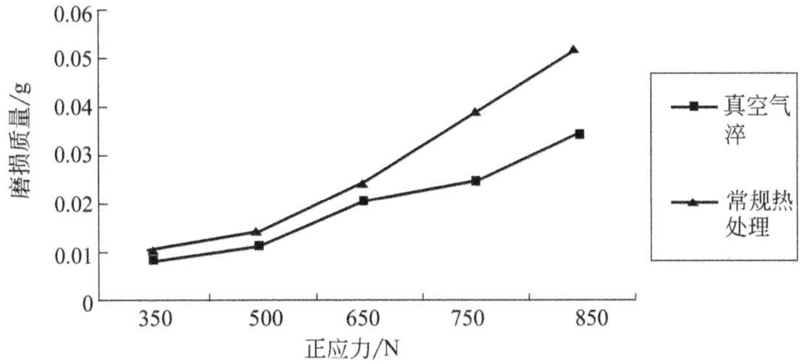

图 5-83 相同磨损时间下，磨损载荷与磨损质量的关系曲线

最大应力值。当钢材屈服到一定程度后，由于内部晶粒重新排列，其抵抗变形能力又重新提高，此时变形虽然发展很快，但却只能随着应力的提高而提高，直至应力达到最大值。此后，钢材抵抗变形的能力明显降低，并在最薄弱处发生较大的塑性变形，此处试件截面迅速缩小，出现颈缩现象，直至断裂破坏。钢材受拉断裂前的最大应力值称为强度极限或抗拉强度。

以低碳钢为例，在工程中，对应力和应变进行计算。应力（工程应力或名义应力）$\sigma=P/A$，应变（工程应变或名义应变）$\delta=(L-L_0)/L$。式中，P 为载荷；A 为试样的原始截面积；L_0 为试样的原始标距长度；L 为试样变形后的长度。

这种应力-应变曲线通常称为工程应力-应变曲线，如图 5-84 所示，它与载荷-变形曲线相似，只是坐标不同。从此曲线上可以看出，低碳钢的变形过程有其特点，当应力低于 σ_e 时，应力与试样的应变成正比，应力去除，变形消失，即试样处于弹性变形阶段，σ_e 为材料的弹性极限，它表示材料保持完全弹性变形的最大应力。

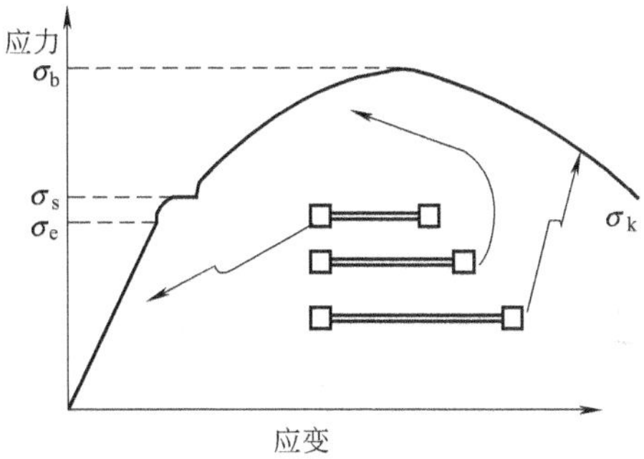

图 5-84 低碳钢的应力-应变曲线

当应力超过 σ_e 后，应力与应变之间的直线关系被破坏，并出现屈服平台或屈服齿。如果卸载，试样的变形只能部分恢复，而保留一部分残余变形，即塑性变形，这说明钢的变形进入弹塑性变形阶段。σ_s 称为材料的屈服强度或屈服点，对于无明显屈服的金属材料，规定以产生 0.2%残余变形的应力值为其屈服极限。

当应力超过 σ_s 后，试样发生明显而均匀的塑性变形，若使试样的应变增大，则必须增加应力值，这种随着塑性变形的增大，塑性变形抗力不断增加的现象称为加工硬化或形变强化。当应力达到 σ_b 时，试样的均匀变形阶段即告终止，此最大应力 σ_b 称为材料的强度极限或抗拉强度，它表示材料对最大均匀塑性变形的抗力。

在 σ_b 值之后，试样开始发生不均匀塑性变形并形成颈缩，应力下降，最后应力达到 σ_k 时试样断裂。σ_k 为材料的条件断裂强度，它表示材料对塑性的极限抗力。

这种拉伸与常规拉伸不同，在这种拉伸应变的测定时采用应变片，将应变片牢牢地贴在试样上，可以测定微小的变形量，但是其主要的缺点是不能测定较大的变形。拉伸过程中的试验力仍然采用逐级试力法，7.5kN 之前采用 2kN 递增的方式，后期采用 0.5kN 递增的方式。实验数据见表 5-36，根据试验数据可得曲线，见图 5-85。

表 5-36 变载荷下不同状态的应变数据

载荷/kN	常规淬火应变($\mu\varepsilon$)	真空气淬应变($\mu\varepsilon$)	载荷/kN	常规淬火应变($\mu\varepsilon$)	真空气淬应变($\mu\varepsilon$)
0	0	0	22.5	4073	4118
2.5	408	635	23	4152	4203
5	886	1165	23.5	4237	4295
7.5	1370	1590	24	4344	4381
8	1465	1694	24.5	4432	4469
8.5	1550	1772	25	4543	4563
9	1648	1895	25.5	4618	4665
9.5	1710	1961	26	4724	4747
10	1814	2043	26.5	4842	4812
10.5	1894	2144	27	4936	4946
11	1991	2236	27.5	5090	5001
11.5	2073	2302	28	5216	5102
12	2173	2393	28.5	5334	5205
12.5	2268	2484	29	5474	5253
13	2370	2575	29.5	5612	5362
13.5	2457	2630	30	5746	5444
14	2540	2744	30.5		5559
14.5	2642	2832	31		5651
15	2732	2896	31.5		5732
15.5	2822	2976	32		5827
16	2910	3065	32.5		5903
16.5	2994	3161	33		6006
17	3107	3228	33.5		6082
17.5	3217	3302	34		6218
18	3297	3384	34.5		6316
18.5	3405	3494	35		6444
19	3483	3583	35.5		6568
19.5	3580	3662	36		6703
20	3651	3722	36.5		6821
20.5	3761	3804	37		6988
21	3867	3896	37.5		7155
21.5	3956	3970	38.0		7355
22	4012	4043	38.5		7524

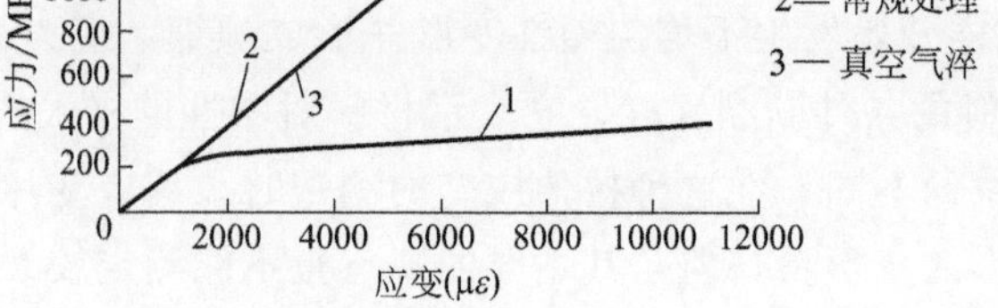

图 5-85 4Cr13 不锈钢不同热处理状态下的拉伸应力-应变曲线

图 5-85 为常温下，4Cr13 的退火态以及气淬和油淬后的力学性能，从中可以看出，退火态的 4Cr13 材料的性能较低，无论是普通油淬还是真空气淬，对其力学性能都有明显的提高。

由表 5-37 可以看出，气淬件与油淬件的抗拉强度接近，这一点我们还可以从图 5-85 拉伸时的应力-应变曲线得到证明。

表 5-37　不同试样的拉伸性能

试样	抗拉强度 σ_b/MPa
退火件	663
气淬件	1283
油淬件	1000

f. 环模在客户处的使用数据分析。工艺性分析试验最终需要在客户处进行验证，通过收集市场部分数据，整体显示真空气淬使用过程中磨损均匀，使用寿命长，模孔在使用过程中变形小，给客户带来直接的经济效益，表 5-38 是取自山东部分厂家的数据。

表 5-38　真空气淬环模在山东部分厂家的使用数据

环模型号	孔径/mm	生产物料	实际使用产量/t	使用寿命/h
MY01-033	ϕ4.5	畜禽料	35000	1305
MY01-130	ϕ4.5	畜禽料	10000	1452
MY02-1035	ϕ4.0	畜禽料	20000	1538
MY02-1051	ϕ4.5	畜禽料	20000	1538
MY02-1260	ϕ3.2	猪　料	19000	1500
MY02-845	ϕ4.0	猪　料	26000	1333
MY02-1157	ϕ3.2	猪　料	26667	1867
MY01-147	ϕ4.5	畜禽料	39334	1104
MY01-162	ϕ4.5	畜禽料	56385	1583
MY01-163	ϕ4.5	畜禽料	48805	1445
MY01-185	ϕ4.5	畜禽料	39000	1421
MY01-112	ϕ3.0	畜禽料	6000	400
MY02-1112	ϕ3.0	畜禽料	16800	1400
MY02-986	ϕ4.0	畜禽料	16428	1369.2
MY02-771	ϕ4.0	畜禽料	30000	1400
MY02-882	ϕ4.0	畜禽料	33000	1450
MY02-601	ϕ4.0	畜禽料	17000	1400

通过以上一系列研究，我们发现对退火态的 4Cr13 环模基体材料的常规热处理和真空气淬处理后的试样分析，在环模变形情况、金相组织、硬度、拉伸强度和耐磨性等方面进行了详细的对比研究，主要表现为：

ⅰ. 环模经真空淬火后可获得最小的变形，从而保证产品品质、使用安全的现行条件。

ⅱ. 对退火态的 4Cr13 分别进行普通油淬和真空气淬处理后，各项性能指标都有了不同程度的提高，对环模综合力学性能来讲，真空气淬比普通油淬有着很好的优越性。

真空淬火中应注意以下几个问题：

ⅰ.工件的摆放方式。真空热处理的变形小是其一大优点，但工件摆放方式不同，其变形量也不同。同时工件的摆放方式对硬度均匀性也有重要影响，由于真空热处理是以辐射方式加热的，摆放方式不好势必遮挡严重，加热效果受影响。

因此工件的摆放应有利于气流的通路（气淬时）和油的循环（油淬时），工件与工件之间应有一定的间隙，这样可使料筐中各部位的硬度均匀一致，对于细长类工件应有适当的夹具，能够悬挂放置的尽量悬挂放置，这样可减小变形。

ⅱ.真空淬火工艺选择。选择合适的加热工艺对热处理效果有很大影响。多次预热淬火的工件硬度均匀性比一次预热好，回火后二次硬化效果好。同时，多次预热淬火处理的工件变形小，碳化物组织细小均匀，这是由于多次预热缩小了工件表面与心部的温度梯度，奥氏体化程度高。这样就使奥氏体成分均匀，使随后的淬火硬度均匀，同时又使回火时碳化物弥散析出，显示二次硬化效果。由于温度梯度减小，热应力随之减小，对减小变形是有利的。对于Cr12MoV及GCr15钢而言，适当提高预热温度，可提高加热速度，缩短加热时间，不致使晶粒粗大，降低生产成本。

合适的油搅拌速度也有利于减小工件的变形。WZ型真空淬火炉油搅拌速度为双速，一般淬火时选用低速搅拌即可。

充氮压力对于工件的变形也有一定的影响，在高速钢气淬时，为了提高其淬透性，可以适当提高其充氮压力。其他材料在油淬时随充氮压力的降低工件变形减小，但是淬火时随压力的降低，油沸腾阶段淬火油的特性温度下降，冷却能力降低，这势必影响到淬火硬度，所以合理地选择充氮压力以调节冷却速度，使在保证足够硬度的前提下，尽量减小变形，节约氮气。

参考文献

[1] 易光.法国ECM立式真空炉//出国技术考察座谈会，1993.

[2] 陈鹤龄.对国外高速工具钢真空气淬设备的分析和比较//进口真空热处理设备技术交流会资料汇编，1988.

[3] 康虹.ZSD-50型高真空钼烧结炉的研制.真空，1996（8）.

[4] 加藤丈夫.真空脱脂清洗装置//第二届中日双边热处理学术交流会，1993.

[5] 高桥庸夫［日］.真空清洗机的开发.工业加热，1992（3）：129.

[6] 本堂義和，伊藤崇.窒素循环型洗净乾燥装置.洗净设计［日］，1992，Winter.

[7] 中外炉工業株式会社.真空清洗干燥装置技术规格书，1995.

[8] 平本昇.石油系溶剂蒸气洗净机.洗净设计［日］，1993.

[9] 门野彻.真空脱脂洗净装置NVD.工業加熱［日］，1994（2）：43-50.

[10] MRF Inc. Today's Furnaces for Tomorrow's Technologies，1992.

[11] 郭鸿震等.真空系统设计与计算.北京：冶金工业出版社，1986.

[12] MILITARY SPECIFICATION Furnaces，Vacuum，Heat Treating Integral Quench：MIL-F-80233B.

[13] MILITARY SPECIFICATION Furnaces，Vacuum，Heat Treating and Brazing：MIL-F-80113D.

[14] 林光磊，许剑银.4Cr5MoSiV1钢热挤模具真空渗氮工艺探讨//中国热处理学会首届中国热处理活动周论文集.大连：2002.

[15] 弋茂庆，杨志文.低真空变压热处理技术的特点及其发展//中国热处理学会首届中国热处理活动周论文集.大连：2002.

[16] 陈翠欣.不锈钢固溶渗氮.国外金属热处理，2001.

[17] 陈再良，阎承沛等.先进热处理制造技术.北京：机械工业出版社，2002.

[18] 3rd ALD-Symposium China，Sanya Hainan Island，2003.

[19] Columbia S C. Flexible Vacuum Carburizing Systems. 3rd ALD-Symposium China，Sanya Hainan Island，2003.

[20] ALD Vacuum Technologies AG. Modul Therm Linked Multi-Chamber Furnace System. 3rd ALD-Symposium China, Sanya Hainan Island, 2003.
[21] ALD Vacuum Technologies AG. VZKQ Multi-purpose Vacuum Chamber Furnace. 3rd ALD-Symposium China, Sanya Hainan Island, 2003.
[22] 阎承沛. 燃气式真空炉研究开发评述. 国外金属热处理, 2002 (2).
[23] 阎承沛. 燃气式真空热处理炉技术研究开发及应用. 热处理, 2002 (4).
[24] 阎承沛等. 蓄热式 (HTAC) 燃气辐射管燃烧器研制开发. 热处理, 2004 (1).
[25] 吴道洪, 阎承沛等. 高温空气燃烧技术蓄热式辐射管燃烧器的研制开发和应用. 工业加热, 2004 (2): 102.
[26] 戴芳等. 单室真空高压气淬炉的研制与开发//第六届全国工业炉学术年会论文集. 北京: 2002.
[27] 周有臣. WZ 型系列真空铝钎焊炉的研制//第六届全国工业炉学术年会论文集. 北京: 2002.
[28] Yan Chengpei, et al. Research and Development of Vacuum Cleaning Technology of Degrese Without Environ-mental Pollution//Proceedings of the 7 International Seminar of IFHT. Budapest, Hungary, 1999.
[29] Yan Chengpei. Present Situation and Future of Vacuum Heat Treating Technalonwin Chin. vinitdl.
[30] Lhote. B, Delcourt. O. Gas Quenching with Helium in Vacuum Furnaces//ASM Europe Heat Treatment Conference, Amesterdam, 1991.
[31] Holoboff R, Hote B L, Speri R, Delcourt O. Gas Quenching with Helium. Advanced Materials and Processes, 1993 (2): 2-26.
[32] Marcia A. Phillips, Benoit L Hote, Olivier Delcourt and Roger Speri, Improvements in the Use of Helium for Vacuum Quench. Industrial Heating, 1991 (10): 2-33.
[33] Pritchard J, Nurnberg G, Shoukri M. Design Optimization of High Pressure Quench Vacuum FurnacesThrough Computer Modelling. Industrial Heating, 1995 (9): 57-59.
[34] James G Conybeat. High pressure Gas Quenching. Advanced Materials and Processes, 1993 (2): 20-21.
[35] Janusz Kowalewski, Jozef Olejnik. Applications for Vacuum Furnaces with 6, 10 and 20 Bar Gas Quenching Capabilities. Industrial Heating, 1998 (10): 39.
[36] William W H. High pressure cooling performance in vacuum heat treating furnaces is analyzed by new method. Industrial Heating, 1991 (3): 23-27.
[37] Psul H, Wilfried R Z. Gas quenching tool steel. Adanced Material& Process, 1993 (2): 29-31.
[38] Marcia A P, Benoit L H, Olivier D, et al. Improvements in the use of helium for vacuum quenching. Industrial Heating, 1991 (10); 27-33.
[39] FLLTENT6. 1user's guide volume. Fluent Inc, 2003.
[40] 詹萍等. 广泛应用的外热式真空炉//第六届全国真空热处理年会论文集, 1995.
[41] 陈淑良. 真空钎焊油嘴壳上的回油管//第六届全国真空热处理年会论文集, 1995.

6 真空加压气淬

6.1 概述

真空高压气淬作为一种真空热处理技术，是在真空状态下将被处理工件加热，而后在高压力高速率的冷气体中进行快速冷却使之硬化。它是21世纪最有发展前途的一种真空热处理技术，是世界各国都高度重视的热处理技术的重要领域。根据美国金属热处理学会、美国热处理研究院、美国能源部工业技术厅对美国热处理工业2020年发展远景的预测，未来的热处理工业要有一流的质量，要提高能量利用率，要做到工作环境良好、清洁无污染。这些预测为真空高压气淬技术的发展提供了广阔的舞台和机遇，它既能使零件保持洁净（表面无氧化、无脱碳）又免除了淬火后的清洗工序，无疑是“绿色热处理”技术。

真空高压气淬技术具有油冷淬火、盐浴淬火不可比拟的优点：①工件表面质量好，无氧化、无脱碳；②淬火均匀性好，工件变形小；③淬火强度可控性好，冷却速度能通过改变气体压力和流速进行控制；④生产率高，省掉了淬火后的清洗工作；⑤无环境污染等。这使得真空高压气淬在近30年时间内得到了迅速发展、推广和应用。

真空高压气淬热处理过程如图6-1所示。将工件装入真空高压气淬炉中，用真空泵将加热室抽空，达到一定真空度时开始加热，通常要经过预热使工件温度和炉温相同，当工件达到奥氏体转化温度后保温，保温结束后阀门把抽气系统与加热室隔开，然后向炉内和淬火回路充一定压力的淬火气体，打开鼓风机，强制气体流入管道，通过淬火流道将冷气体喷到工件上，热气通过排气孔流经热交换器冷却，通过连续的淬火回路反复循环来实现工件迅速冷却的金相要求，使工件得到硬化。

为了使工件在热处理后获得所需要的组织和性能，大多数热处理工艺都必须先将工件加热至临界温度以上，获得奥氏体组织，然后再以适当方式（或速度）冷却，以获得所需要的组织和性能。加热时形成的奥氏体的化学成分、均匀性、晶粒大小以及加热后未溶入奥氏体中的碳化物、氮化物等过剩相的数量、分布状况等都对工件的冷却转变过程及转变产物的组织和性能产生重要的影响。随着人们对真空加热过程的深入认识和真空热处理技术的不断发展，对真空高压气淬工艺过程的改进主要集中在真空加热周期的加热温度和加热时间。例如

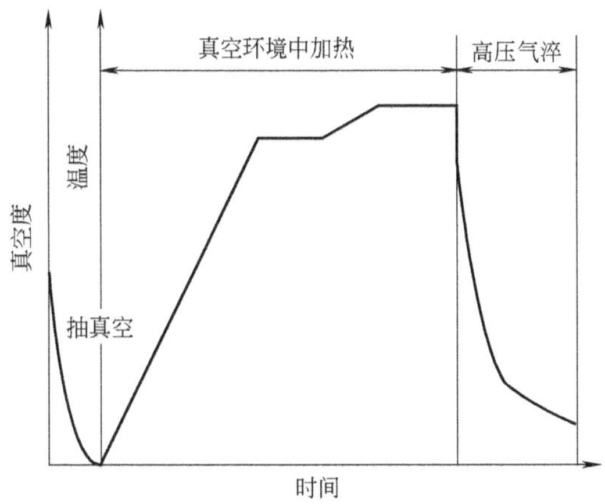

图 6-1 真空高压气淬热处理过程图

在真空高压气淬设备中引入真空低温对流辐射加热系统，大幅缩短了真空加热时间。传统的真空高压气淬设备，加热在真空中进行，主要靠辐射传热，而辐射传热只有在760℃以上才能表现出明显效果，为了在低温下实现均匀而迅速的加热，采用往炉内通入惰性或中性气体的方式来实现150～800℃时的对流加热，即真空低温对流辐射加热。对流辐射加热比单纯的辐射加热能减少50%的加热时间，缩短了整个淬火周期，同时有效降低了加热工件内部的热应力，为减小工件变形提供了前提条件。

高压气淬淬火效果主要影响因素如下。

淬火效果主要是指工件的冷却速度、淬火深度和淬火均匀性。冷却速度能保证工件具有足够的硬度；淬火深度影响处理工件的尺寸和装炉量；淬火均匀性能使工件具有均匀的硬度和最小的变形。

影响工件冷却速度的因素很多，主要有：淬火气体压力、淬火气体流量、淬火气体类型、换热器的换热能力、炉膛结构和炉膛内工件布置方式等。其中对冷却速度影响最为显著的因素是淬火气体的压力和流率，也是20世纪70～80年代国外研究较多的问题。而通过改变淬火气体类型来提高冷速的研究自20世纪90年代初才开始，也是目前国际上的研究热点之一。炉膛结构和工件在炉膛内的布置方式复杂，对冷却速度的影响最难定量描述。大量的实验结果表明，增大气体压力，工件的冷却速度会有明显提高。但随着压力的继续提高，冷却时间减少程度变慢。在德国、美国、日本等国家，20世纪70～80年代普遍采用的气淬压力是0.5～0.6MPa，在该压力下基本能够满足工件疏散装炉时高速钢、热作模具钢、冷作模具钢、有限截面马氏体不锈钢和奥氏体不锈钢的淬火硬度要求。提高气体压力与增加气体流量，对传热系数的影响是相同的。究竟是提高气体压力来得容易还是增加流量来得容易，这在国外也引起过争议。美国强调加大气体流量，通过采用较大的风扇、高容量风机、气体喷嘴或导气管引导气流来实现。他们认为采用高流量气淬，降低了高压容器的设计难度，节省了60%～70%的气体耗量。欧洲国家则把重点放在提高气体压力上，采用高压气淬。他们认为提高气体压力较增大流量所需增加的电机驱动力少，还可在冷却过程对淬火压力随时进行调整，来控制工件变形。对于淬火气体流量对冷速的影响所进行的实验研究也较多，有关实验结果表明，流量加大，冷速提高，但并不是随流量的无限增加冷速在无限提高。四种常用的淬火气体是氢气、氦气、氮气和氩气，关于它们冷却能力比较所进行的实验研究也较多，有关实验结果表明，其冷却能力依次是氢气＞氦气＞氮气＞氩气。提高换热器换热能力，降低冷却气体的温度可以加快冷却速度，主要途径有：加大内外温差，降低冷却水的温度和增大换热器换热面积等。在工件材料一定的情况下，工件装炉量、形状和尺寸及排布方式对冷速都有影响。Segerberg 和 Troell 在2.0MPa的氦气炉中对装炉量对淬火速度的影响进行了测试，实验表明，装炉量从30kg增大到56kg时，淬火速度由45℃/s降为40℃/s，下降了10%～20%。工件截面尺寸大时，淬火均匀性差，淬火速度慢。即使在不改变工件装炉量和尺寸时，工件分布也能影响冷速。在一个炉子内，热交换系数并不是一个常数，而是存在着变化，如在最大紊流气流方向，可获得较大的传热，工件垂直气流方向排放比平行排放传热效果好。实验表明，炉区内工件的排布方式不同，如将工件分成两层或三层，每层内工件的传热系数不同，层与层之间也存在差别。传热系数沿着气流的方向在减小，这是由于气体吹过工件时在不断被加热。如果气流从顶部吹向底部时，三层排列时的传热系数情况是：顶层＞中间层＞底层。

气淬压力不但影响工件的冷却速度，还将影响到其淬火深度。0.6MPa 的气淬炉在处理密集装炉的工件、低合金钢及大截面工具钢等时已显得无能为力，如气淬 AISIH10 工具钢时，在 0.6MPa 氮气下硬度达到 50HRC 的淬火深度为 110mm，1.0MPa 氮气下为 130mm，而 2.0MPa 氮气下可达 170mm。于是 20 世纪 80 年代末期，在国外 1.0MPa 以上的超高压气淬炉逐渐得到了研制、开发和应用。在 1.0～2.0MPa 的气压下，该炉可使所有高速钢、热作模具钢、冷作模具钢、Cr13 钢及一些油淬合金钢都能在密集装料条件下进行淬硬处理。

影响工件淬火均匀性的主要因素是炉内气体的流动方式。常见的气体流动方式有：单向流动型、交变流动型和向心（喷嘴）流动型。

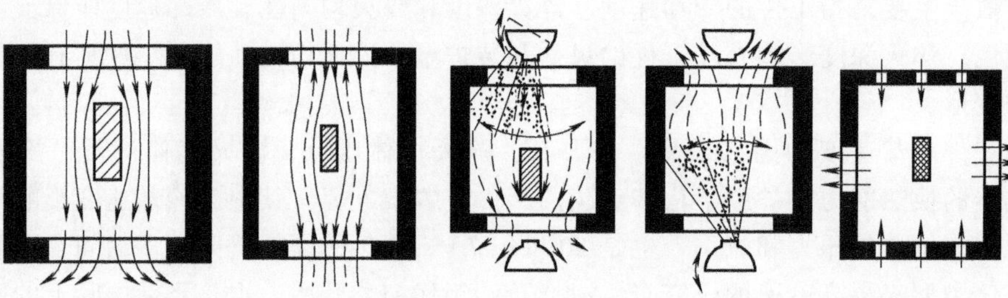

(a) 单向流型　(b) 静态交变流型　(c) 动态交变流型　(d) 喷嘴型

图 6-2　不同结构的气流方式

最早出现的高压气淬设备只是在加热室顶部有一个送气口，气流为从顶部流入，从底部流出的单向流动，如图 6-2（a）所示。这种结构形式简单，冷速较快，但是会使工件变形较大和硬度不均一，尤其当工件处于气流之中时。这是因为当气流流过工件换热时，定向流动会产生气体脱体的现象，即同一工件上不同位置表面接触状况不同，将不可避免地导致物体表面的温度梯度，产生变形。为了改善这种情况，出现了气体的交变流型，交变流型有多种形式。如图 6-2（b）所示，气流交替从上、下静态阀门充入、流出，这种结构流阻小，冷却较均匀，气流方向的控制一般采用时间控制，有时也可采用温差控制，但是这种结构可能会产生气流的“回旋效果”，实验结果表明，产生该效果时冷却能力明显下降。另一种交变流型结构如图 6-2（c）所示，顶部和底部各有一个可以左右摆动的动态气体分配器，气流呈扇形扫过工件区，从不同角度吹向各个工件，使工件能够均匀冷却，克服了固定喷吹时工件间的屏蔽的弊端，这种结构可大大减小工件变形，尤其处理大尺寸的工件，但这种形式结构较复杂，制造较困难。喷嘴型气体流动形式如图 6-2（d）所示。这种结构是沿着加热室圆周 360°布置了多个喷嘴，气流从圆周各个方向吹向工件，改善了单向流动的缺点，使整个热区空间得以均匀冷却，结构较简单。目前国内外高压气淬炉多采用这种类型。喷嘴的结构形状、尺寸、数量及分布决定了气体的紊流程度。设计喷嘴时要尽量减少气体流动时的阻力损失，强化气流冲击，保证工件冷却的均匀性。

由于气体淬火的优越性、气淬过程理论的复杂性及影响淬火效果因素的多重性，使得国际上自 20 世纪 70 年代起，对于真空高压气淬设备的改进一直未间断过。

6.1.1 国外研究情况

国外真空高压气淬设备研究起步较早，发展较快，技术和设备比较先进普及，像美国、德国、日本、英国、瑞典等国家都有多个生产厂家。1975 年，德国 Ipsen 公司研制出第一台压力为 0.2MPa 的加压气淬炉，1977 年又研制出第一台压力为 0.5MPa 的 VTC 型高压气淬炉。该炉为单室卧式，气体流动方式为单向流型，后改造成 VTTC 型立式结构，气流交替从顶部和底部流入、流出。该公司的 VUTK-524 型带对流辐射加热系统的真空高压气淬炉，气流可以从上下和左右流入、流出炉膛。美国 Hayes 公司生产的 VCH 炉是外循环喷嘴型炉，压力为 0.5MPa ，气体流速为 45m/s，属大流量型气淬炉，换热器和风机都在炉外，冷却效果好，但占地面积大。1982 年，美国 AbarIpsen 公司研制出圆周喷嘴喷射气体的 0.5MPa 高压气淬炉；1989 年，研制出 0.6MPa VTTC-K 型高压气淬炉，具有对流加热辐射系统及等温分级淬火控制系统，气体经可摆动气体分配盘流入。1989 年，德国 Degussa 公司的 VKSQ 型气淬炉将淬火压力提高到 1.0MPa 和 2.0MPa，对流辐射加热到 700℃，对于 2.0MPa 的气淬炉，采用氦气或氦气、氮气混合气体冷却，并带有氦气回收装置。1992 年，德国 Leybold 公司研制出带有对流辐射加热系统和马氏体等温分级淬火控制系统的双室真空高压气淬炉，用氮气将压力提高到 2.0MPa，用氢气将压力提高到 4.0MPa，研制开发的氦气回收系统正在使用之中。1992 年，美国 Seco/Warwick 公司设计的 VPT 型 0.6MPa、1.0MPa、2.0MPa 真空高压气淬炉，也具有对流加热系统和马氏体等温分级淬火系统，气体从圆周喷嘴喷射流入。1993 年和 1995 年，美国的 AbarIpsen 公司和瑞典的 IVF 公司也先后研制出 2.0MPa 氦气冷却的高压气淬炉。

国际上真空高压气淬技术和设备的进展都是基于最初的基础理论研究之上，基础理论研究工作多是推导出工件冷却时间的基本表达式，决定工件冷却时间的主要是气体与工件之间的对流换热系数，找出影响对流换热系数的主要因素，如气体压力、流速、淬火气体性质等，通过增大对流换热系数来提高真空高压气淬设备的性能。

6.1.2 国内研究情况

1985 年我国由美国引进一台压力为 0.13MPa 的加压气淬炉，1986 年由德国引进一台压力为 0.5MPa 的高压气淬炉，近几年高压高流量气淬炉的引进数量增加较快。国内在引进国外设备的基础上进行研究，设备质量得到不断提高和发展，以满足国内市场日益增长的需求。

我国真空高压气淬设备的开发研制起步较晚，随着国外技术和设备的不断发展，国内热处理界人士也逐步认识到了其优越性和重要性。我国自 20 世纪 80 年代开始，有关科研院所及真空炉主要制造厂家开始投入大量的人力、物力，着手开发研制真空高压气淬设备，在引进和借鉴了许多国外先进技术设备之后，近几十年来发展也很迅速。首都航天机械公司 1985 年研制出可充气 0.15MPa 的加压气淬炉；1988 年经改进将气冷压力提高到 0.2MPa；1991 年研制出高流量气淬炉。沈阳真空技术研究所于 1986 年研制出可充气 0.2MPa 的加压气淬炉，并于 1989 年研制出我国第一台充气压力可达 0.6MPa 的 HPV-200 型高压气淬炉，填补了国产真空高压气淬炉的空白。目前主要的真空气淬设备有：0.6MPa VQG 系列，0.2MPa VPG 系列，0.6MPa 带对流加热系统的 VQGD 系列等，许多设备销往国外。目前还致力于将气淬压力提高到 1.5MPa 的超高压气淬设备的研制。北京华翔机电技术公司于

1989 年研制出我国第一台加压高流量气淬炉，又于 1991 年研制出高压高流量气淬炉，还开发出具有低温对流加热装置的 HDQ-70 型真空高压高流量淬火炉。目前其主要产品有：压力为 0.6MPa 的 HZQ 系列高压高流量气冷真空炉，压力为 0.2～0.6MPa 的 HZQL 系列立式底装料气冷真空炉。另外，还有北京华海中谊真空炉制造公司研制的压力为 0.6MPa 的 VGQ 系列、VOGQ3 系列高压高流量气冷真空炉；北京机电研究所研制的压力为 0.2MPa 的 WZJQ 系列双室、WZDJQ 系列单室真空加压气淬炉，WZQ-15 型双室负压高流量真空气冷炉。

目前，国产真空高压气淬设备的最高压力是 0.5～0.6MPa，可满足大部分工模具钢和高速钢工件的淬火要求。其部分技术指标已达到或接近国际先进设备的水平，如炉温均匀性达到美国军标 MIL-80233A 的规定要求（在±5.6℃以内），压升率指标一般能达到国际水平（<1.33Pa/h），设备最高工作温度及极限真空度也能满足用户的要求。

6.1.3 对国外高速钢真空气淬设备的分析和比较

比较上述各种真空气淬炉的冷却性能，高速高压气冷真空炉具有最快的气冷速度，高压气冷真空炉次之，高流量（低压力、高循环）气冷真空炉略低于高压气冷真空炉，加压气冷真空炉的气冷速度是较低的。但对相同类型的真空气淬炉，由于所采用的设计参数、气冷循环系统的设计和冷却方式都有所不同，其冷却性能也就并不完全相同，现就有关问题讨论如下。

（1）循环气体的气流类型。循环气体在进行气冷时一般有两种类型，气流沿着工件的表面平行地流动进行冷却，称为平行气流。气流从各个方向对工件进行喷射冷却，称为紊流。一般来说，相同的气体流量，喷射气流要比平行气流的对流传热系数高 4～5 倍。因此近几年国外所推出的真空气淬设备，大都采用了这种冷却方式。

（2）单室或双室。单室真空气淬炉的设备费用较低。对于杆状工具，如钻头、铰刀等，加热和气淬都在原位置进行，可使工具的变形有明显的减小。在实际应用中，这种设备多年来在国外拥有一定的市场。但为进一步提高气冷的效果，扩大其应用范围，无疑双室要比单室具有一定的优越性。

对于两者都需兼备的多品种工具来说，可选用在加热室和冷却室都可进行气淬的真空炉。对于易于变形的工具，可在加热室加热后，直接进行气淬，对于要求强烈冷却的工具，则可在冷却室进行气淬，以保证得到良好的冷却效果。这种类型的设备在国外已经有所应用。

（3）真空气淬炉的发展趋势。从上述真空气淬炉的发展过程可以看出，高压气冷真空炉至今已有不短的历史，并已成功地应用于大截面高速钢的真空气淬处理。20 世纪 80 年代以后，真空气淬炉朝着两个不同的方向在发展：一方面在降低气冷的压力，提高气体的流速，其目的在于满足大截面高速钢气冷需要的同时，制造出价格低廉的真空气淬设备；另一方面不仅明显地提高了气冷压力，同时也大大地提高了气体的流速，以便一般合金工具钢，甚至合金结构钢亦能采用真空气淬处理。

实践证实，真空油淬设备的发展，无论在国内及国外，至今已达到普遍推广和应用的阶段，采用高速高压气冷真空炉以代替真空油淬设备，从技术上的先进性和经济上的合理性来分析，尚需密切注意和探讨其所具有的现实意义。

6.2 理论分析与设计

气淬过程中，工件的热量主要靠循环气体的强制对流传热带走，冷却时间可表述为：

$$t=(WC_p)/(Fh)\ln[(T_1-T_f)/(T_2-T_f)] \tag{6-1}$$

式中 T_1，T_2——工件起始温度和经冷却时间 t 后的温度；

W——工件重量；

C_p——工件定压比热容；

F——工件表面积；

h——对流换热系数；

T_f——气体经换热器后进入炉膛的温度。

该式表明，在其他因素一定的情况下，对流换热系数越大，淬火所经历的时间越短，冷却速度越快。而对流换热系数 h 与淬火气体的性质和流过工件的气体质量流量等有关，可用一个简化方程表示：

$$h=K_1C_pG^{P_1}/D^{P_2} \tag{6-2}$$

$$G=\rho Q$$

式中 K_1——常数；

C_p——冷却气体比热容；

G——冷却气体质量流量；

ρ——冷却气体密度；

Q——冷却气体体积流量，在气体类型一定时，冷却气体密度可用气体压力 p 代替；

P_1——指数，取 0.6～0.8；

D——冷却表面的外径；

P_2——指数。

在其他条件不变时，式（6-2）可进一步简化为：

$$h\propto(PQ)^{0.6\sim0.8} \tag{6-3}$$

该式表明，增大淬火气体压力是加快传热的有效途径之一。增大气体压力，传热系数按其（0.6～0.8）次方增加，工件的冷却速度会有明显提高。但随着压力的继续提高，冷却时间减少程度变小。实验结果与理论分析都表明，将淬火压力增至 10bar，冷却速度将不会再有明显提高，而气体的消耗量却会大幅增加。所以在德国、美国、日本等国家，20 世纪七八十年代普遍采用的气淬压力是 5～6bar，在该压力下基本能够满足工件疏散装炉时高速钢、热作模具钢、冷作模具钢、有限截面马氏体不锈钢和奥氏体不锈钢的淬火硬度要求。

6.2.1 高压气淬系统的理论研究

真空高压气淬系统相当复杂，影响设备性能和淬火效果的因素很多，解决好这些问题的关键在于理论研究，以前的理论研究还不够深入，建议在以下几个方面做进一步研究。

① 炉壳和快开法兰的内压强度和外压稳定性计算。真空高压气淬炉中，炉体处在内、外压的反复作用下，特别是内压较高的情况下，安全问题至关重要。盲目加厚炉壳是不能解决安全问题的，反而会浪费材料。为了既安全又经济，必须对炉壳进行有限元法计算。

② 炉区内气体流场的模拟计算。炉内气体的流动影响到其中的温度分布情况，从而决定工件的冷却速度和冷却均匀性，采用计算机模拟代替实验或与实验相辅相成是对流场进行分析的一种可行方法。具有计算能力和存储量先进的计算流体动力学（CFD），可以用来模拟炉内复杂的气流场。

③ 炉区内气体温度场的模拟计算。在淬火过程中，气体与工件、换热器之间不断进行着热交换，炉区内温度在下降，属于瞬态热分析问题，可以采用有限元方法分析温度随淬火时间的变化情况。

④ 换热器换热能力计算。为了强化换热，需根据对流换热原理，分析影响换热器换热效率的原因，找出强化换热的途径，可采用有限元法进行分析计算。

⑤ 风机的设计计算。目前大部分国产真空高压气淬炉所用风机为通用标准风机，存在着冷却能力低、电机消耗功率大等问题，为了改善这种情况，需根据工作情况自行设计考虑到经济可行性，采用计算机模拟方法，用 CFD 设计叶轮叶型、分析风机通道内三维流场，找出影响其效率的原因，改进风机的设计。另外，风机在较高的压力下工作，需对叶轮强度、主轴强度进行有限元计算。

6.2.2 淬火气体流量对冷速的影响

公式（6-3）表明，提高气体压力与增加气体流量对传热系数的影响是相同的。

根据气体流动定律，气体通过系统时存在着压力降。

提高气体压力和增加气体流速都需要以加大风机功率作为代价，功率的变化为：

$$\Delta P = RPQ^2 \tag{6-4}$$

式中 ΔP——气体通过系统时的压力降，即风机风压；

R——流体阻力系数；

P——淬火气体压力；

Q——气体体积流量。

该式表明，压力降对气体流量比对气体压力更敏感，系统所需风机功率为：

$$H_P = Q\Delta P = RPQ^3 \tag{6-5}$$

式中 H_P——风机功率。

该式表明，Q 增加 1 倍，风机功率需增加 8 倍，所以增加流量虽然对提高冷速有作用，但消耗太大。为了得到相同的冷却效果，提高冷却压力是比较经济的。以前大多数单纯靠提高流量的气淬炉，目前已逐步被淘汰，新型的气淬设备是高压和高流量的有效结合。

6.2.3 淬火气体类型对冷速的影响

在相同的温度和压力下，高压气淬所用的淬火气体密度应小，以减小通过淬火回路流动时所需风机功率；比热容应大，能从工件上移去更多的热量；热导率应大，以减小气体流动时对流传热边界层的热阻。四种常用的淬火气体是氢气、氦气、氮气和氩气，关于它们冷却能力的比较所进行的实验研究也较多，实验结果表明，其冷却能力依次是氢气＞氦气＞氮气＞氩气。

6.2.4 换热器的换热能力对冷速的影响

真空高压气淬炉中常用水冷换热器，在整个换热过程中，气体是换热介质，在工件处气体吸热，在换热器处气体放热，气体吸热量与放热量是相同的。如果换热性能不好，气体在换热器处温度降不下来，即热量放不出去，就会致使在工件处吸热效果降低，从而影响工件的冷却速度。

整个换热过程可分为三部分，工件表面与周围冷却气体之间的换热、气体循环经换热器后的热量变化、气体与换热器之间的换热。如果不考虑各环节构件本身的蓄热，它们传递的热流量应相等，即

$$Q_{f}=Q_{气}=Q_{x} \tag{6-6}$$

式中 Q_{f}——工件表面与气体的换热量；

$Q_{气}$——气体传送的热量；

Q_{x}——换热器的换热量。

如果某个环节的热流量不足，将会影响其他环节传热能力的充分发挥，整个设备的冷却性能就要降低，所以考虑换热器换热能力时，除考虑本身的换热量 Q_{x} 外，还与其余环节的换热量有关。

若忽略换热器管壁导热作用，则其换热量可表示为：

$$Q_{x}=\alpha F_{x}(T_{气}-T_{水}) \tag{6-7}$$

式中 α——换热器的换热系数；

F_{x}——换热器的换热面积；

$T_{气}$——换热器中气体的平均温度；

$T_{水}$——冷却水的平均温度。

设计换热器换热面积时，F_{x} 最好大于工件表面积和炉体内表面积之和。加大内外温差（$T_{气}-T_{水}$）是强化传热的有效途径，可以通过降低管内流体的温度，如采用单级压缩制冷系统，将水的温度由室温 20℃降为－30℃。对换热器换热量影响最大的是换热系数 α。由于换热理论复杂，并没有一个通用的计算公式，但可以了解到 α 与管子排列形式、管排数、管间距、冲击角等因素有关，通过定性分析，得出提高换热器能力的措施：设计换热器时采用错列管束比顺列管束效果好；布置真空高压气淬炉换热器位置应与气流方向垂直；横掠管束排数以 10 排左右为好。

6.2.5 真空密封结构的设计

本节提出了一种新型炉口部位密封结构设计，如图 6-3 所示。所设计的新型密封结构由四部分组成：炉盖部分、炉壳口部、自锁圈部分、密封圈。

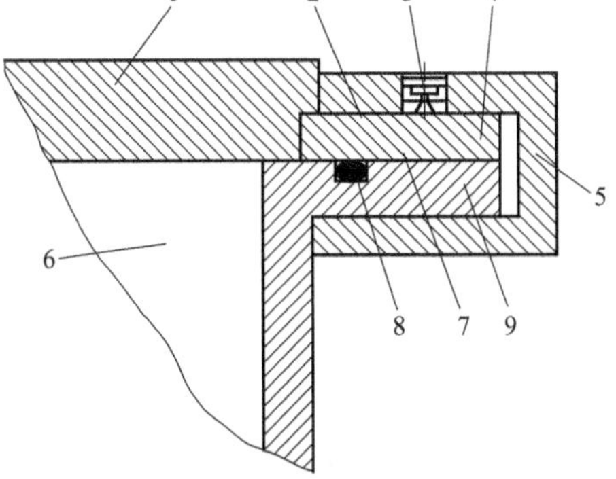

图 6-3 新型炉口密封结构示意图

1—炉盖；2—炉盖法兰；3—钢珠弹簧压紧装置；4—炉盖法兰凸齿；5—自锁圈；6—炉腔；7—炉壳口部法兰；8—密封圈；9—炉壳口部法兰凸齿

6.2.5.1 炉盖结构

炉盖具有圆盘形对称几何特征，并有普通中碳结构钢（45＃钢）机加工而成的法兰结构。炉盖法兰 2 的外缘部分沿圆周向均匀分布有 4 个矩形炉盖法兰凸齿 4，凸齿中间位置设有控制旋转的定位凹坑，凸齿宽度 45mm，凸齿高度 35mm，如图 6-4 所示。

6.2.5.2 炉壳口部

炉体外壳口部结构具有与炉盖结构相对应的圆形对称几何特征，带有炉壳口部法兰 7，且沿法兰外缘圆周向均匀分布有与炉盖法兰外缘上的凸齿相对应的矩形凸齿（图 6-4 中的凸齿的尺寸与图 6-5 中的凸齿相同）的炉体外壳口部结构，采用普通中碳结构钢（45＃钢）与炉体外壳整体成形加工。炉壳口部法兰 7 上通过密封圈沟槽安装有密封圈 8，如图 6-5 所示。

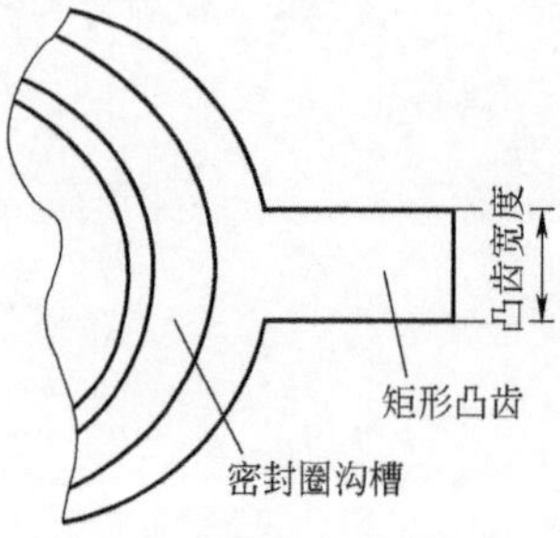

图 6-4 炉盖法兰局部放大图

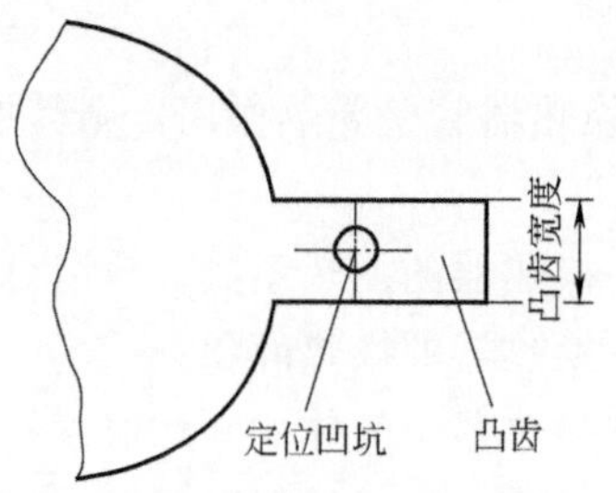

图 6-5 炉体外壳口部法兰局部放大图

6.2.5.3 自锁圈结构

如图 6-6 所示，沿自锁圈圆周向设置有与炉盖法兰外缘上的凸齿形状及数量对应的槽口，槽口宽度大于凸齿宽度 2～3mm，槽口之间以凹槽连通。凹槽高度大于炉盖凸齿和炉体外壳口部凸齿高度相加之和的 1～1.5mm。炉盖凸齿和炉体外壳口部凸齿的宽度相同，均为 40～80mm，凸齿高度也相同，也均为 30～60mm，凸齿的宽度均优选为 40～60mm，凸齿高度均优选为 30～40mm。凹槽部位悬臂单侧设置有钢珠弹簧压紧结构，钢珠弹簧压紧结构包括凹槽部位悬臂上的安装孔中的压紧螺栓，压紧螺栓与炉盖法兰外缘上的凸齿之间安装压紧弹簧及钢珠。

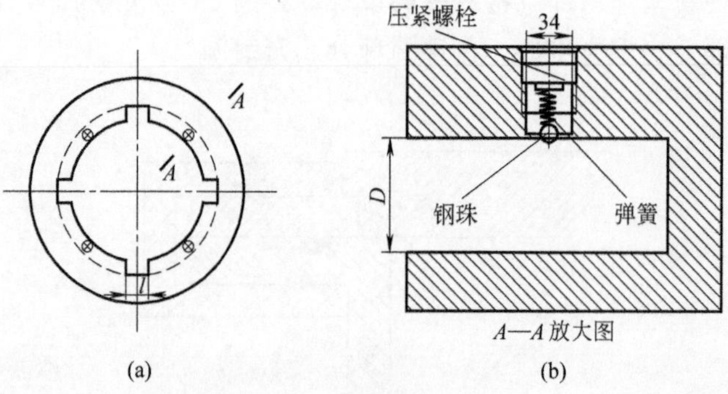

图 6-6 自锁圈结构示意图

自锁圈上凹槽部位悬臂上的安装孔螺纹中径最小为 20mm。所述的炉盖法兰外缘的凸齿表面中间与自锁圈上钢珠弹簧压紧结构中的钢珠对应位置设置有容纳钢珠的定位凹坑，以实现自锁圈的旋转定位。

所设计的自锁结构的工作原理是：真空高压气淬炉炉口部位的密封结构中设置带有钢珠弹簧压紧装置的自锁圈结构，借助自锁圈的旋转定位，使炉门的开启控制简单，并借助自身的钢珠弹簧压紧装置，根据淬火气体的压力大小自适应地调节炉口部位密封的压紧力，保持炉口部位的自锁密封。

6.2.5.4 密封圈结构

(1) 一般“O”形密封圈结构分析。真空高压气淬炉的密封圈设计中不采用紧固螺栓密封结构，而一般采用“O”形密封圈结构。“O”形密封圈安置于炉壳口部法兰的密封圈沟槽内，属于挤压弹性体密封，密封圈被挤压，由弹性变形产生压紧力。在高压气淬时，高压气体挤压密封圈，密封胶圈唇形薄边扩张，产生自紧力，实现自紧式密封。

在实际生产中发现，在高压气体挤压作用下“O”形密封圈形体常常变扁，弹性丧失而不能恢复原状，造成炉体外壳密封失效。

在高压气淬环境下，气体压力可达 20bar，甚至更高。图 6-7 显示了以橡胶为材质的“O”形密封圈压缩量与气体压力之间的关系。由图 6-7 看出，工作环境中气体压力越大，橡胶本身能够允许的变形能力越弱，橡胶密封允许的尺寸间距就越小，即密封圈的永久收缩变形越大。因此，高压气淬的工作环境易于造成密封圈断面压缩程度超过允许范围，从而导致密封圈弹性丧失。也就是说，超高压气淬工作时的高压气体作用是造成“O”形密封圈弹性丧失而使密封失效的重要原因。在高压气淬环境无法改变的情况下，延长密封圈使用寿命问题值得研究，因此，需要设计相关的结构承担“O”形密封圈承受的高压作用，保持“O”形密封圈的弹性状态，从而提高“O”形密封圈抗挤压能力。

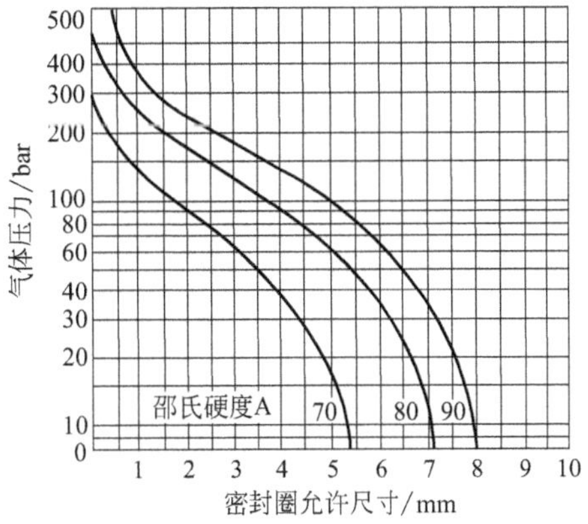

图 6-7 气体压力与密封圈压缩量的关系

(2) 设计思想。真空气淬工作时，在高压气体作用下，“O”形密封圈向密封槽空隙被挤压变形，气体压力越大，“O”形密封圈的这种挤压变形越严重。显然，由于没有变形支撑结构，而又存在一定的变形空间，“O”形密封圈便可通过自身变形消化高压气体作用，当压力达到一定程度，变形将会超过容许范围。因此，密封圈的设计思想在于在“O”形密封圈周围设置特殊的装置承受高压气体作用，降低“O”形密封圈承受力，提高整体密封圈的抗挤压能力。

(3) 设计结构。根据上述分析，“O”形密封圈安置于炉壳口部法兰的密封槽内。在非气淬工作时，“O”形密封圈处于预压紧状态，“O”形密封圈侧部与密封槽侧壁之间尚存在空隙。因此，设计时在“O”形密封圈两侧增设挡圈，改善“O”形密封圈的抗挤压能力，使超高压真空气淬炉内高压作用主要由增设的挡圈承受，并且挡圈材料选择高性能耐热材料聚四氟乙烯。设计的新型“O”形密封圈结构如图 6-8 所示。实践证实，增加挡圈设计后，“O”形密封圈结构能够承受 20bar 的气淬工作压力作用。

综上所述，真空气淬炉炉口部位的密封，一方面通过带有弹簧钢珠压紧装置的自锁圈结

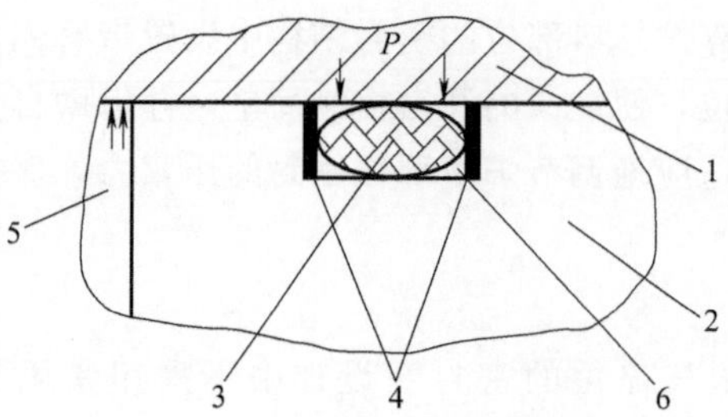

图 6-8 新型密封圈结构示意图
1—炉盖；2—炉体；3—O 形密封圈；4—挡圈；5—炉腔；6—密封沟槽

构，不仅可以简单地控制炉门的开启，而且弹簧钢珠压紧装置根据炉内气体压力的变化自发地调节炉口部位密封的压紧力，使得真空气淬炉炉口部位的密封结构适应不同压力的真空气淬场合，可以有效地避免使用汽缸等附加结构。另一方面，借助在真空密封圈结构中增加挡圈设计，支撑“O”形密封圈在高温高压下的挤压变形，承受高压气体作用，降低“O”形密封圈承受力，提高整体密封圈的抗挤压能力，提高了“O”形密封圈的使用寿命。

6.2.6 换热结构的设计

6.2.6.1 换热结构设计基础

换热器作为真空高压气淬炉的关键部件，起着举足轻重的作用，换热性能的优劣直接影响了超高压气淬炉的生产效能，换热能力的高低决定真空淬工艺的高效性与清洁性。强化换热能力对清洁热处理以及能源的有效利用有着重大的现实意义。因此，采用各种节能技术的高效换热器不仅减少金属材料的消耗，提高生产能力，而且能够提高能源效率，实现热处理行业的清洁化，满足当前的社会要求。

如果换热性能不好，气体携带的热量在换热器处释放不出去，就会使工件处吸热效果降低，炉内的温度居高不下，从而影响工件的冷却能力和真空炉的生产能力。整个换热过程中传热阶段可分为三个部分，工件表面与流经的淬火气体之间的换热过程，N_2 在炉内流动过程的传热过程以及循环流动 N_2 与换热器之间的对流换热。如果不考虑炉内各个机构本身的蓄热问题，它们传递的热流量关系应该为：

$$Q_{\text{工件}}=Q_{\text{气体}}=Q_{\text{换热器}}$$

式中，$Q_{\text{工件}}$ 为气体从工件处吸收的热量；$Q_{\text{气体}}$ 为气体在炉内流动过程中携带的热量；$Q_{\text{换热器}}$ 为换热器从气体中吸收的热量。

如果以上三个环节的热流量不足，传热能力不能得到发挥，整个超高压真空气淬炉的冷却性能就要降低。所以若忽略炉气体系统的蓄热能力，仅考虑换热器的换热能力，那么我们只需要注意 $Q_{\text{换热器}}$ 就可以了。在真空高压气淬炉中，换热器的换热能力应以对流换热为主体现出来，也就是循环 N_2 和换热器之间的换热量 $Q_{\text{换热器}}$，这一过程可由牛顿冷却定律计算：

$$Q_x=hA\Delta t=hA(T_1-T_2) \tag{6-8}$$

式中，h 为换热器的换热系数；A 为 N_2 与换热器的接触换热面积；Δt 为换热壁面与 N_2 温度之差；T_2 为冷却水的平均温度，它直接影响到出管 N_2 的温度 T_Z，T_1 越低，则 T_2 可能越低。

对式（6-8）分析不难得出，若要提高换热器的换热能力，需要从以下方向出发可以实现。

（1）降低管内冷却水的温度 T_2。在超高压气淬工艺过程中，管内冷却水通入前以室温 20℃为限，出口温度测得为 28℃，常规光管换热器热交换后温度上升 8℃左右。由此，采用制冷压缩机制冷，来使换热管内的循环水快速冷却是炉体生产过程中的一种办法。

（2）提高循环淬火气体的流动速率。提高风机的运行速率是实现提高气体循环速率的常用方法，但是，这样不仅提高了风机的输出功率，还需要对淬火体流动的风道进行机械结构重新设计。当工作环境以及淬火气体确定后，影响气体的流动速度的主要因素可以由下式表示。

$$w=\frac{Re\upsilon}{L} \tag{6-9}$$

式中，Re 为雷诺数；υ 为气体的运动黏度；L 为气体流道的特征尺寸。

从式（6-9）中可见，风道 L 愈小，则流速 w 愈大。所以，在加工和设计中，应使风道长度尽量短，尽量减少流道的转折点，转角避免直角弯道，所以换热器的支撑结构的最佳方式采用流线型风道和螺旋型前进风道。

（3）增大换热器的换热面积。增大换热器的换热面积的办法很多，除了可以增加换热管的数量，还可以采用异形换热管强化换热。但必须注意：换热管直径 d 与对流换热系数成反比，因此通过增大直径 d 的办法增大换热面积的方式并不可取，在换热器强度允许的情况下应尽量减小直径 d，以利于提高换热系数。增大换热面积要注意的是因为只有与管壁接触的流体才能参与换热，在换热器管外流的气体也是如此，只有流动的气体与换热管相接触才能换热，否则增大无效的表面积只能白白浪费材料。

由以上的换热理论分析可以知道，扩大单位传热面积、提高传热系数、增大传热温差是强化传热的三种基本途径，其中提高传热系数是当今强化传热的重点，应用强化传热技术的基本思路就是通过以上三条来实现提高换热效率，减少能量传递损耗，合理有效地利用能源。

根据以上分析，具体的方式就是通过设计异形换热管进行强化换热。换热器异形设计是对常规换热管（光管）的结构进行加工，在管壁两侧设置特殊的结构，提高换热管的换热性能，其中换热管壁的强化传热通常是对金属光管进行加工得到各种结构的异形换热管，如鳍片管、螺纹管等，通过异形管的特殊结构达到高效换热的目的。分段鳍片管道是一种非常重要的换热管道类型，在众多异形管中的高效节能方面表现出良好的散热效果。

根据流体换热基本原理可知，增加流体的流速、湍动程度或破坏其层流内层，可以增大流体的换热系数，同时增加流体与管壁的接触面积，强化换热管的传热效果。

由上面的理论分析可以知道，异形换热管特殊结构的存在不仅增加了换热管与淬火气体的实际接触面积，而且具有破坏淬火气体流型的能力，使管外淬火气体的湍流程度增大，显著提高换热管的换热系数。在超高压真空气淬炉中，对换热器的改进设计是为了通过使用异形管进行传热，提高换热器的传热能力，使之成为适合真空高压气淬工作情况下的换热结构。基于此目的，本节根据高压真空气淬炉的工作特点，设计出一种管壁设置分段鳍片结构和外壁带外延板结构两者组合的换热管。通过分段鳍片和外延板结构两种结构提高整个换热器的换热能力，使炉内工件的热量由淬火气体转移到水冷系统冷却水中，最后由冷却水把热量携带出真空气淬炉外。

6.2.6.2 总体设计思考

超高压气淬炉中的换热器的换热材质主要以钢管为主，这种换热器以换热管与淬火气体的接触面作为传热面，换热效率不理想，在淬火气体流动过程中有很多热能耗散掉，甚至在安全方面可能造成事故。

本节的设计思想在于：

（1）在换热管壁方面，设置特殊的异形结构，使真空高压气淬炉中光管换热变为异形管换热，提高换热结构的换热能力。

（2）在换热管外风道淬火气体流型方面，增大风道的气体扰动，迫使淬火气体在管外风道中呈湍流形态的流型，提高整个换热结构的换热系数，强化换热效果。

6.2.6.3　换热结构的设计

（1）方案一——分段鳍片的设计。本书设计的分段鳍片结构，如图 6-9 所示。分段鳍片结构强化散热效果的原因在于相对于常规的金属光管换热而言，它扩大了换热结构中淬火气体与换热管的接触面积，而且破坏了淬火气体与管壁之间层流层，增加了管外淬火气体湍流程度而达到强化换热的目的。通过分段散热鳍片结构，淬火气体携带的热量快速转移到炉内的冷却水，由冷却水把热量释放到真空气淬炉外。当前社会对能源的利用率要求越来越高，设计和改进高效的鳍片换热结构具有非常重要的现实意义，是实现优质、节能、清洁、无污染的先进热处理过程的重要环节。

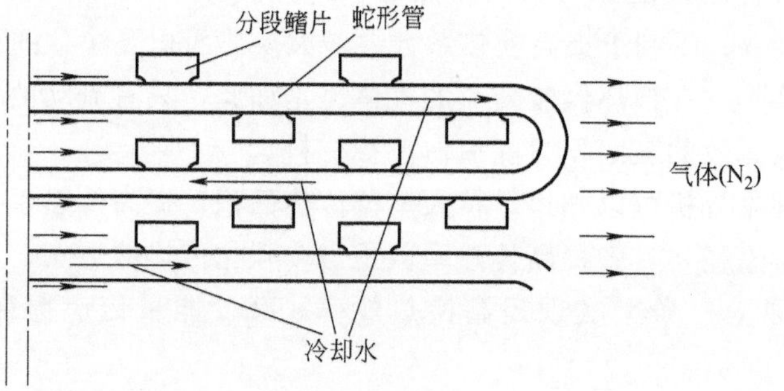

图 6-9　鳍片换热管

真空气淬环境下的分段鳍片的结构参数主要由以下几部分组成：鳍片厚度 δ、鳍片宽度 W、分段槽口间距 L 等。如图 6-10 所示，现在取其中一种设计尺寸为对象来分析这种分段鳍片结构的优点。该设计尺寸为鳍片厚度 $\delta=10\text{mm}$，鳍片宽度 $W=24\text{mm}$ 以及分段槽口间距 $L=210\text{mm}$。在换热管平直部分，每个 250mm 处设置鳍片结构，分段鳍片结构焊接在管身脊背上，呈上下左右对称分布。

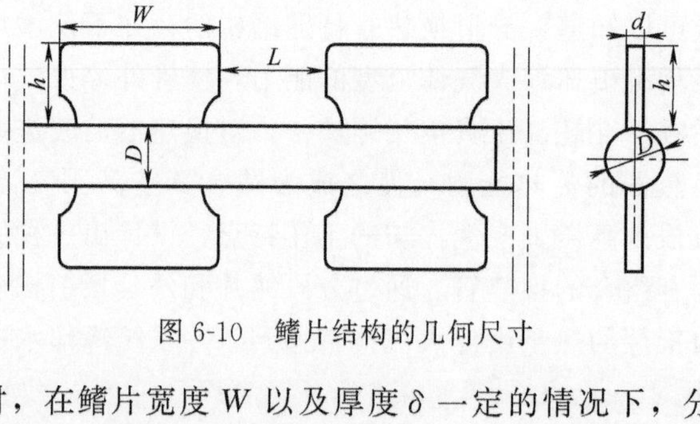

图 6-10　鳍片结构的几何尺寸

在设计鳍片结构时，在鳍片宽度 W 以及厚度 δ 一定的情况下，分段槽口间距 L 越小，鳍端与鳍根的温差就越大，根据前面的传热理论分析，在鳍片端部和鳍片根部的温差大，鳍片结构就出现了相应的温度梯度，也就是说鳍片结构端部和根部的温差最终影响整个换热管的表面温度变化。分段鳍片结构强化换热原理：与传统的光管换热相比，首先，在换热管身换热的基础上，管身上的分段鳍片结构对淬火气体进行换热，鳍片结构的存在扩大了散热结构的传热面积。其次，淬火气体在管外的流型发生改变。光管换热时，淬火气体流经换热管层流层改变程度不大，而鳍片结构的存在使管外的淬火气体流动受到很大程度的扰动，促进淬火气体在管外的湍流流动过程，湍流流动的结果就是提高了换热器整体的换热系数，从而使换热结构的换热能力得到强化。再次，鳍片端部和鳍片根部的温差越大，鳍片结构就出现了相应的温度梯度，这种温度梯度在分段鳍片结构中的温差增加。因此，温度梯度使淬火气体携带的热量传递给管内的冷却水，通过这种方式使整个换热管的换热能力得到了加强。

（2）方案二——散热外延板设计

① 散热板结构。散热外延板主要结构参数是：厚度 d、外径 D、外延板间距 L 等。如图 6-11 所示，换热器主体由一组平行排列的全铜材质的换热管构成，在换热管光管外壁上焊接一组圆盘形状的外延板。

在换热器的换热管的平直部分，沿管身纵向每隔 $L=10\sim20$cm 设置一个外延板。外延板与换热管接触部分进行双侧焊接连接。换热器的相邻换热管上设置的外延板之间错位排列，即下一根（或上一根）换热管上设置的外延板位于上一根（或下一根）相邻的换热管上设置的外延板中间位置，换热器的相邻换热管轴线间距保证换热管上设置的外延板外缘（外延板的外径）之间相距为 30～40mm。

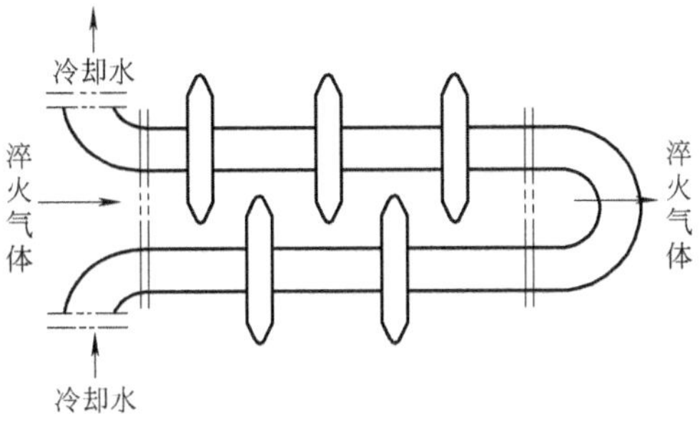

图 6-11 外延板换热器

在换热管光管外壁上焊接一组圆盘形状的外延板，外延板为铜材质的厚度 $d=6\sim8$mm 的圆盘［几何结构如图 6-12（b）所示］，外延板内孔直径保证换热器的换热管穿过，外延板外缘具有楔形结构。外延板内孔为直径 D_0 的光孔，孔与换热器换热管外径 D 为过渡配合。外延板外缘的楔形结构主体特征为双侧斜面结构［几何结构如图 6-12（a）所示］，锥角 $\alpha=10°\sim18°$，外延板外径 $D_1=D_0+(60\sim80)$mm。

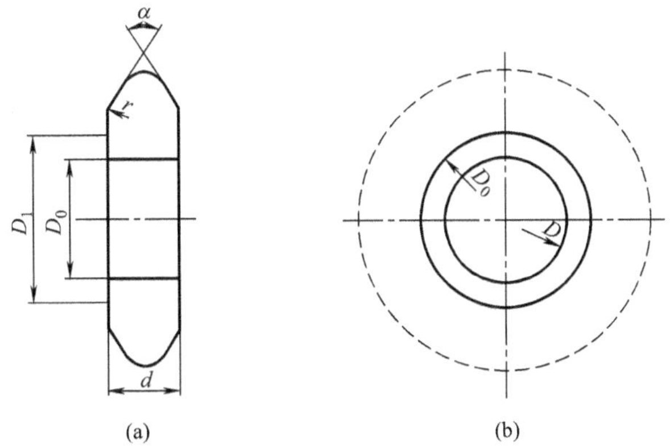

图 6-12 外延板结构的几何尺寸

② 散热板的换热原理。在真空气淬炉有效空间的情况下，外延板结构设计对于强化散热效果具有重要意义。相对于光管而言，在常规光管换热管外壁上焊接一组圆盘形状的外延板，一是在管身换热的基础上，利用散热圆板换热，增大了换热器与淬火气体的接触面积。二是散热板对高压淬火气体流形成扰动作用，高压淬火气体沿管身方向的层流层流动被完全破坏，淬火气体转变为湍流状态而强化换热。三是凭借圆盘形状外延板端部的双侧楔形结构，避免形成高压淬火气体流动与散热板的传热死角，从而提高换热器的换热效果。

两种设计方案的比较及建议：

分段鳍片由于自身结构能够产生温度梯度这种特殊的形式，因此，换热能力要比散热外延板结构强得多，但是分段鳍片的结构比较复杂，加工过程要相对复杂一些，特别在管身上焊接分段要求精度比较高，操作要比较精准。所以，换热鳍片结构的生产成本要略高一些。因此，在换热结构设计中，如果对于换热效果的要求比较严格的情况，分段鳍片结构是最好的选择；如果对于加工方面要求简单的情况下，散热外延板结构是最好的选择。

③ 折流板设置

a. 风道折流板存在的意义。在换热器中，管束支撑结构是换热结构的重要部件，直接影响着换热器外淬火气体的流型和传热性能。为了保证淬火气体在确定的风道中产生期望的流型和流速，并利用湍流形态强化对流换热效果，在风道中设置换热管束支撑结构，特别是当管外的淬火气体能够以湍流形态流动时，淬火气体的换热系数会增大，淬火气体的换热能力就能得到极大加强。

b. 风道折流板的设计。传统的换热器大多采用弓形隔板支撑，如图 6-13 所示。这种换热器结构存在一些弊端，如死角多而明显、传热面积不能有效利用等。在真空高压气淬炉中，弓形折流板上述问题常常发生。因此，引入了螺旋折流板换热器，如图 6-14 所示。在风道中，螺旋折流板安置在风道顶部，并与管身的轴线方向成一定夹角。螺旋折流板交错状设置，折流板整体呈螺旋形分布，换热管外淬火气体的流动方向与折流板设置的分布方向成一定夹角。

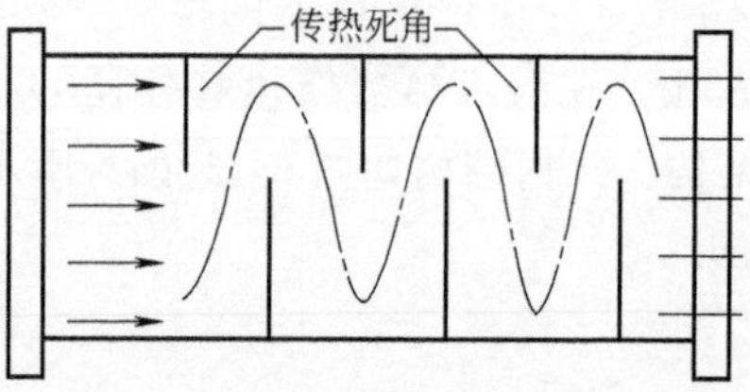

图 6-13 弓形折流板换热器

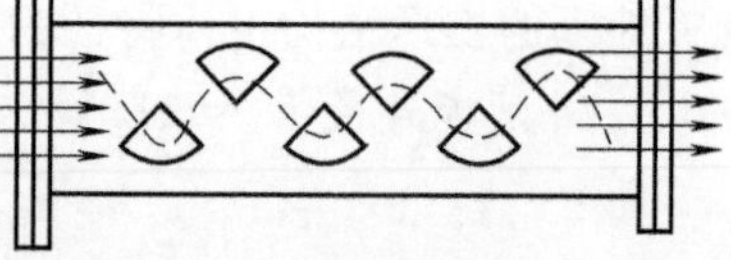

图 6-14 螺旋折流板换热器

螺旋折流板的强化换热原理：相对于弓形折流板结构，淬火气体在风道内呈现螺旋形态流动，破坏了淬火气体边界层，换热系数得到大大增加，同时增大了有效传热温差。

螺旋折流板的这种设置方式迫使淬火气体在风道内做螺旋形流动，有效地减少了弓形折流板与换热管之间的死角，提高了换热结构的换热能力。

建议：本书在换热管身设置异形结构的设计，如分段鳍片或外延板结构对于淬火气体已经产生了必要的扰动，因此，对于风道中的折流板只是进一步加强这种扰动作用，所以，在正常的超高压真空气淬的设计中，风道中可以去掉折流板。

6.2.6.4 换热材质的选择

换热材质的选择对于换热结构的换热能力影响很大。在常规中低压的真空炉中，换热管道以及设置的异形结构大多采用低合金钢（如 Q235A 等）。但是，在高温高压的工作情况下，温度变化对换热器材料的要求要严格得多，一般多采用换热性能良好的铜或铝材料进行传热。

我们针对铜和铝两种材质的换热管换热能力进行测试，结果如图 6-15 所示。铜、铝换热管以及异形结构的换热系数降低率都是随气体流速增大而降低，而且在相同流速下，铜管的换热系数降低率比铝管的要小得多，即铜管对温度变化敏感程度比对铝管小一些。因此，采用高性能的铜管进行高温高压情况下的换热要比铝管效果好许多。

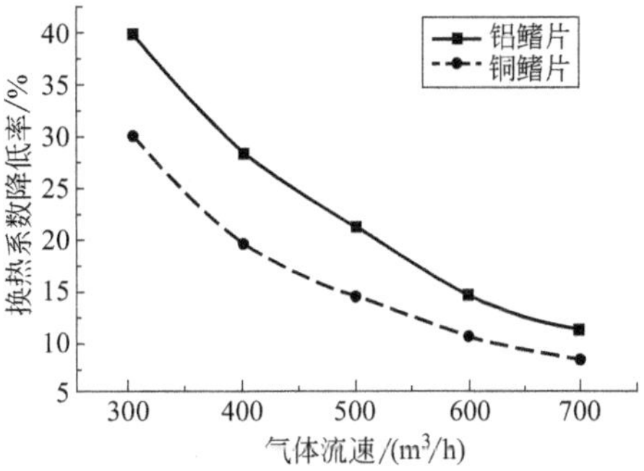

图 6-15　流速对换热管以及异形结构换热效果的影响

根据材料的热学性能来看，温度变化对换热管换热能力的影响主要是金属材料的热胀冷缩特性造成的。温度变化会导致铜、铝换热管以及异形结构尺寸变大，增大了鳍片根部和鳍片端部或者外延板结构边缘位置与中心位置的温差，同时换热管以及异形结构的散热面积变大，能够交换的热量增大。而且，由于相同气体流速下铜换热管以及异形结构比铝换热管以及异形结构换热系数降低得少，铜换热管以及异形结构交换的热量比铝换热管以及异形结构多，即温度变化对铜换热管以及异形结构的换热系数和交换热量两个方面都有利于提高整个换热设备的换热能力，因此铜换热管以及异形结构比铝换热管以及异形结构能发挥出更好的传热效果。因此，在设计中最好选用铜质换热器。

综上所述，设计的高压气淬炉工作环境下的换热结构具有以下的特点：

（1）增设的散热鳍片结构或外延板结构，通过增加换热结构的散热面积和提高换热管外淬火气体的换热系数，提高了换热结构的整体换热能力。

（2）在换热结构的支撑结构中，可以引入螺旋折流板强化换热结构的换热能力，解决了常规弓形折流板存在的传热死角等问题，保证了超高压真空气淬炉的能源利用率。但是，考虑到换热管身的异形结构已经能够对淬火气体的流动产生必要的扰动作用，提高淬火气体的换热系数，所以，风道中的折流板结构可以取消。

（3）在铜、铝两种换热性能良好的换热器材料中选择了更加适合高温高压工况下的铜质材料进行高效换热，从材料选材的角度提高了换热器的传热能力。

6.3 真空高压气体淬火工艺

早期的真空淬火是负压下的气体冷却，由于气体流速和压力（约 0.8×10^5 Pa）的限制，无论是模具钢还是高速钢，处理效果都不好。第一次用 2×10^5 Pa 压力进行淬火是 1975 年开发的，而第一个 5×10^5 Pa 真空炉是 1977 年开发的。

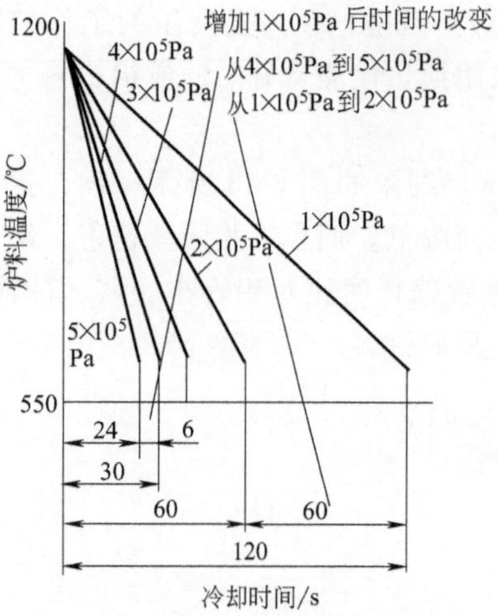

图 6-16 气体压力和淬火速率之间的关系曲线

R. Hilpert 1966 年的理论研究给出了传热系数 α [W/(m^2 · K)]和气体压力 P(Pa) 和气体速度 v(m/s) 的关系式：

$$\alpha=10^{5m}A(Pv)^m \tag{6-10}$$

式中，A、m 为常数，它们与炉子结构、炉料及冷却气体的物理性能有关。通常情况下，$m=0.6\sim0.8$。

热传递的指数规律清楚地表明，热传递在开始压力(10^5Pa) 下是多的，但是随着压力的增加而减少。如图 6-16 为从 1200℃到 550℃的冷却曲线。压力从 10^5Pa 增加到 2×10^5Pa，而冷却时间从 120s 减少到 60s，即减少了 60s。压力从 4×10^5Pa 增加到 5×10^5Pa，冷却时间从 30s 减少到 24s，即减少了 6s。显然，压力再增加（高于 5×10^5Pa 或 6×10^5Pa）时，热传递增加得很少。

淬火参数对传热系数的影响如表 6-1 所示。

表 6-1 淬火参数的影响

介质和淬火参数	传热系数/[W/(m^2 · K)]	介质和淬火参数	传热系数/[W/(m^2 · K)]
空气、无强力循环	50～80	H_2,10×10^5Pa,快速	约 750①
N_2,6×10^5Pa,快速	300～400	H_2,20×10^5Pa,快速	约 1300①
N_2,10×10^5Pa,快速	400～500	H_2,40×10^5Pa,快速	约 2200①
He,6×10^5Pa,快速	400～500	油,20～80℃,不流动	1000～1500
He,10×10^5Pa,快速	550～650	油,20～80℃,搅动	1800～2200
He,20×10^5Pa,快速	900～1000	水,15～25℃,搅动	3000～3500
H_2,6×10^5Pa,快速	450～600		

① 估算值。

注：$t/℃=\frac{5}{9}(t/℉-32)$，1bar$=10^5$Pa。

冷却气体压力和冷却时间的关系如图 6-17 所示，可以看出，W6Mo5Cr4V2 钢 ϕ40mm×100mm 工件在 7×10^5Pa 压力下比 1×10^5Pa 时的冷却速度要快 3 倍。图 6-18 为气体压力和淬火回火硬度的关系。该图曲线表明，在 5×10^5Pa 压力下，N_2 气冷却工件可获硬度达 64HRC 以上。这使得高速钢和大部分的模具钢真空气冷淬火成为可能，目前 $5\times10^5\sim6\times10^5$Pa 压力的真空气冷淬火炉及高压气淬处理在工业发达国家已经普及，我国现已少量制造出 5×10^5Pa 的高压气淬炉并已应用于生产，但质量有待提高。

用 $5\times10^5\sim6\times10^5$Pa 压力的真空气冷淬火炉对于 $\phi>60$mm 钢件心部获得 64HRC 的淬火硬度是困难的。因而对于大截面尺寸的工模具钢，真空气冷淬火 $5\times10^5\sim6\times10^5$Pa 的气冷压力仍感不足。

图 6-19 是 SKD61 钢 [w(C)=0.37%，w(Cr)=5%，w(Mo)=1.30%，w(V)=1%]，尺寸为 250mm×250mm 的方料，在 N_2 压力 9.5×10^5Pa 下气冷淬火和油冷、盐浴冷却的比较。

试验说明，气冷压力继续提高，不但提高了冷却速度，甚至可使冷却速度达到和超过油的冷却速度。

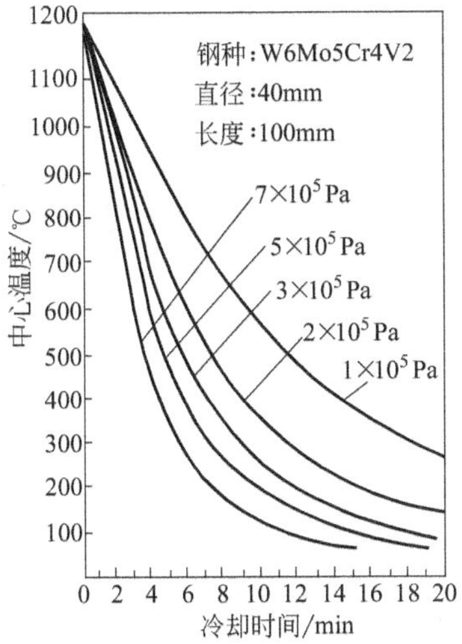

图 6-17 冷却气压和冷却时间的关系

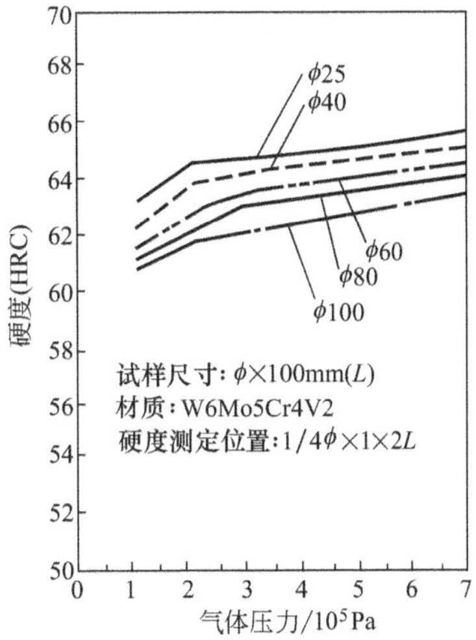

图 6-18 气体压力和淬火回火的硬度

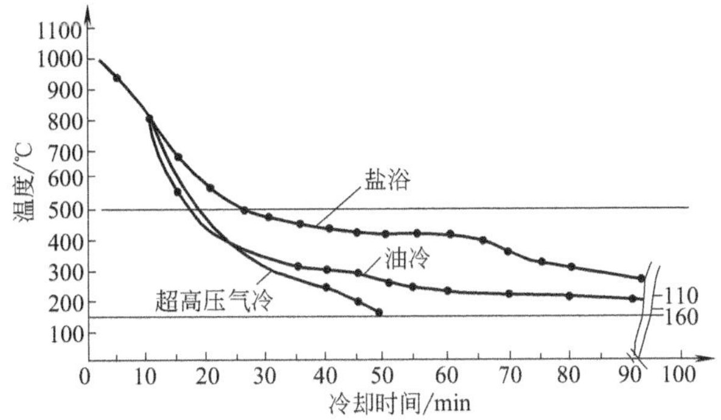

图 6-19 超高压气冷和油冷、盐浴冷却的比较

图 6-20 是各种气体在不同压力下的传热系数。随着压力的增加，传热系数将持续增加。图 6-21 是 ϕ40mm 工件心部在不同气体压力下冷却速度的比较，可以看出，在冷却初期，压力为 20×10^5Pa 的 He 冷却比油冷强，压力 40×10^5Pa 的 H_2 冷却比水冷强。为此，欧美和日本真空高压气冷淬火技术发展动向，正在由 5×10^5Pa 的 N_2 向更高压力下的 He 和 H_2 发展，2×10^5Pa 的真空高压气冷淬火已工业应用，40×10^5Pa 的真空高压气冷工艺已用于工业试验中。

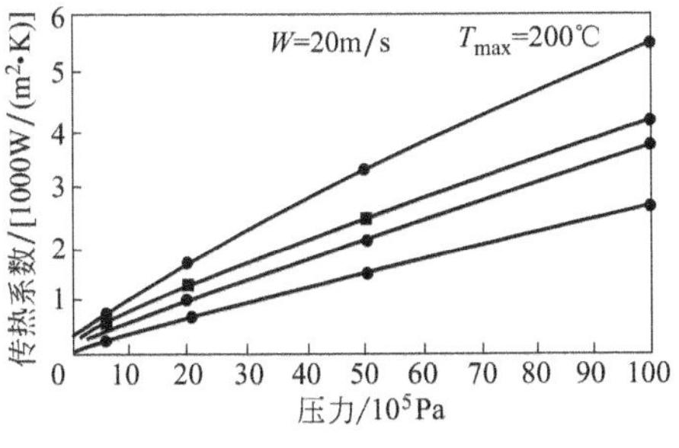

图 6-20 各种气体在不同压力下的传热系数

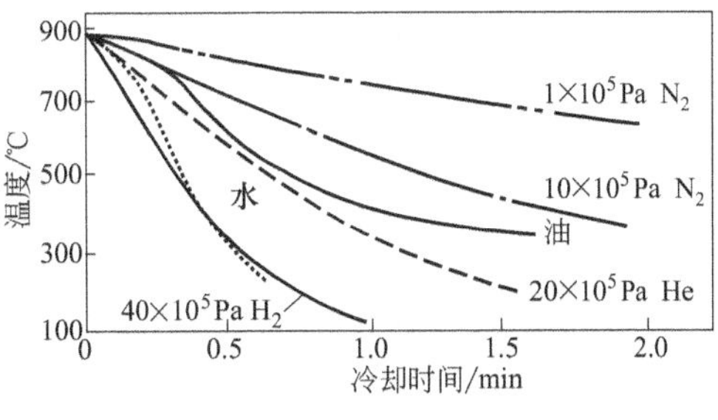

图 6-21 直径为 40mm 的钢心部的冷却速度（各种气体和压力的比较）

目前较普及的真空高压气淬技术是 $5\times10^5\sim6\times10^5$Pa 的真空高压气冷淬火工艺及设备。因为这种压力的真空炉既具有较高的淬火能力，其真空高压气淬工艺可满足绝大部分工模具钢和高速钢工件的淬火需求，而且也比较经济，技术上也易于实现，这在真空热处理中也是一个界限。

在生产应用中，对于低合金钢淬火件、大尺寸的模具和轴类、高密集装载工件，$5\times10^5\sim6\times10^5$Pa 的真空高压气冷淬火仍显不足。为此，人们正积极努力提高气冷淬火的能力，绝对压力为 6×10^5Pa，流速为 60～80m/s 的 N_2 冷却时，传热系数为 350～450W/(m^2・K)。提高真空炉内冷却气体的流速或者压力，都可继续提高该值，然而明显地提高冷却气体的循环速度是十分困难的，而提高冷却气体的压力则比较简单，技术的发展集中在研究冷却气体种类和继续提高冷却气体压力对真空气冷淬火时冷却速度的影响效果上。

根据 He 冷却的实验结果得知，6×10^5Pa 的 He 冷却时，气冷风扇电动机的功率提高 10%，传热系数可提高 40%。而 10×10^5Pa 压力下的 N_2 冷却时，气冷风扇电动机功率提高 140%，传热系数只提高 35%。反之，在气冷风扇电动机功率相同时，提高冷却气体的压力会得到更佳的效果。

大于 ϕ60mm 的轴或其他模具，心部若要求 64～65HRC 的硬度，就需改用油冷淬火，如欲保持气冷淬火的优点，就需增加气冷时冷却气体的压力，或更换气体的种类。

6.3.1 应用实例

(1) 螺纹铣刀，材料为铬钼钒钢（质量分数为：C 1.5%、Cr 12.0 %、Mo 0.7%、V 1.0%），尺寸为 135mm×37mm×37mm，淬火压力为 5×10^5Pa，从 1020℃到 500℃冷却，工具心部冷透为 45min，再经过 15min 冷却到 80℃，工艺时间为 4.2h，表面硬度为 63～64HRC。工具在长度方向上尺寸变化接近 0.01mm，在其他方向上尺寸的变化接近 0.02mm。

(2) 滚丝轮，材料为 Cr12MoV 钢，滚丝轮型号选用两种：61D2-133M14×2×60、直径 ϕ200mm×60mm；BD24-7 M20×1.4×B75、直径 ϕ150×75mm。61D2-133 型滚丝轮加工汽车车轴承盖螺栓，螺栓材料为 ML40Cr（日），调质处理，硬度 285～321HB；BD24-7 型滚丝轮加工 ML40Cr 轮胎螺栓。滚丝轮加工流程：下料→锻打→退火→机加工→淬火→回火→磨内孔→成品。

真空热处理在 VFH-100PT 型加压气淬真空炉内进行，装炉前，试样用乙醇清洗去除油污，淬火时通入高纯氮气加压气淬，压力达 2×10^5Pa，即相当于两个标准大气压，温度降至 100℃出炉。出炉后，表面光亮，内孔变形在 0.02mm 以内，端面不需再磨，硬度达 63～65HRC。

(3) 阶梯轴，材料为 Cr12MoV 钢，加热温度 1030℃，5×10^5Pa 气冷，装炉垂直摆放，用料台旋转法处理的结果是工件轴杆 ϕ2mm 处的偏摆量为 8.5μm，偏差 7.5μm，而料台不旋转法处理的偏摆量平均为 22.5μm，偏差 38μm，回火后变化不大，硬度均能达到 64～64.5HRC。

(4) 辊环，材料为不锈钢，工件直径 ϕ700mm，单件重 135kg，加热温度 1000℃，5×10^5Pa 气冷，装炉为三层，480kg/炉。

(5) 工具钢冷却强度试验，第一种材料是 MnCrV8（UN-ST31502，AISIO2），是一种油硬化钢，第二种材料是 Cr12（UN-ST30403，AISID3），第三种是冷作硬化钢。淬火强度

值 $\lambda=\Delta T/\Delta t$，对于工件直径 12～200mm，其 λ 值范围大约为 0.18～2℃/s。

(6) 各种工具高压气体淬火。上海工具厂在 VDN-513R 高压气淬炉中进行高压气淬生产，效果良好。

(7) 热模工具，材料为 56NiCrMoV7 钢（质量分数为：C 0.55%、Cr 1.10%、Mo 0.50%、V 0.10%、Ni 1.65%），压铸模，尺寸为 247mm×268mm×400mm，装炉量 225kg，加热 890℃，5×10^5Pa（5bar）气淬，530℃回火 2 次，处理结果是抗拉强度可达 $500N/mm^2$（相当于 46～47HRC），金相组织良好。

6.3.2 真空高压气淬处理后 2Cr13 钢的组织和性能

2Cr13 钢经不同工艺热处理后，力学性能（三试样的平均值）见表 6-2，显微组织见图 6-22。从试样的外观可见，经真空高压气淬的试样表面无氧化皮，呈银亮色，且表面光洁，可免除淬火后的清洗，比真空油淬更环保。

表 6-2 不同热处理工艺下 2Cr13 钢的力学性能

工艺	气压/MPa	R_m/MPa	R_{el}/MPa	A/%	Z/%	A_{KU}/(J/cm^2)	硬度(HRC)
工艺 1	—	915	823	20	66.5	63	28
	0.3	900	805	21	67.1	58.2	26.5
工艺 2	0.6	960	857	20.5	68	56.2	29.2
	1	985	880	19.4	66.2	49.5	31.1
HB/Z80—1997	—	880～1080	—	≥10	≥50	≥40	25.5～35

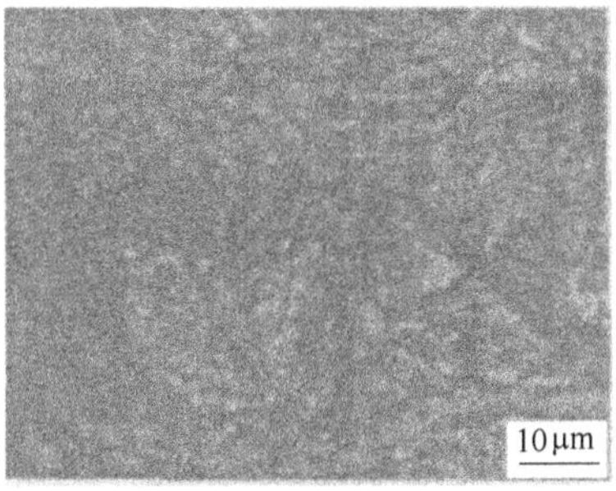

(a) 真空油淬

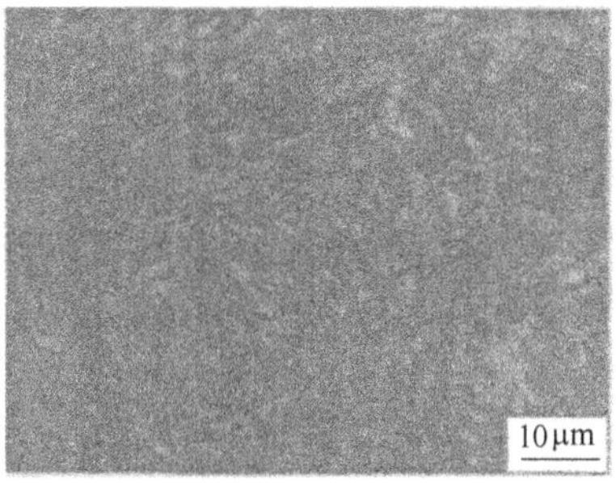

(b) 真空高压气淬(0.3MPa)

图 6-22 2Cr13 钢经不同工艺热处理后的显微组织

从表 6-2 可知，当 0.3MPa 气淬时，2Cr13 钢的抗拉强度 R_m 为 900MPa，略低于常规真空油淬；当 0.6MPa 气淬时，其抗拉强度比常规真空油淬高 45MPa，达到 960MPa；当 1MPa 气淬时，其抗拉强度又有一定程度的提高，达到 985 MPa，但均在抗拉强度允许的范围之内。总的来说，其强度值是随着气淬压力的提高而有小幅的提升。这是因为在气淬中，冷却介质密度越高，从试样中带走的热量越多，通过提高压力，淬火气体的密度变大，提高了传热能力。硬度随气淬压力的变化趋势与强度的变化趋势一致。伸长率 A 和冲击韧度 A_{KU} 均随着气淬压力的升高而降低，只是伸长率的降幅较小，而冲击韧度的降幅较大。断面收缩率 Z 随气淬压力的变化不大。总之，2Cr13 钢经不同压力的真空高压气淬处理后的综合力学性能符合标准要求。

从图 6-22 可见，两种淬火工艺处理试样的组织基本一致，均为细小均匀的板条状淬火马氏体组织。

2Cr13 钢经不同工艺热处理后的淬透性（试样直径为 ϕ35mm）见表 6-3。从表 6-3 可知，经过不同气压淬火后的截面硬度，从中心到边缘的硬度变化都比较小，且对比真空油淬试样的截面硬度分布，可以发现与之十分接近，这说明使用气淬这种工艺方法对于 ϕ35mm 的棒料，其淬透性满足使用要求。

表 6-3　不同热处理工艺的 2Cr13 钢截面硬度分布

工艺	气压/MPa	截面不同位置硬度分布均值(HRC)			
		中心	1/3*R*	2/3*R*	*R*
工艺 1	—	54	54	54	54
	0.3	51	51	51	52
工艺 2	0.6	51	51	51	51
	1	50	51	52	52

通过上述实验可知，2Cr13 钢采用高压真空气淬这种热处理工艺方法时，其抗拉强度、冲击功、伸长率以及淬透性等工艺参数均能满足标准要求，可以替代现有的真空油淬工艺方法。

6.4 高压气淬设备风机、风道的分析

6.4.1 高压气淬设备中风机的分析

高压气淬设备中，风机起着输送淬火介质的作用，将一定流量的低温淬火介质以一定的速度送出，并对淬火后流经换热器能量损失殆尽的淬火介质重新做功，往复循环。因此风机性能的好坏直接影响淬火工艺的实现。另外，风机也是耗能大户，具有较大功率，在能源日趋紧张的今天，能源利用效率越来越引起人们的关注。本节将从高压气淬风机的选用原则、性能分析、节能应用几方面进行讨论。

选用合适的风机，是实现气淬设备性能的保证。一方面要保证工艺需要，即具有足够的压力与流量；另一方面要考虑节能需要，即选择参数合适的高效风机。风机的选用主要包括三个方面：类型的选择，叶型的选择和型号的选择。

风机类型总体上分为两大类，即离心风机和轴流风机，选用风机的首先要满足性能要求。一方面高压气淬风机要求流量较大（保证喷嘴出口有足够的速度），另一方面高压气淬炉结构复杂，空间狭小，本身的结构管路损失较大，淬火介质要流过密排的淬火工件及换热管束，压力损失也很大。因此要求风机要有较大的压力，大流量是轴流风机的特点，而高压力无疑是离心风机的优势。

其次，空间尺寸也是我们不得不考虑的因素，高压气淬炉属封闭内循环系统，即风机安放在炉内的闭路循环中。因此希望风机尺寸尽量小，这一点离心风机无疑占有优势，在相同风量、压力前提下，离心风机的轴向尺寸远小于轴流风机。

综合以上分析，离心风机便成为首选。

风机叶型大致可分为三类：径向叶型、后向叶型、前向叶型。其对性能的影响可根据能

量方程得出结论，以风压表示的能量方程式为：

$$P=\rho(u_2 v_{u2}-u_1 v_{u1}) \tag{6-11}$$

式中 P——风压；

u_2——叶轮出口圆周速度；

v_{u2}——叶轮出口切向绝对速度；

u_1——叶轮进口圆周速度；

v_{u1}——叶轮进口切向绝对速度。

对流体机械而言，无冲击进入是减小损失的必要手段，风机进口当然也是径向流入，即 $v_{u1}=0$，这样方程（6-11）简化为：

$$P=\rho u_2 v_{u2} \tag{6-12}$$

径向流入可以通过调整叶片进口安装角来实现，那么出口安装角的不同就代表了叶型的不同。将出口切向绝对速度 v_{u2} 与出口角 β_2 的关系式 $v_{u2}=u_2-v_{r2}\mathrm{ctg}\beta_2$ 代入式（6-12），就可以看出出口安装角 β_2（即叶型）对性能的影响：

$$P=\rho(u_2^2-u_1 v_{r2}\mathrm{ctg}\beta_2) \tag{6-13}$$

对于径向叶型，即 $\beta_2=90°$，此时 $P=\rho u_2^2$；后向叶型，即 $\beta_2<90°$，此时 $P<\rho u_2^2$；前向叶型，即 $\beta_2>90°$，此时 $P>\rho u_2^2$。

根据以上分析，似乎可以得出以下结论：前向叶轮所获压力最大，径向次之，后向最小，那么前向叶型的风机最好。但实际远没有这么简单，上面我们分析的风压指全压，即包括动压和静压。如果动压成分过大，意味着流体在叶轮中的流速大，从而流动损失必然较大，也就意味着效率较低。因此，对于一台风机，不能只注意其全压，还要分析一下全压中动压和静压的分配比例。

由速度三角形，按余弦定律得出叶片进出口速度间的关系：

$$w_2^2=u_2^2+v_2^2-2u_2 v_2\cos\alpha_2=u_2^2+v_2^2-2u_2 v_{u2} \tag{6-14}$$

$$w_1^2=u_1^2+v_1^2-2u_1 v_1\cos\alpha_1=u_1^2+v_1^2-2u_1 v_{u1} \tag{6-15}$$

代入式（6-11）得出：

$$P=\frac{\rho}{2}[(u_2^2-u_1^2)+(w_1^2-w_2^2)+(v_2^2-v_1^2)] \tag{6-16}$$

从上式可以看出，等式右端第一项为叶轮圆周速度所产生的离心力做功增加的压力势能，第二项为叶轮流道扩展引起相对速度降低而获得的压力势能，这两项统称为静压 P_j，即

$$P_j=\frac{\rho}{2}[(u_2^2-u_1^2)+(w_1^2-w_2^2)] \tag{6-17}$$

第三项为流体绝对速度变化引起的动能的增长部分，称为动压 P_d，即

$$P_d=\frac{\rho}{2}(v_2^2-v_1^2) \tag{6-18}$$

前面提到，为减小损失，在总压中不希望动压过多。下面结合叶型分析一下动压在全压中所占比例。在风机设计中，除为减小进口损失而使流体径向进入流道外，也会令叶片进口面积等于出口面积，则由连续方程可得：

$$v_1 A=v_{r1}A=v_{r2}A \tag{6-19}$$

式中 v_{r1}——进出口径向分速度；

A——进出口面积。

即 $v_1=v_{r1}=v_{r2}$，将此式代入式（6-18），并参考速度三角形，可得到：

$$P_d=\frac{\rho}{2}(v_2^2-v_1^2)=\frac{\rho}{2}(v_2^2-v_{r2}^2)=\frac{\rho}{2}v_{u2}^2 \tag{6-20}$$

式中 v_{u2}——出口切向分速度。

由上式可见，动压大小与出口速度的切向分速度的平方成正比。对于 $\beta_2>90°$ 的前向叶型，出口切向分速度较大，因而总压中动压成分较大；对于 $\beta_2<90°$ 的后向叶型，出口切向分速度较小，因而总压中动压成分较小；对于 $\beta_2=90°$ 的径向叶型，出口速度则在前两种叶型之间。

综上所述，具有前向叶型的风机虽总压较大，但流动损失也较大，效率较低；具有后向叶型的风机虽总压稍小，但流动损失也较小，效率较高；具有径向叶型的风机，总压、损失、效率处于前两种风机之间。对于气淬设备用风机，其功率动辄上百千瓦，因此必须选用高效风机，即后向叶型风机。

这里应该着重指出，风机样本标定的性能参数是针对标准状况而言，气体密度 $1.205kg/m^3$，温度 20℃，压力 1.01×10^5Pa，即标准大气环境下的实验数据，选用时候必须经过换算。换算公式如下：

$$P=P_0\frac{\rho}{\rho_0}$$

$$Q=Q_0 \tag{6-21}$$

式中，P_0、Q_0、ρ_0 为标准状况风压、流量、密度；P、Q、ρ 为实际工况风压、流量、密度。

应该指出，真空高压气淬本身是一个特殊应用领域，现有的风机系列中还没有高压气淬设备的专用风机。如果想达到更理想性能，就必须针对高压气淬的特殊性重新设计专用风机。风机作为一种复杂的叶轮机械，任何一种型号的设计完成都要经过大量的试验工作，经过反复的修正与试用，需要很多的人力与财力的投入，但从长期来看，专用风机肯定是发展趋势。

高压气淬风机的特殊性在于工作环境空间狭小，无法保证通用风机进出口直管段的安装要求，工作介质为高压气体，偏离设计工况。高压气淬专用风机设计必须竭力解决的关键问题有以下几个方面：进出口由于高压气淬炉狭小的空间，难以保证合理组织气流，必然导致损失增大。因此，进口应设计出合理有效的导流装置，尽量保证气体径向无冲击地进入叶轮；而出口由于空间原因去掉了满足流动规律的阿基米德螺线或对数螺线蜗壳，直接吹向较大空间，而阿基米德螺线或对数螺线蜗壳是气体将在风机中获得的动压部分转化为静压的合理空间。失去了这样的出口，气体进行动压到静压的转换过程就会损失更多的能量。另外，高速气体在这样一个较大空间内不可避免产生旋涡，使在风机中获得的能量白白消耗在无用的旋涡中，而且还会与其他流体的相互碰撞消耗更多的能量。因此，出口应设计合理的分隔导流板，以减小这种能量消耗，设计中在保证风压的前提下，尽量减小动压所占比例，这就要在叶型上做文章。目前的风机转速为 2900r/min，在设计专用风机时，可以考虑高速风机，应用变频设备提高风机转速，以减小体积，适应真空高压气淬的特殊工作环境。

我们应该站在系统的角度来考虑任何一种设备，风机本身设计再合理，都需要在一个协调的系统中才能发挥作用。因此在精心设计风机的同时，也要对整个风道系统进行优化，尽量减小流动损失，提高系统效率。

6.4.2 高压气淬设备中风道的研究

冷却速度和均温性是气淬技术中的两项重要指标。冷速是达到相应硬度及组织转变的保证，而均温性是减小应力与变形的必要条件。其中，冷速与众多参数有关，包括冷却介质种类、压力、流量、流速、流动方式及介质温度等，在介质压力、温度、流量等确定的情况下，提高流速则成为提高冷速的有效途径。而均温性则完全依赖于流场品质的好坏，均匀的流场是均匀的温场的保证。

以上两项指标的实现依赖于整台炉的合理设计，而其中风道结构形式是不可忽视的关键因素。

6.4.2.1 风道流动理论的研究

（1）侧孔出流理论及风管内静压分布规律。风管及喷嘴流动从流体力学的角度讲，应为侧孔出流问题。气流在风管中向前流动，总能量由动压和静压两部分组成，对于流动各自起着不同的作用。动压形成轴向的速度使气体向远方输送；静压则成为克服沿程阻力及侧孔出流的动力。

事实上侧孔出流速度应由速度与径向速度合成，即

$$u=\sqrt{u_j^2+u_d^2} \tag{6-22}$$

式中 u——侧孔出流速度；

u_d——速度；

u_j——径向速度。

出流速度方向与轴线夹角 $\alpha=\mathrm{tg}^{-1}\left(\frac{u_j}{u_d}\right)=\mathrm{tg}^{-1}\left(\sqrt{\frac{p_j}{p_d}}\right)$，在气淬领域，我们希望出流方向为径向，因此用外接喷嘴来调整方向，而喷嘴流量为：

$$q=\mu A u_j \tag{6-23}$$

式中 q——喷嘴流量；

μ——喷嘴流量系数；

A——喷嘴出口面积；

u_j——喷嘴出口速度。

由于风管内静压才是出流的动力，这里重点讨论风管内静压的分布。对于常见的等截面风管，设沿程开设 n 个侧孔，对任意截面由伯努利方程：

$$p_{j1}+\frac{\rho v_{d1}^2}{2}=p_{jn}+\frac{\rho v_{dn}^2}{2}+\sum(p_m l+\Delta p_\xi) \tag{6-24}$$

式中 p_m——风道单位长度沿程损失；

Δp_ξ——风道局部损失；

p_{j1}——风道第一个侧孔位置静压；

p_{jn}——风道第 n 个侧孔位置静压；

v_{d1}——风道第一个侧孔位置处速度；

v_{dn}——风道第 n 个侧孔位置处速度。

则：

$$p_{jn}=p_{j1}+\frac{\rho(v_{dn}^2-v_{d1}^2)}{2}-\sum(p_m l+\Delta p_\xi) \tag{6-25}$$

介质向前流动的过程中，由于流动阻力的存在，必然导致总能量的损失，即风道总压将减小（包括静压和动压），而动压的降低却会反映在静压的升高，其值为$\frac{\rho(v_{dn}^2-v_{d1}^2)}{2}$；沿程阻力则反映静压的降低，其值为$\sum(p_m l+\Delta p_\xi)$。这样对于任意截面，静压 p_{jn} 可能出现三种情况：

① $\frac{\rho(v_{dn}^2-v_{d1}^2)}{2}=\sum(p_m l+\Delta p_\xi)$，则 $p_{j1}=p_{j2}=\cdots=p_{jn}$。

此式表明，沿程损失导致的静压减少恰好等于动压降低而导致的静压增加，因此沿程静压不变。只要沿程喷嘴截面面积相同，出流系数相同，就可得到风量相同、风速相同的均匀出流。

② $\frac{\rho(v_{dn}^2-v_{d1}^2)}{2}>\sum(p_m l+\Delta p_\xi)$。

此式表明，动压损失导致的静压升高大于沿程损失导致的静压减少，因此沿程静压将增加。此时若沿程喷嘴截面面积相同，出流系数相同，将会得到一个风量、风速均逐渐增加的流场。

③ $\frac{\rho(v_{dn}^2-v_{d1}^2)}{2}<\sum(p_m l+\Delta p_\xi)$。

此式表明，动压损失导致的静压升高小于沿程损失导致的静压减少，因此沿程静压将减少。此时若沿程喷嘴截面面积相同，出流系数相同，将会得到一个风量、风速均逐渐减少的流场。

实验证明，对于我们常用的金属管道，实际情况将会是第二种情况，即静压沿程增加。

（2）均匀出流的风道形式。通常意义上的均匀出流指出风量相等，因此有两类风道可供选择：等静压型和变静压型。所谓等静压型，即风道截面沿程渐缩，以提高沿程动压，保证沿程静压不变；而变静压型风道又可分为两种具体的不同形式：一种为风管截面沿程不变，喷嘴截面沿风道轴向递减，使出风量均匀，但出风速度沿程递增。对于气淬领域，既要求出风量相同又要求出风速度相同，因此并不是理想形式；另一种为风管截面沿程不变，但出风口为渐缩喷嘴。该风道形式应用了引射原理，如前面所讲，出流速度由轴向和径向速度合成，事实上，靠近进口喷嘴处合成速度并不小，只是方向与径向夹角较大，在连接处产生滞止，而影响喷嘴出口速度。而应用渐缩喷嘴，由引射原理，喷嘴对主流产生抽吸作用，使主流流线径向偏移，从而加大出流速度，从流体力学角度讲，渐缩喷嘴形成的顺压梯度更利于流体流动，以此得到高速、均匀的流场。

以上从理论上分析了风管及喷嘴出流，为进一步验证上述理论，本书应用专用流体计算软件 Fluent 对几种典型风道进行了数值分析。

6.4.2.2 风道流动数值模拟

（1）等截面风道等截面喷嘴流动形式。某型真空气淬炉原型风道为周向布置 12 排直径 ϕ50mm 的等截面风管，每排风管布置 5 个等截面喷嘴，工作压力 0.6MPa，进口速度 50m/s。其具体尺寸如图 6-23 所示。

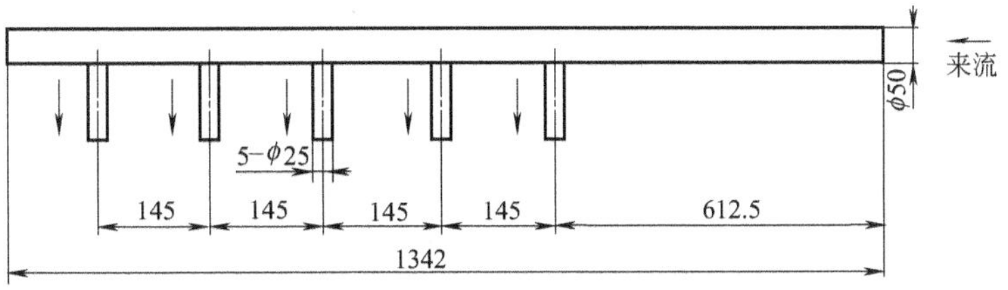

图 6-23 原型风道结构尺寸图

图 6-24～图 6-27 为等截面风管等截面喷嘴形式模拟计算结果，从图中可以看出，风管进口段动压不变，静压需要克服沿程阻力逐渐降低，每个喷嘴处，由于径向出流导致速度降低，动压降低，由能量方程可知，其降低值将反映在静压升高，因此静压在每个喷嘴处产生跳跃增加，而速度突降，每个喷嘴之间各种损失都较小，静压和速度变化平缓。静压作为出流动力，其沿程不均匀性直接导致了沿程喷嘴出流速度差距较大。这些都很好地验证了前面阐述的理论分析，也说明了等截面风管对气淬领域不是很好的选择。

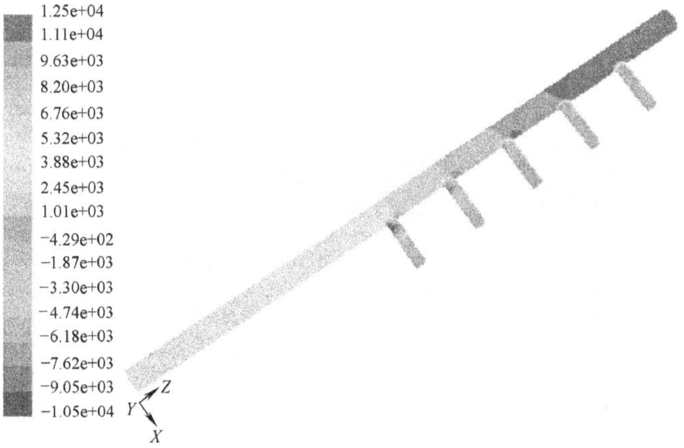

图 6-24 风道静压分布云图

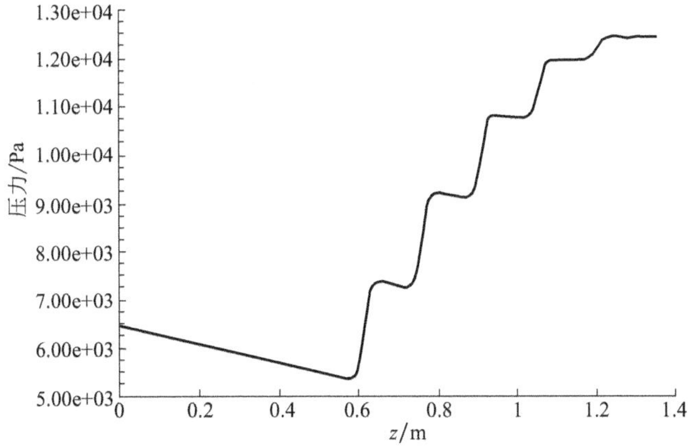

图 6-25 风管内静压分布曲线

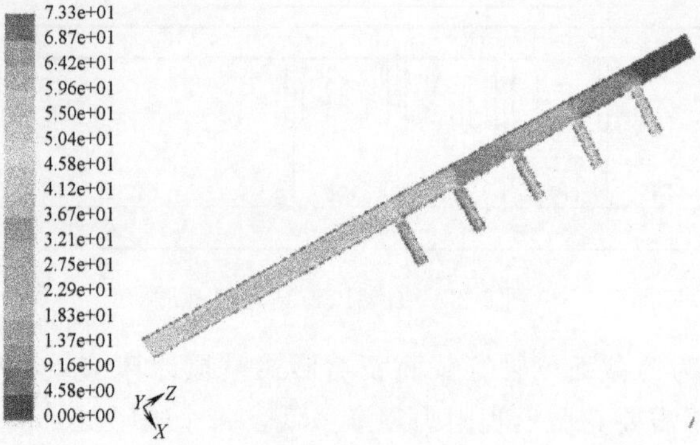

图 6-26 风道速度分布云图

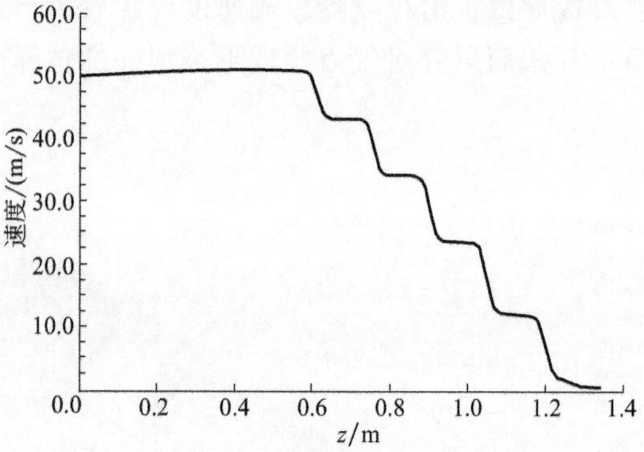

图 6-27 风管速度分布曲线

(2) 渐缩风管等截面喷嘴流动形式。该风管进口直径仍为 ϕ50mm，但沿轴向渐缩至盲端 ϕ25mm，工作压力与进口速度同上。通过计算获得了其流场及压力场分布。图 6-28 和图 6-29 为模拟计算结果，从图中可以看出，由于风管截面的沿程渐缩，提高了沿程动压，从而降低了由于动压降低带来的静压升高，进而使静压和速度的分布都趋于均匀，这是我们希望看到的结果。

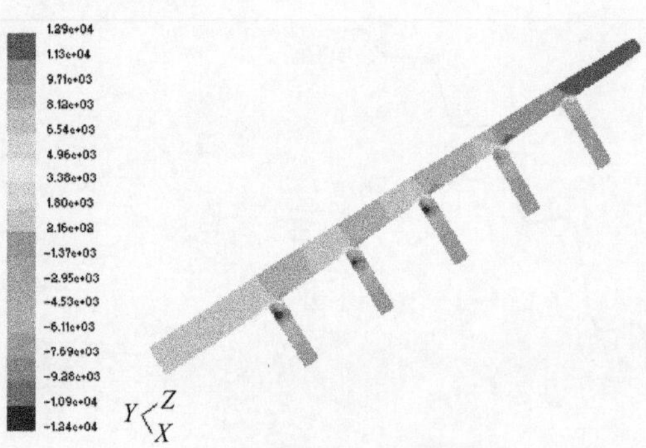

图 6-28 风道静压分布云图

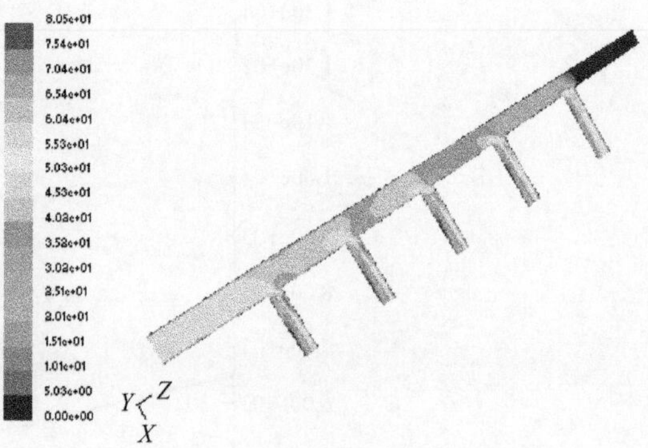

图 6-29 风道速度分布云图

(3) 等截面风管渐缩喷嘴流动形式。风道为直径 ϕ50mm 等截面，喷嘴采用渐缩的锥形喷嘴，进口端直径 ϕ25mm 同上，小端直径 ϕ15mm，工作压力、风速同上。

图 6-30 和图 6-31 为等截面风管渐缩喷嘴流动形式模拟计算结果，从图中可以看出，与前面等截面风管等截面喷嘴相比，轴向静压虽然还是沿轴向渐增，但均匀性已大大改善，静压值也有很大增加，喷嘴出口速度也趋于均匀，并有较大增加。这主要就是因为渐缩喷嘴的引射作用。喷嘴内的高速流动对风管内气体的抽吸作用，使主流气体流线径向偏转，合成速度方向偏向径向，从而速度降低，静压增高，使喷嘴出流速度大大提高。

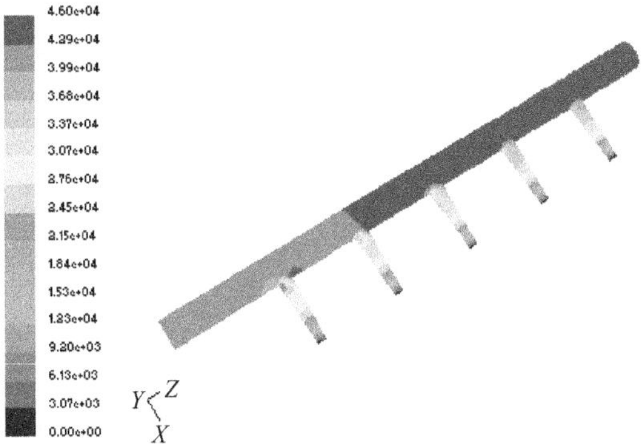

图 6-30 风道静压分布云图

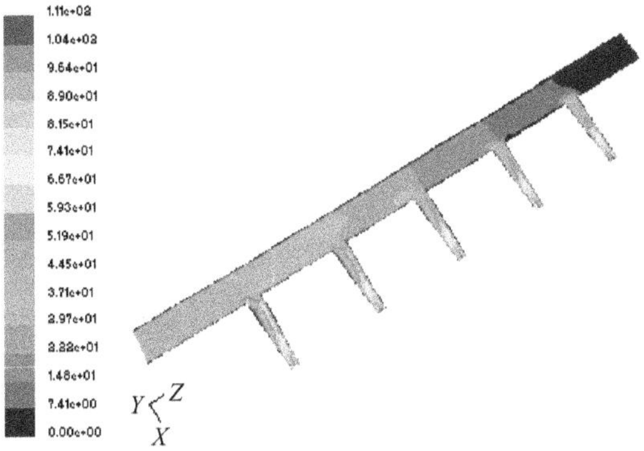

图 6-31 风道速度分布云图

（4）渐缩风管渐缩喷嘴流动形式。该风管进口直径为 ϕ50mm，沿轴向减缩至盲端直径 ϕ25mm，同时喷嘴采用渐缩的锥形喷嘴，进口直径 ϕ25mm，小端直径 ϕ15mm，工作压力、进口速度同上。图 6-32 和图 6-33 为渐缩风管渐缩喷嘴流动形式模拟计算结果，从图中可以看出，由于进一步从结构上吻合了等静压流动，使静压分布更加均匀化，出口速度进一步增加。

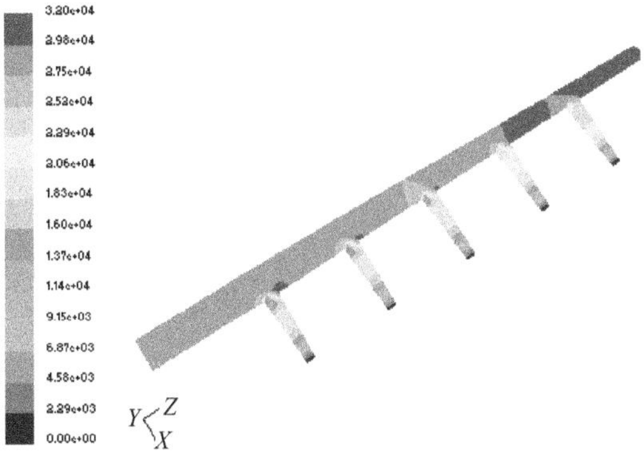

图 6-32 风道静压分布云图

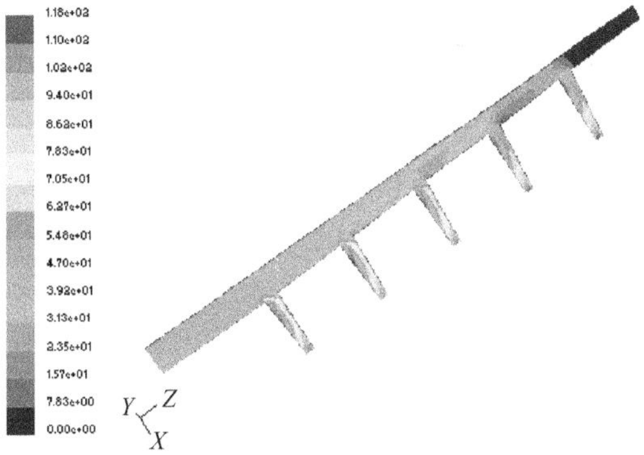

图 6-33 风道速度分布云图

（5）模拟结果分析。本节模拟了多种风道的流动形式，为便于比较它们的优劣，我们将重点关心的喷嘴出口速度绘于图 6-34 中。

从图 6-34 可以看出，效果最好的是采用渐缩喷嘴，不但流场均匀性大大提高，而且流速也有大幅提高。但也由于这一点，渐缩喷嘴对流道的变化更加敏感，微小的尺寸差异将会导致较大的流场变化，加工精度要求比较高，特别是渐缩风管加工费用较高。那么先采用等截面风管渐缩喷嘴，而渐缩风管渐缩喷嘴可作为更高性能的炉型采用。对于以上风道形式，喷嘴出口速度的极限为音速，若要使喷嘴出口速度达到超音速，那么拉伐尔喷嘴将是唯一的选择。不过拉伐尔喷嘴的应用需要解决更多的技术问题，由于是超音速，首先要避免的就是

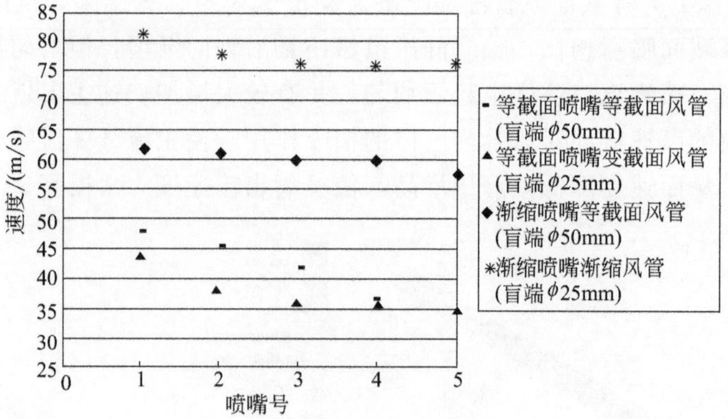

图 6-34 喷嘴出口速度

喷嘴内激波的产生，如果产生激波，那么气流通过激波后可能降为亚音速，达不到我们的目的。而且喷嘴出口是否为超音速，在满足结构要求的基础上，还必须满足一定的气流总压和出口反压。也就是说，拉伐尔喷嘴对流场要求很高，这样对风机的要求进一步提高。反过来说，拉伐尔喷嘴的适应性较差。

6.5 真空加压气淬过程的计算机模拟

6.5.1 冷却过程的计算机模拟

工件的初始温度为1503K，其他边界条件与空炉冷却相同。

6.5.1.1 气体流场模拟结果及分析

图6-35为模拟计算速度达到稳态时，$Y=0$截面的速度矢量图，从图中可以看出，气体从喷嘴出口射出之后直接喷射到工件表面，遇到障碍时一部分气体由工件之间的间隙流入均温区冷却中间层工件，一部分在喷嘴之间形成涡流，在炉腔四周出现了高涡流区，气体在此滞留时间较长，对料筐边缘的工件冷却不利。图6-36为$X=0.055$m截面的速度矢量图，即第二层料筐工件中心截面，从图中可以看出，由于喷嘴喷射的气体不能直接到达第二层工件，该截面气体流动速度较小。

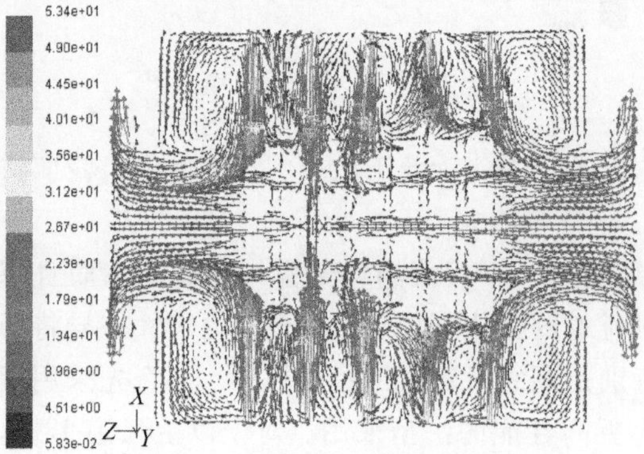

图 6-35 $Y=0$平面速度矢量图（单位为m/s）

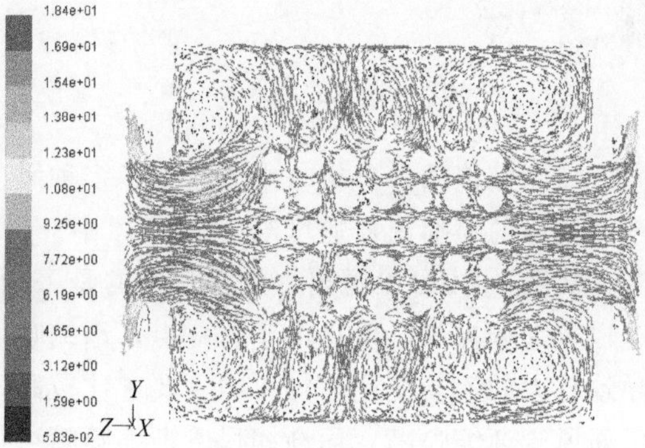

图 6-36 $X=0.055$m截面速度矢量图（单位为m/s）

6.5.1.2 工件温度模拟结果

图 6-37～图 6-40 是冷却时间为 $t=57\text{s}$ 时，工件的温度分布情况。

为了显示清楚，图 6-37 只反映了计算区域（取 X、Y 方向的一半）的工件空间温度分布，而其余图形显示的是炉内所有工件的温度分布。从图中可以看出，气体流场直接决定了工件的温度场分布情况，气体流动的不均匀性造成各个位置工件存在着温度差。

图 6-38 为 $X=0.055\text{m}$ 截面的工件温度分布图，从图中可以看出，由于工件内部存在导热过程，工件中心比表面冷却要滞后，中心和表面温差由工件的截面尺寸、工件的热导率等决定，冷却过程温差的大小将影响工件内部的热应力、变形的情况。

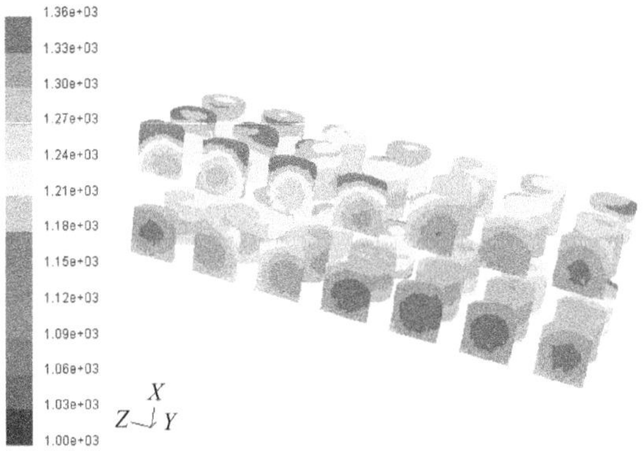

图 6-37 $t=57\text{s}$ 工件温度分布图（单位为 K）

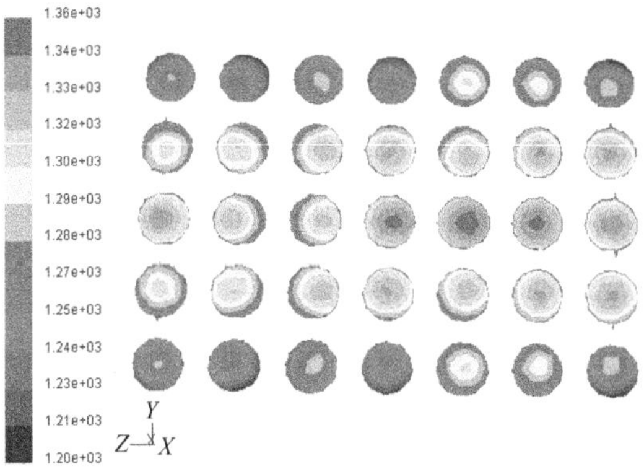

图 6-38 $t=57\text{s}$ 时 $X=0.055\text{m}$ 截面工件温度分布图（单位为 K）

图 6-39 为 $Z=0$ 截面工件温度分布图，从图中可以看出，上下两层工件由于喷嘴出来的气体能直接吹到，冷却速度比中间两层快。

图 6-40 为 $Y=0$ 截面工件温度分布图，从图中可以看出，工件沿 Z 方向上存在温差，从上层工件来看，沿 Z 正方向工件冷却速度在变快，这主要因为每个喷嘴的出口速度不同，沿 Z 正方向五个喷嘴速度在加大。

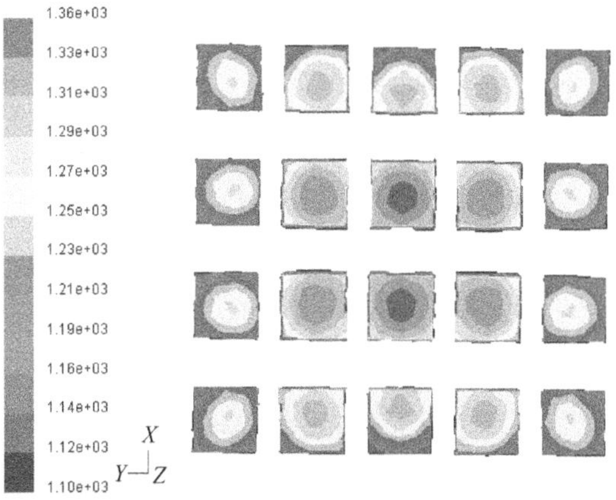

图 6-39 $t=57\text{s}$ 时 $Z=0$ 截面工件温度分布图（单位为 K）

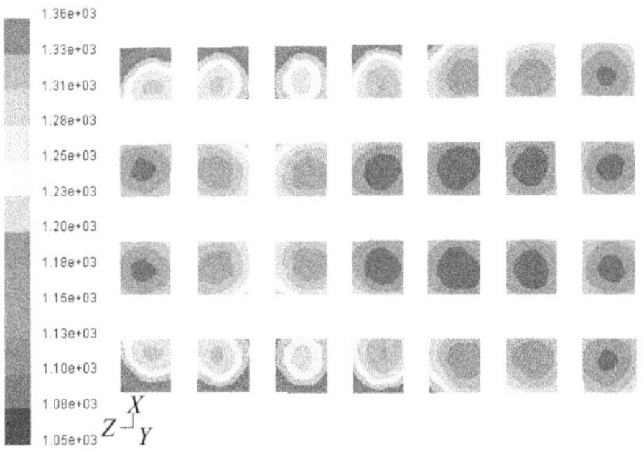

图 6-40 $t=57\text{s}$ 时 $Y=0$ 截面工件温度分布图（单位为 K）

图 6-41～图 6-43 是冷却时间为 $t=617\mathrm{s}$ 淬火过程结束时，工件的温度分布情况。从图中可以看出，工件仍存在温差，但温差比淬火初期小。

图 6-41 $t=617\mathrm{s}$ 工件温度分布图（单位为 K）

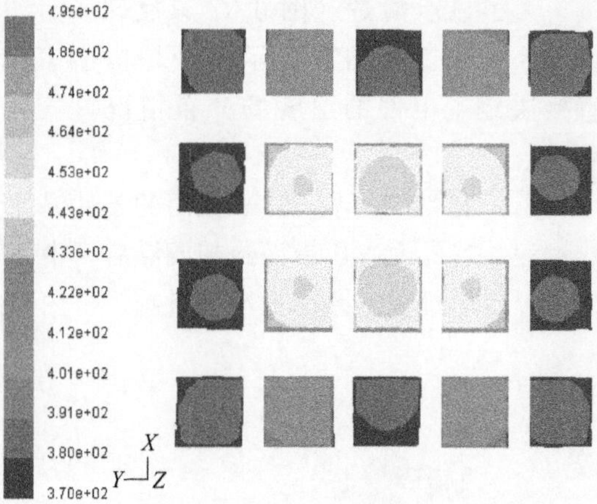

图 6-42 $t=617\mathrm{s}$ 时 $Z=0$ 截面工件温度分布图（单位为 K）

图 6-44 为中心点在 $X=0.055\mathrm{m}$、$Y=0$、$Z=0$ 工件上中心和表面两点冷却曲线。从图中可以看出，计算机模拟该工件中心点冷却到 430K 淬火结束所用时间为 630s 左右，该计算结果与实验结果基本相符，比实际冷却略快，实测冷却时间为 680s 左右，误差为 7.9%。造成这种误差的原因主要有两个：其一，模拟计算中未考虑淬火过程的充气阶段，假定炉腔立刻充满淬火气体，达到稳定的工作压力。实际上，在淬火过程开始时炉内压力低，气体密度小，冷却速度要相对慢一些。其二，进口气体温度为整个淬火过程的自换热器出来的平均温度，在淬火前期，实际进口气体温度要稍高一些。淬火初期工件中心与表面温差较大，约为 30K，随着淬火的进行温差在减小，到淬火结束时温差为 10K 左右。

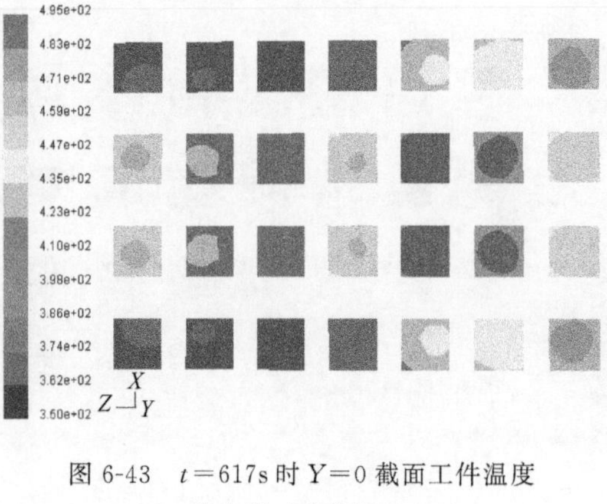

图 6-43 $t=617\mathrm{s}$ 时 $Y=0$ 截面工件温度分布图（单位为 K）

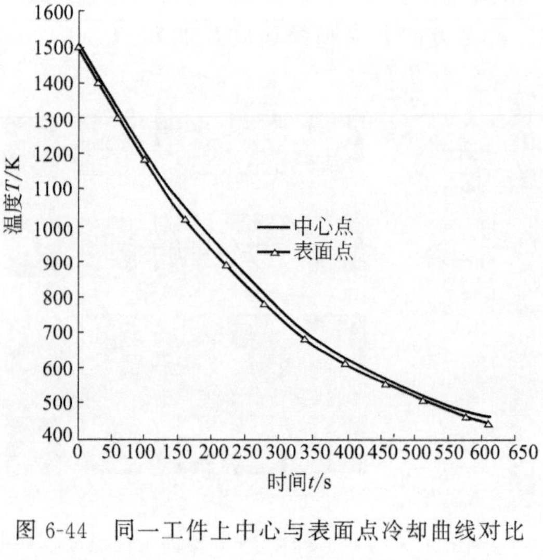

图 6-44 同一工件上中心与表面点冷却曲线对比

图 6-45 为 $Z=0$ 截面上第一层工件中心点（$X=0.165$m、$Y=0$，$Z=0$）和第二层工件中心点（$X=0.055$m、$Y=0$，$Z=0$）冷却曲线对比。从图中可以看出，第一层和第二层工件由于周围冷却气体流速不同，冷却速度相差较大。

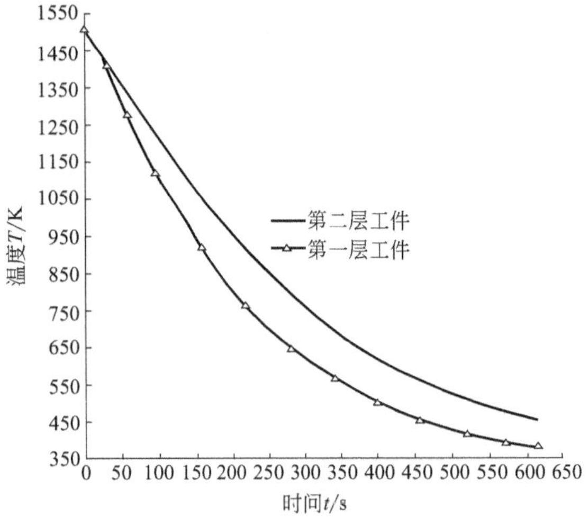

图 6-45　不同层工件冷却曲线对比

图 6-46 为 $Y=0$ 截面第一层上沿 Z 方向不同位置工件中心点冷却曲线对比，低速喷嘴所对工件位置在 $Z=-0.029$m，中间喷嘴所对工件位置在 $Z=0$，高速喷嘴所对工件位置在 $Z=0.029$m，由于喷嘴出口速度不同，造成工件冷却速度不同，气体流动速度越快，工件冷却速度越快。

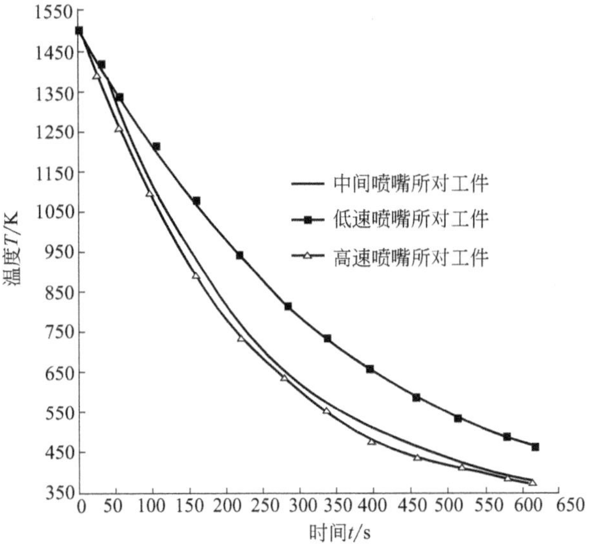

图 6-46　不同出口速度喷嘴所对工件冷却曲线对比

6.5.2　真空高压气淬设备各参数对工件冷却速度影响的数值模拟

6.5.2.1　淬火气体压力对工件冷却速度的影响

图 6-47 为计算机模拟计算在喷嘴流速为 40m/s 不变情况下，改变淬火气体压力对工件

冷却速度的影响。从图中可以看出，工件完成淬火过程（从1503K冷却到430K），在淬火压力分别为0.45MPa、0.6MPa、1.0MPa和1.5MPa时，冷却时间分别为522s、445s、273s和234s。随着淬火压力提高，淬火介质变稠，气体密度增加，从工件上带走的热量增多，工件冷却速度变快。将淬火压力由0.45MPa提高到1MPa后，冷却速度会有大幅度提高，提高了约48%，但随着压力由1.0MPa增至1.5MPa，冷却时间减少程度变慢，冷却速度只提高了14%。

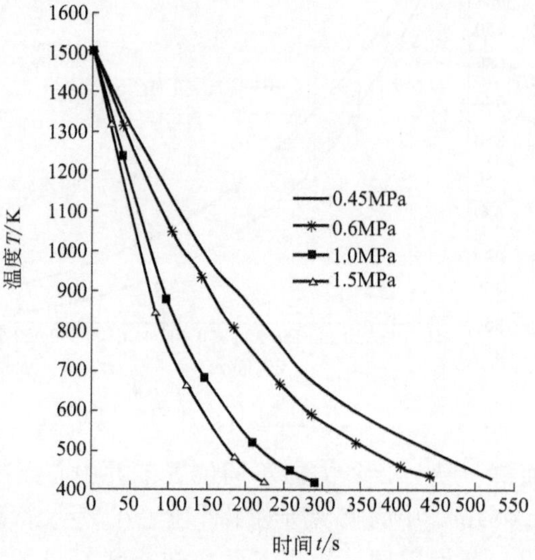

图6-47 模拟计算淬火气体压力对工件冷却速度的影响

6.5.2.2 淬火气体流速对工件冷却速度的影响

图6-48为淬火压力不变（为0.6MPa），喷嘴出口气体速度为40m/s和60m/s时对工件冷却速度的影响对比曲线。当喷嘴速度为40m/s时，工件完成淬火过程需要445s，速度增加到60m/s，冷却时间减少到325s，可以看出，喷嘴出口气体速度加大，工件冷速提高。喷嘴出口气体平均速度为：

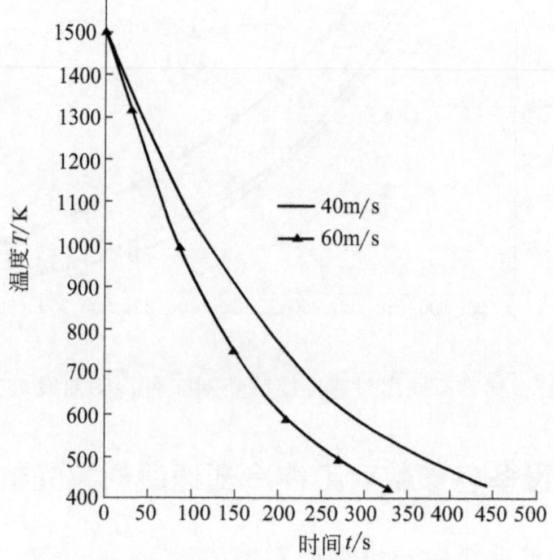

图6-48 模拟计算淬火气体流速对工件冷却速度的影响

$$v=\frac{Q}{n\pi r^2} \tag{6-26}$$

式中，Q 为风机流量；r 为喷嘴半径；n 为喷嘴数。

喷嘴出口气体平均速度主要由风机流量决定，提高气体压力和增加气体流速都需要以加大风机功率作为代价，功率的变化为：

$$\Delta P \propto PQ^2 \tag{6-27}$$

$$N=Q\Delta P \propto PQ^3 \tag{6-28}$$

式中 ΔP——气体通过系统时的压力降，即风机风压；

P——淬火气体压力；

Q——气体体积流量；

N——风机功率。

式（6-27）表明，功率变化对气体流量比对气体压力更为敏感，气体压力增加一倍，风机所需功率亦增加一倍，而气体流量增加一倍，风机功率却需增加 8 倍，所以增加流量虽然对提高冷速有作用，但消耗太大。压力从 0.6MPa 增至 1.0MPa，功率需增加 1.7 倍，冷却速度提高了 39%，喷嘴出口速度由 40m/s 升至 60m/s，风机功率增加 3.4 倍，冷却速度只提高了 27%。可见为了得到相同的冷却效果，提高气体压力是比较经济的。以前大多数单纯靠提高流量的气淬炉，应该逐步被淘汰，新型的气淬设备应该是高压和高流量的有效结合。

6.5.2.3 淬火气体类型对工件冷却速度的影响

淬火气体的热物性参数对工件的冷却速度有一定影响。在相同的温度和压力下：一方面，要求淬火气体密度大，携带热量的能力高；另一方面，又要求淬火气体密度小，可以减小通过淬火回路流动时所需风机功率。同时要求气体比热容大，能从工件上移去更多的热量，热导率应大，以减小气体流动时对流传热边界层的热阻。四种常用的淬火气体是氢气、氦气、氮气和氩气，其性能比较见表 6-4。

表 6-4 四种淬火气体性能比较

项目	Ar	N_2	He	H_2
热导率/[W/(m·K)]	0.0158	0.0242	0.152	0.1672
密度/(kg/m³)	1.6228	1.138	0.1625	0.08189
比热容/[kJ/(kg·K)]	0.5264	1.041	5.1931	14.283
动力黏度/[kg/(m·s)×10^{-5}]	2.125	1.663	1.99	0.8411

注：288K，0.1MPa。

从表 6-4 中可以看出，氢气是一种传热性能较好的气体，但氢气有爆炸的危险，工业热处理很少使用。氦气也有很好的传热性能，但价格较贵，限制了其使用。最常用的是氮气，价格较便宜，较易获得，但由于密度大，循环气体所需的风机功率受到限制，目前使用氮气作淬火介质的高压气淬设备所能达到的最高淬火压力为 1.0MPa，随着工件对淬火性能要求的提高，已不再能满足要求。自 20 世纪 90 年代初，人们逐渐将目光转移到氮气以外的气体，如何能够使这些气体的热物性参数最好地搭配起来，达到最理想的淬火效果，也是国际上近些年来研究的热点之一。

参考文献

[1] 徐成海，李云奇，王宝霞. 真空高压气淬炉换热器的强化传热分析. 真空，1993（3）：21.

[2] 祖东光，王连弟等. 真空高压气淬炉强化冷却速率的研究. 设备与工艺，1996 (4)：15-17.

[3] 朱雅年编译. 真空热处理炉中的气淬研究. 国外金属热处理，1989，10 (3)：43-48.

[4] 徐成海，李云奇，王宝霞. 真空高压气淬炉换热器的强化传热分析//辽宁省工业炉学会第三届学术年会论文，1992 (12)：15.

[5] 杨建川，张弘，王云霞. 真空炉气体冷却过程分析及冷却系统设计. 真空，1999 (10)：39-43.

[6] 刘乾，刘阳子. 高效节能换热器概述. 石油与化工节能，2009 (6)：9-11.

[7] 杨世铭，陶文铨. 传热学. 北京：高等教育出版社，2006 (8)：197-202.

[8] 李洪林. 管壳式换热器的热阻分析与传热强化. 锦州师范学院学报，2000，21 (2)：3.

[9] 陈干锦，杨国忠，王振东. 分段鳍片结构的改进设计. 锅炉技术，2001，32 (3)：12.

[10] 王丰华. 管壳式换热器强化传热技术进展. 压力容器，2009 (2)：13-17.

[11] 冯国红，曹艳芝，郝红. 管壳式换热器的研究进展. 化工技术与开发，2009，38 (6)：41-42.

[12] Garimella S，Ceistensen R N. Heat transfer and pressure drop characteristics of spirally fluted annuli：Part I Hydrodynamics. Journal of Heat Transfer，1995，117 (1)：54-60.

[13] 丁伯民. 对我国压力容器和换热器标准的一些想法. 压力容器，2012，26 (11)：52.

[14] 中国机械工程学会热处理学会. 热处理手册：第 3 卷. 4 版. 北京：机械工业出版社，2008.

[15] 武淑珍，陈敬超，使庆南. 钢铁淬火冷却用介质的研究进展. 钢铁研究，2009，37 (1)：55-57.

[16] 阎承沛. 真空热处理技术的新近进展及其发展趋势. 热处理，2006，21 (2)；7-13.

[17] 测定工业淬火油冷却性能的镍合金探头实验方法：JB/T 7951—2004.

[18] 张玉廷. 简明热处理手册. 2 版. 北京：机械工业出版社，1998.

[19] 徐建平，孙强. 10bar 真空高压气淬炉在铸模具热处理中的应用. 国外金属热处理，2005，26 (3)：16-18.

[20] Macchion O，Zahrai S，et al. Heat transfer from typical loads within gas quenching furnace. Journal of Materials Processing Technology，2006，172 (3)：356-362.

[21] 沈理. VKNQ 真空高压气淬炉工艺性能概述. 国外金属热处理，2005，26 (3)：12-15.

[22] 吴世强. 真空高压气淬热处理. 模具制造，2007，9 (4)：53.

[23] 阎承沛. 真空与可控气氛热处理. 北京：化学工业出版社，2006.

[24] 高文栋. 钢真空油淬和高压气淬的变形控制. 热处理技术与装备，2008，29 (4)：37-38.

[25] Stanley B Lasday. More Rapid Heat Transfer in Vacuum Heat Treatment with Convective Heating and High Pressure Gas Quenching Increases Furnace Applicability. Industrial Heating，1993 (10)：50-55.

[26] 王宝霞，李云奇，王美琪. 热处理技术的新进展——真空高压气淬//辽宁省工业炉学会第二届学术年会论文集 [C]，沈阳：1989.

[27] William W Hoke. High Pressure Cooling Performance in Vacuum Heat Treating Furnaces is Analyzed by New Method. Industrial Heating，1991 (3)：23.

[28] Edenhofer B，Bouwman J W. Progress in Design and use of Vacuum Furnaces with High Pressure Gas Quench Systems. Industrial Heating，1998 (2)：12.

[29] 孙宝玉. 真空加压气体淬火技术. 真空，1998 (3)：17.

[30] James G. Conybear. Applying Vacuum Heating Treating to Tool and Die Materials. Heating Treating，1989 (1)：26.

[31] Easolale M. Multiflow Pressure Quenching-distortion-free Vacuum Hardening. Metallurgia，1988 (4)：174.

[32] 樊东黎，田瑞珠，Janusz Kowalewski. 真空热处理技术的新进展——高压和超高压气淬. 金属热处理，1999 (10)：19.

[33] Baker A J. Potential for CFD in Heat Treating. Advanced Materials & Processes，1997 (10)：440-447.

[34] 徐成海，姜涛等. 真空加压气淬炉炉壳应力的三维有限元计算. 真空，1990 (3)：50-53.

[35] Edenhofer B. An Overview of Advances in Atmosphere and Vacuum Heat Treatment. Heat Treatment of Metals，1999 (1)：1-5.

[36] 高玮，高抚龙，杨巨龙. 新型高压真空气淬炉的研制. 机械设计与制造，1997 (5)：23- 25.

[37] Jozef Olejnik. High-pressure Gas Quenching Provides Solutions. Heating Treating，1993 (9)：25.

[38] Janusz Kowalewsld. Selecting High-pressure Gas Quenching. Advanced Materials and Processes，1999 (4)：H37.

[39] Lubben T，Hofemann F，Mayr P，Laumen C. The Uniformity of Cooling in High Pressure Gas Quenching. Heat

Treatment of Metals，2000 (3)：57-61.

[40] Segerberg S，Troell E. High Pressure Gas Quenching in Cold Chamber for Increased Cooling Capacity//Proceedings of the 2nd International Conference on Quenching and Control of Distoration，ASM International，1996：165-169.

[41] 张世伟，李云奇，王宝霞，关奎之. 真空高压气体淬火中热传递过程的数学计算. 真空，1991 (6)：15-20.

[42] 杨建川，张弘，王云霞，王家杰. 真空炉气体冷却过程分析及冷却系统设计. 真空，1999 (5)：39-43.

[43] Lhote B，Delcourt O. Gas Quenching with Helium in Vacuum Furnaces//ASM Europe Heat Treatment Conference，Amesterdam，1991 (5).

[44] Holoboff R，L Hote B，Speri R，Delcourt O. Gas Quenching with Helium. Advanced Materials and Processes，1993 (2)：2-26.

[45] Marcia A Phillips，Benoit L Hote，Olivier Delcourt，Roger Speri. Improvements in the Use of Helium for Vacuum Quenching. Industrial Heating，1991 (10)：2-33.

[46] Pritchard J，Nurnberg G，Shoukri M. Design Optimization of High Pressure Quench Vacuum FurnacesThrough Computer Modelling. Industrial Heating，1995 (9)：57-59.

[47] James G. Conybeat. High pressure Gas Quenching. Advanced Materials and Processes，1993 (2)：20-21.

[48] Janusz Kowalewski，Jozef Olejnik. Applications for Vacuum Furnaces with 6，10 and 20 Bar Gas Quenching Capabilities. Industrial Heating，1998 (10)：39.

[49] William W H. High pressure cooling performance in vacuum heat treating furnaces is analyzed by new method. Industrial Heating，1991 (3)：23-27.

[50] 缪国良，谢极，土振栓. 风机水泵节能改造指南. 北京：煤炭工业出版社，1996：51-80.

[51] Psul H，Wilfried R Z. Gas quenching tool steel. Adanced Material & Process，1993 (2)：29-31.

[52] Marcia A P，Benoit L H，Olivier D，et al. Improvements in the use of helium for vacuum quenching. Industrial Heating，1991 (10)：27-33.

[53] FLLTENT6. 1 user's guide volume. Fluent Inc，2003.

7 真空热处理的关键技术

普通常压热处理技术应用很早，积累的经验比较丰富，相关书籍也比较多。真空热处理技术与普通常压热处理技术相比，是结合了真空技术。因此，本章主要介绍真空抽气技术、真空测量技术、真空密封技术、真空检漏技术、真空中的加热技术、真空中的冷却技术等内容，目的是想帮助从事真空热处理工作的人员能够更好地掌握相关知识，更好地应用真空热处理设备，生产出合格的热处理产品。

7.1 真空抽气技术和真空机组

设计真空系统主要是决定如何配置系统，选择系统的基体结构，选配真空机组、管道、阀门等元件。真空热处理炉的真空系统设计应满足以下要求：

① 根据真空设备产生的气体量、工作真空度、极限真空度、抽气时间等，选配主泵及真空系统，使真空炉迅速抽至所要求的真空度，并保证在真空热处理过程中及时排出炉内放出的气体和真空泄漏渗入的气体，以保持炉内的工作真空度。

② 计算真空设备的抽气时间，或计算在给定抽气时间内炉内的压力。

③ 真空系统应结构紧凑，占地面积小，操作维修方便。

7.1.1 真空系统设计基础

7.1.1.1 真空系统的组成

真空系统是指将密闭容器从一个大气压抽空至所设定的某一负压值（真空度）的抽气系统。如图 7-1 所示，一个最简单的完整真空系统由下列元件组成：

a. 抽气设备，例如各种真空泵；

b. 真空阀门，用于开、关气路或调整气体流量；

c. 连接管道；

d. 真空测量装置，如真空压力表和各种规管。

图 7-1 所示的真空系统只能获得低真空，如果需要获得较高真空，则需要两级或两级以上真空泵组成真空泵组作为抽气设备。当串联一个高真空泵后，这时要在高真空泵的入口和

出口处分别加上阀门，使得高真空泵能独立保持真空。如果所串联的高真空泵是油扩散泵，为了防止油蒸气返流回被抽容器，则需要在油扩散泵前添加油捕集器（水冷障板），真空渗碳工艺在真空泵前端增加除尘器（吸附炭黑）等。典型高真空系统结构如图 7-2 所示。

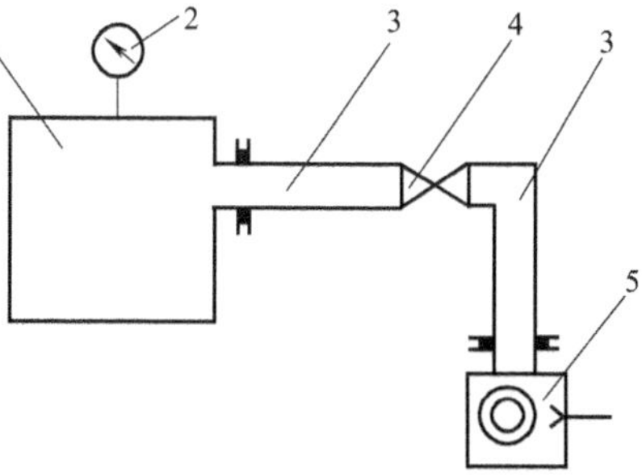

图 7-1 最简单的完整真空系统

1—被抽容器；2—真空表；3—连接管道；4—真空阀门；5—机械真空泵

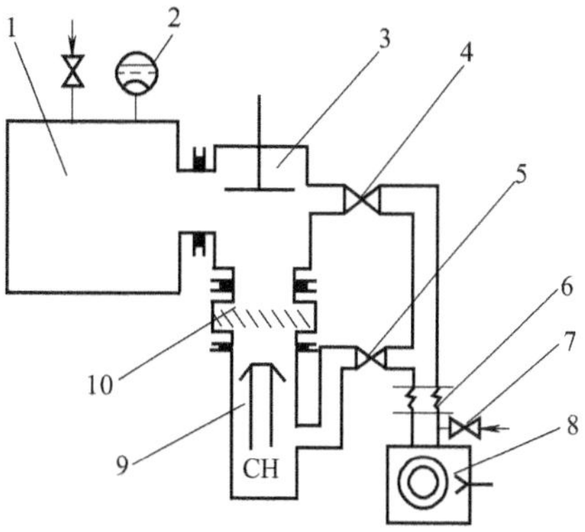

图 7-2 典型高真空系统

1—被抽容器；2—真空规管；3—主阀；4—预真空管道阀；5—前级管道阀；6—软连接管道；7—放气阀；8—前级（预抽真空）泵；9—主泵（油扩散泵）；10—水冷障板

7.1.1.2 真空技术基本方程

（1）流导 C。流导定义为：在单位压差下，单位时间内流经管路连接元件的气流量的大小。

流导的表达公式为：

$$C=\frac{Q}{P_1-P_2} \tag{7-1}$$

式中 C——流导，L/s；

Q——单位时间内的气流量，Pa·L/s；

P_1-P_2——管路连接元件两端的压差，Pa。

流导是表征真空管路连接元件（如管道、阀门、捕集器等）对气体流动阻碍大小的重要参数。流导 C 值越小，管路连接元件对气体流动阻碍越大；流导 C 值越大，气体流动越容易。从提高真空抽气效率的角度考虑，C 值越大越好。

（2）真空技术基本方程。对于一真空系统，如果 S_p 代表真空泵（组）的名义抽速（单位为 L/s），C 为真空管路系统从真空室出口至真空泵的入口的流导，那么真空室出口所获得的有效抽速 S_Y 符合下式：

$$\frac{1}{S_Y}=\frac{1}{S_p}+\frac{1}{C} \quad 或 \quad S_Y=\frac{C}{1+\frac{C}{S_p}}=\frac{S_p}{1+\frac{S_p}{C}} \tag{7-2}$$

式（7-2）被称为真空技术基本方程。从方程中可以看出：

a. 真空系统的有效抽速 S_Y 既低于真空泵的名义抽速 S_p，也低于管路系统的流导 C。

b. 如果 $C\gg S_p$，则 $S_Y\approx S_p$。说明当管路系统的流导 C 很大时，有效抽速近似等于真空泵的名义抽速。只要选择较高的名义抽速，就能提高系统的有效抽速。

c. 如果 $C\ll S_p$，则 $S_Y\approx C$。说明当管路系统的流导 C 很小时，有效抽速近似等于流导。

这时无论选择多大的真空泵名义抽速，都不能提高系统的有效抽速。

由此可见，为了充分发挥真空泵对真空室的抽气作用，必须使管路系统的流导尽可能大。因此在设计真空系统时，应将管路系统设计得短而粗，切忌细而长，这是真空设计的一条黄金法则。同时连接管路尽量减少折弯，需要注意的是，连接管路直径一定要大于主泵抽气口直径。

7.1.2 真空系统的主要参数

真空热处理炉的真空系统主要参数有工作真空度、极限真空度、漏气率、抽气时间及有效抽速等。

7.1.2.1 工作真空度

真空电炉在工作期间需要保持的真空度，称为工作真空度，其数值按热处理工艺要求而定，在满足工艺要求的前提下，尽量选择较低的工作真空度，这样可简化真空系统，降低炉子造价。此外，对含 Cr、Ni、Mn、Zn 等饱和蒸气压高的元素的金属与合金，在高真空下易蒸发，因而常常在处理这类金属制作的工件时，向炉内充入惰性或中性气体，以减少金属元素的蒸发，通常通入的气体有氮、氩等，使炉内压力维持在 26.6～200Pa 下加热，可得到良好的效果。

电炉正常工作时的工作真空度 P_g 由下式确定

$$P_g=P_J+\frac{Q_1}{S_Y}=P_0+\frac{Q_0+Q_1}{S_Y} \tag{7-3}$$

式中 P_J——炉子极限真空度，Pa；

Q_1——工艺生产过程中放出气体量，Pa·L/s；

Q_0——炉子空载时，长期抽气后，漏气和材料表面放出的气体量，Pa·L/s；

P_0——真空泵的极限真空度，Pa；

S_Y——电炉抽气口处的有效抽速，L/s。

电炉的工作真空度总是低于炉子极限真空度，从经济方面考虑，最好在主泵的最大抽速附近选择工作真空度。一般工作真空度低于极限真空度 1/2～1 个数量级。

7.1.2.2 极限真空度

真空炉（空炉）所能达到的最高真空度称为极限真空度。它是考核炉子各部件的加工、装配好坏、真空机组抽气能力与极限真空、炉子放气、漏气和真空卫生情况的重要指标，电炉极限真空度 P_J 由下式确定：

$$P_J=P_0+\frac{Q_0}{S_Y}=P_0+\frac{Q_f+Q_1}{S_Y} \tag{7-4}$$

式中，Q_f，Q_1 为炉内总放气量，漏气量，Pa·L/s。

一般情况下，炉子的极限真空度应低于主泵的 1 个数量级左右。

7.1.2.3 漏气率

漏气率是真空炉制造质量中密封性能的检验指标，是指处于高压或高浓度下的气体在单位时间内通过漏孔流入低压炉内的气体量，由于漏气率参数有一个体积单位，用起来不很方便，因此一般用压升率作为检验真空炉漏气的指标，其公式如下：

$$\Delta p=\frac{p_2-p_1}{\Delta t} \tag{7-5}$$

式中 Δp——压升率，Pa/min；

p_1——第一次读数时，真空室内压力，Pa；

p_2——第二次读数时，真空室内压力，Pa；

Δt——两次读数间的时间，一般不少于 30min，min。

按照美国军工标准规定，真空热处理炉的压升率不得大 6.7×10^{-1}Pa/h，我国也采用这一技术标准。

7.1.2.4 抽气时间

抽气时间是炉子从某一压力开始抽到要求压力所需的时间，在低真空、中真空区域的前段，抽气时间可以简化计算，近似为机械泵预抽时间，其总抽气时间包括机械泵的预抽时间再加上主泵（如罗茨泵或油扩散泵）从连接后到抽至所要求压力的时间，油扩散泵与油增压泵的预热时间不包括在抽气时间内。

机械泵从 p_1（大气压）抽至 p_2 的时间 t 可近似按下式计算：

$$t=2.3K\frac{V}{S_p}\lg\frac{p_1}{p_2} \tag{7-6}$$

式中 V——炉子的容积，L；

S_p——真空泵的名义抽速，L/s；

p_1——开始抽气时的压力，Pa；

p_2——经过 t 时间后的压力，Pa；

K——修正系数，与压力区间有关，其取值见表 7-1。

表 7-1 修正系数 *K*

入口压力/Pa	$10^5\sim10^4$	$10^4\sim10^3$	$10^3\sim10^2$	$10^2\sim10$	10^{-1}
K	1	1.25	1.5	2	4

一般炉子的预抽时间小于 10min 为宜，目前国内外大量真空热处理炉的抽气时间，一般都小于 30min。不同容积的炉子通过选择不同抽速的真空泵来保证预抽时间。

7.1.2.5 有效抽速

电炉系统单位时间内所抽出的气体体积，称为有效抽速，其计算公式为式（7-2）。

为了提高真空炉的有效抽速，除了选择大些的真空泵外，应尽可能增大管道系统的流导（粗而短），以免造成过大的抽速损失。一般对于高真空管道，造成泵的抽速损失不应超过 40%～60%，对于低真空管道，其损失允许为 5%～10%。

美国 Kinney 真空公司推荐的计算真空泵抽气速率的经验公式，简便实用，可以作为计算真空泵抽气速率和选择真空泵的参考依据，其公式如下：

$$S_p=\frac{V}{t}K \tag{7-7}$$

式中 S_p——真空泵名义抽气速率，m^3/h；

V——真空炉的容积，m^3；

t——要求的抽气时间，h；

K——抽空系数，K 值可由图 7-3 查出。

现以 WZC-45 型真空淬火炉为例，用 Kinney 公式计算真空泵的抽气速率，并以此选择机械泵和罗茨泵。

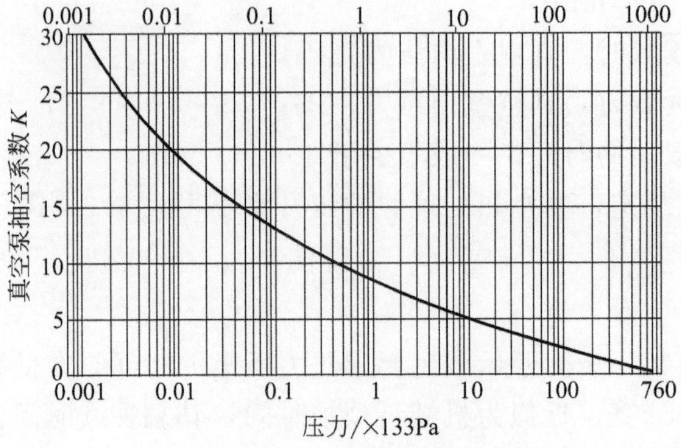

图 7-3 抽空系数与压力的关系曲线

（1）选择机械泵

① 确定真空系统的容积 V。WZC-45 型真空淬火炉为双室结构，加热室与淬火室中间装有真空密封隔热阀，可分别抽真空，故按容积较大的淬火室进行计算，计算求出 $V=3\text{m}^3$（包括管道容积）。

② 确定抽气时间。经计算和经验可知，机械泵工作 6min 左右可将淬火室真空度达到 266～666Pa，即 $t=6\text{min}$。

③ 从图 7-3 中查出抽空系数 $K=6$，将各值代入公式（7-7）中，得 S_p：

$$S_p=3\div 0.1\times 6=180(\text{m}^3/\text{h})=50(\text{L/h})$$

考虑到真空泵的效率，被抽气体的化学污染、灰分等因素，机械泵的性能差异以及管道流导损失等，选取 2X-70 型旋片式机械真空泵，其名义抽气速率为 70L/s。

（2）选择罗茨泵。按照公式（7-6）同样可计算第二级罗茨真空泵的抽气速率。

① 确定真空系统的容积 V。仍以 WZC-45 型炉计算，$V=3\text{m}^3$（包括管道容积）。

② 确定抽气时间。经计算和经验得出 $t=3\text{min}$，可将真空系统的真空度达到 1.3Pa。

③ 由图 7-3 中查出抽空系数 K 为 20，则 S_p 为：

$$S_p=\frac{3}{0.05}\times 20=1200(\text{m}^3/\text{h})=333(\text{L/s})$$

考虑到罗茨真空泵的效率，被抽气体的化学污染、灰分等因素以及真空管道的流导损失等，选取罗茨真空泵 ZJB-600 型，其名义抽气速率为 600L/s。

7.1.3 真空泵的选择和配套真空机组

真空系统中主泵的选择是个关键问题，主要考虑以下三个因素：一是空载时所需达到的极限真空度；二是电炉工作时所需的工作真空度；三是炉子的有效抽速。经验表明，一般选择高真空泵的名义抽速为炉子有效抽速的 2～4 倍，加大抽速是考虑真空系统管路、阀门、冷阱、障板等所造成的阻力损失。

先按前面所讲方法选择主泵后，配用泵真空机组的选择按以下经验公式：

（1）扩散泵与机械泵组合时：

$$S_{机}=\frac{1}{180}S_{扩} \tag{7-8}$$

式中 $S_{机}$——串联在增压泵后的机械泵在 10^5Pa 时的名义抽速，L/s；

$S_{扩}$——扩散泵在 10^{-2}Pa 时的抽速，L/s。

（2）扩散泵、增压泵（罗茨泵）、机械泵组合时：

$$S_{机}=\frac{1}{300}S_{扩} \tag{7-9}$$

式中，$S_{机}$ 为串联在增压泵后的机械泵，在 10^5Pa 时的名义抽速，L/s；$S_{扩}$ 为扩散泵在 10^{-2}Pa 时的抽速，L/s 。

（3）罗茨泵与机械泵组合时：

$$S_{机}=\frac{1}{6\sim10}S_{罗} \tag{7-10}$$

式中，$S_{机}$ 为串联在增压泵后的机械泵，在 10^5Pa 时的名义抽速，L/s；$S_{罗}$ 为罗茨泵的名义抽速，L/s 。

国产 WZ 系列真空炉真空机组技术参数如表 7-2 所示。

表 7-2 WZ 系列真空炉真空机组技术参数

<table>
<tr><th>型号
真空机组参数</th><th>WZC-10</th><th>WZC-20</th><th>WZC-30</th><th>WZC-45</th><th>WZC-60</th><th>WZT-10</th><th>WZST-45</th><th>WZH-45</th><th>LZT-150</th></tr>
<tr><td>机械真空泵</td><td>2X-4
旋片式
机械泵</td><td>2X-15
旋片式
机械泵</td><td>2X-30
旋片式
机械泵</td><td>2X-70
旋片式
机械泵</td><td>2X-70
旋片式
机械泵</td><td>2X-15
旋片式
机械泵</td><td>2X-70
旋片式
机械泵</td><td>2X-70
旋片式
机械泵</td><td>H-150
滑阀式
机械泵</td></tr>
<tr><td>罗茨真空泵</td><td></td><td></td><td></td><td>ZJ-600
罗茨
真空泵</td><td>ZJB-600
罗茨
真空泵</td><td>J-30
罗茨
真空泵</td><td>ZJB-600
罗茨
真空泵</td><td>ZJB-600
罗茨
真空泵</td><td>ZJB-1200
罗茨
真空泵</td></tr>
<tr><td>油扩散泵</td><td>K-150
高真空油
扩散泵</td><td>K-200
高真空油
扩散泵</td><td>K-200
高真空油
扩散泵</td><td>K-300
高真空油
扩散泵</td><td>JK-600
高真空油
扩散泵</td><td>K-200
高真空油
扩散泵</td><td></td><td>K-300
JK-600
高真空油
扩散泵</td><td>K-800
高真空油
扩散泵</td></tr>
<tr><td>极限真空度</td><td colspan="5">6.6×10^{-3}Pa</td><td>6.6×10^{-3}Pa</td><td>6.6×10^{-1}Pa</td><td>6.6Pa</td><td>6.6×10^{-3}Pa</td></tr>
<tr><td>压升率</td><td colspan="5">6.6×10^{-1}Pa/h</td><td>6.6×10^{-1}Pa/h</td><td>0.066
Pa/min</td><td>6.6×10^{-1}Pa/h</td><td>6.6×10^{-1}Pa/h</td></tr>
<tr><td>抽空时间</td><td colspan="6">到 1.33Pa，≤30min</td><td>到 1.33Pa，≤10min</td><td></td><td>到 1.33Pa，≤30min；到 6.6×10^{-3}Pa，≤90min</td></tr>
</table>

WZ 型真空热处理炉通用的两套真空机组系列，简介如下：

① 中真空机组。由机械真空泵、罗茨泵、真空管路、真空蝶阀、电磁阀、真空压力表、真空规管、真空继电器等组成，如图 7-4 所示。

中真空机组用于极限真空度在 $1\sim10^{-1}$Pa 范围的工作场合。罗茨泵抽速快，可以在短时间内达到极限真空度要求。

② 高真空机组。由机械真空泵、罗茨泵、油扩散泵、真空管路、真空蝶阀、电磁阀、真空压力表、真空规管、真空继电器等组成，如图 7-5 所示。

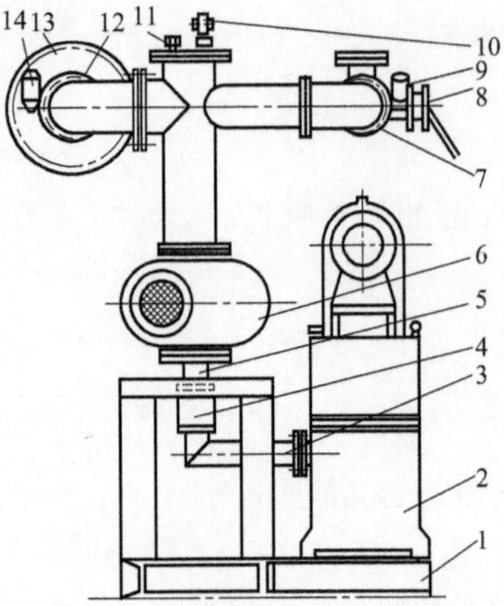

图 7-4　中真空机组的真空系统

1—支架；2—2H-70 型滑阀机械泵；3—管路；4—DDCY-80Q 电磁压差阀；5—BQ-80 波纹管组件；6—ZJ-600 罗茨泵；7—BZ -150 波纹管组件；8—ϕ50mm 手动蝶阀；9—ϕ150mm 气动高真空蝶阀；10—ZKJ-90B 真空继电器；11—真空规管；12—BZ-200 波纹管组件；13—盲盖；14—GIQ-200 气动高真空蝶阀

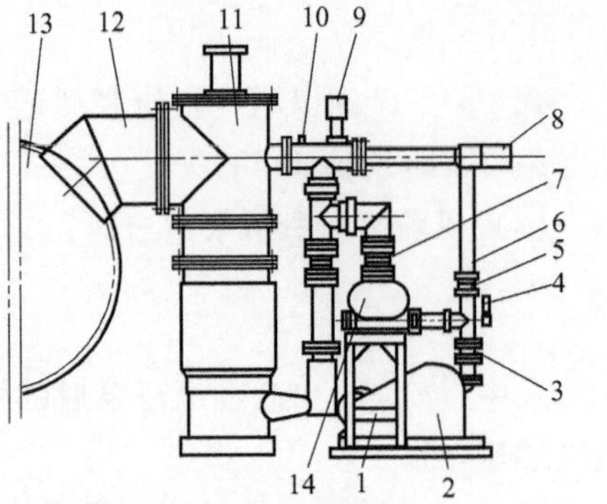

图 7-5　高真空机组的真空系统

1—支架；2—2X-70 旋片式机械泵；3—BJ-80 波纹管组件；4—GQC-5 电磁高真空充气阀；5—BJ-80 波纹管组件；6—管路；7—BJ-150 波纹管组件；8—DJC-J80 高真空挡板阀；9—DJC-JQ50 电磁带放气真空阀；10—真空规管；11—JK-600T 高真空油扩散泵机组；12—真空炉抽气口；13—炉体；14—ZJB-600 罗茨泵

高真空机组的抽气范围为 10^{-2}～10^{-4}Pa。使用时先启动机械泵，当炉内真空度达 100Pa 时，启动罗茨泵使真空度达到 10Pa，再启动扩散泵，使炉子真空度达到 10^{-2} Pa 以上。

7.1.4　真空机组的选择原则

真空机组的选择应遵循节能降耗的原则，从而降低生产成本。真空系统的能耗主要来自真空泵机组的电能消耗，这部分能耗大约占据真空设备总能耗的 5%～20%。在各种炉型中，只有部分的真空回火炉和低温退火炉采用的是预抽真空充氮气保护的方式工作，这种方式由于真空系统工作时间短，能耗相对较低。而其他炉型的抽真空过程往往是一直持续到加热过程结束，部分炉型甚至随炉冷却至 150℃才停止抽真空。这些炉型的能耗方面，抽真空所占的比例较大，特别是带扩散泵的高真空系统。抽真空的能耗取决于真空机组的配置，真空机组的配置又取决于设备对真空度和抽速指标的要求。片面追求高真空或大抽速并不一定带来良好的热处理质量。例如，用于钢材淬火的真空炉（包括单室气淬炉和双室气淬、油淬炉），采用石墨加热器，5～13.3Pa 的工作真空度，即可保证处理效果。过高的真空度反而会造成合金元素蒸发和料筐粘连等问题，特别对淬火温度达到 1200℃左右的高速钢，反效果尤为突出。因此，用于淬火处理的真空炉并不适合配置扩散泵机组。以 KT-600 扩散泵＋ZJP-300 罗茨泵＋2X-70 旋片泵真空机组为例，各泵的功率分别为 8kW、4kW、5.5kW，配置与不配置扩散泵相比，机组功耗相差 46%。对于氧化极其敏感的金属材料，如钨、钼、钽、铌、坡莫合金等材料的退火，则必须配置扩散泵机组，但真空度保证 10^{-2} Pa 级，则足以满足使用要求。

相比真空度，更加重要的应该是设备泄漏指标。在泄漏率较大的情况下，即便通过较高配置的真空机组保持住真空度，工件也同样会存在氧化。因此，在设计、制造及安装上控制好设备泄漏率，相比保持设备的高真空度更加重要。

7.2 真空加热及真空绝热技术

7.2.1 真空加热技术

真空加热系统是真空热处理设备的核心系统之一，其合理与否决定着炉温均匀性及运行经济性。其内容包括加热元件材料选择及结构布置。

7.2.1.1 真空电热元件材料选择

在选用电热元件的材料时需要考虑：较高的电阻率，较小的电阻温度系数，足够的高温机械强度，较小的热膨胀系数，不与炉内保护气氛及炉衬等发生化学反应，易加工性及材料成本等。电阻炉加热元件的材料及特性见表 7-3。

表 7-3 电阻炉加热元件的材料及特性

类型		牌号	最高使用炉温/℃	特性
金属	镍铬合金	Cr20Ni80 Cr15Ni60	1050 900	电阻率高，电阻温度系数小，高温强度好，加工性好，真空气氛元素蒸发大
	铁铬铝合金	0Cr25Al5 0Cr27AlNi 0Cr27Al7Mo2	1100 1200 1300	电阻率高，电阻温度系数小，高温强度较差，加工性稍差，抗氧化性好，使用温度较高，价廉，真空气氛元素蒸发大
	难熔金属	Pt Mo Ta W	1500 1800 2200 2400	电阻率低，电阻温度系数大，加工性稍差，使用温度高，除铂外均易氧化，价格昂贵，真空气氛元素蒸发小
非金属	石墨及石墨纤维		3000	使用温度高，电阻率低，易氧化，真空气氛元素蒸发小

(1) 金属电热元件。镍铬合金、铁铬铝合金均具有良好的电加热性能，电阻率高，电阻温度系数小，高温强度好，较易加工，因而在普通电炉中应用广泛。但由于镍、铬饱和蒸气压较高，在真空条件下易于蒸发，污染工件，加之在成本上难于与石墨及石墨纤维电热元件竞争，因而在真空炉上应用较少。

与镍铬合金、铁铬铝合金相比，钼、钨、钽、铌、铂等难熔金属发热体的电加热性能较差，如电阻率较低，电阻温度系数较大，且价格昂贵。但由于它们在高温、高真空条件下蒸发小、高温强度高，因而在真空电炉中具有无可替代的作用。其中钼在 1000～1600℃ 的真空电阻炉中应用最为普遍，其发热体可做成钼丝和钼片。如果加热温度更高，则可选用钽作为发热体材料。钽在真空下最高温度可达 2200℃，钽的加工性能优于钼，可以焊接，加工时边角料可以回收，但是钽金属很昂贵，一般只在特殊情况下用作加热元件材料。钨是使用温度最高的难熔金属，最高温度可达 2400～2500℃，但由于钨片耐冲击力差，质地很脆，加工时易产生裂纹，成品率很低，因而钨只是在钼、钽无法使用的情况下使用。铌和铂也可作发热体，但实际应用很少。

需要特别强调的是，用钼、钨、钽制成的电热元件，在氧化和渗碳气氛中都会发生反应，因而不能在上述气氛中使用。钼在氧化性气氛中会生成氧化钼。氧化钼极易升华，在渗碳气氛中会产生碳化物，使电阻率增加，甚至造成电热元件断裂。钽也不能在氢气气氛下使用。钼在1800℃、钽在2200℃、钨在2400℃以上使用时，迅速蒸发。为了抑制蒸发，可在真空炉内通入一定压力的惰性气体或高纯氮气，如在惰性气体中使用，则其使用温度均能相应提高。

(2) 非金属材料电热元件。石墨具有耐高温、热膨胀小、抗热冲击能力强等特性。常温下，石墨的机械强度比金属差，但会随着温度的上升而提高，在1700～1888℃时强度最佳，超过所有的氧化物和金属。石墨熔点高，饱和蒸气压低，真空炉内的气氛会含有低浓度的碳，将与残存气体中的氧气和水蒸气发生反应，产生净化效果，并能与已氧化的金属发生还原反应，起到一定的除锈作用。即使在低真空度下，也能使被处理工件获得光亮表面，大大简化了真空系统，降低了成本，这是任何金属电热体所无法比拟的。石墨加工性能非常好，电阻温度系数小，价格低廉，容易得到高温。以上诸多优点使其在真空炉中广为应用。但石墨在真空中使用温度超过2400℃时也会迅速蒸发，为了抑制加热元件在真空中的蒸发，可在炉内通入一定压力的惰性气体或高纯氮气。石墨的品种很多，有冷压石墨、高强高密石墨等，其性能根据牌号的不同差别很大。如果选择颗粒过粗或材质不均匀的石墨作加热器，局部缺陷会导致局部电阻增大，产生局部过热，会导致使用寿命下降，甚至会烧断加热器。石墨在低温时导热性良好，在高温时就下降为低温时的几分之一，所以造成其表面和心部温度差，使断面伸长不一致而产生热应力，导致石墨加热器损坏。石墨与残余气体中的O_2和水蒸气分子发生反应，生成CO或CO_2，石墨氧化生成物容易逸散，不能像在一些金属表面上那样形成致密氧化膜保护层，所以氧化反应是连续进行的，这样将导致石墨发热体因氧化而损失。

石墨电热元件的另外一种形式是用石墨纤维编织成石墨布或石墨带。石墨布或石墨带除了具有石墨的一些优点之外，还有其他一些优点。从电性能上来说，可制成较大电阻的电热元件，在相同功率时，可提高电热元件的电压，降低电流，因而可简化电极引出结构，减少能量损耗。从热性能上来说，由于增加了电热元件的辐射面积，降低了电热元件温度，使炉膛的温差减小，减少了热损失，节约了能源，石墨带电热元件与石墨棒电热元件相比，其空载损耗功率约小15%。石墨类电热元件与金属电热元件相比，价格低廉，反复使用不易折断，高温强度好，安装和更换方便。

7.2.1.2 电热元件的结构及布局

电热元件的结构形式及布局直接影响发热体的使用寿命、真空热处理炉的热效率及炉温均匀性，因此，合理选择加热体的结构形式也是真空热处理炉设计的关键问题之一。

钼、钽塑性较好，可以制成丝、片、带及筒等形状［见图7-6 (a)］。钨质地很脆，加工时易产生裂纹，很少制成片、带及筒等形状，常用钨丝编织成鼠笼、钨丝筐［见图7-6 (b)］等形状。各种难熔金属结构形式见图7-7。

石墨发热体高温导热性差，为防止因断面伸长不一致而造成热应力损坏，当石墨棒的直径超过12mm时，常制成石墨管，这样不仅克服了实心棒在高温时心部与外部温度差过大易于损坏电热元件的缺陷，而且还可以增加电阻值，增大辐射面积，提高热效率。典型石墨发热体如图7-8所示。

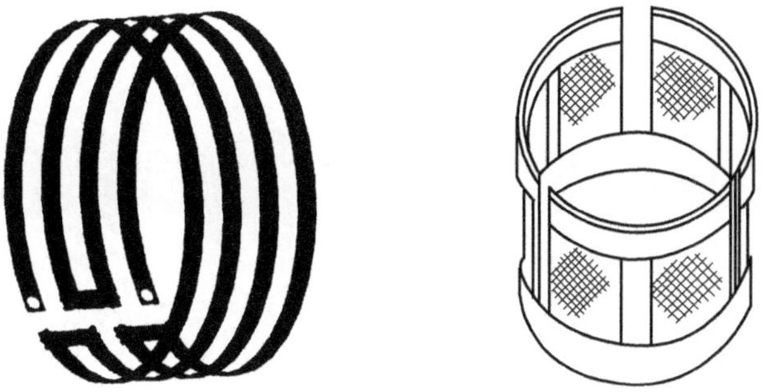

(a) 钼、钽加热体　　(b) 三相钨丝笼加热体

图 7-6　加热体形状

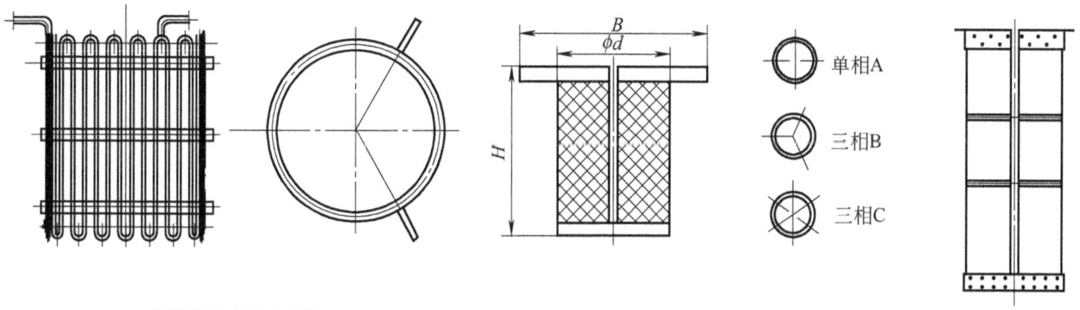

(a) 钼丝波形束状发热体　　(b) 钨丝网状发热体结构　　(c) 单相圆筒状钽片(钼片)发热体

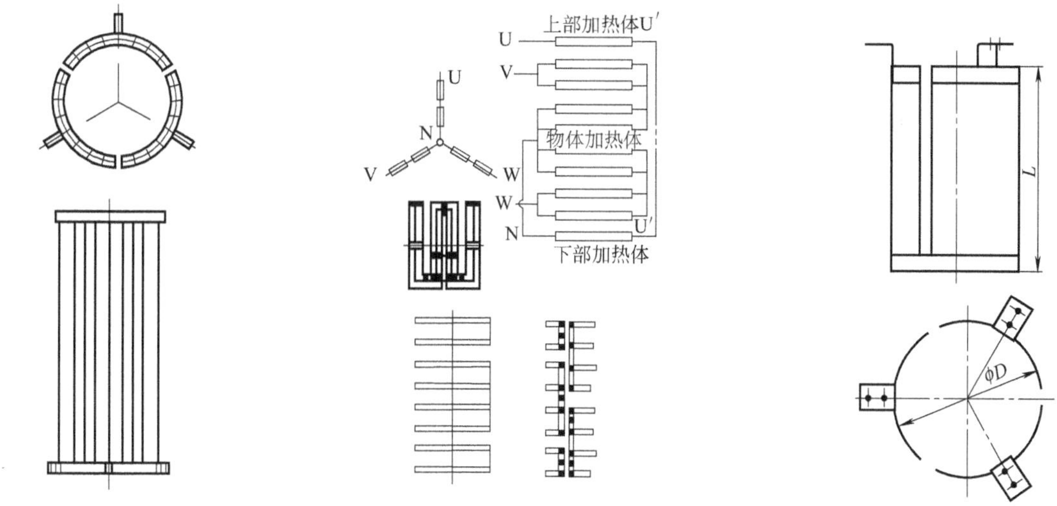

(d) 鼠笼棒状发热体结构　　(e) 圆形立式钽片(钼片)加热体结构　　(f) 三相钽(钼)圆桶发热体

图 7-7　金属发热体的典型结构示意图

图 7-8（a）为石墨棒式加热体，当直径较粗时加工出内孔。图 7-8（b）为石墨板式加热体。图 7-8（c）为单相管式加热体，从管子的一端将它切开为两个相等的部分，另一端不切开，这样加热长度等于增加了一倍，因而增大了电阻。为了增加加热体的强度，加厚了加热体切开端的厚度。L_1 为发热部分，L_2 为加厚部分，电热体电阻等于上、下两部分电阻之和。图 7-8（d）为三相管式加热体，结构与单相的相似，从管子的一端将它切开为三个相

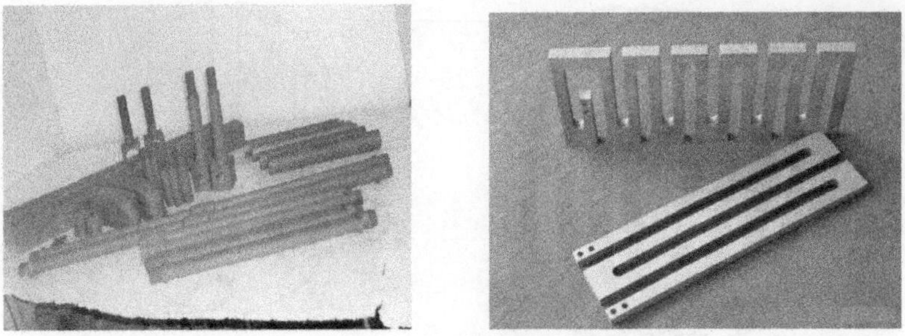

(a) 石墨棒式　(b) 石墨板式

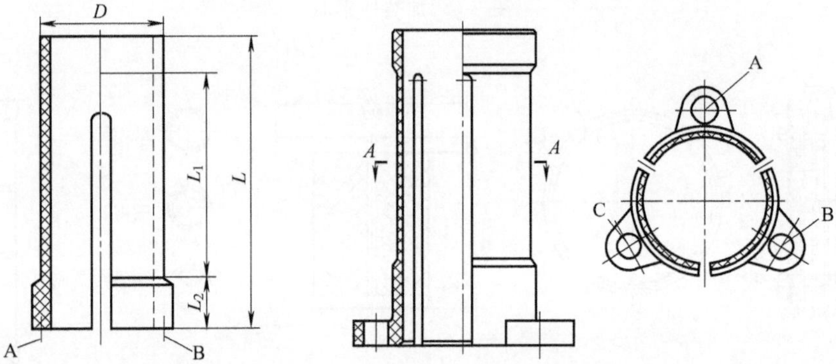

(c) 单相管式　(d) 三相管式

图 7-8　石墨发热体的典型结构示意图

等的部分，另一端不切开。由三道间隙把它分为在端部按星形相连的电阻相同的三部分，A、B、C 为三相引出端。必要时，可根据阻值的需要，在每一相上开一条或多条槽形长缝，以增大电阻值。

发热体在炉膛内的布置方式，主要考虑温度的均匀性，同时要注意拆卸和更换方便，典型结构如图 7-9～图 7-11 所示。

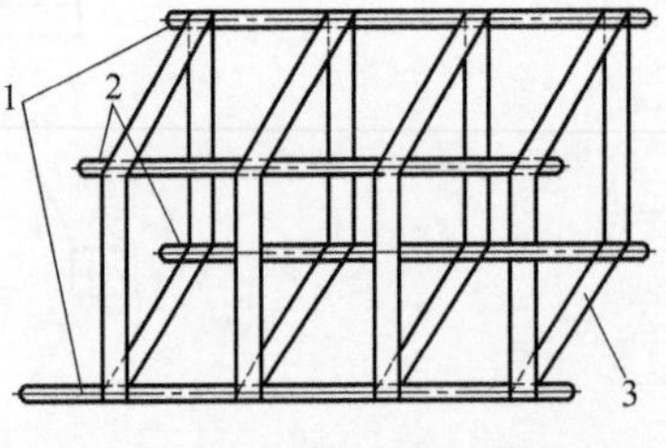

图 7-9　石墨带发热体连接示意图

1—引出电极；2—连接电极；3—石墨带

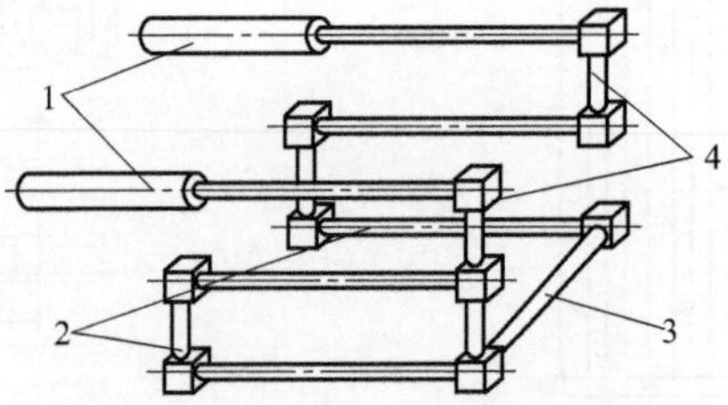

图 7-10　石墨棒发热体连接示意图

1—引出电极；2—发热体；3,4—连接棒

7.2.1.3　真空炉电阻发热体的功率计算

真空电炉与普通电炉的功率计算的方法相同，但具体引用的参数不同，常用方法如下。

(1) 面积负荷法。根据真空炉辐射隔热屏内表面的面积确定炉子功率。炉温越高，面积越大，则每平方米需要布置的功率就越大。一般炉温在 1300℃时，布置功率 15～25kW/m^2；1150℃时为 12～25 kW/m^2；850℃时为 8～12kW/m^2。

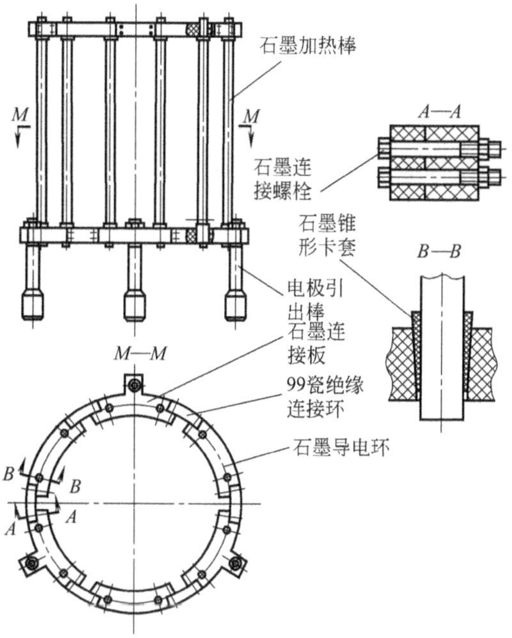

图 7-11 石墨棒发热体连接示意图

(2) 容积负荷法。炉膛的容积越大，则装料越多，炉子的热损失、有效加热功率和蓄热量也就越大。其容积与炉子功率的关系：

$$P=KV^{2/3} \tag{7-11}$$

式中，K 为综合修正系数，主要取决于炉温高低，也与隔热屏种类、加热时间长短、炉子作业形式等有关。为了简化计算，炉温 1600℃时，其值取为 150～120；1300℃时，为 80～120；1150℃时，为 55～80；850℃时，为 40～55。式(7-11) 中，V 为隔热屏所围的空间容积，m^3。

(3) 面积经验公式计算法。内热式真空炉额定功率 P 与炉子有效工作空间的表面积 F、额定温度 T 之间关系为：

$$P=KF^{0.67}\left(\frac{T}{1000}\right)^{2.5} \tag{7-12}$$

式中，K 为修正系数，取值 0.7～0.8；F 为有效加热区的表面积，dm^2；T 为炉子的热力学温度，K。

(4) 容积经验公式计算法

$$P=K(V^{\alpha})^{0.523}\left(\frac{T}{1000}\right)^{4} \tag{7-13}$$

式中 K——隔热屏结构系数，多层金属隔热屏的 $K=1.45$；

V——炉膛有效容积，dm^3；

T——炉子的额定工作温度，K；

α——体积当量系数， $\alpha=\dfrac{(m+n+mn)^{1.5}}{4.6mn}$；

m——炉膛有效宽度与有效高度比，$m=B/H$；

n——炉膛有效长度与有效高度比，$n=L/H$。

7.2.2 真空绝热技术

内热式真空热处理炉在电热元件与水冷炉壁间必须安装炉衬，即隔热屏。

在选择材料时首先以能在炉子最高温度下工作为准则。其次还应注意，在高温下有足够的强度，隔热效果好，即选用热导率小或黑度较小的材料，重量轻，蓄热量小，热损失小，在真空中放气量小，不吸潮或少吸潮，耐热冲击，价格便宜，安装、维修方便等。

7.2.2.1 隔热材料及结构

(1) 金属隔热屏。选择表面光亮的耐热金属薄板，依据炉胆的形式和形状，做成圆筒形、方形或多面体形状，包围电热元件，以便把热量反射回加热区，从而起到隔热效果。高温时用钼、钽、钨片，温度低于900℃时可选用不锈钢薄板。在保证有足够强度的前提下，尽量减小板材厚度，以便降低成本和减少蓄热量。一般钼、钽片的厚度为0.2～0.5mm，不锈钢板为0.5～1mm，各层间通过螺栓和隔套隔开，如图7-12所示。

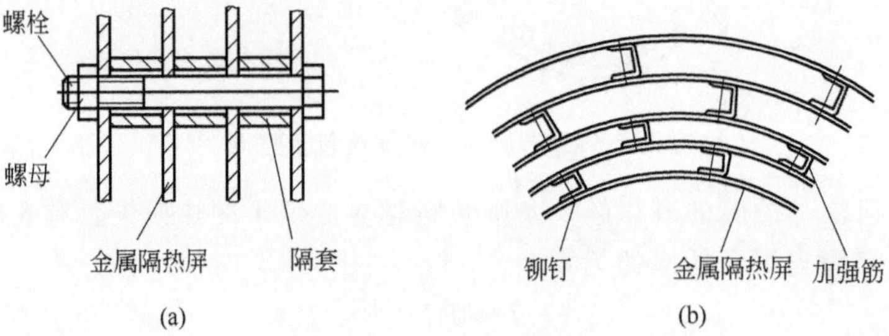

图7-12 金属隔热屏的两种常见形式

研究发现，距加热元件最近的层屏隔热效果最好，其后各层的隔热效果迅速降低，可见隔热屏的层数太多时意义不大。推荐炉温在1200℃时取4～6层，炉温在1400～1600℃时取6～8层，温度在1600～2300℃时取8～12层。各层屏之间距离为5～10mm，最内层屏距加热元件的距离视炉子大小、结构而定，一般取30～80mm。

金属隔热屏的脱气效果好，可以达到10^{-4} Pa的高真空度。但隔热效果较差，热量损失大，价格高。在热胀冷缩下易产生变形。在设计时应留出足够的间隙。

金属隔热屏蓄热量小，升温和冷却速度快。

(2) 耐火纤维隔热屏。耐火纤维主要有石墨（碳）毡及氧化铝、硅酸铝纤维毡等，现在常用的是石墨毡和硅酸铝纤维毡，其中石墨毡又有石墨软毡和石墨硬毡两种。与石墨毡相比，硅酸铝纤维毡保温性能好，价格低廉，但硅酸铝纤维吸潮性好，抽真空性能差，且高温强度低，所以目前硅酸铝毡很少单独使用。耐火纤维隔热屏常用两种结构：一种是石墨毡隔热屏，用于较高真空度的场合；另一种是石墨、硅酸铝毡复合隔热屏，其参数见表7-4。两种隔热屏结构示意图见图7-13。

表7-4 复合隔热屏结构组成

加热温度	石墨毡	硅酸铝毡
≤1000℃	10mm	20mm
1000～1320℃	20mm	20mm

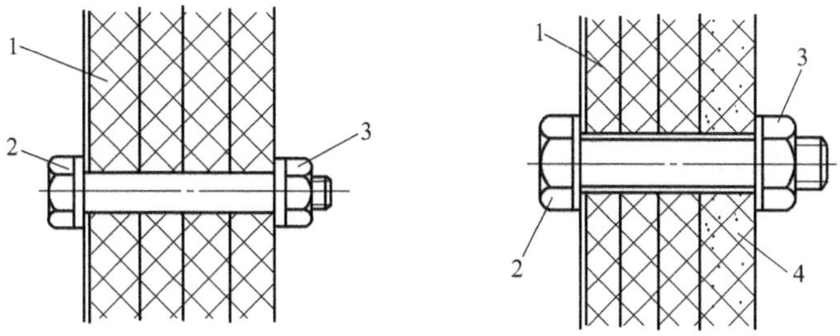

(a) 石墨毡隔热屏 (b) 复合隔热屏

图 7-13 两种隔热屏结构示意图

1—石墨毡；2—钼螺栓；3—螺母；4—硅酸铝毡

本章参考文献［8］研究了石墨毡隔热屏和石墨毡与硅酸铝毡复合隔热屏的热工性能及真空性能。研究发现，在相同厚度的条件下，复合隔热屏可提高保温性能 40%，且价格低廉；复合隔热屏比石墨毡隔热屏降温速度慢 1h；复合隔热屏的真空性能低于后者，要使炉子达到相同真空度，复合隔热屏需多抽 2～3h，且复合隔热屏所能达到的极限真空度要低一个数量级。相关性能见表 7-5。WZ 系列真空炉多采用复合隔热屏，其结构如图 7-14 所示。

表 7-5 两种隔热屏的性能对比

项目	装炉温度/℃	装炉相对湿度/%	未烘炉极限真空度/Pa	烘炉极限真空度/Pa	烘炉时间/h
C50 屏	14	72	1.2	8.5×10^{-3}	7
Si20C30 屏	28	79	53	7.5×10^{-2}	7.5

注：C50 为石墨毡厚 50mm，Si20C30 为硅酸铝毡厚 20mm、石墨毡厚 30mm。

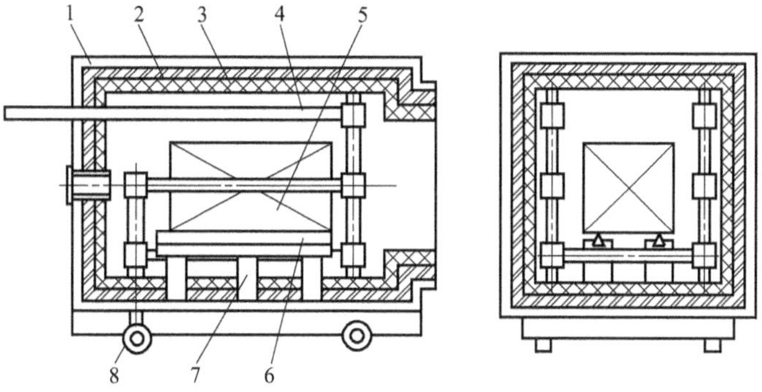

(a) (b)

图 7-14 WZ 系列真空热处理炉加热室复合隔热屏结构

1—炉壳；2—硅酸铝毡隔热层；3—石墨毡隔热层；4—发热体；5—料筐；6—炉床；7—立柱；8—车轮

由于钼在高温下长期工作会变脆，且价格昂贵，因而目前多采用石墨绳替代钼螺栓固定纤维毡屏。具体做法是在隔热屏表面上间隔 70～100mm 均布固定纤维毡通孔，孔两端圆角，以防磨划石墨绳，石墨绳穿过数孔以星形交叉方式系死结，以防止一旦个别孔绳磨损造成成片隔热屏损坏。由于内层毡在高温下受油蒸气、水蒸气和其他杂质污染，使其隔热性能下降，一般使用寿命为5～6年。当需要更换时只换里面的1～2层即可，检修和更换比较方便。

(3) 陶瓷隔热屏。陶瓷比金属具有更好的绝热性，能很好地应用于高温、高真空中，用它代替金属隔热屏，不仅可提高炉膛温度，且能节省大量的贵金属，但其性脆、加工困难。陶瓷隔热屏一般只作为内层隔热屏，外围再加几层金属隔热屏，或是在两层金属隔热屏之间填充陶瓷颗粒，起到更好的隔热效果。

陶瓷隔热屏采用薄壁重质陶瓷，通常为圆桶形，陶瓷隔热屏制成后，应具备很好的抗热冲击性，保证电炉多次升降温中无炸裂或掉渣现象。

7.2.2.2 隔热屏材料及厚度选择原则

通过上面的分析，我们知道上述各种隔热材料均有各自的特点和优势：硅酸铝纤维毡隔热效果好，但吸附气体量大，使得真空炉呈现微氧化气氛，会影响工件的热处理质量；石墨软毡隔热效果适中，但会使得真空炉呈微渗碳气氛；石墨硬毡隔热效果好，也会使得真空炉呈微渗碳气氛；金属隔热屏蓄热最小，炉内真空气氛最优，但隔热效果略差。

加热保温是耗能最大的环节，占据设备总能耗的75%～90%。这部分能耗包含三部分：被工件吸收部分、隔热材料蓄热部分、透过隔热材料损失部分。被工件吸收的这部分能耗属于有效能耗，其余两部分能耗则属于损耗，降低这两部分的能耗就降低了设备的总能耗，设备的能效就有所提高。但隔热材料的蓄热损失与透热损失是一对矛盾，隔热效果好，透热损失小，但这意味着蓄热量大，蓄热损失也大，而且气体吸附也多，真空系统的负荷也大。所以隔热材料的种类和厚度的选择原则，应该是在保证工件处理质量的前提下，提高真空炉的热效率，降低能耗，而在蓄热损失与透热损失之间折中（不是各50%的机械式折中）处理可能不失为一种可行办法。

基于以上分析，目前隔热材料的混合使用成为一种趋势。石墨毡（用作与加热体较靠近的内层）与硅酸铝毡复合屏、中间夹有光亮石墨纸的石墨毡复合屏、陶瓷（作内层）与金属复合屏、中间充填陶瓷颗粒的金属复合屏等都取得了良好的隔热保温效果，同时吸气效应大幅降低。而全金属屏保温结构则仅适用于要求洁净度高的真空电阻炉。需要说明的是：在充入保护气体后，金属屏不能有效阻挡气体对流，其隔热效果下降非常明显，在预抽真空气氛保护方式的真空炉中尽量避免采用。

真空电阻炉加热室的设计，要尽量避免开不必要的孔。对于电极引入、热电偶引入、工件架立柱、进出风口等处的必要的开孔，结构上要尽量采取措施进行屏蔽，避免直接的贯穿。比如在电极上、热电偶上、工件架立柱等处，设置反射屏进行遮挡，可以取得良好的节能效果。对于进风孔，特别是进风孔较多的气淬炉，可以设置既可屏蔽热辐射，又不影响进风的金属隔热挡屏。对较大开孔，比如气淬炉的回风口（目前这种气动方式用得较少）和加热室的前端盖，可采用气动门的形式，以便于快速开合。如果不采用气动门结构，也可采用迷宫式热密封结构，尽量避免热区直接面对炉体内壁。

需要特别说明的是，文献[9]介绍在有效工作区为900mm×650mm×600mm的真空高压气淬炉上，采用带隔热的喷嘴和气动风门结构，收到良好的效果。在装炉量为800kg的条件下，加热过程中平均功率约80kW，而目前类似的炉子需要100kW的功率，可节约电耗20%左右。

7.3 真空密封技术

真空设备为了隔绝大气，保持所要求的真空度，将各类漏气率限制在允许的范围之内，它的各个部件的连接处、电源和讯号的引入端、仪表、热电偶插座、传动轴、观察窗、炉门、盖等处，都应有可靠的真空密封，真空密封可靠与否是决定真空设备质量好坏的关键之一。

真空密封通常可分为可拆密封和不可拆密封（又称永久密封，如焊接、封接）。可拆密封又分为静密封和动密封。

7.3.1 密封材料

在真空热处理炉上，软金属垫应用较少，只应用于温度较高的静密封，如扩散泵或增压泵放油处的密封。应用于真空热处理炉的密封材料，要求具有光洁表面、无划伤、无裂纹，低的出气率、挥发率和透气率，良好的耐热性、耐油性、抗老化性和适宜的耐压缩变形值（＜35%）及压缩松弛系数（≥0.65）。根据多年使用经验和真空热处理炉的要求特点，多采用丁腈橡胶，丁腈橡胶是耐油性和其他各种性能都较好的一种密封材料，在高真空范围内广泛用于烘烤温度150℃（为延长密封使用时间，最好在120℃以下，达不到要求时，靠水冷保证）以下的各类真空密封。在1200℃以上的高温炉上，密封材料可采用氟橡胶，其耐温温度可达250℃。

7.3.2 静密封结构

静密封是指连接件没有相对运动的密封。在真空炉上，静密封应用最多。大量真空管道法兰连接处、炉门、炉盖、阀门、真空测试规管、热电偶导入、电极、观察窗等，均需采用密封圈的静密封。双室、三室真空热处理炉的各室之间需要用密封隔热闸阀予以隔离，因其涉及内容较多，所以单列出来予以介绍。

真空管道法兰的密封结构如图7-15所示，放气阀的密封结构见图7-16，真空规管的密封结构如图7-17所示，观察窗的密封结构如图7-18所示，热电偶的密封结构如图7-19所示，水冷电极密封结构如图7-20所示。

水冷电极有多种结构，需要注意的是所用结构不要在安装时使电极产生转动。图7-21(a)为水冷电极（又称进电极）的原密封结构，进电极与炉壳电极孔之间有两个聚四氟乙烯（或采用电胶木）绝缘套，O形橡胶密封圈放在两个绝缘套中间。安装时，保持进电极与炉

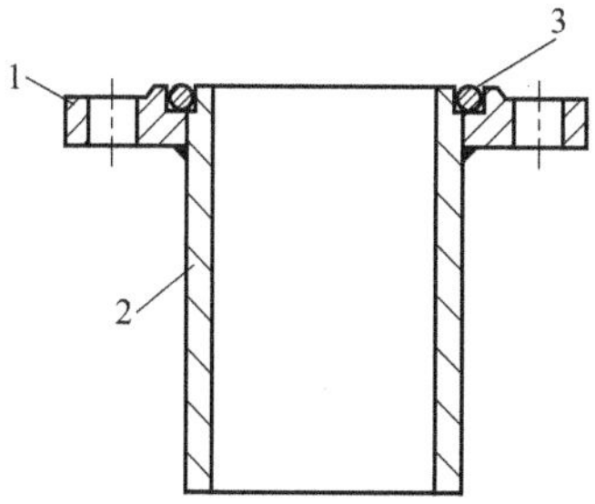

图7-15 法兰密封结构

1—法兰；2—管子；3—O形密封圈

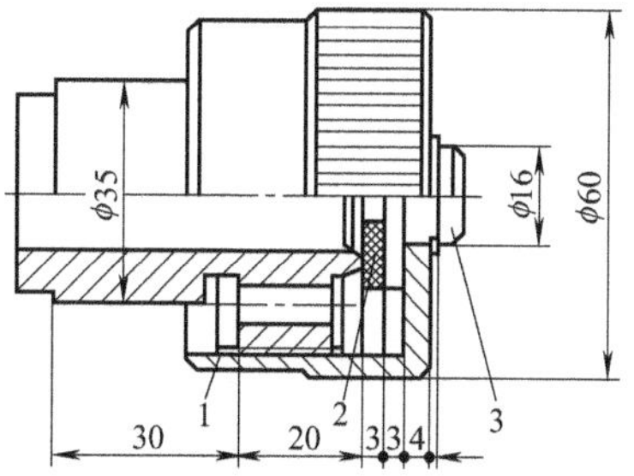

图7-16 放气阀密封结构

1—放气阀螺母；2—密封垫；3—放气阀阀芯

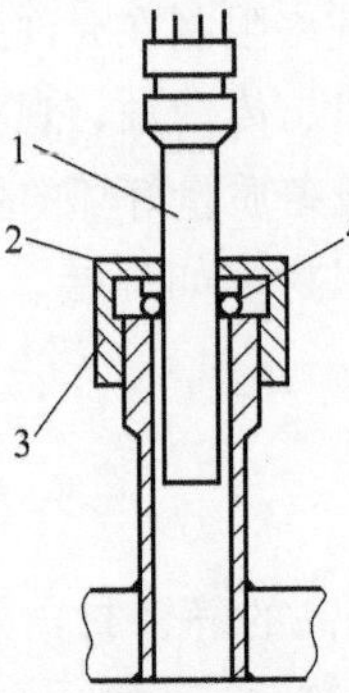

图 7-17 真空规管密封结构

1—真空规管；2—密封压环；
3—密封压盖；4—O 形密封圈

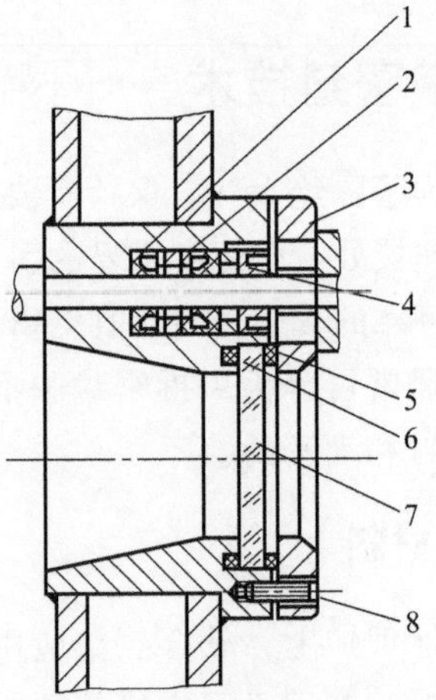

图 7-18 观察窗密封结构

1—骨架油封；2—密封垫圈；3—观察窗盖；
4—压母；5—压母垫片；6—O 形密封圈；
7—玻璃；8—螺钉

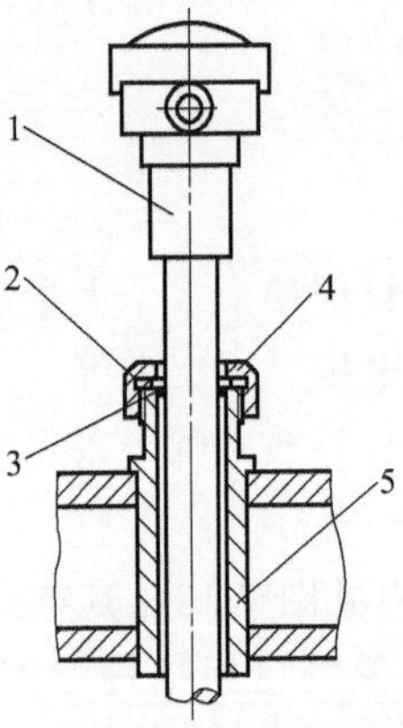

图 7-19 热电偶密封结构

1—热电偶；2—密封压环；3—密封压盖；
4—O 形密封圈；5—密封座

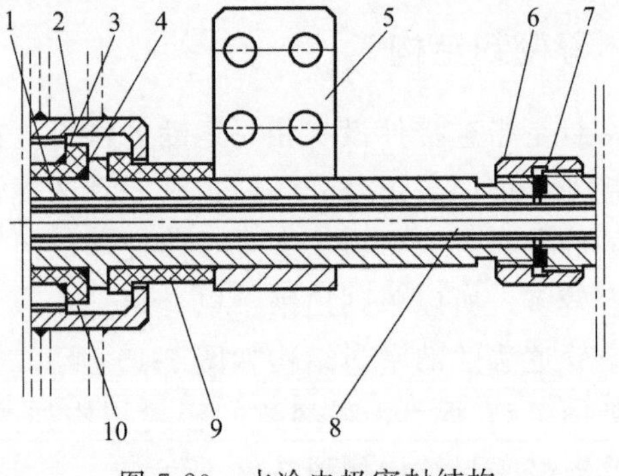

图 7-20 水冷电极密封结构

1—铜电极；2—大压紧螺母；3,4,7—O 形密封圈；5—导电夹子；
6—小压紧螺母；8—进水管；9—绝缘套；10—导套

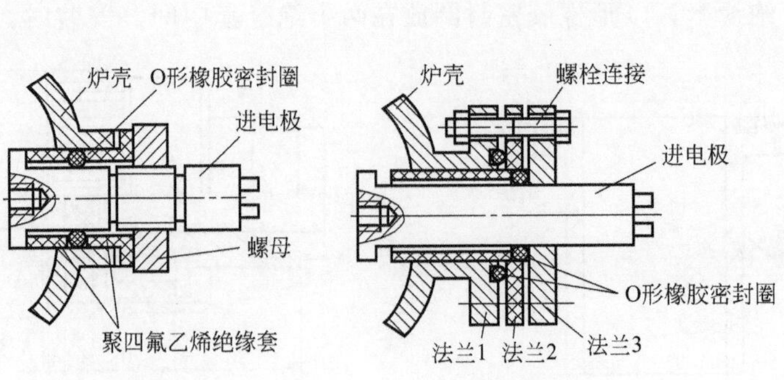

(a) 原密封结构　　(b) 改进后的密封结构

图 7-21 水冷电极的改进结构

壳之间的位置相对固定，逐步拧紧铜电极外部的螺母，O 形橡胶密封圈在两个绝缘套的挤压下膨胀，形成进电极与电极孔之间的完全密封。这种结构存在的问题是：①安装时一拧紧螺母，进电极就会往外走，并伴有少许旋转，从而带动炉内石墨过渡电极旋转，很难保持其与炉壳之间的位置相对固定，而水冷电极位移过大时极易损坏炉内的石墨过渡电极与石墨发热体。②进电极、绝缘套和炉壳电极孔之间间隙较小，没有调整的余地，安装较为困难。③在使用过程中，尽管进电极中通有冷却水，炉内也有石墨毡用来防止热辐射，伸入炉内的少部分绝缘套在传导热与剩余的辐射热的共同作用下，用不了多久就会变形，O 形橡胶密封圈上的挤压力减小，最终密封受到破坏，从而导致真空泄漏。

改进后的进电极密封结构如图 7-21（b）所示。紧固用的螺母换成了法兰，O 形密封圈移到炉壳外，法兰 1（焊接在炉壳上）为不锈钢材料（防止涡流效应），从绝缘的角度考虑，法兰 2 采用聚四氟乙烯材料，其上连有一小截绝缘套伸入炉壳进电极孔内。法兰 1 与法兰 2 之间的端面、进电极、法兰 2 与法兰 3 之间的间隙均用 O 形密封圈密封。此结构在紧固时，可保证进电极没有任何位移和转动；较薄的绝缘套使进电极与孔之间的间隙增大，安装时调整余地增大，容易实现与石墨过渡电极之间的连接，即使绝缘套变形，也不会造成法兰密封的破坏。经此改进，克服了原密封结构存在的三个弊端，满足了安装和使用的要求。

7.3.3 动密封结构

真空炉设备经常需要将各类运动传递到真空室中，完成加工处理的要求，传递的运动形式通常有以下几种：①传动轴的转动；②传动轴的往复直线运动；③传动轴的摆动。

动密封结构在真空炉中应用也较多，如通入炉内的汽缸与油缸杆、电动机轴、阀门的手柄及其他需往复、旋转或摆动的机构均需动密封结构。最常用的动密封结构是传递平动和转动的 O 形密封圈的填料盒式密封。传递转动应用最广的密封形式是威尔逊密封，威尔逊密封可用于直径 1.5～70mm 的大轴，威尔逊密封常采用双道密封圈密封，密封圈间抽空或注入真空润滑油脂，以改善真空密封性能。

为保证密封性能，需真空密封的轴段必须经过磨削加工，以降低表面粗糙度，并不得有轴向划痕，这种划痕会降低真空度，且真空检查时不易发现。

图 7-22 为减速器的动密封结构，图 7-23 为风扇的动密封形式。

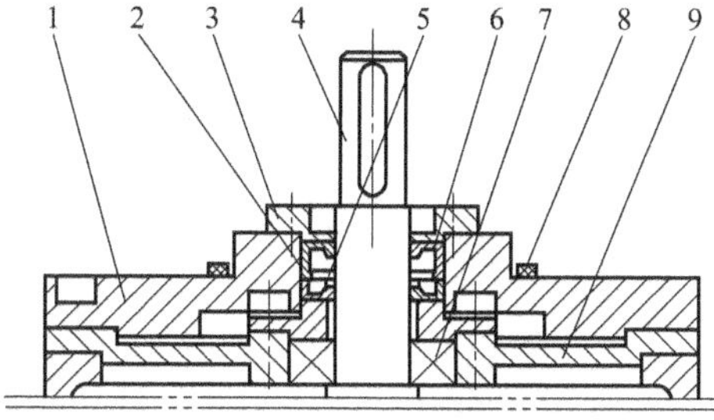

图 7-22 减速器动密封结构

1—密封座；2—隔圈；3—密封座压盖；4—蜗轮轴；5—轴承压盖；6—骨架油封；7—轴承；8—O 形密封圈；9—轴承座

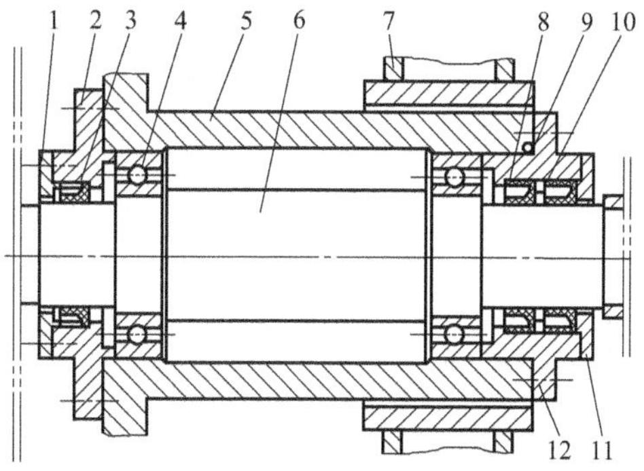

图 7-23 风扇动密封结构

1—油封端盖；2—密封座Ⅰ；3—油封；4—轴承；5—轴承座套；6—轴；7—炉壳体；8—油封；9—O 形密封圈；10—垫圈；11—密封盖；12—密封座Ⅱ

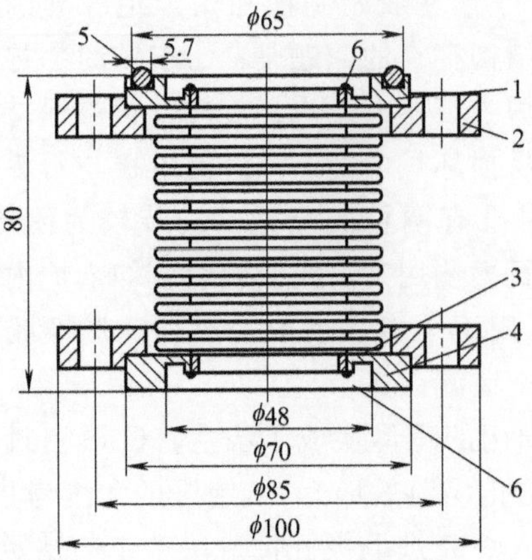

图 7-24 金属波纹管密封结构

1—波纹管连接槽肩环；2—法兰；3—内环；4—波纹管连接平肩环；5—O 形密封圈；6—氩弧焊点

在真空管道系统中，还有传递扭动或摆动的波纹管密封结构，常用的金属波纹管密封结构如图 7-24 所示，金属波纹管还有减振作用。

7.3.4 真空隔热密封闸阀

7.3.4.1 概述

为了提高生产效率和改善热处理质量，出现了双室、三室真空热处理炉。真空炉闸阀（门）是这类炉型不可缺少的重要部件。室与室间需要安装密封隔热闸阀，使各室允许有不同的压力、气氛、温度和处理工艺，从而保证加热始终处于所要求的工作温度和真空度，而不受装入新料和取出工件的影响。

真空炉阀门有翻板阀和闸板阀两种结构，以闸板阀（简称闸阀）为多见。翻板阀结构较简单，一般没有单独的阀框，在设计时要考虑开启过程中所占的空间。闸阀阀体厚度较薄，通过法兰与两室相连，所占空间较小。真空闸阀的传动有液压、气动和电动三种方式。在要求快速开启和关闭时，多用气动方式；要求开关平稳时，多用液压方式。WZ 型真空炉闸阀采用电动传动，即由电动机带动减速器，减速器带动齿轮齿条传动。

热闸阀结构如图 7-25 所示，主要由阀体、齿轮、导轨、齿条、铰链板、密封座、隔热屏、冷却水槽等组成。通过齿轮、齿条、导轨运动使阀板上下移动，直到阀板碰到撞块限位为止。随后通过四连杆机构使阀板水平横向运动，推向密封圈一侧压紧密封圈，实现两个真空室的密封隔离。

热闸阀有单面和双面两种结构，图 7-25 为单面密封结构，这种热闸阀比双面密封的简单，使用时要注意带密封圈一侧真空室的压力，不得高于不带密封圈一侧的压力，特别值得提醒的是，不允许先向带密封圈侧的真空室回充气体，否则会损坏热闸阀。热闸阀一侧是处于高温区，所以要考虑在高温下传动机构的变形、密封圈的耐热、密封圈在开启和关闭过程中不脱落等问题。在常用的热处理炉上，阀板接触高温区侧应安装辐射屏或隔热屏。以前有些炉子只安装一个不带真空密封的隔热门，当工件淬油时，大量油蒸气经隔热门进入加热室，使加热室污染，这种设计是不合理的。热闸阀常采用梯形密封槽，密封槽附近有水冷套通水冷却。其密封圈采用丁腈橡胶，可耐温 150℃，对高温工作场合，密封圈采用氟橡胶，其耐温温度可达 250℃。通过以上措施可保证热闸阀的可靠运行。对于 1300℃ 的炉子，热闸阀外侧的温度约为 100℃。

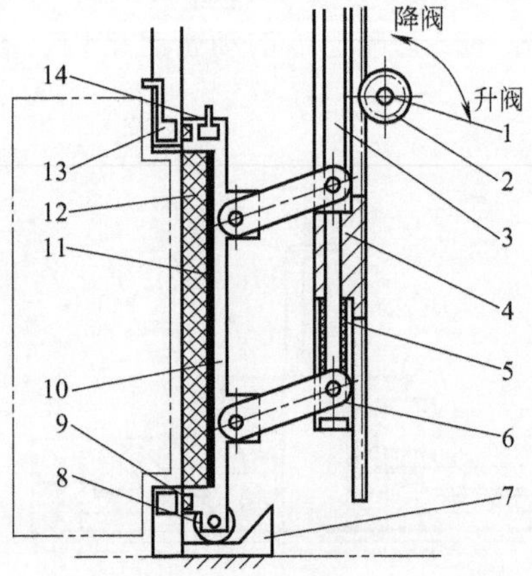

图 7-25 热闸阀结构示意图

1—动力轴；2—齿轮；3—导轨；4—齿条；5—弹簧；6—铰链板；7—撞块；8—滚轮；9—O 形密封圈；10—阀板；11—隔热衬板；12—隔热屏；13—阀框水冷槽；14—阀板水冷槽

7.3.4.2 热闸阀提升时间的计算

（1）提升速度的选择原则。阀板运动的传

动图如图 7-26 所示。选择阀板运动速度时应考虑以下因素：

a. 热室最高工作温度，温度越高，要求阀板的运动速度越快；

b. 热室热量损失越少越好，要求阀板有较快的运动速度；

c. 橡胶密封材料承受热辐射的能力；

d. 阀板运动的平稳性，如阀板运动速度过快，将导致阀板在两端位置时产生较大的冲击。

综合上述要求，阀板提升时间选择 2～4s 为宜，时间过长易烧损密封圈，时间过短则产生较大的冲击，容易机械损坏密封圈。温度高时，取小值。

（2）提升时间的计算。依据图 7-27 所示的传动系统，阀板的提升速度 v 的计算公式为：

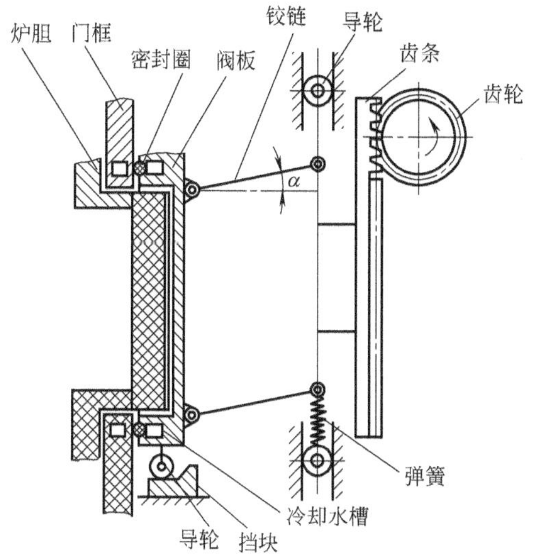

图 7-26 热闸阀工作原理

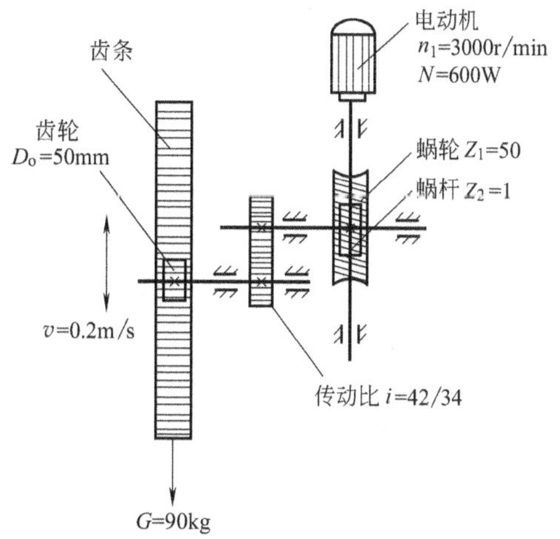

图 7-27 WZS-45 渗碳炉传动示意图及参数

$$v=\frac{\pi dn}{60\times 1000} \tag{7-14}$$

式中 d——与齿条相啮合（参阅图 7-27）的齿轮分度圆直径，mm；

n——齿轮的转速，r/min。

阀板提升（下降）单程所需时间 t 为：

$$t=L/v \tag{7-15}$$

式中 L——阀板移动的距离，WZS 真空炉 $L=0.65$m，m；

v——按式（7-14）所计算的提升速度。

依据图 7-27 所提供的数据，$t=3.3$s。

7.3.4.3 热闸阀安装的技术要求

（1）真空炉密封闸阀安装前，应对阀板水道及焊缝处进行气密性检查。

（2）炉体门框处的密封面需经研磨。

（3）真空炉热闸阀安装完成后，可参考热闸阀装配示意图 7-28 按下列内容进行检查：

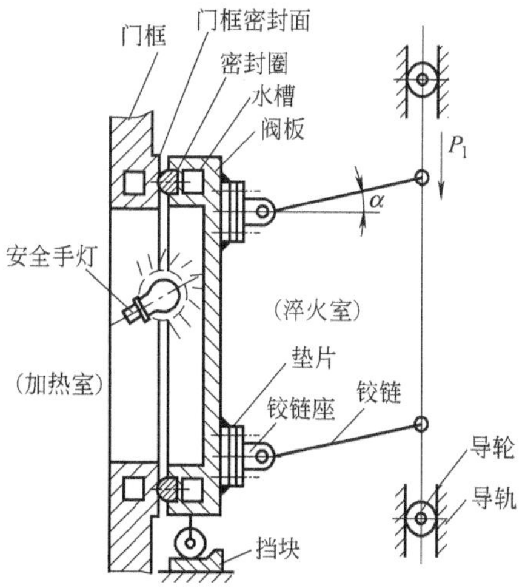

图 7-28 热闸阀装配示意图

a. 四连杆机构在压紧状态时，各铰链与水平线之

间的夹角 α 为 $7^{\circ}\sim10^{\circ}$；

b. 采用压痕法或透光法检查安装质量；

c. 抽真空试验，热闸阀呈关闭状态，加热室抽真空，淬火室为大气压力时，检查加热室的压力不高于 5×10^{-2} Pa。

将两室抽至工作真空度后，对淬火室充气（几千帕），使两室产生压差，观察两室的压力变化，检查两室之间不得有“串气”现象。

7.4 真空冷却技术

一般真空热处理设备均有两种冷却系统，一是循环水冷系统，二是气冷系统。水冷系统是所有真空热处理炉的必备系统，而气冷系统在不需快速冷却的退火炉中则可省略，但在真空淬火及真空回火炉中也是必备系统。

7.4.1 真空水冷系统

真空炉水冷系统是真空热处理炉的重要组成部分。水冷系统担负着对密封装置、导电接头、内热式真空炉的外壳、真空泵等提供冷却水的重任。只有保持冷却水路畅通，水温正常，内热式真空炉的外壳才能不过热，真空泵才能正常开动，真空密封才能不失效，真空炉才能正常运转。但这是真空炉工作时常被忽视的问题，当无人管理导致水温升高时，轻则造成停机，使被处理工件返工，重则可能会导致真空炉的重大毁坏。

在设计水冷系统时，应遵循以下原则：

（1）要保证水在管道中畅通，系统中不能有死水；

（2）凡是密封处都要通水冷却；

（3）发热体引出棒（即导电接头）也要通水冷却，其结构见图 7-20；

（4）要有自动联锁保护，做到断水则停炉并报警，超温则停炉并报警；

（5）要设水质监测装置，以防管道、换热器及真空泵因结垢而堵塞，或因腐蚀而漏水；

（6）在需要急速冷却的真空炉中，水冷系统应设计成双回路，一条回路通向加热室，在整个热处理操作期间均处于接通状态；另一条回路通向换热器，这条回路中的冷却水通过分配器引入换热器，此回路只在急速冷却阶段处于接通状态，而在加热保温阶段处于关闭状态，以免水将热量带走，造成热量损失。

7.4.2 真空气冷系统

向真空热处理炉通入气体有两个目的：一是为真空气冷淬火和真空回火提供冷却气源。气体在真空炉内处于流动状态，气压一般为 5×10^{5} Pa，最高可达 20×10^{5} Pa，这是本节所讲述的内容。二是为真空油淬填充气体，增加炉内气压。这是因为在真空状态下，真空油淬的淬火能力不足，工件的淬火硬度达不到设计要求。但当炉压达到某一负压数值（视钢种淬透性的不同而变化），真空油淬仍能获得接近大气压下的淬火能力。这一负压值（常为 $4\times10^{4}\sim7\times10^{4}$ Pa）称为临界淬火压力。此外，提高了气压，还可避免因瞬时升温造成的油的挥发损失和对真空设备的污染，也可防止高合金工模具钢的某些合金元素在高温时的蒸发。

7.4.2.1 充气系统

在真空气冷淬火炉中，由于通入气体的目的不同，充气压力存在巨大差值，因而需要两套充气路径和系统。图 7-29 为 WZ 系列淬火炉充气系统原理图。

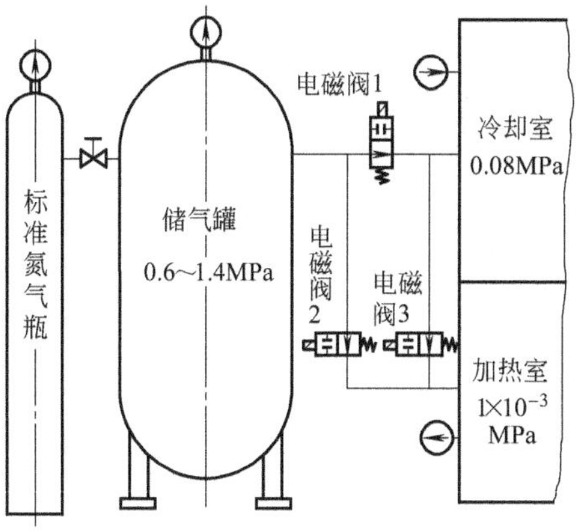

图 7-29 WZ 系列淬火炉充气系统原理图

由图 7-29 可以看出，充气路径有两条支路。一路通过大通径电磁阀 1 向冷却室充气，电磁阀 1 根据冷却室容积大小及要求压力高低，选择不同通径（气流）满足充气要求。另一路通过电磁阀 2 向加热室充气，并在向加热室充气的同时，通过电磁阀 3 向冷却室充气，以维持冷却室和加热室的压力平衡。真空炉加热室和冷却室的压力值由电接点真空压力表控制和指示，通过调节阀气体流量可随意设置。储气罐（装有 N_2 或惰性气体，或混合气）上装有真空压力表和安全阀，压力值一般控制在 $6\times10^5\sim14\times10^5$ Pa 范围内。

采用图 7-29 所示的低压大口径充气装置（储气罐），可使真空炉冷却室在 2～3s 时间内获得工艺要求的充气压力，保证工件淬火处理的冷却速度，大大提高了工件的淬火（冷却）能力，而且拓宽了真空淬火工艺（真空气淬）的应用领域。

7.4.2.2 真空强制气流循环冷却系统

为满足真空热处理高温急速冷却的工艺要求，需要一套没有气流死角、按一定方向顺序、流速和流量可控的强制气流循环冷却系统予以保证。其组成包括风机、冷却风道（指真空室内的通道）、换热器、管道及阀门。其中风机提供气体流动的动力，冷却风道使工件快速均匀冷却，管道提供气体循环路径，换热器对高温气体降温，使得气体可重复使用，阀门用以开关气路和控制气体流量。

强制气流循环冷却系统有两种，内循环强冷系统（如图 7-30 所示）和外循环强冷系统（如图 7-31 所示）。内循环强冷系统的风机和换热器均布置在真空室内，利用保温层和炉壳之间的结构来构成循环冷却风道，强冷气体在室内循环。此种结构较紧凑，整个结构占用空间小，造价较低，一般适用于体积较小的真空炉。而外循环强冷系统的风机和换热器均布置在真空室外，利用管道、阀门与真空腔体连接起来构成循环冷却风道。此结构冷却速度较快，可适用于容量较大、对冷却速度有更高要求的真空热处理炉，因而造价也相应提高。图中箭头所指为气流循环路径，要求设计成闭环，且在与换热器接触前不乱流（有资料研究表明，涡流状态的冷却气体有助于增加冷却能力）。

根据第六章的分析，影响气体冷却能力的因素有三个方面：第一是气体的种类，冷却能力从低到高依次是 Ar、N_2、He、H_2 及混合气体；第二是淬火时充气的压力，充气压力越

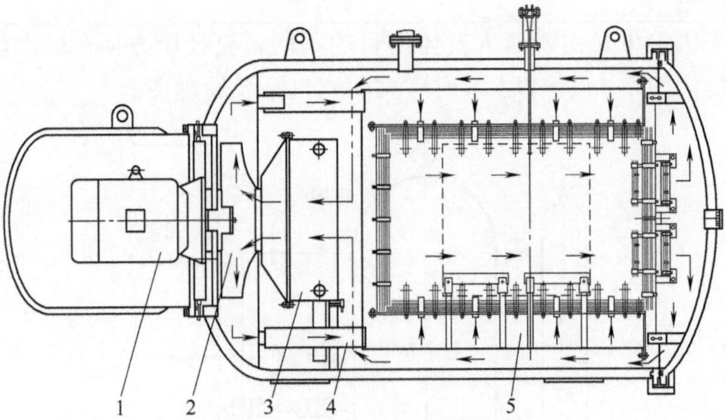

图 7-30 内循环强冷系统示意图

1—风机；2—风扇；3—换热器；4—冷却管道；5—炉胆

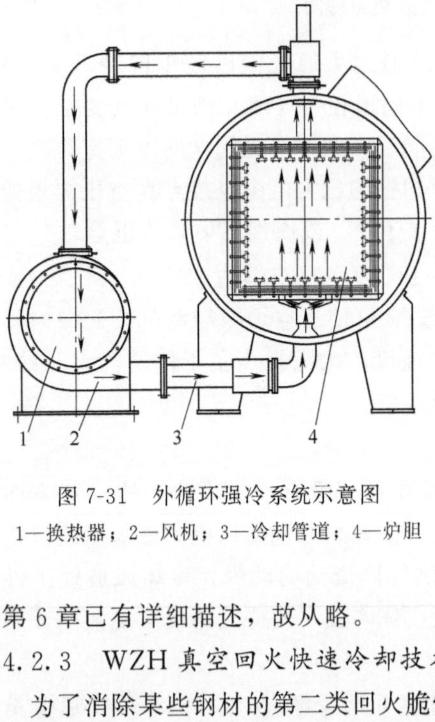

图 7-31 外循环强冷系统示意图

1—换热器；2—风机；3—冷却管道；4—炉胆

高，真空炉的冷却能力越强，但随着压力的增高其影响减弱，是一种指数关系；第三是通过工件的传热介质的流量，通过工件的流量愈大，真空炉的冷却能力愈强，但同样随着流量的增大其影响减弱。传热系数 α[W/(m^2 · K)]与气体压力 P (Pa) 和气体速度 V(m/s) 符合下列公式：

$$\alpha=10^{-5m}A(PV)^m \tag{7-16}$$

式中，A，m 为常数，$m=0.6\sim0.8$。它们是炉子结构、炉料及冷却气体物理性能的函数。

除了气体压力和气体速度以外，通过炉料的气流分布以及被加热气体的再冷却，亦对高压气体淬火的冷却效果具有决定意义。

因此，气冷系统的设计包括：①风机的功率、风量、风压；②换热器的表面积，交换器翅片管数量和结构；③气流循环路径。鉴于①、②的内容第 6 章已有详细描述，故从略。

7.4.2.3 WZH 真空回火快速冷却技术

为了消除某些钢材的第二类回火脆性，在真空回火时需快速冷却。其冷却机理与真空气淬相同，同样需要换热器对因流经工件而被加热的气体进行降温。WZH 真空回火炉采用内循环强冷方式，换热器布置在炉内。在加热保温阶段换热器如果工作，则会降低加热效率。WZH 真空回火炉采取的措施是将换热器往上提升，使被电热元件加热过的气体不通过换热器，被加热气体经通道流回工件放置区，重新对工件进行加热，这实际上是一种快速加热技术，后续会做一简单介绍。

WZH 真空回火炉快速冷却系统如图 7-32 所示。快冷系统由风扇电动机、风扇、换热器、上下导风板、流道组成，图中箭头为气流循环路径。气流由风扇驱动，流经换热器（处于降下位置）被降温，后沿流道循环至炉底部，再经下导风板吹向工件区域，然后经上导风板流向风扇口，风扇再将气体吹向换热器，依次循环快速冷却工件。

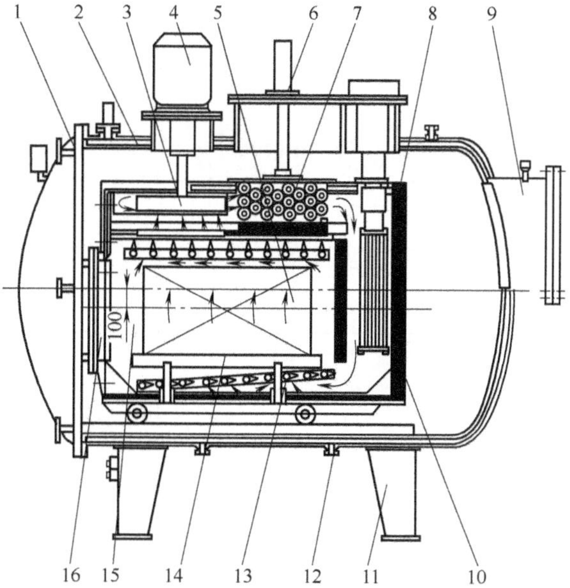

图 7-32 WZH 真空回火炉快速冷却系统

1—炉门；2—炉壳；3—风扇；4—风扇电动机；5—有效加热区；6—换热器汽缸；7—换热器；8—加热体；9—真空机组接口；10—隔热屏；11—支架；12—冷却水管；13—导风板；14—炉床；15—炉胆；16—加热室门

(1) 快速冷却措施

① 炉内充入正压气体（$1\times10^5\sim1.3\times10^5$Pa），可采用高纯 N_2，或者采用混合气（如体积分数 90% N_2+10% H_2）以获得高回火光亮度的工件表面，充入气体经风扇搅动形成循环气流冷却工件，可有效提高回火工件的冷却速度，抑制某些材料的第二类回火脆性。

② 换热器降下，处于工作状态，使流动气流的大量热量被换热器带走，加快冷却速度。

③ 导风板调整角度，使气流方向和流量最佳。

(2) 快速加热措施

① 回火处理温度低，仅靠辐射加热不仅速度慢，而且工件加热均匀性也无法保证。以 0.06～0.07MPa 压力回充气体，可有效提高回火工件的加热速度和炉温均匀性。

② 换热器往上提升，加热后的气体不通过换热器，不降温。

③ 安设导风板，调整最佳角度，使气流传热效果较好。

④ 风扇搅动，气流循环，提高加热速度。

7.5 真空电绝缘技术

7.5.1 真空放电和电热元件端电压推荐值

内热式真空炉电热元件的电压如果选择太高，会导致炉内的真空放电或辉光放电，致使电热元件受到损坏。如果电压选择太低，就会增大电热元件的电流，致使电热元件的连接困难而结构复杂，并且增加了电损耗。有资料指出，在真空下，特别是在 133～1.3Pa 范围内，会产生真空放电。在 13.3～1.3×10^{-1} Pa 真空度下，辉光放电电压（交流）为 250V 左右。因此，一般真空热处理炉电热元件的电压可以选择在 200V 以下。表 7-6 列出了真空热处理炉端电压的推荐值。

表 7-6 真空热处理炉端电压推荐值

材料	剩余气体	在不同温度下的电压/V					
		20℃	1200℃	1600℃	1800℃	2000℃	2200℃
电阻合金	空气	200	170	—	—	—	—
石墨	N_2	230	200	140	120	90	60
	Ar	170	170	100	60	30	25
	He	120	120	80	60	45	30
钨	N_2	250	220	160	140	135	130
	Ar	170	165	120	95	60	35
	He	120	120	100	90	60	45
钼	N_2	240	200	120	80	55	30
铌	Ar	160	130	60	40	20	15
碳化铌	N_2	190	160	100	80	55	25
	Ar	150	130	60	30	20	15
	He	110	95	50	25	20	20

在高真空的热处理炉中，击穿电压要比最低值高得多，采用表 7-6 中的推荐值是为了防止炉内可能在工作时因材料放气，而使压力短暂升高，产生真空放电，致使电热元件损坏。同时，考虑到真空中电热元件挥发、炉中残存气体及漏气，致使真空炉电热元件与炉内气氛的相互作用等因素，资料给出，通常真空炉一般电热元件的端电压一般不超过 100V。

7.5.2 金属加热器设计

金属加热器电热材料极易氧化，所以金属加热器只能在真空或其他保护气氛中才能正常工作。纯金属加热器的电阻温度系数很大，使用时应对电压平滑调节，选用调压器的容量应超过炉子额定功率的 25%～30%，在电绝缘技术方面，有以下特点：

① 耐火材料在高温下导电性急剧增加，尤其在真空下使漏电损失增加，以致产生电弧放电。因此，在高温真空热处理炉中，应尽量避免电热元件与耐火材料相接触。

② 绝缘件应选择高纯度的氧化铝。

7.5.3 电热体引出棒和炉壳的绝缘

电极接头和炉子壳体的绝缘，采用绝缘套和导套，材料为聚四氟乙烯，可在 250℃ 以下温度使用，电极接头电绝缘的结构见图 7-20。

7.5.4 电热体引出棒和炉胆的绝缘

电热体引出棒和炉胆的绝缘，采用导套结构，导套材料选高纯度的氧化铝，其结构图如图 7-33 所示。

7.5.5 电极引出棒电绝缘结构

电极引出棒固定板应与炉壳绝缘，WZ 型真空炉采用绝缘子 A、绝缘子 B 结构绝缘，其固定连接结构如图 7-34 所示，引出棒固定板，通过绝缘子结构与炉壳绝缘，螺栓 2 焊接于炉壳上，通过垫片 3、螺母 4 固定绝缘子 A、B 和引出棒固定板，经 WZ 型真空淬火炉、真空烧结炉、真空退火炉、真空钎焊炉等多年生产应用，效果良好，满足了真空炉电绝缘技术要求。

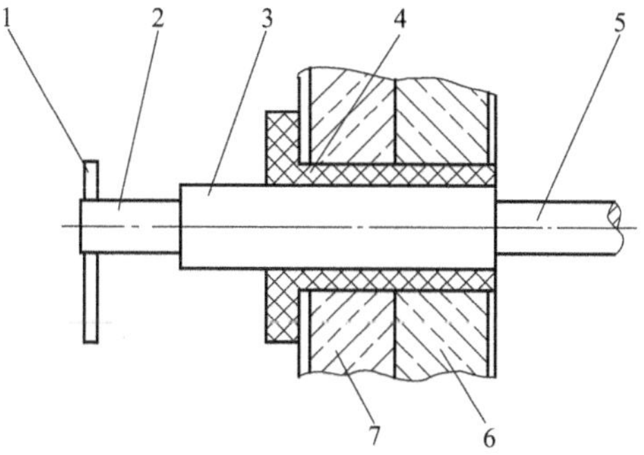

图 7-33 电热体电绝缘结构

1—引出棒固定板；2—连接杆；3—引出棒；4—导套；5—石墨棒电热体；6—耐热纤维；7—石墨毡隔热层

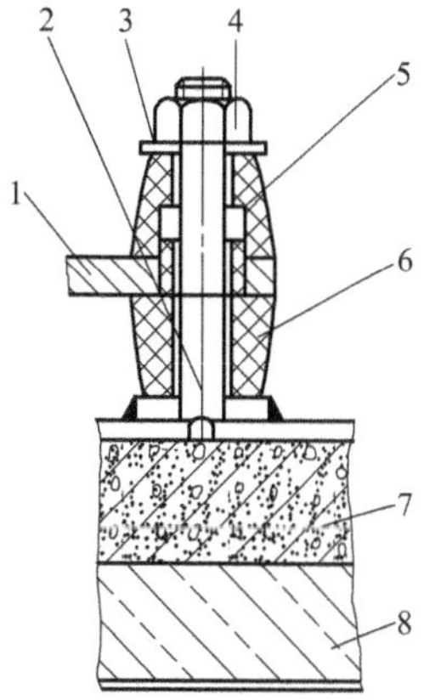

图 7-34 电极引出棒电绝缘结构

1—引出棒固定板；2—螺栓；3—垫片；4—螺母；5—绝缘子 A；6—绝缘子 B；7—耐热纤维；8—石墨毡层

7.6 真空温度控制技术

温度作为影响真空热处理产品质量的关键参数之一，测温准确性、炉温均匀性和控温精度对产品的质量及质量的复现性有着至关重要的影响，真空温度控制技术是真空热处理工艺及装备的关键技术之一。其内容包括温度传感器（热电偶）的类型选择及结构、温度控制方法及系统。

7.6.1 热电偶的选择

温度测量准确是实现温度控制的前提条件，热电偶是温度测量的传感元件，其选择的恰当与否对温度测量的准确性至关重要。国际标准化组织将热电偶分为标准化廉金属热电偶、难熔金属热电偶（钨铼）及标准化贵金属热电偶（铂铑）3 类。不同成分的热电偶以分度号来表示，如 K 型、N 型、C 型、D 型、S 型、B 型等。

7.6.1.1 影响热电偶温度测量准确性的因素

（1）真空度。真空度对温度测量准确性的影响表现在两个方面：

a. 真空条件下对流传热和传导传热很弱，以辐射传热为主。接触法测温的基本原理是传感器要与被测对象达到热平衡，这种热平衡需要一定时间（称为响应时间），而辐射传热的特点是传热慢，时间滞后。两者综合作用的结果就是在线测温系统的结果往往偏低，即仪表显示的温度要低于真空炉内的实际温度，有时可达几十摄氏度。

b. 真空条件下一些饱和蒸气压高的元素会蒸发，如镍（Ni）、铬（Cr）、铼（Re）、铑（Rh）等。无论是来自炉子、工件金属元素的蒸发，还是热电偶自身元素的蒸发，都会污染热电偶，从而导致温度测量产生误差。参考文献［12］曾对1支在真空条件下使用后的S型裸偶进行校准，结果表明：在1200℃偏低90℃，检测结果如图7-35所示。由图7-35可以看出，温度升高时误差也相应增大，几乎呈一条直线，说明合金成分已经改变。

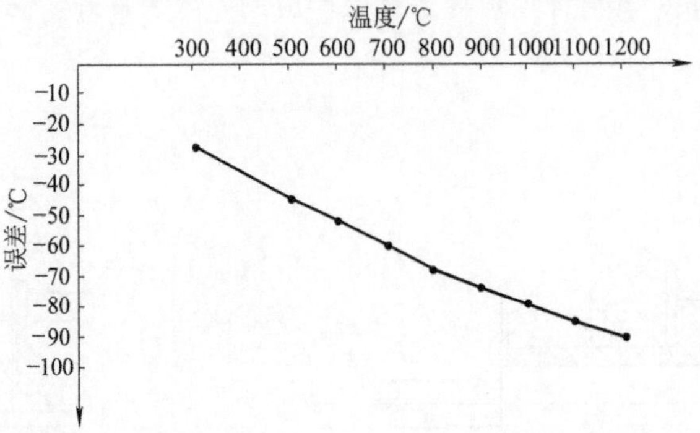

图 7-35 S型裸偶在真空条件下使用后的检测结果

（2）保护管的材料。保护管的材料有金属及陶瓷2类。当真空炉处于高温状态下，材料的发射率对测量结果的影响尤为显著。由于陶瓷管的发射率较金属保护管低，因此，测量结果将比在同等条件下的金属管测温偏低。而炉温均匀性测试多采用金属铠装热电偶，控制系统多采用陶瓷管保护的热电偶。两者测量结果受保护管发射率的影响是不可忽视的。

（3）热响应时间（τ）。热响应时间的快慢除了受分度号的影响，还主要取决于热电偶的结构与测量条件，差别极大。对于气体介质，尤其是静止气体，至少应保持30min以上才能达到热平衡。对于液态介质，最快也要5min以上。表7-7给出了装配式工业热电偶的时间常数τ。

表 7-7 装配式工业热电偶的热响应时间 τ

保护管直径/mm	ϕ6	ϕ8	ϕ6	外ϕ12、内ϕ8	外ϕ16、内ϕ10
保护管材质	钼管	钼管	钼管	刚玉管	刚玉管
结构	实体	实体	抽空	单层实体	单层实体
实测数据平均值/s	5.29	8.63	18.98	13.43	27.03

热响应时间对温度测量结果影响很大，有资料表明，在进行炉温均匀性测试时，当用金属管保护的热电偶控制温度时，炉子不超温，如果用陶瓷管保护的热电偶，则可超温达10℃左右。因此如果是军工或航空认证的企业，对炉温均匀性测试精度要求很高，宁肯牺牲热电偶的寿命，也要用裸丝或金属保护管。

（4）热电偶插入深度。热电偶插入真空炉内，沿着保护管长度方向将产生热流，因此由热传导引起的误差与插入深度有关，而插入深度又与保护管材质有关：

① 金属保护管的导热性好，插入深度要深一些，应为保护管直径的15～20倍。

② 陶瓷保护管的绝热性好，插入深度可浅一些，应为保护管直径的10～15倍。

对于工程测温，其插入深度还与被测对象是静止或流动等状态有关。如果是流动的液体或高速气流的温度测量将不受上述限制。然而，对于真空体系，影响将更大一些。

此外，热电偶补偿导线对测温系统的影响是不可忽视的。由热电偶测温的原理可知，只有当热电偶冷端温度保持不变时，热电偶的热电动势才是被测温度的单值函数。在工业应用时，如果热电偶工作端与冷端距离很近，冷端又暴露于容易受到周围温度波动影响的空间，这时测量温度难于准确。

7.6.1.2 真空炉常用热电偶

(1) 镍铬-镍硅（镍铝）热电偶（K 型）。该热电偶属于廉价金属热电偶，分度号 K 型，热电动势与温度的关系近似线性，长期使用温度≤1000℃，价格便宜。该热电偶适于在氧化性及惰性气氛中连续使用，采用金属保护套管。

(2) 镍铬硅-镍硅镁热电偶（N 型）。该热电偶是 20 世纪 70 年代，由澳大利亚的 Barley 等人首先研制出来的，是一种新型镍基合金测温材料，属于廉价金属热电偶，分度号 N 型，其主要特点是：高温抗氧化能力强，热电动势长期稳定性及短期热循环的复现性好。其长期使用温度≤1300℃，价格略高于 K 型，有全面取代 K 型热电偶与部分替代 S 型热电偶（≤1250℃）的趋势。

(3) 钨铼热电偶。钨铼热电偶属于难熔金属热电偶，有两种分度号：WRe3/25（D 型）、WRe5/26（C 型）。C 型热电偶加入更多的铼，强度、韧性更高，有取代 D 型的趋势。其共同特点是温度与电动势线性关系好，热稳定性高，热电动势大，灵敏度高，它的热电势率约为 S 型的 2 倍、B 型的 3 倍。其价格高于 K 型和 N 型，低于 S 型和 B 型。钨徕热电极丝价格仅为 S 型的 1/10，B 型的 1/15。在还原、惰性气氛中，长期使用温度≤2000℃，1300～1700℃下精度为±0.5%，其他条件为±1%。在氧化气氛中，经密封良好，可在 1500℃下使用。在碳、氢气氛中不能使用，钨或钨铼在含碳气氛中容易生成稳定的碳化物，以致降低其灵敏度并引起脆断，尤其在有氢气存在的情况下，会加速碳化。

(4) 铂铑热电偶。铂铑热电偶属于贵金属热电偶，常用的有两种分度号：铂铑 30-铂铑 6（B 型）、铂铑 10-铂（S 型）。其优点是准确性等级最高，普通级精度可达±0.5%，精密级可达±0.25%，通常用作标准热电偶或作为测量高温的热电偶，但热电动势低，需配用灵敏度高的显示仪，且价格昂贵，电极丝直径很细，机械强度较低，寿命低。其适宜在氧化性、惰性气氛中连续使用，长期使用温度为 1600℃，短期使用温度为 1800℃，不适合在还原性气氛、含金属蒸气气氛及真空条件下使用。在真空条件下，正极的铑必然会挥发，保护管蒸发的金属会污染热电偶，导致较大的测量误差，因此不能用钼保护管，只能用高纯度刚玉保护管。因此，在≤1250℃的场合，铂铑热电偶有被 N 型热电偶取代的趋势；在>1250℃的场合，铂铑热电偶有被 C 型热电偶取代的趋势。

如果为了达到最高精度（如校验炉温）必须使用裸丝，建议使用 B 型热电偶。因为如使用 S 型热电偶，正极的铼蒸发会沉淀到负极，使负极变成铂铑偶丝，影响测温准确度。而 B 型热电偶的负极本来就是铂铑偶丝，对测温准确度影响相对 S 型较小。

7.6.2 热电偶的结构

(1) 热电偶的保护管材料。在热电偶上添加保护管，是为了提高偶丝的使用寿命，但不能对真空系统带来不利影响。保护管材料分两种：金属类材料和高纯度氧化铝（刚玉）、氧化镁材料，其中金属类材料又分为 304 和 316 不锈钢材料及钼、钨、钽等难熔金属材料。

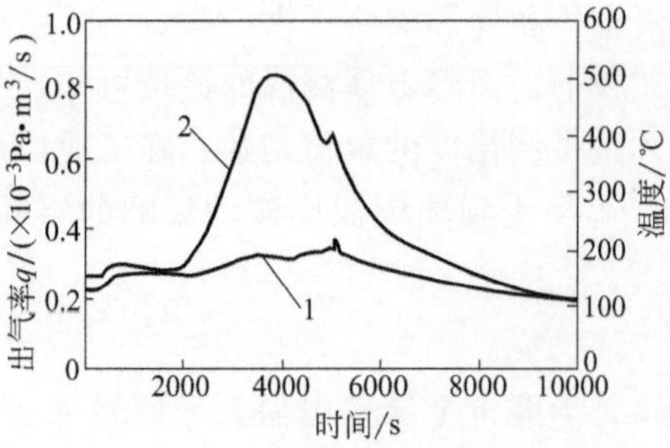

图 7-36　不锈钢除气、未除气处理的出气率与温度关系曲线

1—950℃除气处理；2—未除气处理

不锈钢适用于≤1000℃的条件，其主要问题是放气，需要预先进行真空除气，真空除气前后的发气量对比见图 7-36。钼、钨、钽等难熔金属材料适用于高温场合，如果环境中有蒸发的镍，则钼会与镍在 1314℃发生反应，生成二元低熔点合金，导致钼管被烧熔。氧化铝、氧化镁材料比较脆，容易破损，保护管一旦破损，将使炉体系内外相通，破坏体系真空度，损失惨重。可采用刚玉与耐热合金复合管技术，即用刚玉作内管，用耐热合金作夹持管，并适当加长，这样既可以防止金属对贵金属沾污，又对刚玉管起保护作用，以免破坏炉内真空。

(2) 热电偶的真空密封。真空炉上安装热电偶时要保证偶丝的引出必须符合真空密封要求。常用 O 形圈进行密封。O 形圈的压紧方式有两种结构：压盖压环方式（见图 7-19）和法兰压紧方式（见图 7-37），法兰用螺栓连接，见图 7-38。

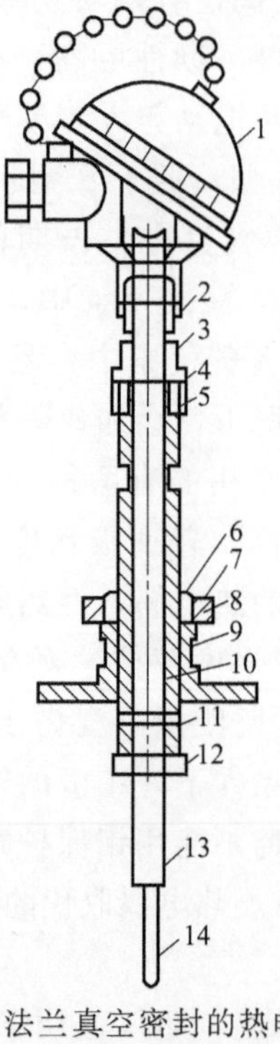

图 7-37　法兰真空密封的热电偶结构

1—接线盒；2—锁紧；3—压紧环；4,8—O 形圈；5—过渡套；6—定位套；7—密封螺母；9—上法兰盘；10—主管；11—密封圈；12—密封螺栓；13—耐热合金保护管；14—刚玉管

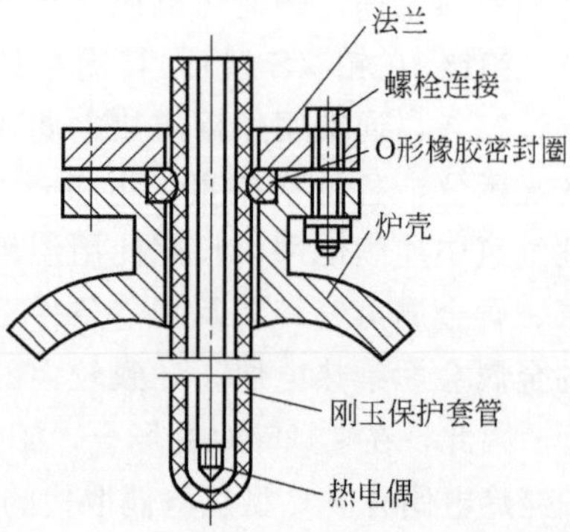

图 7-38　密封法兰螺栓连接

7.6.3　真空炉温度控制系统

图 7-39 为一典型的温度控制系统。其硬件由温度传感器（热电偶）、智能温控仪、工业控制用的计算机（IPC）或可编程控制器（PLC）、可控硅触发励磁装置和磁性调压器组成，

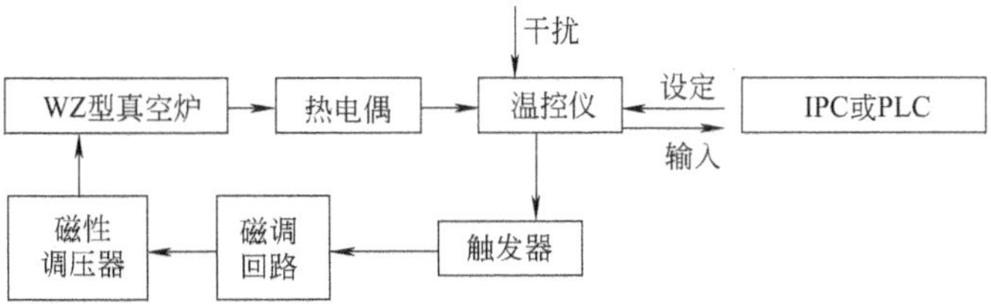

图 7-39 温度控制系统框图

其基本功能如下。

(1) 在线温度数据采集单元。真空炉内温度的在线温度数据采集由温度传感器(热电偶)实施,温度传感器将所测得的温度实时传输给智能温控仪。

(2) 次级控制单元。智能温控仪是次级控制单元。其主要功能为:接收温度传感器的信号,并将其信号转换成数字信号传输给主控制单元(IPC 或 PLC);接收主控制单元所发出指令(数字信号),并将这一数字信号转换成 4～20mA 电流信号给执行单元。对于大型真空热处理炉,可能采用多温区加热,则可能每个温区需设置一台智能温控仪。

(3) 主控单元。IPC 或 PLC 是主控单元(小型炉常采用 PID 控制器)。其主要功能为:存储由升温、保温、降温所构成的工艺曲线;接收智能温控仪所传输来的信号,输出指令信号;按某种控制策略,将温度测量数据与事先所存储的温度工艺曲线计算比对,形成决策输出。计算比对、决策是主控单元的核心功能,以软件方式体现。

(4) 执行单元。执行单元由励磁触发装置和磁性调压器组成。励磁触发装置接收温控仪输出的 4～20mA 交流电流信号,然后把交流电流信号变为 0～100V、0～25A 的直流电流输出,作为磁性调压器的励磁电流。磁性调压器根据直流励磁电流,将输入的交流 380V 电压变成连续可调的低压大电流(7～70V、0～980A),输送给真空室内的加热体对炉膛进行加热,从而实现了按设定的工艺曲线加热、保温的温度控制目的。

通过以上过程,实现了从温度测量→目标温度设定→加热升温→温度测量检验是否超温的闭环控制。但问题是一旦反馈结果是超温,则除了停止加热并没有其他降低温度的反控措施。所以,整个温度控制的核心就是温度控制算法是否精确。目前所应用的控制算法主要有以下几种。

① 人工神经网络(artificial neural network)。人工神经网络,又称并行分布处理模型或连接机制模型,是基于模仿人类大脑的结构和功能而构成的一种信息处理系统或计算机系统。其具有良好的容错性、高度的并行性和非线性、知识分布存储、自适应和联想记忆功能以及综合推理能力等。BP 神经网络(简称 BP 网络)模型是目前应用广泛的神经网络之一,也称误差反向传播神经网络,它是由非线性变换单元组成的前馈网络,在模式识别、图像处理与分析以及工业控制等领域有广泛应用。神经网络应用于温度控制系统,就是将采集到的已转化为数字信号的温度作为网络的输入,在计算机上不断完善和修正,直到系统收敛到网络权值,将调整好的输出发送至 PID 控制器,作为 PID 的控制参数,从而达到神经网络 PID 控制参数自整定的目的。

② 遗传算法(genetic algorithms)。遗传算法是参照遗传学中的生物进化的基本原理,结合优胜劣汰和适者生存的进化论思想,运用计算机技术模拟自然界中生物群体由低级到高级、由简单到复杂的生物进化过程,使所要解决的问题从初始解逐渐逼近最优解或准最优解。它是一种全局随机优化算法。遗传算法应用于温控系统,就是将在线测得的温度数字信

号输入计算机，然后将其与给定温度的差值进行比较，在软件上采用遗传算法对 3 个 PID 参数进行优化控制，然后将控制量输出。遗传算法的具体实现是将 3 个 PID 参数串接在一起，构成遗传空间中的一个完整的个体，通过繁殖、遗传、交叉和变异等操作生成新的群体，通过多次搜索即可求出最大适应度值的个体。遗传算法的特点是在温度控制中具有很高的稳定度，温度控制精度也比较高。

③ 模糊控制（fuzzy control）。模糊控制是以模糊数学、模糊集合论、模糊语言和模糊规则推理为理论基础，从行为上模仿人的模糊推理和决策过程，采用计算机控制技术构成的具有反馈通道的闭环结构的一种智能控制方法。该方法将采集到的实时输入信号模糊化，然后将模糊化后的信号作为模糊控制规则的输入，将操作人员或专家经验变成模糊规则存入计算机中，经过模糊判断完成模糊推理，将推理后得到的输出量加到执行器上。对某些数学模型不确定或者不易取得精确数学模型的对象模糊控制应用比较方便。模糊控制应用于温度控制系统，是将温控对象的偏差和偏差变化率以及输出量的真实确定量进行模糊化后转化为其相应的模糊值，形成模糊规则，然后将这些模糊规则整理成 IF＋THEN 条件语句，最后建立模糊模型；系统通过查询模糊规则表，形成模糊算法；计算机经过计算处理求出输出控制量的精确量来驱动执行机构，实现温度的稳定控制。模糊控制较 PID 控制具有响应快、超调量小等特点。

④ 模糊控制与 PID 结合（fuzzy-PID）。模糊语言和模糊规则是模糊控制系统的动态特性及性能指标。模糊控制的特点是不依赖于系统精确的数学模型，只要求掌握现场操作人员或有关专家的经验、知识和操作数据，适用于复杂系统与模糊性对象等，系统的鲁棒性强，尤其是适用于非线性时变、滞后系统以及对干扰有较强抑制能力的控制系统。模糊控制的缺点是系统没有明确的控制结构，存在较大稳态误差等。PID 控制器结构简单、容易实现、鲁棒性强，是最成熟的控制器，在工业生产过程中广泛使用。但 PID 本质是线性控制，而模糊控制具有非线性，因此，将模糊控制与 PID 结合将兼顾两者的优点。具体做法是用 PID 控制算法确定控制作用，其实质是在一般 PID 控制系统基础上，加上一个模糊控制规则环节，以模糊规则调节 PID 参数的自适应控制。当温差较小时采用 PID 控制，系统的静态性能好，满足控制精度要求，当温差较大时采用 fuzzy 控制，系统动态性能好，响应速度快。因此使用 fuzzy-PID 控制，与其中任意单一的模糊控制或 PID 调节器控制相比较，有更好的控制精度。

7.7 真空热处理炉的使用和维护

真空热处理炉和传统热处理炉有根本的区别，真空热处理炉复杂得多，需要进行更多的日常预防性维护保养工作。由于真空炉的种类和形式很多，因此维护和检修的项目各不相同，维修检查内容应根据炉子技术文件并可按实际需要分为每炉次、每日、每月、每半年和每一年进行维护保养。要做好真空热处理炉的使用和维护，有两点是至关重要的：一是操作人员必须经过培训上岗，对真空炉工作的基本原理应该有所了解，包括真空系统、真空测量及真空泵系统。二是建立真空炉运行记录和维修档案，统计累积运行工作时间，掌握设备状态变化趋势，及早发现故障损坏苗头，避免属于事故抢修性质的维修，并根据真空炉工作负荷和运行状况，提前有针对性地准备真空炉修理用零部件。真空炉运行记录应包含以下内容：

① 机械泵停转时的压力；

② 达到设定真空度，机械泵所需的运转时间；

③ 最大真空度；

④ 炉膛关闭时真空泄漏的速度（不应超过 0.66Pa/h）。

以上的记录项目对真空炉的正常操作特别重要。而且，如果设备性能降低时，所记录的数据对维修人员有重要参考价值。此外，每一次观测或做出的改变都应在炉前记录中记载，这个对于预防性或校正性维护都有帮助。

7.7.1 日常维护

① 停炉后，需关闭炉门，充入 N_2 并保持在 6.6×10^4Pa 以下的真空状态。

② 炉内有灰尘或不干净时，应用乙醇或汽油浸湿过的绸布擦拭干净，并使其干燥。

③ 炉体上的密封结构、真空系统等零部件拆装时，应用乙醇或汽油清洗干净，并经过干燥后涂上真空油脂再组装好。

④ 炉子外表面应经常擦拭，保持清洁干净。

⑤ 各传动件发现卡位、限位不准及控制失灵等现象时，应立即排除，不要强行操作，以免损坏机件。

⑥ 机械传动件按一般设备要求定期加油或换油。

⑦ 真空泵、阀门、测量仪器、热工仪表及电器元件等配套件，均应按产品技术说明书进行使用、维修和保养。

⑧ 应该每天检查机械泵的油位（正常油位应在观测孔的中央），必须使用高级真空泵油。如果停转压力超过 6.7Pa，就应该换油。通常每使用 12 周或 480 工作时，应将机械泵中的真空油更换一次。每次加入新油之前，应将真空泵彻底加以清洗。

⑨ 炉门的密封圈最易损坏。每次使用后都要进行检查，不得沾有沙粒或杂物，每天用干净的绸布擦拭密封圈和法兰面，再均匀地涂上真空脂，之后方可关闭炉门。

⑩ 每天观察冷却水的入口压力及出口温度。

7.7.2 故障分析及排除方法

7.7.2.1 故障原因分析

真空度是真空炉的关键性能参数，应定期检查，真空检漏一般采取每月一次测压升率，而且真空炉日常使用中常见的主要问题是炉子真空度达不到要求。如果经过长时间抽气后炉内真空度达不到要求，就要查找原因，首先检查真空计显示是否存在问题，如果正常，则可能是由以下三种原因引起的。

① 真空泵抽气能力下降。

② 放气。由于真空泵系统和炉体材料选择不当，材料放气，以及真空卫生不良引起。任何留置炉内的易挥发材料都将导致抽真空时间延长和真空度下降。

③ 漏气。由于炉体原材料的缺陷以及加工装配不良引起的漏气。

究竟是哪种原因引起的，通常用静态升压法判断：在室温和空炉条件下，将容器抽到最小压力后，关闭真空阀门，使被抽容器与真空泵隔开，由于容器的漏气和材料的放气，容器中的压力将随时间而变化，用相应的真空计每隔一定时间测量一次容器中的压力而绘出压力-时间关系曲线，如图 7-40 所示。

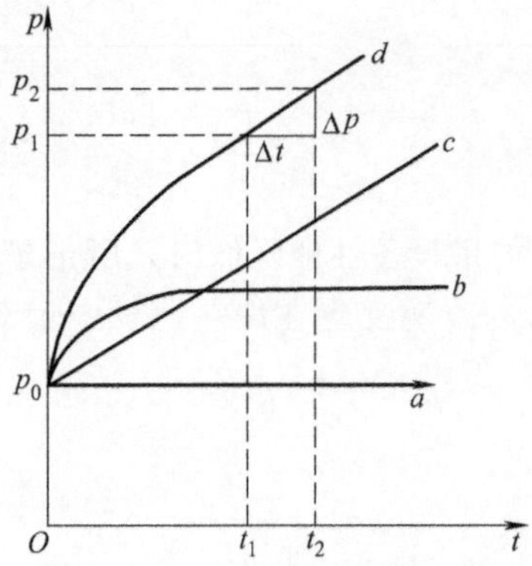

图 7-40　压力与时间的关系

① 真空泵工作不良。曲线 a 为平行于横坐标的直线，随时间增加压力不变，说明容器既不漏气也不放气，真空度上不去是真空泵工作情况不良造成的。

② 材料放气。曲线 b 压力开始上升较快，而后上升速度渐渐减慢，最后趋于平衡，这说明容器没有漏气。真空度上不去是受材料放气的影响，因为放气速率是随时间的增加和压力的升高而降低，故曲线逐渐趋于平衡。

③ 漏气。斜线 c 说明容器只有漏气而没有放气，因为通过漏孔引起容器压力升高是随时间增加呈线性增长的。

④ 放气加漏气。曲线 d 表明开始压力上升较快，而后渐渐减慢，最后变成斜率 $\Delta p/\Delta t$ 的直线，这说明容器既有放气又有漏气，一开始压力上升快是漏气放气同时作用的结果，随着时间的增加和压力的升高，放气速率降低，曲线变为直线。

7.7.2.2　故障排除

在找出故障原因之后，要及时排除故障，使炉内真空度达到要求，不可带病作业。

(1) 首先要排除真空规管测量不准的问题，可以用手握式基准管校准。真空规管都应装有排放阀，以防止污染物进入表管。

(2) 如果是放气的原因，首先要检查炉膛是否清洁及是否有遗留的异物，比如塑料柄的螺丝刀（螺钉旋具）。如真空设备连续停机一周，要空炉运转一次（进行烘炉）。如果对真空炉进行了维修后，除了必须对真空炉进行真空检漏外，还要按如下步骤进行彻底烘炉。真空炉烘炉前，可用 1000V 摇表检测真空炉的绝缘，数值不小于 2MΩ。真空炉烘炉分三个阶段：

① 水分排出期。0～200℃是真空炉保温层中的水分和真空炉体中潮气的排出期，必须检查真空炉真空度，同时保温时间较长。

② 真空炉体放气量大的温度区一般在 500℃左右，因真空炉放气量比较大，这时升温速度不超过 50℃/h。保温时间一般在 60min 以上。

③ 保温期 1200℃左右，加热时温度每升高 100～200℃，要进行保温一段时间，升温过快易损坏保温层，真空炉放气不完全。

(3) 如果是真空泵工作不良的原因，则要检查真空泵的油是否太脏或氧化，扩散泵的油过多或过少。如果是扩散泵的问题，首先应考虑扩散泵的油及扩散泵内各级喷嘴是否氧化，扩散泵油氧化后呈棕褐色或黑色，铝制喷嘴呈棕褐色。这时应将各级喷嘴卸下，逐件用金相砂纸擦拭，直至擦出其本色，并将 3 号扩散泵油 500mL 灌入扩散泵腔体内，再将各级喷嘴逐级装好。如装好并启动扩散泵后真空度仍上不去，此时就应考虑前级泵的油是否太脏或油里有水，如有水或油不清洁，就要将机械泵油箱中的油排出，清洗干净油箱，注入干净的真空泵油并观察油标。然后启动扩散泵，一般情况下，扩散泵很快将达到要求的工作真空度。

(4) 漏气故障的排除最为精细和复杂，与旋转运动或往复运动部件的接缝或装配处是最易发生泄漏的。检查加热室时，首先检查控温热电偶的密封，真空规管的密封；其次是热闸阀是否关好，水冷电极的密封和观察孔隔热屏的转动杆密封是否可靠，真空系统放气阀密封垫是否损坏。如果发现冷却室油雾过大，首先检查放气阀是否关好，充气阀是否在关闭状态，真空规管密封是否可靠；其次检查减速器的静、动密封是否损坏，如有损坏，必须更换新的密封件。

7.7.2.3 检漏方法

常用的检漏方法有压力检漏法和真空检漏法，如表 7-8 所示。

表 7-8 常用检漏方法

项目	方法名称	操作	充入流体	灵敏度	时间	优缺点
压力检漏法	水泡法	把被检件浸入水中，观察气泡	空气	$133\sim10^{-6}$	几分钟到几小时	简单可靠，长时间观察灵敏度更高，比较实用
	肥皂泡法	用肥皂水涂于被检漏处，观察肥皂泡	空气	$10\sim10^{-2}$	几分钟	简单，但灵敏度不高，与操作者熟练程度有关
真空检漏法	电离计法	用注射器将丙酮或乙醇喷于疑漏处，观察电离计波动	丙酮、乙醇	$10^{-4}\sim10^{-8}$	几秒钟	可直接利用电炉上的真空计，灵敏度较高，该法较为常用
	氦质谱仪法	用氦质谱仪检漏	氦气	$10^{-6}\sim10^{-11}$	几秒钟	对真空度较高的小型电炉效果较好，检漏法较复杂

压力检漏法，尤其是其中的水泡法和肥皂泡法是真空电炉应用较多的方法，对较小的真空容器采用水泡法，把被检件浸入水中。对大件则用肥皂泡法为宜，通常向容器内充入 2～3atm（1atm＝101325Pa）的压缩空气，充压越高越灵敏，但必须考虑被检容器的耐压能力。

如果炉子配有扩散泵系统，用电离计法也可以收到良好效果。可将炉子抽至高真空，在真空度基本上不波动之后，用医用注射器将丙酮或乙醇喷向可疑的地方，如动密封座、管座、法兰座密封圈等，观察真空表的波动情况。即使有微小泄漏，电离计的指针就会有明显摆动。用这种方法检漏一定要有耐心，一定要等到电离计的示值稳定了，也就是真空机组的抽气能力和漏率平衡了再喷射。最好是反复测几次，就可以确认漏点。

参 考 文 献

[1] 杨乃恒，巴德纯等. 电炉真空系统的设计与计算（一）. 真空，2009，46（2）：1-6.
[2] 阎承沛. 真空与可控气氛热处理. 北京：化学工业出版社，2006.
[3] 朱俊卿. 真空电阻炉加热元件的设计要点//天津市电机工程学会. 2012 年学术年会论文集. 2012：182-184.
[4] 张淑蓉. 石墨加热元件在真空炉中的应用研究. 工业加热，2012，41（5）：66-68.
[5] 高雪梅. 真空电阻炉中的金属加热体. 工业加热，2005，34（4）：37-39.
[6] 孙士琦. 真空电阻炉设计. 北京：冶金工业出版社，1978.
[7] 阎承沛. 真空热处理工艺与设备设计. 北京：机械工业出版社，1998.
[8] 朱琳. 真空热处理炉保温屏的试验研究. 工业加热. 1993，111（1）：11-14.
[9] 胡勇，吴伟明. 内热式真空电阻炉的节能设计. 热处理技术与装备，2015，36（1）：46-49.
[10] 赵近谊. 真空炉密封结构的改进. 润滑与密封，2002，9：27.
[11] 易磊，刘晓玲，宋建军. 真空热处理炉的强冷系统结构. 物流工程与管理，2012，34（8）：107-108，127.
[12] 王魁汉，黄明旭. 真空炉专用热电偶及其选择. 真空，2014，51（6）：43-48.